高等职业教育教学改革系列精品教材

机械制图与典型零部件测绘（AR版）

（第2版）

主　编　郑雪梅

副主编　花丹红　戴映红　牛祥永　章　莹

主　审　黄小良

AR制作　张肖如

電子工業出版社

Publishing House of Electronics Industry

北京·BEIJING

内 容 简 介

本书是浙江省工学结合重点建设项目成果。

本书融合了机械制图、零部件测绘、AutoCAD 2018 的内容，重构了体现机械零部件的图样识读、产品测绘的工作过程性知识与技能体系的学习领域，实现了理论与实践的一体化及“教、学、做”的一体化，突出基本技能的训练，强化应用、绘图和读图技能。

本书主要内容包括：制图基础知识、投影基础知识、绘制组合体的三视图、机件表达方法、标准件与常用件的测绘、薄板类零件的测绘、轴套类零件的测绘、轮盘类零件的测绘、叉架类零件的测绘、箱体类零件的测绘、绘制滑轮架、绘制车床尾座、绘制机用虎钳。

本书可作为高职高专机械类和近机类各专业“机械制图”课程的教材，也可供相关工程技术人员参考。

本书配有 AR 效果图，详见前言。

图书在版编目（CIP）数据

机械制图与典型零部件测绘：AR 版 / 郑雪梅主编. —2 版. —北京：电子工业出版社，2021.1
ISBN 978-7-121-37931-4

Ⅰ. ①机… Ⅱ. ①郑… Ⅲ. ①机械制图－高等学校－教材②机械元件－测绘－高等学校－教材
Ⅳ. ①TH126②TH13

中国版本图书馆 CIP 数据核字（2019）第 253153 号

责任编辑：王艳萍
印　　刷：涿州市般润文化传播有限公司
装　　订：涿州市般润文化传播有限公司
出版发行：电子工业出版社
　　　　　北京市海淀区万寿路 173 信箱　邮编 100036
开　　本：787×1 092　1/16　印张：22.25　字数：569.6 千字
版　　次：2016 年 8 月第 1 版
　　　　　2021 年 1 月第 2 版
印　　次：2023 年 6 月第 5 次印刷
定　　价：59.00 元

凡所购买电子工业出版社图书有缺损问题，请向购买书店调换。若书店售缺，请与本社发行部联系，联系及邮购电话：（010）88254888，88258888。

质量投诉请发邮件至 zlts@phei.com.cn，盗版侵权举报请发邮件至 dbqq@phei.com.cn。

本书咨询联系方式：wangyp@phei.com.cn。

前　言

本书是浙江省工学结合重点建设项目成果，突出了实用、适用、够用和创新的特点。

《机械制图与典型零部件测绘（AR 版）（第 2 版）》是根据教育部发布的高职高专教育“工程制图”课程教学基本要求，为适应高等职业教育的特点，在第 1 版教材的基础上，综合多年来高职高专院校教学经验和教学成果，广泛吸取一线工程技术人员的意见编写而成的。

本书采用了最新《技术制图》《机械制图》《CAD 工程制图规则》国家标准，并紧密结合高职高专教育特点，突出基本技能的训练，强化应用、绘图和读图技能。在编写过程中，按照高等职业教育的培养目标和特点，结合教学方法改革实践经验，以培养学生职业能力为导向，调整课程结构，将实践能力与创新精神相结合；促进课程内容模块化，突出职业能力和专业可持续发展能力的培养。

本书内容的选择充分体现出“理论够用，能力为本”的应用型人才培养的思想，并对传统的教材结构进行了合理的整合，打破了传统“工程制图”课程的理论体系，融合机械制图、零部件测绘、AutoCAD 2018 的内容，以典型机械零部件的测绘为载体，以 AutoCAD 为工具，依据认知规律，借鉴零件成组分类法形成若干个项目。每个项目包含若干个实际案例，每个案例都是一个相对完整的工作过程。学生在完成每个具体工作任务的过程中，能够熟悉工作对象、工作方法、工作要求，实现掌握制图基本知识、具备二维绘图软件应用技能、培养绘制和阅读零件图和装配图能力的目标。

本次修订主要做了以下几项工作：将教材中所涉及的国家标准全部更新为最新标准；增加了 AR 三维效果图，读者可以下载安卓 App 或 PC 客户端进行观看；AutoCAD 部分从 2012 版升级为 2018 版；对章节、内容及配套的习题集进行了细致的修改、完善和调整，使本书的整体质量得到进一步提高。

本书由台州职业技术学院郑雪梅担任主编，花丹红、戴映红、牛祥永、章莹担任副主编，参与编写的还有林康、陶东娅、朱成兵、李克杰等，张肖如制作了 AR 三维效果图。本书由黄小良主审。

为了方便教师教学，本书的习题集《机械制图与典型零部件测绘习题集（AR 版）（第 2 版）》（ISBN：978-7-121-40289-0）同时配套出版。

本书大部分案例和图片配有 AR 三维效果图，请扫描下面二维码下载后进行观看，也可以登录华信教育资源网（www.hxedu.com.cn）免费注册后进行下载。

安卓 App　　　　PC 客户端

编　者

目　　录

第一篇　制图理论篇

在工厂中，无论是加工零件还是组装产品都不能靠想象，而是要按照工程图样的要求进行操作。机械工程图样（简称工程图）要反映出设计者的意图，要表达出机器或部件对零件的要求，要考虑结构和制造的可能性与合理性，是企业进行产品加工、组装和检验的技术依据，是设计部门提交给生产部门的重要技术资料，故工程图被喻为工程技术界的“技术语言”。

为了高效率和高质量地绘制和阅读工程图，国家相关部门制定出了一系列的机械制图标准和技术标准，对画图方法、表达方法、标注方法等方面均做出了规定，无论是设计者（绘图者）还是生产者（读图者）都需要严格执行这些规定。因此，机电类专业人员在上岗前必须学习相关的理论知识和技能。

第 1 章　制图基础知识

【能力目标】

（1）能够快速判断常用的图纸幅面和格式；熟悉国家标准的要求，正确绘制常用图线。

（2）能够熟练使用常用绘图工具和仪器，正确绘制一般平面图形并准确、合理地标注尺寸。

（3）能够使用 AutoCAD 软件绘制一般平面图形并进行正确标注。

【知识目标】

（1）掌握图纸幅面及格式、图线、比例、字体等国家制图标准的相关规定，树立标准化意识。

（2）了解尺寸标注的组成及一般标注规则。

（3）掌握一般几何图形和平面图形的绘图方法和技巧。

1.1　常用基本制图标准

1.1.1　图纸幅面及格式

国家标准的代号为“GB”，读作“国标”；“GB/T”表示推荐性的国家标准，其中“T”读作“推”；代号之后跟的两组数据分别是标准的顺序号和公布年号。GB/T 14689—2008 为图纸幅面及格式国标。

（1）图纸幅面尺寸

绘制技术图样时，应优先采用表 1.1 所规定的 5 种基本幅面。必要时允许选用加长幅面，加长幅面的尺寸是由基本幅面的短边成整数倍增加后得出的。

表 1.1　图纸幅面代号和尺寸　　（单位：mm）

幅面代号	A0	A1	A2	A3	A4
$B \times L$	841×1189	594×841	420×594	297×420	210×297
a	25				
c	10			5	
e	20		10		

（2）图框格式

在图纸上必须用粗实线画出图框，其格式分为留装订边和不留装订边两种，如图 1.1 及图 1.2 所示。同一产品的图纸只能采用一种格式。

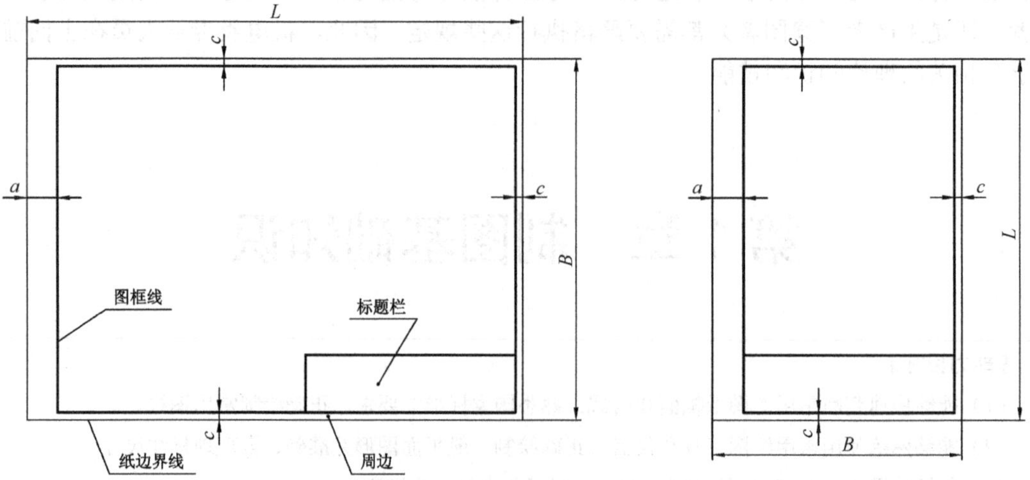

图 1.1　留装订边的图框格式

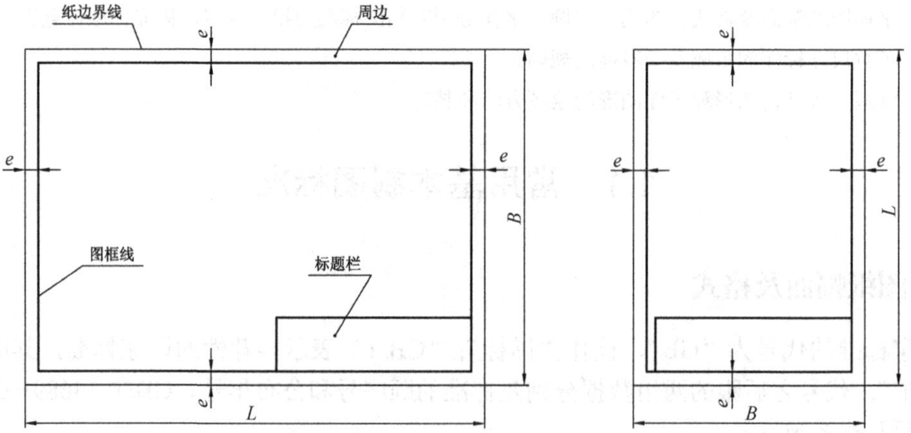

图 1.2　不留装订边的图框格式

（3）标题栏的方位和看图方向

预先印制的图纸一般应具有图框和标题栏两项基本内容，必要时可增加对中符号。对中符号为从图纸边界的中点开始至图框内 5mm 处的短粗实线。

通常情况下，标题栏位于图纸的右下角，此时看图的方向与标题栏中文字的方向一致。必要时，为明确画图和看图的方向，在图纸下边的对中符号处画出一个方向符号（用细实线绘制的等边三角形）。正确的图纸旋转方向为逆时针 90°，如图 1.3 所示。

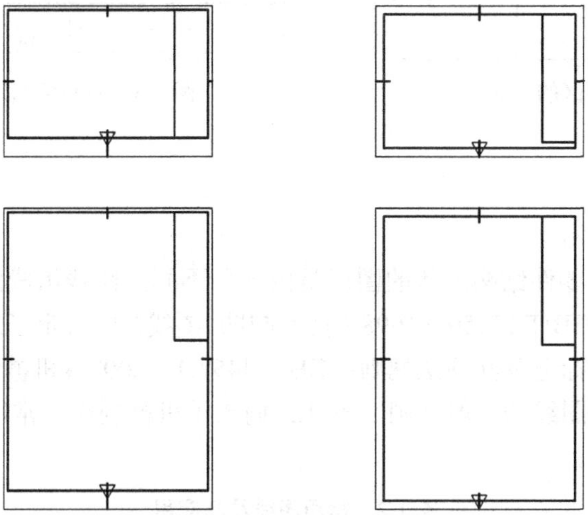

（a）（b）

图 1.3 看图方向与标题栏方位

（4）标题栏的格式

标题栏的长边置于水平方向并与图纸的长边平行时，构成 X 型图纸（也称横式）。若标题栏的长边与图纸的长边垂直，则构成 Y 型图纸（也称竖式）。

国家标准（GB/T 10609.1—2008）对标题栏的内容、格式及尺寸做了统一规定，如图 1.4 所示。标题栏的外框线用粗实线绘制，其右边和底边均与图框线重合；标题栏的内格线用细实线绘制。

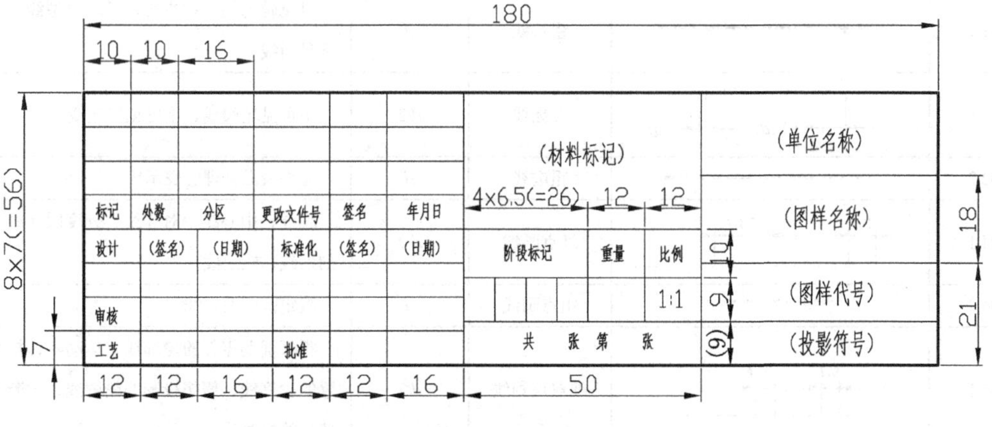

图 1.4 标题栏的格式及尺寸

标题栏中所有的栏目可分成四个区域，各区的分布如图 1.5 所示。为了学习方便，在完成学校的制图作业或测绘图纸时，允许使用如图 1.6 所示的简易标题栏。

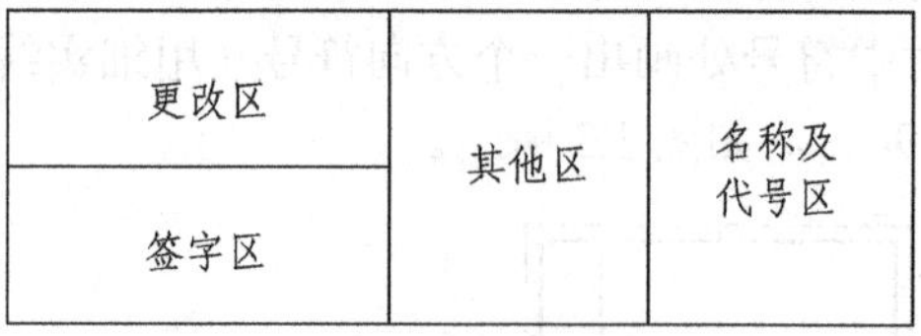

图 1.5　标题栏各区的分布

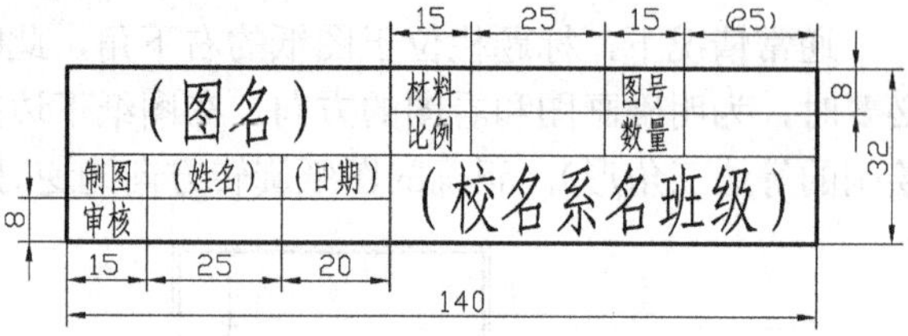

图 1.6　简易标题栏格式及尺寸

1.1.2　图线

（1）常用线型及应用

工程图中用来表达零件结构形状的图形是由各种不同的图线组成的，每种图线都有其规定的画法和应用范围。GB/T 17450—1998《技术制图　图线》中规定了适用于各种技术图样的图线的名称、形式结构标记及其画法规则；GB/T 4457.4—2002《机械制图　图样画法　图线》规定了机械制图中所用图线的一般规则。表 1.2 摘录了机械制图中常用的 9 种图线的线型、名称、线宽和主要用途。

表 1.2　常用图线及其应用

代　码	线　型	名　称	线　宽	主 要 用 途
01.1		细实线	$d/2$	尺寸线、尺寸界线、引出线、剖面线、基准线、过渡线、弯折线、重合断面的轮廓线、螺纹牙底线、齿轮的齿根线、范围线
		波浪线	$d/2$	断裂处的边界线、视图与剖视图的分界线
	4d　24d　6d　30°	双折线	$d/2$	
01.2		粗实线	d	可见轮廓线、相贯线、模样分型线、剖切符号用线
02.1	12d　3d	细虚线	$d/2$	不可见轮廓线、不可见过渡线
02.2		粗虚线	d	允许表面处理的表示线
04.1	8d　24d	细点画线	$d/2$	轴线、中心线、对称线、分度圆（线）、剖切线、轨迹线
04.2		粗点画线	d	限定范围表示线
05.1	9d　24d	细双点画线	$d/2$	相邻辅助零件的轮廓线、运动零件极限位置的轮廓线、假想投影的轮廓线、中断线、坯料的轮廓线

在机械图样中通常采用粗细两种线宽，它们之间的比例为 2∶1，粗实线的宽度 d 系列为 0.13、0.18、0.25、0.35、0.5、0.7、1、1.4、2mm。使用时根据图样的类型、尺寸、比例和缩微复印的要求确定，优先采用 d=0.5mm 或 0.7mm。

图 1.7 是常用图线的应用示例。

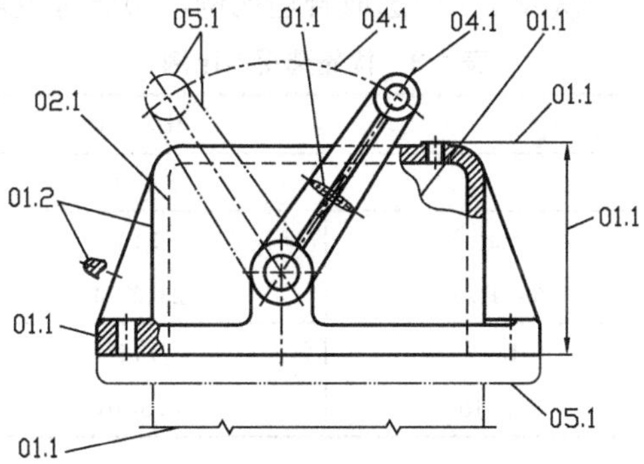

图 1.7　常用图线的应用示例

（2）绘制图线时的注意事项

① 图样中同类图线的宽度应基本一致，虚线、点画线及双点画线的短画、长画的长度和间隔应各自大致相等。

② 绘制圆的对称中心线（简称中心线）时，圆心应为长画的交点。点画线、双点画线的首末两端应是长画而不能是点。

③ 在较小的图形上绘制细点画线、细双点画线有困难时，可用细实线代替。

④ 轴线、对称线、中心线、双折线和作为中断线的双点画线，应超出轮廓线 2～5mm。

⑤ 点画线、虚线和其他图线相交时，应在线段处相交，不应在间隔或点处相交。

⑥ 当虚线处于粗实线的延长线上时，粗实线应画到分界点，而虚线应留有间隔；当虚线圆弧和虚线直线相切时，虚线圆弧的短画应画到切点，而虚线直线需留有间隔。

⑦ 两条平行线之间的最小距离应不小于 0.7mm。

⑧ 当线型不同的图线相互重叠时，一般按照实线、虚线、点画线的顺序，只画出排序在前面的图线。

图 1.8 用正误对比的方法说明了常用图线的画法。

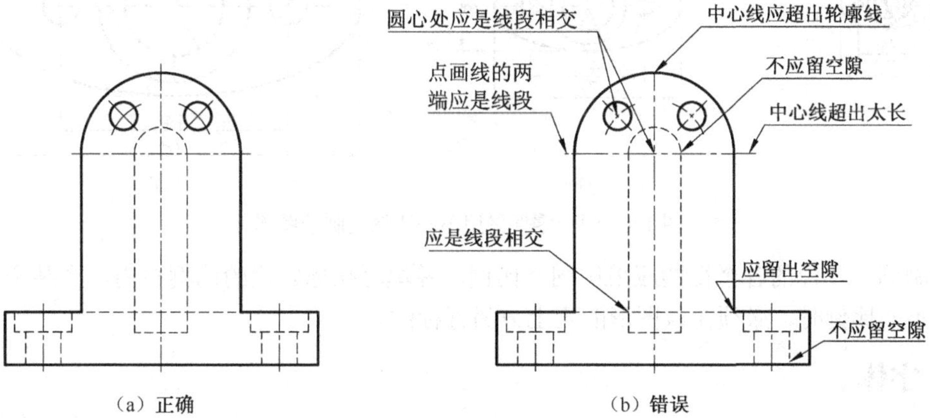

图 1.8　图线画法的正误对比

1.1.3　比例

图样中图形与其实物相应要素的线性尺寸之比称为比例。GB/T 14690—1993 规定了比例的选用规则。绘制图样时一般从表 1.3 中选取合适比例，必要时也可选取表 1.4 中的比例。

表 1.3　优先选用的比例

种　类	比　例		
原值比例	1∶1		
放大比例	5∶1 5×10^n∶1	2∶1 2×10^n∶1	1×10^n∶1
缩小比例	1∶2 1∶2×10^n	1∶5 1∶5×10^n	1∶10 1∶1×10^n

注：*n* 为正整数。

表 1.4　允许选用的比例

种　类	比　例				
放大比例	4∶1 4×10^n∶1	2.5∶1 2.5×10^n∶1			
缩小比例	1∶1.5 1∶1.5×10^n	1∶2.5 1∶2.5×10^n	1∶3 1∶3×10^n	1∶4 1∶4×10^n	1∶6 1∶6×10^n

注：*n* 为正整数。

为了能从图样上得到实物大小的真实概念，应优先采用原值比例绘图。绘制大而简单的零件可采用缩小比例；绘制小而复杂的零件可采用放大比例。不论采用缩小还是放大的比例绘图，图样中所标注的尺寸均为零件的实际尺寸。图 1.9 表示同一零件采用不同比例所画出的图形。

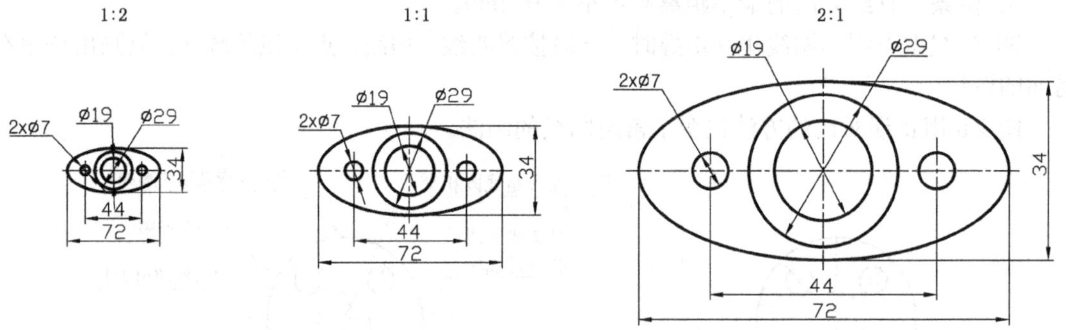

（a）　（b）　（c）

图 1.9　同一零件采用不同比例绘制的图形

绘制同一零件的各个视图应采用同一比例，并填写在标题栏的比例栏内，当某个视图需要采用不同比例时，必须在该图形的正上方另行标注。

1.1.4　字体

图样中除了图形，还需要用数字、字母、汉字等来标注尺寸和说明零件在设计、制造、装配时的各项要求。国家标准《技术制图　字体》GB/T 14691—1993 中规定了汉字、字母和数字的结构形式。

1. 书写字体的基本要求

（1）书写字体必须做到字体端正、笔画清楚、间隔均匀、排列整齐。

（2）字体高度（用 h 表示）的公称尺寸系列为 1.8、2.5、3.5、5、7、10、14、20mm。字体高度代表字体的号数（字号）。

（3）汉字应写成长仿宋体字，并应采用中华人民共和国国务院正式公布推行的《汉字简化方案》中规定的简化字。汉字的高度 h 不应小于 3.5mm，字宽一般为字高的 2/3。

（4）字母和数字分为 A 型或 B 型：A 型字体的笔画宽度（d）为字高（h）的 1/14，B 型字体的笔画宽度（d）为字高（h）的 1/10。在同一图样上，只允许选用一种形式的字体。

（5）字母和数字可写成直体或斜体。斜体字字头向右，与水平基准线成 75°。

如图 1.10 和图 1.11 所示是图样上常见字体的书写示例。

汉字应字体端正笔划清楚间隔均匀排列整齐

院校系专业班级姓名制图审核序号件数名称比例

图 1.10　长仿宋字书写示例

1 2 3 4 5 6 7 8 9 0

（a）阿拉伯数字（斜体）

Ⅰ Ⅱ Ⅲ Ⅳ Ⅴ Ⅵ Ⅶ Ⅷ Ⅸ Ⅹ

（b）罗马数字（直体）

图 1.11　数字书写示例

2. 图样中字体应用的一般规定

（1）图样中尺寸标注的数字和字母一般采用 3.5～7 号字（根据图幅大小选取）。

（2）用作指数、分数、极限偏差、注脚等的数字及字母一般采用比图样中小一号的字体。

（3）视图名称、技术要求等说明中的汉字和数字、字母一般采用比图样中大一号的字体。

（4）标题栏中填写材料、名称、图号的汉字、数字、字母，一般采用 10 号字。

（5）图样中的数学符号、物理量符号、计量单位符号及其他符号、代号，应符合国家有关法令和标准的规定。

（6）同一张图样中的各类字体应比例协调，美观一致。

如图 1.12 所示是图样中字体综合应用示例。

10JS5(±0.003)　M24-6h

$\phi 25\frac{H6}{m5}$　$\frac{II}{1:2}$　$\frac{B-B}{5:1}$

$R8$　5%　Ra 6.3

图 1.12　字体综合应用示例

1.1.5　尺寸注法

零件的形状可用图形来表达，但其大小必须依靠图样上标注的尺寸来确定，因此，尺寸标注是绘制工程图的一项重要内容，是制造和检验零部件的依据。GB/T 16675.2—2012、GB/T 4458.4—2003 对尺寸注法做出了规定。

1. 尺寸标注的基本规则

（1）零件的真实大小应以图样上所注的尺寸数值为依据，与图形的大小、比例及绘图的准确度无关。

（2）图样中的尺寸（包括技术要求和其他说明），以 mm 为单位时，不需标注计量单位的代号或名称。如采用其他单位，则必须注明相应的计量单位的代号或名称。

（3）图样中标注的尺寸为该图样所示零件的最后完工尺寸，否则应另加说明。

（4）零件的每一尺寸一般只标注一次，并应标注在反映结构最清晰的图形上。

2. 尺寸标注的组成

一个完整的尺寸应由尺寸界线、尺寸线和尺寸数字三个基本要素组成，如图 1.13 所示。

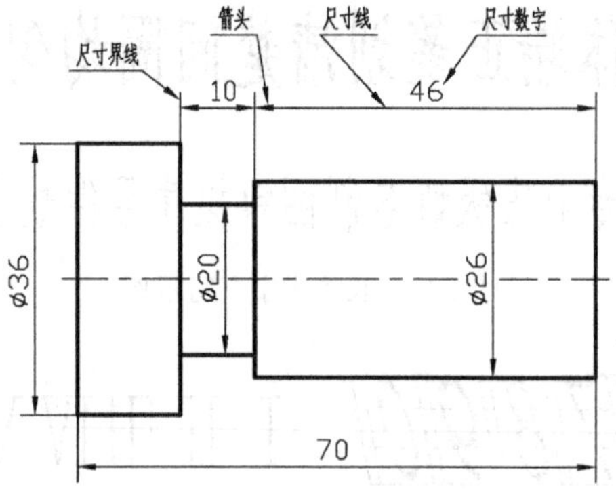

图 1.13　尺寸的组成

（1）尺寸界线

尺寸界线表明所标注尺寸的范围，用细实线绘制，并应由图形的轮廓线、轴线或对称线处引出；也可以直接利用轮廓线、轴线或对称线作为尺寸界线。

尺寸界线一般与尺寸线垂直，并且超出尺寸线 2～5mm。当尺寸线过于贴近轮廓线时，允许尺寸界线倾斜画出。在光滑过渡处标注尺寸时，应用细实线将轮廓线延长，从它们的交点处引出尺寸界线。标注角度的尺寸界线应沿径向引出。尺寸界线的画法如图 1.14 所示。

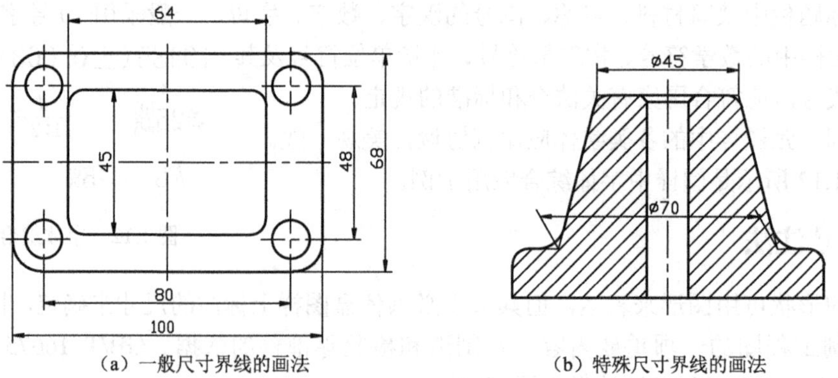

（a）一般尺寸界线的画法　　（b）特殊尺寸界线的画法

图 1.14　尺寸界线的画法

（2）尺寸线

尺寸线表示度量尺寸的方向，必须用细实线单独绘制，不能用图形中的任何图线及它们的延长线代替，并且不允许相交。

线性尺寸的尺寸线应与所标注的线段平行；同一方向尺寸线之间的间隔应尽量保持一致，一般为 5～10mm（约为数字高度的两倍），如图 1.14（a）所示。

尺寸线的终端符号有箭头和斜线两种形式，机械制图中一般采用箭头作为尺寸线的终端，斜线仅用于小尺寸标注，如图 1.15 所示。

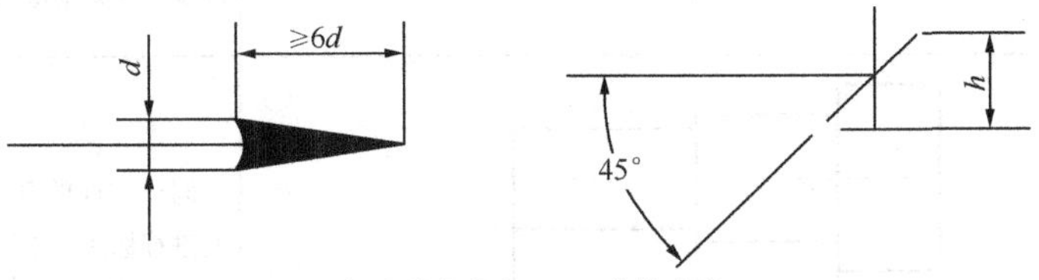

d—粗实线的宽度；*h*—字体高度

（a）箭头　　　　（b）斜线

图 1.15　尺寸线的终端符号

箭头表明尺寸的起、止，其尖端应与尺寸界线接触，并尽量画在尺寸界线之内。在同一张图样当中，所有箭头的大小应尽量保持一致。

（3）尺寸数字

尺寸数字表示尺寸的实际大小，用标准字体书写，且应保持同一张图样上数字的字高一致。

线性尺寸数字的注写方向可随尺寸线方向变化，水平尺寸的数字注写在尺寸线上方，垂直尺寸的数字注写在左方，倾斜尺寸的数字应字头朝上，如图 1.16（a）所示。当尺寸线位于图示 30° 范围之内时，一般采用如图 1.16（b）所示的引出标注方法。

线性尺寸的数字允许注写在尺寸线的中断处；尺寸数字不允许被任何图线穿过，当尺寸数字和图线相交不可避免时，应将图线断开，如图 1.16（c）所示。

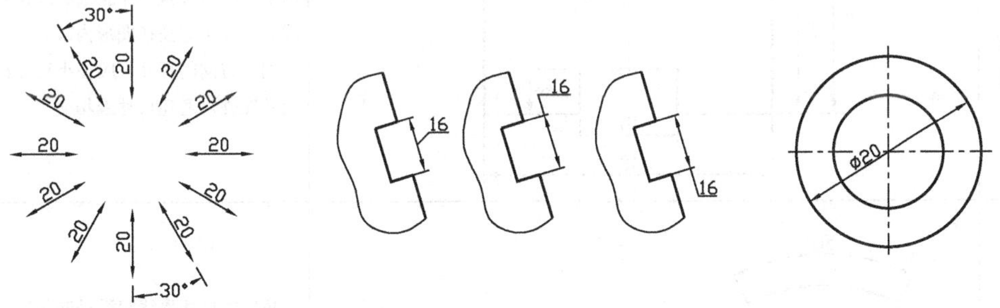

（a）　　　　（b）　　　　（c）

图 1.16　尺寸数字的注写方法

3. 尺寸的基本注法

常见尺寸的标注形式和标注方法如表 1.5 所示。

表 1.5　常见尺寸标注形式及标注方法

<table>
<tr><th colspan="2">项　目</th><th>图　例</th><th>说　明</th></tr>
<tr><td rowspan="3">尺寸标注形式</td><td>链状式</td><td>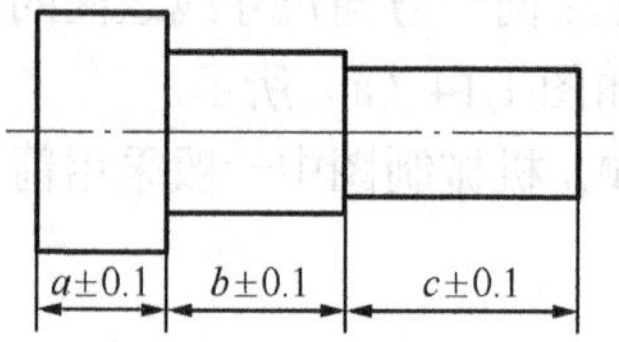
</td><td>同一方向的几个尺寸依次首尾相接，后一个尺寸以前一个尺寸的终点为起点。这种形式的标注可保证所注各段尺寸的精度，但由于基准依次推移，会使各段尺寸的加工误差形成累积</td></tr>
<tr><td>坐标式</td><td>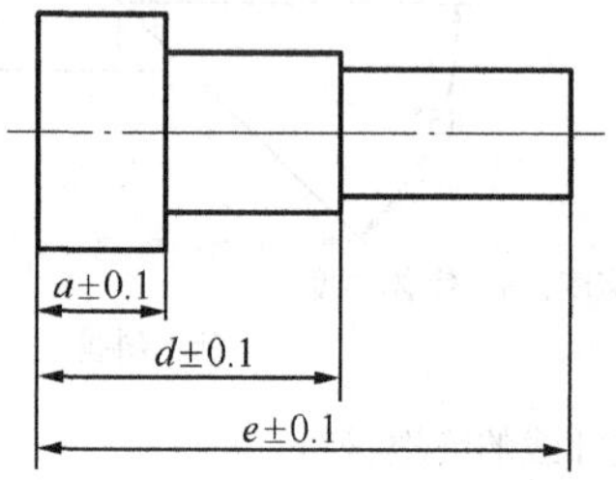
</td><td>同一方向的几个尺寸由同一个起点出发进行标注。这种形式的标注各段尺寸精度互不影响，不产生累积误差。但是此类标注方式不便于加工时的测量</td></tr>
<tr><td>综合式</td><td>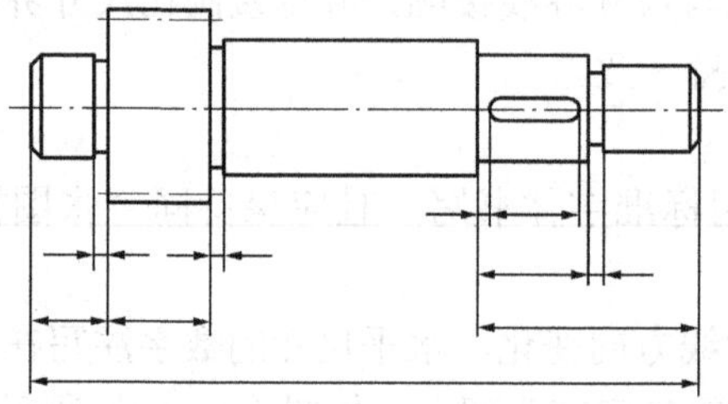</td><td>同一方向的尺寸标注既有链状式又有坐标式，是以上两种形式的综合。这种形式的标注，既能保证一些精确尺寸，又能减少阶梯状零件中尺寸误差的累积，还方便测量，是使用最多的标注形式</td></tr>
<tr><td rowspan="2">一般标注方法</td><td>线性尺寸</td><td>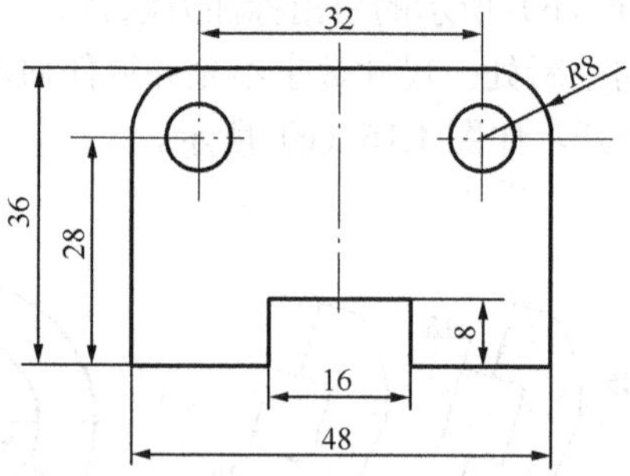
</td><td>线性尺寸一般标注在图形轮廓之外；当内部有足够位置，并能避免过长的尺寸界线时，才可标注在图形内部。
同一方向的尺寸，应使小尺寸在内，大尺寸在外，避免尺寸线相交</td></tr>
<tr><td>角度标注</td><td>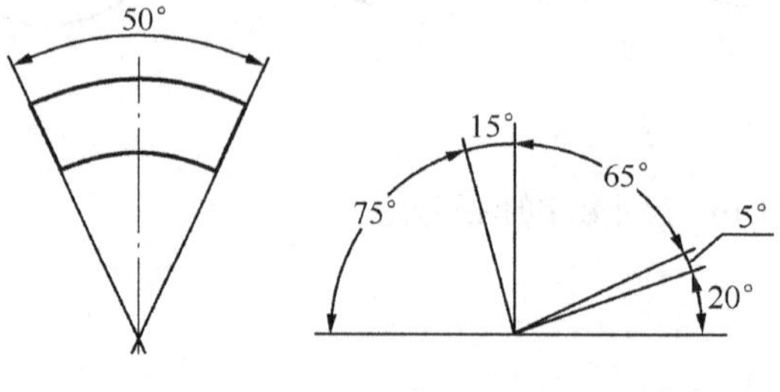
</td><td>角度的尺寸界线应沿径向引出，尺寸线是以角的顶点为圆心的圆弧线。
角度尺寸的数字一律水平书写，并不得省略度数符号</td></tr>
</table>

续表

项目		图例	说明
常用标注方法	小尺寸标注	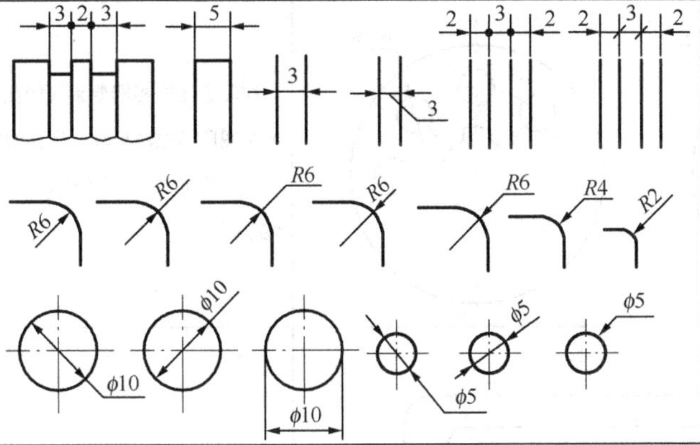	在尺寸界线之间没有足够的位置画箭头或写尺寸数字时，可采用左图所示的方式进行标注。 标注连续尺寸时，允许用圆点或斜线代替箭头
	圆	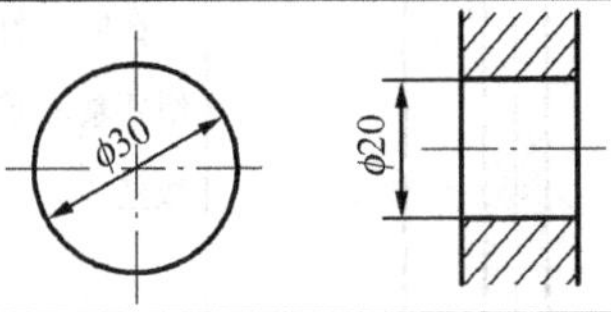	整圆应标注直径尺寸。 标注直径时，应在尺寸数字前加注符号“ϕ”，并且优先标注在非圆投影上
	圆弧	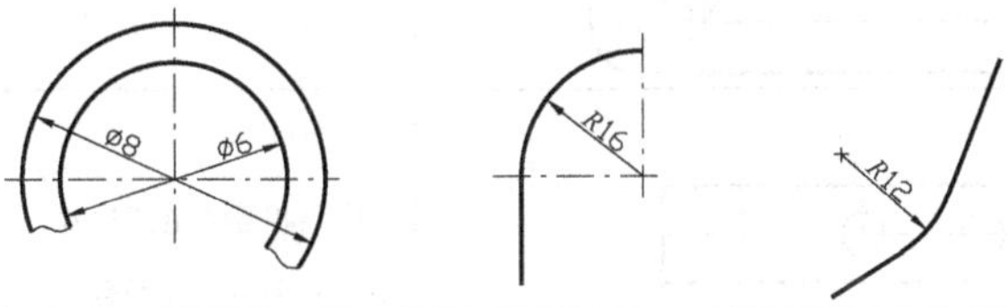	当圆弧大于半圆时应标注直径，当圆弧小于半圆时应标注半径，当圆弧等于半圆时可视实际需要标注直径或半径。 标注半径时，应在尺寸数字前加注符号“R”
		 （a）（b）	当圆弧的半径过大或在图纸范围内无法注出其圆心位置时，可按左图（a）的形式标注；当不需要标出其圆心位置时，可按左图（b）形式标注，但尺寸线应指向圆心方向
	球面	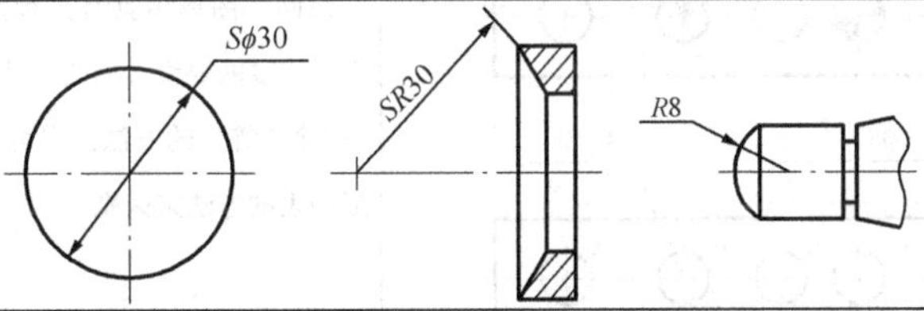	标注球面直径或半径时，应在符号“ϕ”或“R”前加注符号“S”，对于螺钉、铆钉的头部、轴和手柄等的端部，在不致引起误解的情况下，可省略符号“S”
	相同的成组要素	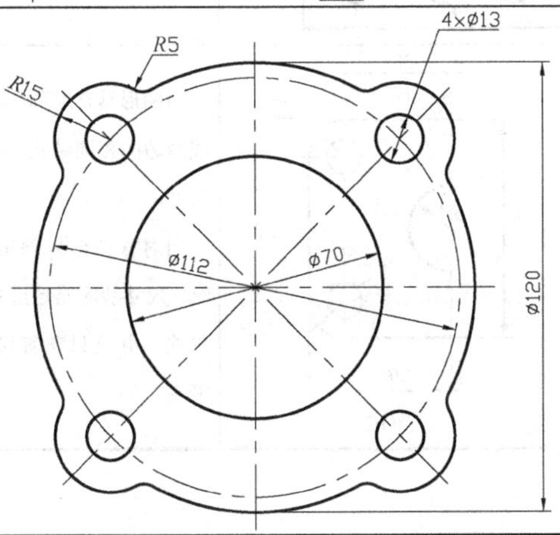	对于多个直径相同的圆，用“数量×直径”的方式仅在一个圆上标注。而对于半径相同的多个圆弧，只能标注一次，并且通常不加注数量。 注：在旧制图标准中，对多个相同规格的圆曾使用“数量-直径”的方式进行标注

续表

项目		图例	说明
常见结构标注方法	相同的成组要素	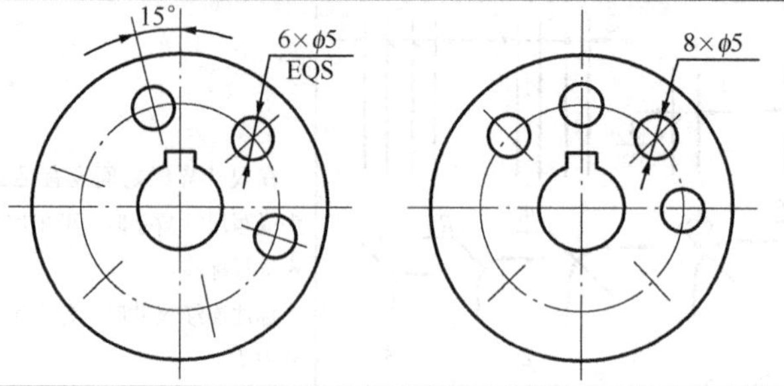	均匀分布的相同要素（如孔）的尺寸可按左图所示方法标注。当孔的定位和分布情况在图形中已明确时，允许省略符号“EQS”
		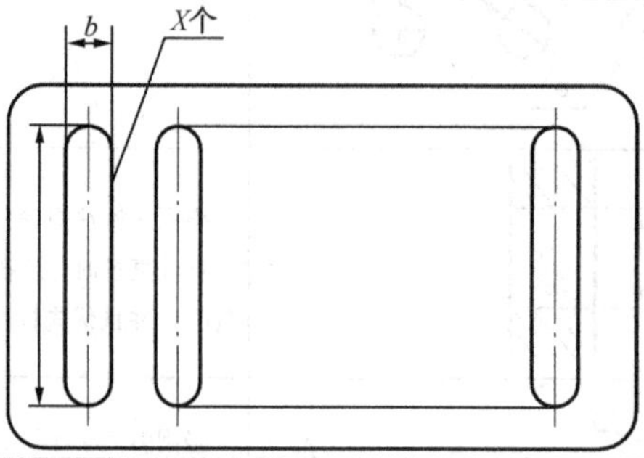	在同一图形中，对于相同的孔、槽等成组要素，可仅在一个要素上注出其尺寸和数量
		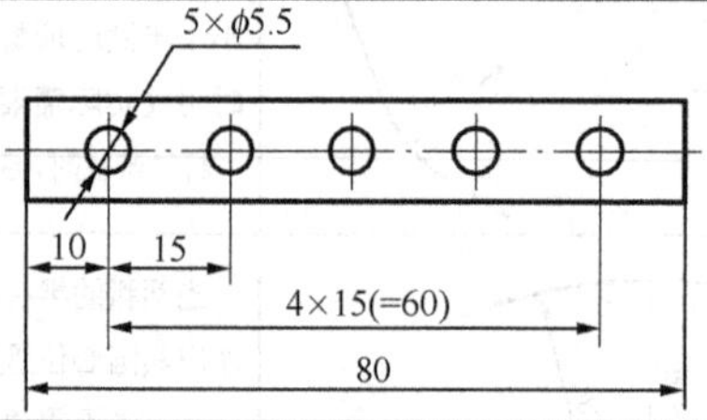	间隔相等的链式尺寸，可只注出一个间距，其余用“间距数量×间距(=距离)”的形式注写
		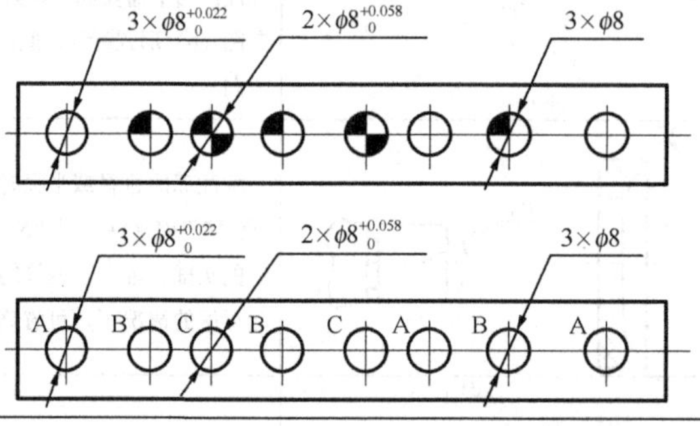	在同一图形中具有几种尺寸数值相近而又重复的要素（如孔）时，可采用标记（如涂色等）的方法，也可采用标注字母或列表的方法来区别
	对称图形	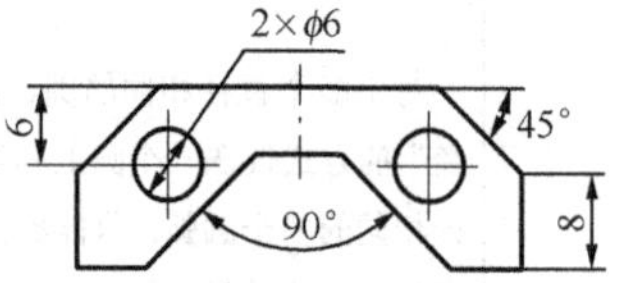（a） 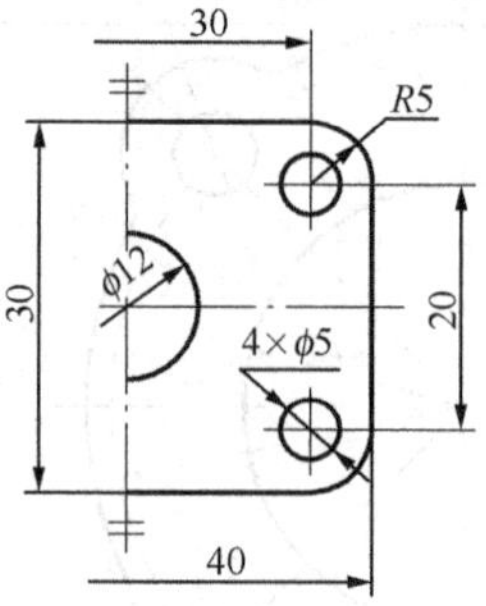（b）	当图形具有对称中心线时，分布在对称线两边的相同结构，可仅标注其中一边的尺寸。 当对称图形只画出一半或略大于一半时，尺寸线应略超过对称线或断裂处的边界线，并且只在有尺寸界线的一端画出箭头

1.2　几何作图方法

1.2.1　常见几何图形的作图方法

零件的轮廓形状多种多样，但它们的图形都是由直线、圆、圆弧及其他曲线或几何图形组合而成的。因此，熟练掌握几何图形的基本作图方法，抓住它们的几何关系及特征，是绘制好机械图形的基础。

（1）等分直线段

将已知线段等分成若干段可以借助画辅助线的办法。以将线段 *AB* 分成五等份为例，作图步骤如表 1.6 所示。

表 1.6　五等分线段

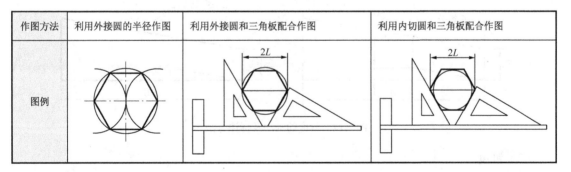

图例	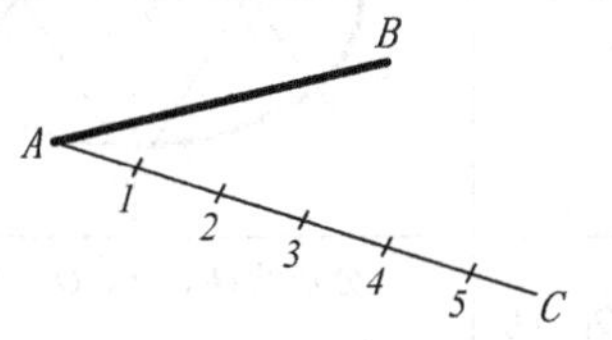	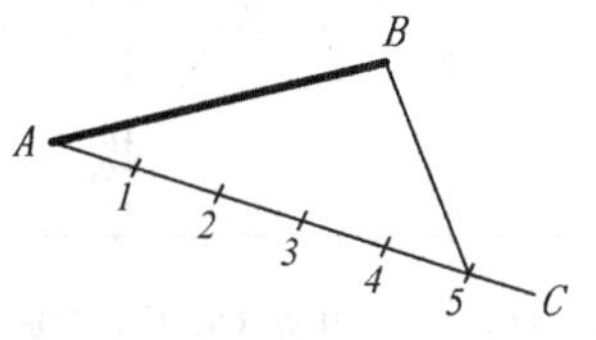	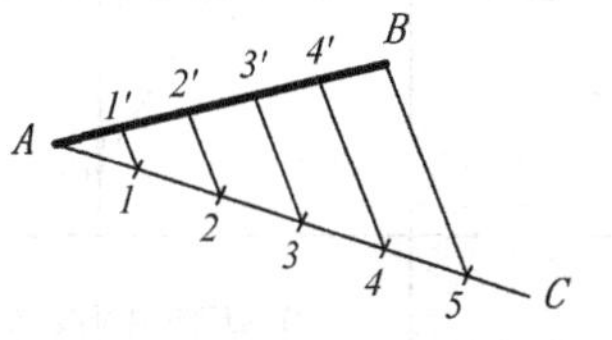
步骤说明	过端点 *A* 作任一直线 *AC*，并在 *AC* 上取 *1*、*2*、*3*、*4*、*5* 五个等分点（可根据需要任意选取）	连接点 *5* 和点 *B*	过 *1*、*2*、*3*、*4* 点作线段 *5B* 的平行线，与 *AB* 的交点即为等分点 *1′*、*2′*、*3′*、*4′*

（2）作正六边形

作正六边形的方法较多，一般采用如表 1.7 所示的几种方法。

表 1.7　作正六边形的方法

作图方法	利用外接圆的半径作图	利用外接圆和三角板配合作图	利用内切圆和三角板配合作图
图例	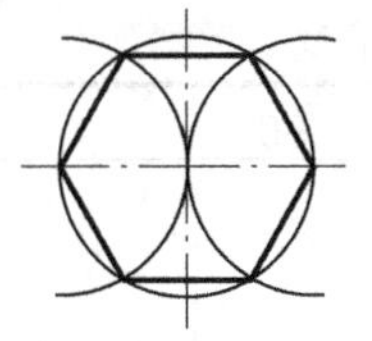	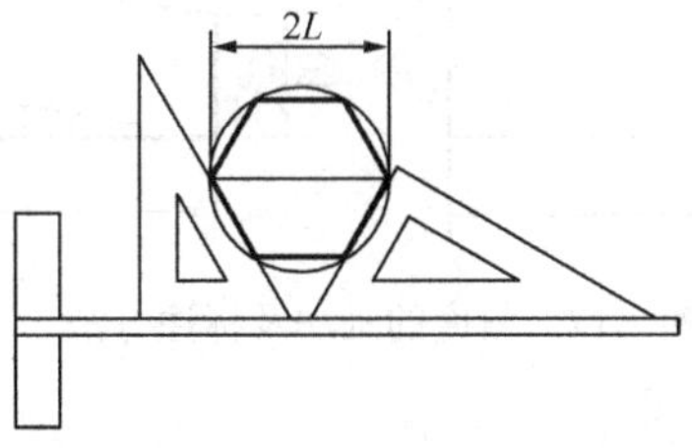	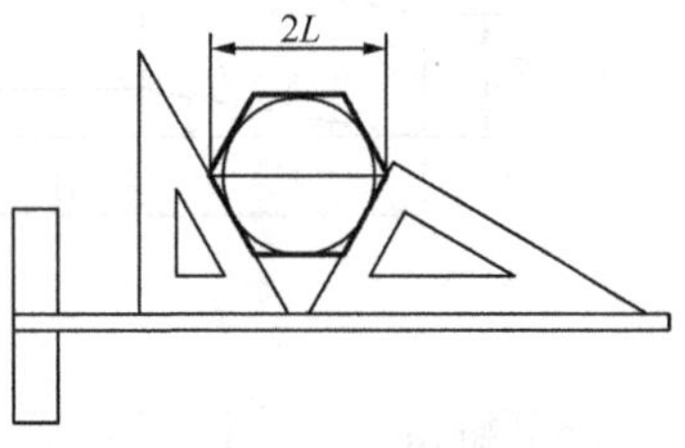

（3）作椭圆

椭圆是工程上常用的一种平面曲线，手工作图一般采用四心近似法，而用计算机绘图可根据长轴和短轴尺寸精确绘出。

已知椭圆的长、短轴 *AB*、*CD*，用四心近似法作图的步骤如表 1.8 所示。

表 1.8　椭圆的近似画法

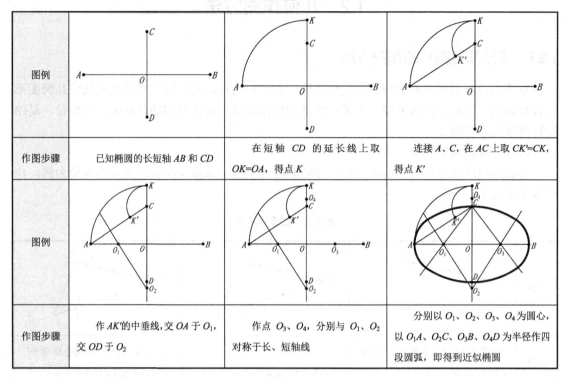

图例	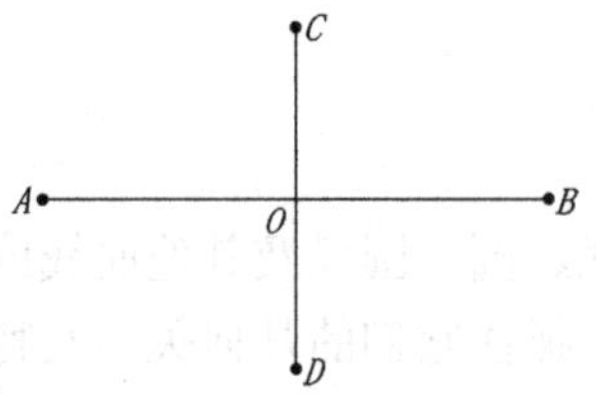	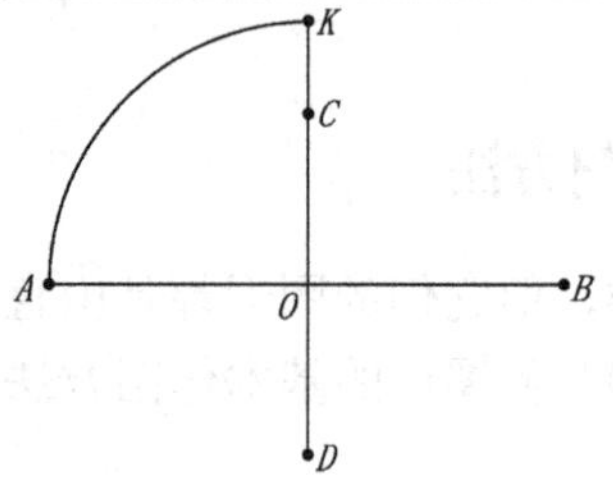	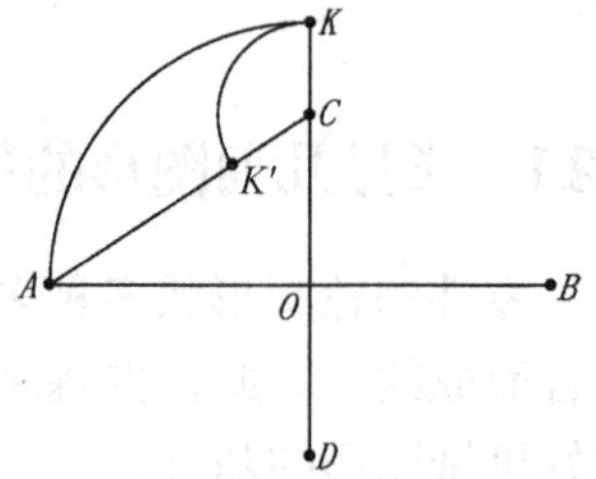
作图步骤	已知椭圆的长短轴 AB 和 CD	在短轴 CD 的延长线上取 OK=OA，得点 K	连接 A、C，在 AC 上取 CK′=CK，得点 K′
图例	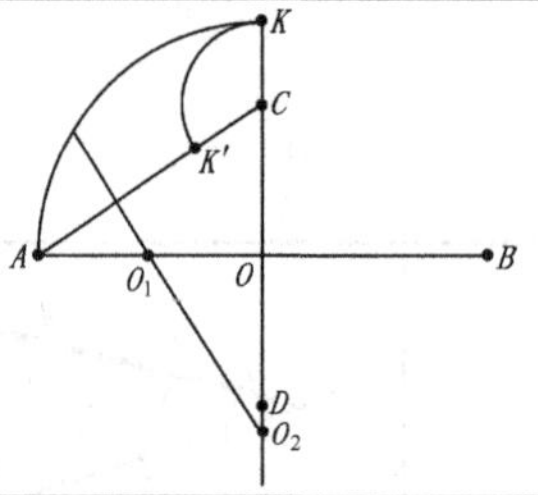	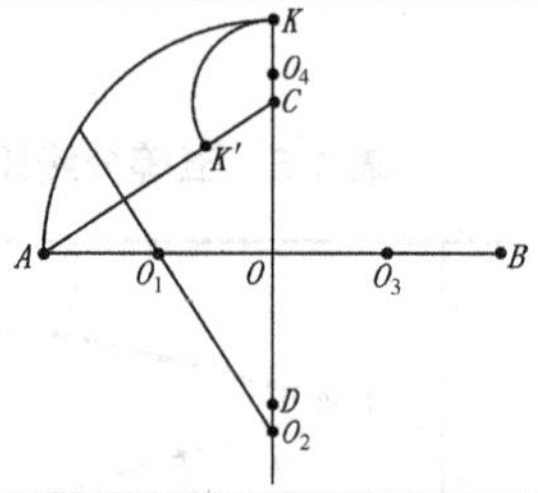	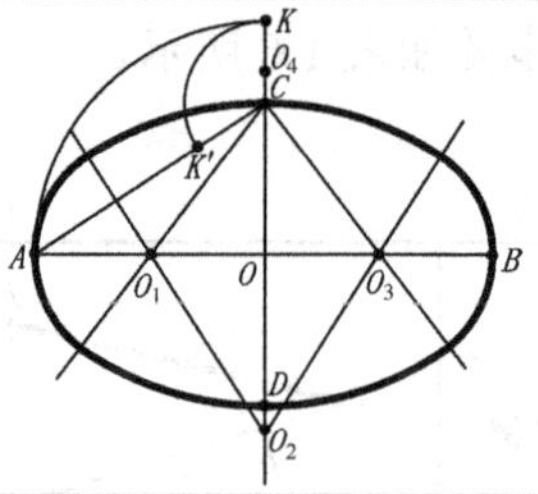
作图步骤	作 AK′的中垂线，交 OA 于 O_1，交 OD 于 O_2	作点 O_3、O_4，分别与 O_1、O_2 对称于长、短轴线	分别以 O_1、O_2、O_3、O_4 为圆心，以 O_1A、O_2C、O_3B、O_4D 为半径作四段圆弧，即得到近似椭圆

1.2.2　斜度和锥度

（1）斜度

斜度是指一直线（或平面）相对于另一直线（或平面）的倾斜程度。其大小以它们夹角的正切来表示，在图形中通常用 1 : *n* 的形式标注。斜度的画法和标注方法如图 1.17 所示。

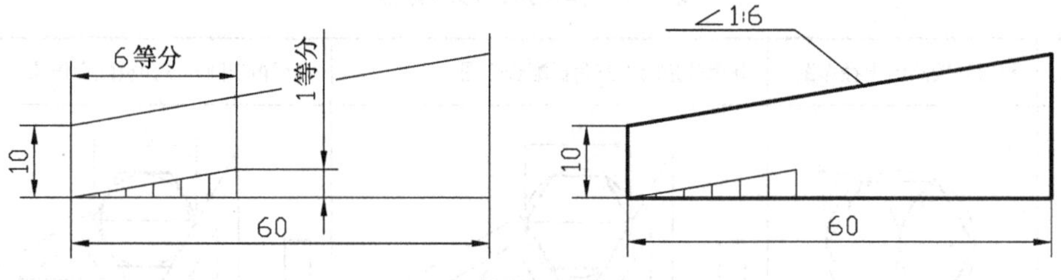

图 1.17　斜度的画法及标注方法

（2）锥度

锥度是指正圆锥的底圆直径与圆锥体的高度之比，在图形中用 1 : *n* 的形式标注。锥度的画法和标注方法如图 1.18 所示。

斜度和锥度符号如图 1.19 所示。

注意： 斜度和锥度符号的方向应与零件的实际倾斜方向或锥度方向一致。

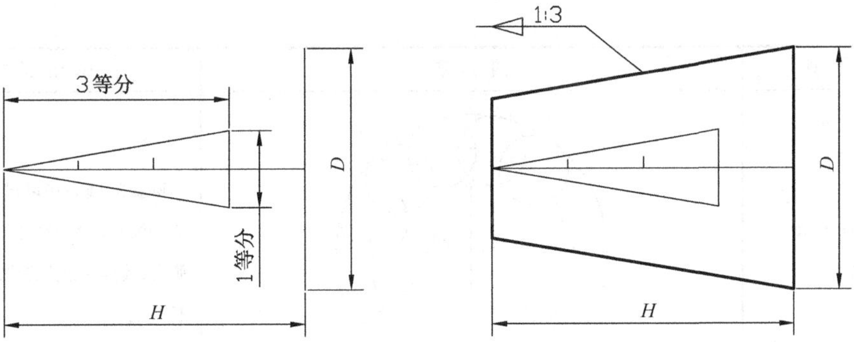

图 1.18　锥度的画法及标注方法

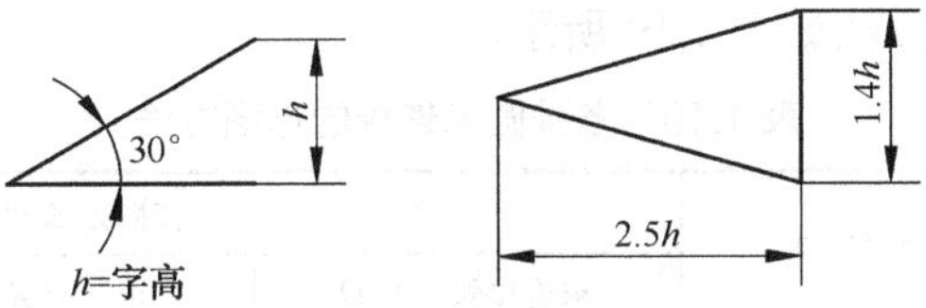

图 1.19　斜度和锥度符号

1.2.3　圆弧连接

用一段圆弧光滑地连接另外两条已知线段的作图方法称为圆弧连接。要使圆弧与线段光滑连接，必须使圆弧与线段在连接处相切。圆弧与线段相切可归纳为三种情况：圆弧与直线相切，圆弧与另一圆弧相外切，圆弧与另一圆弧相内切。作图时应先求出连接圆弧的圆心，再求出连接圆弧与已知线段的切点。各种圆弧连接的作图原理如表 1.9 所示。

表 1.9　圆弧连接的作图原理

相切类型	图示	作图原理
圆弧与直线相切	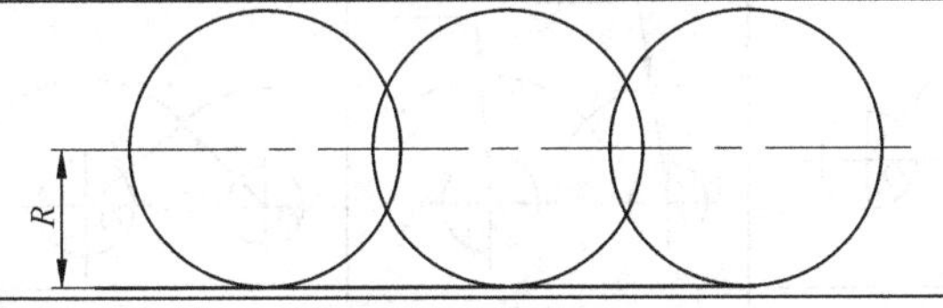	圆弧的圆心在距离已知直线为半径值的平行直线上；圆心至直线的垂足为切点
圆弧与另一圆弧相外切	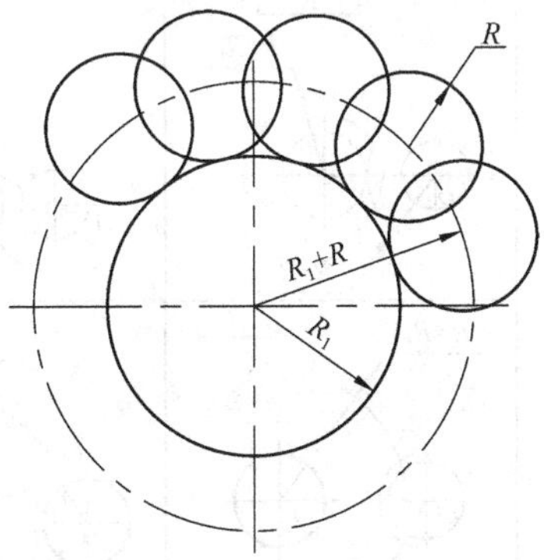	圆弧的圆心在以已知圆弧的圆心为圆心，两半径之和为半径的圆弧上；切点在两圆弧的圆心连线上

续表

相切类型	图示	作图原理
圆弧与另一圆弧相内切	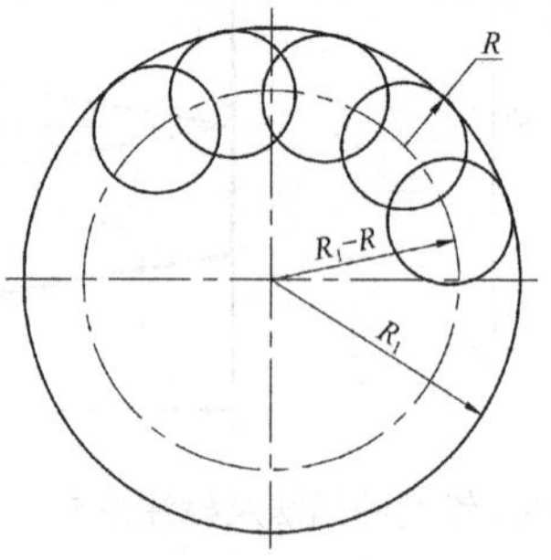	圆弧的圆心在以已知圆弧的圆心为圆心，两半径之差为半径的圆弧上；切点在两圆弧圆心连线的延长线上

各种圆弧连接的作图方法如表1.10所示。

表1.10　各种圆弧连接的作图方法

	已知条件	作图方法和步骤		
		求连接弧圆心 O	求切点 A、B	画连接弧、加粗
切两已知直线	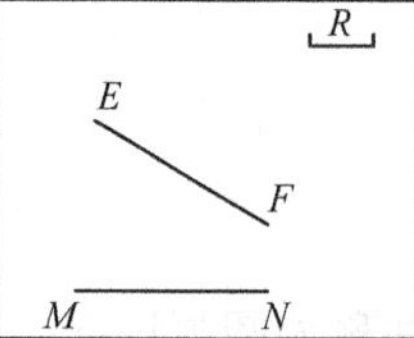	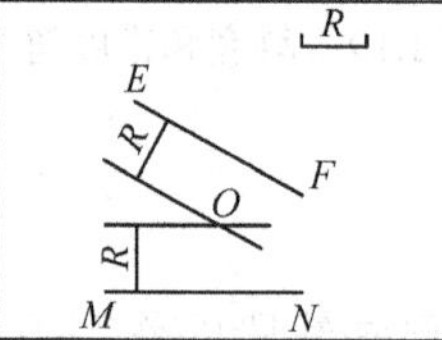	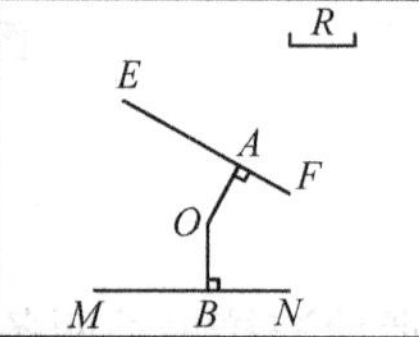	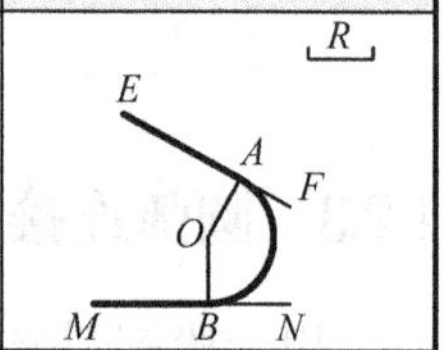
切已知直线和圆弧	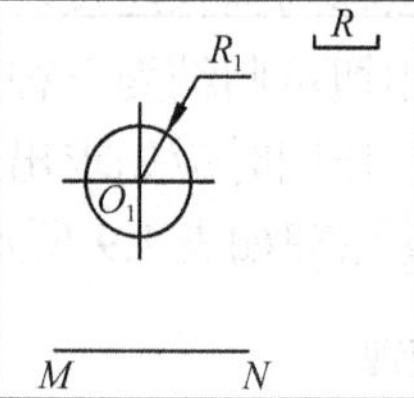	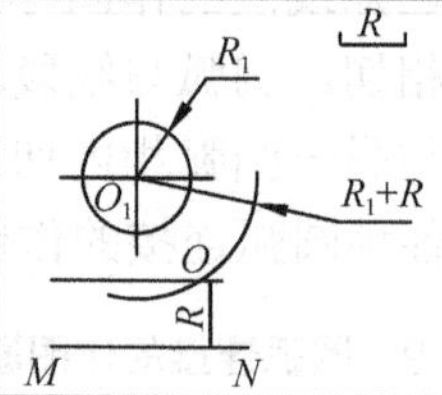	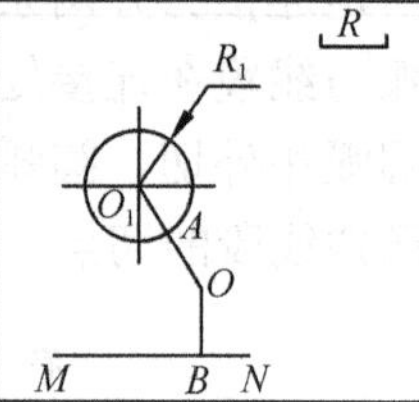	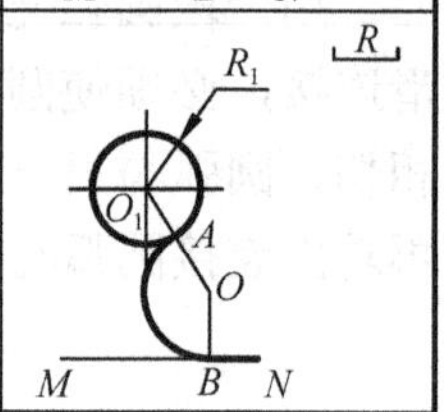
外切两已知圆弧	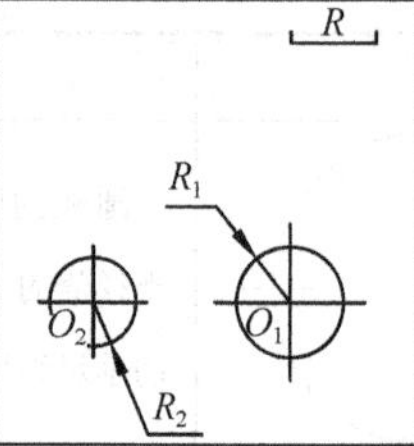	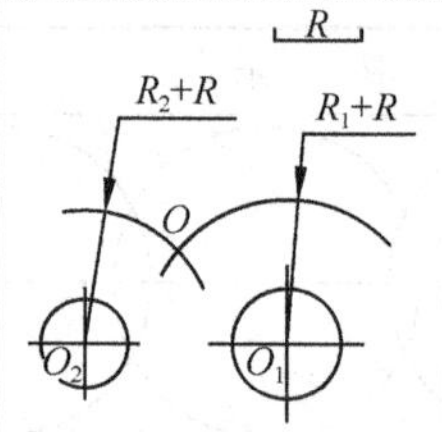	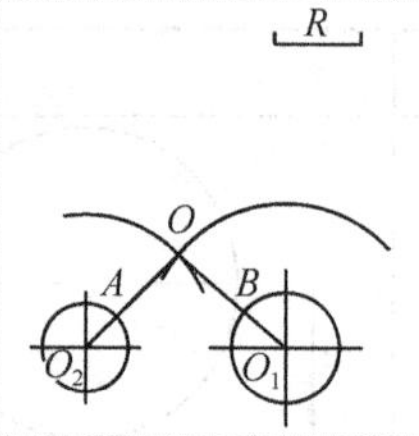	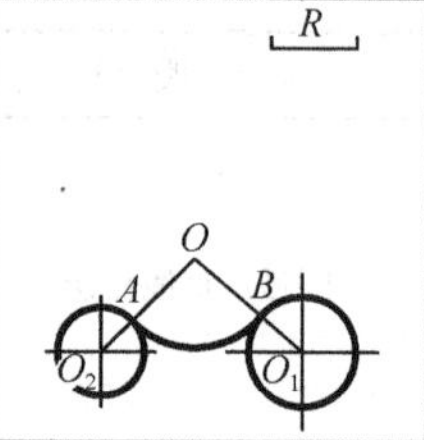
内切两已知圆弧	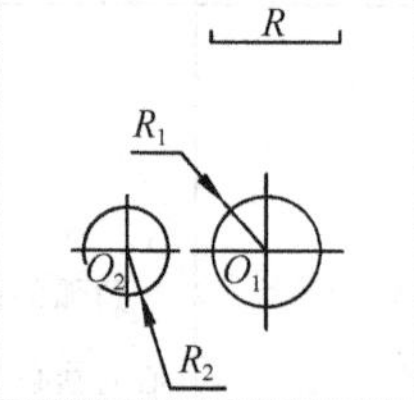	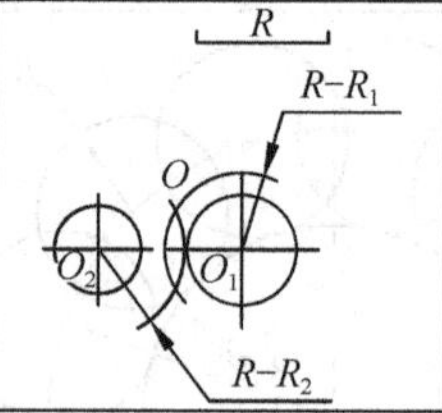	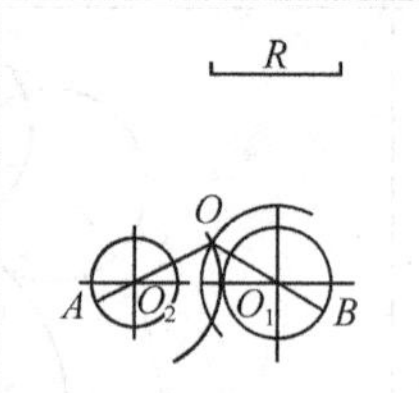	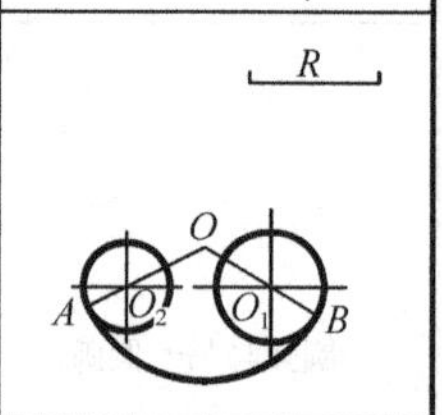
内外切两已知圆弧	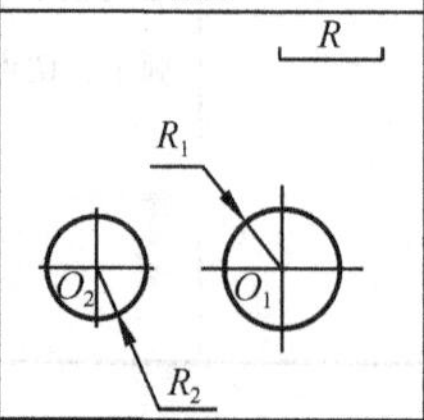	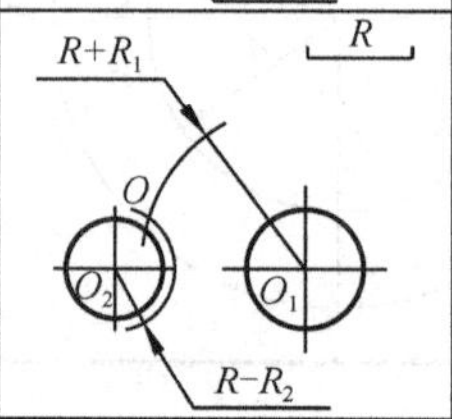	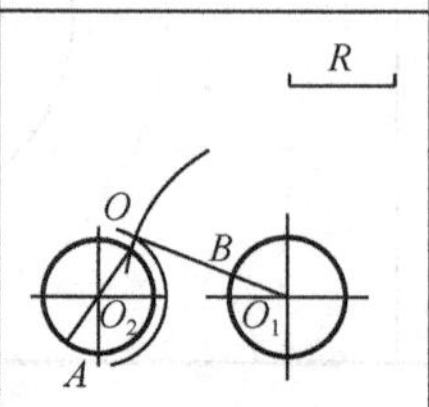	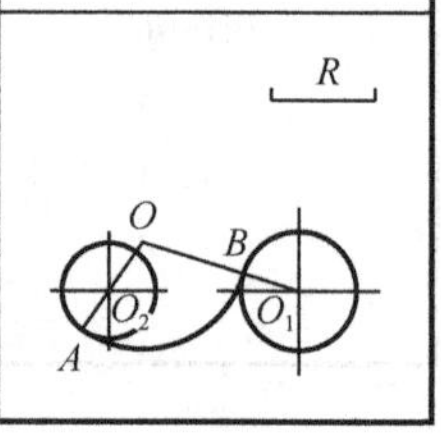

1.3 平面图形

1.3.1 平面图形的分析

平面图形是由若干线段（包括直线段、圆弧、曲线）连接而成的，每条线段又由相应的尺寸来决定其长短（或大小）和位置。一个平面图形能否正确绘制出来，要看图中所给的尺寸是否齐全和正确。因此，绘制平面图形时应先进行尺寸分析和线段分析。

（1）尺寸分析

平面图形中的尺寸根据其作用可以分为两大类：定形尺寸和定位尺寸。

① 定形尺寸：确定平面图形中几何元素大小的尺寸称为定形尺寸，如图 1.20 中的直径尺寸ϕ20、ϕ6，半径尺寸 *R*15、*R*12、*R*50、*R*10 等。

② 定位尺寸：确定平面图形中几何元素之间位置关系的尺寸称为定位尺寸，如图 1.20 中确定圆心位置的尺寸 8、45。

（2）线段分析

要确定平面图形中的任一几何图形，一般需要三个条件：两个定位条件，一个定形条件。例如，要确定一个圆，应有圆心的坐标（*x*，*y*）及直径。凡已具备三个条件的线段可直接画出，否则要利用线段连接关系找出潜在的补充条件才能画出。平面图形中的线段，依据其尺寸是否齐全可分为三类：已知线段、中间线段、连接线段。

① 已知线段。

定形尺寸和定位尺寸全部给出的线段称为已知线段，作图时可以根据已知尺寸直接绘出。如图 1.20 中的ϕ20×15 的矩形、ϕ6圆及 *R*15、*R*10 圆弧均为已知线段。

某线段的位置完全由已知线段决定时也称其为已知线段。

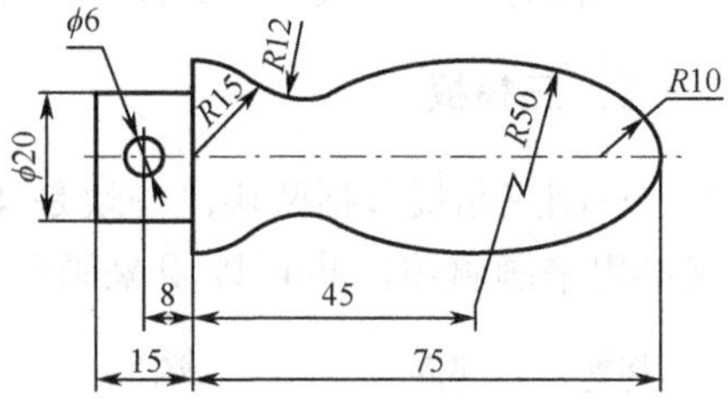

图 1.20 手柄

② 中间线段。

只给出定形尺寸和一个定位尺寸的线段为中间线段，其另一个定位尺寸可依靠与相邻已知线段的几何关系求出。中间线段需在其相邻的已知线段画完后才能画出。如图 1.20 中的 *R*50 圆弧，仅给出了圆心的水平定位尺寸 45，还需要考虑与 *R*10 的相切关系方能画出。

③ 连接线段。

只给出定形尺寸而无定位尺寸的线段为连接线段。连接线段可依靠其两端相邻的中间线段或已知线段的连接关系才能画出，如图 1.20 中的 *R*12 过渡圆弧即为连接线段。连接线段最后画出。

1.3.2 平面图形的画法

下面以图 1.20 所示手柄的绘图来说明平面图形的绘图方法和步骤：

（1）先画中心线、定位线和已知线段，如图 1.21（a）、（b）所示。

（2）再画中间线段，如图 1.21（c）所示。

（3）最后画连接线段，如图 1.21（d）所示。

（4）检查整理，加粗轮廓线，标注尺寸，完成全图。

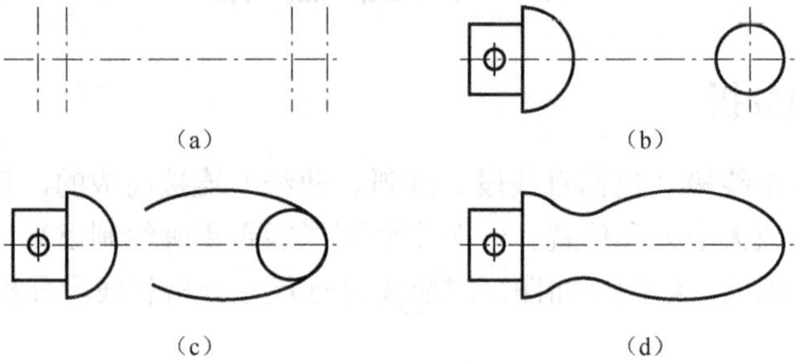

图 1.21　手柄的绘图步骤

1.4　常用手工绘图工具

1. 图板与丁字尺

（1）图板

图板是画图时用的木制垫板，用来固定图纸。其上表面要求平坦光洁；左边用作导边，必须平直。绘图时一般要用胶带将图纸固定在图板上。图板规格有 0 号、1 号、2 号和 3 号。

（2）丁字尺

丁字尺是画水平线时用的长尺，由尺头和尺身两部分组成。

画图时，应使尺头紧靠图板的左侧导边，画水平线必须从左向右，如图 1.22 所示。

2. 三角板

一副三角板包括两块，一块是 45° 三角板，另一块是 30° 和 60° 三角板。三角板可以直接用来画直线，也可以用来画已知直线的平行线和垂直线，如图 1.23 所示。

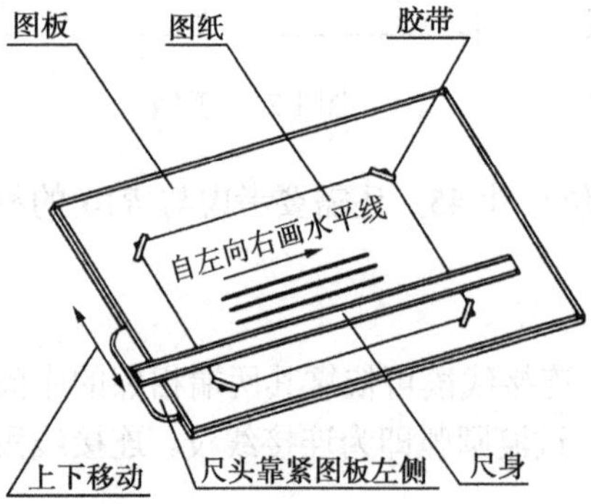

图 1.22　图板与丁字尺

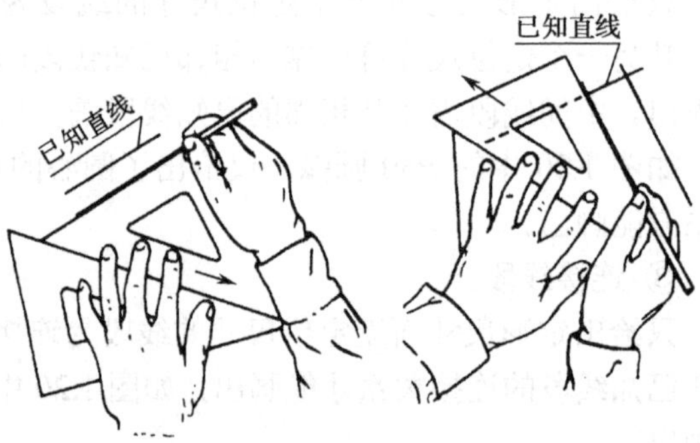

图 1.23　用三角板画已知线的平行线和垂直线

三角板还可以配合丁字尺画垂直线和其他角度的倾斜线。用一块三角板能画与水平成 30°、45°、60° 的倾斜线；用两块三角板配合可画与水平线成 15°、75°、105° 和 165° 的倾斜线，如图 1.24 所示。

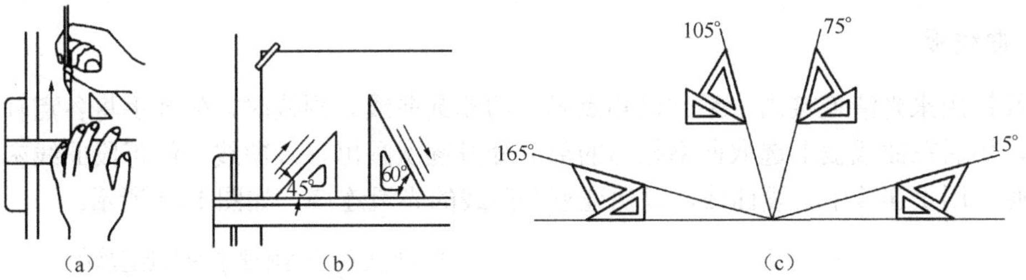

图 1.24 用三角板与丁字尺配合画特殊角度斜线

3. 圆规和分规

(1) 圆规

圆规用来画圆和圆弧，它是由铅芯和钢针组成的。

使用时应先调整钢针，使其略长于铅芯。通常画圆时应向前进方向稍微倾斜，而画大圆时应使圆规的两脚都与纸面垂直，如图 1.25 所示。

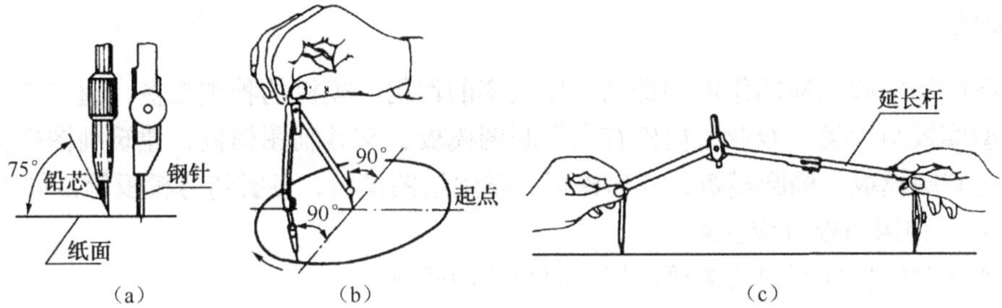

图 1.25 圆规的使用方法

圆规的铅芯形状如图 1.26 所示，画细线圆用图 1.26（b）所示前一种削法，画粗线圆用后一种削法。

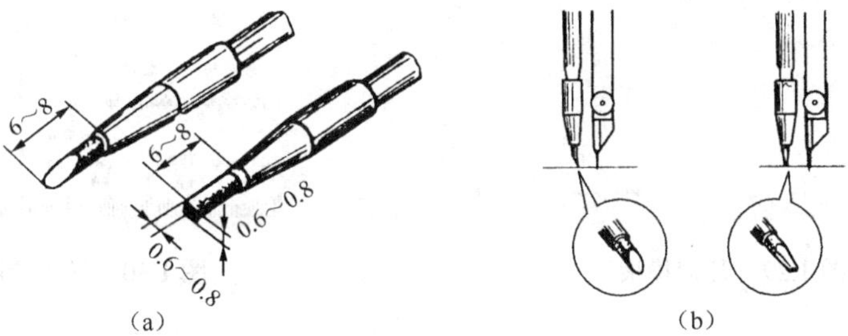

图 1.26 圆规的铅芯形状

(2) 分规

分规用来等分和量取线段。分规两脚的针尖在并拢后应能对齐。使用分规的方法如图 1.27 所示。

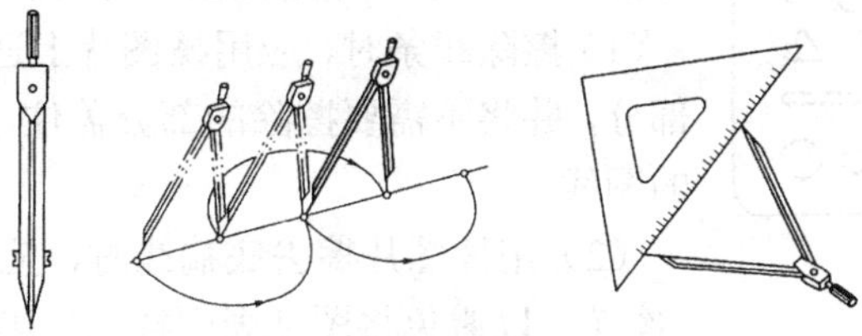

图 1.27 分规的使用方法

4. 曲线板

曲线板用来光滑连接由一系列已知点确定的非圆曲线。画线时，先徒手将各点轻轻地连成曲线，然后在曲线板上选取曲率相当的部分分段逐次画出各段曲线，但每段曲线末端的一小段不画，用于连接下一段曲线，以保证整个曲线的光滑连接，如图 1.28 所示。

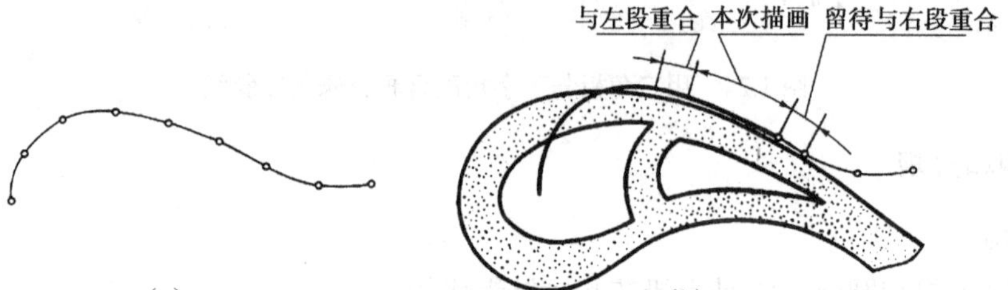

（a）　　　（b）

图 1.28　用曲线板作图

5. 模板

模板在制图中起到辅助作图和提高工作效率的作用。模板的种类很多，通常有专业型模板和通用型模板两大类。专业型模板有电子制图模板、家具制图模板、建筑制图模板等，通用型模板则有圆模板、椭圆模板、几何模板、学生绘图模板、各类符号模板等，如图 1.29 和图 1.30 所示。使用模板时应注意：

（1）作图时应根据不同的需要选择相应合适的模板。

（2）用模板作直线时，笔可稍微向运笔方向倾斜。

（3）作圆或椭圆时，笔应尽量与纸面垂直，并且紧贴模板。

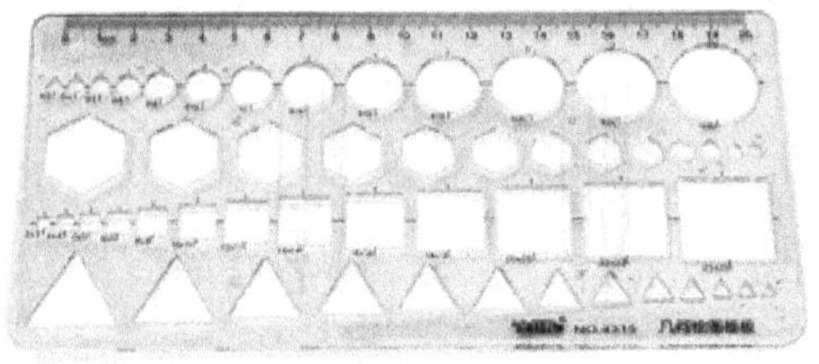

图 1.29　几何模板

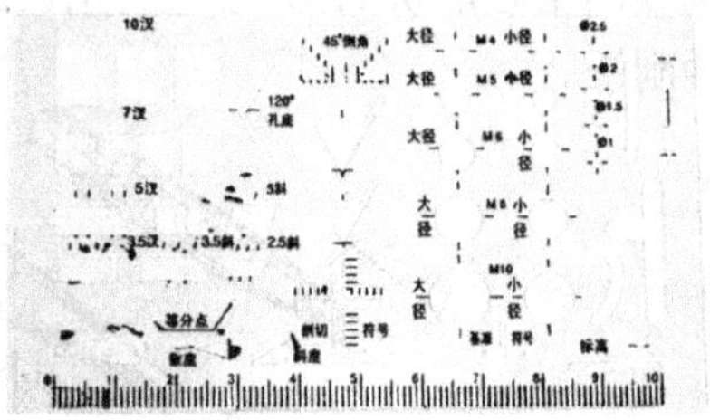

图 1.30　学生绘图模板

6. 擦图片

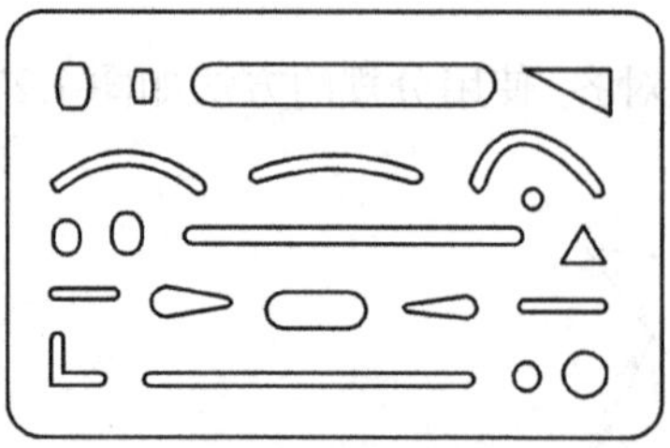

图 1.31 擦图片

擦图片是擦去制图过程中不需要的底稿线或错误的图线的一种辅助工具。擦图片是由塑料或不锈钢制成的薄片，如图 1.31 所示。使用擦图片时应注意：

（1）擦除线条时，应用擦图片上适宜的缺口对准需擦除的部分，并将不需要擦除的部分盖住，用橡皮擦去位于缺口中的图线。

（2）用擦图片擦去底稿线时，应尽量用最少的次数将其擦净，以避免将图纸表面擦毛，影响图纸质量。

7. 铅笔

绘图铅笔分为软芯（B）和硬芯（H）两种，字母“B”之前的数值越大表示铅芯越软，字母“H”之前的数值越大表示铅芯越硬，字母“HB”表示铅芯软硬适中。

画图时，一般使用 H 铅笔画底稿线和细线，用 HB 或 B 铅笔画粗线，用 HB 铅笔写字和画箭头。

画底稿线、细线和写字时用的铅笔，铅芯应削成圆锥形；画粗线时用的铅笔，铅芯应削成扁铲形，如图 1.32 所示。

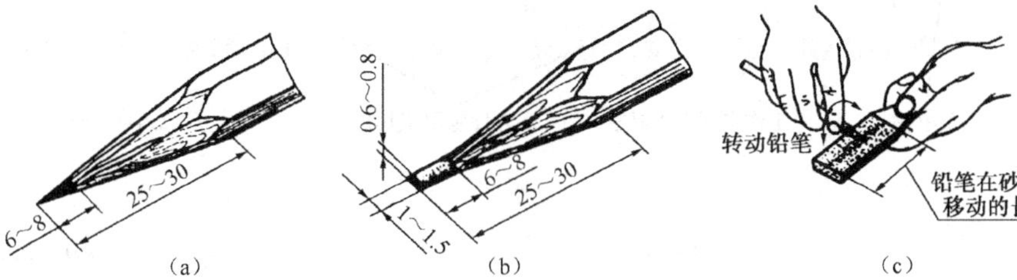

（a）　　（b）　　（c）

图 1.32　铅芯形状及磨法

1.5　AutoCAD 基础

1.5.1　AutoCAD 基本操作

本书中所讲的 AutoCAD 为 2018 版，其他版本的界面类似，操作方法也基本一致。

1. AutoCAD 的启动与退出

（1）AutoCAD 的启动方法

方法一：双击计算机桌面上的 AutoCAD 图标 。启动画面如图 1.33 所示。

方法二：从“开始”菜单启动。顺序为“开始”→“所有程序”→“Autodesk”→“AutoCAD 2018”。

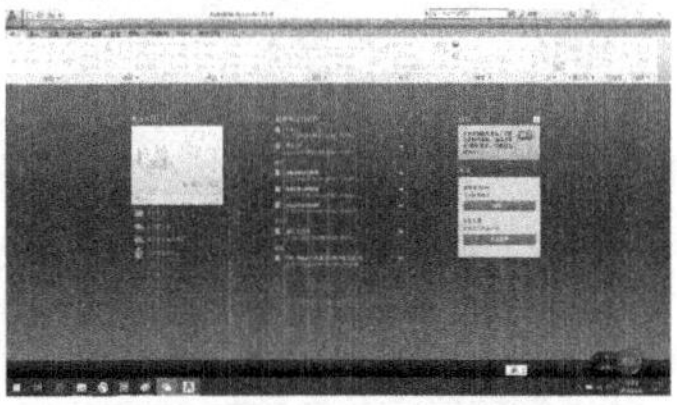

图 1.33　启动画面

（2）退出 AutoCAD 的方法

方法一：单击工作界面右上角的“关闭”按钮。

方法二：单击左上角的菜单浏览器 ，单击“退出 Autodesk AutoCAD2018”按钮。

方法三：通过输入命令进行关闭。在命令行输入“QUIT”，按回车键。

方法四：在键盘上按下“Alt+F4”组合键。

当退出操作之前没有保存图形时，系统将会弹出一个退出警告栏，如图 1.34 所示。该栏提供了三个按钮，其作用为：

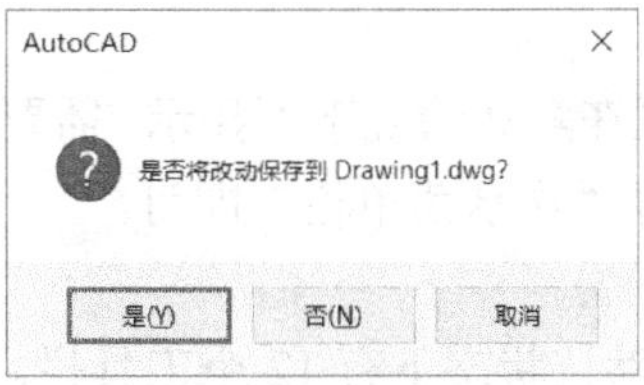

图 1.34　退出警告栏

是（Y）——在关闭前保存对图形所做的所有修改。

否（N）——放弃从上一次存盘到目前为止对图形所做的修改。

取消——取消命令，返回到 AutoCAD 工作界面。

2. AutoCAD 的工作界面

AutoCAD 的工作界面如图 1.35 所示，主要由标题栏、菜单浏览器、工具选项卡、“快速访问”工具栏、“工作空间”工具栏、各种应用工具栏、导航栏、滚动条、绘图区与十字光标、状态栏、命令提示栏等构成。

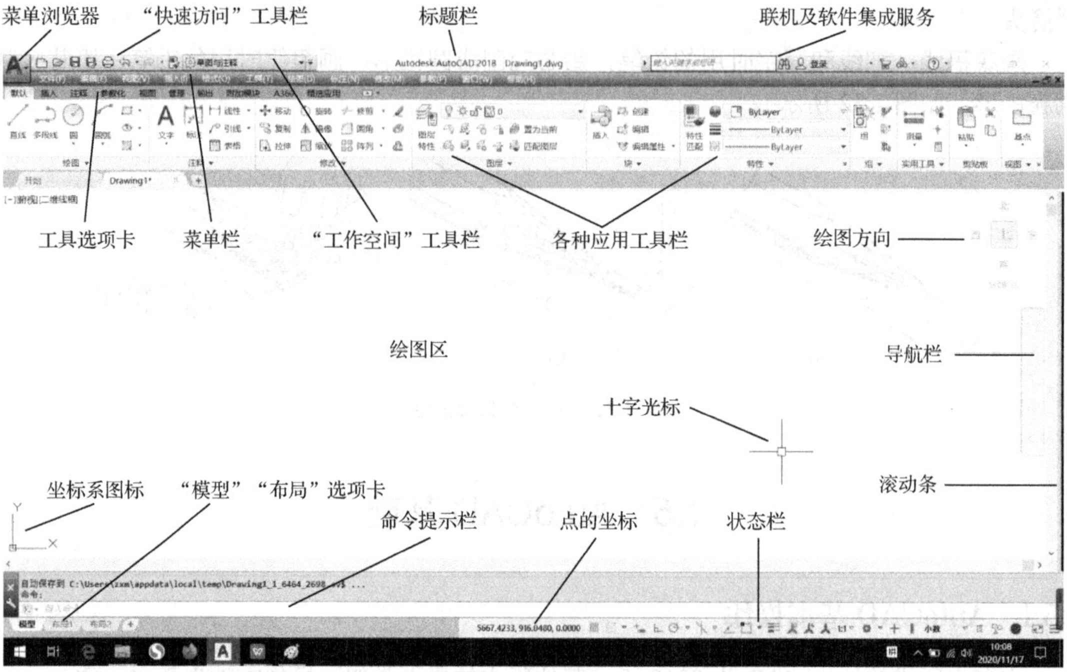

图 1.35　工作界面

（1）标题栏

标题栏位于工作界面的最上部，显示 AutoCAD 的版本号、当前所操作的图形文件的名称（默认文件名为“Drawing 1.dwg”），最右端是 AutoCAD 窗口的最小化、最大化和关闭按钮，最左端为 AutoCAD 菜单浏览器。

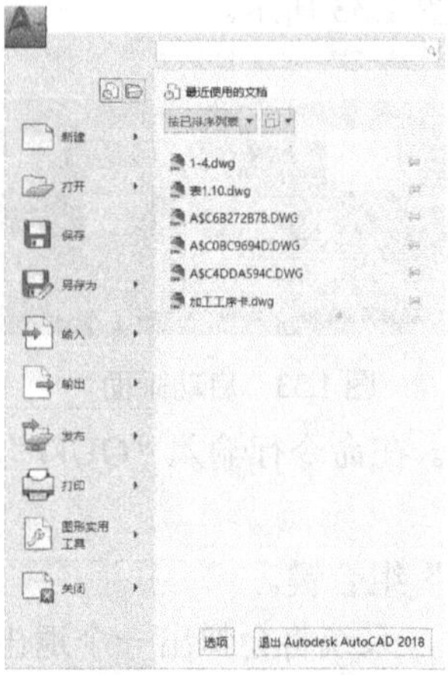

图 1.36　菜单浏览器

（2）菜单浏览器

菜单浏览器中包含一些常用的文件操作命令，如图 1.36 所示，可以进行新建、打开、保存、输入、输出以及另存为等操作。

（3）菜单栏

低版本的菜单栏位于标题栏下方，与 Windows 系统很接近，有 12 个一级菜单。

而 AutoCAD 2018 版本的菜单栏在默认情况下不显示，需要显示时可单击标题栏左侧的▾，选择“显示菜单栏”即可。

（4）工具栏

AutoCAD 提供了很多工具栏，默认状态下有 12 个工具栏。位于标题栏左部的是“快速访问”工具栏和“工作空间”工具栏；绘图区上方从左至右依次为“绘图”“注释”“修改”“图层”“块”“特性”“组”“实用工具”“剪贴板”“视图”工具栏。

其他常用工具栏，用户可以根据自己的需要设置，并可随意放置。工具栏上的每一个命令按钮都代表一条功能命令。

（5）绘图区

绘图区即屏幕中的空白区，是用来画图和显示图形的地方。该区还包括十字光标和坐标系图标。

光标位于绘图区中，为十字形状，称为“十字光标”，用于绘图、选择对象等操作。

坐标系图标位于绘图区的左下角，它表示当前所使用的坐标系形式及坐标方向。当所处的工作空间不同时，坐标系的图标也不同，如图1.37所示。

（a）模型空间　　（b）图纸空间

图1.37　坐标系图标

（6）滚动条

绘图区下方和右方各有一个滚动条，称为水平滚动条和垂直滚动条，可以使绘图区域在水平或垂直方向上移动。

当窗口中没有滚动条时，可在“选项”对话框的“显示”选项卡中打开。

（7）命令提示栏

命令提示栏是AutoCAD与用户进行交互式对话的地方，显示用户输入的命令和提示信息。一般显示最后两次所执行的命令和提示用户下一步该做什么，位于绘图区下方，如图1.38所示。

图1.38　命令提示栏

（8）状态栏

状态栏位于屏幕的底部，其左边显示十字光标中心所在位置的坐标值；右边是功能按钮，用来显示当前的作图状态，如图1.39所示。

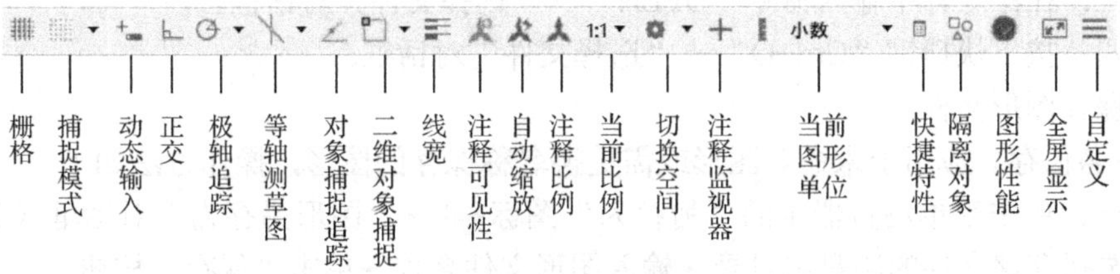

图1.39　状态栏

状态栏中的栅格、正交、极轴追踪、二维对象捕捉、对象捕捉追踪等都是透明命令，可以在执行其他命令的中间随时调用。在作图过程中以下功能经常使用：

① 栅格：是一种可见的位置参考图标，由一系列排列规则的点组成，它类似于方格纸，帮助进行图形定位。

② 捕捉模式：用作切换栅格捕捉和极轴捕捉，以及进行草图设置。

③ 动态输入：显示光标的动态变化情况，可非常方便地输入绘图参数值。

④ 正交：控制光标移动的平直度，用于绘制水平线和垂直线。

⑤ 极轴追踪：用于绘制已知角度的斜线，使用时应设置角增量。

⑥ 对象捕捉追踪：用来确定需捕捉点的追踪方向，多与二维对象捕捉结合使用。

⑦ 二维对象捕捉：可以使鼠标智能地捕捉到图形上的某些几何特性点（如端点、中点、圆心、交点、垂足等）。

⑧ 线宽：用来控制线型宽度的可视性。未打开时所有线型的宽度都一样是细的，打开后线条的粗细就明显区分出来了。一般在画完图后打开线宽检查图形的正确性。

⑨ 当前图形单位：绘图前应设置为“小数”。

⑩ 自定义：用于关闭状态栏中不需要的功能按钮，以及打开其他需要的功能。

3. 图形文件管理

（1）创建一个新的图形文件

方法一：在启动画面中单击“开始绘制”按钮→进入工作界面。

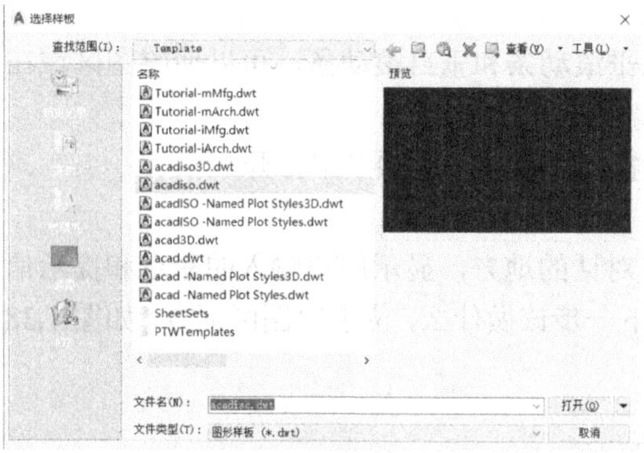

图 1.40 “选择样板”对话框

方法二：单击“快速访问”工具栏中的“新建”图标→“选择样板”对话框（如图 1.40 所示）→选择需要的样板样式→单击“打开”按钮→进入工作界面。

方法三：单击菜单浏览器中的“新建”图标→“选择样板”对话框。

方法四：在命令行中输入命令“NEW”→“选择样板”对话框。

方法五：按下快捷键“Ctrl+N”→“选择样板”对话框。

（2）打开已存在的图形文件

方法一：单击“快速访问”工具栏中的“打开”图标→“选择文件”对话框（如图 1.41 所示）→选择需要打开的图形文件→单击“打开”按钮。

方法二：单击菜单浏览器中的“打开”图标→“选择文件”对话框。

方法三：在命令行中输入命令“OPEN”→“选择文件”对话框。

方法四：按下快捷键“Ctrl+O”→“选择文件”对话框。

（3）保存图形文件

① 命名保存。应用于未命名图形或需更换名称保存的图形，操作方法如下。

方法一：单击菜单浏览器中的“另存为”图标→“图形另存为”对话框（如图 1.42 所示）→选择存储文件的磁盘和目录→输入图形文件名称→单击“保存”按钮。

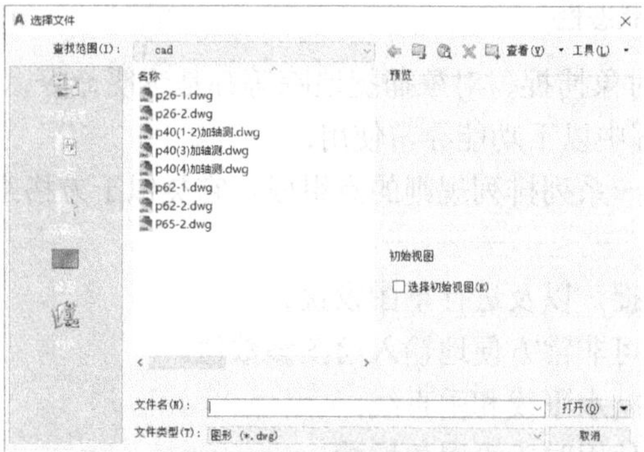

图 1.41 “选择文件”对话框

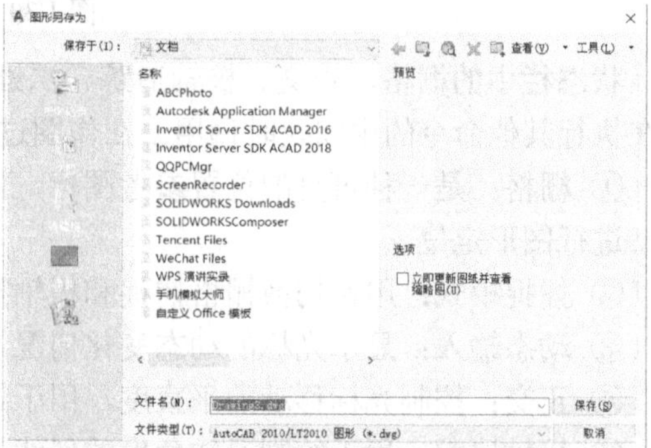

图 1.42 “图形另存为”对话框

方法二：输入命令“SAVE”→“图形另存为”对话框。

② 原名保存。应用于已命名图形的快速保存，操作方法如下。

方法一：单击“快速访问”工具栏中的“保存”图标。

方法二：单击菜单浏览器中的“保存”图标。

方法三：在命令行中输入“QSAVE”。

4. 工具栏操作

（1）显示工具栏

方法：“显示菜单栏”命令→“工具”命令→“工具栏”命令→“AutoCAD”命令→弹出工具栏列表→选择需要打开的工具栏。

（2）隐藏工具栏

方法一：单击工具栏右上角的“×”按钮。

方法二：将光标放置在工具栏中并右击→弹出工具栏列表→单击工具栏名称使其打开标记（对勾）消失。

（3）工具栏的移动及形状改变

移动：将光标指针置于工具栏端部灰色处，按住鼠标左键拖动工具栏到合适的位置放开。

改变形状：将光标指针置于工具栏的边框处，当指针变为双向箭头后，用指针拖动工具栏边框，使其形状改变。

（4）定制工具

方法：“显示菜单栏”命令→“工具”命令→“自定义”命令→“界面”命令→“自定义用户界面”对话框（如图 1.43 所示）→在“命令列表”框中输入命令名称→搜索出对应图标→将图标拖到工具栏中。

图 1.43　“自定义用户界面”对话框

5. 命令的输入与取消

（1）常用输入命令方法

① 通过单击工具栏中的图标选择，如单击“画圆”图标。

② 通过菜单栏选择命令，如画圆（“绘图”菜单→“圆”命令→“圆心、半径”命令）。

③ 通过命令行直接输入命令，如画圆（circle 或 C）。

④ 通过快捷键输入，如复制（Ctrl+C）。

⑤ 通过快捷菜单输入命令：右击即可弹出快捷菜单。

⑥ 重复刚执行完的命令：在命令提示状态下，按下回车键或空格键。

（2）常用取消命令方式

① 单击“取消”图标。

② 按下取消键（Esc）。

③ 在命令行中输入“U”，回车。

④ 按下快捷键“Ctrl+Z”。

（3）恢复刚放弃的命令

① 单击“恢复”图标。

② 按下快捷键“Ctrl+Y”。

6. 点的输入方法

（1）用鼠标在屏幕上单击拾取点

应用鼠标在屏幕上单击拾取的点为不精确的任意点。

（2）通过键盘输入点的坐标值

点的坐标通常有以下四种：

① 绝对直角坐标（X,Y）。输入该点与坐标原点的水平和垂直距离。

② 相对直角坐标（@X,Y）。输入该点与前一点的水平和垂直距离。

③ 绝对极坐标（距离<角度）。输入该点与坐标原点的距离和正东方向（右手水平方向）的夹角。

④ 相对极坐标（@距离<角度）。输入该点与前一点的距离和正东方向的夹角。

输入坐标值时应注意：逗号一定是英文半角形式；直角坐标值水平方向是“左负右正”，垂直方向是“上正下负”；角度值以右手水平方向为零度，逆时针为正、顺时针为负。

【例 1-1】 写出图 1.44 中 *B* 点的各种坐标值。

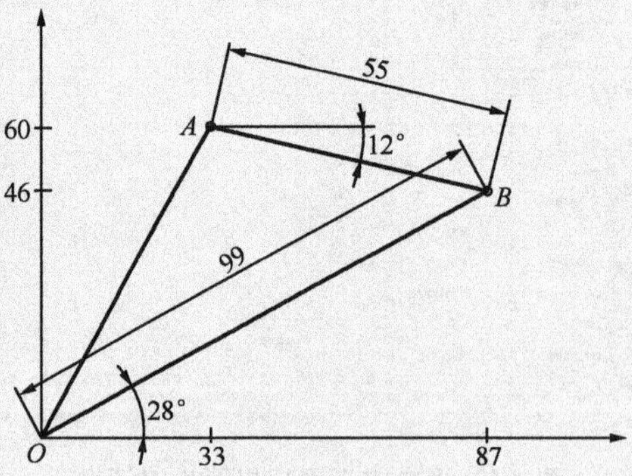

图 1.44　点的坐标值

B 点的绝对直角坐标为（87,46）。

B 点对 *A* 点的相对直角坐标为（@54,-14）。

B 点的绝对极坐标为（99<28）。

B 点对 *A* 点的相对极坐标为（@55<-12）。

（3）用对象捕捉方式输入一些特殊点

使用对象捕捉方式之前应打开状态栏的“二维对象捕捉”按钮或使用“对象捕捉”工具栏，常用对象捕捉方式如图 1.45 所示。

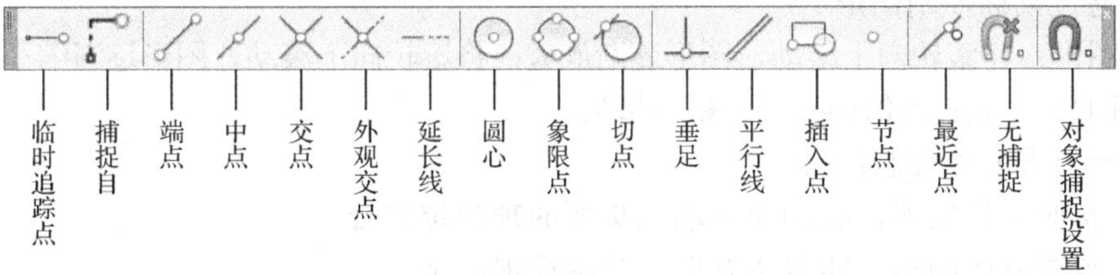

图 1.45 “对象捕捉”工具栏

（4）通过给定方向和距离确定点

应用光标指定方向，通过键盘输入距离。

（5）通过追踪得到一些点

使用追踪之前应打开“二维对象捕捉”“对象捕捉追踪”按钮。

（6）应用“捕捉自”  功能得到与已知点关联的点

当知道输入点与某已知点的相对位置时，使用“捕捉自”功能会更加快捷。

（7）重复上一点的坐标值

输入符号“@”并回车，将输入上一个点的坐标值。

7. 对象选择方法

AutoCAD 提供的选择对象的方法比较多，在绘图过程中应该根据需要或自己的习惯来选用。

方法一：直接拾取。用光标逐个单击对象，相应图形对象变蓝即被选中。

方法二：默认窗口方式。在对象左下角（或左上角）单击鼠标左键，光标向右边移动拉成一个矩形框，将需要选的对象全部圈在其中，再次单击对象即被选中。

方法三：窗口方式。与默认窗口方式类似，在“选择对象”提示下输入“W”回车，用光标拉出一个矩形框，窗口内部的所有完整对象都被选中。或者在“选择对象”提示下，用光标在界面中从左向右拉一个矩形方框，框内的所有完整对象都被选中。

方法四：交叉窗口。在“选择对象”提示下输入“C”回车，用光标拉出一个矩形框，选中窗口内部及被窗口交叉到的所有对象。或者在“选择对象”提示下，用光标在界面中从右向左拉一个矩形方框，方框内部及被交叉到的所有对象均被选中。

方法五：多点选择。在“选择对象”提示下输入“M”回车，逐个选择比较分散的多个对象。

方法六：最后方式。在“选择对象”提示下输入“L”回车，最后画出的一个图形对象被选中。

方法七：全部方式。在“选择对象”提示下输入“A”回车，选中包括关闭层在内的所有对象。

8. 图形显示控制

在绘图过程中，为了画图和看图的需要，经常要调整图形的大小和位置，一般可通过以下几种方法进行操作。但此处所讲的缩放图形只是视觉变化，其真实的尺寸并不改变。

（1）通过鼠标控制图形

缩放图形：将滚轮向上滚动，图形逐渐放大；将滚轮向下滚动，图形逐渐缩小。

移动图形：压住滚轮即可进行图形移动。

（2）通过导航栏控制图形

：实时平移图形，将图像移动到桌面的理想位置处。

：范围缩放图形，即将所有图形范围满屏显示。

：动态观察图形，可旋转观察图形的各个角度。

（3）通过“缩放”工具栏控制图形

此方法需要调出“缩放”工具栏（如图 1.46 所示）。

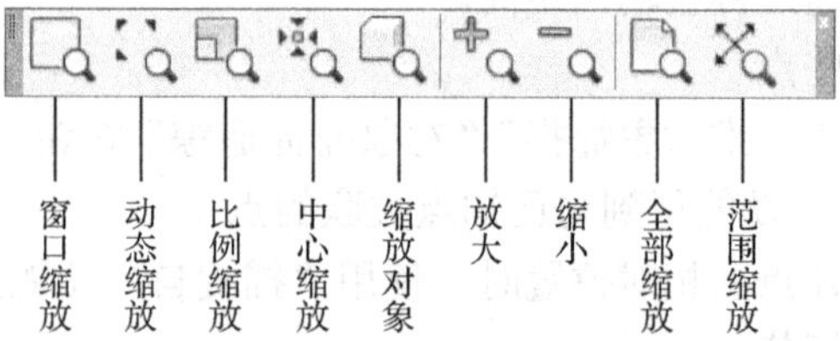

图 1.46 “缩放”工具栏

（4）通过输入命令的方法控制图形

输入命令“ZOOM（Z）”→ZOOM[全部(A)中心(C)动态(D)范围(E)上一个(P)比例(S)窗口(W)对象(O)]<实时>：

① 回车（实时）→鼠标滚轮向上滚动放大图形，滚轮向下滚动缩小图形。

② 输入“A”（全部）→显示绘制出的所有图形范围或图形界限范围（包括图形界限外的图形）。

③ 输入“C”（中心）→指定缩放中心点→输入缩放比例或高度→图形按照要求缩放。

④ 输入“D”（动态）→显示一个中间有“×”的方框→将光标移动到希望到达的位置处单击→按下左键拖动光标调整方框大小和位置→右击→方框内的图形放大至满屏。

⑤ 输入“E”（范围）→将所有绘制出的图形范围满屏显示。

⑥ 输入“P”（上一个）→返回到上一个显示区域。

⑦ 输入“S”（比例）→输入缩放比例→显示区的图形按比例放大或缩小。

⑧ 输入“W”（窗口）→选择需要放大的图形区域→被选中的区域被放大至满屏。

⑨ 输入“O”（对象）→选择需放大的图形对象→回车→选中对象被放大至满屏。

（5）通过滚动条控制图形位置

拖动水平或垂直滚动条移动图形的显示位置。

（6）重画图形

刷新当前的屏幕显示，以整理画图操作中形成的残缺画面。

操作：菜单栏中“视图”菜单→“重画”命令。

（7）改善圆弧的显示

此操作可将显示成多边形的圆或圆弧改善为光滑状态。

方法一：菜单栏中“视图”菜单→“重生成”命令。

方法二：菜单栏中“工具”菜单→“选项”命令→“显示”选项卡→在“显示精度”栏内更改“圆弧和圆的平滑度”的值→“确定”按钮。

1.5.2 基本绘图环境设置

（1）设置绘图单位

① 选择菜单栏中的“格式”菜单，打开下拉菜单；

② 选择“单位”命令，弹出“图形单位”对话框（见图 1.47）；

③ 在“长度”栏内设置“类型”为“小数”，“精度”为“0”或“0.00”（根据实际需要的绘图精度选择）；

④ 在“角度”栏内设置“类型”为“十进制度数”，精度为“0”或“0.0”（根据实际需要的绘图精度选择）。

⑤ 单击“确定”按钮，完成设置。

⑥ 检查并设置状态栏中的单位为“小数”。

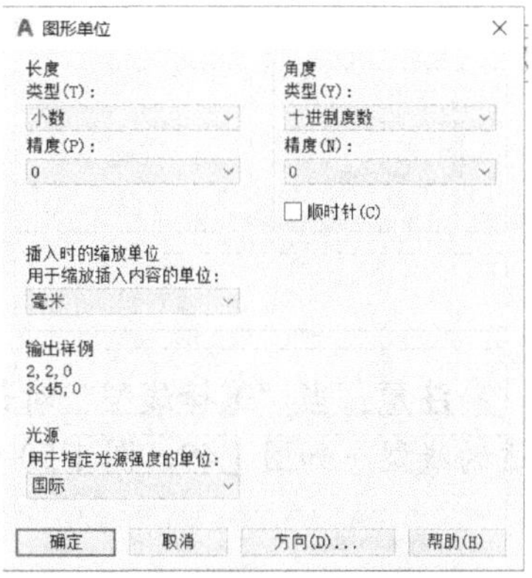

图 1.47 “图形单位”对话框

（2）设置图形界限

① 选择菜单栏中的“格式”菜单，打开下拉菜单；

② 选择“图形界限”命令；

③ 输入图形区左下角点的绝对坐标值“0,0”，回车；

④ 输入图形区右上角点的相对坐标值“@420, 297”（A3 图幅），回车；

⑤ 输入“Z”（缩放命令 ZOOM），回车；

⑥ 输入“A”（全部），回车。

注意：最后两步的目的是将绘图区放大至全屏，此时在屏幕上几乎看不到什么变化，若将“栅格”状态打开，即可以看到变化。

（3）设置图层

通常平面图中只有轮廓线、细实线、虚线和中心线几种线型，加上尺寸标注，只需要设置五个常用图层（具体图层根据实际需求设置），颜色、线型、线宽等设置要求如表 1.11 所示。

表 1.11 图层设置

图 层	颜 色	推 荐 线 型	推荐线宽/mm
粗实线	白色	Continuous	0.5
细实线	绿色	Continuous	0.25
中心线	红色	CENTER2 或 ACAD-ISO04W100	0.25
虚线	黄色	DASHED2 或 ACAD-ISO02W100	0.25
标注层	洋红色	Continuous	0.25
注：图层名称可以用英文字母、汉字、拼音等任何形式命名，颜色在未明确规定时可根据个人喜好设置。			

图层设置方法：

① 单击“图层特性”图标，弹出图层特性管理器（见图 1.48）；

② 单击“新建图层”图标，输入新的图层名称（0 层不可重命名，且通常不使用）；

③ 单击该层颜色处，弹出“选择颜色”对话框，选择合适颜色，单击“确定”按钮；

④ 单击该层线型处，弹出“选择线型”对话框，选择合适的线型，单击“确定”按钮；

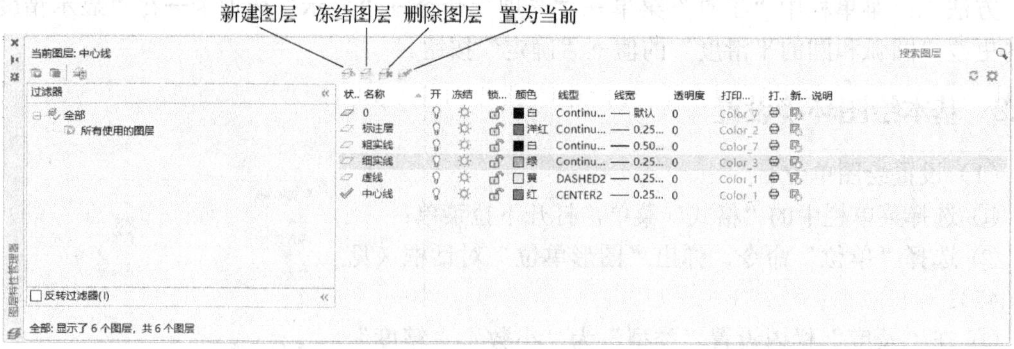

图 1.48　图层特性管理器

注意：当“选择线型”对话框中没有所需要的线型时，单击“加载”按钮，从中选择合适的线型（如图 1.49、图 1.50 所示）。

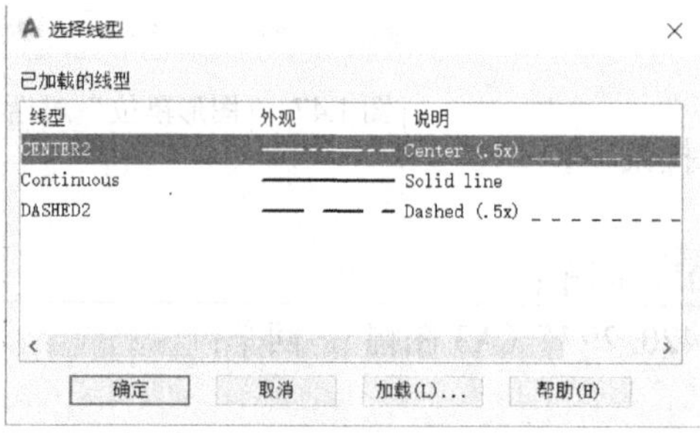

图 1.49　“选择线型”对话框

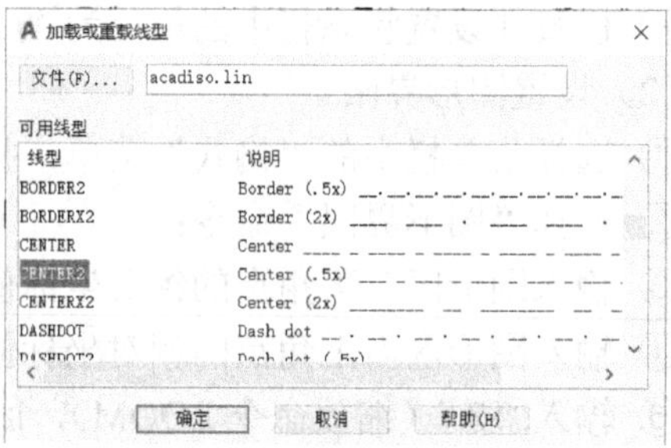

图 1.50　“加载或重载线型”对话框

⑤ 单击该层线宽处，在线宽管理器中选取合适的线宽，单击“确定”按钮，完成设置。

说明：

① 根据图形的不同需要，将同一张图纸看作由若干层透明纸重叠而成，每一层上的图形具有相同的线型、颜色、线宽和状态。

② 不需要的图层可以删除，但当前层、0 层和有对象的图层不能删除。

③ 有三种方式可以控制图层的可见性和可编辑性：

打开/关闭“💡”：控制图层的可见性。关闭的图层不可见，不可打印，但可以与图形一起重生成。

冻结/解冻“☼”：控制图层的可见性。冻结的图层不可见，不可打印，也不可重生成。

锁定/解锁“🔓”：锁定的图层仍可见，但不能进行编辑。

（4）设置辅助功能

为了高速、精确地绘图，AutoCAD 提供了一些便捷的辅助工具。

① 设置栅格间距和捕捉间距。

方法：单击状态栏中“捕捉模式”按钮 ▾→“对象捕捉设置”图标→“草图设置”对话框→在“捕捉和栅格”选项卡中，修改“栅格间距”为 5（或 10），“捕捉间距”为 0.1（或 0.5），如图 1.51 所示。

注意：捕捉间距值与绘图时捕捉的精确度相关。

② 设置对象捕捉方式。

在“对象捕捉”选项卡中，单击“全部选择”按钮，如图 1.52 所示。

③ 设置对象追踪方式。

在“极轴追踪”选项卡，可以设置极轴增量角和进行对象捕捉追踪设置，如图 1.53 所示。

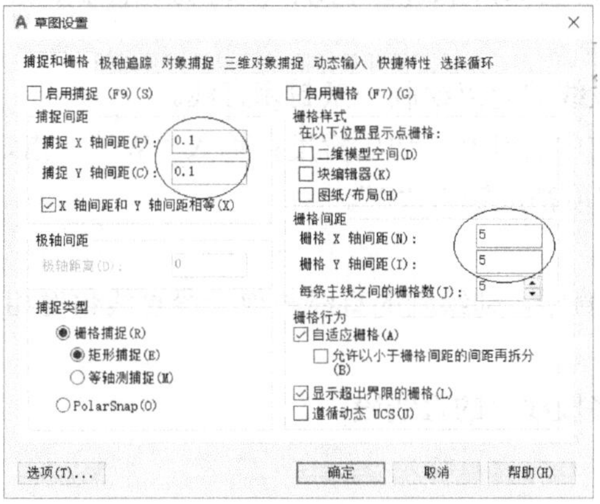

图 1.51　设置栅格间距和捕捉间距

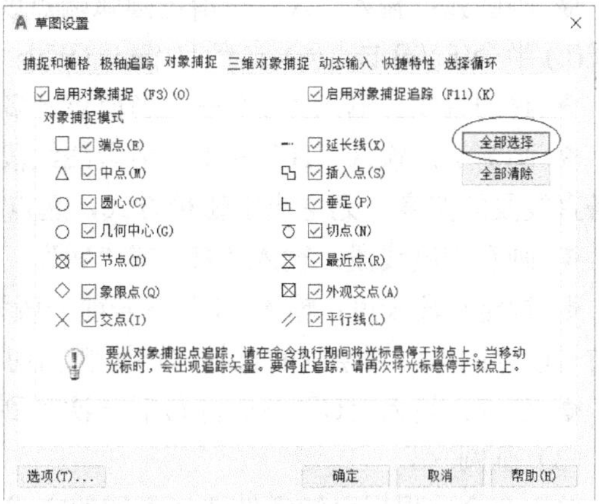

图 1.52　设置对象捕捉方式

1.5.3　AutoCAD 绘图基础

在绘制图形时，可以用“绘图”工具栏（如图 1.54 所示）中提供的工具，也可采用其他方法输入命令，无论采用什么方法，都应根据给出的已知条件进行选用，并注意观察系统的提示。

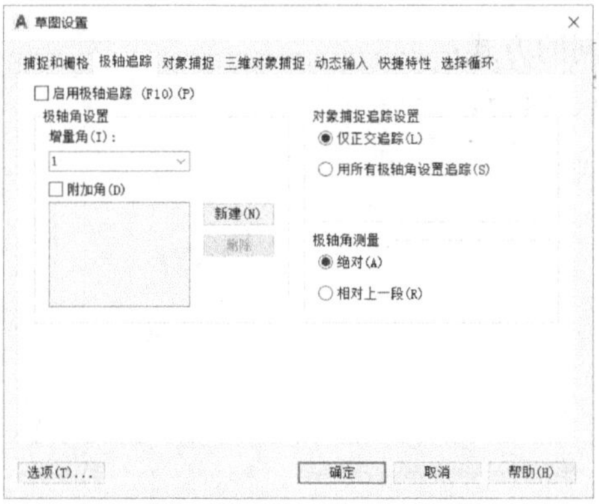

图 1.53　设置对象追踪方式

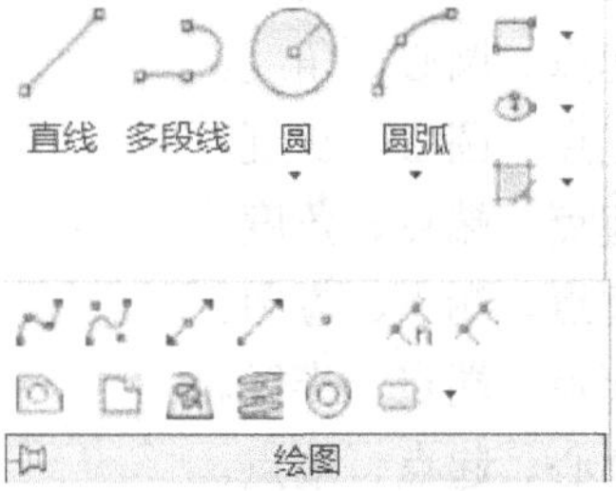

图 1.54　“绘图”工具栏

（1）画直线

◆ 画水平线和垂直线（建议打开“正交”状态）：先后输入起点和终点。

◆ 画一般直线（斜线）时应关闭“正交”状态。

◆ 画直线的平行线：仅限水平线和垂直线，不指定距离或捕捉通过点。

◆ 画直线的垂直线：通过捕捉垂足绘制。

（2）画多段线

输入命令→输入起点坐标→提示：指定下一点或[圆弧(A)/闭合(C)/半宽(H)/长度(L)/放弃(U)/宽度(W)]。

◆ 画直线：指定下一点。

◆ 画圆弧：输入“A”→指定圆弧端点或[角度(A)/圆心(CE)/闭合(CL)/方向(D)/半宽(H)/直线(L)/半径(R)/第二点(S)/放弃(U)/宽度(W)]。

◆ 封闭直线：输入“C”→从当前点到多段线的起点绘制一条封闭直线。

◆ 画箭头：输入“H”→指定多段线线段的中心到其一边的宽度；输入“W”→指定下一条直线段的宽度；无论选用哪种方式，起点宽度都应输入“0”。

◆ 画有宽度线段：输入“H”或“W”。

◆ 指定线段长度：输入“L”→若前一段为直线，则绘制的直线与前一段直线角度相同；若前一段为圆弧，则绘制的直线与该圆弧相切。

◆ 放弃：输入“U”→删除最后一次画到多段线上的直线段。

（3）画圆

输入命令→根据已知条件选择不同的方式：

◆ 圆心、半径。

◆ 圆心、直径。

◆ 两点（直径的两个端点）。

◆ 三点（圆周上任意三个点）。

◆ 相切、相切、半径（与两个对象相切，且半径给定的圆）。

◆ 相切、相切、相切（与三个对象相切的圆）。

（4）画圆弧

输入命令→根据提示和已知条件选择不同的方式：

◆ 三点：依次输入圆弧的起点、通过点、终点。

◆ 起点、圆心、端点。

◆ 起点、圆心、角度。

◆ 起点、圆心、长度。

◆ 起点、端点、角度。

◆ 起点、端点、方向。

◆ 起点、端点、半径。

◆ 圆心、起点、端点。

◆ 圆心、起点、角度。

◆ 圆心、起点、长度。

注意： 起点和终点必须按照逆时针方向给出。

（5）画矩形

输入命令→提示：指定第一个角点或 [倒角(C)/标高(E)/圆角(F)/厚度(T)/宽度(W)]。

◆ 画一般矩形：输入第一个角点→输入另一个角点。

◆ 画带倒角矩形：输入“C”→第一个倒角距离→第二个倒角距离→指定第一个角点→指定第二个角点。

◆ 画带圆角矩形：输入“F”→指定圆角半径→指定第一个角点→指定第二个角点。

◆ 输入“T”→设置矩形的厚度（Z向尺寸）。

◆ 输入“W”→设置矩形的边框线宽度。

◆ 输入“E”→设置矩形的标高（与*XOY*坐标平面的距离）。

（6）画正多边形

输入命令→输入边数→提示：指定多边形的中心点或[边(E)]。

◆ 输入多边形的中心点→输入选项[内接于圆(I)/外切于圆(C)]。

输入“I”→输入或指定内接圆的半径。

输入“C”→输入或指定外切圆的半径。

◆ E→依次输入一条边的两个端点坐标。

（7）画椭圆

输入命令→提示：指定椭圆轴的端点或[圆弧(A)/中心点(C)]。

◆ 指定椭圆轴的一个端点→指定椭圆轴的另一个端点→指定另一条半轴的长度（指定另一条椭圆轴的一个端点）→绘出椭圆。

◆ 输入“C”→指定椭圆的中心点→指定一条椭圆轴的一个端点→指定另一条椭圆轴的半长（指定另一条椭圆轴的一个端点）→绘出椭圆。

（8）画构造线

输入命令→提示：指定点或[水平(H)/垂直(V)/角度(A)/二等分(B)/偏移(O)]。

◆ 画直线：输入起点→输入通过点→回车（或右击）。

◆ 画水平线：输入“H”→输入通过点→回车（或右击）。

◆ 画垂直线：输入“V”→输入通过点→回车（或右击）。

◆ 画斜线：输入“A”→输入角度→输入通过点→回车（或右击）。

◆ 画角平分线：输入“B”→拾取角的顶点→拾取角的起点→拾取角的终点→回车（或右击）。

◆ 画平行线：输入“O”→输入距离→拾取偏移对象→输入偏移方向→回车（或右击）。

注意：① 构造线为无限长的直线。

② 此命令多在绘制工程图中保证投影关系时使用。

（9）画射线

输入命令→输入起点→输入通过点。

（10）画点

点的样式：指当前点的显示样式和大小，初始状态下的显示形式为“0”。

AutoCAD提供了多种形式的点，可根据需要指定点的样式，设置点样式的过程：

菜单栏“格式”菜单→“点样式”命令→“点样式”对话框（见图1.55）→选择点样式→输入点大小→单击“确定”按钮。

◆ 绘制单点：用光标直接指定点或输入点的坐标。

1.5.4　AutoCAD图形编辑

在绘制图形的过程中，通常需要用“修改”工具栏（如图1.56所示）中提供的工具，有时也使用菜单栏中的“修改”菜单，操作时应根据需要选用合适的方法，并注意观察系统的提示。

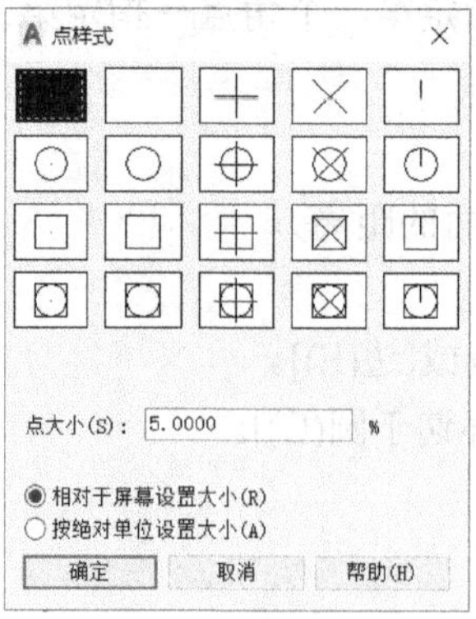

图 1.55　点的样式

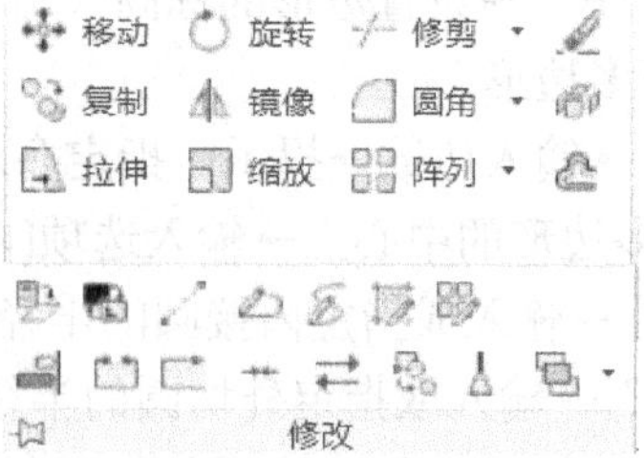

图 1.56　“修改”工具栏

（1）移动：用于将图形对象移动到某个指定位置。

操作：输入命令→选择被移动对象→选择移动前参考点（基点）→选择目标位置参考点。

（2）旋转：用于将图形对象旋转某个角度。

（3）修剪：用于修剪有边界要求的线段。将过长的线条修剪到某个图线的交点处。

操作：输入命令→单击要修剪的边界线→单击需要修剪掉的部位。

（4）延伸：用于延长有边界要求的线条的长度。

操作：输入命令→单击延长的边界→单击需要延长图线的延长端附近某点。

（5）删除：用于删除不需要或错误的图线、图形、尺寸标注、图案填充等对象。

（6）复制：用于复制已画出的相同图素，执行此命令后，原图形不消失。

操作：输入命令→选择需要复制的对象→指定基点或位移，或者[重复(M)]。

◆ 选定原图参考点→指定复制目标位置参考点。

◆ 选定位移参考点→输入位移和方向（也可用相对坐标）。

◆ 输入“M”→选定原图参考点→依次指定复制目标位置参考点（可完成多个复制操作）。

（7）镜像：用于绘制对称的图形。

操作：输入命令→选择需要镜像的图形对象→选择对称线上一点→选择对称线上另一点→是否删除源对象[是(Y)/否(N)]。

◆ 输入“Y”（删除原图形，只保留镜像后的图形）。

◆ 输入“N”或回车（保留完整的对称图形）。

（8）圆角：用于倒圆角或圆弧过渡。

操作：输入命令→选择第一个对象或[多段线(P)/半径(R)/修剪(T)/多个(U)]。

◆ 输入“R”→输入圆角半径→单击第一条线（或第一个相切对象）→单击第二条线（或第二个相切对象）。

◆ 输入“T”→输入修剪模式选项[修剪(T)/不修剪(N)]（如图 1.57 所示）。

修剪：输入“T”后再进行上述倒圆角操作，角部多余图线被剪掉。

不修剪：输入“N”后再进行上述倒圆角操作，角部多余图线被保留。

（9）倒角：用于绘制任意角度尺寸的倒角。

操作：输入命令→选择第一条直线或[多段线(P)/距离(D)/角度(A)/修剪(T)/方式(M)/多个(U)]。

◆ 画 45° 倒角：输入“D”→输入倒角距离→回车（第二个倒角距离相同）→选择第一

条边→选择第二条边（第一条边和第二条边没有顺序限制）。

◆ 根据角度画倒角：输入“A”→输入第一条边的倒角尺寸→输入角度→选择第一条边→选择第二条边。

◆ 画两边距离不同的倒角：输入“D”→输入第一条边的倒角尺寸→输入第二条边的倒角尺寸→选择第一条边→选择第二条边。

◆ 修剪与不修剪的区别（如图 1.58 所示）：输入“T”→选择修剪模式选项[修剪(T)/不修剪(N)]<修剪>。

修剪：默认状况下输入“T”或回车，之后再进行上述倒角操作，角部多余图线被剪掉。

不修剪：输入“N”，进行上述倒角操作后，角部多余图线被保留。

图 1.57　圆角修剪与不修剪的区别

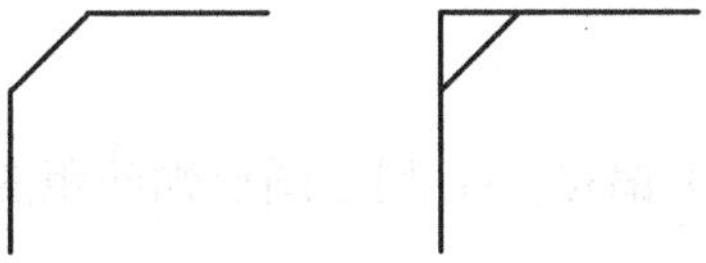

图 1.58　倒角修剪与不修剪的区别

（10）分解：用于将图形、尺寸或图块等整体对象分解成零散对象。

（11）拉伸：通过交叉窗口选择对象，将其拉长或缩短。圆、椭圆和块无法拉伸。

（12）缩放：用于放大或缩小图形，缩放后的图形尺寸随之改变。

（13）矩形阵列：用于绘制水平和垂直两个方向均排列整齐的相同结构，如图 1.59（b）所示。

操作：输入命令→选择对象→选择夹点以编辑阵列或[关联(AS)/基点(B)/计数(COU)/间距(S)/列数(COL)/行数(R)/层数(L)/退出(X)]<退出>：

◆ 输入“COU”→输入列数→输入行数→输入“S”→输入列间距→输入行间距。

◆ 在“阵列创建”对话框（如图 1.59（a）所示）中填写列数、列间距、行数、行间距等参数。

注意：行间距和列间距具有方向性，左负右正，上正下负。

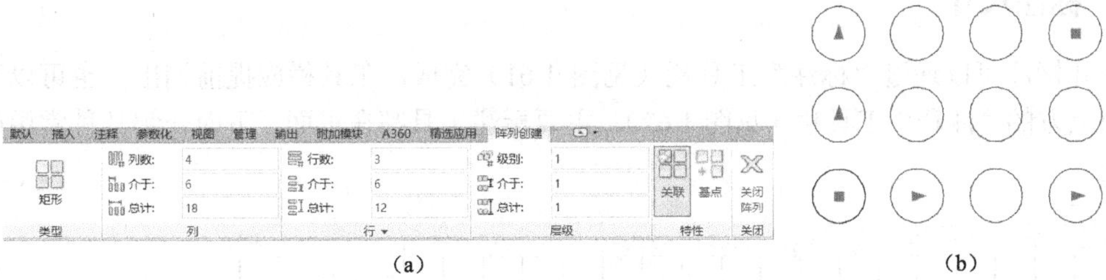

图 1.59　矩形阵列

（14）环形阵列：用于绘制圆周方向均匀分布的相同结构，如图 1.60（b）所示。

操作：输入命令→选择阵列对象→选择阵列中心点→选择夹点以编辑阵列或[关联(AS)/基点(B)/项目(I)/项目间角度(A)/填充角度(F)/行(ROW)/层(L)/旋转项目(ROT)/退出(X)]<退出>：

◆ 输入“I”→输入阵列数量→输入“A”→输入相邻两项目之间的夹角。

◆ 在“阵列创建”对话框（如图 1.60（a）所示）中填写项目数和角度等参数。

注意：在输入角度时逆时针为正，顺时针为负。

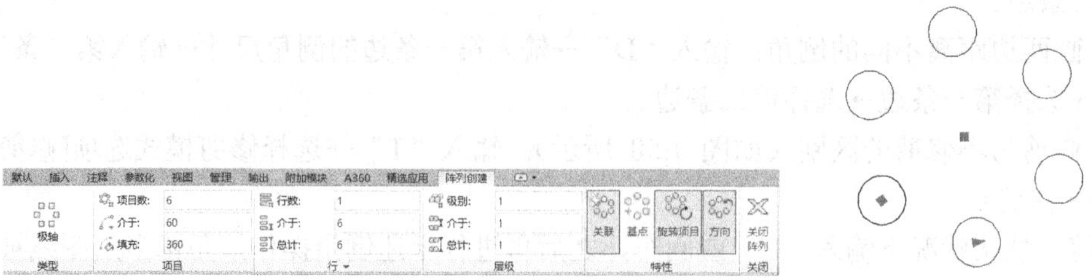

（a）　　（b）

图 1.60　环形阵列

（15）偏移：用于画已知间距的平行线或同心结构（如同心圆、同心椭圆、同间距矩形等）。

操作：输入命令→输入偏移距离→选择被偏移对象→单击偏移的方向。

（16）打断：用于修剪无边界要求的线段。将过长的线条剪掉一部分。

操作：输入命令→单击线条上的打断点→单击另一个打断点。

（17）打断于点：将直线、圆弧、多段线等对象从选定点处打断成两段。要打断整圆、椭圆无法使用此命令。

（18）合并：将连续的直线、圆弧、多段线等零散对象合并为整体。

（19）反转：使直线、多段线、样条曲线等的起点和终点反转。

（20）删除重复对象：通过删除重复和不需要的图线来清理重叠的几何图形。

（21）特性：用于修改现有对象的特性。

注意：对象可以是图线、尺寸、图块等任何图素。

（22）特性匹配：相当于格式刷，用于修改图线、图形、尺寸标注、图案填充等对象的特性。例如，当图线的图层使用错误时，可以采用以下步骤进行修改。

操作：输入命令→单击目标图线（光标变为刷子形状）→单击需要修改的图线。

1.5.5　标注尺寸

尺寸标注可以通过“标注”工具栏（见图 1.61）完成，工具栏应提前调出；也可以直接用界面上方的“注释”工具栏（见图 1.62），主要标注工具都在里面。下面介绍几种常用的标注工具。

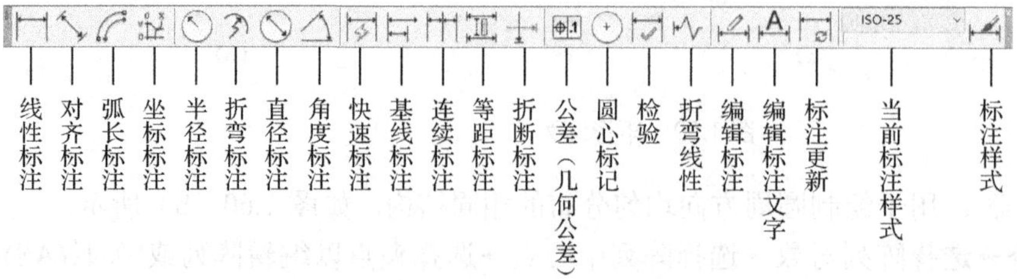

图 1.61　“标注”工具栏

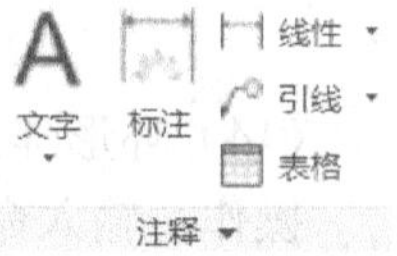

图 1.62　“注释”工具栏

（1）线性标注：用于标注水平或垂直方向的尺寸。

操作：输入命令→选择第一条尺寸界线起点→选择第二条尺寸界线起点→放到合适位置。

（2）对齐标注：用于标注倾斜的尺寸。

操作：输入命令→选择第一条尺寸界线起点→选择第二条尺寸界线起点→放到合适位置。

注意：两条尺寸界线的起点连线应与尺寸线平行。

（3）半径标注：标注圆弧半径尺寸。

（4）直径标注：标注圆形的直径尺寸。

（5）角度标注：标注角度尺寸。

操作：输入命令→单击第一条边界线→单击第二条边界线→放到合适位置。

（6）快速标注：快速标注几何图形的尺寸。

操作：输入命令→单击几何图形→放到合适位置。

（7）基线标注：标注起点相同，并且互相平行的系列尺寸（见图 1.63）。

操作：单击→标注第一个尺寸→单击→依次选择各尺寸终点位置。

（8）连续标注：标注连续的系列尺寸（见图 1.64）。

操作：单击→标注第一个尺寸→单击→依次选择各尺寸终点位置。

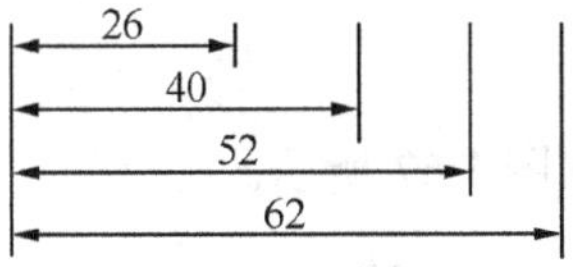

图 1.63　基线标注

图 1.64　连续标注

（9）等距标注：调整线性标注或角度标注之间的间距为等距。

（10）引线标注：创建多重引线对象。

1.5.6　绘制平面图形

下面以绘制如图 1.65 所示图形为例，介绍绘制平面图形的一般思路和步骤。

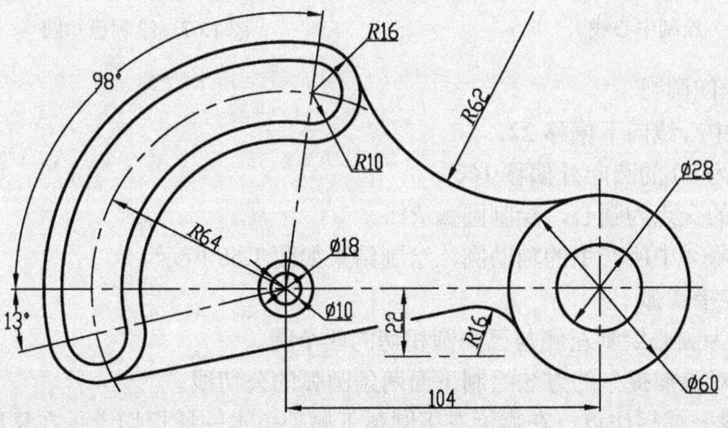

图 1.65　平面图形

【分析图形】 该平面图形比较简单，主要由一系列的圆和圆弧构成，绘图前的关键问题有两个：

① 分析清楚各圆弧之间的相切关系；

② 找准各圆弧的圆心。

【绘图方法】

（1）绘制中心线

① 打开“正交”状态，更换图层为“中心线”层；绘制一条水平线（长度大于 250）和一条垂直线（长度大于 70），其交点为 *A*。

② 应用“偏移”命令画出左边的垂直中心线（距离为 104），产生交点 *B*。

③ 以 *B* 点为圆心画出半径为 64 的中心圆。

④ 关闭“正交”状态，打开“极轴追踪”状态，画出两条倾斜的中心线（注意角度），产生交点 *C*、*D*。绘制结果如图 1.66 所示。

（2）绘制已知圆

① 使用“打断”命令将中心圆切断，保留左半边部分（注意选取打断点时应按照逆时针方向选）。

② 更换图层为“粗实线”层。

③ 以 *A* 点为圆心绘制半径为 30 和 14 的圆。

④ 以 *B* 点为圆心绘制半径为 5 和 9 的圆。

⑤ 以 *C* 点为圆心绘制半径为 10 和 16 的圆。

⑥ 将 *C* 点处的两个圆复制到 *D* 点处。绘制结果如图 1.67 所示。

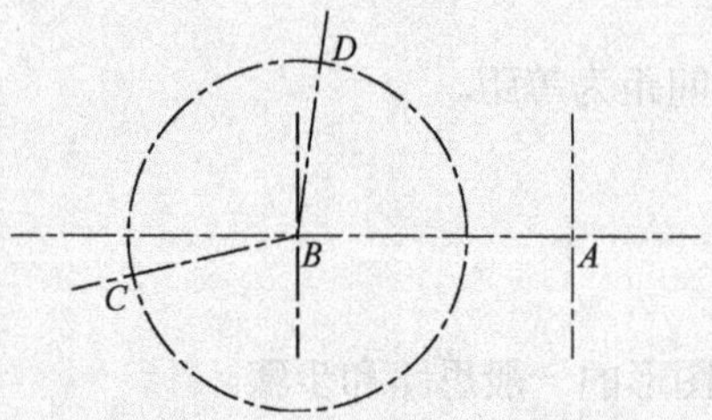

图 1.66 绘制中心线

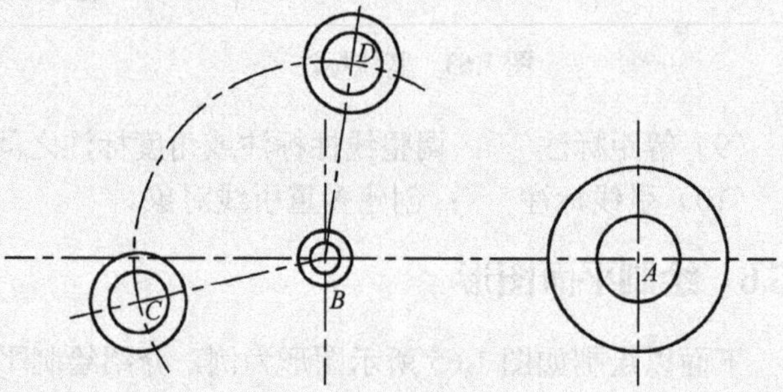

图 1.67 绘制已知圆

（3）绘制中间圆弧

① 将水平中心线向下偏移 22。

② 将半径为 30 的圆向外偏移 16。

③ 以产生的交点为圆心，绘制圆弧 *R*16。

④ 删除步骤②中所产生的辅助圆，绘制结果如图 1.68 所示。

（4）绘制连接圆弧

① 以 *B* 点为圆心绘制左侧与已知圆相切的四个圆。

② 应用“对象捕捉”的方法绘制下面两条圆弧的公切线。

“直线”命令→捕捉切点→在靠近左下圆弧下侧处单击→捕捉切点→在靠近刚绘制的中间圆的上侧处单击。

③ 应用“圆角”命令绘制半径为 *R*62 的圆弧，绘制结果如图 1.69 所示。

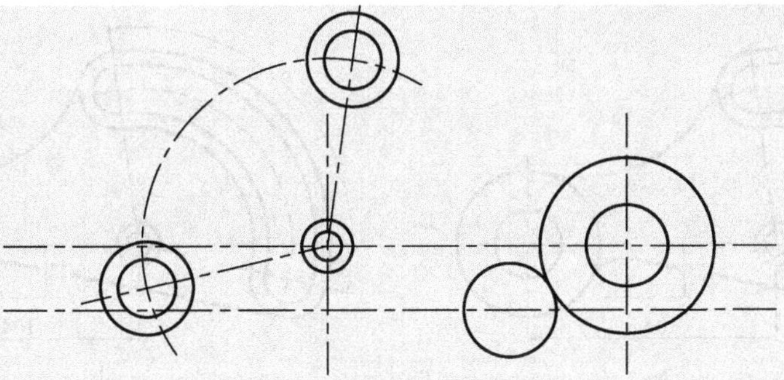

图 1.68 绘制中间圆弧

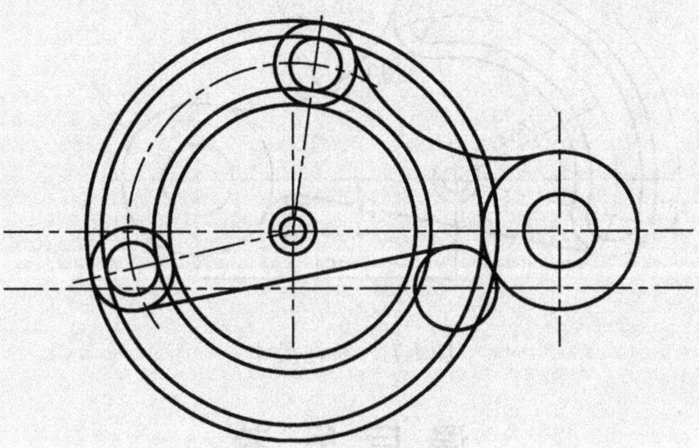

图 1.69 绘制连接圆弧

（5）修剪成形

应用“修剪”和“打断”命令将多余图形修剪掉，完成图形，如图 1.70 所示。

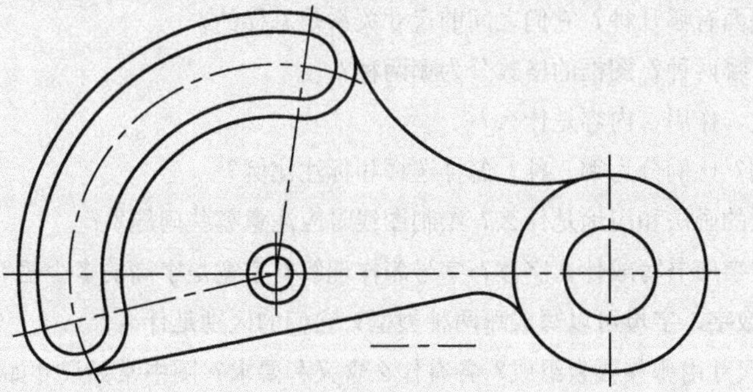

图 1.70 修剪成形

（6）标注尺寸

① 更换图层为“标注层”；

② 标注线性尺寸，如图 1.71（a）所示；

③ 标注角度尺寸，如图 1.71（b）所示；

④ 标注半径尺寸，如图 1.71（c）所示；

⑤ 标注直径尺寸，完成绘图任务，最终结果如图 1.65 所示。

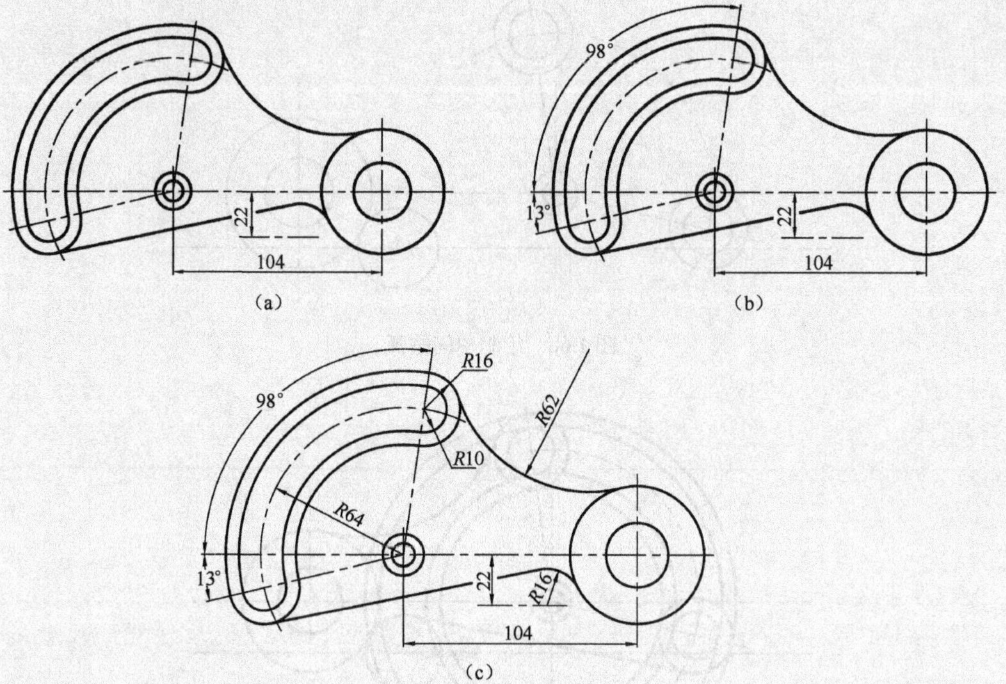

图 1.71　标注尺寸

课后思考

1．什么是工程图？其作用是什么？

2．本课程为什么要学习和执行机械制图国家标准？

3．国家标准有哪些层次？怎么理解标准代号？

4．图纸的基本幅面有哪几种？它们之间的尺寸关系是怎样的？

5．图纸的形式有哪两种？图框的格式分为哪两种？

6．标题栏的位置、作用、内容是什么？

7．怎样理解比例？比例分为哪三种？怎样选择和标注比例？

8．常用九种线型的画法和用途是什么？绘制图线时应注意哪些问题？

9．工程图中的汉字应书写成什么字体？字号怎样理解？字宽是字高的多少倍？常用哪些字号？

10．工程图中的数字、字母可以写成哪两种类型？它们的区别是什么？

11．一个完整的尺寸由哪些要素组成？各有什么含义和要求？图中常见尺寸如何标注？

12．平面图形中的尺寸分为哪几类？线段分为哪几类？怎样理解？

13．如何确定平面图形的作图步骤？

14．如何正确使用各种绘图工具？绘图时怎样选择铅笔？

15．应用 CAD 软件绘制平面图形之前应做哪些基本设置？怎样确定绘图顺序？

16．怎样区别绝对坐标与相对坐标？输入相对坐标时的标志性符号是什么？

17．直角坐标与极坐标的区别是什么？输入时怎样区别？

18．用 CAD 绘图时“打断”“打断于点”“修剪”命令分别适用于怎样的场合？

第2章　投影基础知识

【能力目标】

（1）能够根据投影图准确判断点、线、面在投影体系中的位置和所属种类。

（2）能够根据三视图快速描述出基本体的形状，并能绘制简单机件的三视图。

（3）能够快速判断立体表面截交线和相贯线的形状，熟练绘制常见基本体的截交线和相贯线。

（4）能够绘制简单机件的正等轴测图和斜二等轴测图。

（5）能够使用 AutoCAD 软件绘制简单机件的三视图和正等轴测图。

【知识目标】

（1）理解投影法的形成与分类。

（2）熟练掌握正投影法的性质。

（3）理解三视图的形成及绘图方法。

（4）掌握点、直线、平面的投影规律，熟悉常见基本体的三视图。

（5）理解立体表面截交线和相贯线的形成及形状判断原理，掌握截交线和相贯线的画法。

（6）理解正等轴测图和斜二等轴测图的形成原理及绘图方法。

（7）掌握用 AutoCAD 软件绘图时保证视图投影关系的常用方法。

（8）了解用 AutoCAD 软件绘制正等轴测图的方法和思路。

2.1　投　影　法

2.1.1　投影法的形成及分类

我们在生活中经常可以看到投影现象。例如，当光线照在人或物体上时，会出现类似形状的影子，如图 2.1 所示。再如，我们从不同的方向观看一个物体或一个建筑物，会发现有时看到的立体感很好，有时看到的立体感不够足，有时看到的又成了一个平面。人们根据生产活动的需要，把这种投影现象进行了抽象和总结，逐步形成了投影法。

所谓投影法，就是将一组投射线通过物体射向预定平面上得到图形的方法。预定平面 P 称为投影面，在 P 面上所得到的图形称为投影，如图 2.2 所示。

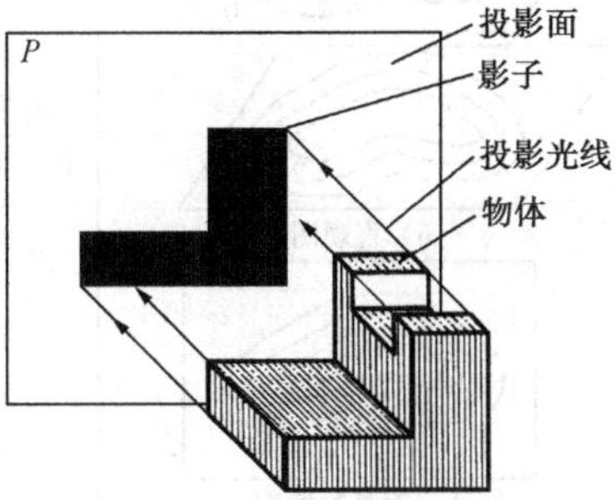

图 2.1　物体的影子

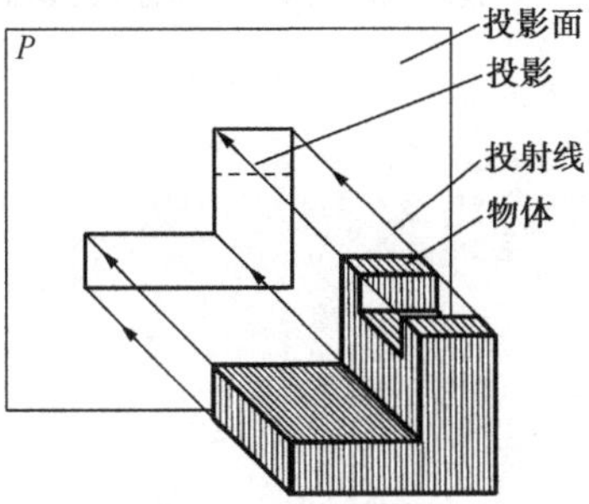

图 2.2　物体的投影

常用的投影法分为中心投影法和平行投影法两大类，而平行投影法又可分为斜投影法和正投影法两类，具体如表 2.1 所示。

表 2.1　投影法的分类

		投影原理图	应用实例		投影特性
中心投影法		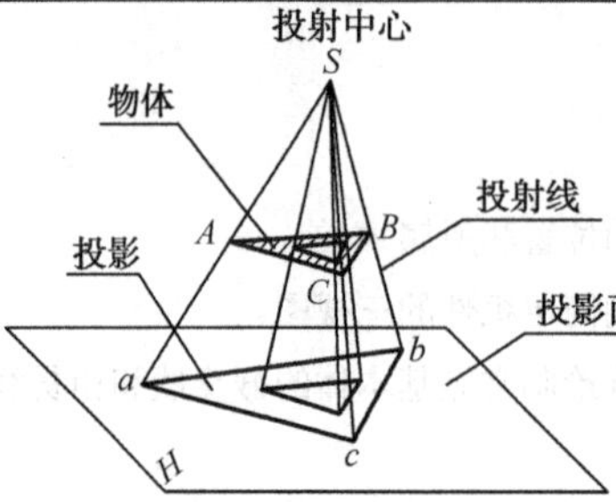 投射线交汇于一点	透视图	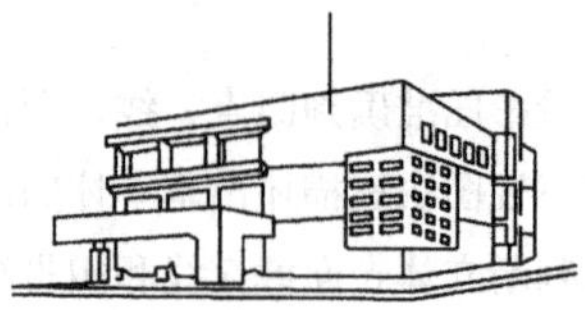	直观性好； 度量性差； 作图复杂； 用于广告和建筑效果图
平行投影法	斜投影法	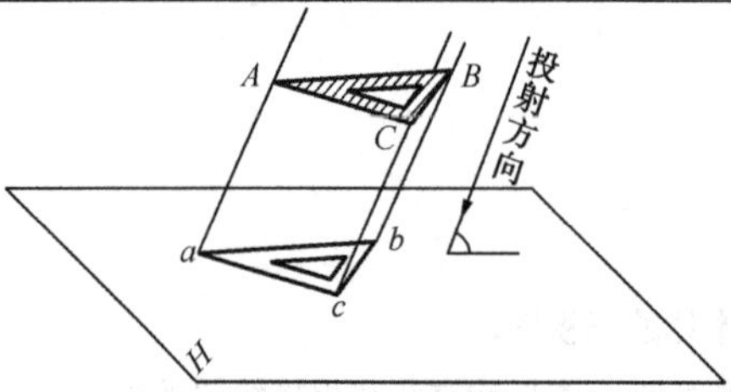 投射线相互平行，且倾斜于投影面	斜轴测图	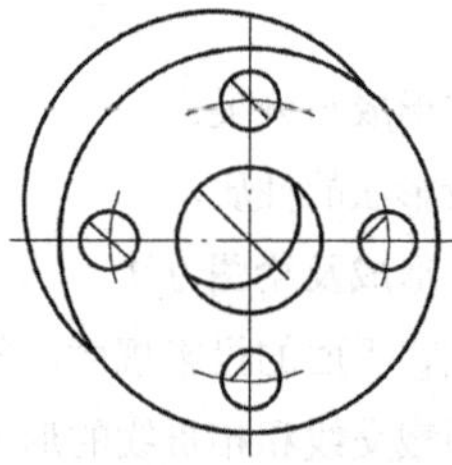	直观性稍差； 度量性较好； 作图烦琐； 用于辅助工程图
	正投影法	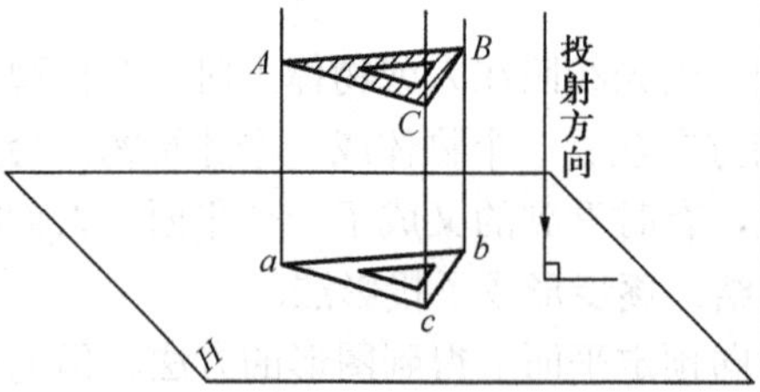 投射线相互平行，且垂直于投影面	正轴测图	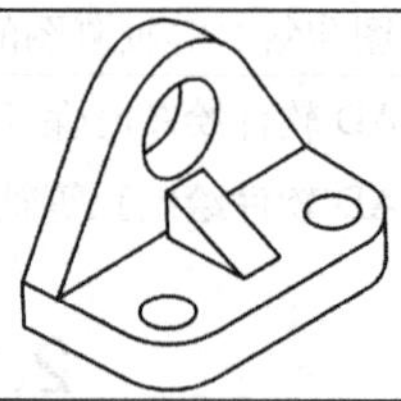	直观性较好； 度量性稍差； 作图烦琐； 用于辅助工程图
			三视图	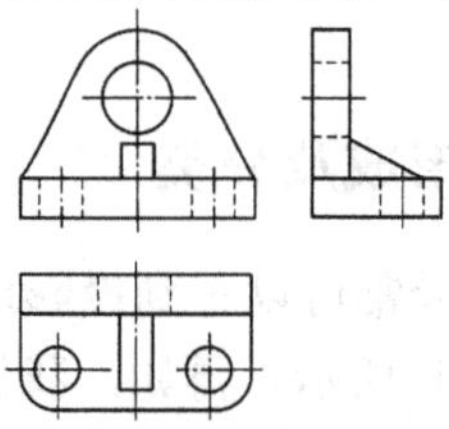	直观性差； 度量性好； 作图简便； 用于机械图样
			标高投影	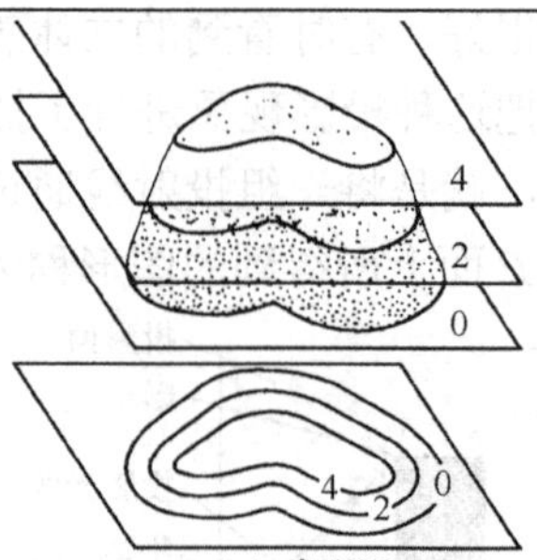 （a）直观图 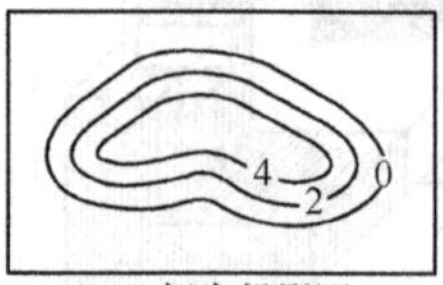 （b）标高投影图	用于土建、水工、地质图样

2.1.2　正投影法的性质

从表 2.1 可以看出：使用中心投影法，当投射中心和物体的距离发生变化时，所得到的图形大小会发生变化；投射角度不同，得到的图形形状也会不同。而使用斜投影法时，投射角度同样会影响图形。因此，在机械制图中一般采用正投影法来绘制图样。正投影法的性质如表 2.2 所示。

表 2.2　正投影法的性质

性质	显　实　性	类　似　性	积　聚　性
投影图举例	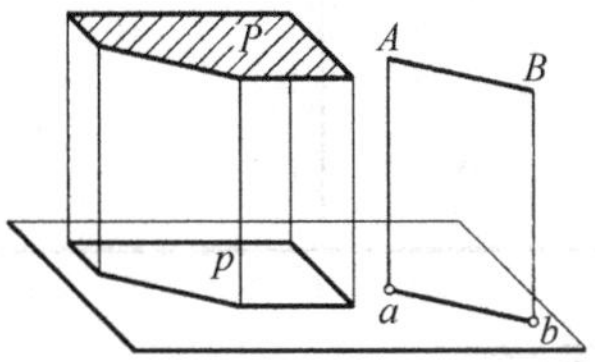	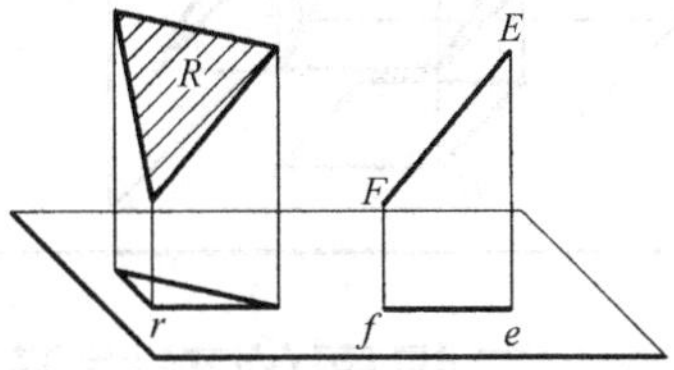	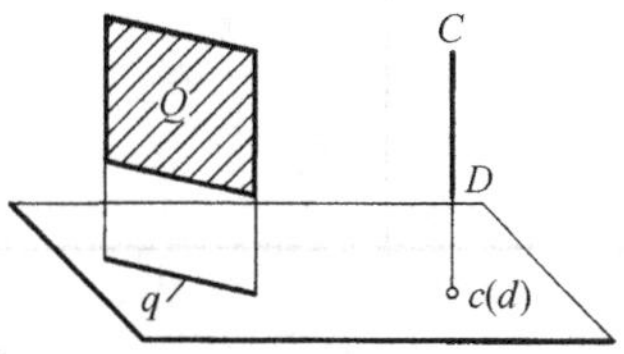
投影特性	当直线或平面与投影面平行时，其投影反映直线的真实长度或平面的实际形状	当直线或平面与投影面倾斜时，直线的投影为小于实长的一条直线，平面的投影为小于实形的类似形状	当直线或平面与投影面垂直时，其投影积聚成一点或一条直线

2.1.3　常用投影体系

常用投影体系如表 2.3 所示。

表 2.3　常用投影体系

投 影 体 系	投影图举例	说　明
单面投影体系	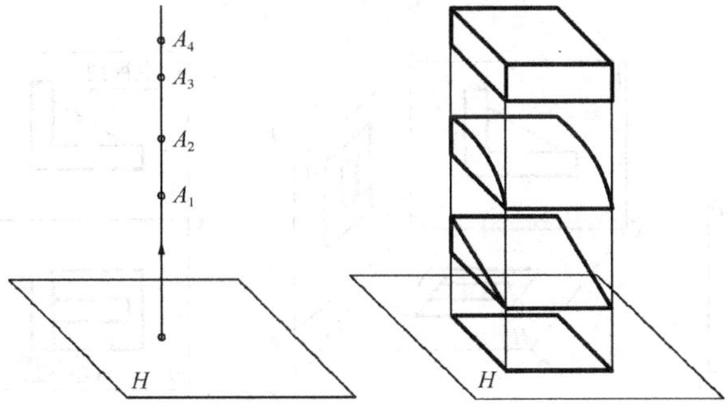	在单面投影体系中，空间点在该投影面上只有一个唯一的投影，但仅凭点的一个投影，不能确定点的空间位置；而物体的一个投影也不能确定其空间形状和大小
双面投影体系	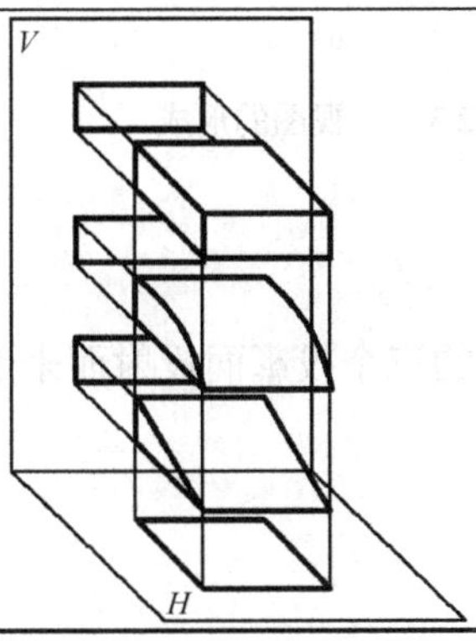	许多时候物体的两个投影依然不能确定其形状和大小

续表

投影体系	投影图举例	说明
三面投影体系（多面投影体系）	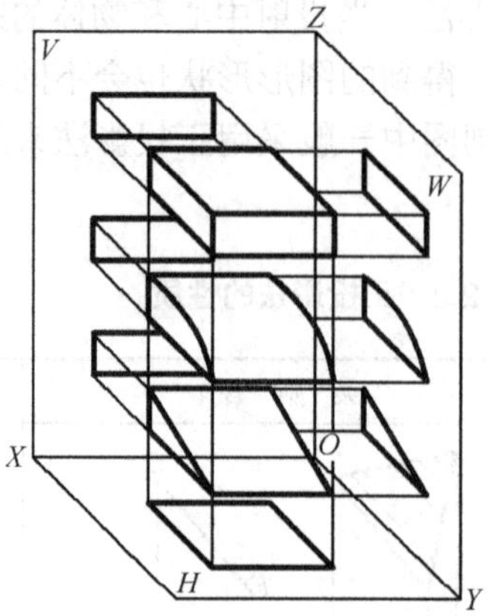	通常采用三面投影体系，使空间物体的形状和大小充分表达出来，在工程制图上获得了广泛的应用

2.2 三视图的形成及画法

2.2.1 三视图的形成

在工程中我们将投影图称为视图。对于一般比较简单的零件，通常在三面投影体系当中画出零件的三个投影，称为零件的三视图。三视图的名称分别为主视图、左视图和俯视图，它们的形成过程如图 2.3 所示。三视图的位置关系固定，画图时无须书写视图名称。

主视图：从前向后投射，在 V 面（正立投影面）上所得的投影；

俯视图：从上向下投射，在 H 面（水平投影面）上所得的投影；

左视图：从左向右投射，在 W 面（侧立投影面）上所得的投影。

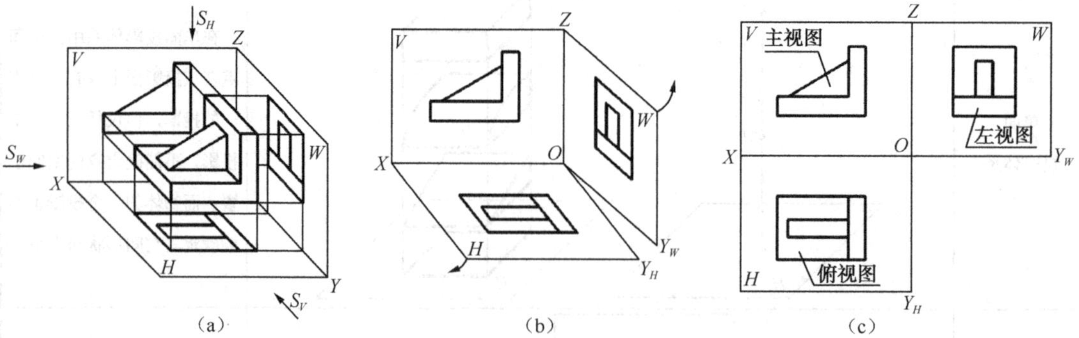

图 2.3　三视图的形成

2.2.2 三视图的投影关系

由于三视图是由同一个零件向固定的三个投影面投射而来的，它们之间必然存在着一定的关系，如表 2.4 所示。

表 2.4 三视图的投影关系

投影关系	位置关系	方位关系	三等关系
投影图	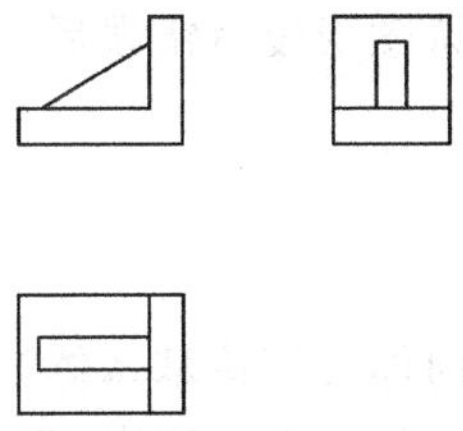	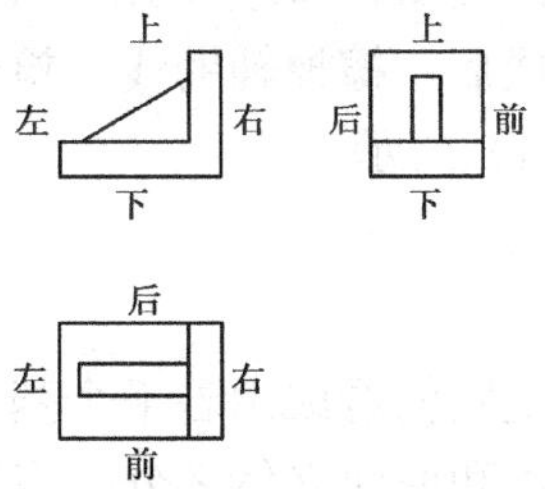	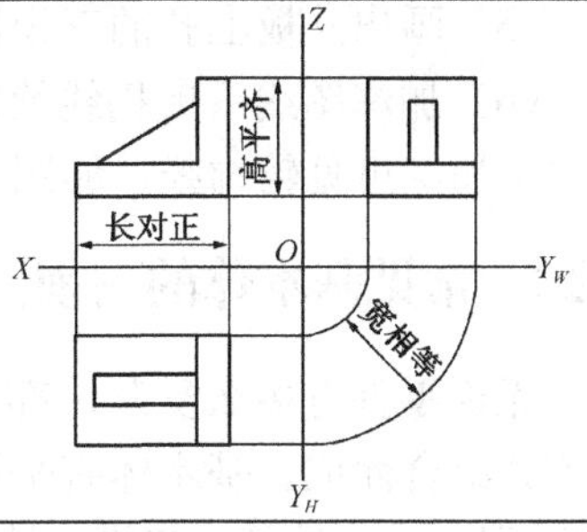
说明	三视图的相对位置固定：以主视图为中心，俯视图在它的正下方，左视图在它的正右方	主视图反映上下左右关系，前后重叠；俯视图反映前后左右关系，上下重叠；左视图反映上下前后关系，左右重叠	主、俯视图长对正；主、左视图高平齐；俯、左视图宽相等

2.2.3 画三视图的一般步骤

画机件的三视图时，应首先选择最能反映其形状特征的视图作为主视图，再按照“长对正、高平齐、宽相等”的原则画出其俯视图和左视图。

【例 2.1】 绘制如图 2.4（a）所示简单机件三视图。

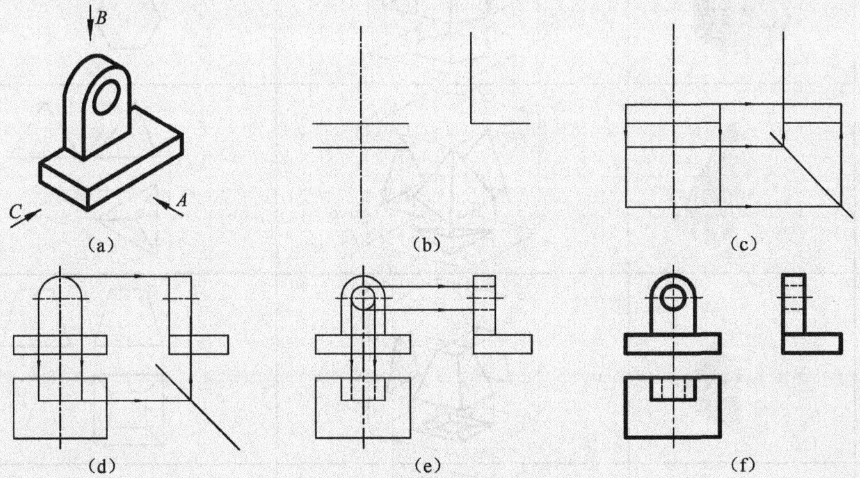

图 2.4 三视图的画图步骤

【分析】 该机件由上下两部分组成。下部是一个方形底板，上部是一个拱门形立板，立板中上部有一个圆孔；立板的后平面与底板后面平齐，并且位于底板中部，整个机件呈左右对称状态。

【作图】 机件三视图的作图步骤如下：

（1）确定主视图的投影方向：根据机件的组成和结构，选择图 2.4（a）所示的 *A* 向为主视图投影方向，则 *B* 向为俯视图的投影方向，*C* 向为左视图的投影方向。

（2）绘制对称线和基准线：用细点画线画出主、俯视图的对称中心线；用细实线画出主、左视图的底平面位置，以及俯、左视图的后平面位置，这些图线均为作图的基准线，如图 2.4

（b）所示。

（3）画出底板的三视图，如图 2.4（c）所示。

（4）画出立板的三视图，如图 2.4（d）所示。

（5）画出立板上孔的三视图，如图 2.4（e）所示。

（6）加深图线：底稿线绘制完成后，擦掉辅助线，检查确认图形没有错误后，再按照图线要求加深可见轮廓线，如图 2.4（f）所示。

2.2.4 常见基本体的三视图

无论零件有多么复杂，都可以把它们看成由若干个基本几何体（简称基本体）按照一定的方式组合而成。基本体有平面立体和曲面立体之分，表面全部是平面的称为平面立体（简称平面体），如棱柱、棱锥、棱台；表面全是曲面或既有曲面又有平面的称为曲面立体（简称曲面体），圆柱、圆锥、圆球等是常见的特殊曲面体，又称回转体。表 2.5 给出了常见基本体的三视图。

表 2.5 常见基本体的三视图

基 本 体	三 维 图 形	投 影 图	三 视 图
六棱柱		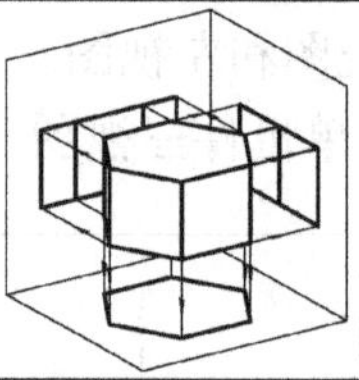	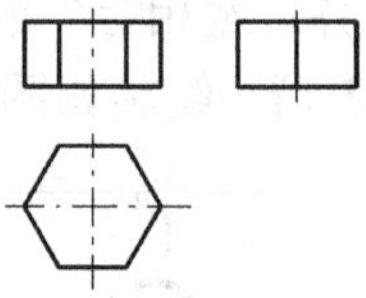
三棱锥	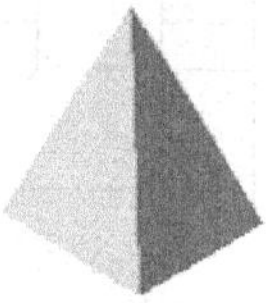	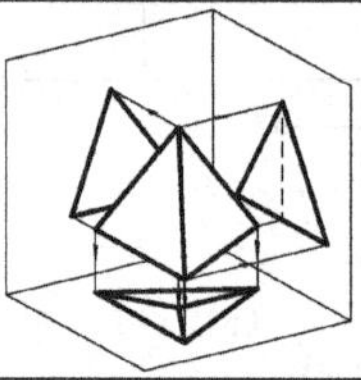	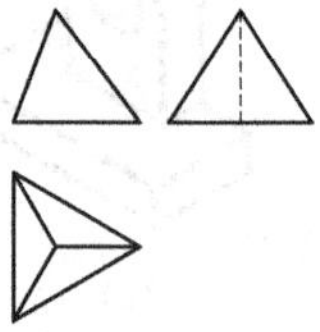
四棱台	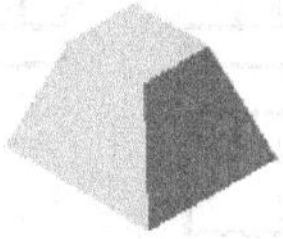	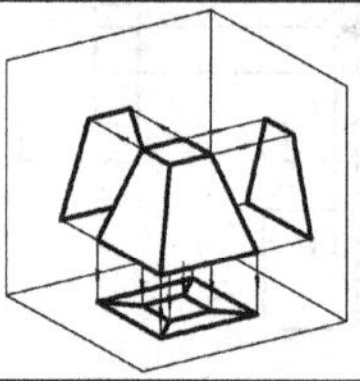	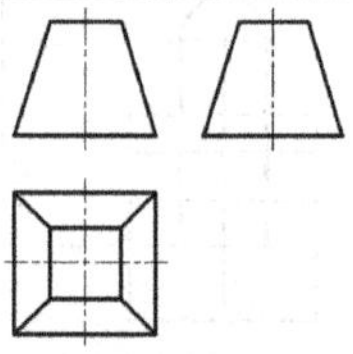
圆柱		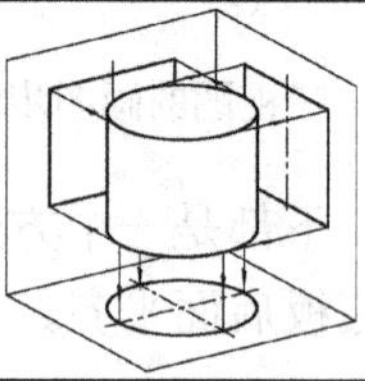	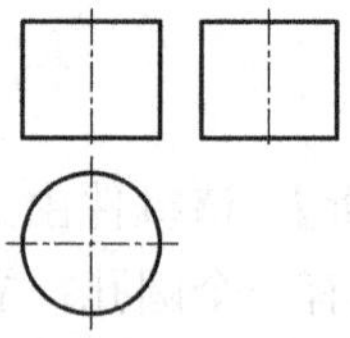
圆锥	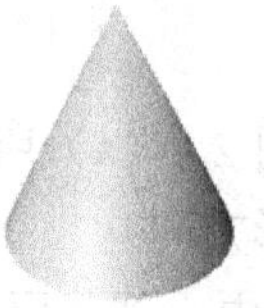	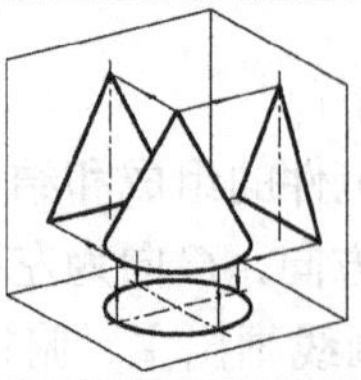	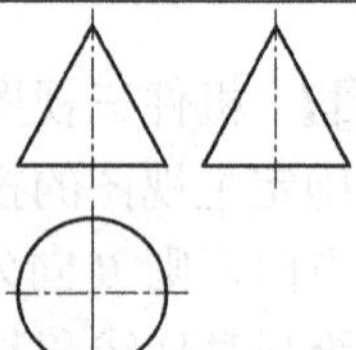

续表

基本体	三维图形	投影图	三视图
圆球		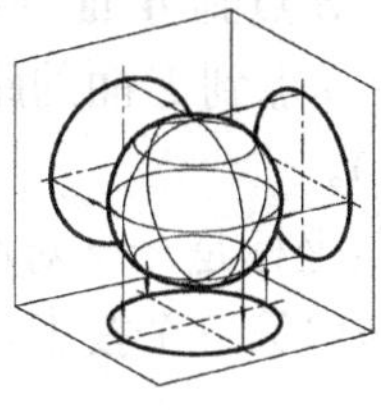	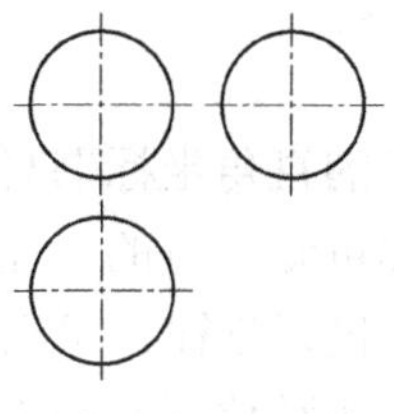

2.3　点、线、面的投影

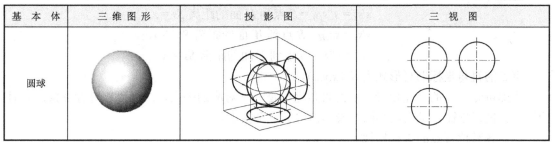

立体是由点、线、面这些基本几何要素组成的，因此点、线、面的投影特性与立体的投影特性是相一致的。

2.3.1　点的投影

（1）点的三面投影及其标记

如图 2.5 所示，将空间点 S 放在三面投影体系之中，自点 S 分别向三个投影面作垂线，则其垂足即是点 S 的投影。规定空间点用大写字母表示，如 A、B、C、…将空间点在 H 面的投影用相应的小写字母表示，如 a、b、c、…在 V 面的投影用相应小写字母加一撇表示，如 a'、b'、c'、…在 W 面上的投影用相应小写字母加两撇表示，如 a''、b''、c''、…图 2.5 中 S 点的三面投影分别为 s、s'、s''，将 H 面和 W 面按照同样的方法展开，便得到点 S 的三面投影图。通常已知空间点的两个投影，就可以确定该点的唯一位置。

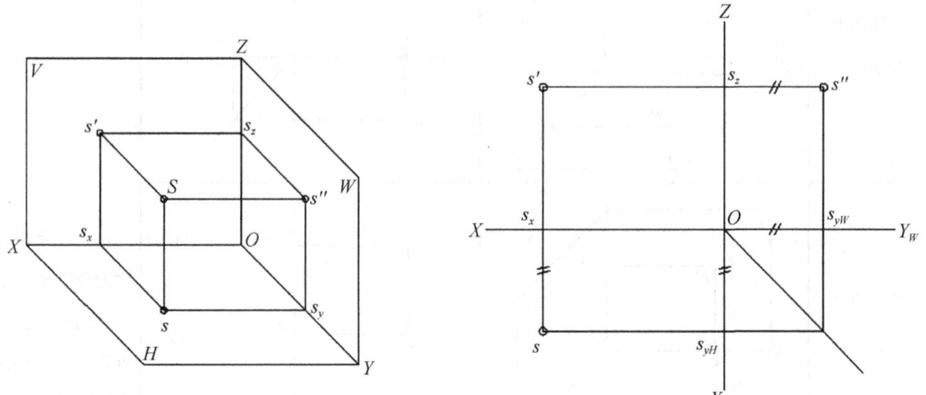

图 2.5　点的三面投影

（2）点的投影与直角坐标关系

如果把三面投影体系看成空间直角坐标系，则投影面、投影轴和投影原点，即成为坐标面、坐标轴和坐标原点，点到投影面的距离即等于相应的坐标值。由图 2.5 可总结出点的投影规律及其坐标关系：

① 点的正面投影与水平投影的连线垂直于 OX 轴，点的正面投影与侧面投影的连线垂直于 OZ 轴，即 $ss'\perp OX$、$s's''\perp OZ$。

② 点的投影到投影轴的距离等于空间点到相应投影面的距离，并等于相应的坐标值。

$$s's_x = s''s_{yW} = S \text{ 点到 } H \text{ 面的距离 } Ss = z$$

$$s's_z = ss_{yH} = S \text{ 点到 } W \text{ 面的距离 } Ss'' = x$$

$$ss_x = s''s_z = S \text{ 点到 } V \text{ 面的距离 } Ss' = y$$

点 S 的直角坐标书写形式为 S（x,y,z）。

由此可知，点的三面投影与点的直角坐标是一一对应的关系，二者可以进行互换；并且应用点的投影规律，可根据其两个投影作出第三个投影。

（3）各种位置点的投影特性

点在空间的位置共有四种情况：在空间中、在投影面上、在投影轴上、在原点上，每种情况的投影具有不同的特性，如表 2.6 所示。

表 2.6　各种位置点的投影

点的位置		直观图	投影图	投影特性
在空间中（x,y,z）		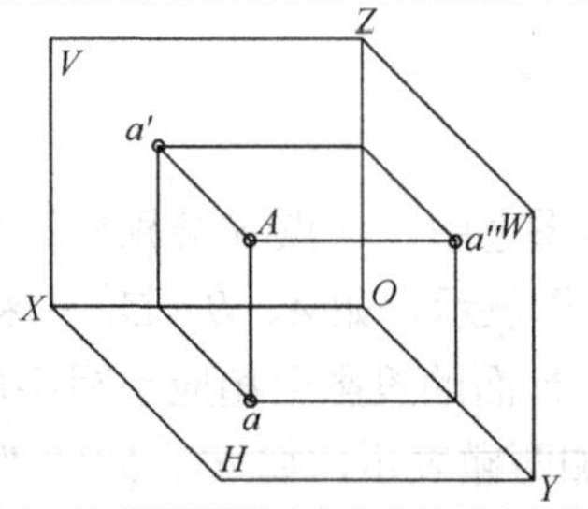	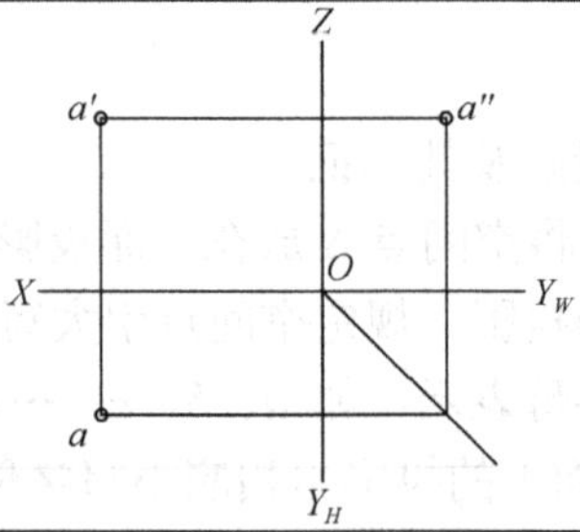	点的三个坐标均不为零，称为空间点。点的三个投影都在相应的投影面上
在投影面上	在 H 面上（$x,y,0$）	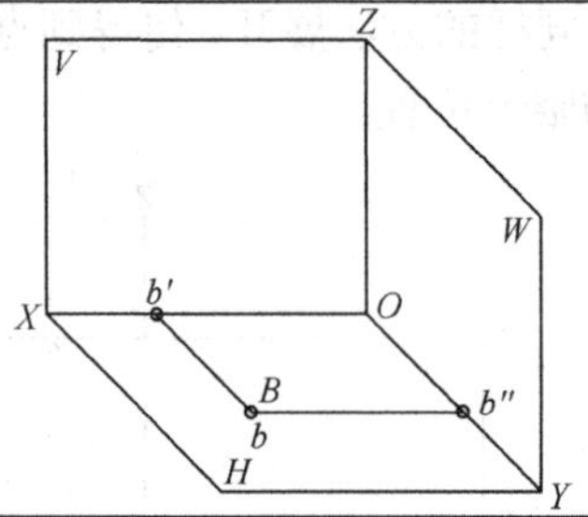	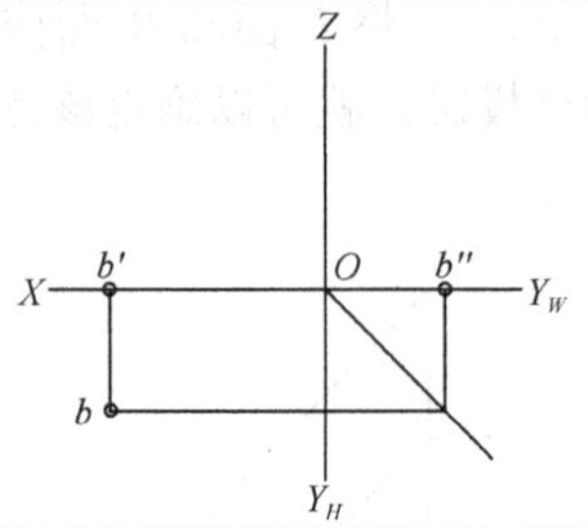	点的一个坐标为零，称为投影面上点。点的一个投影与空间点重合，另外两个投影在投影轴上
	在 V 面上（$x,0,z$）	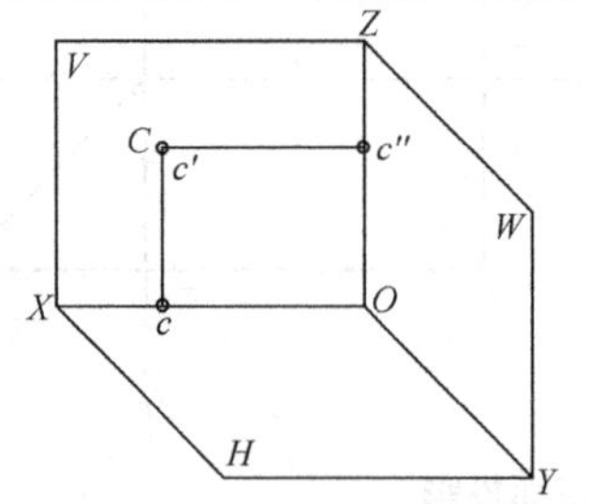	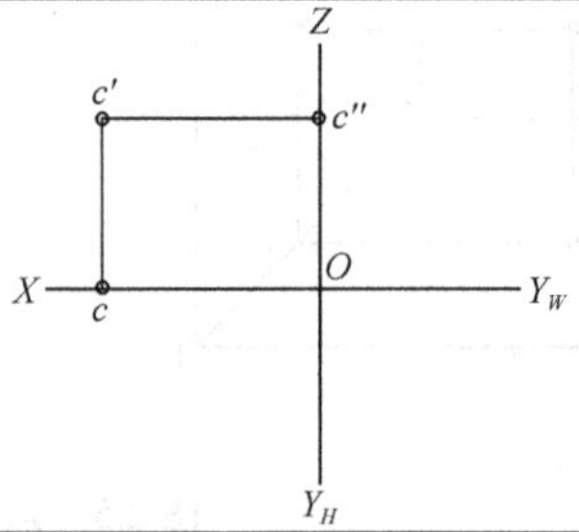	
	在 W 面上（$0,y,z$）	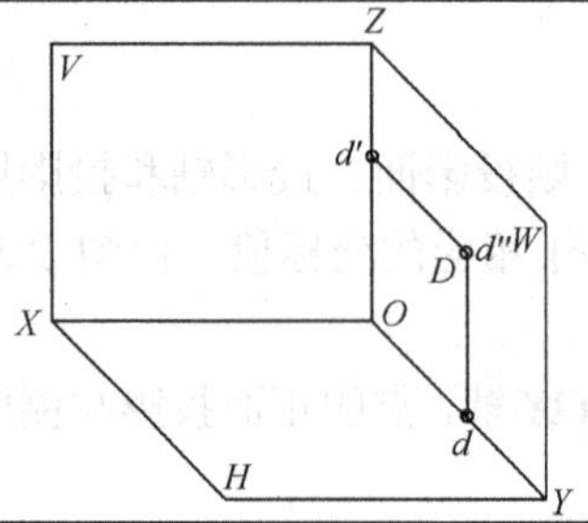	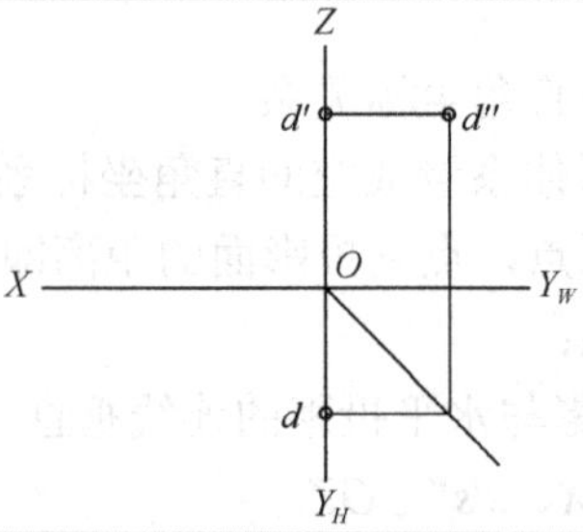	

续表

<table>
<tr><th colspan="2">点的位置</th><th>直观图</th><th>投影图</th><th>投影特性</th></tr>
<tr><td rowspan="3">在投影轴上</td><td>在 OX 轴上
（x,0,0）</td><td>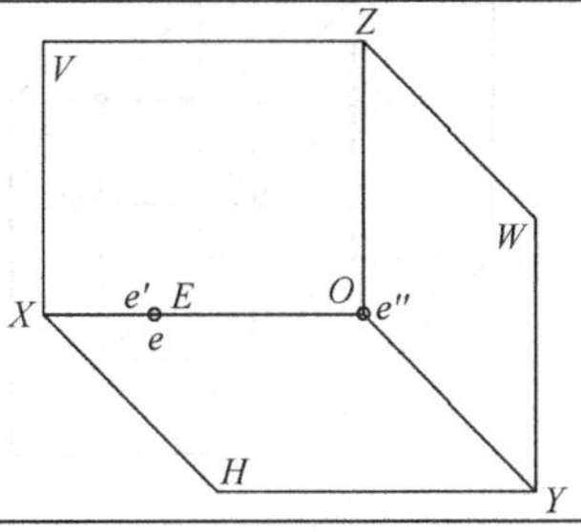</td><td>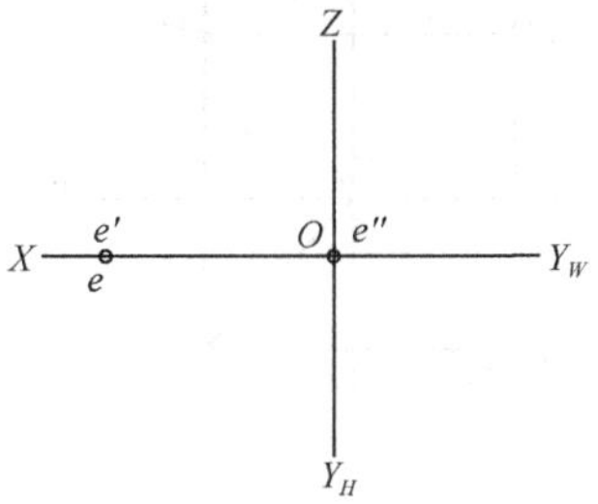</td><td rowspan="3">点的两个坐标为零，称为投影轴上点。
点的两个投影在投影轴上，与空间点重合；另外一个投影与原点重合</td></tr>
<tr><td>在 OY 轴上
（0,y,0）</td><td>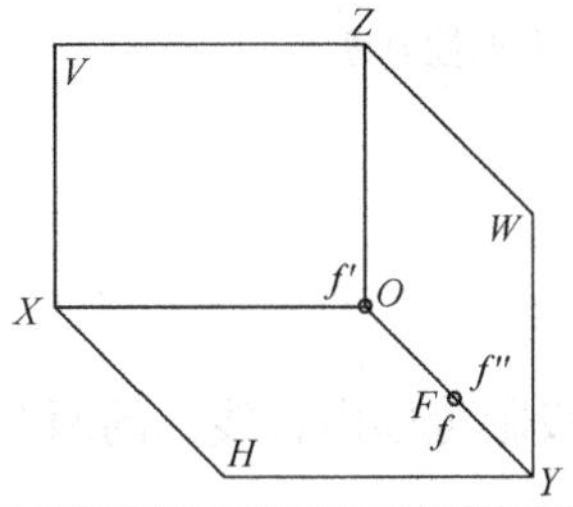</td><td>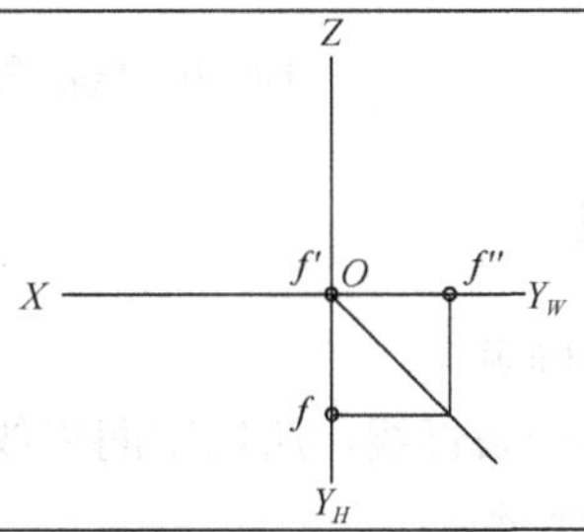</td></tr>
<tr><td>在 OZ 轴上
（0,0,z）</td><td>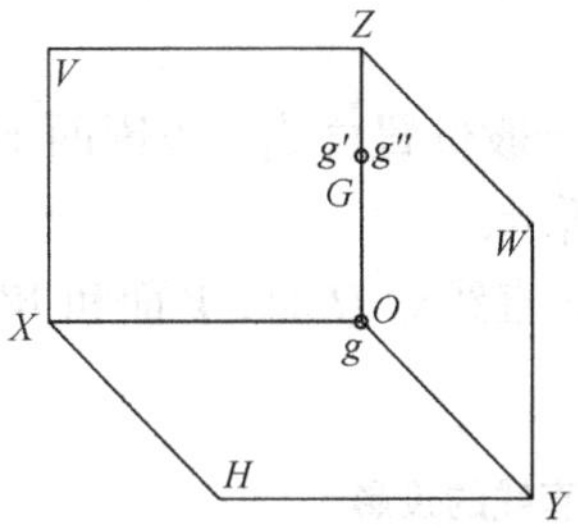</td><td>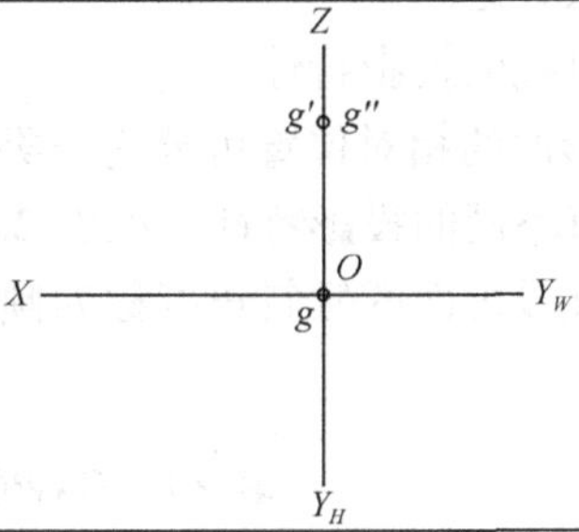</td></tr>
<tr><td colspan="2">在原点上
（0,0,0）</td><td>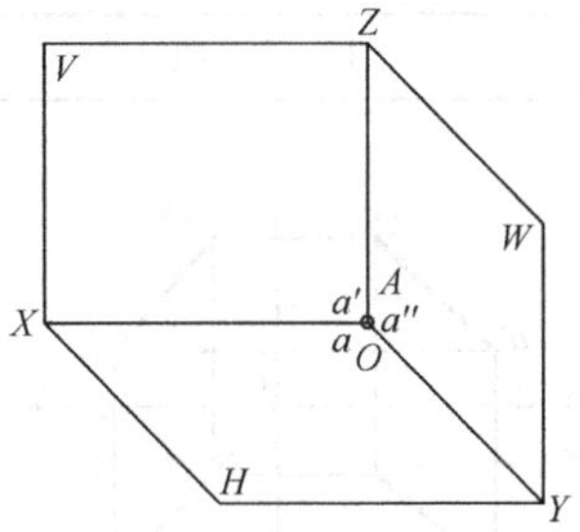</td><td>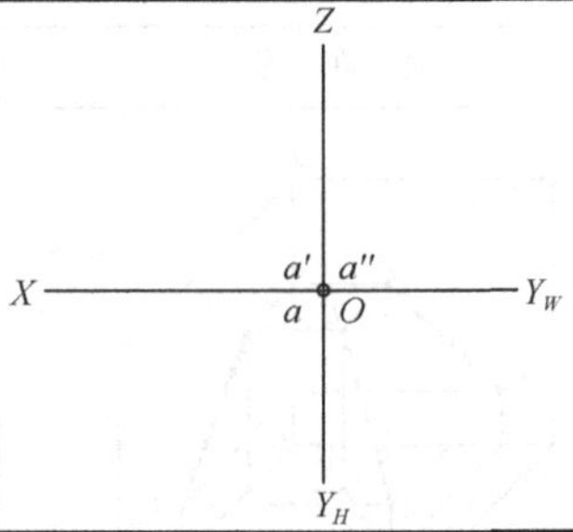</td><td>点的三个坐标均为零。
点的三个投影与空间点都重合在原点上</td></tr>
</table>

（4）两点的相对位置

两点的相对位置指两点之间的前后、左右、上下位置关系，由两点的坐标确定：

X 坐标确定两点的左、右位置，*X* 值大的在左，小的在右；

Y 坐标确定两点的前、后位置，*Y* 值大的在前，小的在后；

Z 坐标确定两点的上、下位置，*Z* 值大的在上，小的在下。

当空间两点均在某一投影面的同一条投射线上时，它们在该投影面上的投影将重合于一点，这两个点称为重影点，重合的投影称为重影。在重影处存在一个投影可见，一个投影不可见的问题。

两个重影点必然有两对同名坐标值相等，其可见性由一对不相等的坐标值来确定，坐标大者为可见，坐标小的被遮住。一般判断重影点的原则：左遮右、上遮下、前遮后。在投影图中，对不可见的投影加括号表示，如图 2.6 所示。

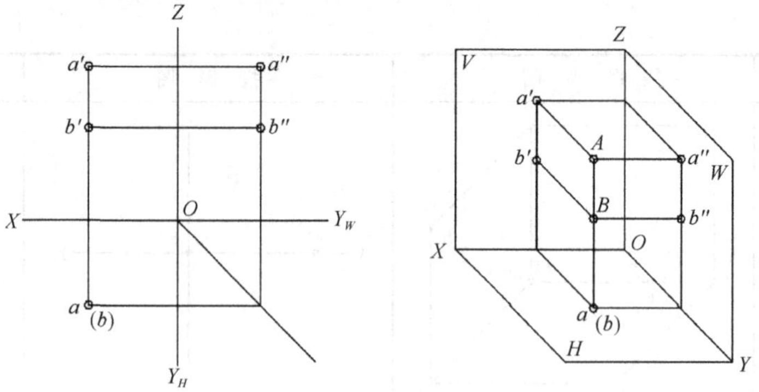

图 2.6 重影点及其可见性判断

2.3.2 直线的投影

（1）直线投影的确定

由于两个点确定一条直线，所以空间直线的投影可以由直线上的两个点（或线段的两个端点）的同面投影来确定。

（2）各种位置直线的投影特性

空间直线与投影面的相对位置可分为三类：一般位置直线、投影面平行线、投影面垂直线，每种情况都具有不同的投影特性，如表 2.7 所示。

我们把直线对某投影面的倾斜角度称为倾角。直线对 *H* 面、*V* 面和 *W* 面的倾角分别用字母 α、β、γ 表示。

表 2.7 各种位置直线的投影

直线的位置		直 观 图	投 影 图	投 影 特 性
一般位置直线（与三个投影面都倾斜）		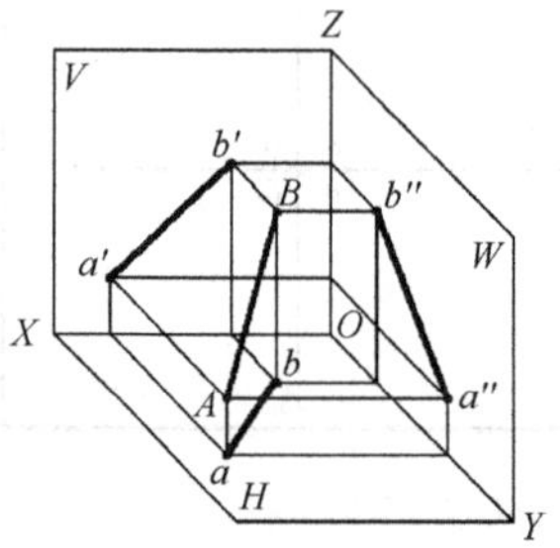	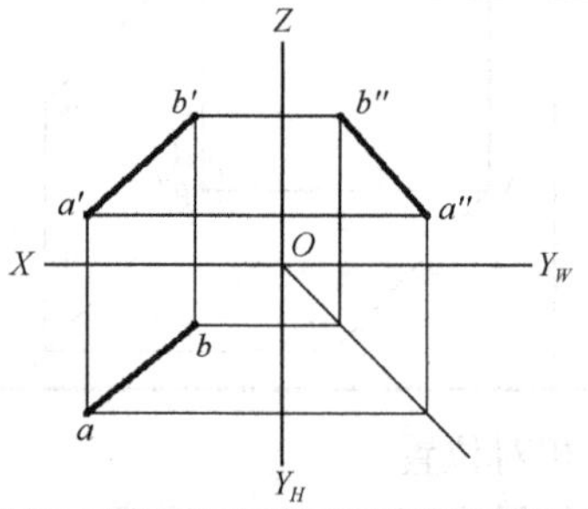	直线的三个投影都倾斜于投影轴。三个投影都小于实长（三斜相对应）
投影面平行线	水平线（//*H* 面）	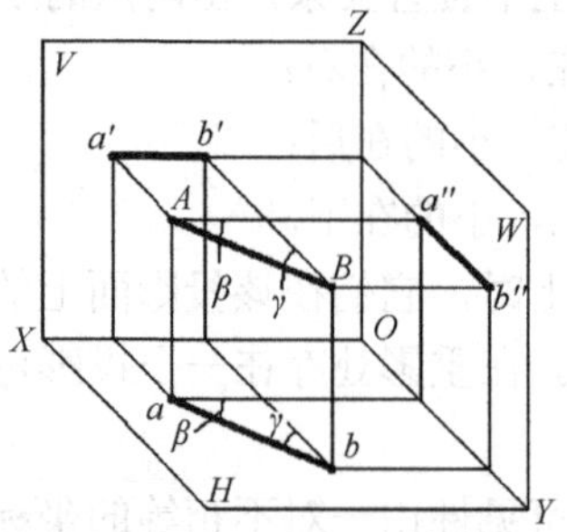	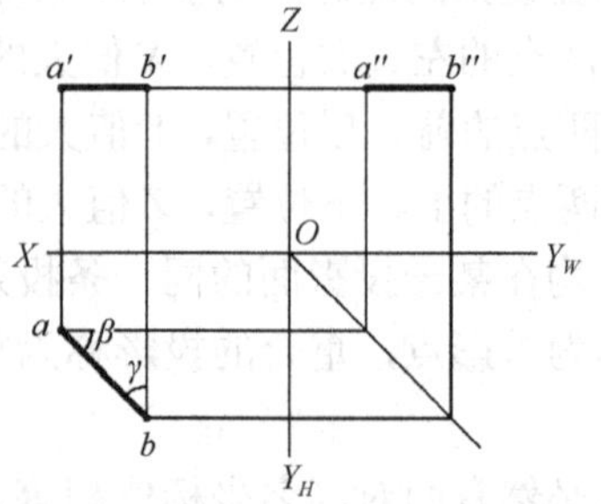	（见下页）

续表

直线的位置		直观图	投影图	投影特性
投影面平行线	正平线（//V面）	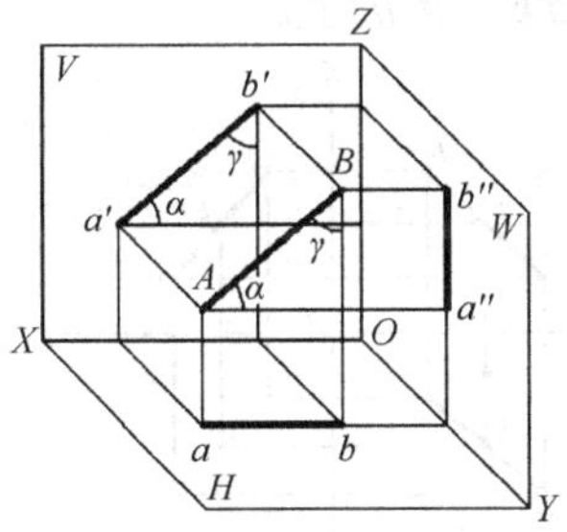	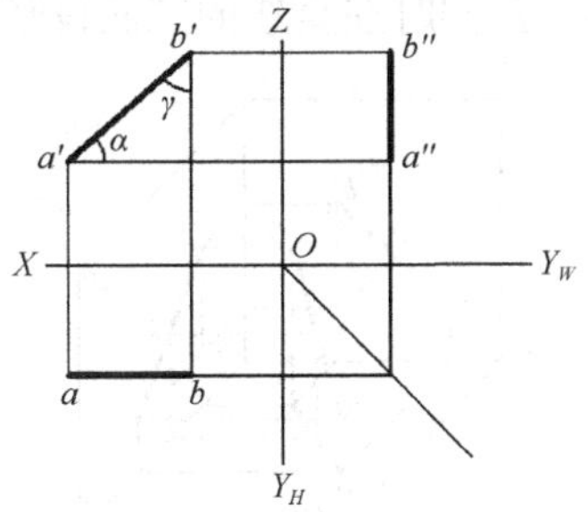	直线在与其平行的投影面上的投影反映实际长度及实际倾角。 直线在其他两个投影面上的投影分别平行于相应的投影轴，但都小于实长 （两平对一斜）
	侧平线（//W面）	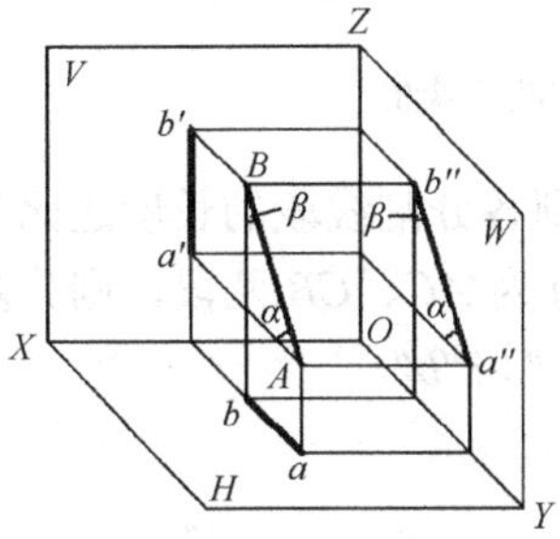	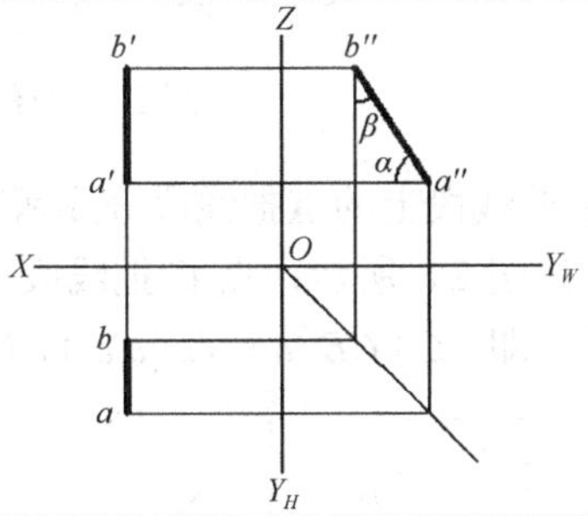	
投影面垂直线	铅垂线（⊥H面）	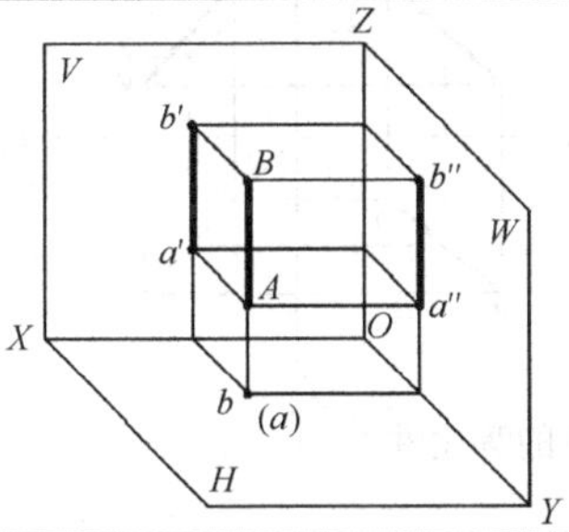	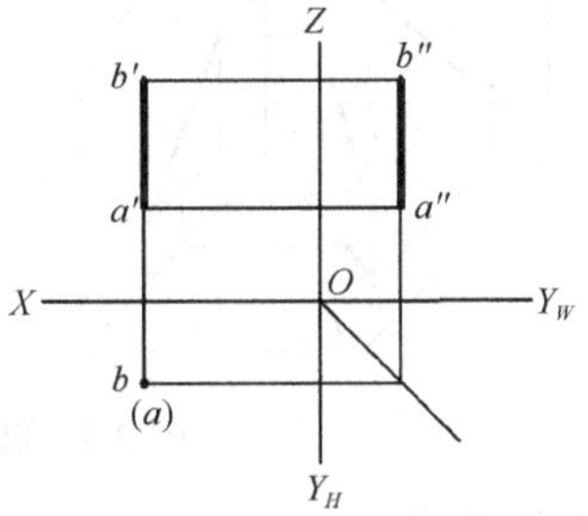	直线在与其垂直的投影面上的投影积聚成一点。 直线在其他两个投影面上的投影分别垂直于相应的投影轴，并反映实长 （两垂对一点）
	正垂线（⊥V面）	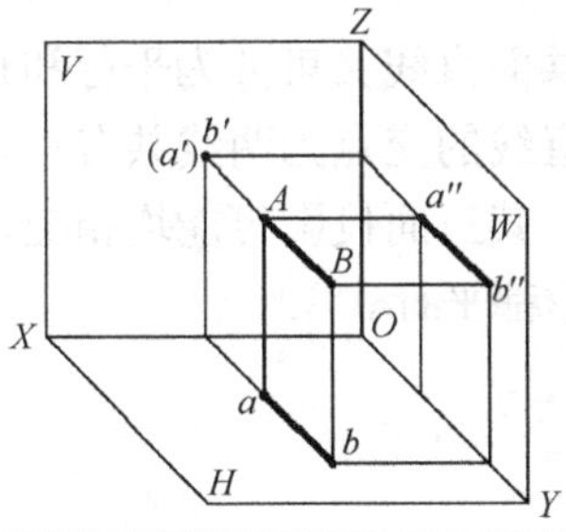	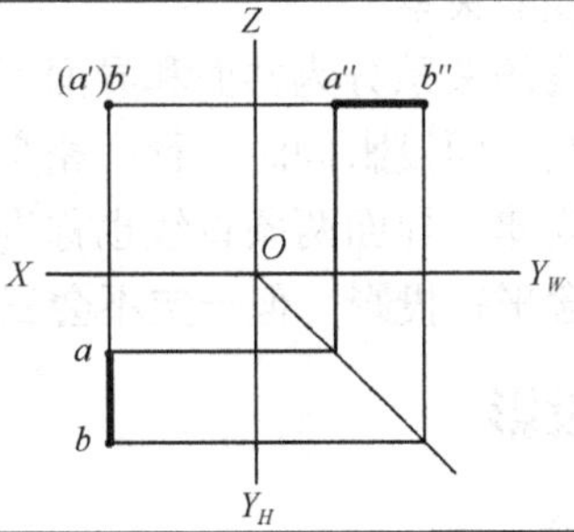	
	侧垂线（⊥W面）	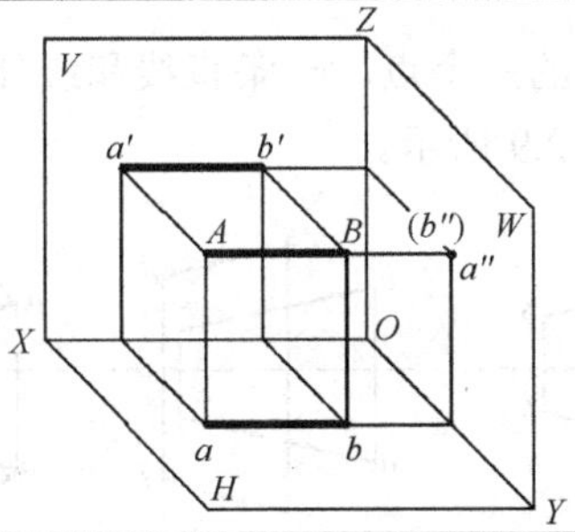	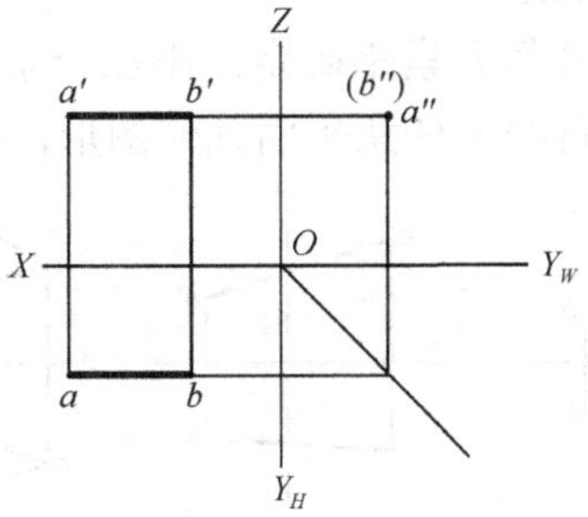	

（3）直线上点的投影

直线上点的投影具有以下特性：

① 从属性：点在直线上，则点的投影必定在该直线的同面投影上；反之，点的各个投影均在直线的同面投影上，则该点必定在该直线上。如图 2.7 所示，K 点在直线 AB 上，则 K 点的三面投影 k、k'、k''同时在直线的三面投影 ab、$a'b'$、$a''b''$上。

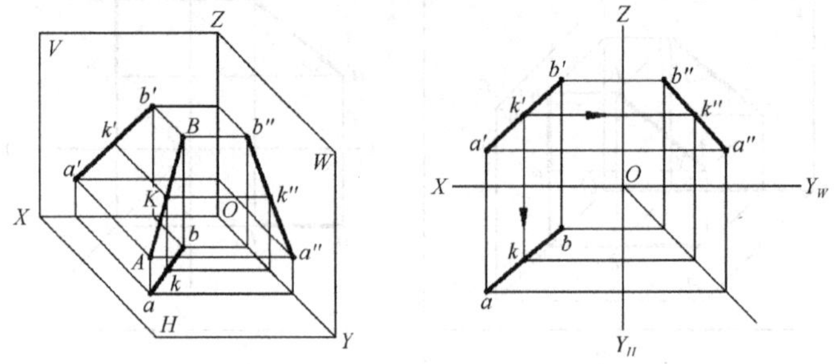

图 2.7　直线上点的从属性

② 等比性：若线段上的点把线段分成两段，则各分割线段的长度之比等于它们的同面投影的长度之比。如图 2.8 所示，点 C 把线段 AB 分为 AC、CB 两段，则分割线段与它的同面投影为定比关系，即 $AC:CB=ac:cb=a'c':c'b'=a''c'':c''b''$。

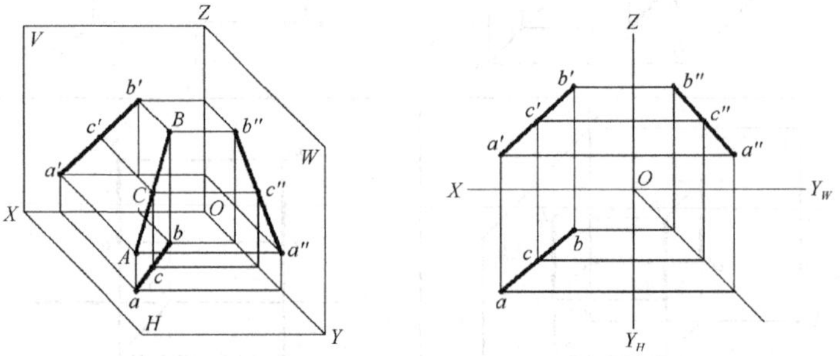

图 2.8　直线上点的等比性

（4）两条直线的关系

空间两条直线的关系分为共面和异面两种。共面直线又可分为平行和相交两种情况，平行的两条直线，其三面投影同时平行；相交两条直线的交点为两线共有点，交点的三面投影应符合点的投影规律。异面两条直线也称为交叉，其三面投影可能均相交，但交点不是同一个点；也可能包含平行投影，但一定不会三个投影都平行。

2.3.3　平面的投影

（1）平面的表达

平面一般由几何元素来确定：不在一条线上的三个点，一条直线和线外一点，两条相交直线，两条平行直线，任意平面几何图形，如图 2.9 所示。

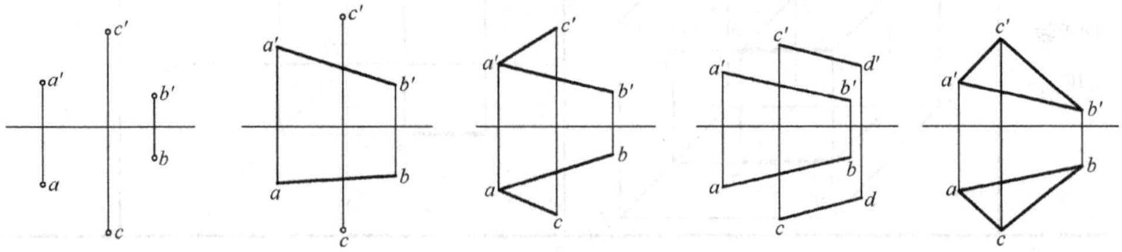

（a）　（b）　（c）　（d）　（e）

图 2.9　平面的表示法及其投影图

从图 2.9 可以看出，各种平面的表示方法可以互换，并且不在一条线上的三个点是决定空间平面的基本几何元素组。而机件中的平面（机件表面）则均是以各种几何图形的形式存在的。

（2）各类平面的投影特性

空间平面对三个投影面的相对位置有三种：一般位置平面、投影面垂直面、投影面平行面。每种情况都具有不同的投影特性，如表 2.8 所示。

表 2.8　各种位置平面的投影

<table>
<tr><th colspan="2">平面的位置</th><th>直 观 图</th><th>投 影 图</th><th>投 影 特 性</th></tr>
<tr><td colspan="2">一般位置平面
（与三个投影面都倾斜）</td><td>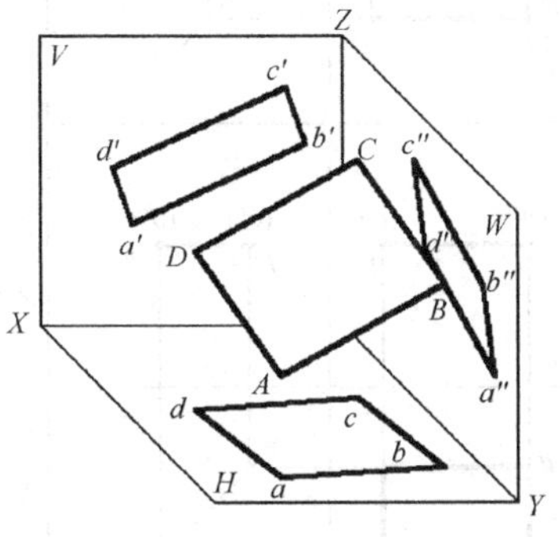</td><td>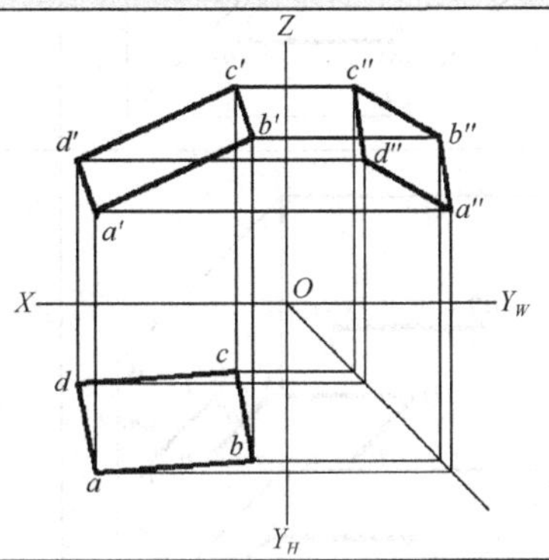</td><td>平面的三个投影都是小于实形的类似图形
（三框相对应）</td></tr>
<tr><td rowspan="3">投
影
面
垂
直
面</td><td>正垂面
（⊥V面）</td><td>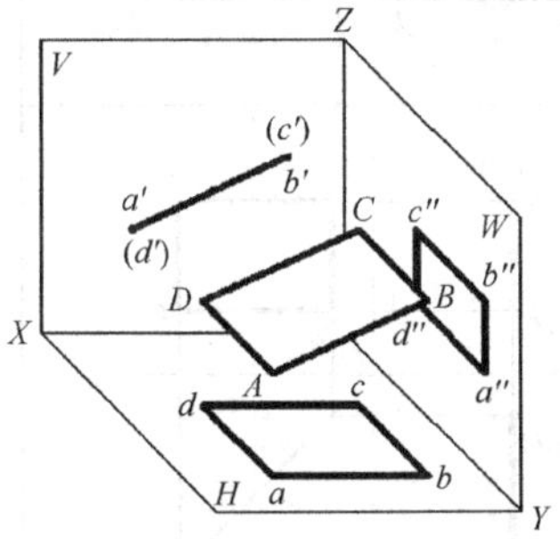</td><td>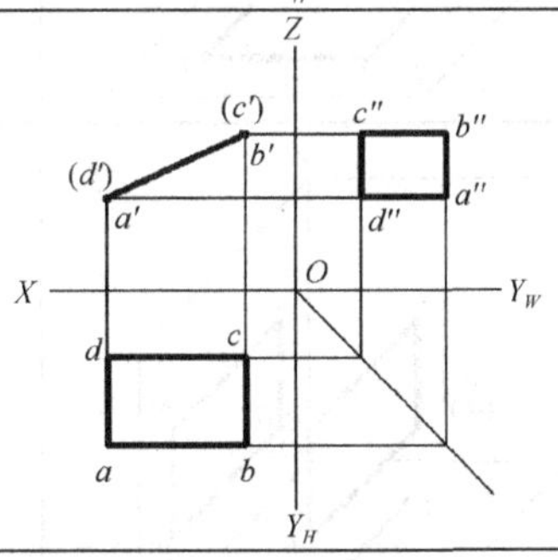</td><td rowspan="3">平面在与其垂直的投影面上的投影积聚成一条斜线。
平面在其他两个投影面上的投影均为小于原形的类似图形
（一线对两框）</td></tr>
<tr><td>铅垂面
（⊥H面）</td><td>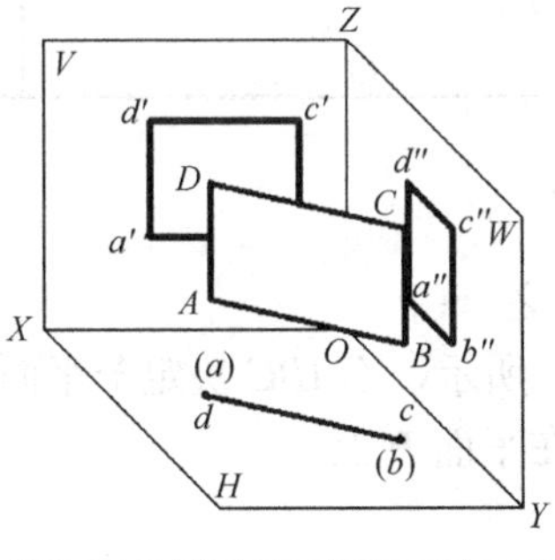</td><td>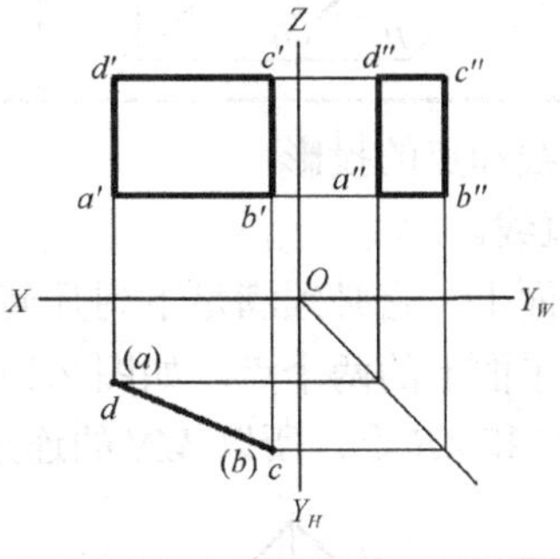</td></tr>
<tr><td>侧垂面
（⊥W面）</td><td>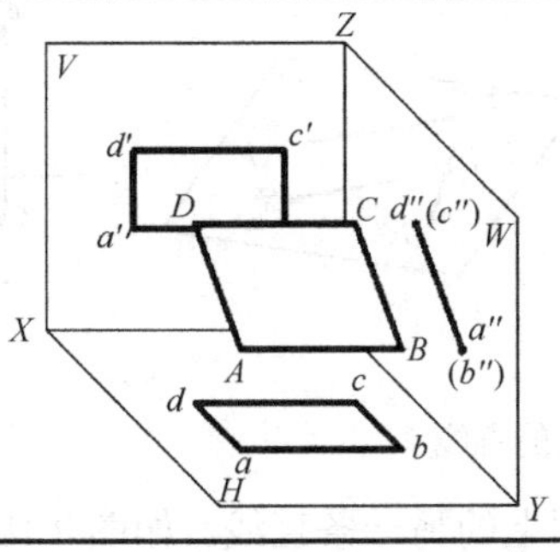</td><td>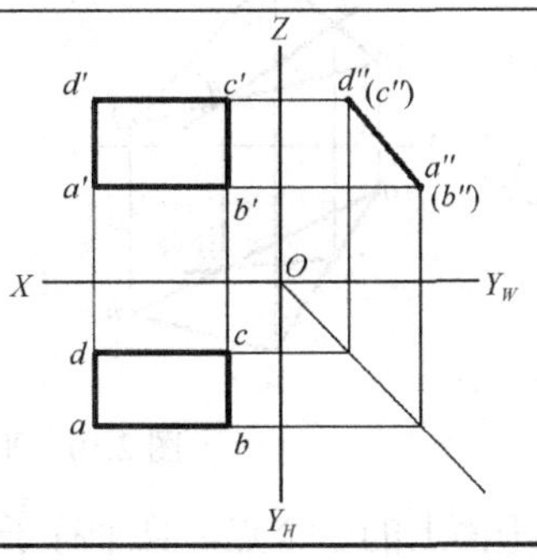</td></tr>
</table>

续表

平面的位置		直观图	投影图	投影特性
投影面平行面	正平面（//V面）	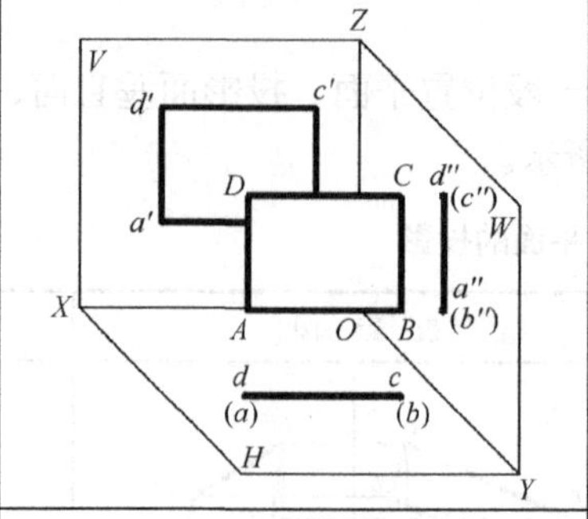	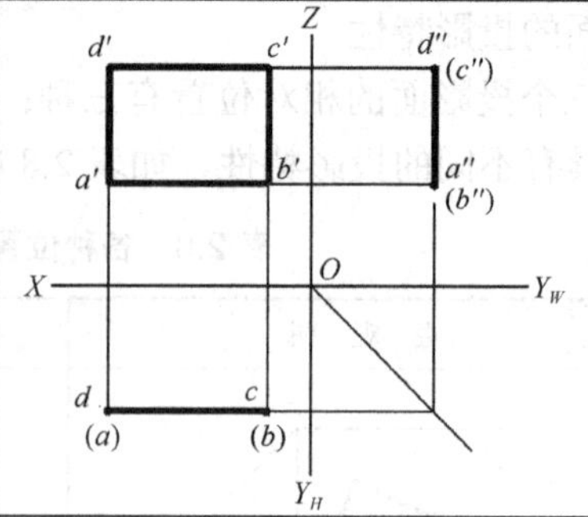	平面在与其平行的投影面上的投影反映实形。平面在其他两个投影面上的投影积聚成平行于相应投影轴的直线（两线对一框）
	水平面（//H面）	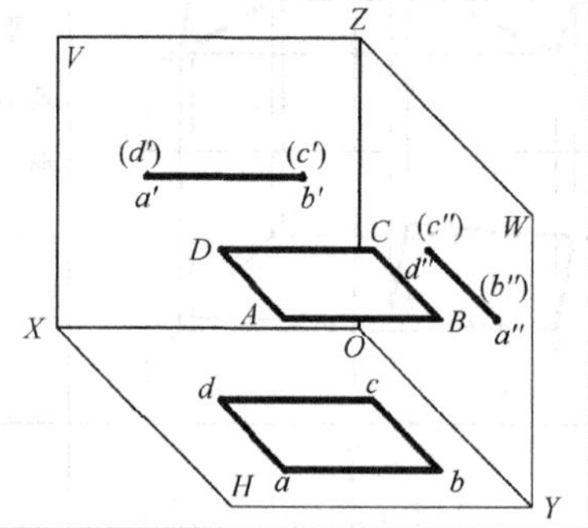	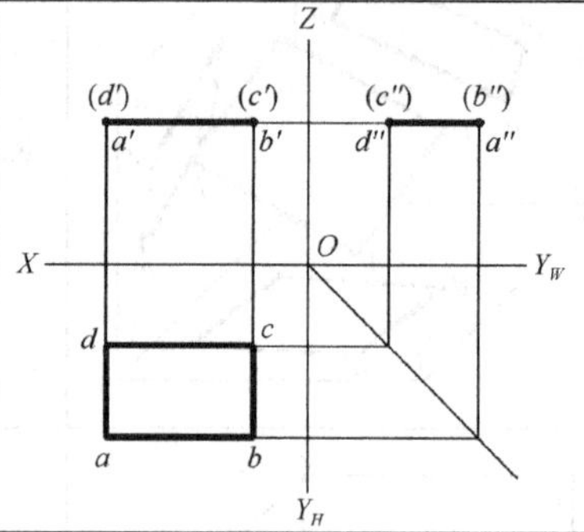	
	侧平面（//W面）	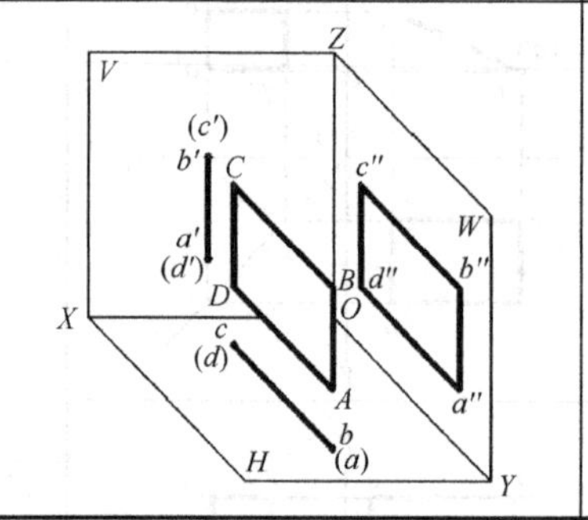	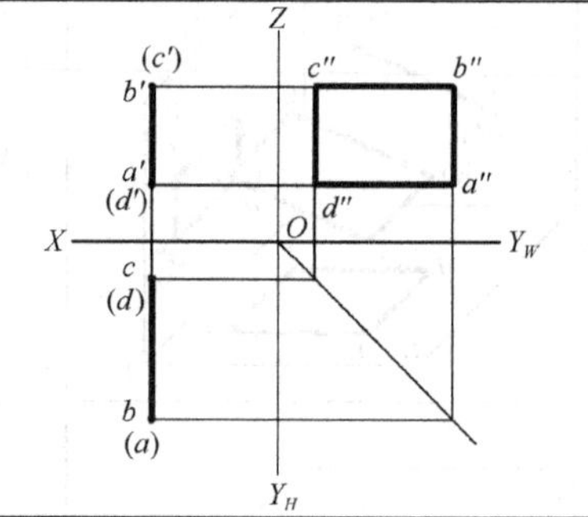	

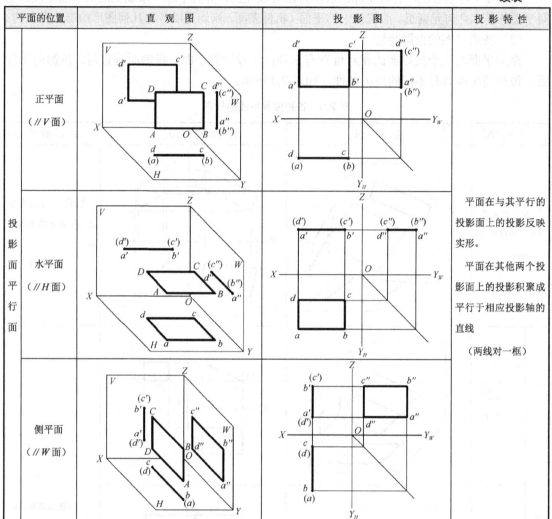

（3）平面上直线和点的投影

① 平面上的直线。

如果直线在平面上，它必须满足下列几何条件之一：

条件一：经过平面上的两个点。如图2.10（a）所示，△*ABC* 决定一平面 *P*，由于 *M*、*N* 两点分别在直线 *AC* 和 *AB* 上，所以 *MN* 的连线必在平面 *P* 上。

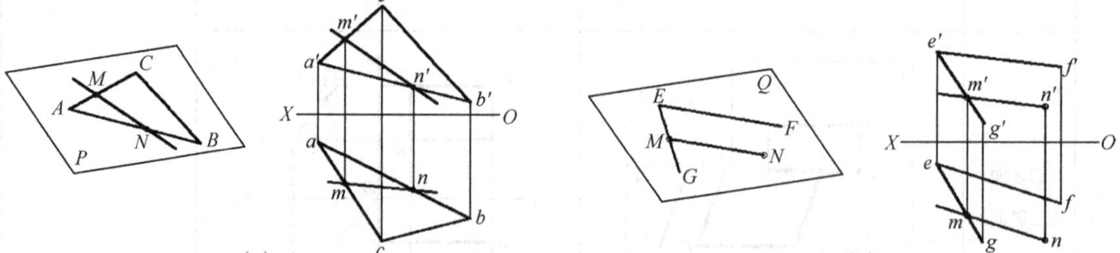

（a）　　　　（b）

图2.10　平面上的直线

条件二：经过平面上的一个点，且平行于平面上的另一条直线。如图2.10（b）所示，相

交直线 *EF*、*EG* 决定一个平面 *Q*，*M* 是直线 *EG* 上的一点，通过 *M* 点作 *MN*// *EF*，则 *MN* 必在平面 *Q* 上。

② 平面上的点。

点在平面上的几何条件：点在平面上的一条直线上。

2.4 立体表面截交线

在机件上常常存在平面与立体相交而形成表面交线（截交线）的情况，画图时为了清楚地表达物体的形状，需要准确画出截交线的投影。

2.4.1 截交线的性质

通常可以将机件分解为棱柱、棱锥、圆柱、圆锥等基本体，而这些基本体经常不是以完整的形式存在的，常常被一些平面所切割，这些切割平面称为截平面，形成的表面交线称为截交线。截交线围成的封闭平面图形称为截断面，如图 2.11 所示。

通过图 2.12 所示的几个实例，可以得出截交线的性质：

（1）封闭性：截交线是封闭的平面图形。

（2）共有性：截交线是截平面与立体表面的共有线。

根据截交线的性质，截交线的画法可归结为求作平面与立体表面的共有点的问题。

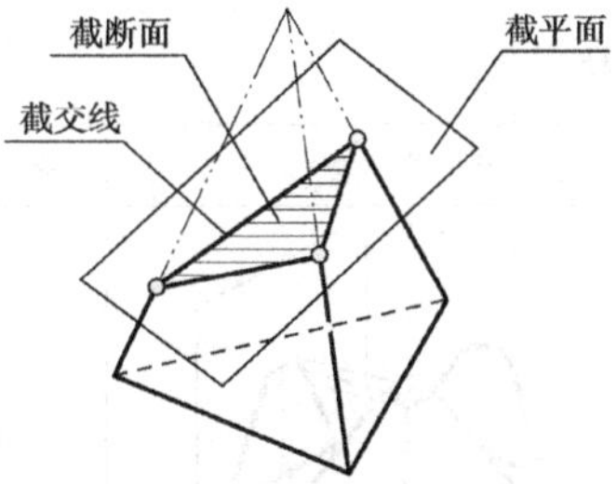

图 2.11 截交线的形成

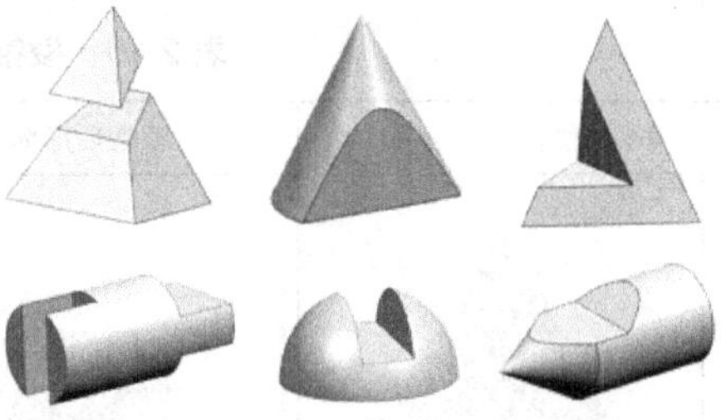

图 2.12 平面与立体表面的截交线

2.4.2 平面体的截交线

1. 棱柱的截交线

将一个垂直放置的六棱柱，用与侧棱边相对位置不同的平面去切割它，可得到不同的形体，从中可以归纳出如表 2.9 所示结果。

表 2.9 棱柱的截交线形状

截平面位置		截切后形体	投 影 图	截交线形状
截平面与侧棱边垂直	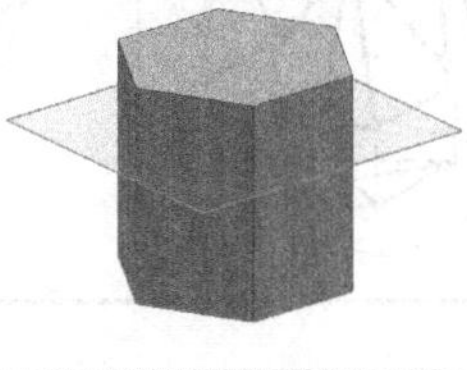		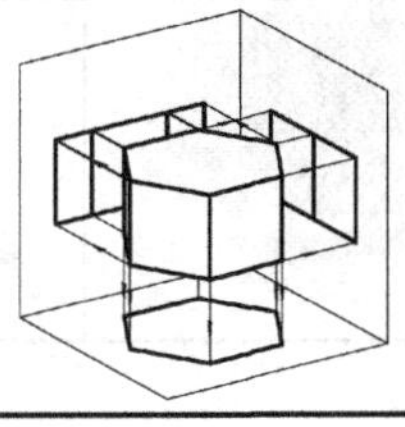	与底面相同的多边形

续表

截平面位置		截切后形体	投 影 图	截交线形状
截平面与侧棱边平行	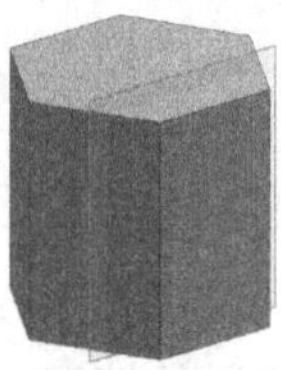		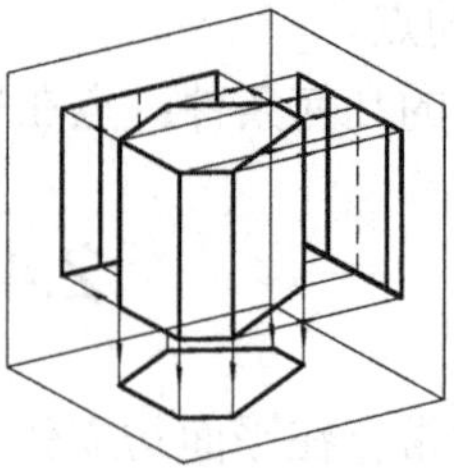	矩形
截平面与侧棱边倾斜	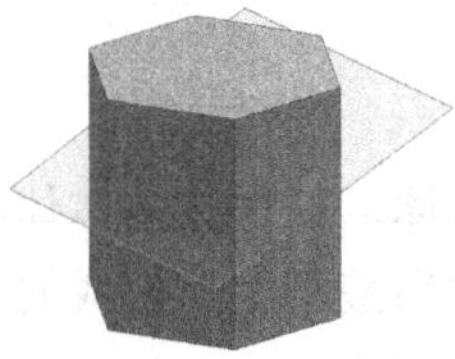	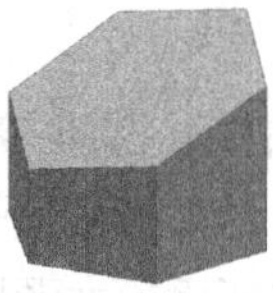	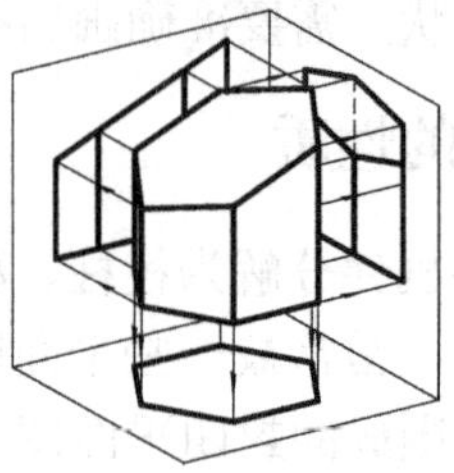	多边形

2. 棱锥的截交线

将一个立置的三棱锥，用不同位置的平面去切割它，得到不同的形体，从中可以归纳出如表 2.10 所示的结果。

表 2.10 棱锥的截交线形状

截平面位置		截切后形体	投 影 图	截交线形状
截平面与底面平行	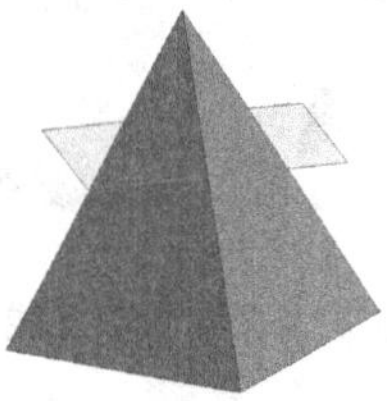		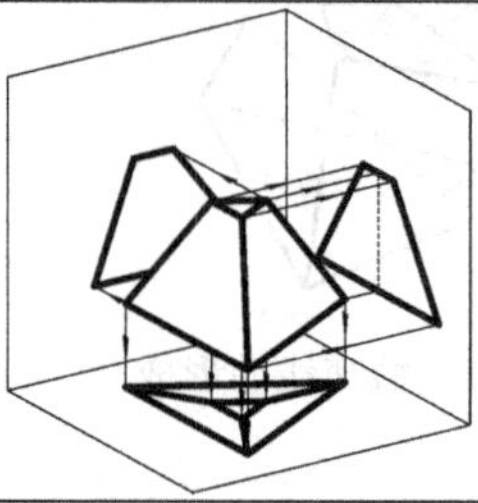	与底面相似的多边形
截平面与底面倾斜	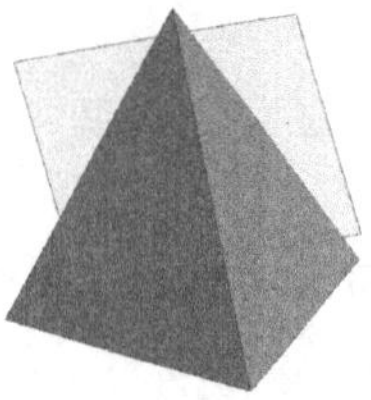	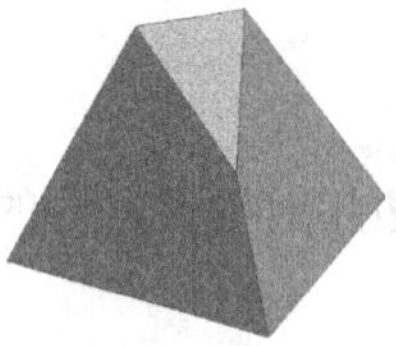	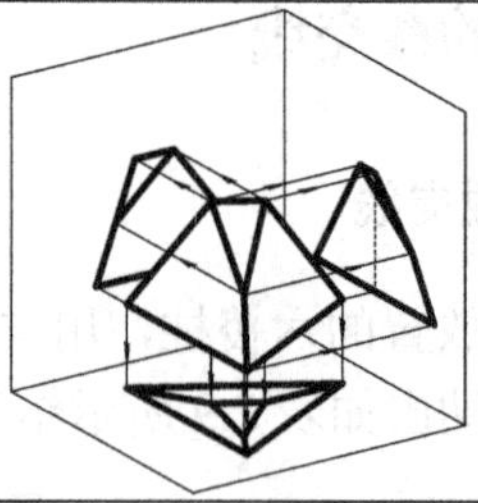	多边形
截平面通过顶点	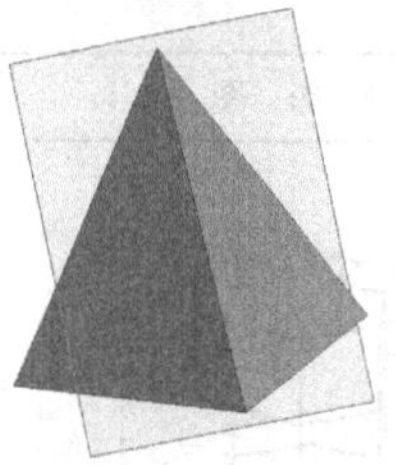	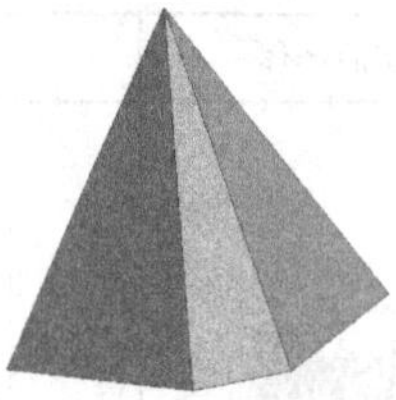	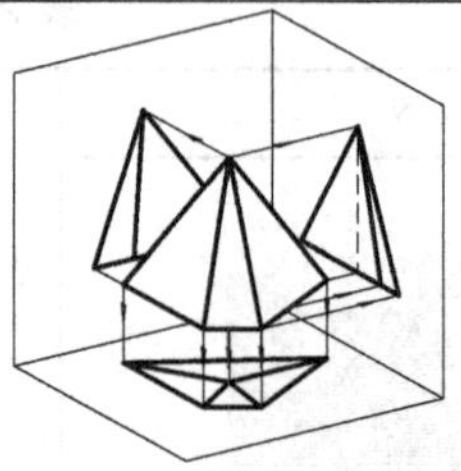	三角形

分析上面两个表格中的图形，得出以下结论：

① 截交线既在立体表面上，又在截平面上，所以它是立体表面和截平面的共有线，截交线上的每个点都是它们的共有点。

② 平面体的截交线为多边形，其边数为截平面所交到的基本体表面和其他平面的数目之和。

③ 平面体截交线的顶点为截平面与基本体棱边的交点，以及与其他平面交线的端点。

3. 平面体截交线的求作方法和步骤

（1）求作平面体截交线上点的方法

① 积聚性法：充分利用立体表面或截平面的积聚投影。

② 辅助线法：根据需要绘制一些平面上的直线，再根据点与直线的“从属性”关系，求出交点，即截交线上的点。

辅助线绘制方法：①从某顶点出发画到对边；②作某边的平行线。

在作图过程中，常从求各棱边与截平面的交点，以及求各棱面与截平面的交线入手，往往将两种方法结合起来使用。

（2）求作平面体截交线的一般步骤

① 投影分析：判定截交线的形状；

② 求作截交线上的所有特殊点（棱边上的点）；

③ 求出一般点（棱面的点）；

④ 判断可见性（可见为粗实线，不可见为虚线）；

⑤ 顺次连接各点；

⑥ 整理轮廓线。

【例 2.2】 如图 2.13（a）所示，一个带切口的三棱锥，已知它的正面投影，求其另两面投影。

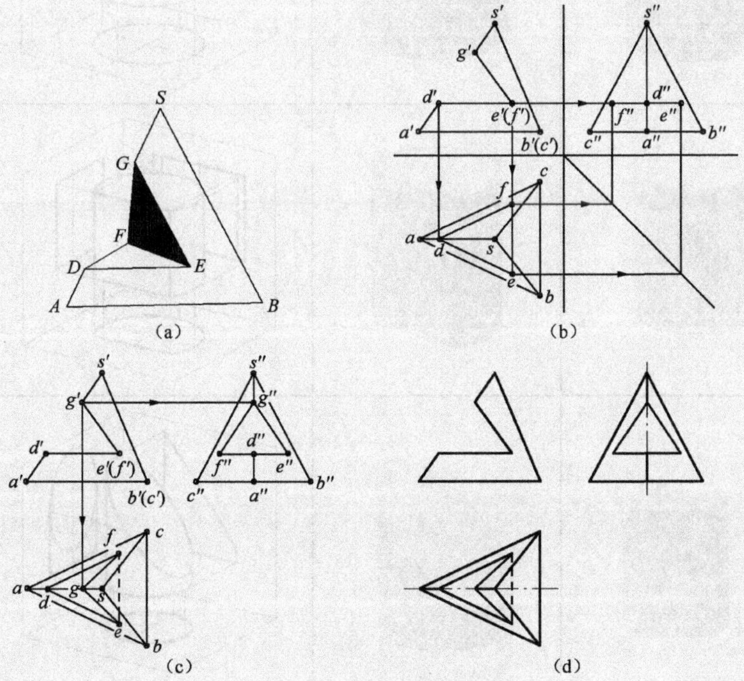

图 2.13　带切口三棱锥的投影

【分析】 该三棱锥的切口是由两个相交的截平面切割而形成的。两个截平面一个是水平面，一个是正垂面，它们都垂直于正面，因此切口的正面投影具有积聚性。

【作图】 由图 2.13 可知，*D*、*G* 两点在棱边 *SA* 上，故其三面投影都与棱边存在从属性。水平截面与三棱锥的底面平行，因此它与棱面△*SAB* 和△*SAC* 的交线 *DE*、*DF* 必分别平行于底边 *AB* 和 *AC*，水平截面的侧面投影积聚成一条直线。正垂截面分别与棱面△*SAB* 和△*SAC* 交于直线 *GE*、*GF*。由于两个截平面都垂直于正面，所以两个截平面的交线一定是正垂线，作出以上交线的投影即可得出所求投影。最后判断可见性，并依次连接各同面相邻的点。具体过程如图 2.13（b）～（d）所示。

2.4.3 回转体的截交线

回转体是由母线（直线或曲线）围绕其轴线旋转而形成的立体，包括圆柱、圆锥、圆球等。母线的具体位置称为素线。

1. 圆柱的截交线

将一个垂直放置的圆柱，用不同位置的平面去切割它，可得到不同的形体，从中归纳出表 2.11 所示的结果。

表 2.11 圆柱的截交线形状

	截平面位置	截切后形体	投 影 图	截交线形状
截平面与轴线垂直	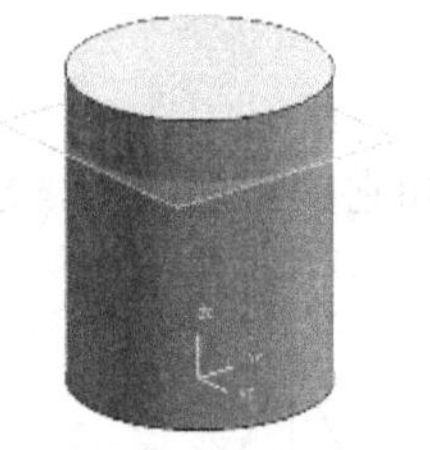		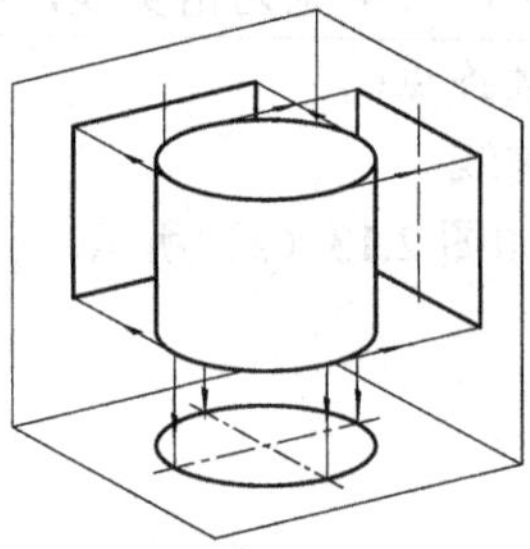	圆
截平面与轴线平行	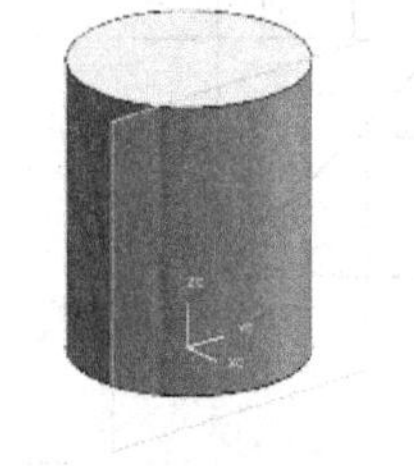	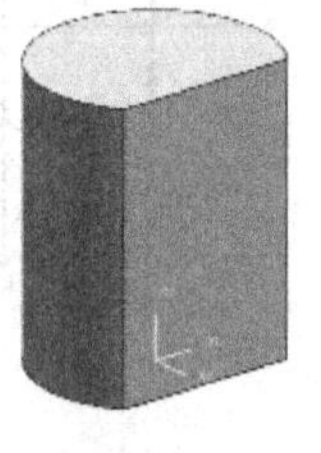	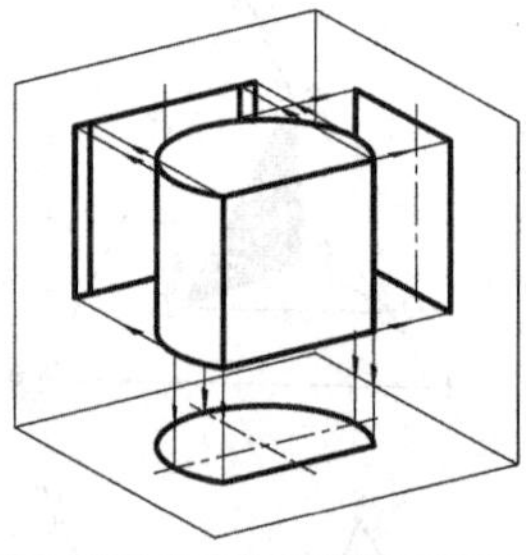	矩形
截平面与轴线倾斜		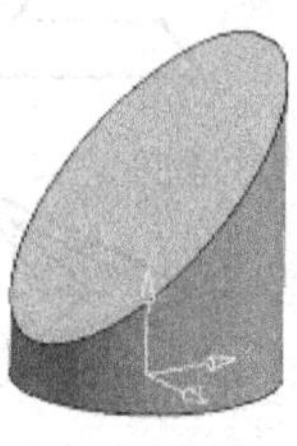	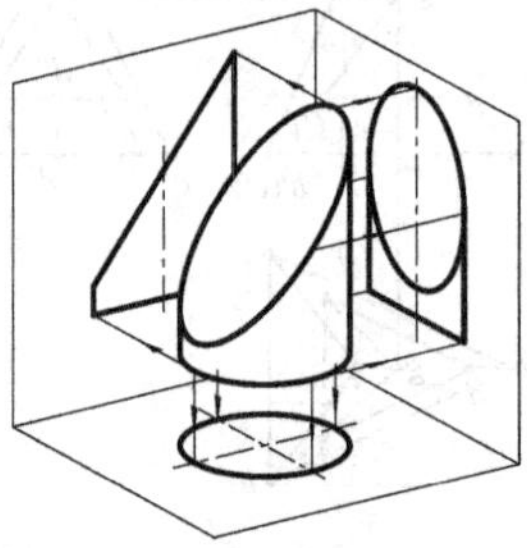	椭圆

2. 圆锥的截交线

将一个立置的圆锥，用不同位置的平面去切割它，得到不同的形体，从中归纳出表 2.12 所示的结果。

表 2.12　圆锥的截交线形状

	截平面位置	截切后形体	投　影　图	截交线形状
截平面与轴线垂直		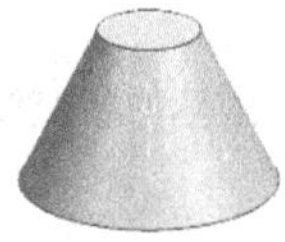	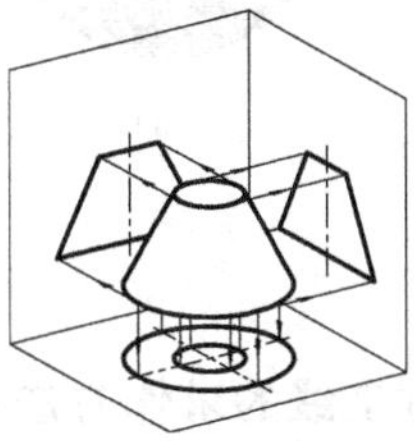	圆
截平面与轴线倾斜	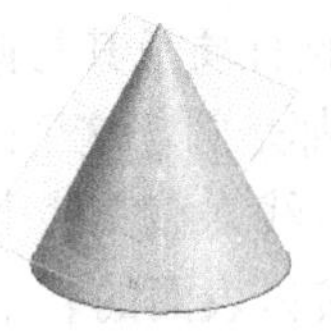	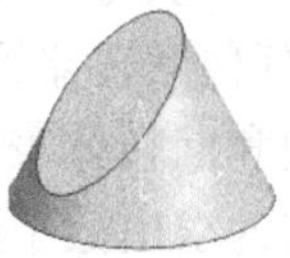	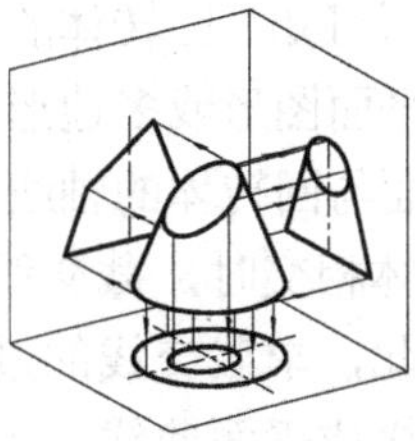	椭圆
截平面平行于一条素线	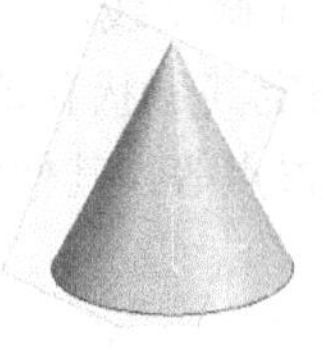	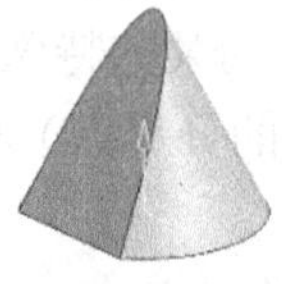	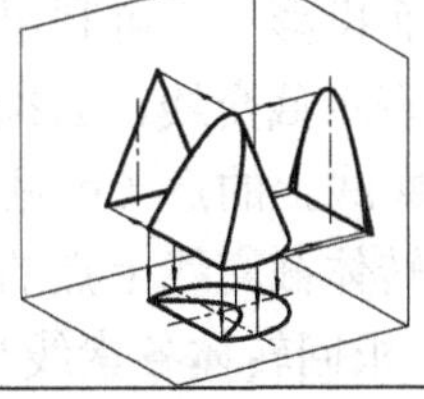	抛物线
截平面平行于轴线	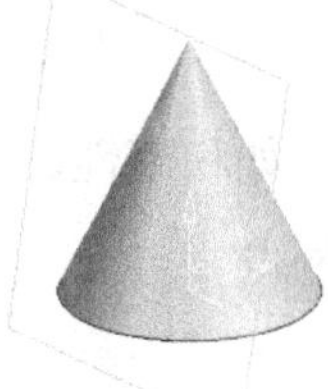	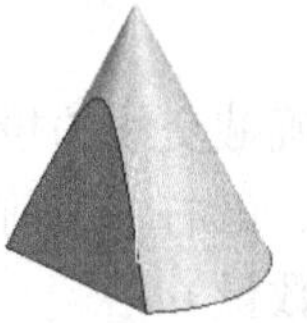	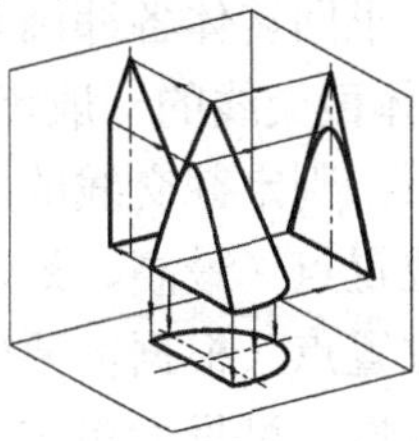	双曲线
截平面通过顶点	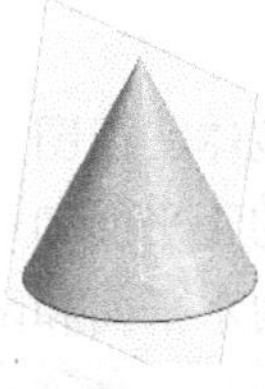	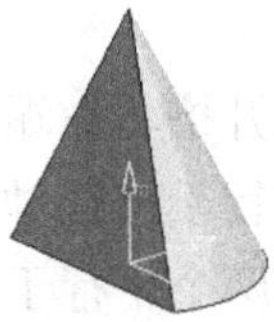	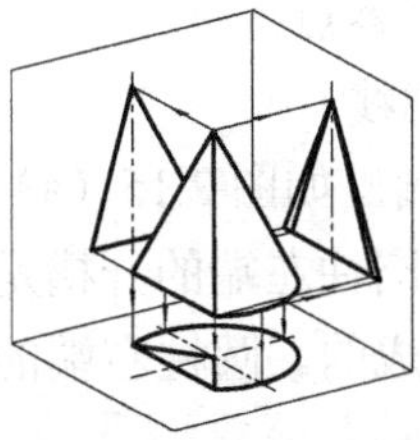	三角形

3. 圆球的截交线

平面在任何位置截切圆球的截交线都是圆。当截平面平行于某一投影面时，截交线在该投影面上的投影为圆的实形，在其他两面上的投影都积聚为直线，如图 2.14 所示。

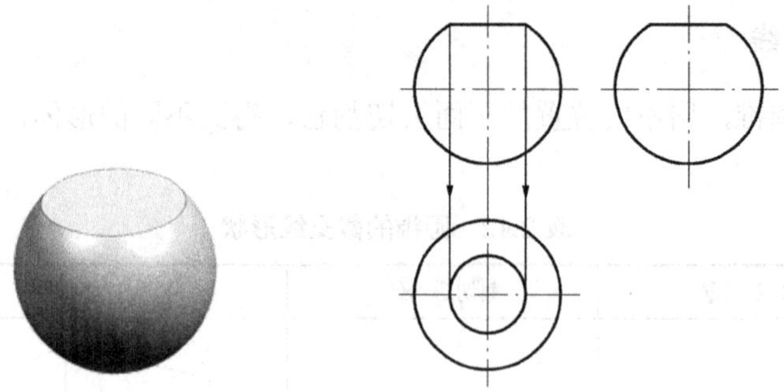

（a）　　　　　　　　　　（b）

图 2.14　圆球的截交线

4. 回转体截交线的求作方法及步骤

通过以上分析可知：回转体的截交线通常是一条封闭的平面曲线，或者由截平面上的曲线和直线所围成的平面图形或多边形。截交线的形状与回转体的几何性质及其与截平面的相对位置有关。当截平面与回转体的轴线垂直时，任何回转体的截交线都是圆，这个圆称为纬圆。

平面与回转体相交时，截交线是截平面和回转体表面的共有线，截交线上的点也都是它们的共有点。因此，求截交线的过程可归结为求出截平面和回转体表面的若干个共有点，然后依次光滑地连接成平面曲线。当截平面为特殊位置平面时，截交线的投影就积聚在截平面具有积聚性的同面投影上，可利用在回转体表面上取点的方法求作截交线。

为了确切地表示截交线，必须求出其上的某些特殊点，以确定其形状和范围。特殊点包括回转体转向轮廓线上的点（可见与不可见的分界点）和极限位置点等，其他的点为一般点。

（1）求作回转体截交线上点的方法

① 素线法：求回转体各素线与截平面的交点。

② 纬圆法：求回转体各纬圆与截平面的交点。

（2）求回转体截交线的一般步骤

① 投影分析：判定截交线的形状，明确截交线的投影特性，如积聚性、类似性等；

② 求特殊位置点（最高、最低、最左、最右、最前、最后点）；

③ 求一般位置点（根据需要确定点的数量）；

④ 判断可见性（可见为粗实线，不可见为虚线）；

⑤ 顺次连接各点；

⑥ 整理轮廓线。

【例 2.3】 画出如图 2.15（a）所示左端开槽、右端切平的圆柱体三视图。

【分析】 该圆柱左端的开槽是由两个平行于圆柱轴线的对称的正平面和一个垂直于轴线的侧平面切割而成的。圆柱右端的切平是由两个平行于圆柱轴线的水平面和两个侧平面切割而成的。

【作图】 先画出完整圆柱体的三视图，再按开槽和切平的宽度和深度，依次画出正面投影和水平投影，再求出侧面投影，如图 2.15（b）所示。由于圆柱最上、最下素线的左端被切去一段，使正面投影的轮廓线在开槽部位向内“收缩”，呈“凸”字形，“收缩”的程度与槽宽有关，如图 2.15（c）所示。槽底正面投影的中间部分不可见，应画成虚线，如图 2.15（d）

所示。圆柱右端被切去的部分是上下两边，水平投影中的最前、最后素线依然完整，应特别注意表示切口正面和水平投影中的水平直线的长度，如图 2.15（e）所示。

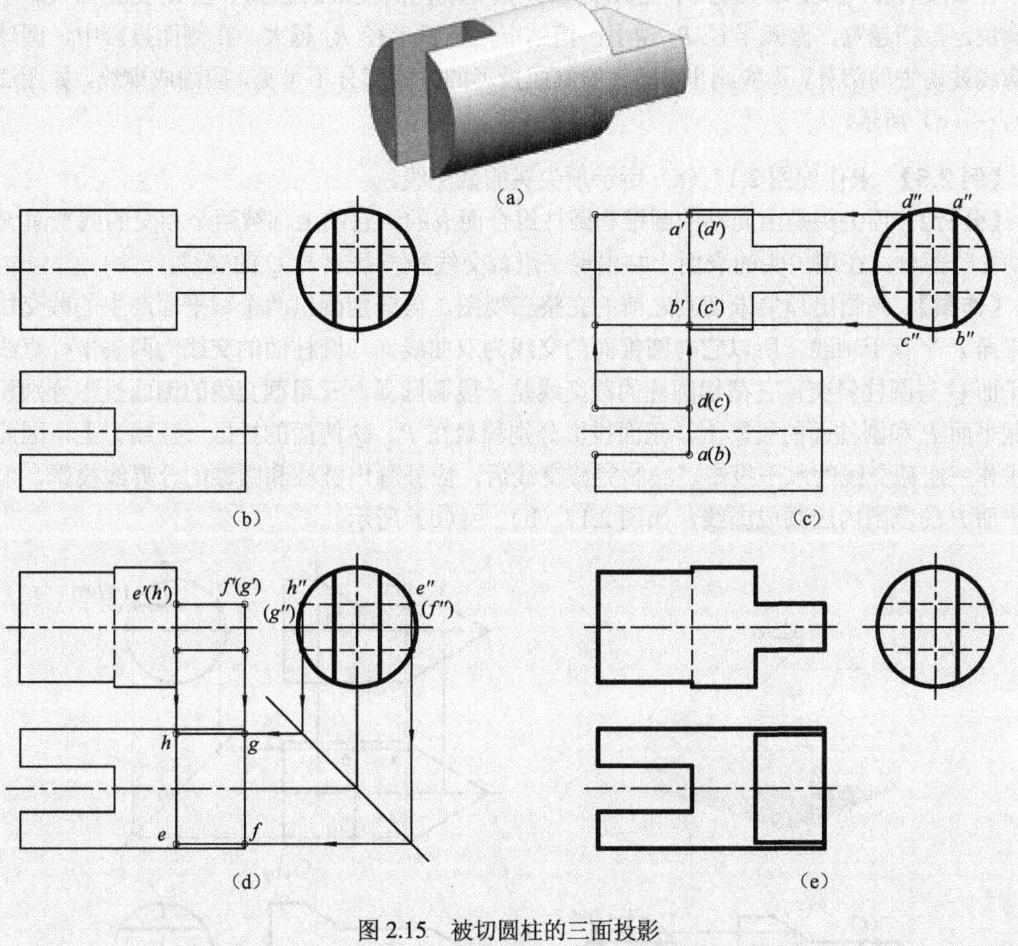

图 2.15　被切圆柱的三面投影

【例 2.4】 已知开槽半圆球的正面投影，求作其余两面投影，如图 2.16 所示。

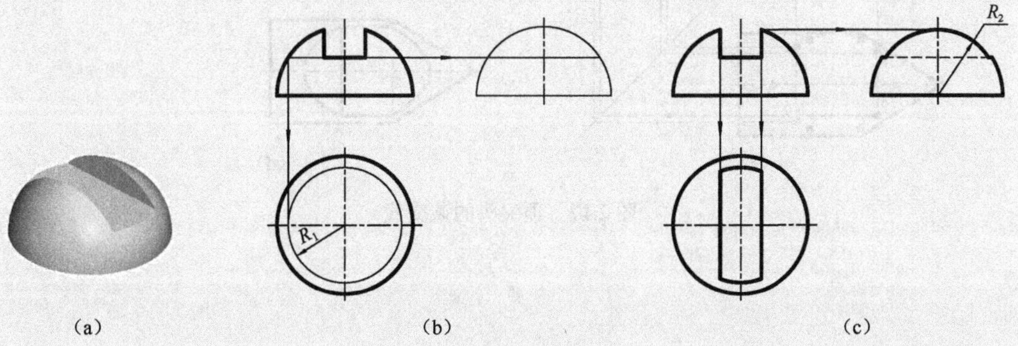

图 2.16　开槽半圆球

【分析】 矩形槽的两侧面是侧平面，它们与半圆球的截交线为两段圆弧，侧面投影反映实形；槽底是水平面，与半圆球的截交线也是两段圆弧，水平投影反映实形。

【作图】 先画出半圆球的三视图，根据槽宽和槽深作矩形槽的正面投影，再作矩形槽的水平投影和侧面投影。截交线水平投影的圆弧半径 R_1 由正面投影所示槽深决定，槽越深，圆弧半径 R_1 越大；槽越浅，圆弧半径 R_1 越小。截交线侧面投影的圆弧半径 R_2 由正面投影所示槽宽决定，槽越宽，圆弧半径 R_2 越小；槽越窄，圆弧半径 R_2 越大。在侧面投影中，圆球的轮廓线被切去的部分，不应画出。槽底的侧面投影的中间部分不可见，应画成虚线，如图 2.16（b）～（c）所示。

【例 2.5】 求作如图 2.17（a）所示顶尖头的截交线。

【分析】 顶尖头是由同轴的圆锥和圆柱组合而成的。它的上部被两个相交的截平面 P 和 Q 切去一部分，在顶尖头的表面上共出现三组截交线和一条 P 与 Q 的交线。

【作图】 先画出顶尖未切割之前的完整三视图，再分别画出两个截平面产生的截交线。截平面 P 平行于轴线，所以它与圆锥面的交线为双曲线，与圆柱面的交线为两条平行直线。截平面 Q 与圆柱斜交，它截切圆柱的截交线是一段椭圆弧。三组截交线的侧面投影分别积聚在截平面 P 和圆柱面的投影上，正面投影分别积聚在 P、Q 两面的投影（直线）上，因此只需求作三组截交线的水平投影。绘制完截交线后，应补画出圆柱和圆锥的分界线投影，但在截平面 P 的范围内应画成虚线，如图 2.17（b）～（d）所示。

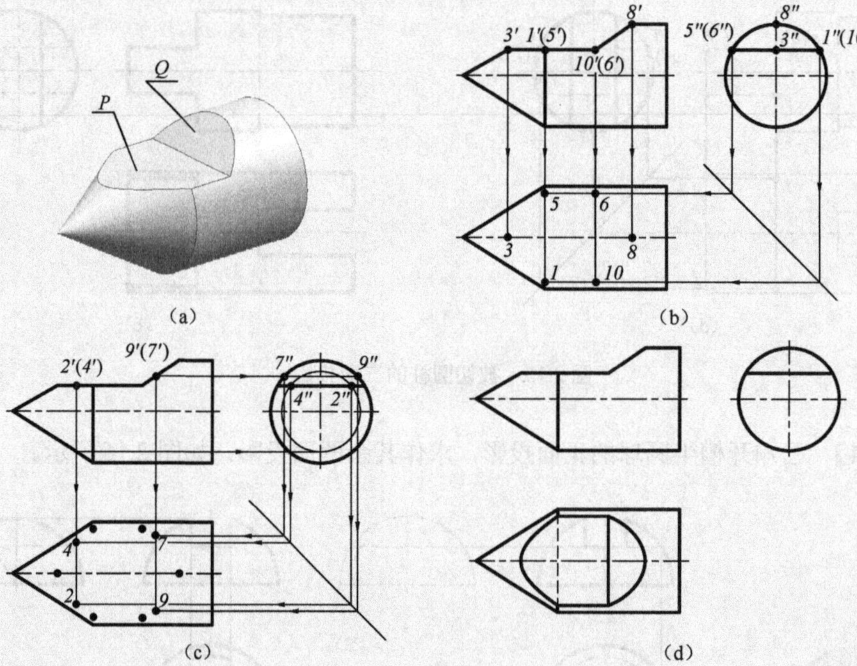

图 2.17　顶尖头的截交线

2.5　立体表面相贯线

2.5.1　相贯线的形成

在一些零件上常常会遇到两个或两个以上基本体相交在一起，或从一个基本体中挖除一个基本体或多个基本体而产生表面交线的情况。将挖除的基本体称为虚体基本体，两立体表面相交称为相贯，得到的表面交线称为相贯线，把这两个立体看作一个整体，称为相贯体。一个立体全部穿过另一个立体，称为全贯；两个立体仅部分相交，称为互贯。立体相贯的形式如图 2.18 所示。

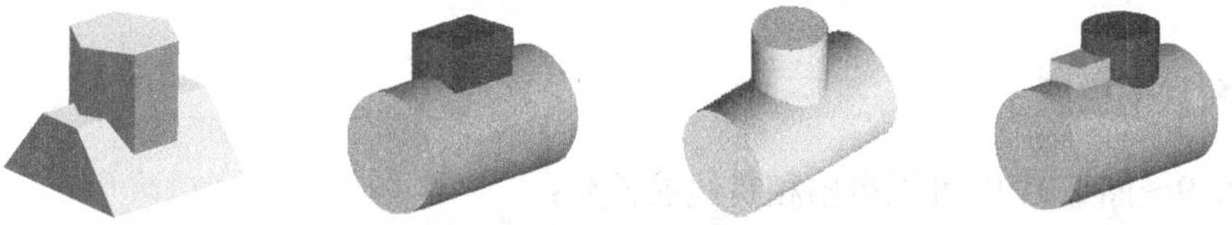

（a）两平面体相贯　（b）平面体与回转体相贯　（c）两回转体相贯　（d）多体相贯

图 2.18　立体相贯的形式

2.5.2　回转体相贯的种类

由于平面体的所有表面都是平面，所以将平面体的相贯全部归结到作截交线的问题，下面主要讨论两回转体相贯的情况。

（1）两实体相贯

两个或两个以上回转体相交形成一个新的形体，属于两实体相贯的情况，常见形状如图 2.19 所示。

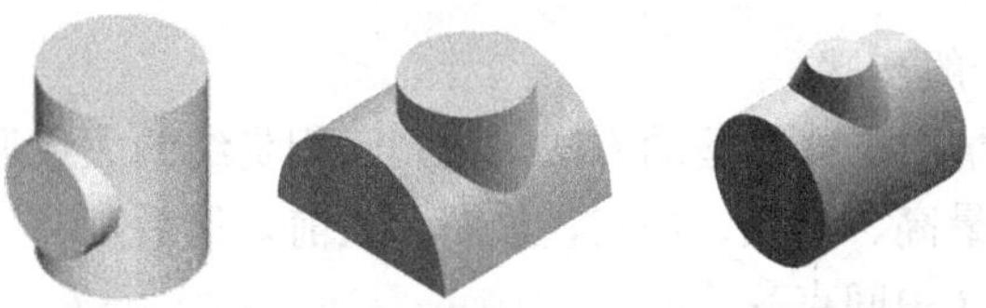

（a）　（b）　（c）

图 2.19　两实体相贯

（2）实体与虚体相贯

从一个回转体中挖除另一个或多个回转体而形成一个新的形体，属于实体与虚体相贯的情况，常见形状如图 2.20 所示。

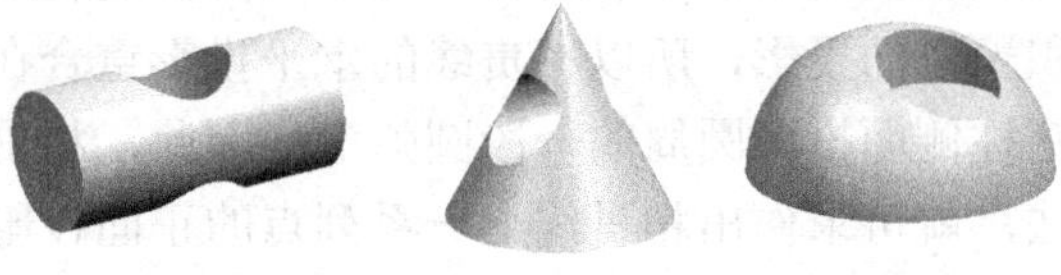

（a）　（b）　（c）

图 2.20　实体与虚体相贯

（3）虚体与虚体相贯

在零件当中经常会有两个孔相交的情况，属于虚体与虚体相贯的情况，如图2.21所示。

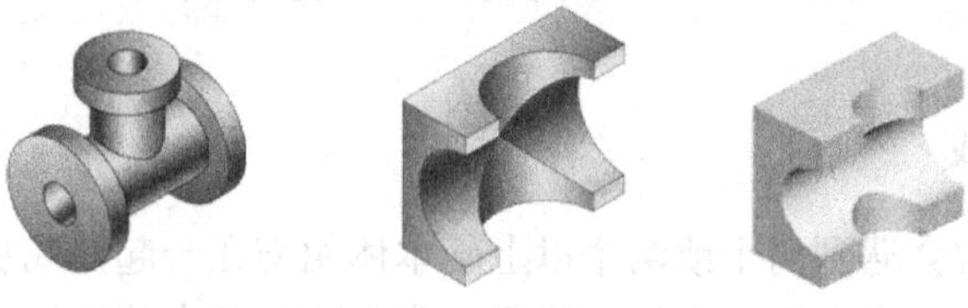

（a）　（b）　（c）

图2.21　虚体与虚体相贯

2.5.3　相贯线的性质与求作方法

1. 相贯线的性质

从图2.19～图2.21中可以得出相贯线的性质：

① 共有性：相贯线是两立体表面的共有线，也是两相交立体表面的分界线。相贯线上的点一定是两相交立体表面的共有点。

② 封闭性：由于回转体有一定空间范围，故相贯线一般都是封闭的空间曲线。

根据相贯线的性质，两回转体相贯线的作图可归结为求两回转体表面共有点的问题。

2. 相贯线的求作方法和步骤

（1）求作相贯线的一般方法

① 表面取点法：利用圆柱面的积聚性投影求公共点。

② 辅助平面法：作一假想辅助平面，设法使两纬圆相交，或两素线相交，或素线与纬圆相交。

（2）求作相贯线的一般步骤

① 根据形体的具体情况选择合适的方法，并判断相贯线的大致形状；

② 作出特殊点（如最高、最低、最左、最右、最前、最后点）；

③ 求出几个一般点（中间点）；

④ 判断可见性（只有两立体都可见的表面交线才可见，否则不可见）；

⑤ 依次光滑连接各点的同面投影；

⑥ 整理轮廓线。

【例2.6】 如图2.22（a）所示，求作正交两圆柱表面的相贯线。

【分析】 两圆柱表面的相贯线应为一条空间封闭曲线。因两圆柱轴线正交，则相贯体前后、左右对称，其相贯线也必定前后、左右对称。由于两圆柱的轴线分别垂直于水平面和侧立面，两圆柱分别存在积聚性的投影，所以相贯线的水平投影重合在小圆柱的水平投影圆周上，侧面投影重合在大圆柱侧面投影圆周的一段圆弧上。因此，相贯线的两面投影可视为已知，利用圆周取点的方法，就可求作出相贯线上一系列点的正面投影，将它们光滑连接即可作出相贯线。作图步骤如图2.22（b）所示。

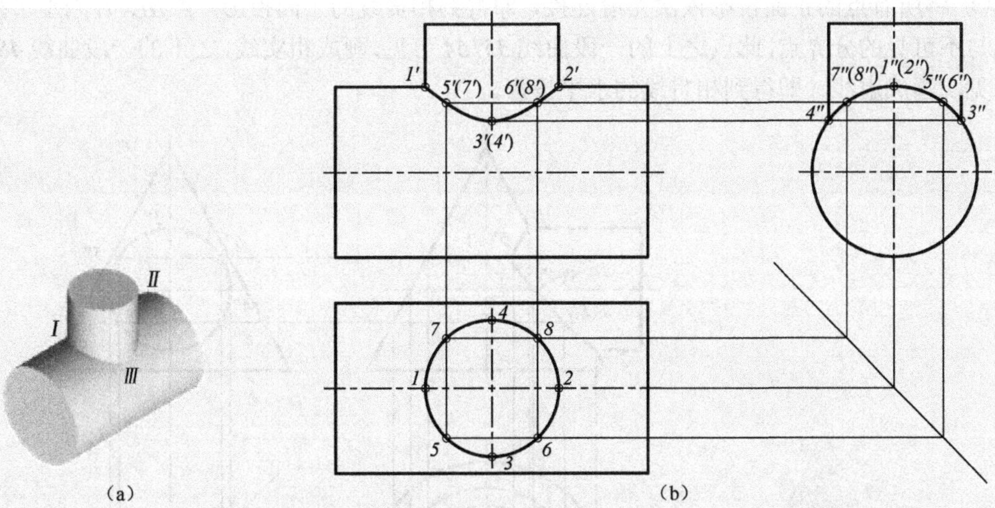

图 2.22　两垂直正交圆柱的相贯线

【作图】

① 先求特殊点。点 *I*、*II* 是最左、最右点，也是最高点，同时还是相贯线正面投影可见与不可见的分界点；点 *III*、*IV* 是最前、最后点，也是最低点，还是相贯线侧面投影可见与不可见的分界点。根据水平投影 *1*、*2*、*3*、*4*，可求出其侧面投影 *1″*、*2″*、*3″*、*4″*；再按照点的投影规律求出其正面投影 *1′*、*2′*、*3′*、*4′*。

② 再求一般点。为了使相贯线光滑准确，需要多求几个一般点。由水平投影 *5*、*6*、*7*、*8* 和相对应的侧面投影 *5″*、*6″*、*7″*、*8″*，通过点的投影规律，可求出正面投影 *5′*、*6′*、*7′*、*8′*。

③ 将所有点的正面投影依次光滑连接，即得到相贯线的正面投影。

【例 2.7】 如图 2.23（a）所示，求作圆柱与圆锥正交时的相贯线。

【分析】 两圆柱表面的相贯线为一条空间封闭曲线。因圆柱与圆锥轴线正交，则相贯体前后方向对称，其相贯线也必定前后对称。两立体轮廓线的交点 *I*、*II* 分别是相贯线的最高、最低点，也是相贯线可见与不可见的分界点。又因圆柱的轴线垂直于侧立面，故相贯线的侧面投影重合在圆柱侧面投影圆周上。相贯线的最前点 *III*、最后点 *IV*，位于圆柱的前后轮廓线上，是相贯线水平投影可见与不可见的分界点。相贯线的水平投影可利用辅助平面法求出。若取一水平面同时截切两立体，其截交线分别为水平圆和两直线，两者的交点即为相贯线上的点。作图步骤如图 2.23（b）所示。

【作图】

① 先求特殊点。点 *I*、*II* 是最高、最低点，其正面投影 *1′*、*2′*和侧面投影 *1″*、*2″*可以直接标出，再通过点的投影规律求出水平投影 *1*、*2*。点 *III*、*IV* 是最前、最后点，其侧面投影 *3″*、*4″*可以直接标出。为求出另两个投影，需要通过圆柱轴线作一个水平辅助平面，该平面在水平投影中与圆柱产生的截交线为两直线，与圆锥产生的截交线为圆，二者的交点即为 *3*、*4* 点，由此可求出两点的正面投影 *3′*、*4′*。

② 再求一般点。在适当位置再作一个水平辅助平面，可得到一般点 *V*、*VI*的侧面投影 *5″*、*6″*，用上述方法求出水平投影 *5*、*6* 及正面投影 *5′*、*6′*。用同样方法可求出点 *VII*、*VIII*的投影。

③ 将所有点的正面投影依次光滑连接，即得到相贯线的正面投影。点*III*、*IV*为水平投影可见与不可见的分界点，此点之上的一段曲线 *35164* 可见，画成粗实线，之下的一段曲线 *48273* 不可见，画成虚线，即得到相贯线的水平投影。

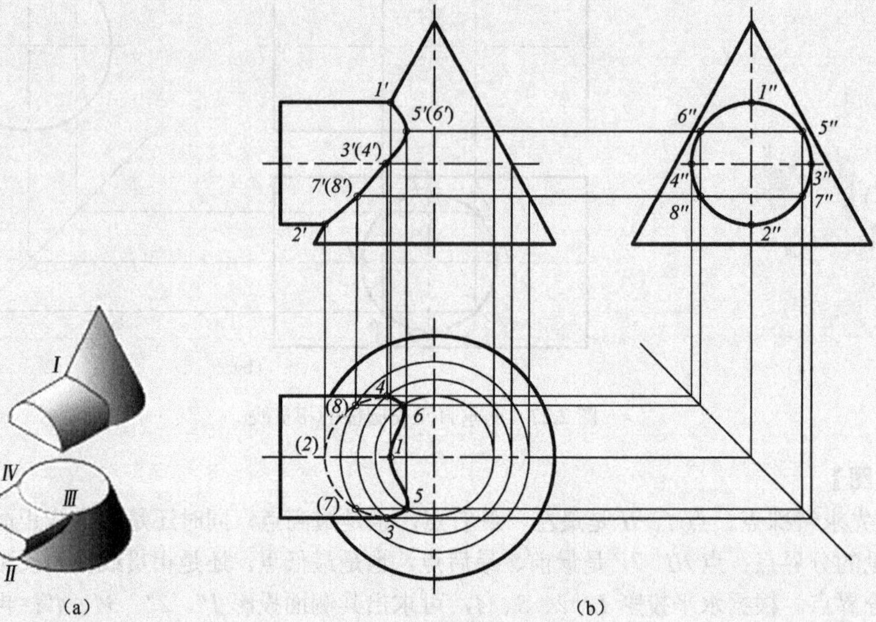

图 2.23　圆柱和圆锥正交的相贯线

2.5.4　相贯线的形状变化

1. 相贯线的形状

当两回转体相交时，随着两回转体的形状、大小和相对位置不同，产生相贯线的形状也将不同，一般有以下几种情况。

（1）当两回转体直径不同时，相贯线通常为空间曲线，如图 2.19～图 2.23 所示。

（2）当两回转体具有公共轴线时，其相贯线为垂直于轴线的圆，圆在轴线所平行的投影面上投影为直线，如图 2.24 所示。

（3）当圆柱与圆柱、圆柱与圆锥轴线相交，并具有公共内切球时，相贯线为椭圆，且在与两轴线平行的投影面上的投影为直线，如图 2.25 所示。

（4）当相交的两圆柱轴线平行时，相贯线为两条平行于轴线的直线；当具有公共顶点的两圆锥相交时，相贯线为两条相交的直线，如图 2.26 所示。

2. 两圆柱相贯线的变化

由上可知，改变相贯线形状和弯曲趋向的因素一般有以下三种：两回转体的形状（种类变化）、两回转体的大小（尺寸变化）和两回转体的位置（相对位置变化）。由于在零件中最常见的是两圆柱相贯的情况，因此，下面仅分析圆柱相贯时相贯线的变化趋势。

（1）轴线垂直相交时两圆柱相贯线的变化如图 2.27 所示。

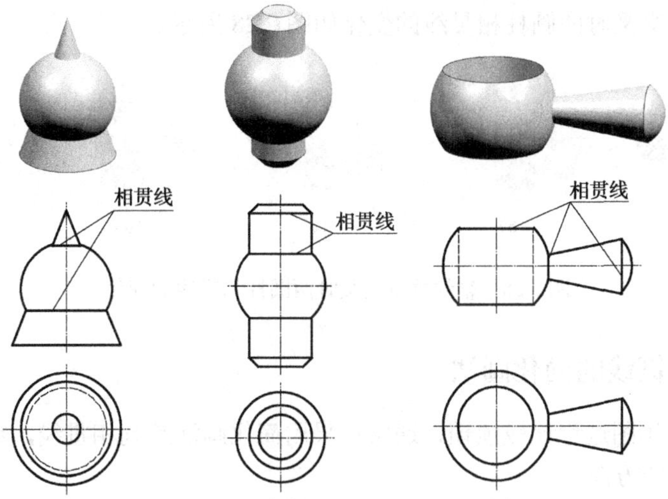

（a）　　（b）　　（c）

图 2.24　同轴回转体的相贯线

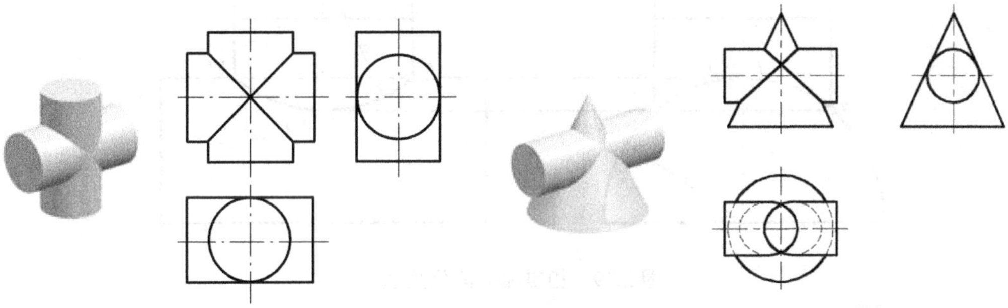

（a）　　（b）

图 2.25　具有公切球回转体的相贯线

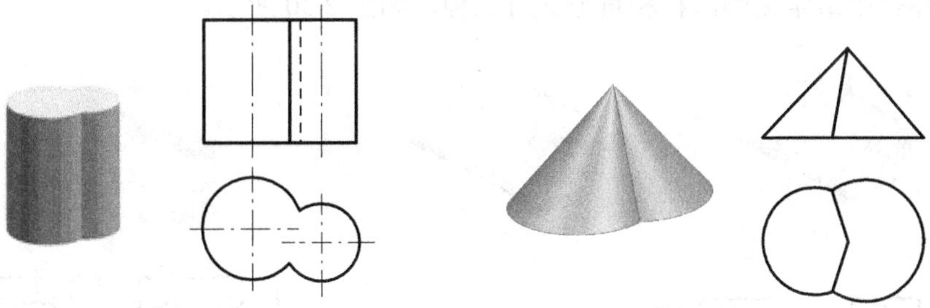

（a）　　（b）

图 2.26　相贯线为两条相交直线的情况

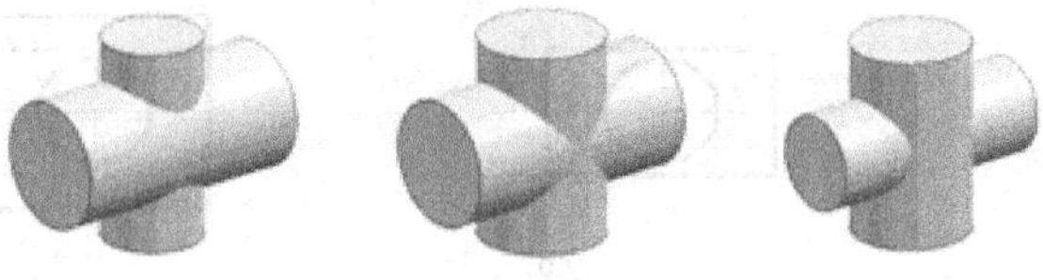

（a）　　（b）　　（c）

图 2.27　轴线垂直相交时两圆柱相贯线的变化

（2）轴线垂直交叉时两圆柱相贯线的变化如图 2.28 所示。

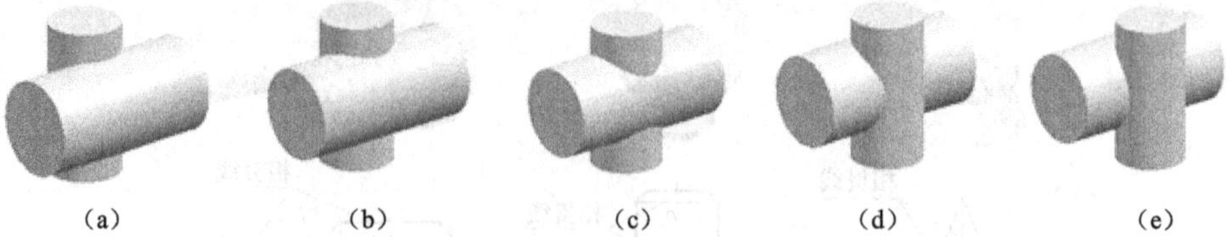

图 2.28　轴线垂直交叉时两圆柱相贯线的变化

2.5.5　两圆柱相贯线的简化画法

由于相贯线的作图过程比较烦琐，通常可采用简化画法绘制相贯线，重点是先要判断出相贯线的形状及弯曲方向。

两圆柱相贯线的简化画法有以下两种，如图 2.29 所示。

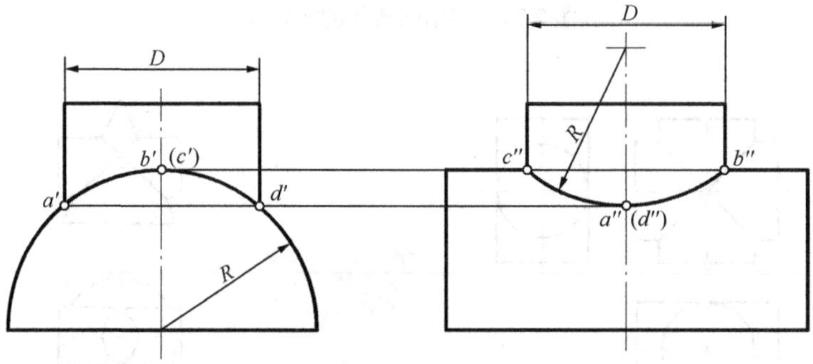

图 2.29　相贯线的简化画法

（1）半径法：以大圆柱的半径为半径，向大圆柱的轴线凹进去。

（2）三点法：找到三个特殊点，光滑连成曲线。

在机械零件中最常见的圆柱相贯形式有三种，如图 2.30 所示。

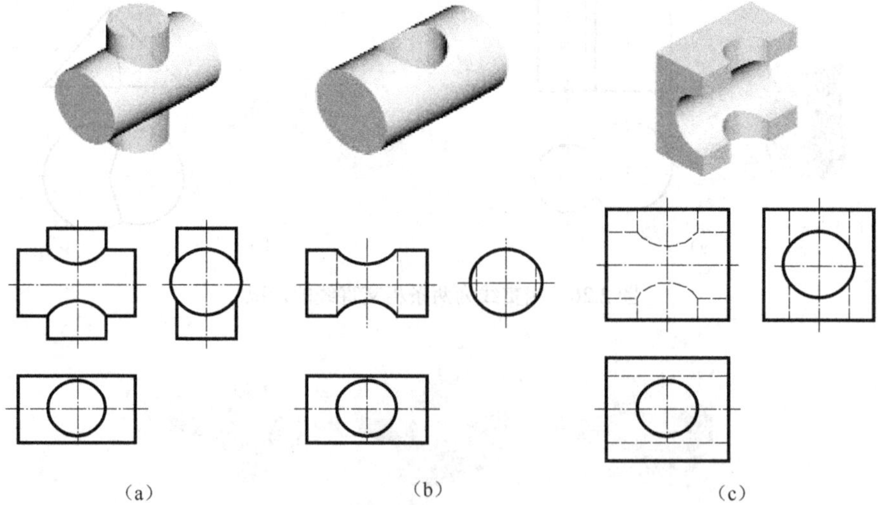

图 2.30　相贯线在零件上存在的常见形式

2.6 轴 测 图

2.6.1 轴测图的形成

将物体连同其直角坐标系，沿不平行于任一基本投影面的方向，用平行投影法将其投射到单一投影面上所得到的具有立体感的图形，称为轴测图，如图 2.31 所示。图中，平面 P 称为轴测投影面；坐标轴 OX、OY、OZ 在轴测投影面上的投影 O_1X_1、O_1Y_1、O_1Z_1 称为轴测轴；三条轴测轴的交点 O_1 称为原点；两轴测轴之间的夹角 $\angle X_1O_1Y_1$、$\angle X_1O_1Z_1$、$\angle Y_1O_1Z_1$ 称为轴间角；轴测轴上线段与坐标轴上对应线段的长度之比称为轴向伸缩系数，通常用字母 p、q、r 分别表示 OX、OY、OZ 三轴的轴向伸缩系数。

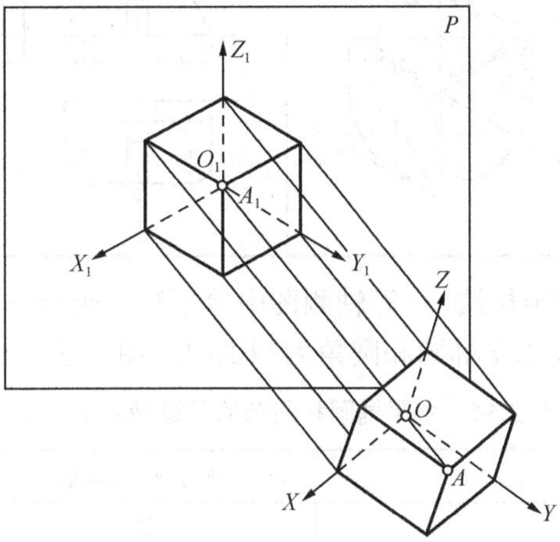

图 2.31 轴测图的形成

2.6.2 轴测图的性质与分类

（1）轴测图的性质

轴测投影属于平行投影，因此，它具有平行投影的基本性质：

① 物体上凡与空间坐标轴平行的线段，在轴测图中也应平行于对应的轴测轴，并且具有和相应轴测轴相同的轴向伸缩系数。

② 物体上互相平行的线段，在轴测图中也应互相平行。

（2）轴测图的分类

根据投射方向与轴测投影面的相对关系，轴测图可分为以下两类：

① 正轴测图：投射方向与轴测投影面垂直所得到的轴测图。

② 斜轴测图：投射方向与轴测投影面倾斜所得到的轴测图。

这两类轴测图根据轴向伸缩系数的不同又分为三种：

① 当 $p=q=r$ 时，称为正（或斜）等轴测图，简称正（或斜）等测。

② 当 $p=q\neq r$ 或 $p\neq q=r$ 或 $p=r\neq q$ 时，称为正（或斜）二等轴测图，简称正（或斜）二测。

③ 当 $p\neq q\neq r$ 时，称为正（或斜）三轴测图，简称正（或斜）三测。

在工程中，由于正等轴测图和斜二等轴测图的作图相对简单，并且立体感较强，应用比较广泛。

2.6.3 正等轴测图

正等轴测图是指投射方向与轴测投影面垂直，且三轴的轴向伸缩系数均相等的轴测图，如表 2.13 所示。

表 2.13 正等轴测图

轴间角及轴向伸缩系数	平行于坐标面的圆	示例	
		三视图	正等轴测图
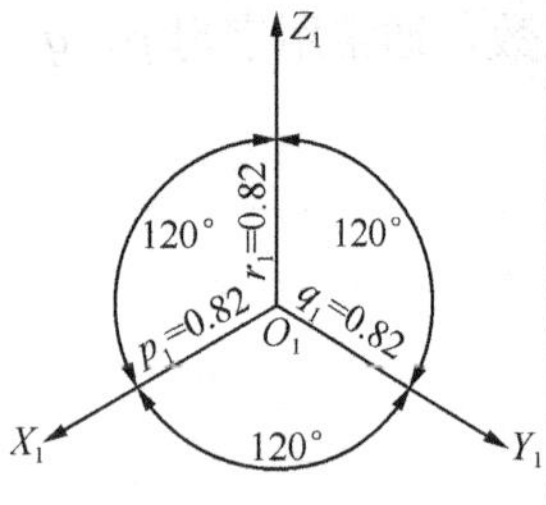 简化为 $p=q=r=1$	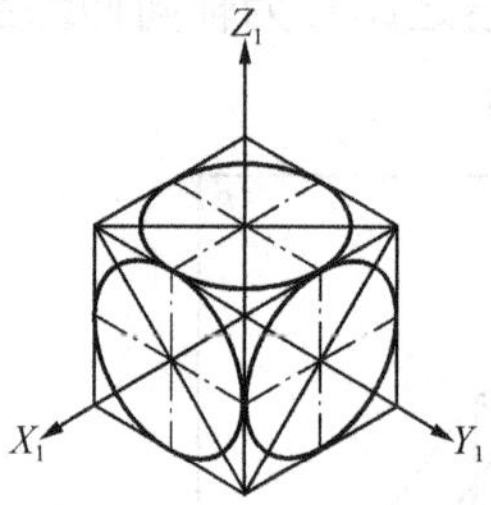	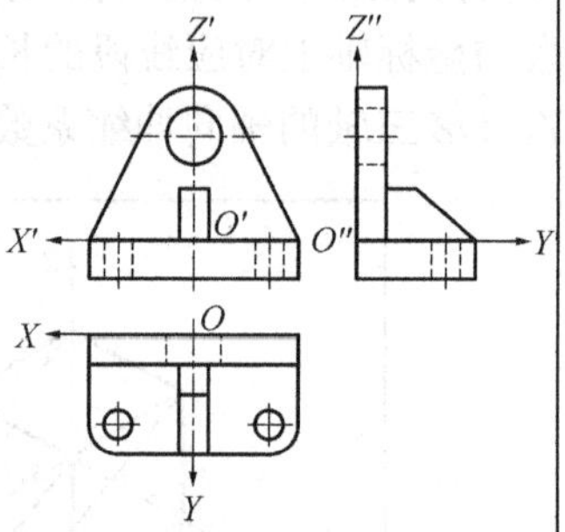	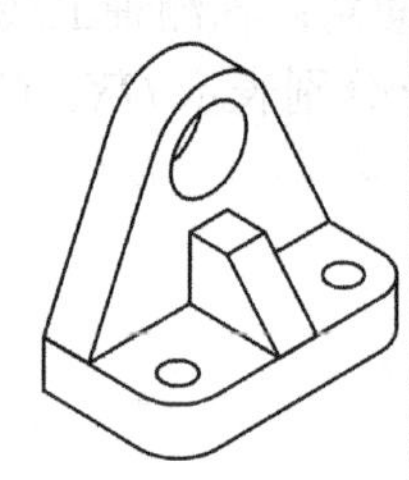

绘制正等轴测图多采用坐标法。正等轴测图中原平行于坐标平面的圆都被投影成了椭圆，作图比较复杂，表 2.14 中以水平椭圆和圆角为例说明作图方法。

表 2.14 水平椭圆和圆角的正等轴测图画法

	视图	正等轴测图画法		
水平椭圆	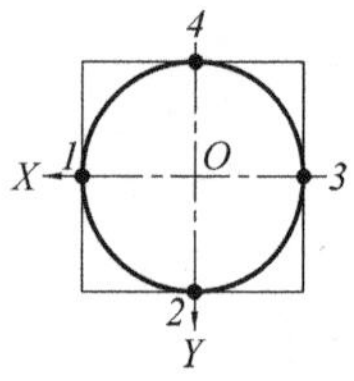	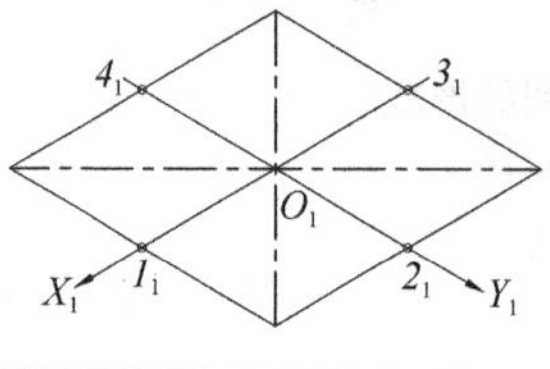	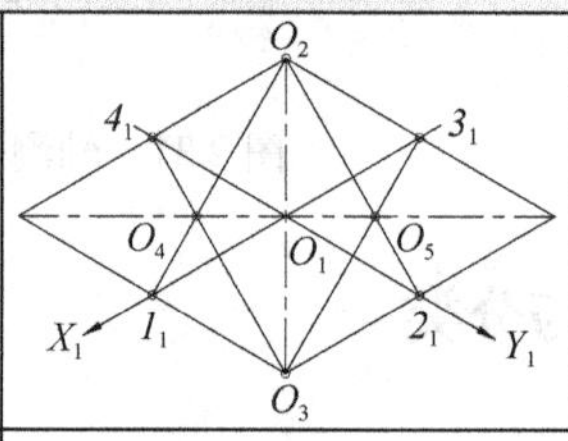	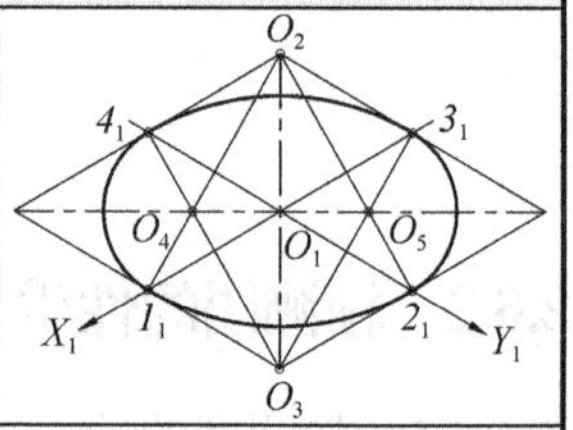
		画出轴测轴，交点为 O_1；沿轴方向对称截取半径点，即 1_1、2_1、3_1、4_1 四点，过这四点作相应轴的平行线，得到菱形	取菱形短对角线端点 O_2、O_3，连接 O_21_1、O_34_1 和 O_22_1、O_33_1，与菱形长对角线汇交于 O_4、O_5 点	分别以 O_2、O_3 和 O_4、O_5 为四个圆心，画四段圆弧，切点为 1_1、2_1、3_1、4_1 点，擦去作图线，描深椭圆完成作图
圆角	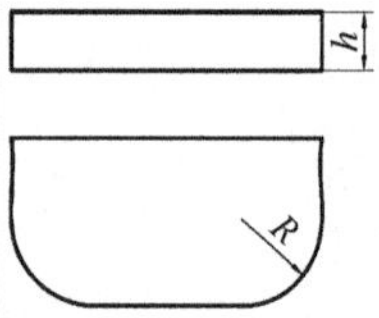	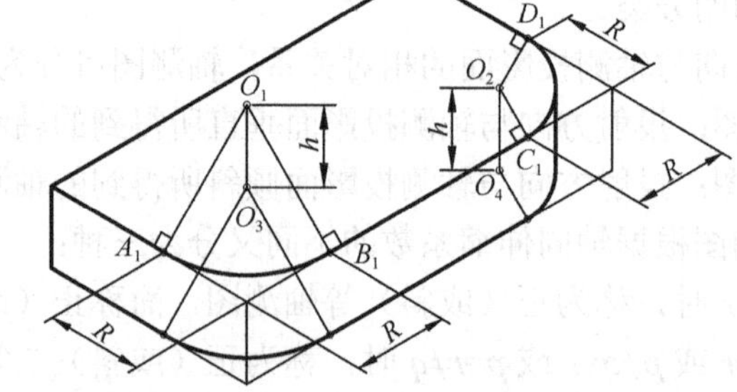		

续表

	视　图	正等轴测图画法
圆角		（1）根据已知圆角半径 *R*，在四棱柱顶面棱边上截取 A_1、B_1、C_1、D_1 四个切点，过切点分别作圆角两邻边的垂线。 （2）以两垂线的交点为圆心，圆心到切点的距离为半径，画出圆弧，即为顶面圆角的正等轴测投影。 （3）将顶面圆弧下移 *h*，即可得到底面的正等轴测投影。擦去作图线，描深，完成作图

2.6.4　斜二等轴测图

斜二等轴测图是指轴测投影面平行于一个坐标平面，且平行于坐标平面的两轴的轴向伸缩系数相等的斜轴测图，如表 2.15 所示。

表 2.15　斜二等轴测图

轴间角及轴向伸缩系数	平行于坐标面的圆	示例	
		视图	斜二等轴测图
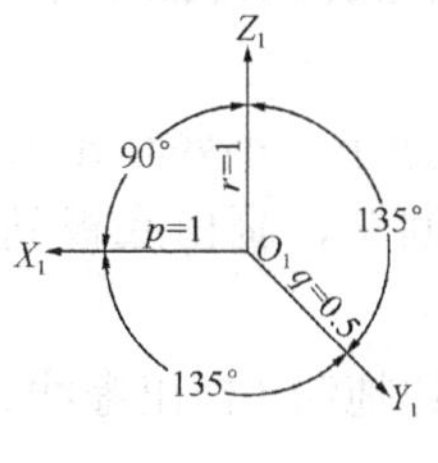	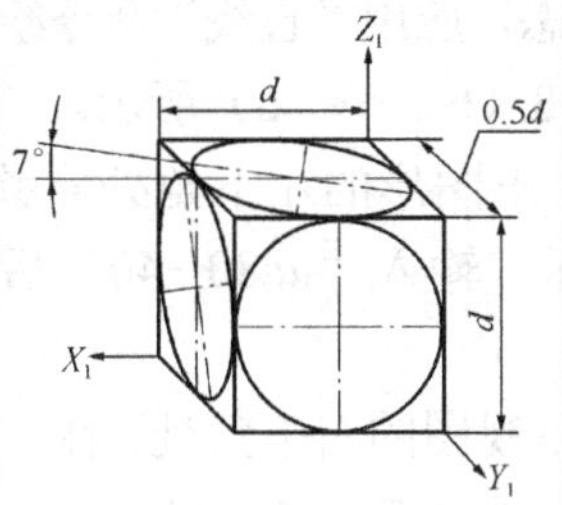	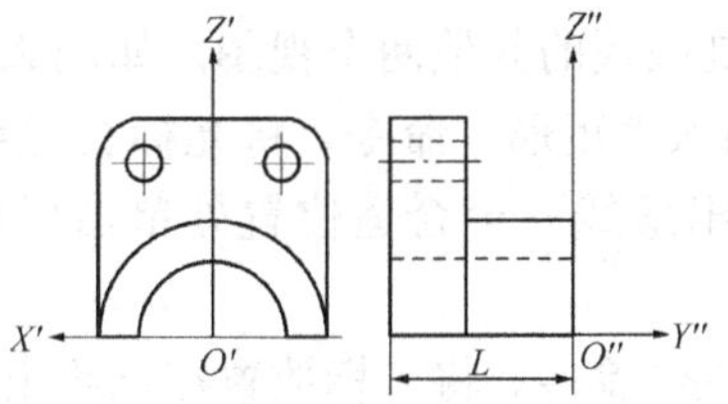	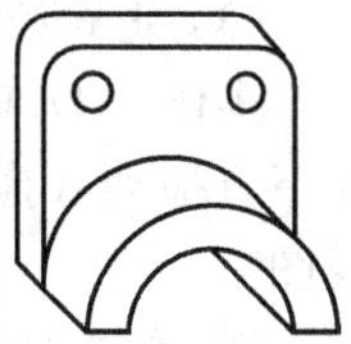

由表 2.15 可知，斜二等轴测图能反映物体 *XOZ* 面及其平行平面的实际形状，故特别适合于绘制只有主视图一个方向存在圆或曲线的机件。

2.7　用 AutoCAD 绘制三视图及轴测图

2.7.1　用 AutoCAD 绘制三视图

应用 AutoCAD 绘图软件绘制机件的三视图时，同样需要保证视图之间的投影关系，通常使用的方法有以下三种：

（1）应用“构造线”命令：由于构造线绘制出的是无限长的直线，视图之间的距离无论多远都能够保证它们之间的投影关系。

（2）应用“射线”命令：其思路与构造线的思路类似。

（3）应用“追踪”的方法：适用于视图之间的距离比较近时，需要打开“二维对象捕捉”和“对象捕捉追踪”等辅助功能。

下面以图 2.32 所示的简单机件三视图为例，介绍应用 AutoCAD 软件绘制三视图的方法和步骤。

【绘图步骤】

（1）基本绘图环境设置：略。

（2）绘制底板的主视图，如图 2.33（a）所示。

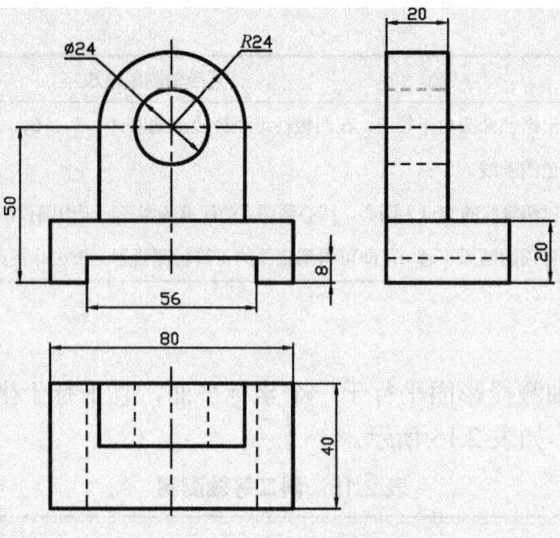

图 2.32　简单机件三视图

将图层更换为“粗实线”层，打开“正交”状态，应用“直线”命令绘制底板主视图轮廓。

（3）追踪绘制底板的其他两个视图，如图 2.33（b）～（d）所示。

操作：① 输入“矩形”命令，将光标在已绘出图形的左下角处停顿一下（不要单击），往下方拖动（拖出虚线）至合适位置处单击鼠标，输入“@80,-40”后回车，画出底板俯视图。

② 重复“矩形”命令，将光标放置在已绘出主视图的右下角处，往右边拖动（拖出虚线）至合适位置处单击鼠标，输入“@40,20”后回车，画出底板左视图。

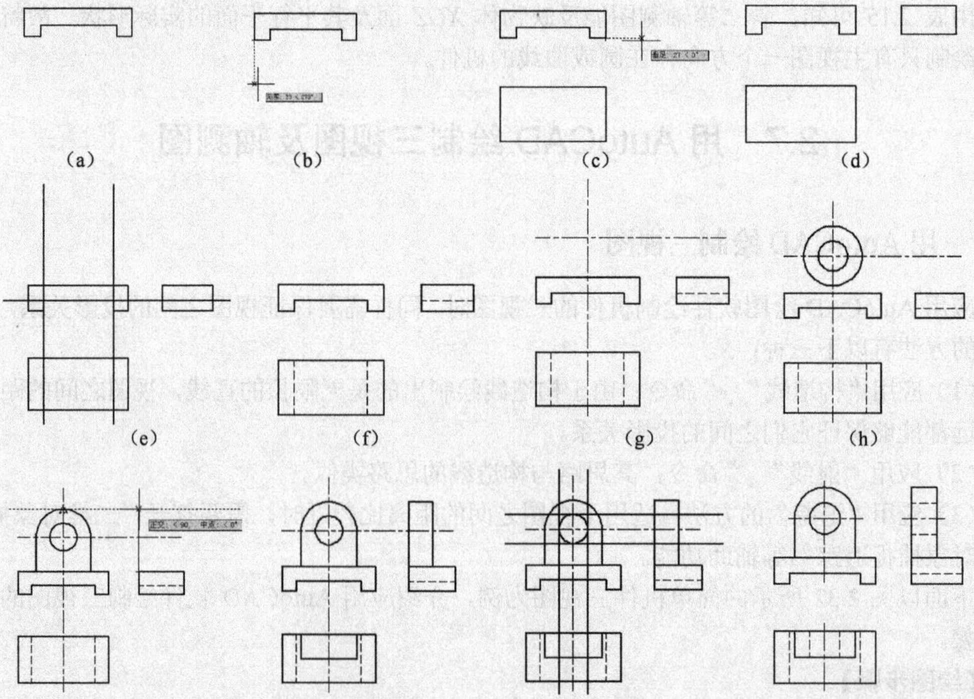

图 2.33　三视图的绘图步骤

（4）应用“构造线”命令绘制底板下边方槽的投影，如图 2.33（e）～（f）所示。

操作：① 输入“构造线”命令，输入“V”（垂直选项），通过方槽两侧面画出两条垂线，退出。

② 重复输入“构造线”命令，输入“H”（水平选项），通过方槽上侧面画出一条水平线，退出。

③ 选择画出的三条线，更换为“虚线”层。

④ 将图形之外的图线修剪掉。

（5）绘制中心线，如图 2.33（g）所示。

操作：① 输入“直线”命令，捕捉水平线的中点，向图外拖动一点距离，追踪绘制出一条垂直线，将画出的垂直粗实线更换为中心线线型。

② 将主视图最上边的水平线向上偏移 30，更换为“中心线”层，并利用夹点向右边拉长。

（6）绘制立板三视图，如图 2.33（h）～（j）所示。

操作：① 以中心线的交点为圆心绘制半径为 12 和 24 的两个同心圆。

② 输入“直线”命令，捕捉大圆左侧象限点，向下绘制一条垂线；同理绘制右侧垂线。

③ 应用“修剪”命令，将大圆的下半圆修剪掉，完成立板主视图。

④ 输入“直线”命令，捕捉底板左视图的左上角点，光标向上拖动，同时将光标向主视图的最高点靠一下，向右拉出虚线，画出一条垂线；光标向右移动，输入“20”后回车，画出水平线；光标向下移动，捕捉垂足，画出垂线，完成立板左视图。

⑤ 与第④步同理画出立板的俯视图。

（7）绘制圆孔投影，完成绘图，如图 2.33（k）～（l）所示。

操作：① 应用“构造线”命令绘制圆孔的四条投影线。

② 将刚画出的四条粗实线更换成虚线。

③ 应用“修剪”命令剪去长出的虚线，用“打断”命令剪去过长的中心线，完成图形。

2.7.2　用 AutoCAD 绘制正等轴测图

应用 AutoCAD 绘制正等轴测图之前应先稍做设置，具体操作步骤如下：

（1）从状态栏“捕捉模式”处调出“草图设置”对话框，选择“捕捉和栅格”选项卡，勾选“等轴测捕捉”（如图 2.34 所示），单击“确定”按钮。

（2）此时十字光标已发生了变化，从中可直接判断出所能绘图的平面，按下 F5 键可更换绘图平面，如图 2.35 所示。

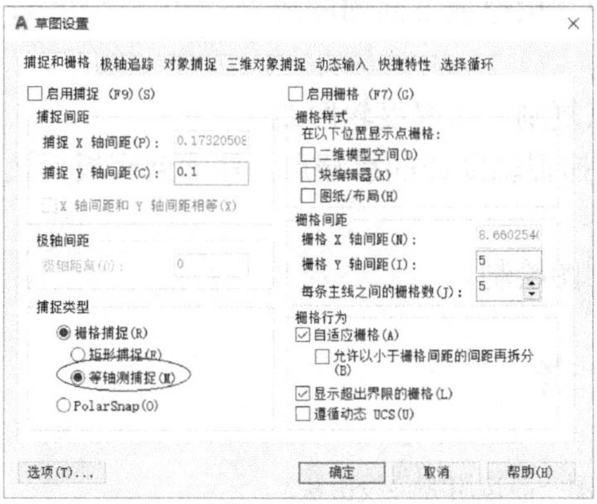

图 2.34　绘制正等轴测图的设置

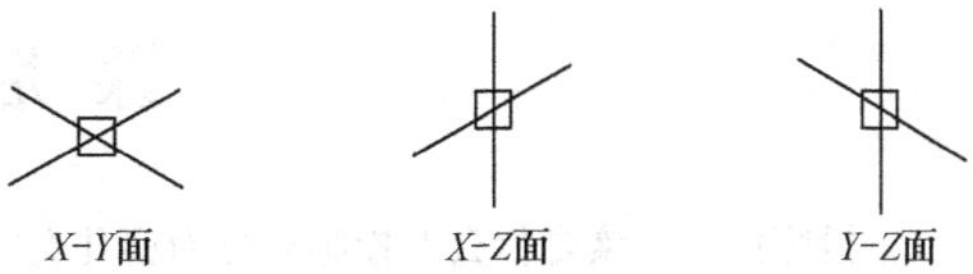

图 2.35　光标含义

（3）打开“正交”状态，即可直接绘制光标所示轴测面中与轴测轴平行的直线。

下面以图2.32所示三视图表达的简单机件为例，介绍应用AutoCAD软件绘制正等轴测图的方法和步骤。

【绘图步骤】

（1）设置：略。

（2）绘制底板，如图2.36（a）～（c）所示。

操作：① 将绘图面转换到*X*–*Z*面，使用“直线”命令绘制底板前侧面图形。

② 将绘图面转换到*Y*–*Z*面，使用“直线”命令绘制底板左侧面图形。

③ 应用“复制”命令，复制同向等长的边，补全底板图形。

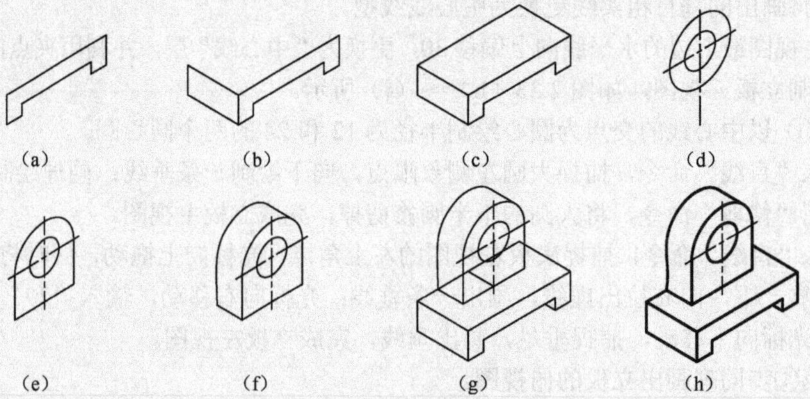

图2.36　正等轴测图的绘图步骤

（3）绘制立板，如图2.36（d）～（f）所示。

在AutoCAD中绘制正等轴测图，可以先不考虑各部分的位置关系，分别绘制好各部分之后再拼起来即可。

操作：① 在*X*–*Z*面上绘制出两条中心线（允许在后面补画）。

② 输入“椭圆”命令（注意此时不可使用图标命令，应在命令栏中输入“ELL”），输入“I”（等轴测圆），捕捉中心线交点，输入半径值“24”，回车；重复以上操作，画出半径为12的椭圆。

③ 应用“直线”命令画出圆下面的方形结构，用“修剪”命令修去多余的圆弧，完成立板前侧面绘制。

④ 应用“直线”“复制”“修剪”等命令，完成立板厚度方向的图形。

（4）拼装机件，如图2.36（g）～（h）所示。

操作：① 在立板中下部作一条辅助线（过中点复制一条厚度轮廓线）。

② 输入“移动”命令，选择画好的立板图形，捕捉辅助线的后端点，移动到底板后边的中点处，即可将立板叠加到底板之上。

③ 删除辅助线，并修剪遮住的图线，完成轴测图绘制。

课后思考

1．投影的三要素是什么？投影法分为哪几类？机械制图一般运用哪种投影法？

2. 正投影法中投射线和投影面是何关系？其基本性质是什么？

3. 叙述三视图的形成、投影规律及投影关系。

4. 点在空间中的位置有哪些？点的投影规律是什么？如何求作点的投影？

5. 直线分为哪几种？其投影特性是什么？如何求作各种直线的投影？

6. 空间两直线的相对位置有哪几种？各有什么投影特性？

7. 平面分为哪几种？其投影特性是什么？如何求作各种平面的投影？

8. 如何在平面立体和回转体的表面取点？

9. 怎样理解截交线？求作截交线的一般步骤是什么？

10. 棱柱、棱锥、圆柱、圆锥、圆球的截交线分别有哪些形状？

11. 怎样理解相贯线？求相贯线的方法有哪些？

12. 怎样判断相贯线的形状？怎样快速画出相贯线？

13. 什么是轴测投影？怎样分类？常用的有哪两种？

14. 正等轴测图三个轴测轴是怎样的关系？轴向伸缩系数为多少？

15. 斜二等轴测图三个轴测轴是怎样的关系？轴向伸缩系数为多少？

16. 使用 AutoCAD 软件绘制机件三视图时，怎样保证各视图之间的投影关系？

17. 使用 AutoCAD 软件绘制正等轴测图时需要设置什么？思索绘图思路和步骤。

第 3 章　绘制组合体的三视图

【能力目标】

（1）能够熟练进行组合体的形体分析。

（2）能够根据轴测图快速绘制组合体的三视图。

（3）能够根据给出的两个视图补画出第三个视图。

（4）能够根据给出的不完整三视图，补画出缺少的图线。

（5）能够较完整地完成组合体三视图的尺寸标注。

（6）能够使用 AutoCAD 软件完成一般机件三视图的绘制及尺寸标注。

【知识目标】

（1）理解组合体的概念和组合形式，掌握组合体表面位置关系不同时的画法。

（2）熟练应用形体分析法及切割法完成组合体三视图的绘制及阅读。

（3）了解线面分析法。

（4）掌握组合体尺寸标注的步骤和注意事项。

（5）理解并掌握常用标注样式的设置方法，熟练进行尺寸标注。

3.1　组合体的组合形式

大多数的零件不是单一的基本体，而是以组合体的形式存在的，因此掌握组合体的绘图步骤和阅读方法，会进行组合体尺寸标注是绘制和阅读工程图的基础。

组合体的组合形式通常分为以下三种：

叠加型：构成组合体的各基本体按照一定的位置关系相互堆叠，如图 3.1（a）所示。

切割型：从大的基本体中切去一个或多个较小的基本体，如图 3.1（b）所示。

综合型：既有堆叠又有切割的组合体，如图 3.1（c）所示。

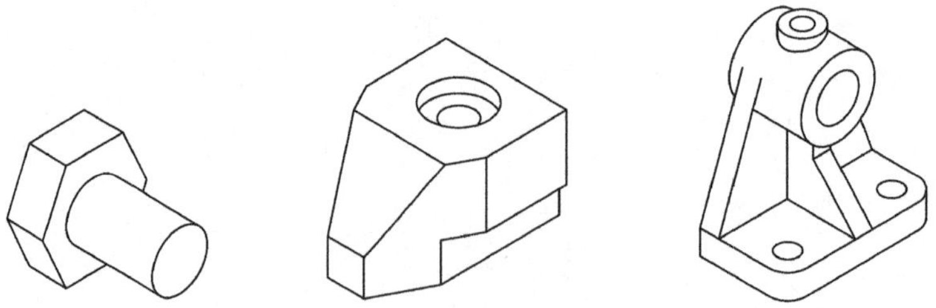

（a）　　（b）　　（c）

图 3.1　组合体的组合形式

3.2　组合体的形体分析

3.2.1　表面之间的关系

在组合体中，各组成部分的表面存在以下几种关系。

（1）共面

两基本体表面平齐，形成一个共同的表面时，视图连接处不应有图线，如图 3.2 所示。

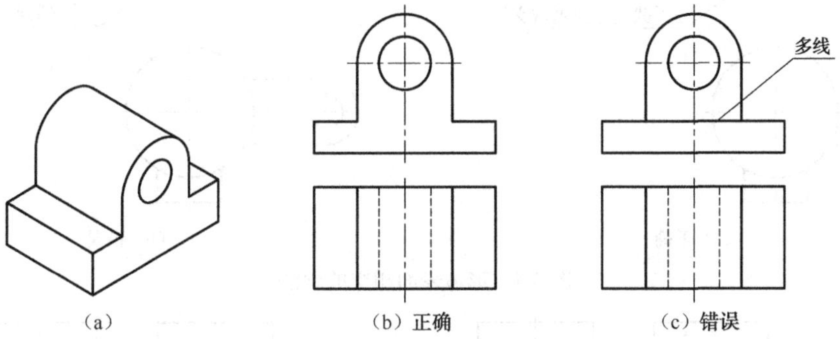

图 3.2　形体表面共面的画法

（2）相错

两基本体表面不平齐即相互错开时，视图连接处应有图线隔开，如图 3.3 所示。

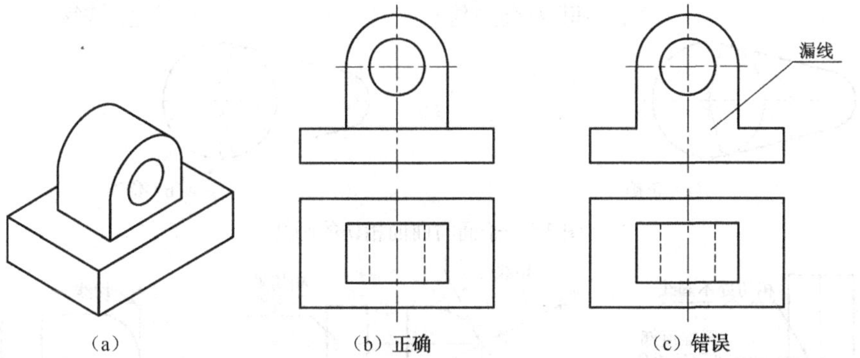

图 3.3　形体表面相错的画法

（3）相交

当两相邻基本体的表面相交时，应在相交处画出各种形状的交线，并应在视图相应位置处画出交线的投影，如图 3.4 所示。

（4）相切

当两相邻基本体的表面相切时，表面光滑过渡，不存在明显的分界线，因此在相切处规定不画分界线的投影，如图 3.5 所示。但应注意，该形体底板顶面的正面投影和侧面投影积聚成一条直线，应按投影关系画到切点处。

当两相邻部分的表面都是曲面并且相切时，可能存在以下三种情况：①相切处无轮廓线时不画线，如图 3.6（a）所示；②当公切平面或公切圆柱面与投影面倾斜时不画线，如图 3.6

（b）所示；③当公切平面或公切圆柱面与投影面垂直时要画线，如图 3.6（c）所示。

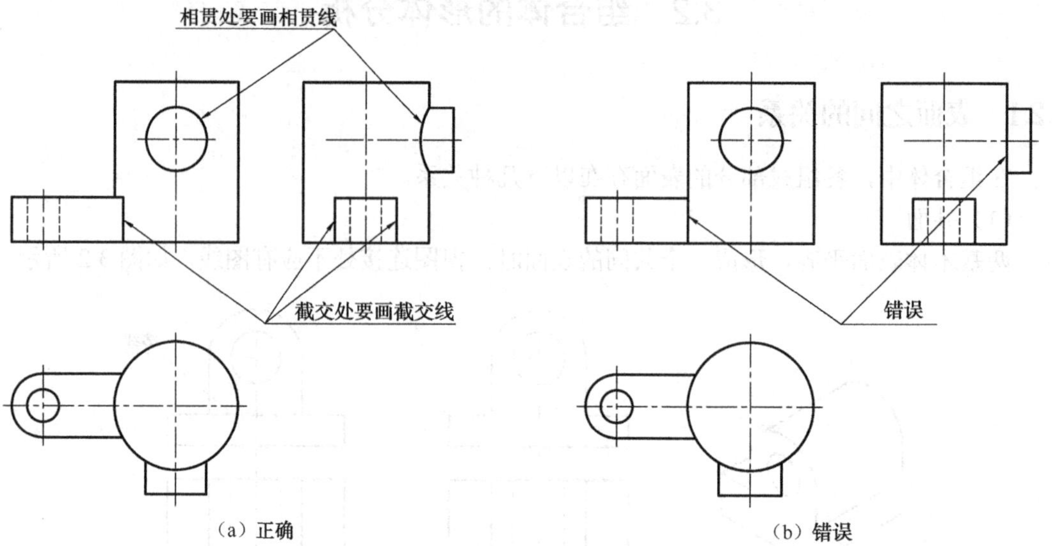

图 3.4　形体表面相交的画法

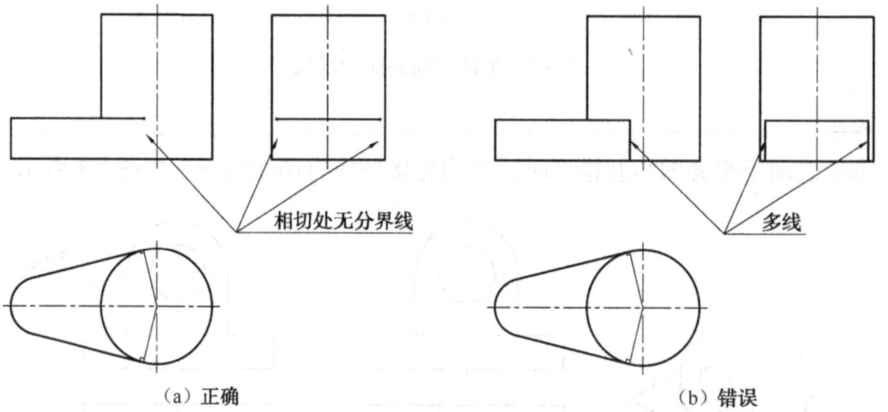

图 3.5　平面与曲面相切的画法

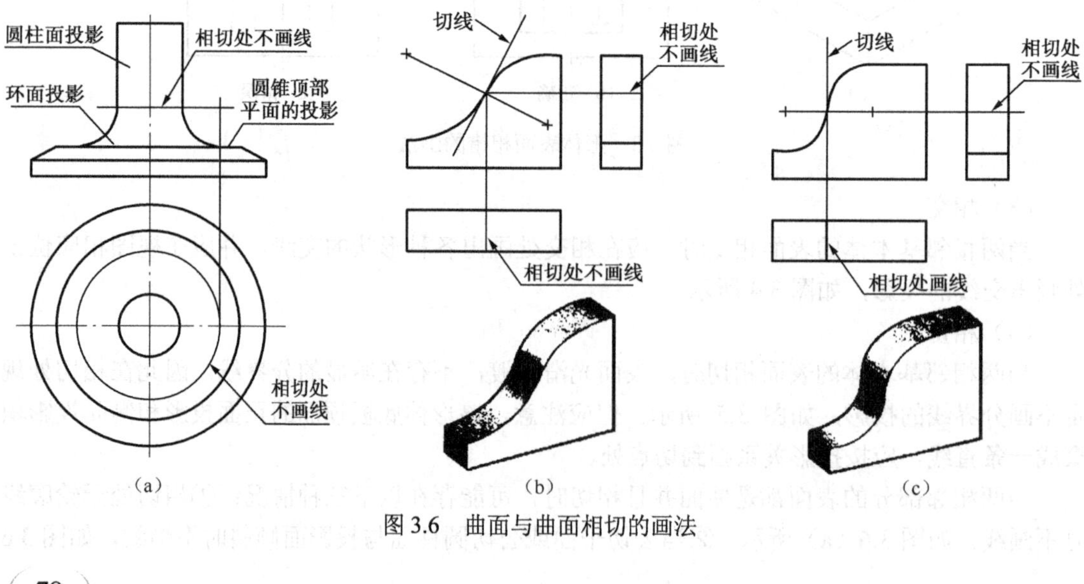

图 3.6　曲面与曲面相切的画法

3.2.2　形体分析

在绘制或阅读组合体三视图时，通常会把一个组合体分解成若干个基本体或组成部分，弄清楚各部分的形状、相对位置和组合形式，以达到了解整体的目的，这种思考方法称为形体分析法。

如图 3.7 所示的组合体，可看作由底板 I、圆柱 II、肋板 III 三个组成部分。它们的组合方式和相对位置：圆柱 II 叠加在底板 I 的上表面正中部；肋板 III 叠加在底板 I 上面，并对称位于圆柱 II 的左右两侧；底板的两侧中间各挖去一个形体 IV；圆柱和底板中部挖去一个圆柱 V。

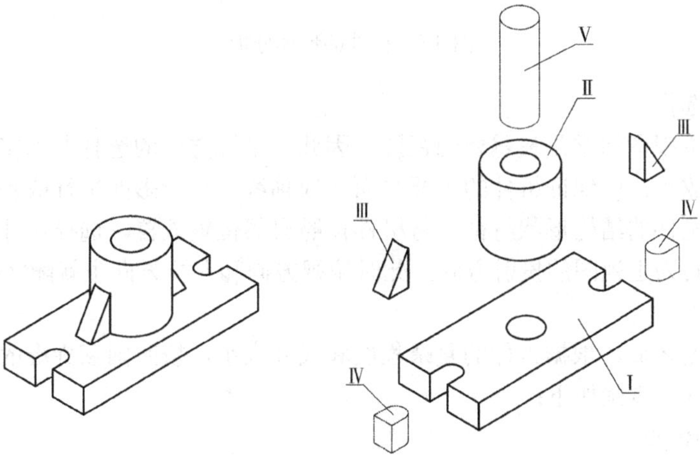

图 3.7　形体分析

形体分析的内容及顺序：

（1）分析组合体各组成部分的形状（何种基本体或简单体）。

（2）分析各组成部分的组成形式（叠加、切割、综合）。

（3）分析各部分之间的相对位置关系（上下、左右、前后）。

（4）分析相邻基本体的表面位置关系（共面、相错、相交、相切）。

（5）分析形体是否在某一方向上对称（对称时应画出对称线）。

3.3　组合体三视图的画法

3.3.1　形体分析法

形体分析法是画组合体三视图的基本方法：先将组合体分解成几个基本组成部分，然后按它们的组合关系和相对位置有条不紊地逐个画出三视图，该方法也称为堆叠法。该方法适用于叠加型和综合型的组合体。

【例 3.1】 画出如图 3.8 所示机件的三视图。

（1）形体分析

如图 3.8 所示，该机件由底板、立柱和肋板三个部分组成。立柱位于底板的中上方，其后平面与底板平齐；肋板位于立柱的左右两边，后面与底板和立柱平齐，呈对称状态；立柱的中后方开了一个方槽，直通到底，中部打了一个圆孔，也通到底部；圆孔正前方开了一个方槽。

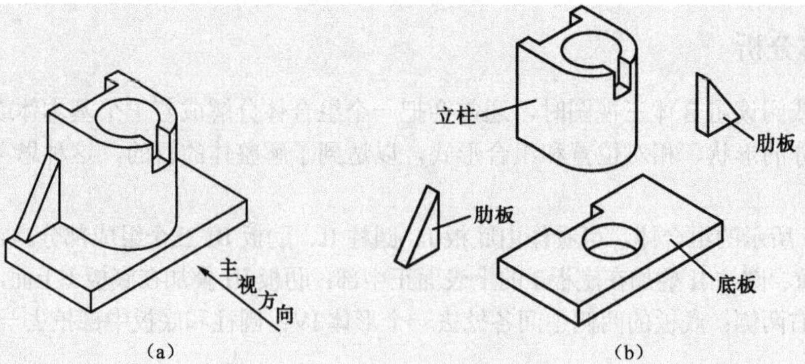

（a）　　（b）

图 3.8　机件的形体分析

（2）主视图选择

在三视图中主视图通常是最重要的视图，因此，主视方向的选择尤为重要。选择主视图时，通常将机件放正，以保证机件的主要平面（或轴线）与投影面平行或垂直，使选择的投射方向能反映出机件的结构形状特征。将机件按照自然位置放置，选择尺寸较大，并且形状特征较明显的方向为主视图的投射方向，此时俯视方向和左视方向也就随之确定了。

（3）画图步骤

视图方向确定之后，根据机件的复杂程度和尺寸大小，按照国家标准的规定选择合适的比例进行绘图，具体步骤如下：

① 布置视图位置。

绘制对称线、轴线及底板的基准线，将三视图布置在绘图区域的中部，如图 3.9（a）所示。

② 画底稿线。

按照形体分析的结果，根据各基本形体的相对位置关系逐个画出每个形体的投影。画图顺序通常是先主后次、自下而上。针对本机件的绘图步骤：先从基础部分（底板）开始画图，然后画主要结构（立柱），最后画支撑部分（肋板）。画各部分形体的视图时，应从反映该形体形状特征的那个视图画起，并且要按照"长对正、高平齐、宽相等"的投影规律作图，如图 3.9（b）～（d）所示。

③ 检查并加深图线。

画完底稿线后，要仔细检查，尤其是表面交线处，修改错误或不妥之处，擦去多余的图线，然后进行图线加深。图线加深的顺序是先圆后直、先小后大、先上后下、先左后右、先平后斜，如图 3.9（e）所示。

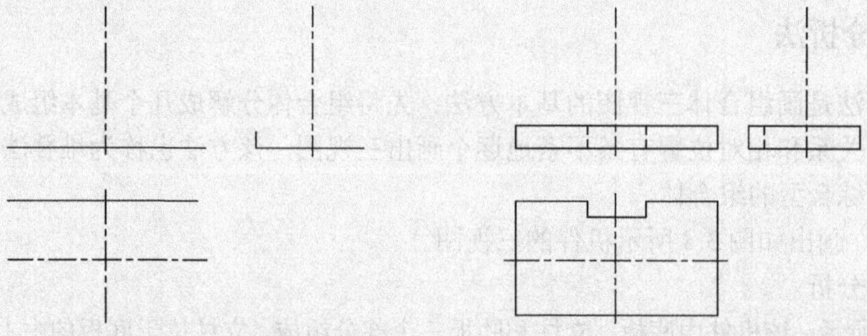

（a）画中心线和底板基准线　　（b）画底板三视图（孔被遮住先省略不画）

图 3.9　机件三视图的作图步骤

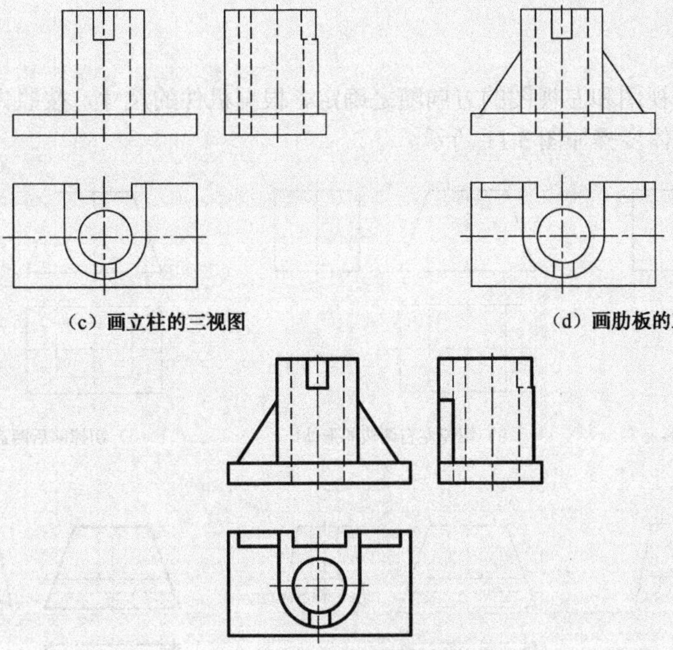

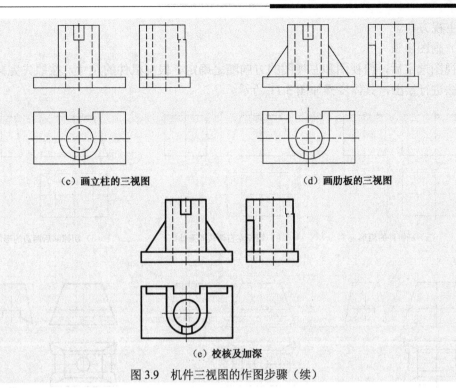

（c）画立柱的三视图　　（d）画肋板的三视图

（e）校核及加深

图 3.9　机件三视图的作图步骤（续）

3.3.2　切割法

对于切割型组合体而言，前面的形体分析法就不是很合适了，通常会采用先画出原形整体，再逐步挖切的方法来画图，此方法称为切割法。

【例 3.2】 画出如图 3.10 所示切割体的三视图。

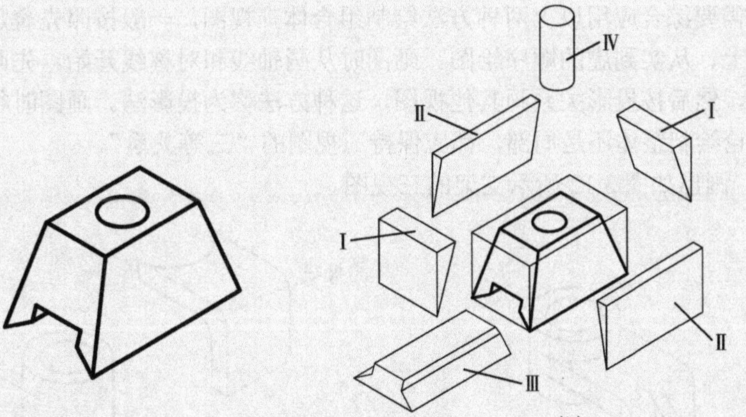

（a）　　（b）

图 3.10　切割体的结构分析

（1）结构分析

图 3.10 所示切割体的原形为长方体，依次切掉了两个形体Ⅰ（左右）、两个形体Ⅱ（前后）、一个形体Ⅲ（下面）、一个圆柱Ⅳ（中部）。

（2）主视图选择

通常主视图应包含机件中较大的水平尺寸，并且以左右方向放置，故选择右前方的观察方向为主视方向。

（3）画图步骤

主视图选定后，俯视图和左视图的方向随之确定。根据机件的尺寸，按照先完整、后切割的方法进行绘图，具体步骤如图 3.11 所示。

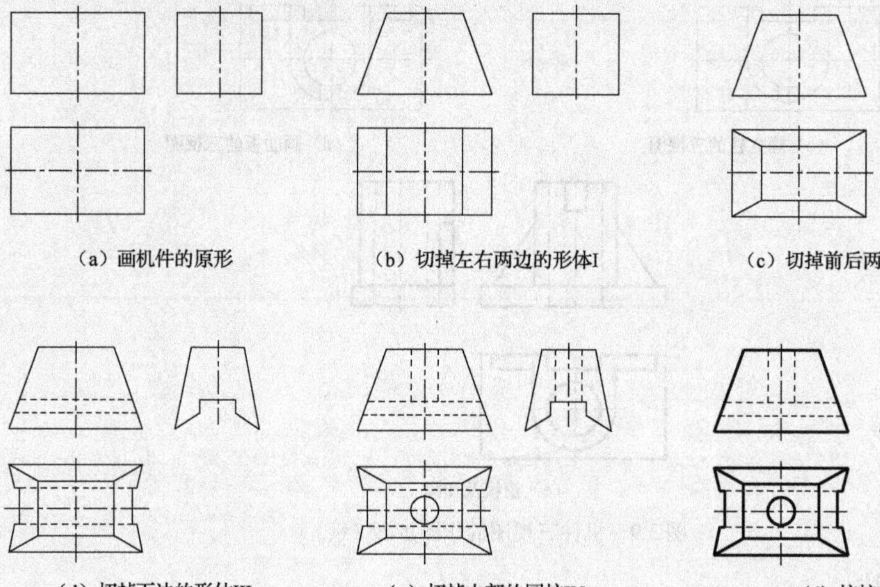

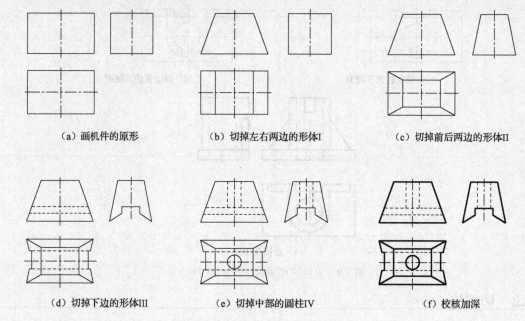

（a）画机件的原形　（b）切掉左右两边的形体I　（c）切掉前后两边的形体II

（d）切掉下边的形体III　（e）切掉中部的圆柱IV　（f）校核加深

图 3.11　切割体三视图的作图步骤

3.3.3　投影法

很多时候需要综合应用以上两种方法绘制组合体三视图，一般按照先叠加再切割、先主后次、自下而上、从实到虚的顺序绘图。画图时从画轴线和对称线开始，先画出一个比较完整的主要视图，然后按投影关系画其他视图，这种方法称为投影法。画图时往往逐个进行绘制，应注意无论绘制整体还是局部，都应保持三视图的“三等关系”。

【例 3.3】 画出如图 3.12 所示支架的三视图。

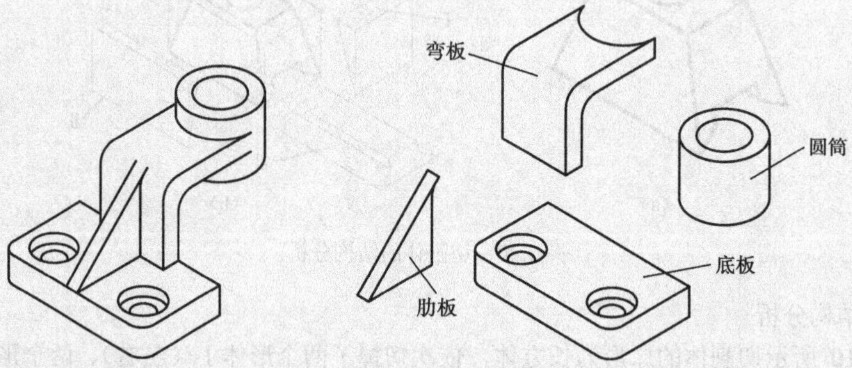

（a）　（b）

图 3.12　支架

（1）形体分析

如图 3.12 所示的支架由底板、圆筒、弯板和肋板四部分组成，其中底板是整个零件的基础，圆筒是主要功能结构，弯板起到连接基础和主结构的作用，肋板的作用则是增加强度。整个零件呈前后对称状态。

（2）主视图

选择右前方的观察方向为主视方向。

（3）画图步骤

根据支架的结构、各组成部分的相对位置关系及尺寸大小，选定绘图比例后，先绘制出完整的主视图，然后依次按照投影关系绘制其他两个视图。具体步骤如图 3.13 所示。

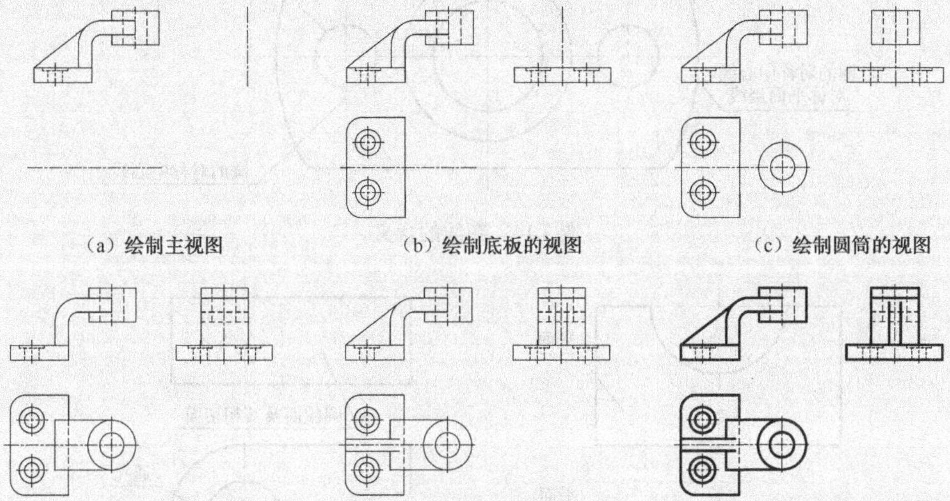

（a）绘制主视图　（b）绘制底板的视图　（c）绘制圆筒的视图

（d）绘制弯板的视图　（e）绘制肋板的视图　（f）校核及加深

图 3.13　支架三视图的作图步骤

3.4　阅读组合体的三视图

读图是画图的反过程。画图是把空间的组合体用正投影的方法表达在平面上；而读图则是根据给定的视图，运用投影规律，想象出组合体的空间形状。因此，不但要掌握读图的方法，还需要多想、多练，不断总结和积累各种典型结构的立体形象与表达规律。读图方法一般有形体分析法、切割法和线面分析法三种。其中形体分析法是读图的基本方法。

3.4.1　读图注意事项

（1）注意分析每条线的含义。粗实线和虚线的含义：机件棱边的投影；外形轮廓线的投影；表面与表面交线的投影（平面交线、截交线、相贯线）；表面的积聚投影（投影面垂直面、柱面）。细点画线的含义：回转体的轴线；圆的中心线；对称平面迹线（对称线）的投影。图线的含义如图 3.14 所示。

（2）注意分析线框的含义，以及相邻线框的关系。

① 单个线框的含义：一个表面（平面或曲面）的投影；平面与曲面相切的复合表面的投影；孔、洞的投影。单个线框的含义如图 3.15 所示。

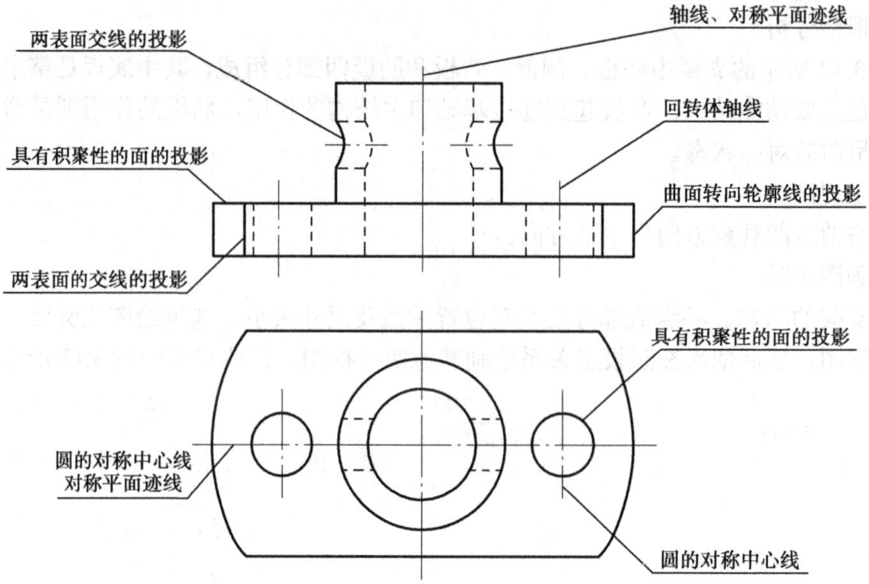

图 3.14　图线的含义

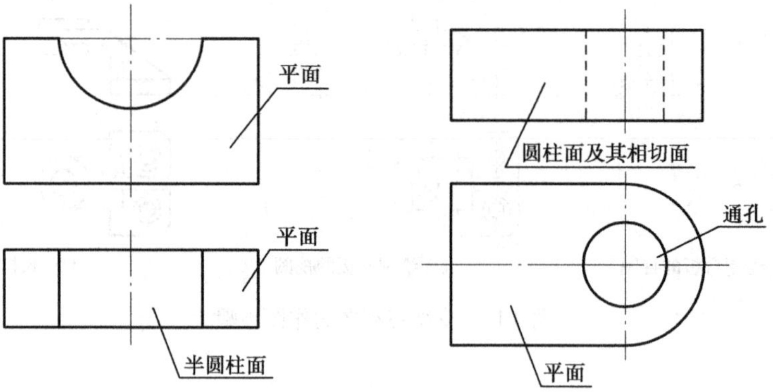

图 3.15　单个线框的含义

② 相邻两封闭线框的含义：两个位置不同的表面平行、相交、相错等，如图 3.16 所示。

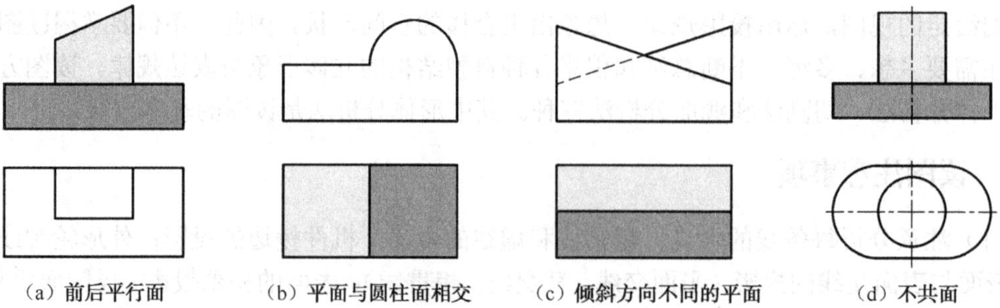

图 3.16　相邻两封闭线框的含义

③ 大线框内套小线框的含义：在大平面体或曲面体上凸起（凸台）或凹下（凹进或打洞）的小平面体或曲面体，如图 3.17 所示。

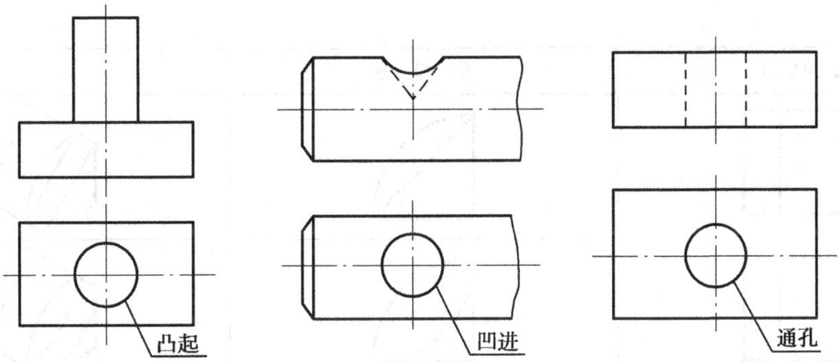

图 3.17 大线框内套小线框的含义

（3）一个视图不能确定组合体的形状，应同时联系其他两个视图，才能想象出组合体的形状。表 3.1 所示的五种机件具有相同的主视图，与俯视图联系起来看，才能想象出不同的形状。表 3.2 所示的五种机件具有相同的主视图和俯视图，与左视图联系起来看，它们的形状也各不相同。

表 3.1 由一个视图可构思出不同的机件

主 视 图	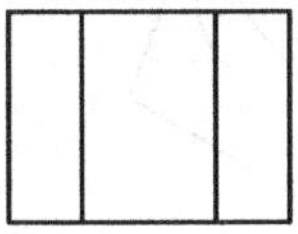	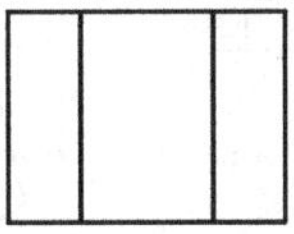	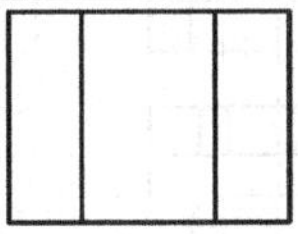	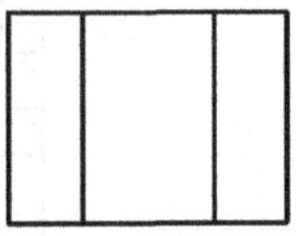	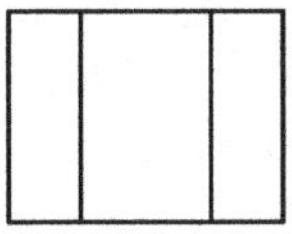
俯 视 图	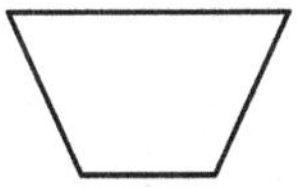	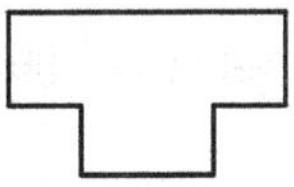	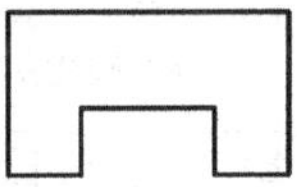	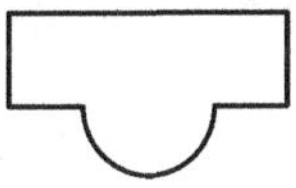	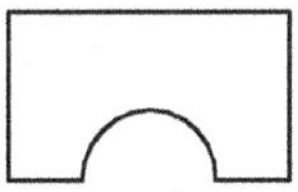
机 件	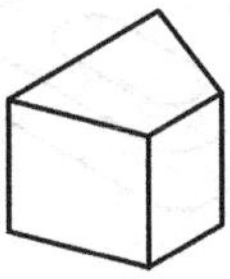	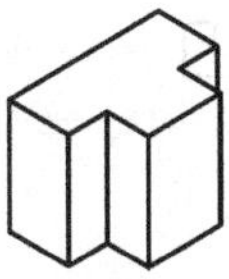	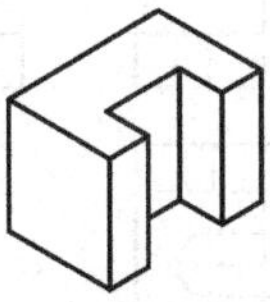	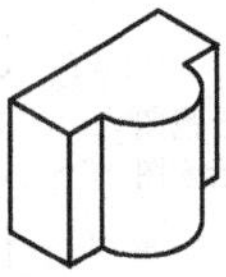	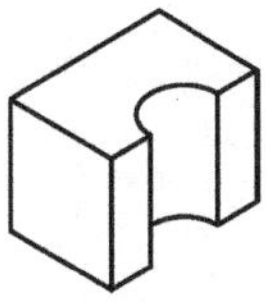

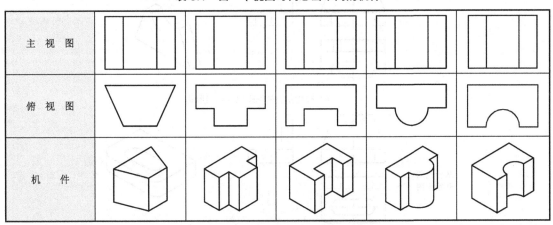

表 3.2 由两个视图可构思出不同的机件

主、俯视图	左 视 图	机 件
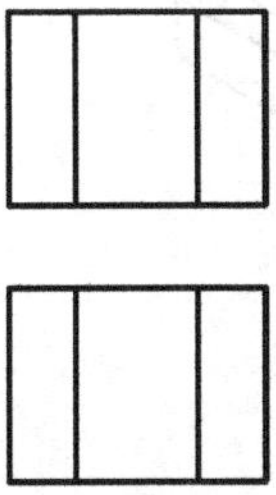		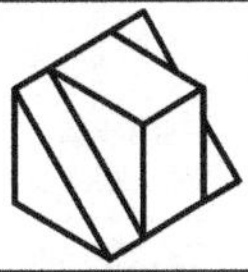
	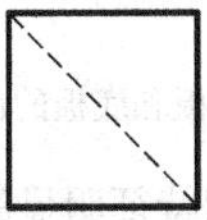	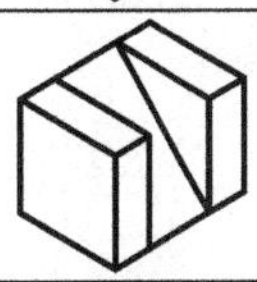

续表

主、俯视图	左 视 图	机 件
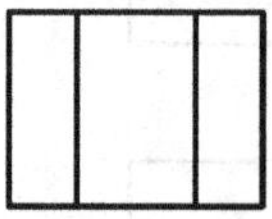	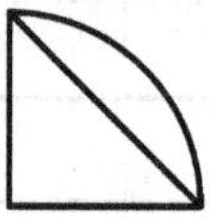	
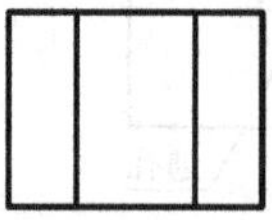	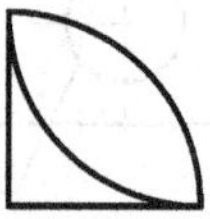	

（4）从反映机件形状特征最明显的视图入手，再联系其他视图来想象，便能较快地读懂机件。如图 3.18 所示的组合体，立板的形状特征在主视图中最明显，结合其俯视图和左视图的投影很快就能想象出它的空间形状；而底板的形状在俯视图中最明显，从俯视图出发，结合主视图和左视图很快得出其空间形状；再考虑两者之间的位置关系，就可以得出整个机件的形状了。

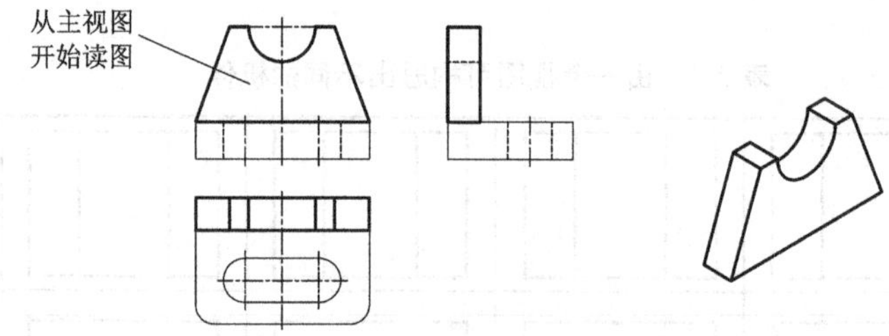

（a）阅读立板视图想象其空间形状

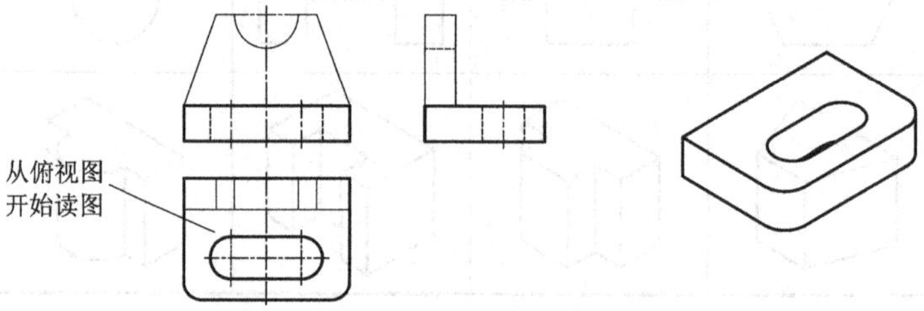

（b）阅读底板视图想象其空间形状

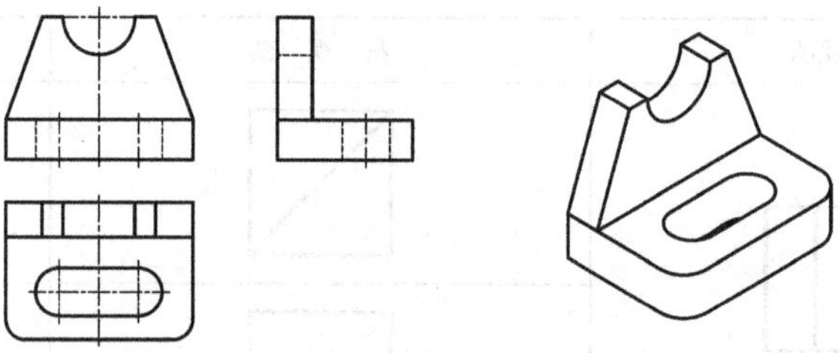

（c）阅读立板和底板的位置关系想出机件形状

图 3.18　从形状特征明显的视图开始读图

3.4.2　读图方法

1．形体分析法

形体分析法是根据组合体的结构特点，将其大致分为几个组成部分，然后逐个将每一部分的几个投影对照进行分析，想象出其空间形状，再分析各部分之间的相对位置关系和组合形式，最后综合想象出整个组合体的形状。这种方法适用于叠加型和综合型组合体三视图的阅读。

下面以轴承座的三视图为例，介绍形体分析法的读图步骤，具体过程如表 3.3 所示。

表 3.3　形体分析法读图步骤

序　　号	步　　骤	说　　明	视　　图	形　　状
1	看主视分线框	从主视图出发，按照图框划分成五个组成部分	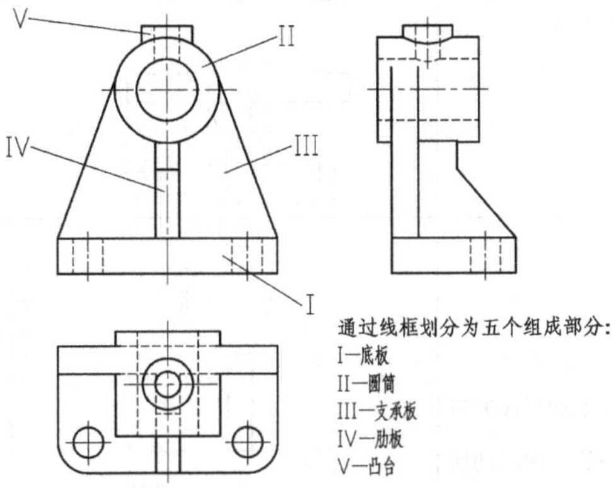	
2	对投影想形状	对照底板 I 的三个投影，得到底板形状	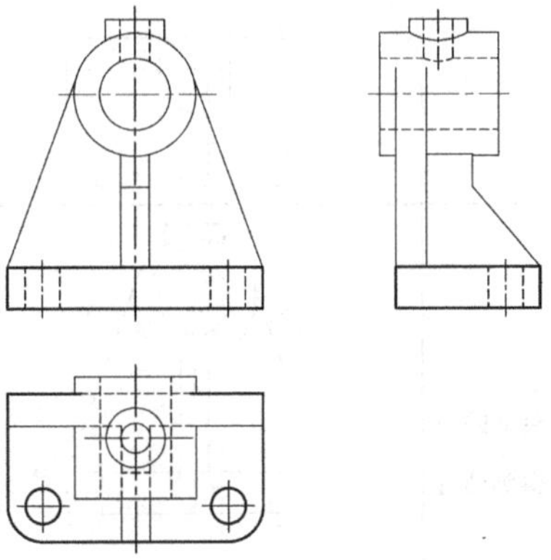	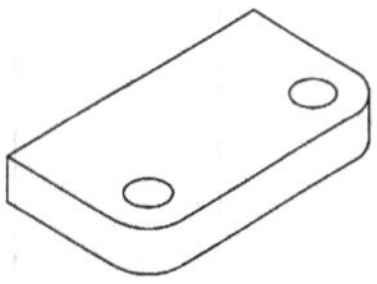
		对照圆筒 II 的三个投影，得到圆筒形状	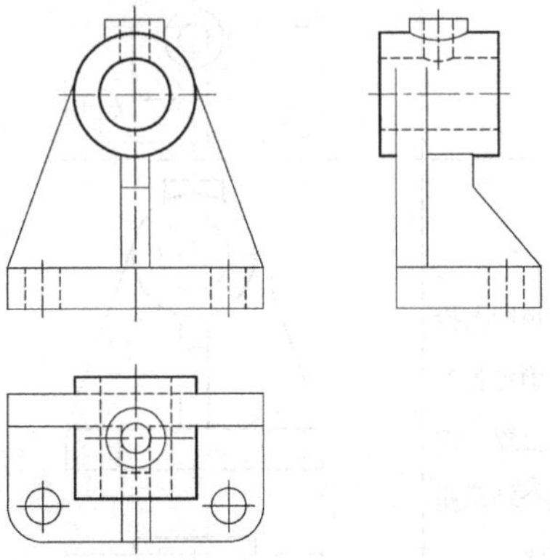	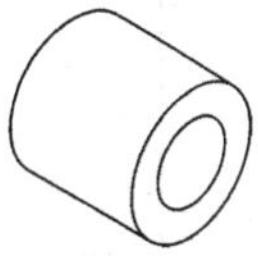

续表

序 号	步 骤	说 明	视 图	形 状
2	对投影想形状	对照支承板Ⅲ的三个投影，得到支承板形状	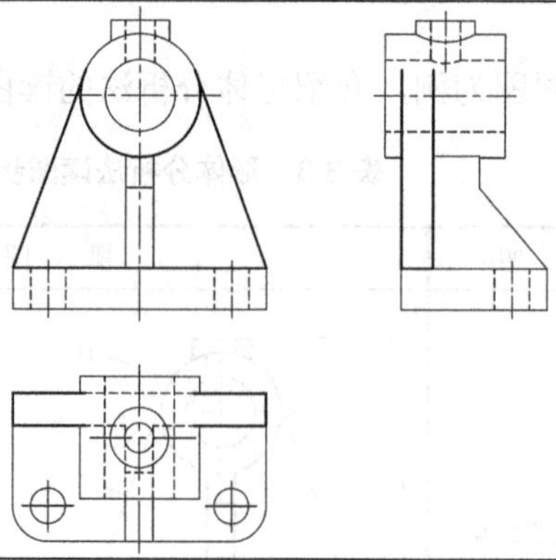	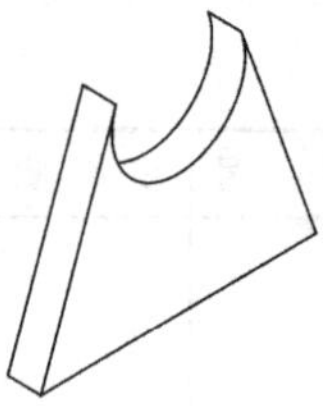
		对照肋板Ⅳ的三个投影，得到肋板形状	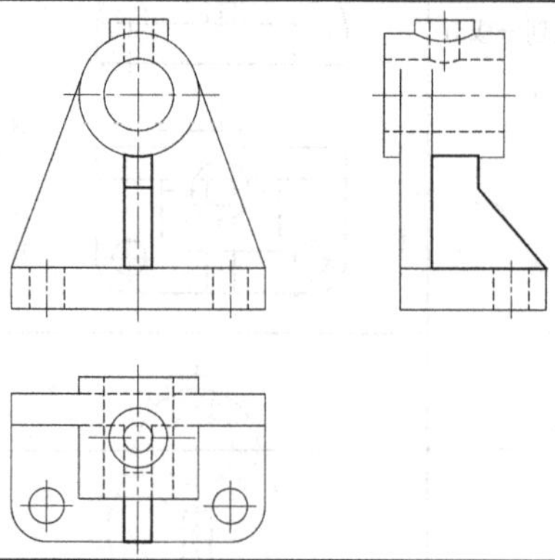	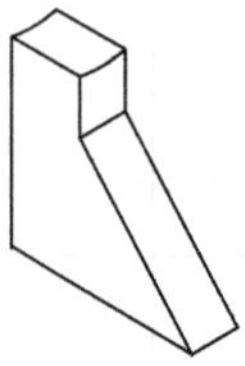
		对照凸台Ⅴ的三个投影，得到凸台形状	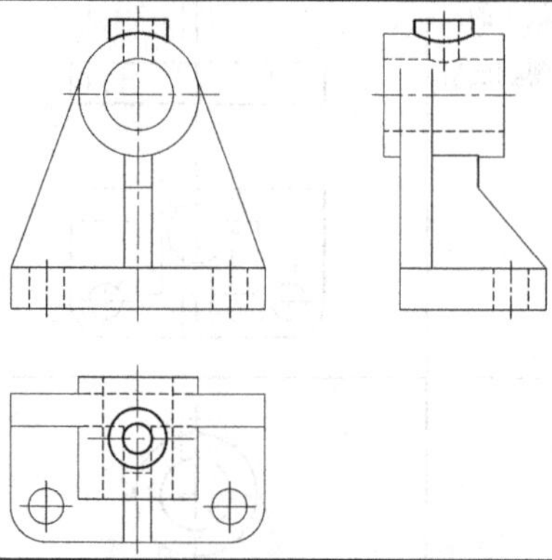	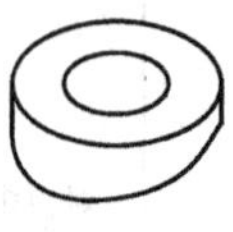
3	综合起来想整体	根据三视图的投影关系，确定各部分的相对位置，综合想出整个轴承座零件的形状	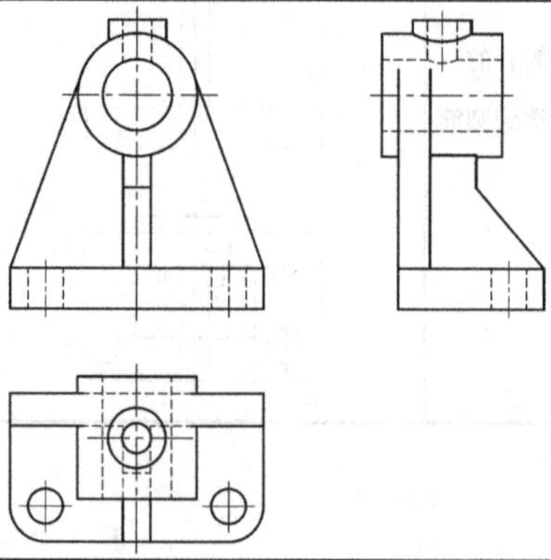	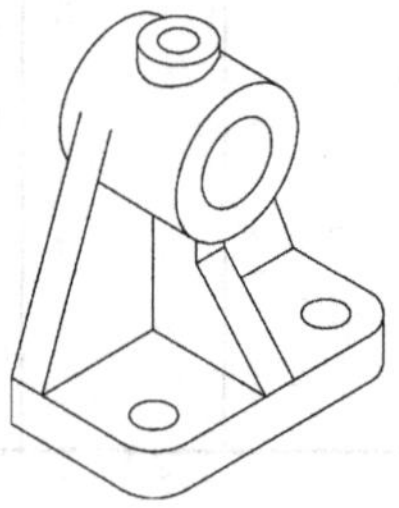

2. 切割法

切割型的组合体不太方便进行形体分析，通常需要先想象出完整的原形，然后一步一步地切掉各个小形体，最后得出整个形体的空间形状，这种方法称为切割法。

下面以斜块为例，介绍用切割法阅读三视图的步骤。具体过程如表 3.4 所示。

表 3.4　切割法读图步骤

序　号	步骤说明	视　图	形　状
1	虽然这组三视图比较复杂，结构也不够清晰；但通过忽略缺陷的方法，可以分析出斜块的原形是一个长方体	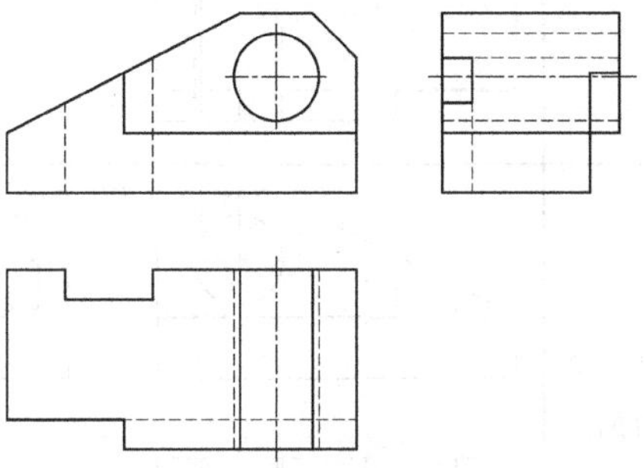	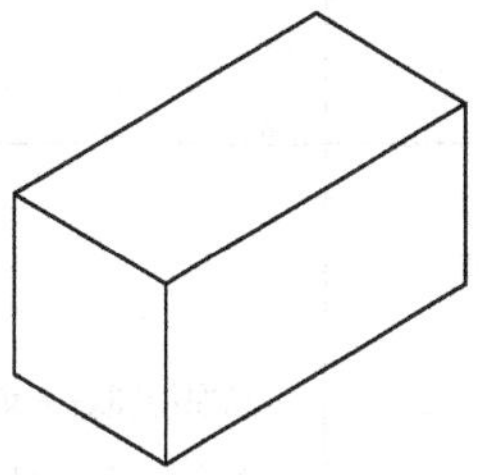
2	根据主视图左上部缺少一个大三角形，可以分析出长方体的左上角切除了一个三棱柱	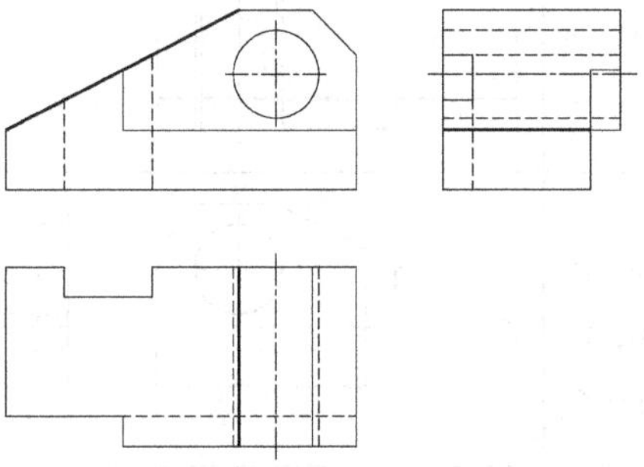	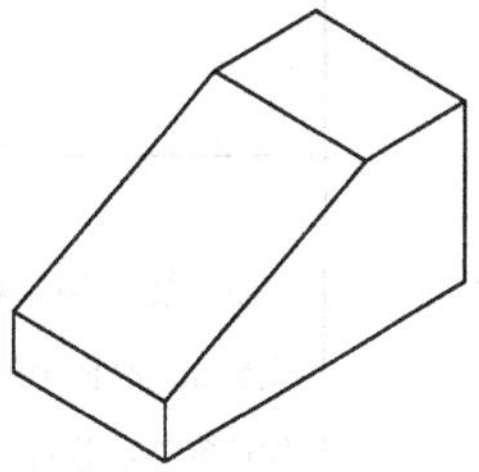
3	根据主视图右上部缺少一个三角形，可分析出长方体的右上角切除了一个小三棱柱	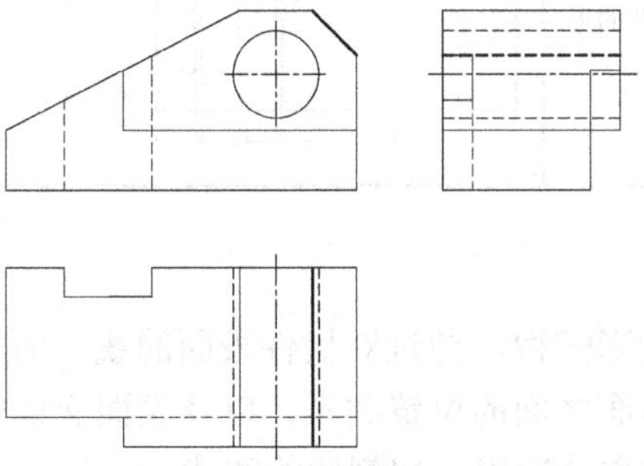	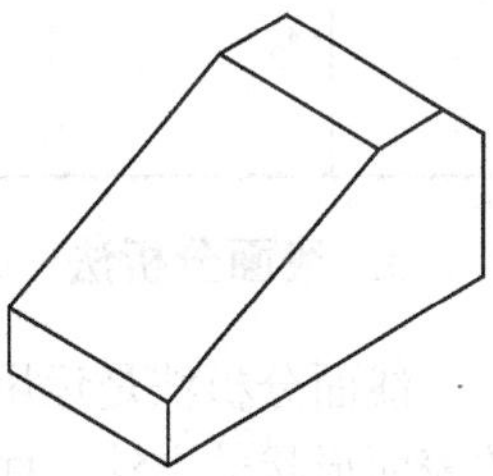
4	从俯视图后部缺少一个矩形，分析出在长方体后部切了一个方槽	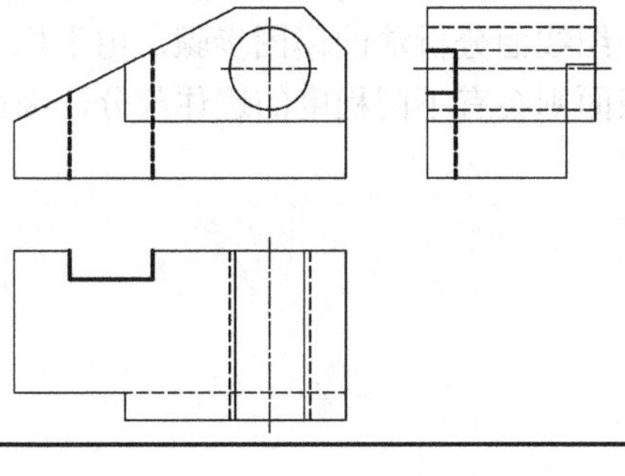	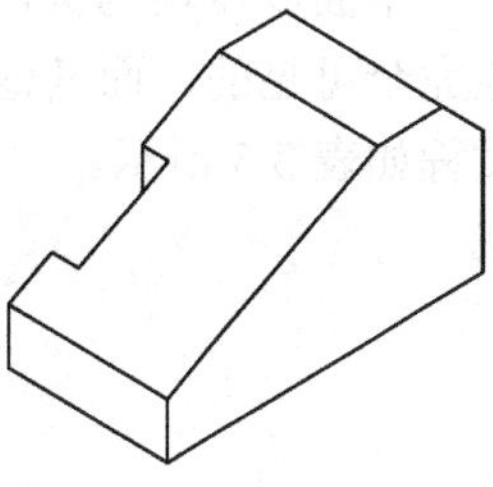

续表

序　号	步骤说明	视　图	形　状
5	从俯视图左前部缺少一个方角，分析出在长方体的左前方切掉了一个四棱柱	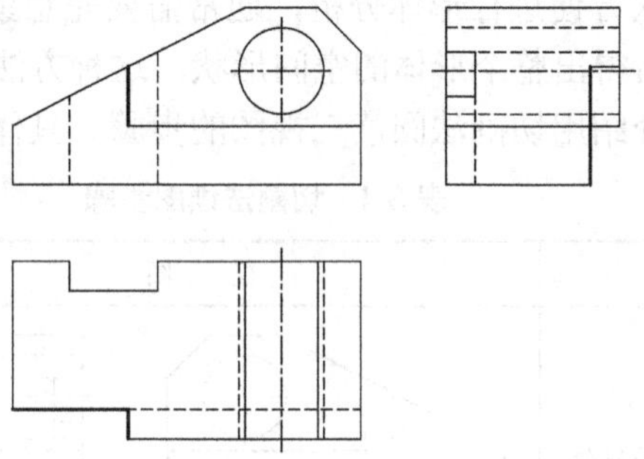	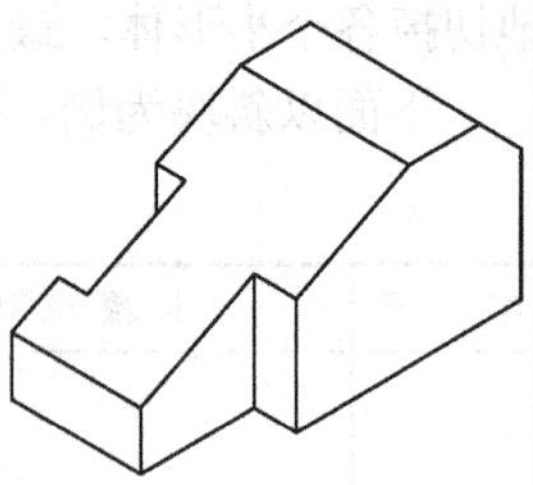
6	从左视图右下角缺少一个方角，分析出在长方体的前方下侧切掉了一个四棱柱	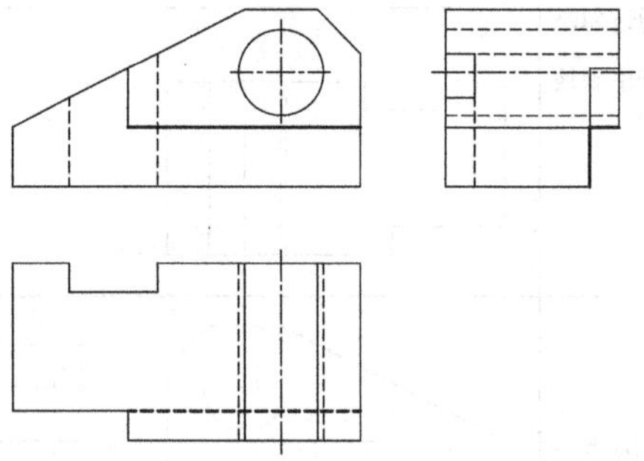	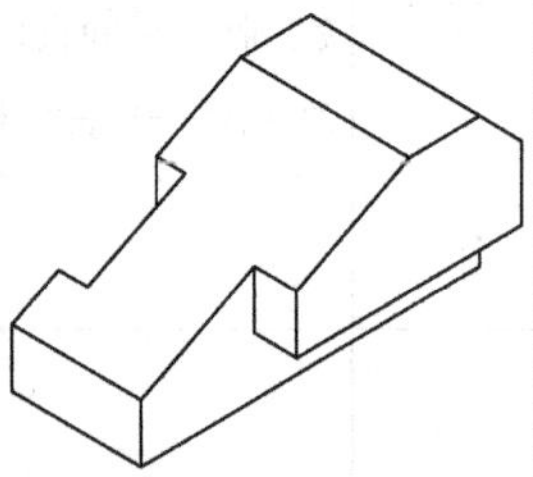
7	从主视图中的圆，对应俯视图和左视图中的虚线，可知该零件从前向后打了一个通孔。 最终得出了斜块零件的形状	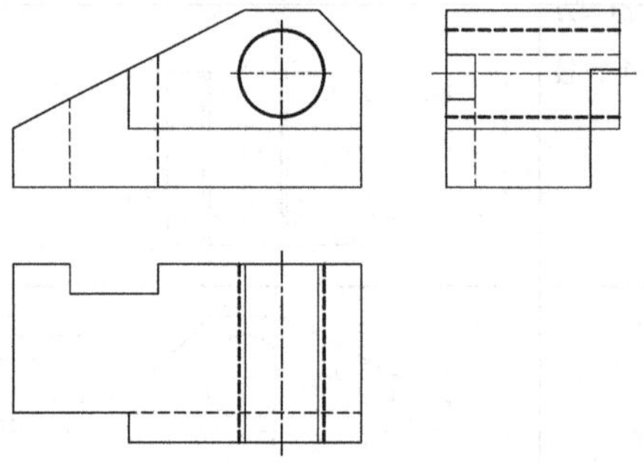	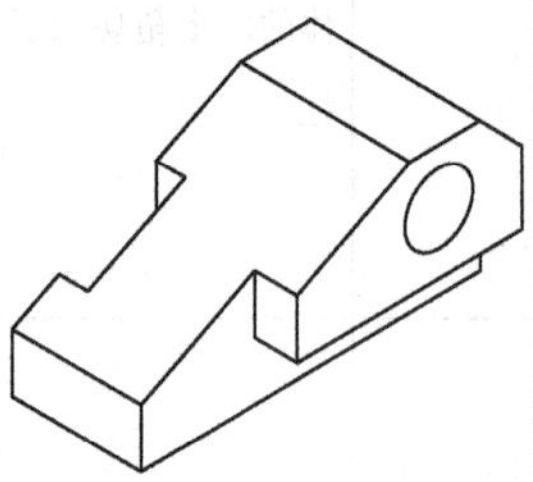

3. 线面分析法

线面分析法是运用投影规律，通过对机件表面的线、面等几何要素进行分析，确定机件的表面形状的方法、面与面之间的位置关系，以及表面交线的形状和位置，从而想象出机件的整体形状的方法。这种方法适用于切割体的阅读。

下面以压块为例，介绍线面分析法的读图步骤，由于机件轴测图中的上、左、前表面都是完全可见的，而其他表面则会有不同程度的遮住部分，因此一般从上表面开始分析。具体过程如表 3.5 所示。

表 3.5　线面分析法读图步骤

序　　号	步骤说明	视　　图	形　　状
1	俯视图中右边的封闭线框，对应主视图和左视图的投影均为水平线，是位于最上部的水平面	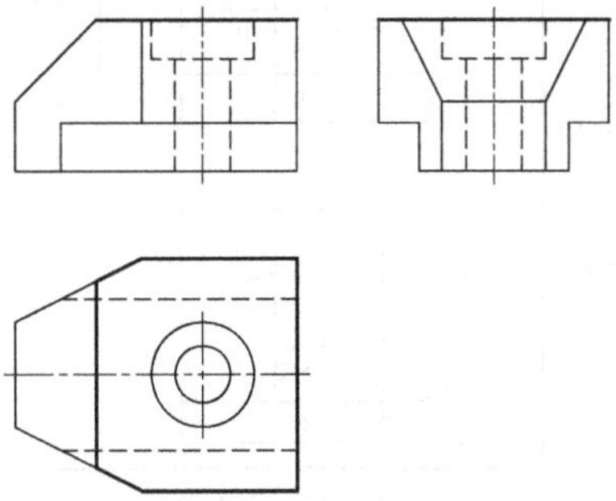	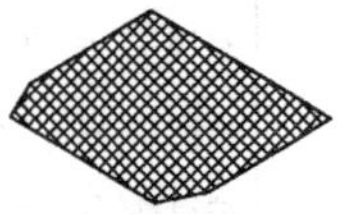
2	俯视图中左边的封闭线框，对应主视图为一条斜线，对应左视图为一个类似形状的封闭线框，是与上平面相交的一个正垂面	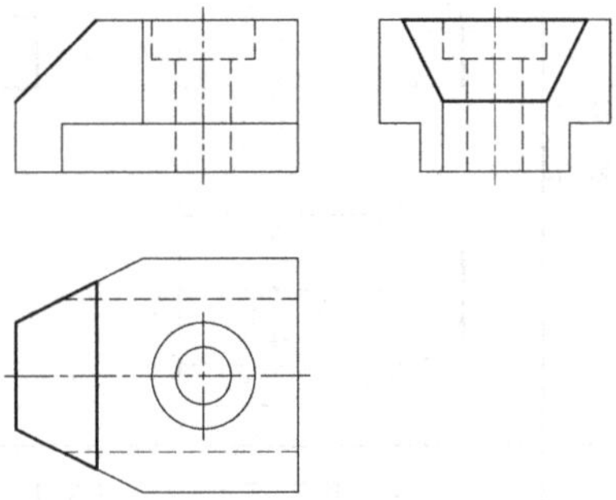	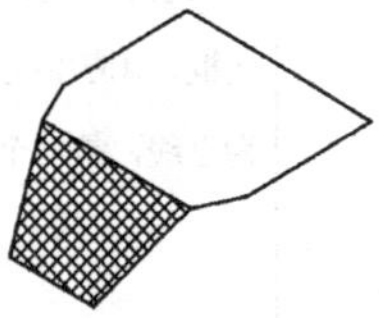
3	主视图右上部的封闭线框，对应俯视图为一条水平线，对应左视图为一条垂直线，是与上平面相交的一个正平面	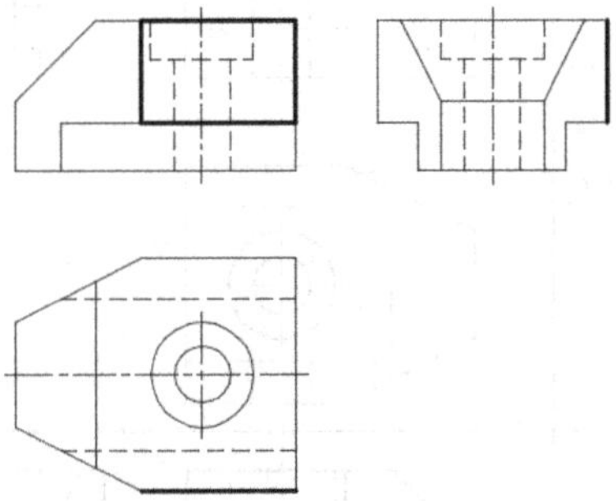	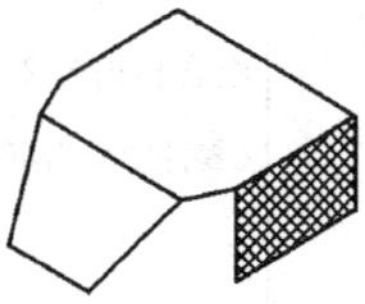
4	主视图左部的封闭线框，对应俯视图为一条斜线，对应左视图为一个类似形状的封闭线框，是同时与之前三个平面相交的一个铅垂面	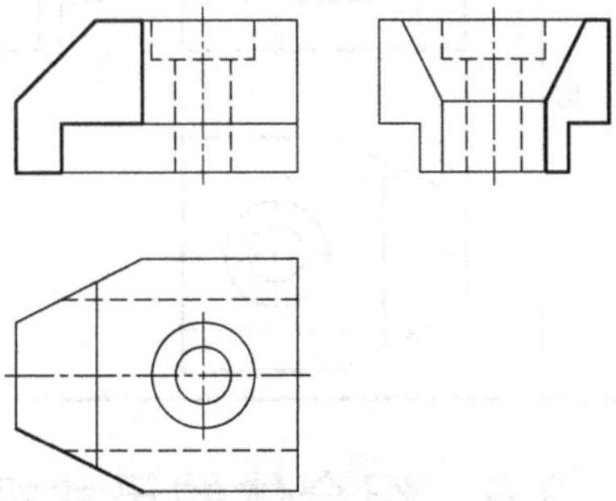	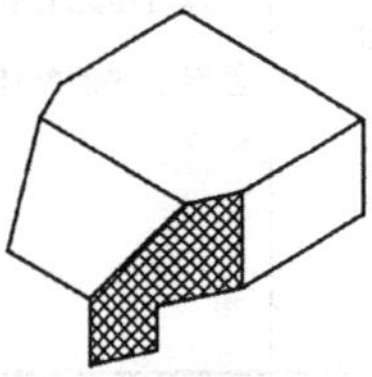

续表

序　号	步骤说明	视　图	形　状
5	主视图下部的封闭线框，对应俯视图为一条水平线，对应左视图为一条垂直线，是与前平面平行的一个正平面，部分被遮住	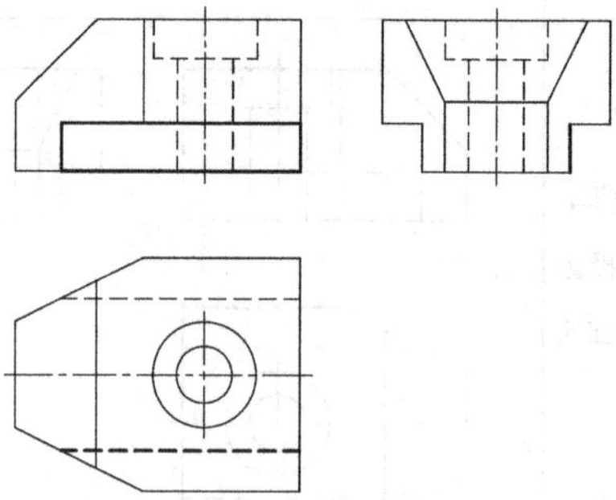	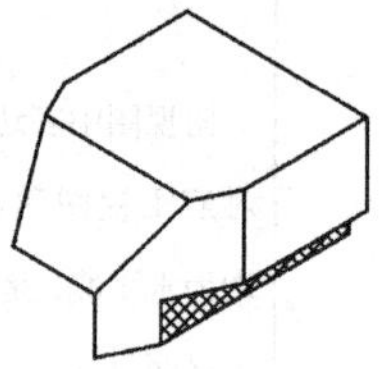
6	左视图剩余中下部的封闭线框，对应主视图和俯视图均为垂线，是一个侧平面	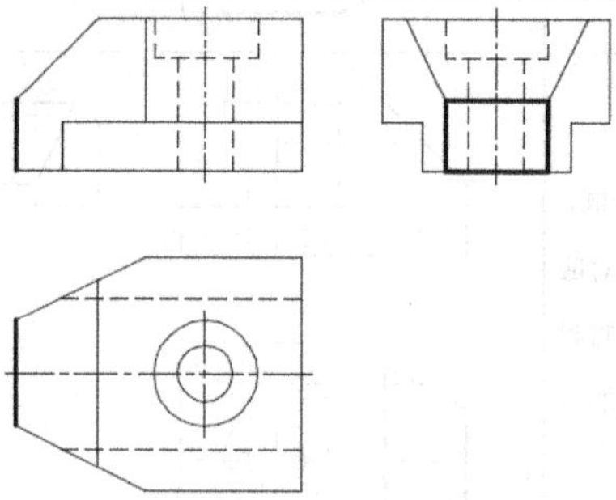	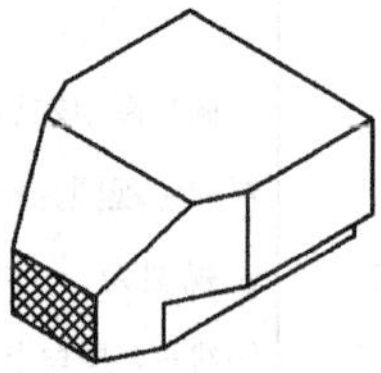
7	从俯视图中的两个同心圆对应主、左视图的虚线，可知组合体内部还有一个阶梯孔（零件中称为沉孔）	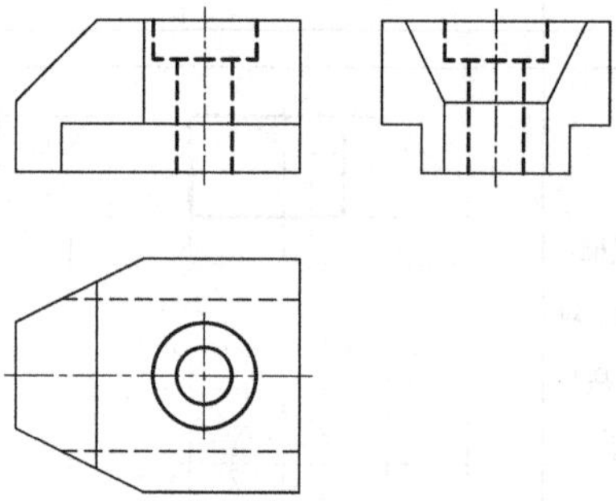	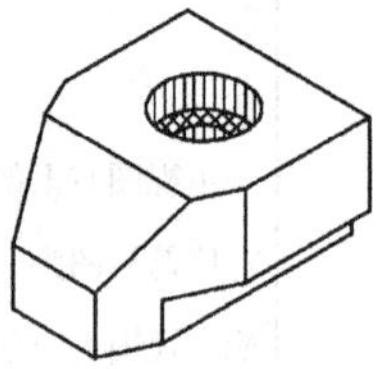
8	综合考虑各表面的关系，构思出压块的整体形状	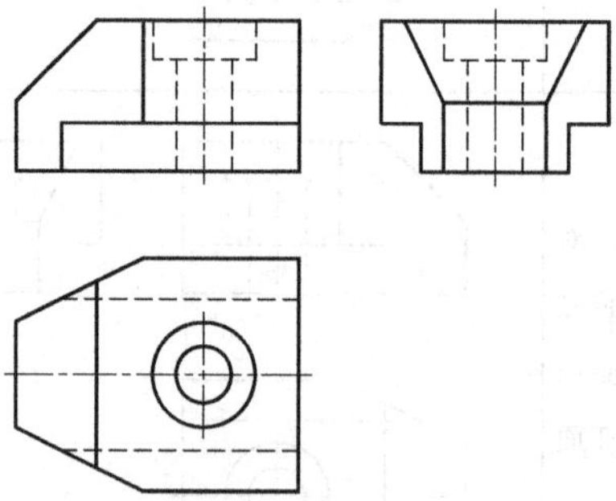	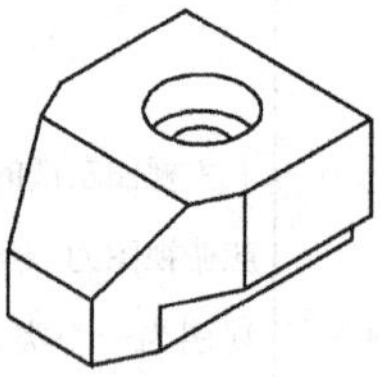

3.5　组合体的尺寸标注

视图只能表达出组合体的形状结构，而组合体的真实大小则要由尺寸数值来表达，并且在实际生产过程中，零件是按照工程图中标注的尺寸来进行加工的，因此正确标注尺寸是非常重要的。

3.5.1　尺寸标注的基本要求

视图中标注尺寸的基本要求如下：

（1）完整：尺寸必须注写齐全，不能有遗漏，也不可重复。

（2）正确：尺寸注法应符合国家标准的规定，避免错误标注。

（3）清晰：标注尺寸的位置要恰当，尽量注写在最明显的图形中，以便于读图。

（4）合理：所标注的尺寸应符合设计、制造、装配等要求，方便加工、测量和检验。

3.5.2　尺寸基准及种类

1. 尺寸基准

标注和测量尺寸的起点称为尺寸基准。组合体的对称面、端面、底面、轴线等常常作为尺寸基准。同一方向上的尺寸基准可能有多个，分为主要基准和辅助基准两种。标注尺寸前，应首先选定尺寸基准。如图 3.19 所示，组合体的左右对称面为长度方向的尺寸基准，后端面为宽度方向的尺寸基准，底面为高度方向的尺寸基准。

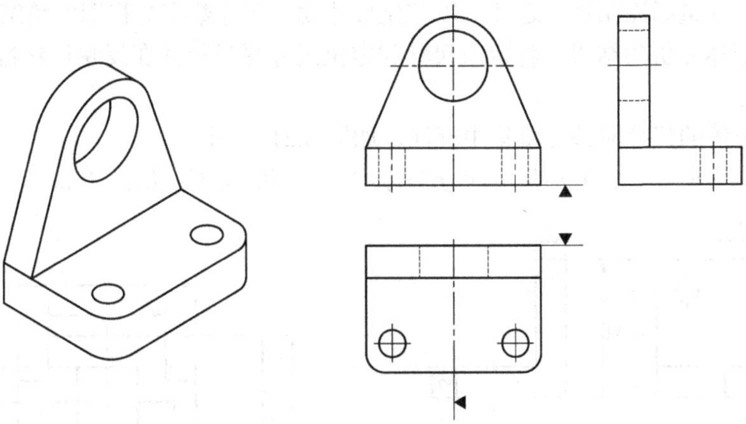

图 3.19　组合体的尺寸基准

2. 尺寸种类

组合体的尺寸分为以下三类：

（1）定形尺寸：确定各基本体形状大小的尺寸，如图 3.20 中有关长、宽、高、直径、半径等尺寸。

（2）定位尺寸：确定各基本体之间相对位置的尺寸，如图 3.20 中有关圆心高度、圆心距离等尺寸。

（3）总体尺寸：确定组合体外形总长、总宽、总高的尺寸。总体尺寸也称外形尺寸。

要使尺寸标注完整，既无遗漏又无重复，最有效的方法就是对组合体进行形体分析，将组合体分解为若干基本体，先逐一进行标注，再进行整体调整和校核。

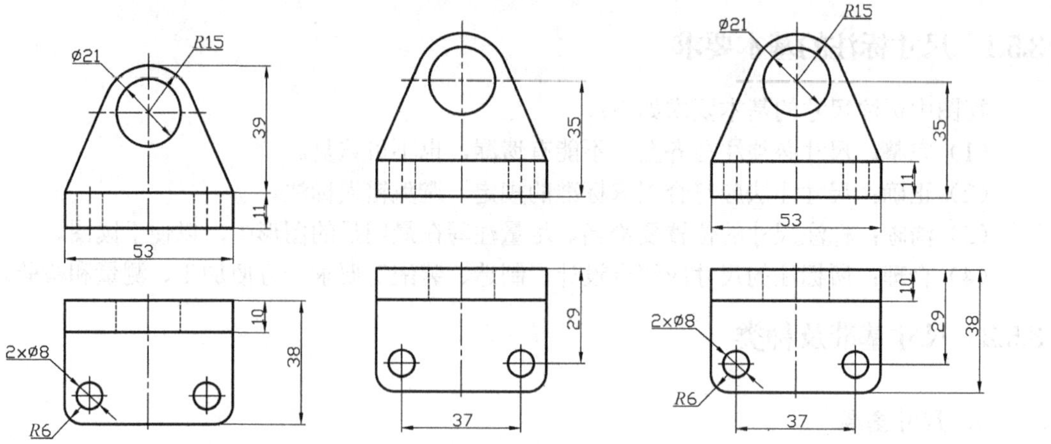

（a）标注定形尺寸　　（b）标注定位尺寸　　（c）校核调整尺寸

图 3.20　组合体尺寸标注

3.5.3　尺寸标注的注意事项

（1）尺寸应尽量标注在视图之外，以避免尺寸线、尺寸数字与视图的轮廓线相交。

（2）按照形体分析的结果，将定形尺寸和定位尺寸尽量标注在反映形状特征和位置特征较明显的视图上。

（3）同一形体的尺寸应该尽量集中标注，如图 3.21 所示。

（4）机件的内形尺寸、外形尺寸应分别标注在视图的两侧，如图 3.22 所示。

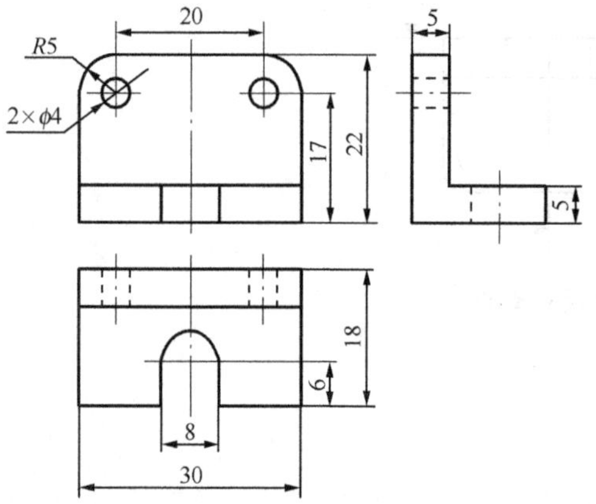

图 3.21　同一形体尺寸集中标注

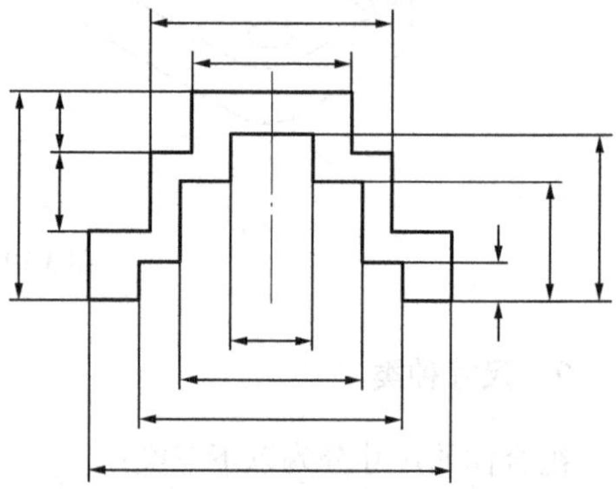

图 3.22　内外尺寸分开标注

（5）回转体的直径尺寸尽量标在非圆视图上（可省视图），但存在分布多孔情况时，孔径可标在圆上；而圆弧半径则应标在反映实形的视图上。

（6）应避免在虚线上标注尺寸。

（7）与两视图有关的尺寸，尽量标注在两视图之间，以方便看图。

（8）不允许形成封闭尺寸链。

（9）应避免重复标注，必要的重复尺寸可标注成参考尺寸形式（加括号）。

（10）当某方向末端存在已知圆心和半径的圆（弧）形时，该方向的总体尺寸不必标注。

3.5.4 常见几何体的尺寸标注

由于组合体是由若干基本体构成的，掌握了这些基本体的尺寸标注方法，组合体的标注也就不难了，表 3.6 列出了机件中常见基本体及简单几何体的尺寸标注示例。

表 3.6 常见基本体及简单几何体的尺寸标注示例

类 型	标注示例	
基本平面体	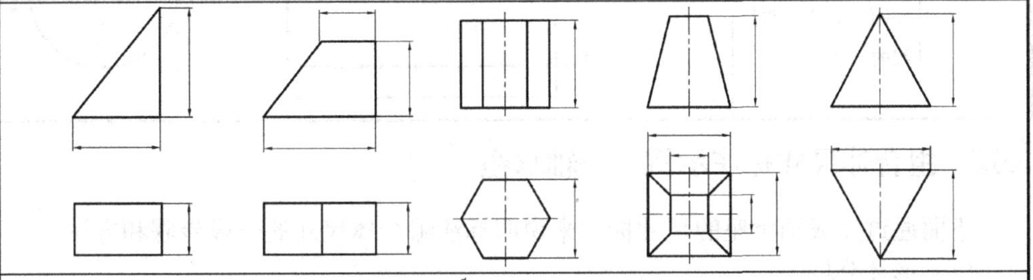	
基本回转体	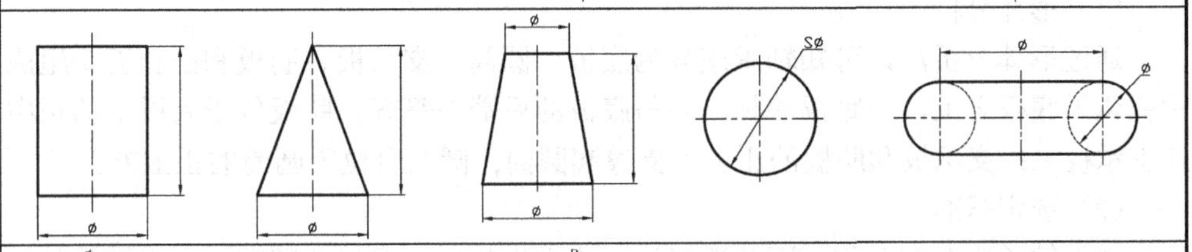	
简单几何体	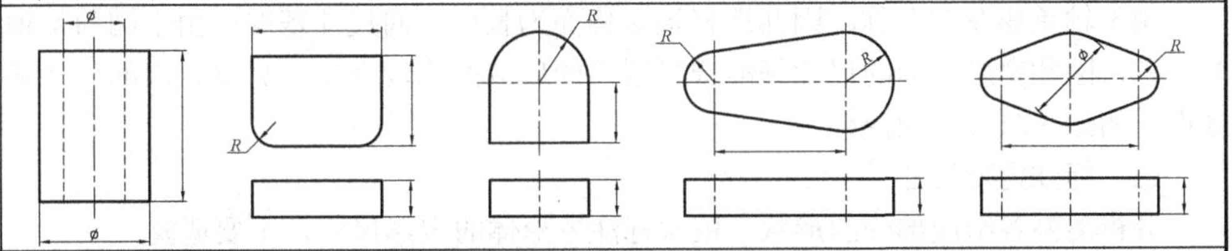	
切割体	基本形体上的切口、开槽或穿孔等，一般只标注截切平面的定位尺寸和开槽或穿孔的定形尺寸，而不标注截交线的尺寸。图中标为“⊗”的尺寸是错误的	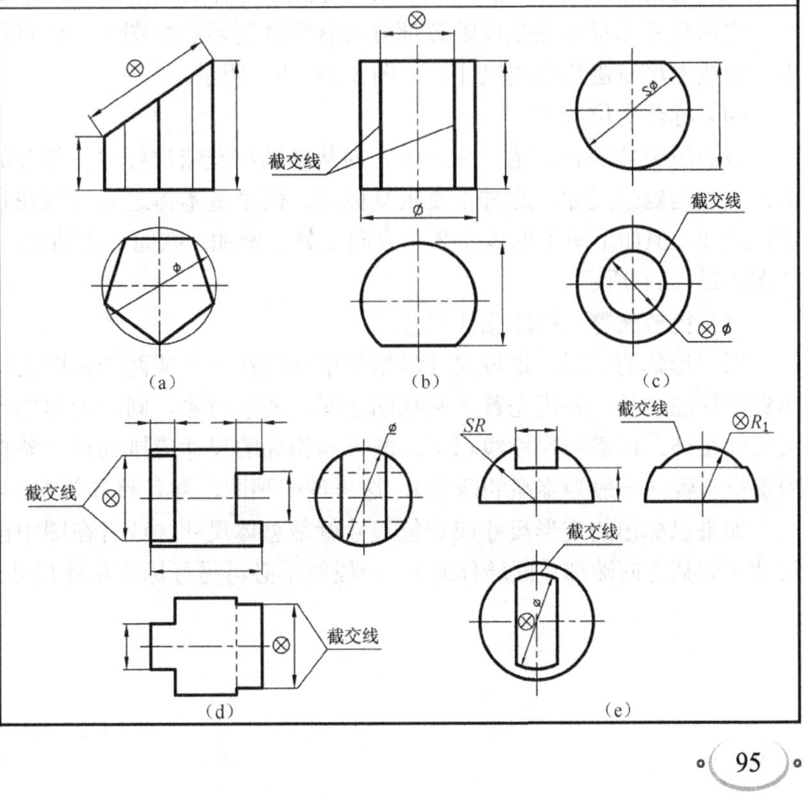

续表

类型	标注示例	
相贯体	标注相贯体的尺寸时，应标注两立体的定形尺寸和表示相对位置的定位尺寸，而不应标注相贯线的尺寸	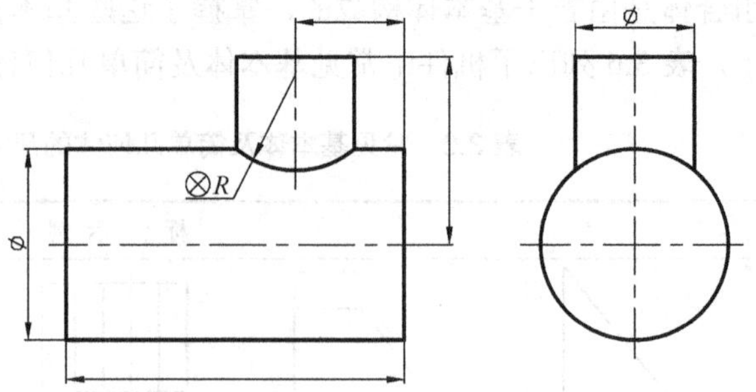

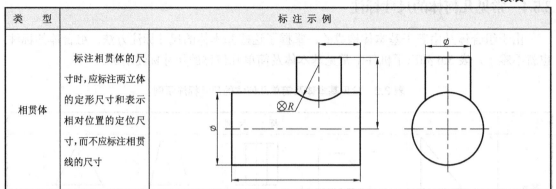

3.5.5 组合体尺寸标注示例——轴承座

下面通过完成轴承座的尺寸标注来说明标注组合体尺寸的一般步骤和方法。

（1）形体分析

通过形体分析法，可知轴承座分为底板、圆筒、支承板、肋板和凸台五个组成部分。支承板位于底板之上，与底板等长，并与底板的后端面平齐；肋板位于底板上的正中部，紧靠在支承板上；支承板和肋板的正上方支撑起圆筒；圆凸台位于圆筒的正上方。

（2）选定基准

由于轴承座左右对称，因此选择该对称面为长度方向尺寸基准；由于圆筒是轴承座的主要结构，因此宽度方向的尺寸基准选择圆筒的后端面比较合理；高度方向的尺寸基准则选择底面，如图 3.23（a）所示。

（3）标注定形尺寸

分析清楚各组成部分的形状，依次标注各形体的定形尺寸，不要遗漏。

定形尺寸尽量标注在反映该部分形状特性明显的视图上，但直径尺寸优先标在非圆视图中。虚线上尽量避免标注尺寸，如图 3.23（b）所示。

（4）标注定位尺寸

按照组合体的长、宽、高三个方向从基准出发依次标注各部分的定位尺寸。有时某些定形尺寸也是定位尺寸，此时不要重复标注。两个基本体之间应该在长、宽、高三个方向都有定位尺寸，但如果两个形体在某一方向上处于叠加、共面、共轴时，省略该方向的定位尺寸，如图 3.23（c）所示。

（5）校核调整，标注总体尺寸

同一形体的定形、定位尺寸尽量集中标注在一个或两个视图上，便于读图。尺寸应尽量布置在视图之外，并优先置于两视图之间，便于对照。同一方向的尺寸应保证小尺寸在内，大尺寸在外，以避免尺寸线相交。同方向相邻的尺寸应排列在一条直线上，平行的尺寸间距应保持一致（一般为字高的两倍），这样便于画图，并且整齐美观。

如果已标出的定形尺寸或定位尺寸就是总体尺寸，或者在图中已经能较明显地看出总体尺寸（如某方向端部是回转体时），一般就不必再另行标注总体尺寸。

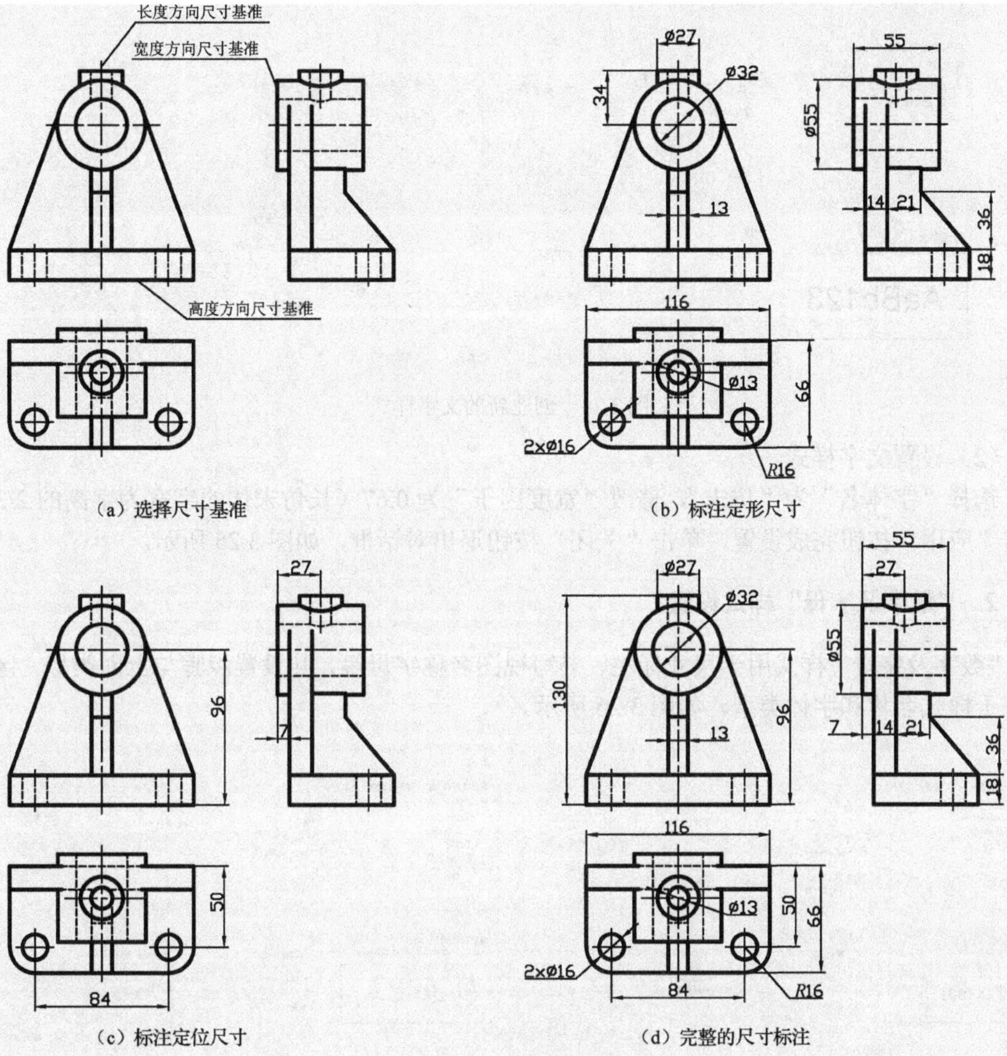

图 3.23　轴承座尺寸标注

3.6　AutoCAD 中文字样式的设置及应用

国家标准规定，在工程图中书写汉字应采用长仿宋体，书写字母和尺寸数字时应写成 A 型或 B 型。因此，在标注和书写之前，通常需要进行字体样式的设置。

1. “工程字”样式设置

“工程字”样式主要用于书写技术要求、填写标题栏等包含文字较多的场合。具体设置步骤如下。

（1）打开“文字样式”管理器

在工具栏区域，单击“文字样式”图标 ，弹出“文字样式”对话框。单击“新建”按钮，在弹出的对话框中输入样式名称“工程字”，单击“确定”按钮返回到“文字样式”对话框，如图 3.24 所示。

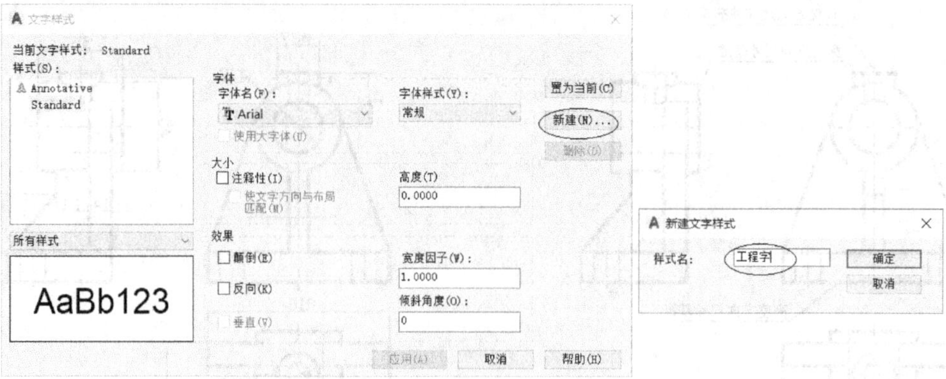

图 3.24　创建新的文字样式

（2）设置文字样式

选择“字体名”为“仿宋”，修改“宽度因子”为 0.67（长仿宋体的字宽为字高的 2/3），单击“应用”按钮完成设置，单击“关闭”按钮退出对话框，如图 3.25 所示。

2. “数字及字母”样式设置

“数字及字母”样式用于尺寸标注、书写视图名称字母等，其设置步骤与上面类似，区别仅在于样式名称和字体类型，如图 3.26 所示。

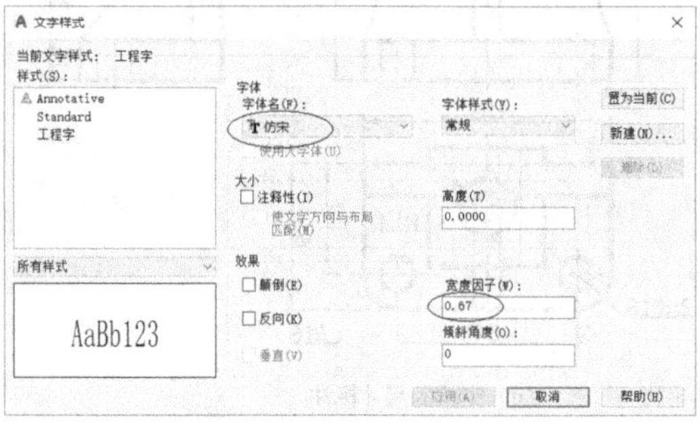

图 3.25　设置“工程字”样式

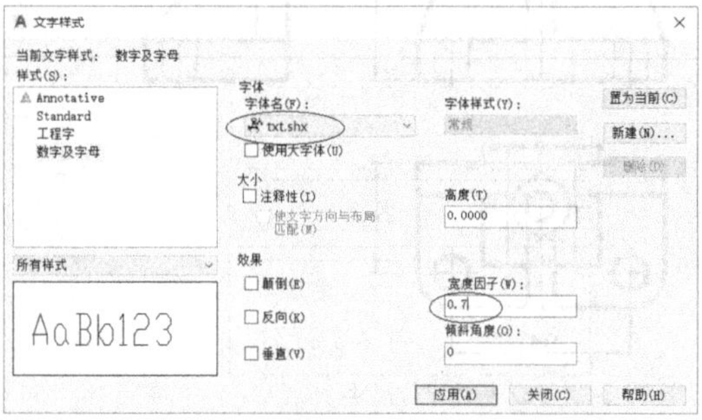

图 3.26　设置“数字及字母”样式

注意：“txt”为简体样式，“宽度因子”改为 0.7 只是为了使数字和字母看起来更美观。

3.7　AutoCAD 中尺寸标注样式的设置及应用

应用 AutoCAD 软件绘制机件三视图的思路和方法与手工绘图的相同，标注尺寸时应遵守相关标准的规定，同时还应根据题目的要求进行合理标注。由于同类尺寸的标注方法具有多样性，只有一种标注样式是不够用的，因此需要根据实际需求进行设置。

3.7.1　标注样式的设置

常用的标注样式有以下几种：

1. “ISO-25”样式

该样式适用于引出标注时需要将尺寸数值书写在水平线上的情况。设置方法如下：

（1）打开“标注样式管理器”对话框

在工具栏区域，单击“标注样式”图标，弹出“标注样式管理器”对话框。选择“ISO-25”，单击“修改”按钮，弹出“修改标注样式”对话框。

（2）设置“线”选项卡（如图 3.27 所示）

注意：

①“基线间距”指同方向尺寸线之间的距离，一般设置为尺寸数字大小的两倍。

②“超出尺寸线”指尺寸界线超出尺寸线的距离，可以设置为 2～5，根据图纸大小选定。

③“起点偏移量”指尺寸界线起点与轮廓线的距离，一般设置为 0。

（3）设置“符号和箭头”选项卡（如图 3.28 所示）

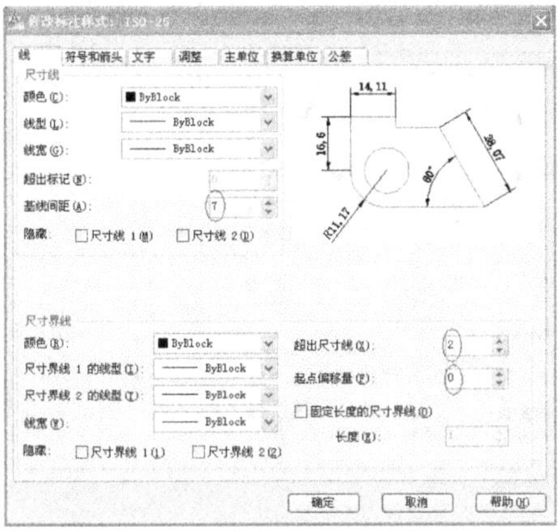

图 3.27　设置尺寸线

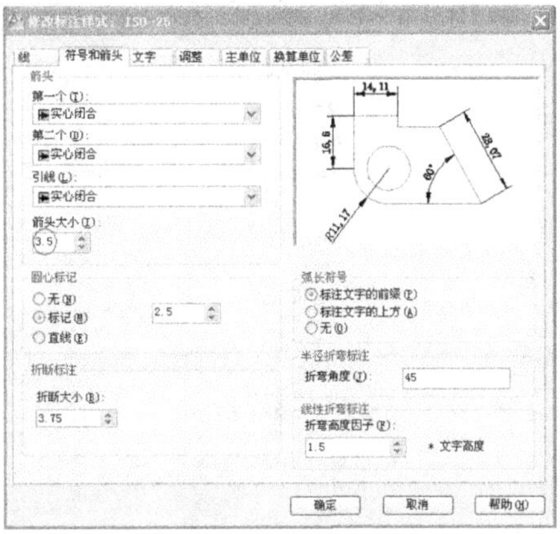

图 3.28　设置箭头

注意：“箭头大小”指箭头的长度，通常设置为与尺寸数字大小相同。

（4）设置“文字”选项卡（如图 3.29 所示）

注意：

①“文字样式”需先设置好，在此只需单击其后面的小三角进行更换。

②“文字高度”指尺寸数字的大小，应根据图纸大小选定。通常 A4、A3 图幅选用 2.5 或 3.5，A2、A1 图幅选用 3.5 或 5，A0 图幅选用 7。

③注意检查一下文字的位置是否正确。

（5）设置“调整”选项卡（如图 3.30 所示）

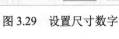

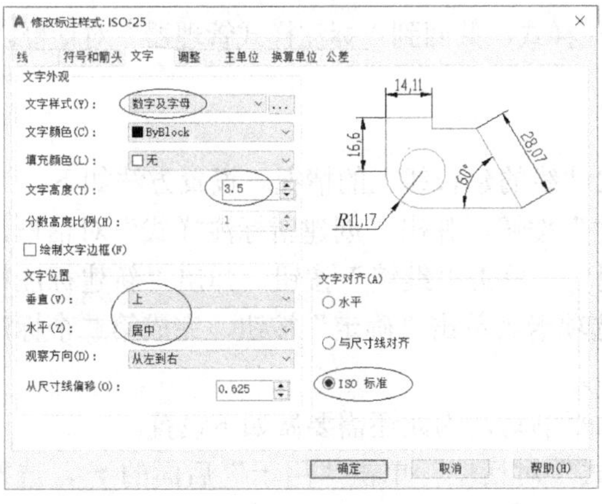

图 3.29　设置尺寸数字

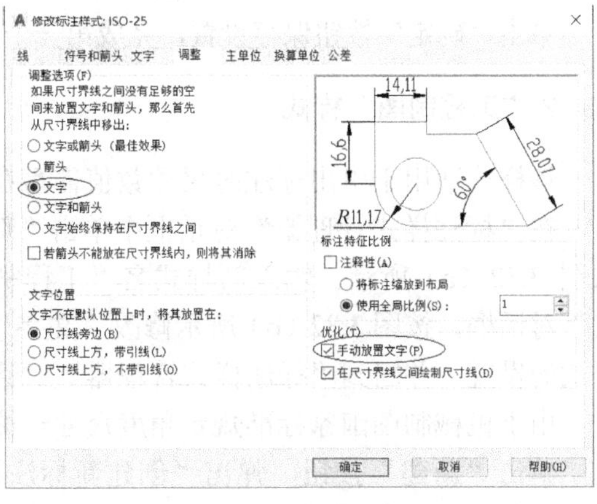

图 3.30　设置调整选项

注意：

①“调整选项”中的“文字”选项指当尺寸界线之间的位置不足时，优先将尺寸数字移出。

②“使用全局比例”一般为 1，此时标注尺寸的相关要素均按设置好的数值显示，可以通过将此值加大或缩小来使箭头和数字放大或缩小。

③“手动放置文字”指在标注尺寸时，可以通过手动的形式将尺寸数字放置在合适的位置上。

（6）设置“主单位”选项卡（如图 3.31 所示）

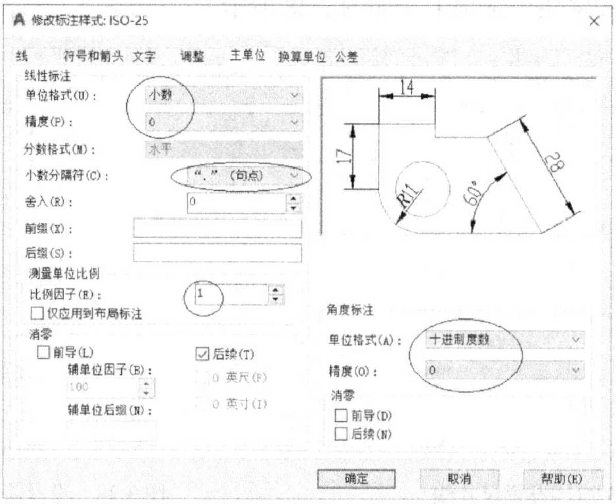

图 3.31 设置尺寸数值精度

注意：

①“精度”指尺寸数字的精确程度，“0”表示保留整数。该值可以根据实际需要选定。

② 根据我国的习惯“小数分隔符”应选择“句点”。

③“比例因子”一般为 1，此时标注的尺寸值为软件按 1∶1 自动测量出来的。如果图形经过了缩放，应修改此值。例如，图形采用 2∶1 绘制时，“比例因子”应改为 0.5，方可保证标注出来的尺寸数值不变。

（7）完成“ISO-25”样式设置

单击“确定”按钮保存设置，完成第一个标注样式，并回到“标注样式管理器”对话框。

2.“工程制图”样式

该样式适用于引出标注时尺寸数值需写在尺寸线的延长线上的情况。设置方法如下。

在“标注样式管理器”对话框中单击“新建”按钮，弹出“创建新标注样式”对话框，如图 3.32（a）所示。输入新样式名“工程制图”，单击“继续”按钮，弹出“新建标注样式”对话框，按图 3.32（b）所示修改“文字”选项卡。单击“确定”按钮，完成第二个标注样式的设置，并回到“标注样式管理器”对话框。

由于机械制图国家标准规定角度尺寸一律水平书写，为此还需要做如下设置。

单击“新建”按钮，弹出“创建新标注样式”对话框，单击“用于”后面的▼，选择“角度标注”（如图 3.33（a）所示），单击“继续”按钮，弹出“新建标注样式”对话框，如图 3.33（b）所示修改“文字”选项卡。单击“确定”按钮，完成角度标注样式的设置，并回到“标注样式管理器”对话框。

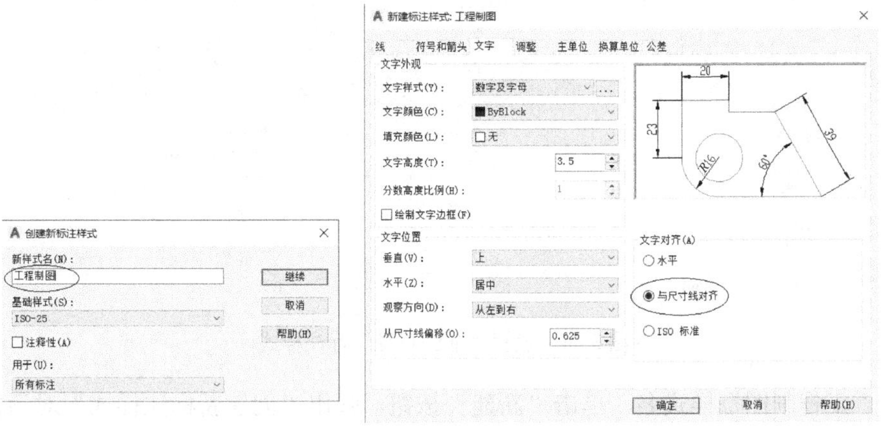

（a）　　　　　　　　　　　（b）

图 3.32　设置“工程制图”标注样式

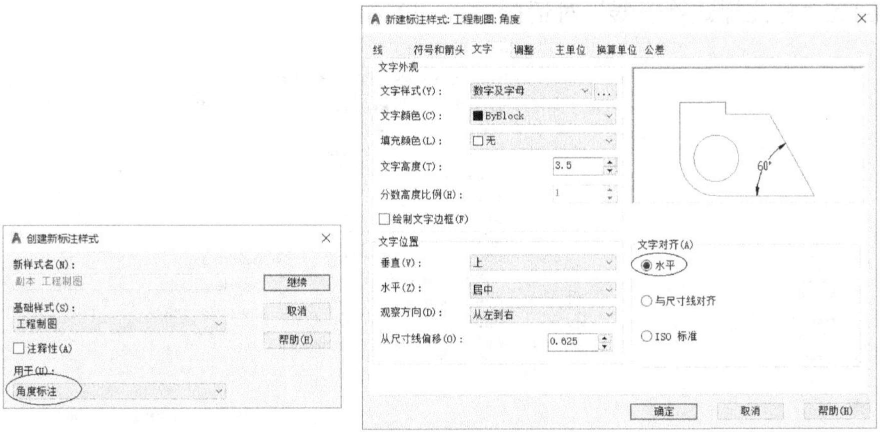

（a）　　　　　　　　　　　（b）

图 3.33　设置“角度标注”样式

3.“非圆直径”样式

机械制图国家标准规定直径尺寸优先标注在非圆视图上，如果这种尺寸较多，每标注一个尺寸就需要在尺寸数值前加一个直径符号（AutoCAD 中“%%c”表示“ϕ”），如此操作既麻烦又费时。为了标注方便，需要设置一个专用的标注样式。设置方法如下。

选择“工程制图”样式名，单击“新建”按钮，弹出“创建新标注样式”对话框，输入新样式名“非圆直径”（如图 3.34（a）所示），单击“继续”按钮，弹出“新建标注样式”对话框，如图 3.34（b）所示修改“主单位”选项卡。单击“确定”按钮，完成第三个标注样式的设置，并回到“标注样式管理器”对话框。

4.“单边箭头”样式

当图形不完整而又需要标注整体尺寸时，往往有一个尺寸界线和箭头无法画出，这种情况可以设置一个专用样式。设置方法如下。

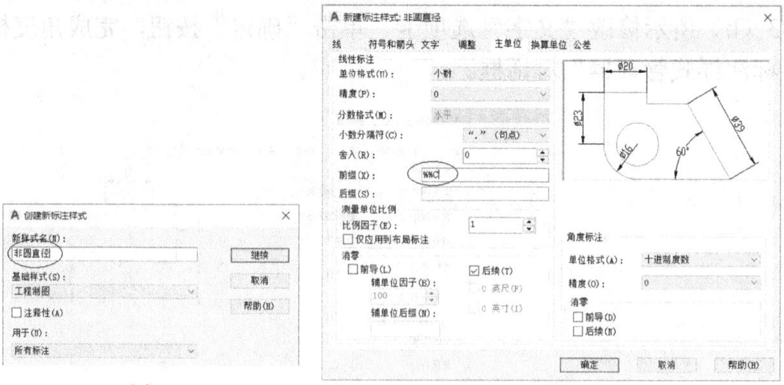

（a）　　（b）

图 3.34　设置“非圆直径”标注样式

选择“工程制图”样式名，单击“新建”按钮，弹出“创建新标注样式”对话框，输入新样式名“单边箭头”（如图 3.35（a）所示），单击“继续”按钮，弹出“新建标注样式”对话框，如图 3.35（b）所示修改“线”选项卡，单击“确定”按钮，完成第四个标注样式的设置，并回到“标注样式管理器”对话框。

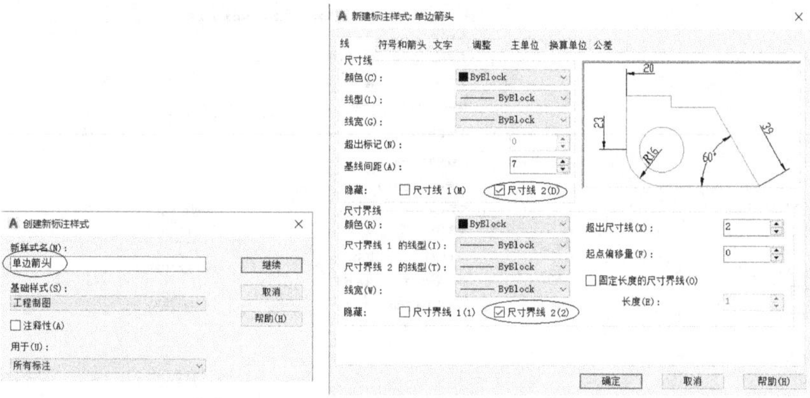

（a）　　（b）

图 3.35　设置“单边箭头”标注样式

5.“小圆弧”样式

使用以上几个样式标注小圆弧半径时经常会出现如图 3.36（a）的情况，而正常标注应该为图 3.36（b）所示样式，为避免图中出现多余的圆弧，可用如图 3.37 所示方法设置一个专用于小圆弧半径标注的样式。

（a）　　（b）

图 3.36　小圆弧半径标注

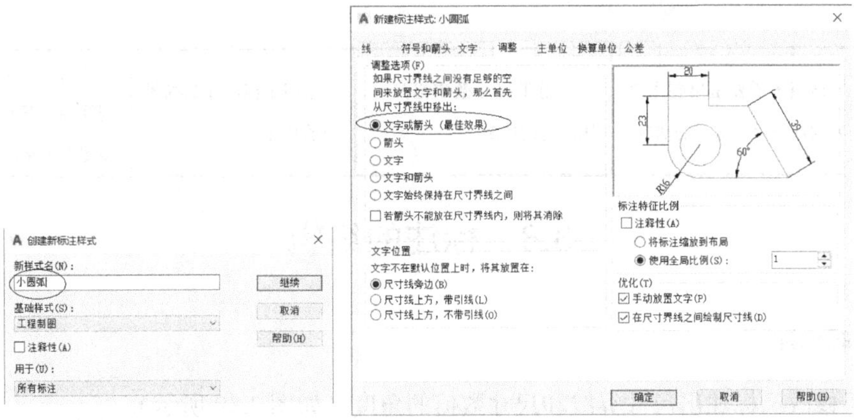

（a）　　　　　　　　　　　　（b）

图 3.37　设置“小圆弧”标注样式

此时可以在“标注样式管理器”对话框中看到所设置的几种样式名称（如图 3.38 所示），选择“工程制图”样式名，单击“置为当前”（设置为默认样式）按钮，单击“关闭”按钮。

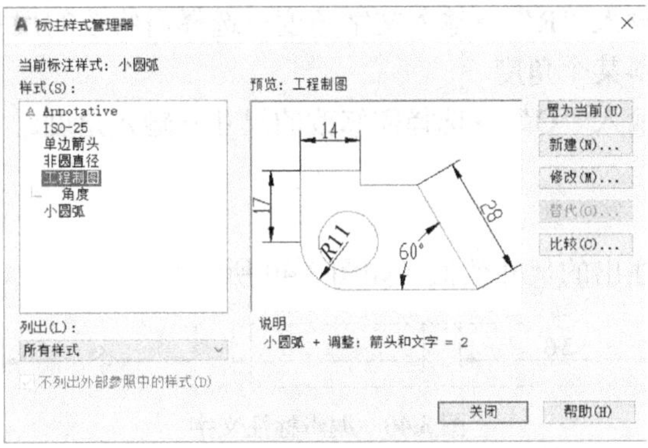

图 3.38　“标注样式管理器”对话框

3.7.2　标注样式的应用

在标注尺寸时要根据实际情况随时更换标注样式。需要更换标注样式时，只需单击“标注样式”后面的 ▾，选择所需样式即可。

表 3.7 中列出了上述几种常用标注样式的标注效果。

表 3.7　各种标注样式的标注效果对比

样　式	ISO-25	工程制图	非圆直径	单边箭头
图　例	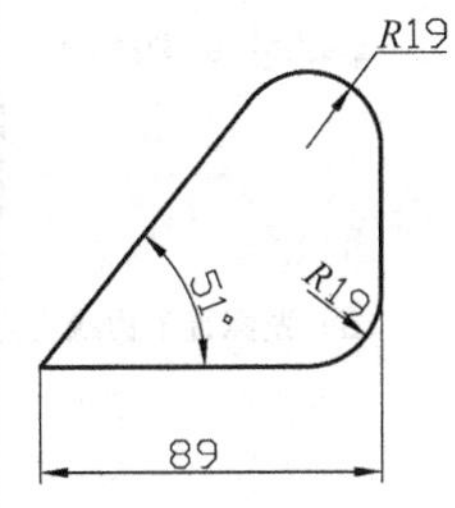	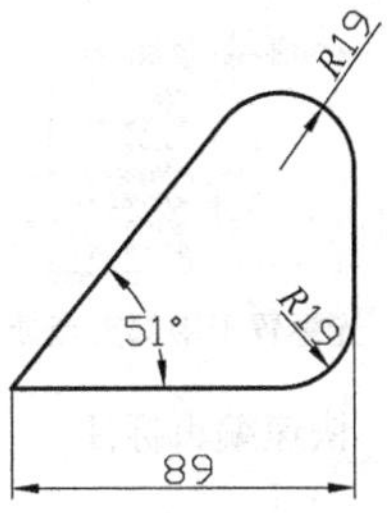	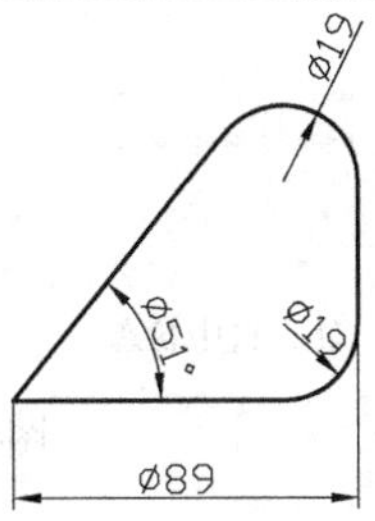	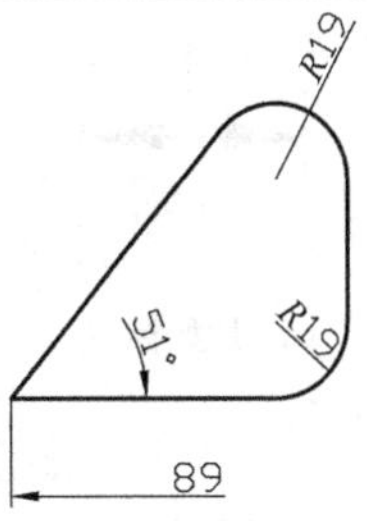

续表

说　明	适用于需要引出到水平方向注写尺寸数字的情况	适用于尺寸数字沿尺寸线注写的情况	适用于标注非圆视图中的直径尺寸	适用于局部视图、局部剖视图、简化视图等不完整图形的整体尺寸标注

3.8　标注的编辑

1. 编辑标注

多用于修改已标注出尺寸界线和尺寸数值的角度（如图3.39所示）。

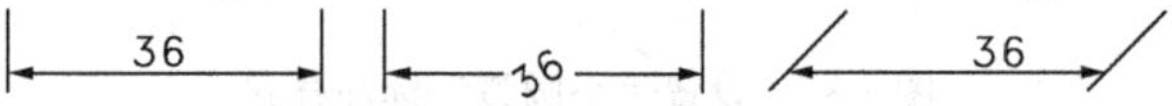

图3.39　编辑标注

（1）使尺寸数字旋转某个角度

操作：输入命令→输入“R”→输入文字角度→选择需修改的尺寸。

（2）使尺寸界线倾斜某个角度

操作：输入命令→输入“O”→选择需修改的尺寸→输入角度。

2. 编辑标注文字

用于移动和旋转标注出的尺寸数值（如图3.40所示）。

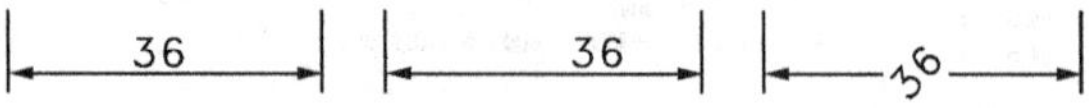

图3.40　编辑标注文字

（1）移动文字的位置

操作：输入命令→选择需修改的尺寸→手动将文字移到其他合适位置。

（2）旋转文字角度

操作：输入命令→选择需修改的尺寸→输入“A”→输入角度。

3. 快速编辑标注

下面以图3.41所示的尺寸10为例，介绍通过快捷菜单编辑标注的方法。

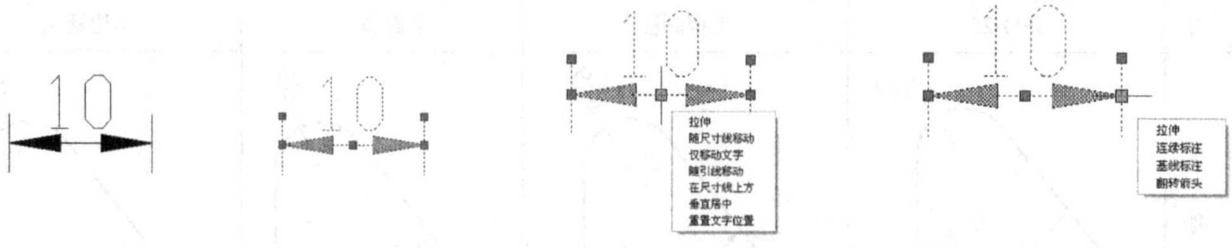

（a）原始标注　（b）选中状态　（c）光标置于中部夹点处　（d）光标置于边缘夹点处

图3.41　快速编辑标注

（1）改变标注数字的位置

① 尺寸数字随标注整体移动。

方法一：选中尺寸（如图 3.41（b）所示）→单击中部夹点→上下或左右拉动尺寸，直到满意位置处单击。标注效果如图 3.42 所示。

方法二：选中尺寸→光标置于中部夹点处（如图 3.41（c）所示）→在快捷菜单中选择“拉伸”或“随尺寸线移动”命令→上下或左右拉动尺寸，直到满意位置单击。

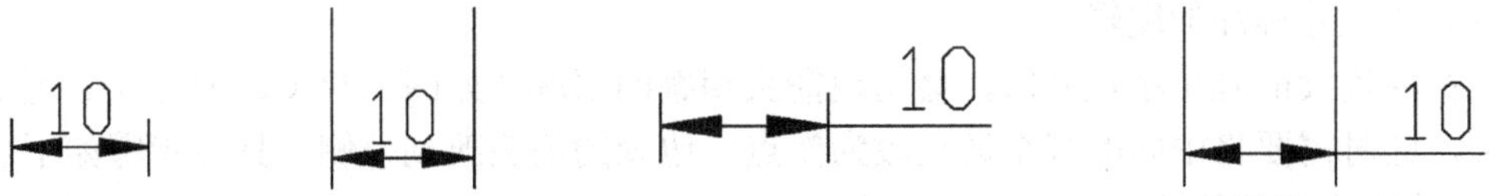

（a）原始标注　（b）向下移动　（c）向右移动　（d）向右下方移动

图 3.42　整体移动尺寸的效果

② 尺寸数字随引线移动。

操作：选中尺寸→光标置于中部夹点处（如图 3.41（c）所示）→在快捷菜单中选择“随引线移动”命令→移动光标直到满意位置单击。标注效果如图 3.43 所示。

③ 仅移动尺寸数字。

操作：选中尺寸→光标置于中部夹点处（如图 3.41（c）所示）→在快捷菜单中选择“仅移动文字”命令→移动光标直到满意位置单击。标注效果如图 3.44 所示。

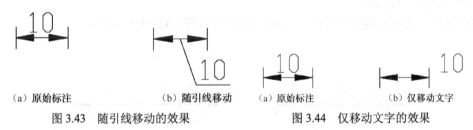

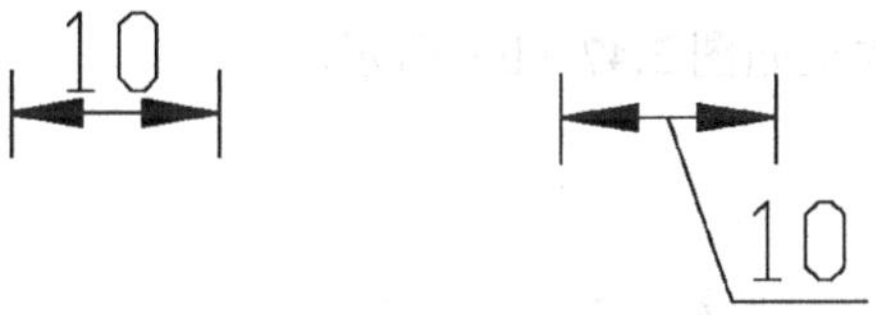

（a）原始标注　（b）随引线移动

图 3.43　随引线移动的效果

（a）原始标注　（b）仅移动文字

图 3.44　仅移动文字的效果

（2）改变箭头方向

操作：选中尺寸→光标置于边缘夹点处（如图 3.41（d）所示）→在快捷菜单中选择“翻转箭头”命令。标注效果如图 3.45 所示。

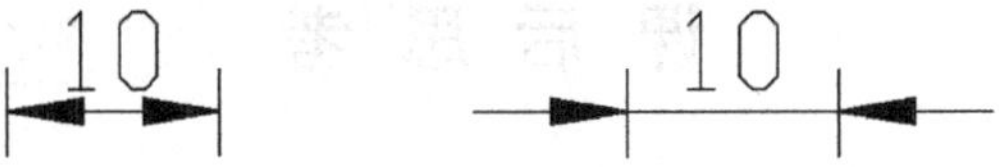

（a）原始标注　（b）翻转箭头

图 3.45　翻转箭头的效果

（3）以此尺寸为基础继续进行标注

① 以此尺寸为基础链状式标注若干尺寸。

操作：选中尺寸→光标置于边缘夹点处（如图 3.41（d）所示）→在快捷菜单中选择“连续标注”命令→用光标指引标注若干尺寸。标注效果如图 3.46（b）所示。

② 以此尺寸的第一界线为基准坐标式标注若干尺寸。

操作：选中尺寸→光标置于边缘夹点处（如图 3.41（d）所示）→在快捷菜单中选择“基线标注”命令→用光标指引标注若干尺寸。标注效果如图 3.46（c）所示。

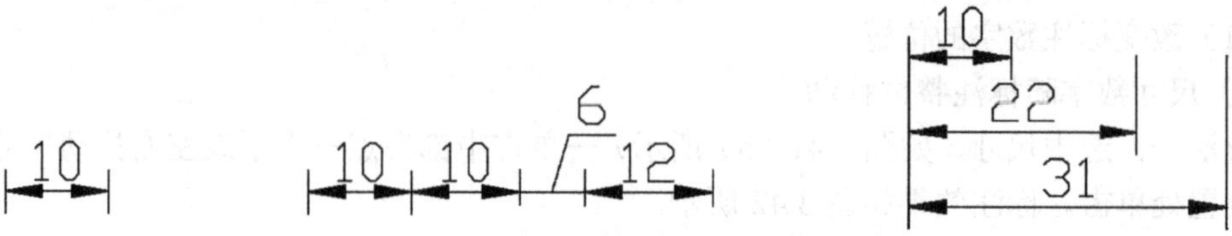

（a）原始标注　　（b）链状式标注　　（c）坐标式标注

图 3.46　以此尺寸为基础继续进行标注

（4）小尺寸标注的编辑

在标注连续的几个小尺寸时，会出现箭头相叠的情况（如图 3.47（a）所示），看起来十分混乱，此时需要将中间的几个箭头改为黑点，边缘的箭头改到外侧，具体步骤如下。

① 修改中间的箭头。

操作：选择第一个尺寸并右击→单击“特性”图标→将第二个箭头方式“实心闭合”修改为“小点”→关闭“特性”对话框；

选择第二个尺寸并右击→单击“特性”图标→将两个箭头方式“实心闭合”均修改为“小点”或“无”→关闭“特性”对话框。

选择第三个尺寸，重复以上操作，将两个箭头修改为“小点”或“无”方式（需保证每条中部的尺寸界线处有至少一个“小点”）。

选择最后一个尺寸，重复以上操作，仅修改第一个箭头。

② 修改两边的箭头。

将边缘尺寸的箭头翻转到外侧。修改后的效果如图 3.47（b）所示。

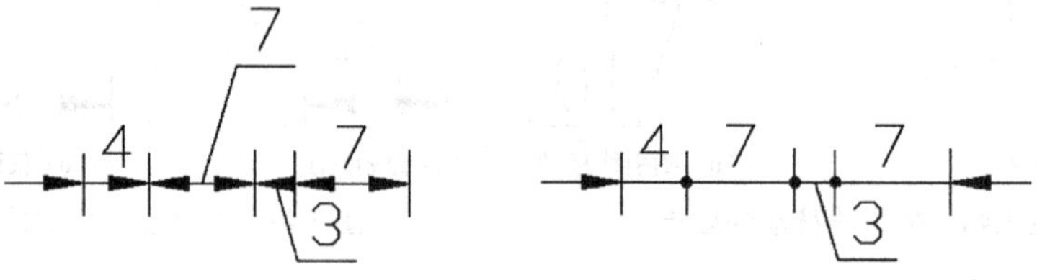

（a）原始标注　　（b）修改后的效果

图 3.47　小尺寸的标注

课后思考

1. 什么是组合体？组合体有哪几种组合形式？
2. 组合体表面之间有哪些关系？画图时应注意什么？
3. 怎样理解形体分析？具体应分析哪些方面的问题？
4. 画组合体三视图的方法有哪些？一般步骤是什么？
5. 阅读组合体三视图的注意事项有哪些？一般阅读方法和步骤是怎样的？
6. 组合体的尺寸有哪几种？如何保证尺寸标注的完整性？
7. 在 AutoCAD 中标注尺寸之前为什么要进行标注样式的设置？
8. 常用标注样式有哪几种？它们有何区别？
9. 尺寸数字的大小和图幅有何关系？

第4章　机件表达方法

【能力目标】

（1）具备一定的空间想象能力，可根据视图描述出机件的形状和结构。

（2）能够正确绘制一般机件的各种视图。

（3）能够正确绘制一般机件的全剖、半剖、局部剖视图和断面图。

（4）能够根据机件的结构特点，比较准确、合理地确定出机件的表达方案。

（5）能够使用 AutoCAD 软件绘制一般机件的各种表达图形，并熟练标注尺寸。

【知识目标】

（1）理解并掌握第一角画法和第三角画法的区别。

（2）熟练掌握基本视图、向视图、局部视图、斜视图的画法及相关规定。

（3）理解剖视图的形成，熟练掌握全剖、半剖、局部剖的画法及相关规定。

（4）掌握旋转剖和阶梯剖的画法及相关规定。

（5）理解断面图与剖视图的区别，掌握断面图的画法及相关规定。

（6）掌握常用简化画法和规定画法的相关规定。

（7）熟练掌握用 AutoCAD 绘制波浪线、剖面线的操作方法。

4.1　视　　图

根据制图国家标准的规定，用正投影法绘制出的物体的图形称为视图。视图主要用于表达零件的外部结构和形状，对零件中不可见的结构形状一般不必绘制，仅在必要时才用细虚线画出。

视图分为基本视图、向视图、局部视图和斜视图四种，前面所讲的三视图属于基本视图。

4.1.1　基本视图

工程图中表达一个机件可以有六个基本投影方向，相应的六个基本投影面分别垂直于六个基本投影方向，通过投影得到的六个视图称为机件的基本视图。

1. 第一角画法与第三角画法

GB/T 4458.1—2002 规定，工程图的画法分为第一角画法和第三角画法两种。

将机件置于第一象限内，即机件处于观察者和投影面之间（观察者—机件—投影面），按正投影法得到六个视图，按照图 4.1（a）所示的方法展开，并按图 4.1（b）所示的配置关系进行视图布置。其中 *A*、*B*、*C*、*D*、*E*、*F* 六个视图，分别称作主视图、俯视图、左视图、右视图、仰视图和后视图，各视图按此位置配置时不必书写视图名称，这种投影方式称为第一角画法。我国一般使用第一角画法。

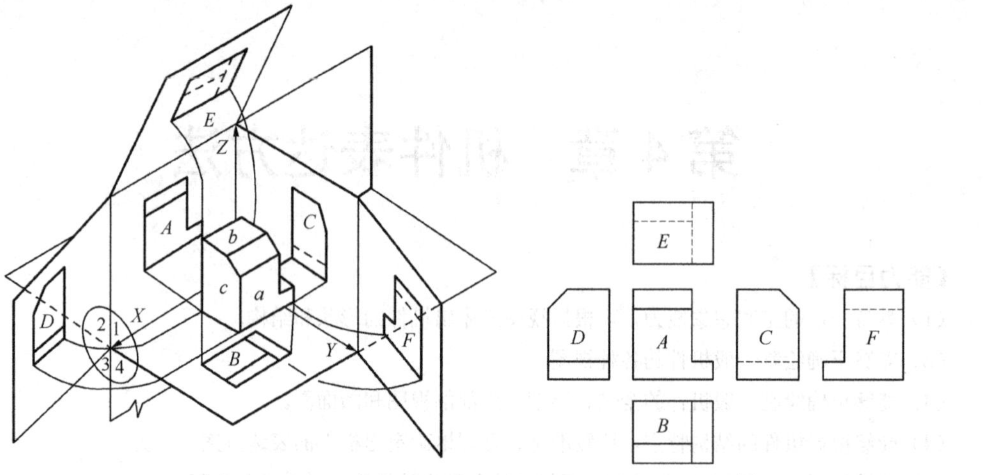

（a）　　　　　　　　　　　　　　　　　　　　　　　　（b）

图 4.1　第一角画法

将机件置于第三象限内，即投影面处于观察者和机件之间（观察者—投影面—机件），按正投影法得到六个视图，按照图 4.2（a）所示的方法展开，并按图 4.2（b）所示的配置关系进行视图布置。其中 *A*、*B*、*C*、*D*、*E*、*F* 六个视图，分别称作前视图、俯视图、左视图、右视图、顶视图和后视图，按此位置配置时不必书写视图名称，这种投影方式称为第三角画法。图 4.3（a）所示的是第一角画法的识别符号，图 4.3（b）所示的是第三角画法的识别符号。欧美国家习惯使用第三角画法。

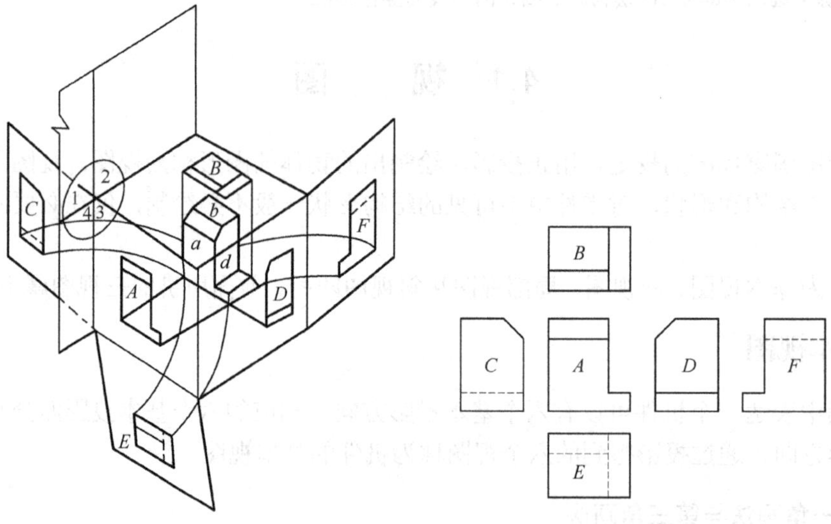

（a）　　　　　　　　　　　　　　　　　　　　　　　　（b）

图 4.2　第三角画法

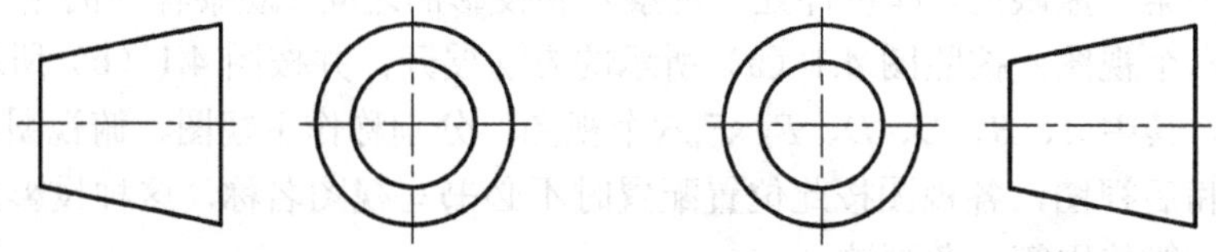

（a）第一角画法　　　　　　　　　　　　（b）第三角画法

图 4.3　投影画法的识别符号

以上两种投影画法，主要区别有两点：

（1）视图的名称略有不同。

（2）主视图位置不变，其周围相对的图形位置互换。

因此，选用哪种投影画法对零件的表达并无影响。基于我国绘图习惯问题，本书中不再过多讲解第三角画法的规定，而主要讲解第一角画法的相关知识和规定。

2. 基本视图的投影关系

由于机件上存在着长、宽、高的方位关系，当机件在投影体系中的位置确定时，它的方位关系也随之确定，根据这个位置得到的六个基本视图，经过展开之后它们应存在以下投影关系（如图 4.4 所示）：

主、俯、仰、后视图——长对正；

左、右、俯、仰视图——宽相等；

主、左、右、后视图——高平齐。

虽然国家标准规定了六个基本视图，但不等于任何机件都需要用六个基本视图来表达。实际画图时，应根据机件的结构特点和复杂程度，灵活选用必要的基本视图。通常优先选用三视图表达，有表达不清楚的情况时，再考虑选用其他视图。总之，要求使用最少的视图数量，把机件表达完整、清晰，而又没有重复表达。

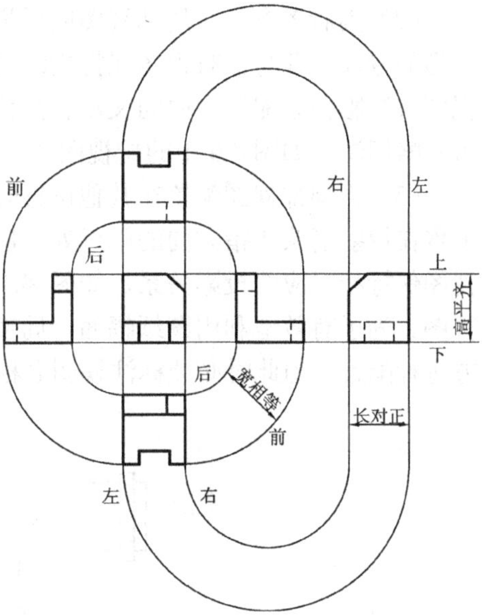

图 4.4　基本视图的投影关系

4.1.2　向视图

当受图纸幅面和绘图位置限制，基本视图不能按照基本配置位置放置时，允许另选放置位置，但此时该视图不再称为基本视图，而称为向视图，如图 4.5 所示。

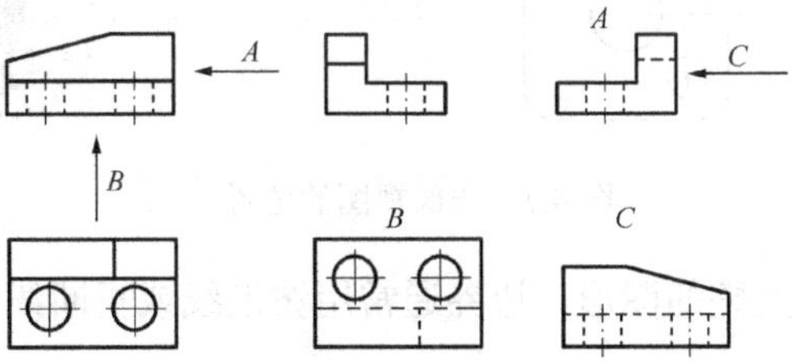

图 4.5　向视图

向视图是基本视图的另一种表现形式。二者的差别主要在于视图的配置位置不同。由于向视图的配置是随意的，因此必须给出明确的标注才不致引起误解。

向视图的标注方法：在向视图的正上方注写大写字母；在相应视图的附近用箭头指明投影方向，并标注相同的字母。

4.1.3　局部视图

1. 局部视图的概念及应用

将机件的某一部分向基本投影面投射所得的视图称为局部视图。局部视图适用于当物体的主体形状已由一组基本视图表示清楚，而只有局部形状尚需进一步表达的场合。

2. 画局部视图的注意事项

（1）画局部视图时，一般在局部视图正上方标出视图的名称，在相应视图附近用箭头标明投射方向，并注上同样字母，如图 4.7 所示。

（2）为看图方便，局部视图应尽量配置在箭头所指的方向，并与原有视图保持投影关系。当局部视图按投影关系配置，中间又没有其他图形隔开时可省略标注，如图 4.6 中的俯视图。

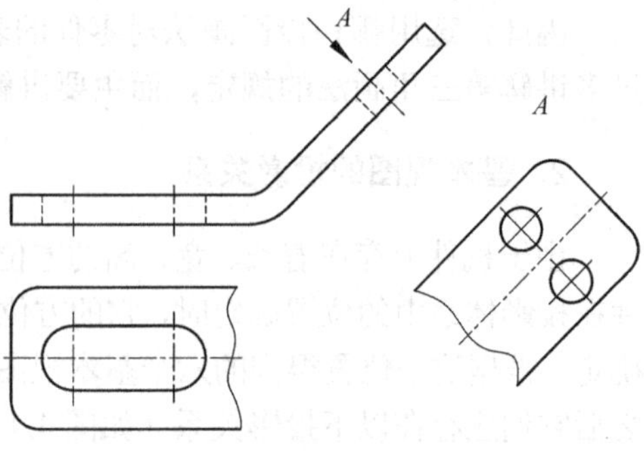

图 4.6　局部视图的位置一

（3）当局部视图配置在其他位置时，一般优先配置在投射箭头所指方向的就近处，以便与原基本视图保持相对应的投影关系，如图 4.7 中的 *A*、*C* 视图。为了有效地利用图纸幅面，局部视图和基本视图一样，也可以被移动到图纸的其他地方进行配置，但此时必须标注视图名称及投影方向符号，如图 4.7 中的 *B* 视图。

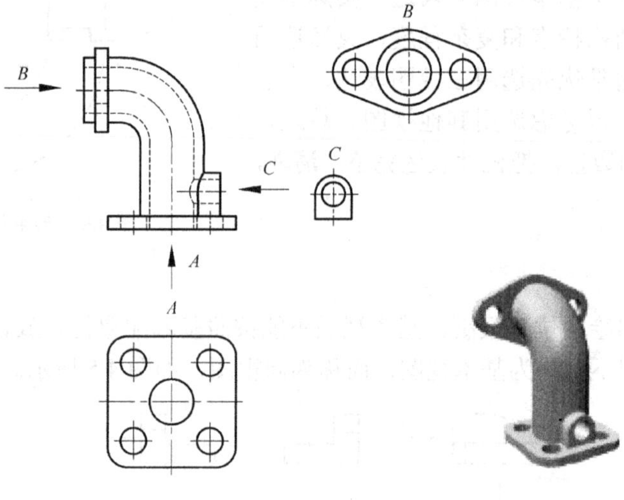

图 4.7　局部视图的位置二

（4）局部视图多为不完整的图形，边界通常用波浪线或折断线（假想的断裂）来表示，如图 4.8 所示。

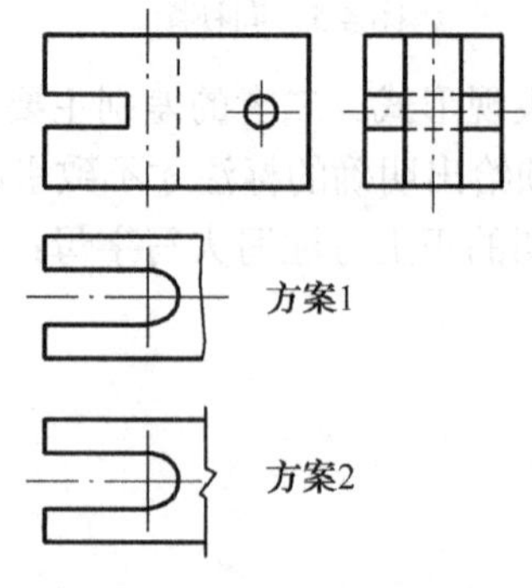

图 4.8　局部视图边界画法

注意：波浪线是随意绘制的细实线，必须与轮廓线相交。而折断线是带有“Z”形状的细实线，两端均要超出轮廓线 2～5mm。波浪线的应用更广泛。

（5）当局部视图所表示的结构是完整的，且其外形轮廓线又呈封闭状态时，则表示断裂的边界线可以省略不画，如图 4.9 中的 *A* 视图。

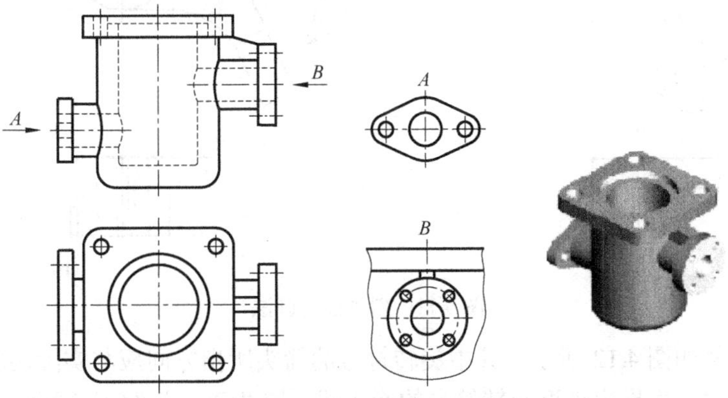

图 4.9　局部视图边界画法

（6）由于波浪线表示物体的断裂痕迹，因此画图时，波浪线不能穿过孔、槽等中间空心的地方（中空处），不能与其他图线重合，也不能超出物体的轮廓线，如图 4.10 所示。

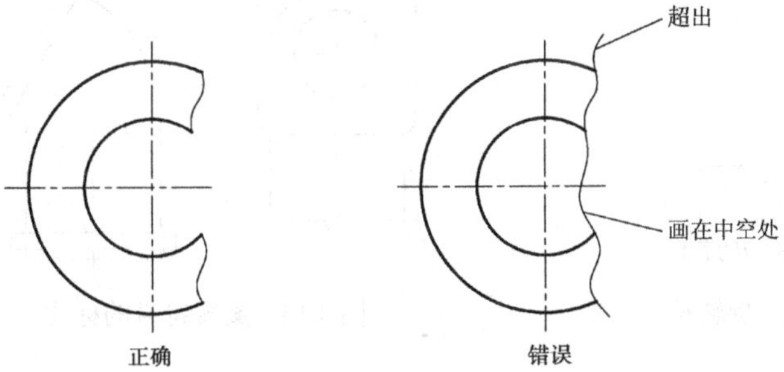

图 4.10　波浪线画法

4.1.4　斜视图

斜视图主要用于表示物体上倾斜结构表面的真实形状。

画斜视图时的注意事项：

（1）斜视图一般只画倾斜部分，而对机件上原本平行于某基本投影面的一些结构省略不画，边界用波浪线表示，如图 4.11（a）所示。

（2）斜视图应在相应位置处标注投影方向箭头，并标明视图名称。

（3）斜视图优先按投影关系位置配置，其次配置在箭头附近，也可以配置在其他适当位置。

（4）斜视图一般为倾斜的图形，绘制时允许将其转正画出，但此时在视图名称字母旁应加标旋转符号，字母写在箭头一侧，如图 4.11（b）所示。

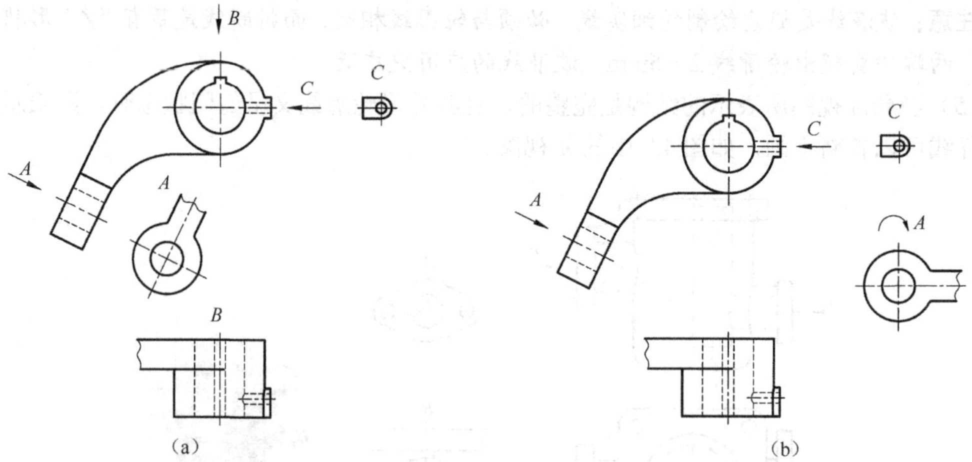

图 4.11　斜视图的画法

（5）旋转符号如图 4.12 所示。其中旋转符号的箭头所指方向应与实际旋转方向一致。表示斜视图名称的大写字母应靠近旋转符号的箭头端，如“↷”或“↶”。标注中也允许将旋转角度的具体数值标注在字母之后，如图 4.13 中的标注“↷A30°”。

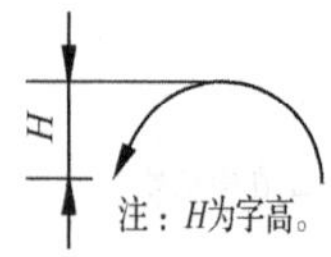

图 4.12　旋转符号

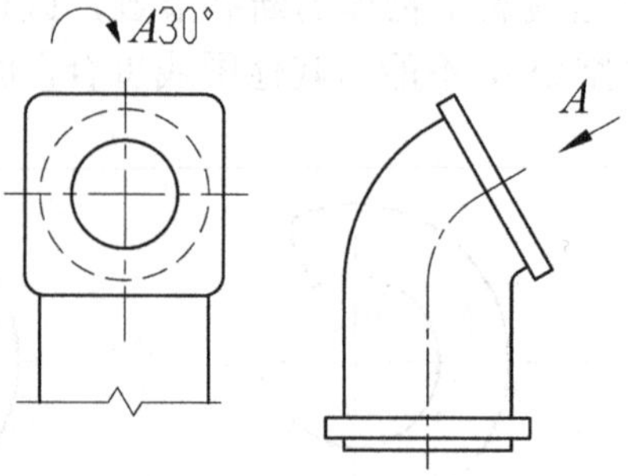

图 4.13　旋转符号的标注

4.1.5　视图小结

综上所述，基本视图和向视图都是用来表达机件整体外部形状结构的图形。各基本视图具有固定的放置位置，所以不需要任何标注；而向视图的位置是根据实际情况随意放置的，因此需要标注投影方向箭头和视图名称。

局部视图和斜视图都是用来表达机件上局部结构的图形。局部视图的表达对象为与基本投影面平行的结构，而斜视图的表达对象为倾斜结构；它们通常都是不完整的图形，需要用波浪线或双折线绘制断裂边界；这两种视图通常都需要标注投影方向箭头和视图名称。

4.2　剖　视　图

4.2.1　剖视图的形成与标注

当零件上存在较复杂的内部形状时，视图中就会出现比较多的虚线，这些虚线与外部轮廓线交叠在一起，会给读图、绘图、标注尺寸带来困难。为此，国家标准 GB/T 17452—1998

和 GB/T 4458.6—2002 规定了采用剖视图表达零件内部形状的方法。

1. 剖视图的形成

假想用剖切平面剖开零件，并将挡住观察者视线的一部分移开，而将剩余部分（仍然是“体”）向投影面进行投影，这样得到的图形称为剖视图。此时零件的内部结构展现出来，原来的不可见轮廓变成了可见轮廓，如图 4.14 所示。

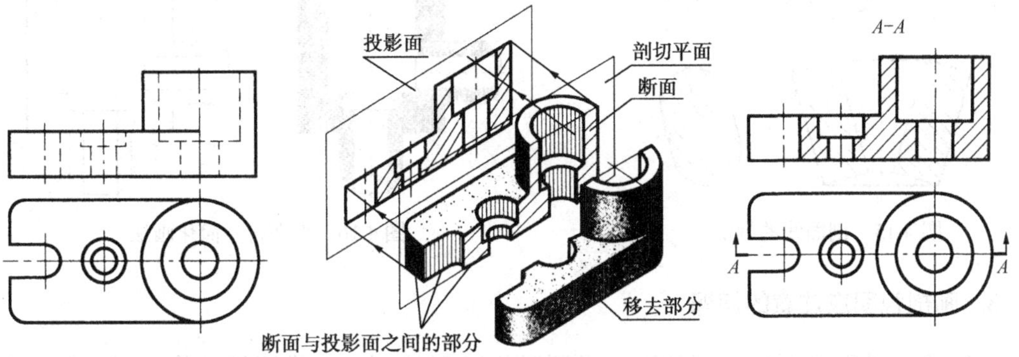

（a）　　（b）　　（c）

图 4.14　剖视图的形成

2. 剖面区域的表示法（GB/T 17453—2005）

在图样中用剖面符号（剖面线）来表示剖切平面与零件接触的部分（剖面区域），国家标准规定不同的材料用不同的剖面符号来表示。常用剖面符号如表 4.1 所示。

表 4.1　常用剖面符号

材 料 名 称	剖 面 符 号	材 料 名 称	剖 面 符 号
金属材料（已有规定符号者除外）	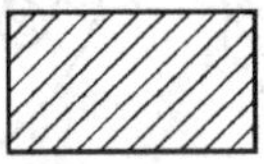	木质胶合板（不分层数）	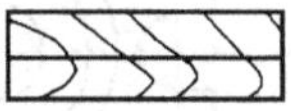
非金属材料（已有规定剖面符号者除外）	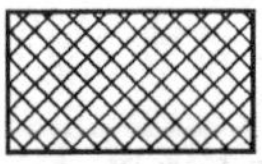	木材纵剖面	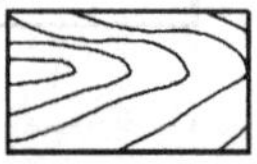
型砂、填砂、粉末冶金、砂轮、陶瓷刀片、硬质合金刀片等	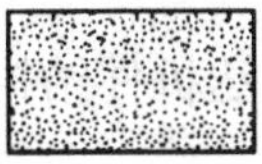	木材横剖面	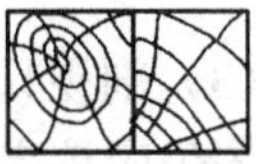
玻璃及供观察用的其他透明材料	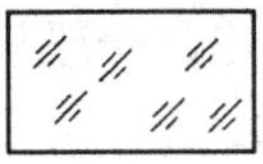	格网（筛网、过滤网等）	
转子、电枢、变压器和电抗器等的迭钢片	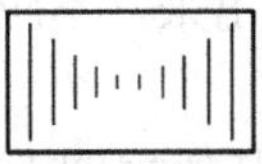	液体	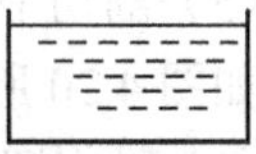

画剖面符号的注意事项：

（1）金属材料的剖面线为与图形主要轮廓线或剖面区域的对称线成 45°，并且互相平行、间隔相等的细实线，如图 4.15 所示。

（2）剖面线的倾斜方向左右均可，但在同一个零件的各个图形中则应方向一致、间隔相等。

（3）当剖面区域较大时，允许用点阵或涂色代替剖面线，点阵中点的间隔按剖面区域的大小选择，如图 4.16 所示。

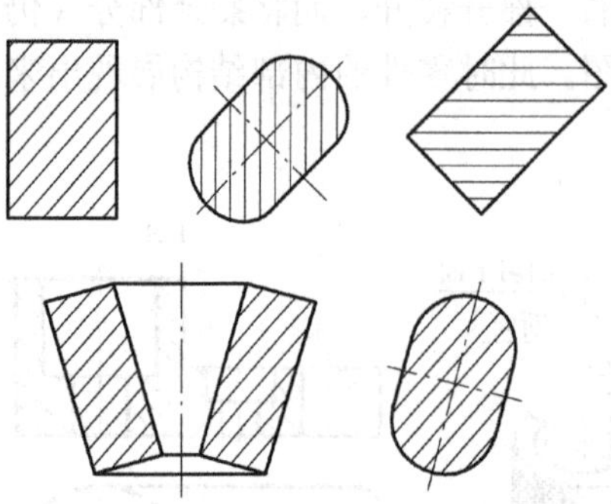

图 4.15　剖面线的画法

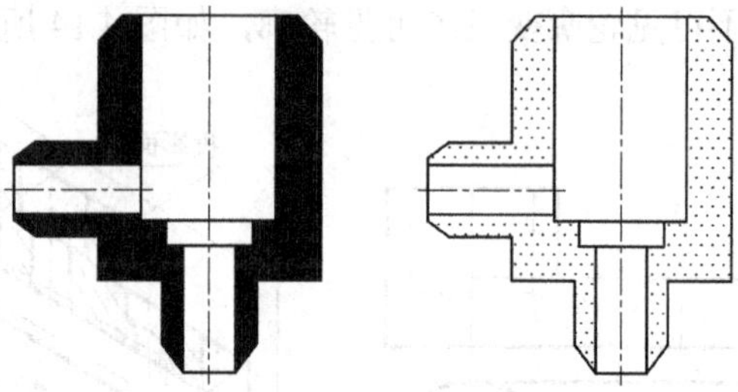

图 4.16　剖面符号简化画法

3. 画剖视图应注意的问题

（1）通常采用平面作为剖切面，必要时也可用柱面（多为回转结构），如图 4.17 所示。

（2）为了表达机件内部的真实形状，剖切平面一般应垂直于某一投影面，并通过机件内部结构的对称平面或孔的轴线。

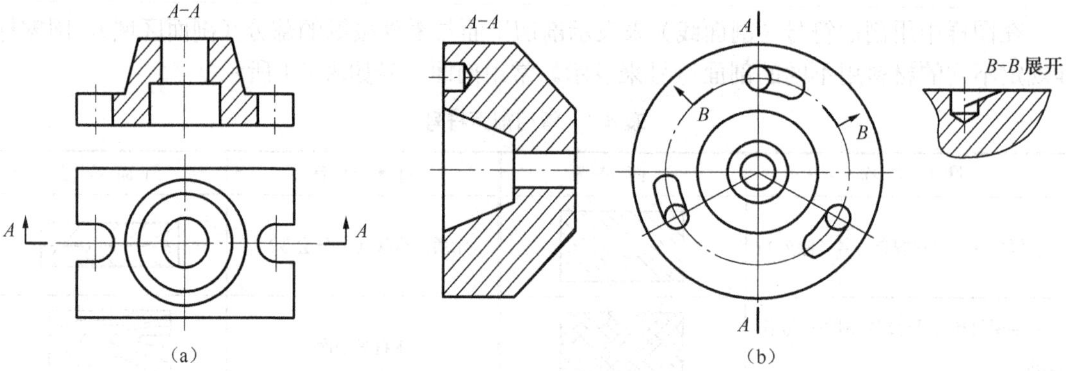

图 4.17　剖切面选择

（3）剖视只是假想地把机件切开，因此在表达机件结构的一组视图中，除剖视图外，其他视图仍应该完整地画出。

（4）画剖视图时，对已剖去的轮廓线不再画出，一般只用粗实线画出剖切平面剖切到的断面轮廓和其后面的可见轮廓线，如图 4.18 所示。

（5）剖切平面之后的所有可见轮廓线均应画出来，不应漏线，如图 4.19 所示；也不应多线，如图 4.20 所示。

（6）对剖切平面后面的不可见部分，如果在其他视图上已经表达清楚，其虚线省略不画；但对于未表达清楚部位的虚线仍应画出，如图 4.21 所示。

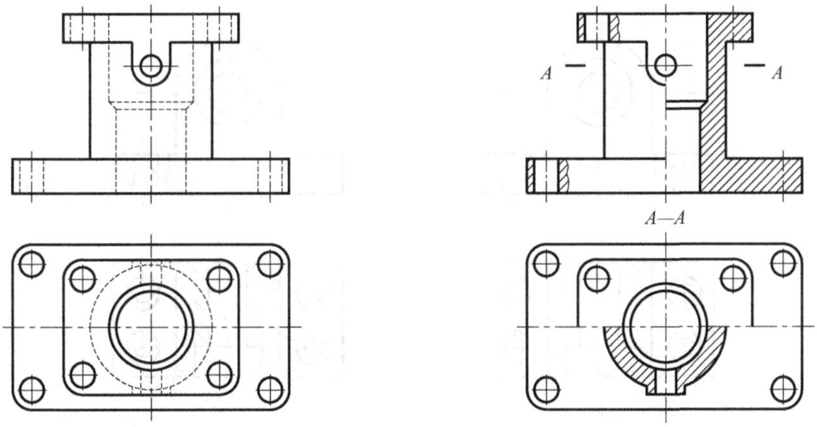

视图　　剖视图

图 4.18 剖掉的轮廓不再绘制

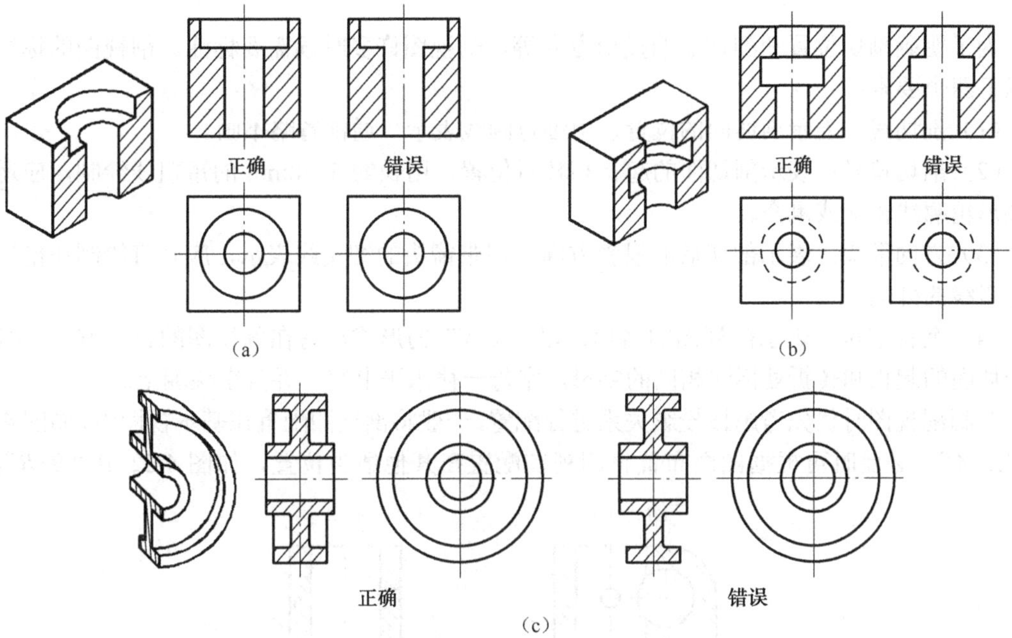

图 4.19 剖视图漏线示例

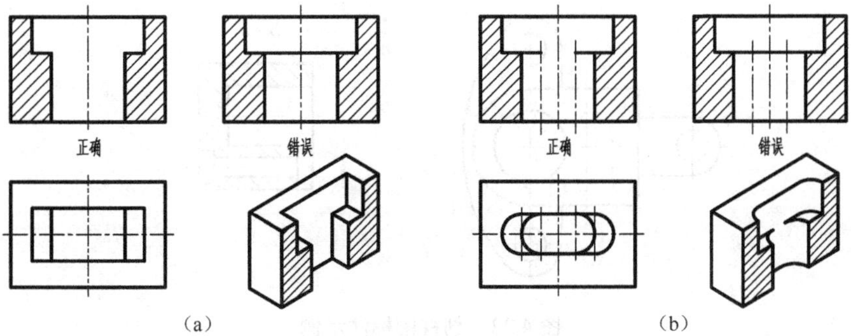

图 4.20 剖视图多线示例

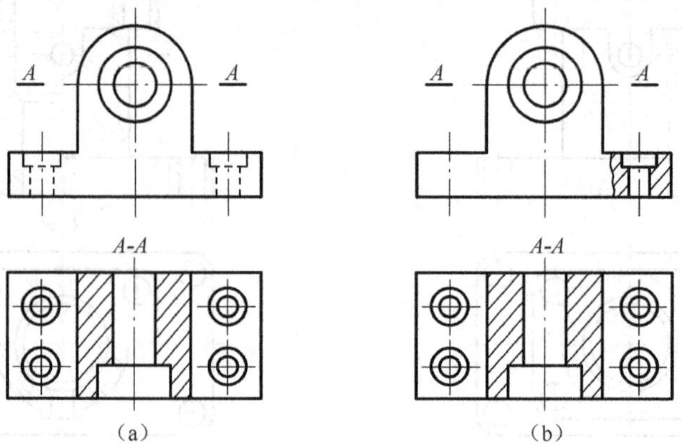

图 4.21　不可见部分的表达

4. 剖视图的标注

为了明确剖切位置和剖切后的投影方向等，剖视图许多时候需要标注。剖视图的标注包括以下四个要素：

（1）剖切线：表示剖切面的位置，用细点画线表示，通常省略不画。

（2）剖切符号：表示剖切面的起止和转折位置，用长约 5～8mm 的短粗线绘制，应避免与图形轮廓线相交或重合。

（3）方向箭头：表示剖切后的投影方向，用带箭头的细实线表示，应垂直绘制在剖切符号短粗线的外侧。

（4）名称字母：表示剖视图的名称，以“*X-X*”的形式注写在剖视图的正上方。同时，在剖切面的起止和转折处标注相同的字母。字母一律水平书写，并且字头朝上。

绘制剖视图时优先考虑按投影关系进行配置，一般将剖视图配置在基本视图中，如图 4.22 中“*A-A*”；必要时可根据图面布置将剖视图配置在其他适当位置，如图 4.22 中“*B-B*”。

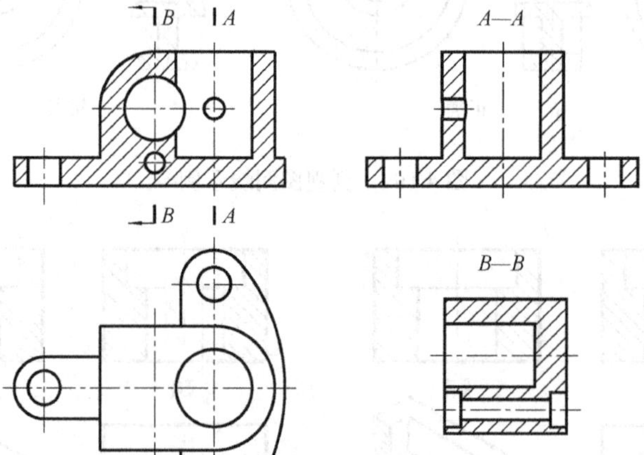

图 4.22　剖视图标注示例

剖视图的标注内容，在下列场合可以省略：

（1）当剖视图按投影关系配置，中间又无其他图形隔开时，可省略箭头，如图 4.22 中“A-A”。

（2）当单一剖切平面通过机件的对称面或基本对称的平面，且剖视图按投影关系配置，中间没有其他图形隔开时，可不标注，如图 4.22 中的主视图。

4.2.2 剖视图的分类

按照被剖开的范围来分，剖视图可分为全剖视图、半剖视图和局部剖视图三种。

1. 全剖视图

全剖视图是用剖切面完全地剖开机件所得的剖视图，如图 4.23 所示。

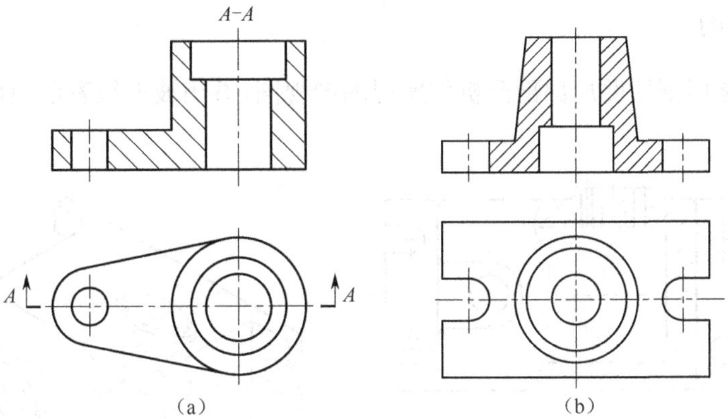

图 4.23 全剖视图

全剖视图一般用于外形较简单而内部结构复杂，或其外部形状已在其他视图中表达清楚的机件。全剖的表达重点在于机件的内部结构，对外形的表达较差。画全剖视图时一般应按国家标准规定进行标注；但剖切位置明显，并且按照投影关系配置时可省略标注。

2. 半剖视图

半剖视图是将机件的一半剖开所得的剖视图。绘制时一半画成剖视图，另一半画成视图，中间以对称中心线为界，如图 4.24 所示。

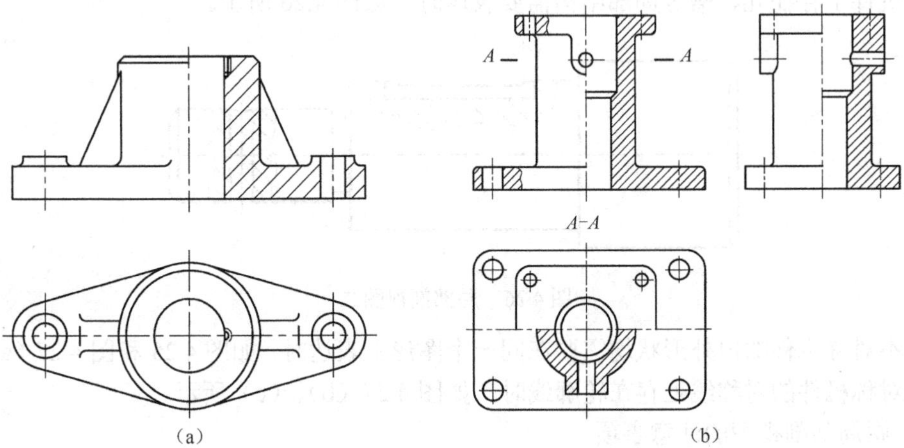

图 4.24 半剖视图

半剖视图既可以表达机件的内部结构，又可以表达外部形状，故用于内外形状均需要表达的对称机件（对称线处不能有轮廓线投影）；也可用于近似对称的机件，如图 4.24（a）所示。

画半剖视图的注意事项：

（1）半个剖视图与半个视图的分界线应是细点画线，而不能是其他图线。

（2）绘制半剖视图时，视图侧的虚线一般不再画出，但对未表达清楚的部位仍应画出，孔、槽等需用细点画线表示其中心位置。

（3）画半剖视图时，通常将左右对称的图形剖开右半边，将上下对称的图形剖开下半边，如图 4.24（b）所示。

（4）半剖视图的标注方法与全剖视图的相同。

3. 局部剖视图

局部剖视图是用剖切面局部剖开机件所得的剖视图，并用波浪线表示剖切范围，如图 4.25 所示。

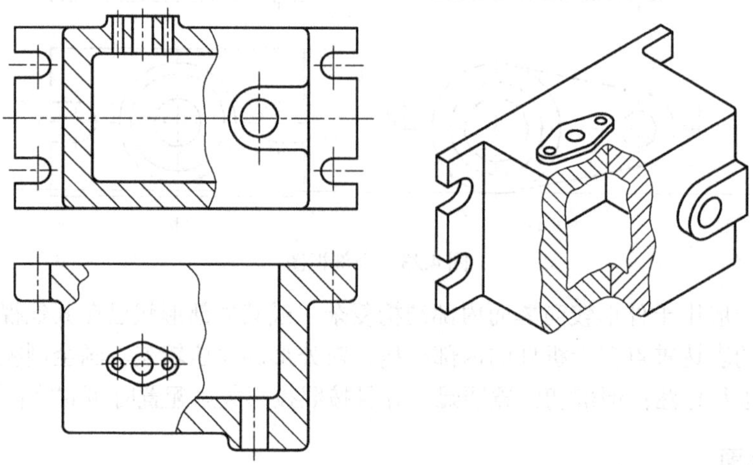

图 4.25　局部剖视图一

（1）局部剖的应用

① 机件上存在孔、槽等局部结构需要表达时，如图 4.26 所示。

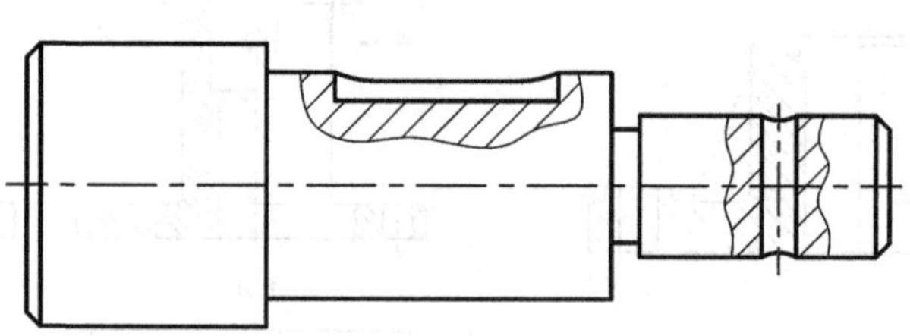

图 4.26　局部剖视图二

② 不对称机件的内外形状均需要在同一个图形上表达时，如图 4.25 和图 4.27（a）所示。

③ 对称机件的对称线处存在轮廓线时，如图 4.27（b）、（c）所示。

（2）画局部剖视图的注意事项

① 剖与不剖的分界线为波浪线。

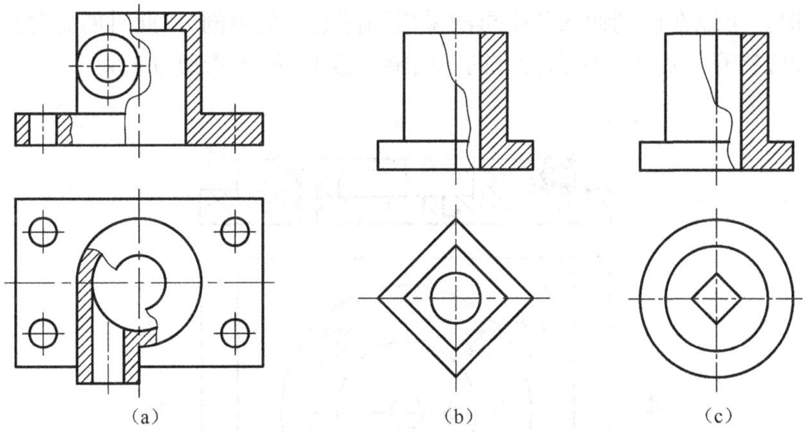

图 4.27 局部剖视图三

② 波浪线不能与其他图线重合或位于其他图线的延长线上，并且应画在实体处，不能画出头，也不能穿空而过，如图 4.28 所示。

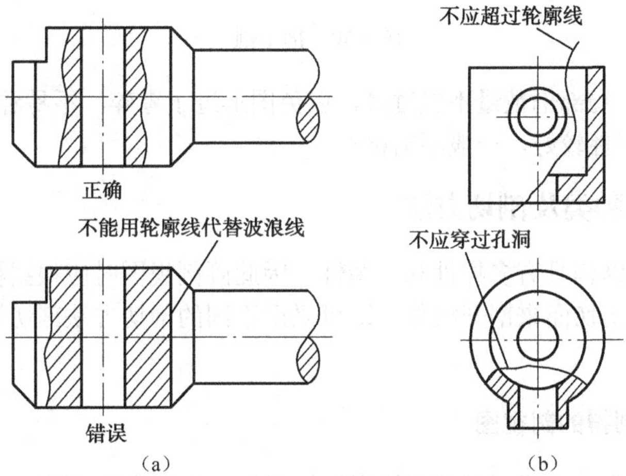

图 4.28 局部剖中波浪线的画法

③ 采用局部剖视图时，剖切平面的位置与剖切范围应根据机件表达的需要而定。可大于图形的一半，也可小于图形的一半，但要求保证波浪线范围内外的投影关系准确无误。

④ 当被剖切的部位为回转体时，可以将该结构的回转轴线作为局部剖视图中剖视与视图的分界线，如图 4.29 所示。

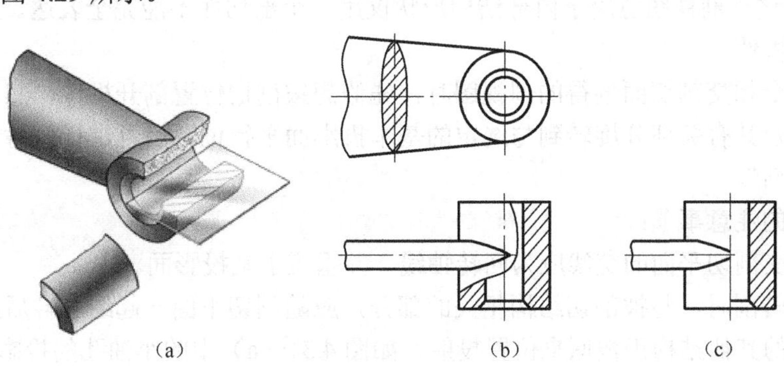

图 4.29 用中心线作为分界线

⑤ 必要时，可以在已剖切部分中再次采用局部剖（剖中剖），此时两处分界线仍为波浪线，但剖面线应错开一点（仍应保持方向、间隔一致），如图 4.30 所示。

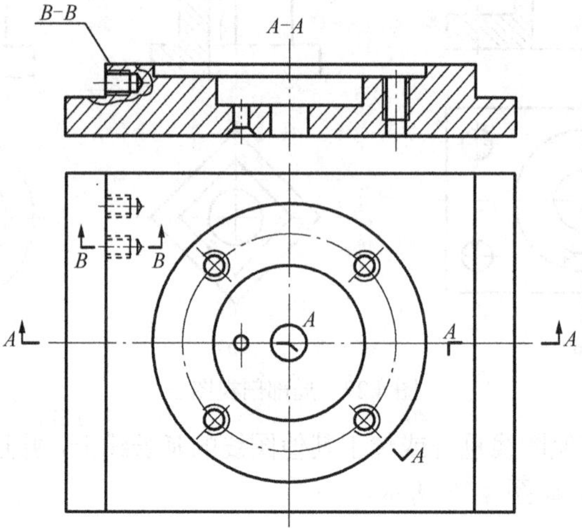

图 4.30 剖中剖

⑥ 同一视图中，局部剖数量不宜过多，以免图形过于零碎，不易看懂。

⑦ 局部剖的针对性较好，一般不需标注。

4.2.3 剖切平面的种类及剖切方法

由于机件的内部结构具有多样性和复杂性，因此画剖视图时应根据机件的结构特点，选用不同数量和位置的剖切面来剖开机件。即可采用不同的剖切方法剖切机件，以充分表达机件的内部结构。

1. 单一剖切面剖得的剖视图

单一剖切面通常是一个平行于基本投影面的平面，必要时也可用柱面。前面所讲的全剖、半剖、局部剖都属于单一剖切面剖得的剖视图。

2. 两个相交剖切平面剖得的剖视图

采用两个相交剖切面（交线垂直于某一基本投影面）剖开机件的方法获得的剖视图如图 4.31 所示。这种剖视图适用于内部结构形状仅用一个剖切面不能完全表达，且又具有较明显的回转轴的机件。

绘制用两个相交剖切面剖得的剖视图时，先假想按剖切位置剖开机件，然后把被剖切平面剖开的结构及其有关部分旋转到与选定的基本投影面平行位置后再进行投射。这种剖视图也称为“旋转剖”。

画旋转剖的注意事项：

（1）两相交剖切平面的交线应为回转轴线，并垂直于某投影面。

（2）画旋转剖时，与被剖切结构相关的部分，应随剖切平面一起经旋转后画出投影；而在剖切平面后的其他结构仍按原来位置投射，如图 4.31（a）中的小油孔的投影。

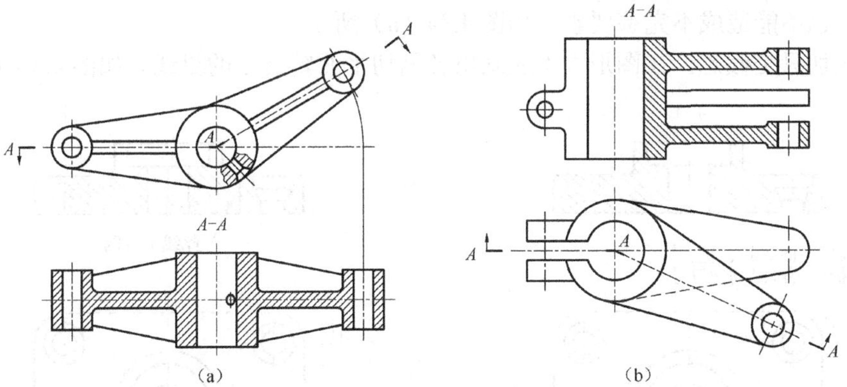

图 4.31　旋转剖

（3）当剖切后产生不完整要素时，应将此部分结构按不剖绘制，如图 4.31（b）所示的中臂。

（4）旋转剖必须标注，在剖切平面的起、止、转折处都要画出剖切符号并标注相应字母，在多个剖切平面的交点处标注字母“*O*”，如图 4.32 所示。

（5）当按照投影关系配置时，允许省略箭头和字母。

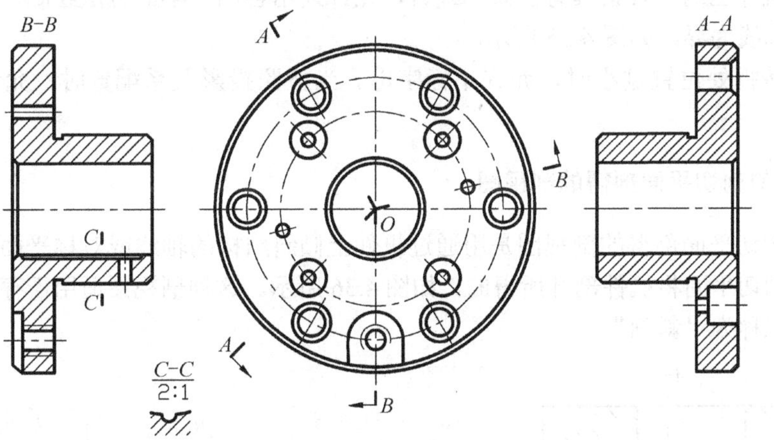

图 4.32　旋转剖的标注

3. 几个平行剖切平面剖得的剖视图

几个平行剖切平面剖得的剖视图是用几个互相平行的剖切平面剖开机件所得的，如图 4.33 所示。一般应用于当机件上有较多孔、槽，且它们的轴线或对称面不在同一平面内，用一个剖切平面不能把机件的内部形状完全表达清楚时。绘制这种剖视图时，假想将几个平行的剖切平面平移到一个平面上后再进行投影，因此也称为“阶梯剖”。

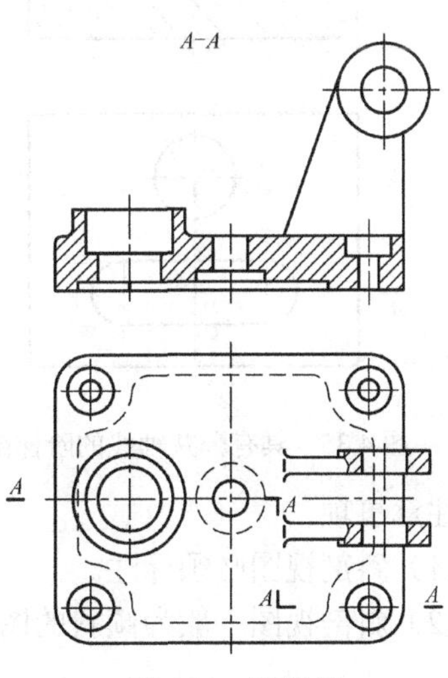

图 4.33　阶梯剖一

注意事项：

（1）阶梯剖必须标注，在剖切平面的起、止、转折处都要画出剖切符号，并标注字母。

（2）要选择合适的剖切位置，剖切符号不能与轮廓线重合，也不能造成不完整要素，如图 4.34（a）所示。

（3）剖切只是假想，在图形内不应画出各剖切平面转折处的界线，如图 4.34（b）所示。

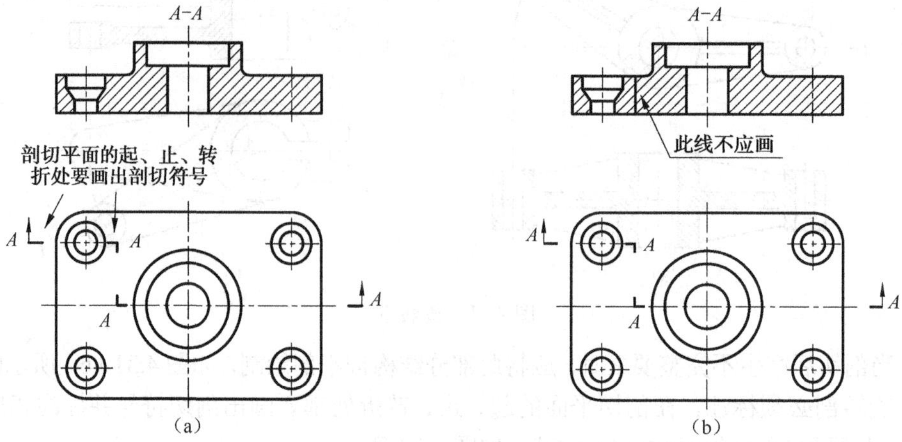

图 4.34　阶梯剖二

（4）当机件上两个要素具有公共轴线时，允许采用各剖一半的方法绘制，此时，应以对称中心线或轴线为界，如图 4.35 所示。

（5）当转折处位置过小时，允许不标字母。当按照投影关系配置时，允许省略箭头和字母。

4. 单一斜剖切平面剖得的剖视图

单一斜剖切平面剖得的剖视图是用通过机件上倾斜结构的轴线或对称平面，且垂直于基本投影面的剖切平面将机件剖开所得的，如图 4.36 所示。这种剖视图适用于存在倾斜内部结构的机件，也称为“斜剖”。

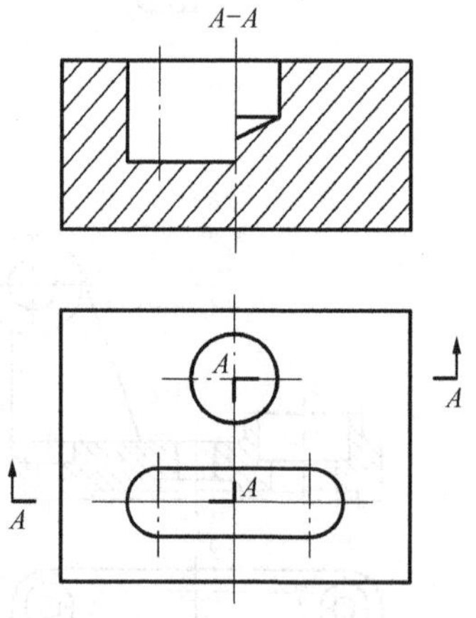

图 4.35　具有公共轴线的阶梯剖

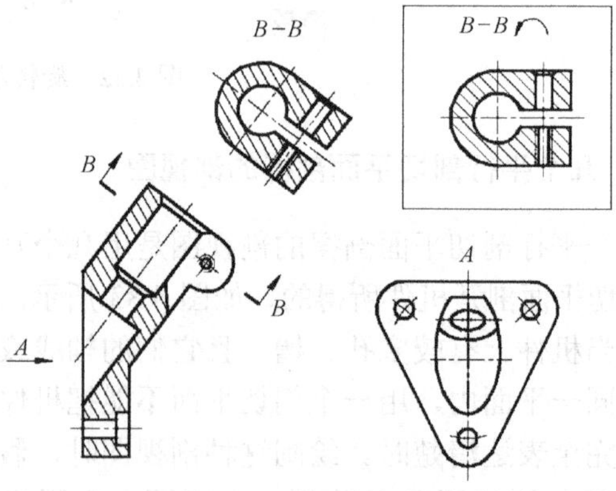

图 4.36　斜剖视图

注意事项：

（1）斜剖视图必须标注。

（2）斜剖视图一般为倾斜的图形，并优先配置在箭头所指的位置，以保持投影关系。

（3）在不致引起误解的前提下，允许将斜剖视图转正画出，但需在视图名称字母旁加标旋转符号，如图 4.36 中的“*B—B*”。

5. 组合剖切平面剖得的剖视图

当机件内部结构形状较复杂，单用旋转剖或阶梯剖仍不能表达清楚，可以用组合的剖切平面剖开机件，这种方法也称为“复合剖”。这种剖切方法必须有完整的标注。

采用这种剖切方法一般有两种情况：

（1）几个剖切平面中既有平行的也有相交的，如图 4.37 所示。

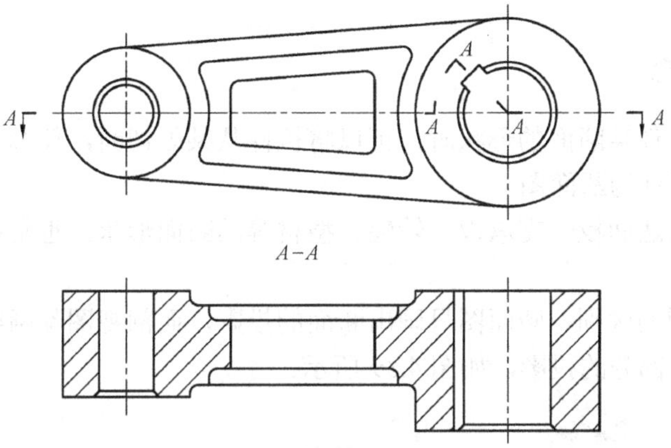

图 4.37 复合剖

（2）用若干相交剖切平面将机件剖开，应采用展开画法，在剖视图正上方加注“*X*–*X* 展开”字样，如图 4.38 所示。

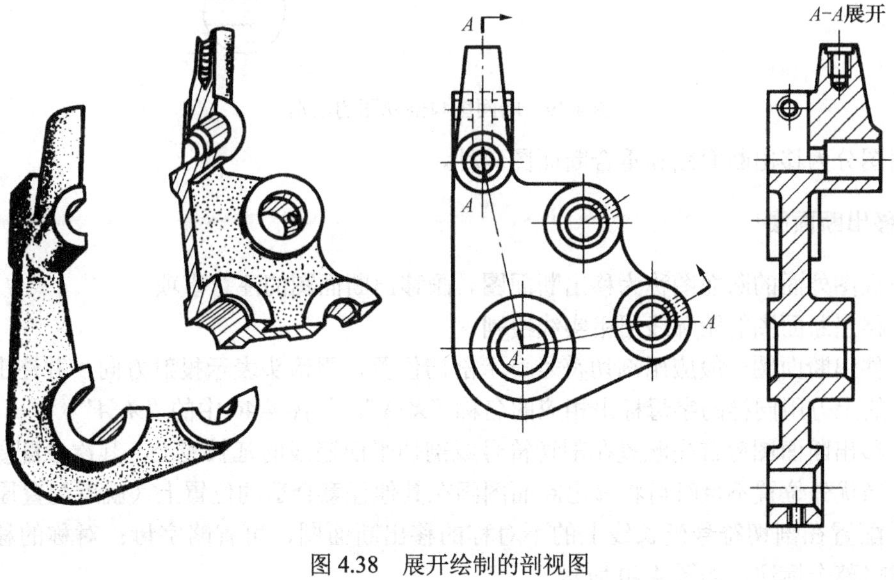

图 4.38 展开绘制的剖视图

4.2.4 剖视图小结

本节共讲到了七种剖视图，其中旋转剖、阶梯剖、斜剖、复合剖都是针对整个机件进行的，因此也都属于全剖，但针对的机件结构有所不同，选取的剖切面数量和剖切方法也有所不同；包括单一剖切面的全剖，这几种剖视图的表达重点都在于内部结构，都不能表达机件的外部形状。画图时应仔细体会，并应标注清楚。

半剖适用于对称机件、近似对称机件；局部剖适用于部分结构需要剖切的机件，以及对称线处有投影线的对称机件。这两种剖视图的共同点是在同一个视图中，既可以表达内部结构，又可以表达外部形状。

4.3 断　面　图

1. 断面图的概念

当仅需要表达机件某断面的形状时，可以将机件从某处切断，仅画与剖切平面接触面处的投影图，这种图形称为断面图。

断面图多用于表达肋板、支承板、轮辐、型材等的断面形状，也常用于表达轴上孔、槽等局部结构。

断面图与剖视图的区别：断面图只画出断面的投影，而剖视图除画出断面投影外，还要画出断面后机件留下部分的投影，如图 4.39 所示。

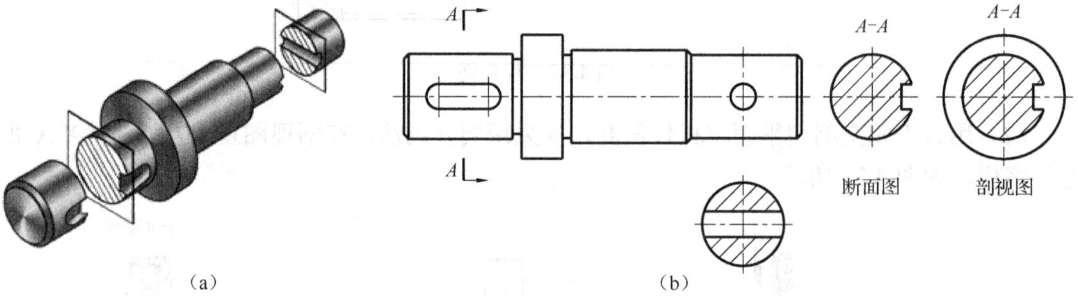

图 4.39　断面图与剖视图的区别

断面图分为移出断面图和重合断面图两种。

2. 移出断面图

画在视图外面的断面图称为移出断面图。画移出断面图的注意事项：

（1）移出断面图的轮廓线用粗实线绘制。

（2）移出断面图一般应用剖切符号表示剖切位置，用箭头表示投射方向，并注上字母，在断面图的上方用同样的字母标出相应的名称“*X*–*X*”，如图 4.40 中的“*A*–*A*”。

（3）移出断面图应首先配置在剖切符号或剖切平面迹线的延长线上，其次应配置在投影位置上，当优先位置不足时可将移出断面图画在其他任意合适的位置上（就近配置原则）。

（4）配置在剖切符号延长线上的不对称的移出断面图，可省略字母；对称的移出断面图，可省略整个标注，如图 4.40 所示。

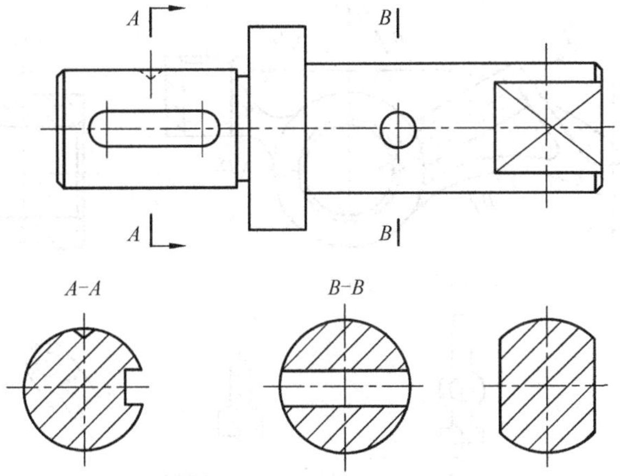

图 4.40　移出断面图的画法

（5）按投影关系配置的不对称的移出断面图可省略箭头，如图 4.41 所示。

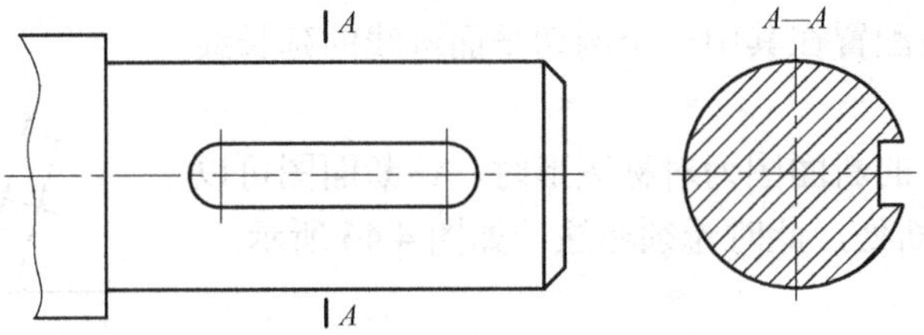

图 4.41　省略箭头的移出断面图

（6）当断面图是对称图形时，允许省略方向箭头，如图 4.40 中“B-B”。

（7）当剖切平面通过回转体形成的孔或凹坑的轴线时，该结构按剖视图绘制，如图 4.42 所示。

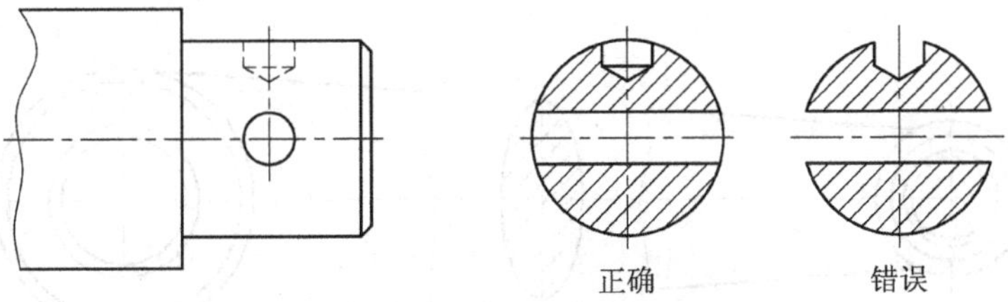

图 4.42　剖到回转体的移出断面图

（8）当剖切平面会导致接触面处的图形完全分离时，该处按剖视图绘制，如图 4.42、图 4.43 所示。

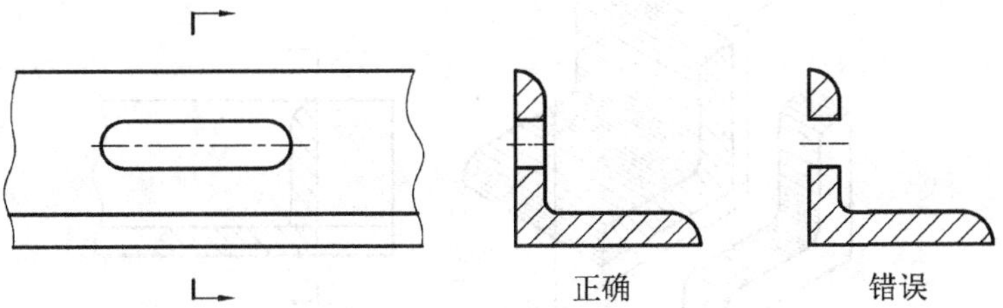

图 4.43　分离的移出断面图

(9)在不致引起误解时，允许将倾斜的断面图转正画出，应加注旋转符号，如图 4.44 所示。

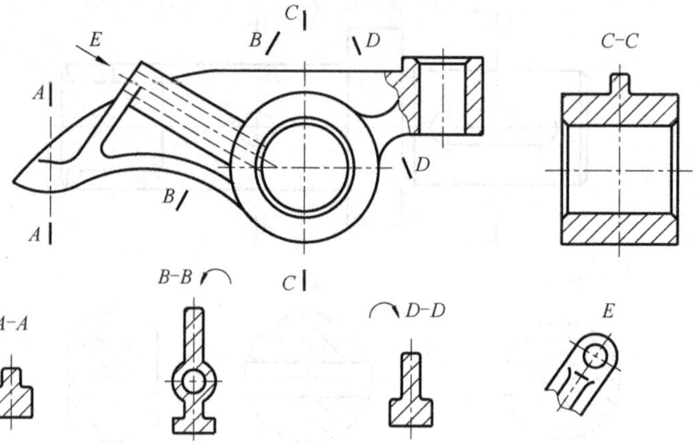

图 4.44　旋转的移出断面图

（10）当一个剖切平面不能与轮廓线垂直时（机件轮廓线不平行），可用两个剖切平面进行剖切，该断面图中间应断开绘制，并且该断面图应配置在其中一个剖切平面迹线的延长线上，如图 4.45 所示。

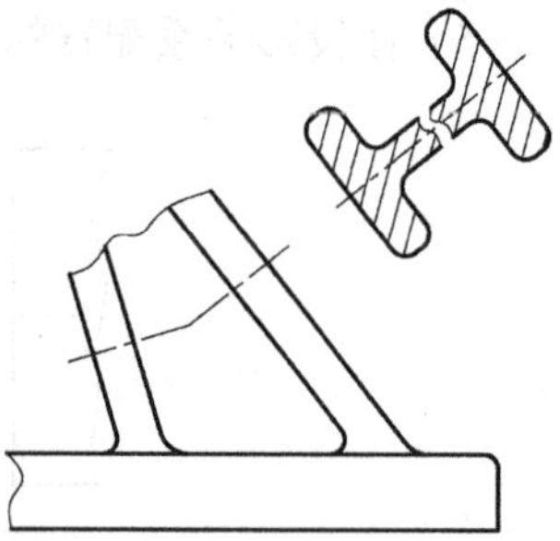

图 4.45　两个相交剖切平面剖出的移出断面图

（11）当长形机件的断面图为对称图形时，该断面图可以配置在机件视图的中断处，此时无须标注，如图 4.46 所示。

3. 重合断面图

画在视图内的断面图称为重合断面图。重合断面图的前提条件是断面形状简单，其轮廓线用细实线绘制。

当重合断面图的轮廓线与视图的轮廓线重合时，视图的轮廓线仍应连续画出不可间断，如图 4.47 所示。

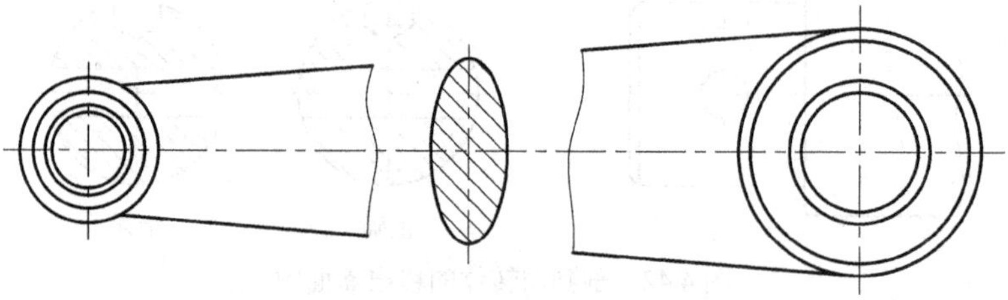

图 4.46　画在中断处的移出断面图

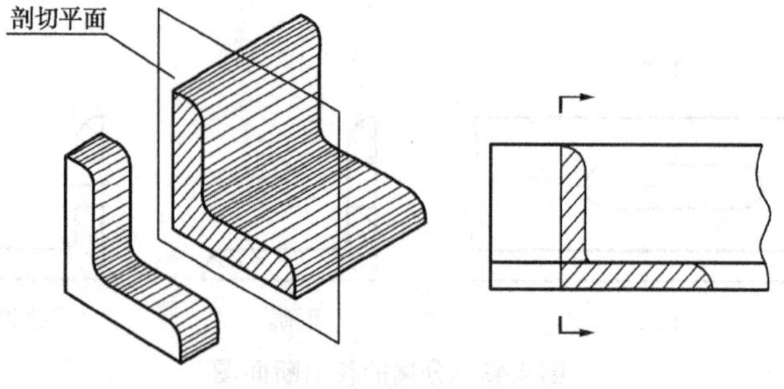

图 4.47　不对称重合断面图

不对称的重合断面图一般应标注剖切符号和方向箭头，如图 4.47 所示；而对称的重合断面图则不必标注，只需画出其对称线，如图 4.48 所示。

为了得到断面的真实形状，剖切平面一般应垂直于机件上被剖切部分的轮廓线，如图 4.48（b）所示。

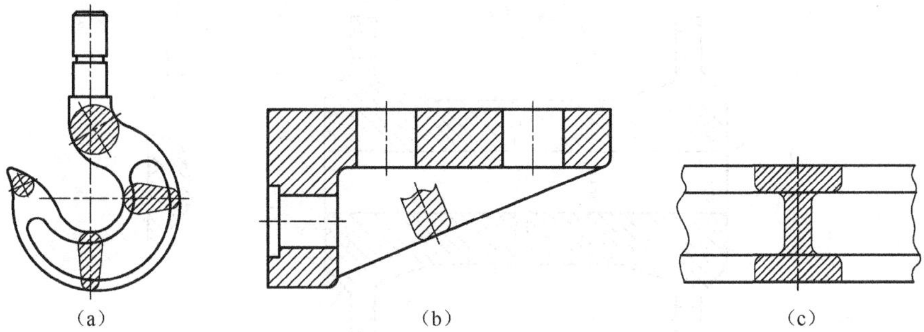

图 4.48　对称重合断面图

4.4　局部放大图

1. 局部放大图的概念

对于机件上过小的结构，无法表达清楚或无法标注其尺寸时，多用大于原图的比例来绘制该部分结构的图形，称为局部放大图。

2. 局部放大图的画法及标注

局部放大图应尽量配置在原图形被放大部位的附近。画局部放大图的注意事项：

（1）局部放大图可以画成视图、剖视图或断面图，只要投影方向不变，表达方式允许与原图无关。该图与整体联系部分用波浪线画出，如图 4.49 所示。

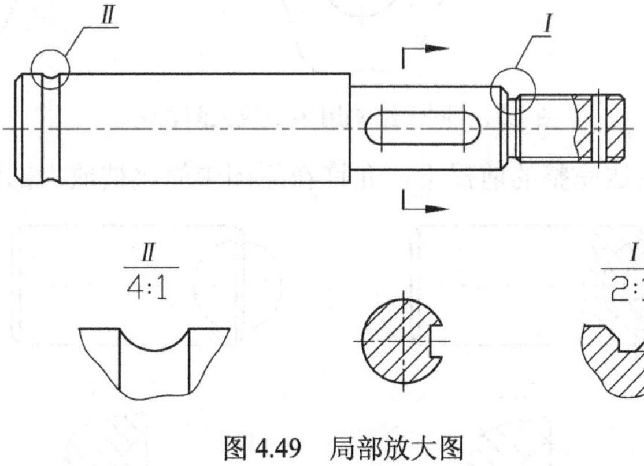

图 4.49　局部放大图

（2）局部放大图画成剖视图或断面图时，剖面线应与原图保持一致。

（3）局部放大图必须标注。绘制局部放大图时，应将被放大部位用细圆圈出，当有两处或两处以上被放大部位时，应用罗马数字依次编号，同时在相应的局部放大图的正上方注出该罗马数字和比例。当只有一处放大部位时不必编号，只在局部放大图的上方注明所采用的比例。

（4）局部放大图的作图比例与原图无关。同一机件上有几处需要同时放大时，可以根据实际情况选择不同的放大比例，如图 4.49 所示。

（5）对于同一机件上不同部位的局部放大图，当图形相同或对称时只需画出一个，如图 4.50 所示。必要时，可以用几个图形表达同一个被放大部位的结构，如图 4.51 所示。

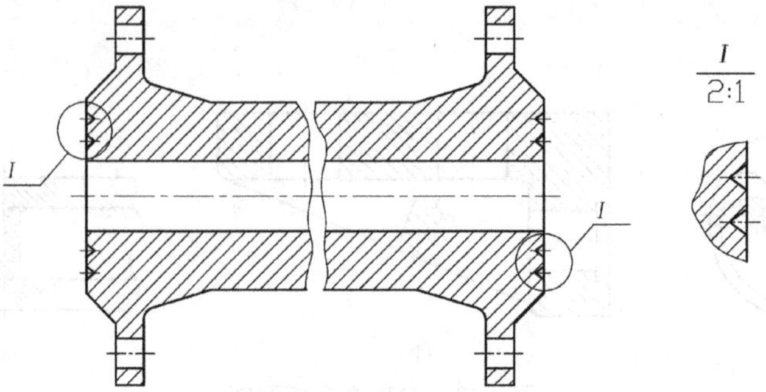

图 4.50　对称相同的局部放大图

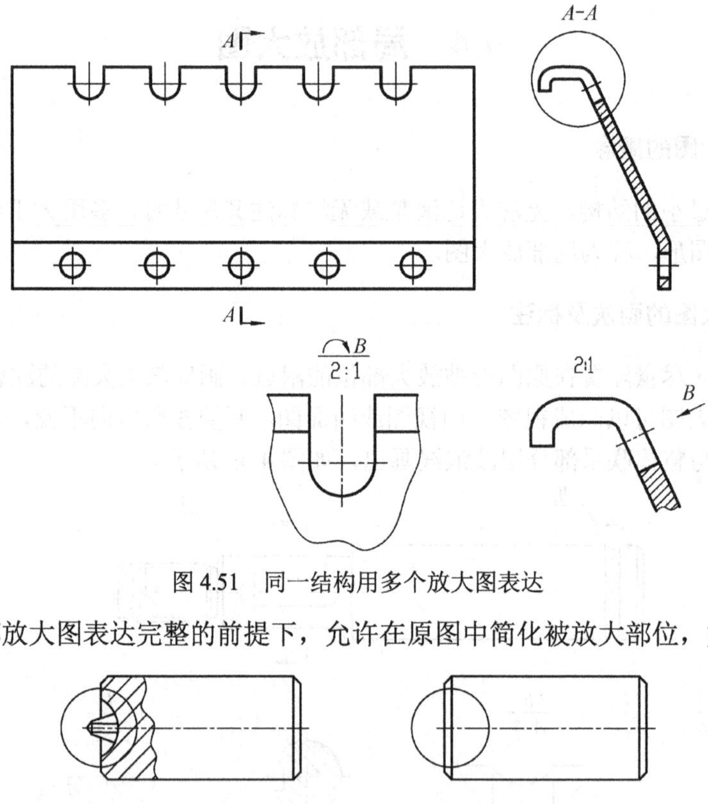

图 4.51　同一结构用多个放大图表达

（6）在局部放大图表达完整的前提下，允许在原图中简化被放大部位，如图 4.52 所示。

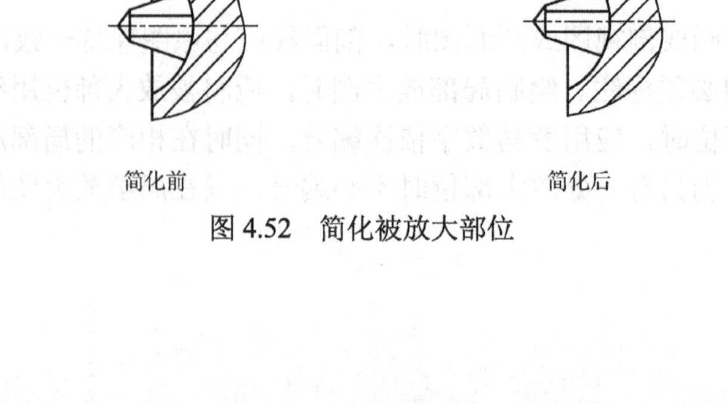

图 4.52　简化被放大部位

4.5　规定画法及简化画法

为了画图和读图方便，提高图样的清晰度，简化技术图样的绘制过程，制图国家标准规定在技术图样中可以采用一些规定画法和简化画法。

4.5.1　常用规定画法

（1）肋板剖切的画法

对于机件上的肋板及薄壁结构，当剖切平面通过它们厚度方向的对称面剖切时，这些结构按不剖处理：不画剖面线，并且用粗实线将它与相邻结构分开，如图 4.53 所示。

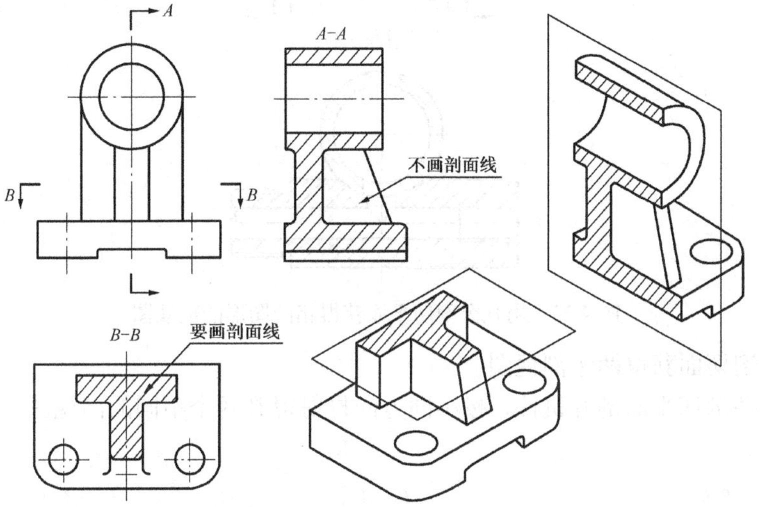

图 4.53　肋板的剖切画法

（2）圆周均匀分布结构的画法

当机件回转体上均匀分布的肋、孔、槽等结构不处于剖切平面上时，可将这些结构旋转到剖切平面上画出，如图 4.54 所示。

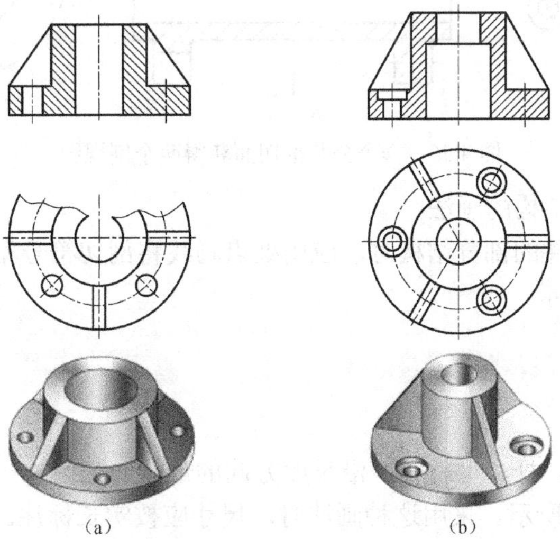

图 4.54　圆周均匀分布结构的简化画法

（3）几个剖切平面获得相同图形的剖视图

当用几个剖切平面分别剖开机件，得到的剖视图为相同的图形时，可按图 4.55 所示的形式标注。

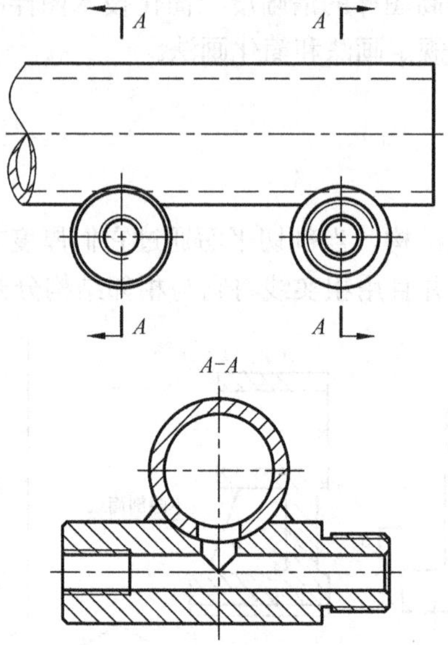

图 4.55 用几个剖切平面获得相同图形的剖视图

（4）公共剖切面获得两个剖视图

用一个公共剖切平面剖开机件，按不同方向投射得到两个不同的剖视图，应按图 4.56 所示的形式标注。

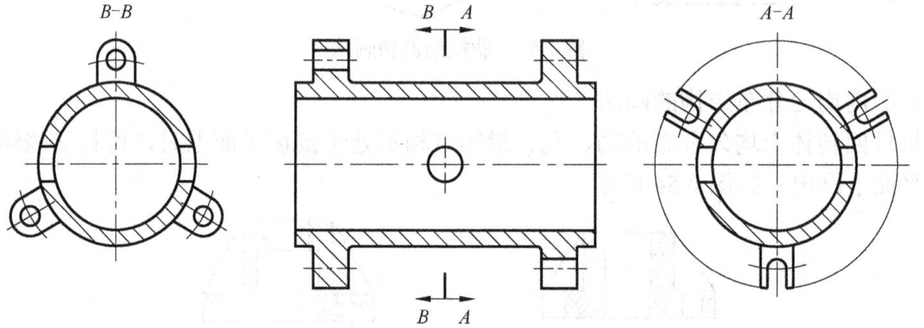

图 4.56 一个公共剖切面获得两个剖视图

（5）部分剖切零件结构的画法

当只需剖切绘制机件的部分结构时，应用细点画线将剖切符号相连，剖切面可位于机件实体之外，如图 4.57 所示。

4.5.2 常用简化画法

（1）折断画法

当较长机件（如轴、杆、型材等）沿长度方向的形状一致或按一定规律变化时，可断开后缩短绘制，如图 4.58 所示。采用这种画法时，尺寸应按实长标注。

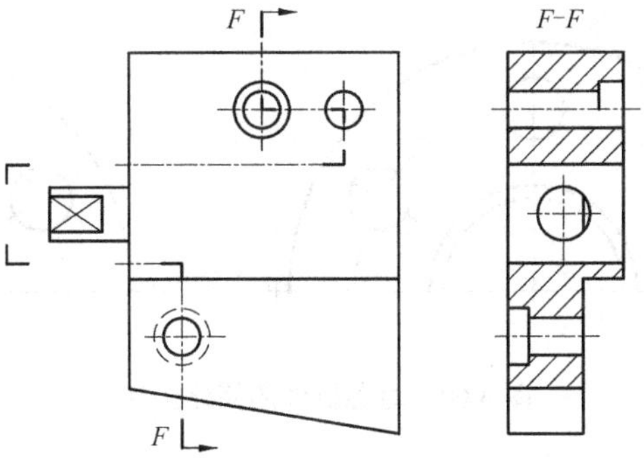

图 4.57　部分剖切结构的表示方法

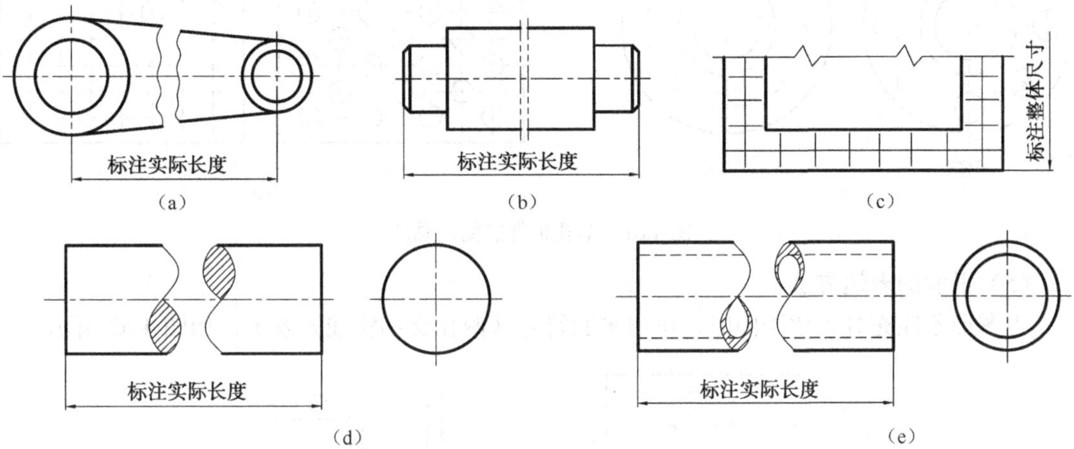

图 4.58　折断画法

（2）相同结构要素的简化画法

当机件具有若干相同结构（如齿、槽等），并按一定规律分布时，只需要画出几个完整的结构，其余用细实线连接，在图中则必须注明该结构的总数，如图 4.59 所示。

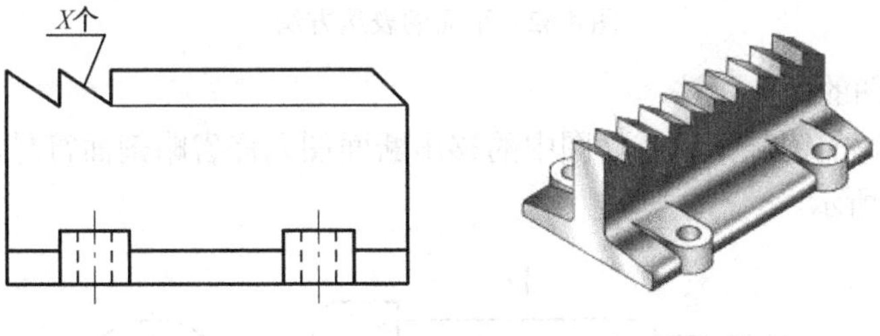

图 4.59　相同结构的简化画法

（3）对称机件的简化画法

在不致引起误解时，对称机件的视图可只画一半或四分之一，并在对称中心线的两端画出两条与其垂直的平行细实线（对称符号），如图 4.60 所示。

（4）多孔机件的简化画法

对于机件上若干直径相同且规律分布的孔（圆孔、螺孔、沉孔等），可以仅画出一个或几个，其余用点画线表示其中心位置，但在图上应注明孔的总数，如图 4.61 所示。

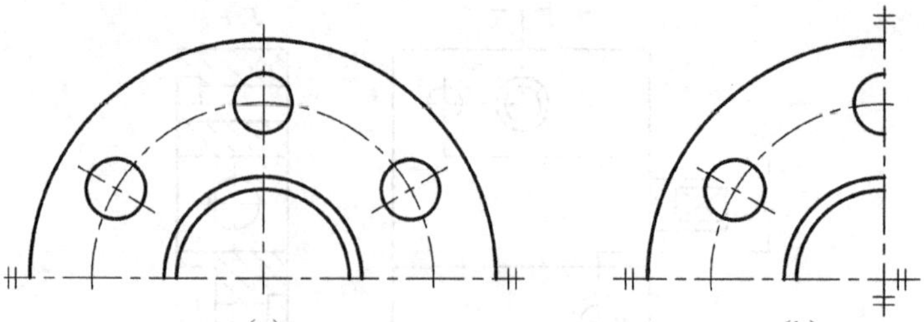

图 4.60　对称机件的简化画法

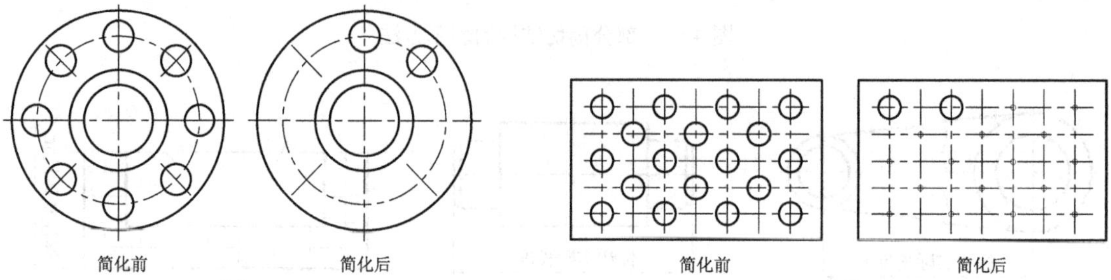

图 4.61　多孔机件的简化画法

（5）平面的表达方法

当图形不能充分表达平面时，可用平面符号（两相交细实线）表示，如图 4.62 所示。

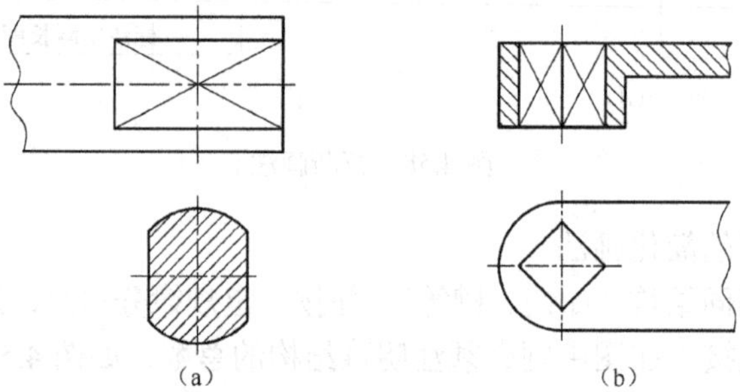

图 4.62　平面的表达方法

（6）移出断面图的简化画法

在不致引起误解的情况下，零件图中的移出断面图允许省略剖面符号，但必须按标准规定标注，如图 4.63 所示。

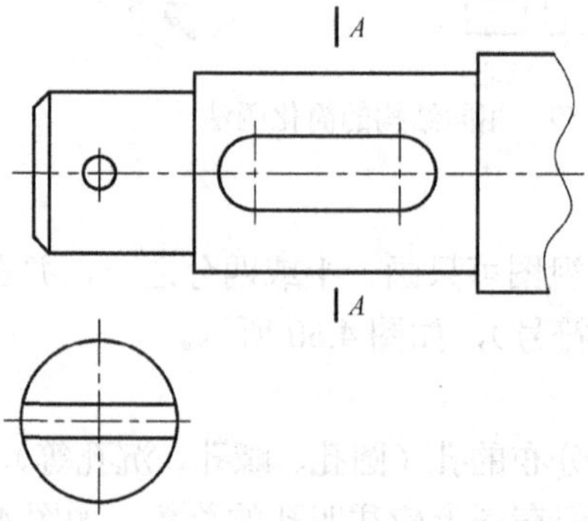

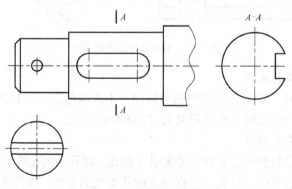

图 4.63　移出断面图的简化画法

（7）细小结构的简化画法

机件上较小的结构，如在一个图形上已表示清楚时，其他图形可简化或省略，如图 4.64 所示。

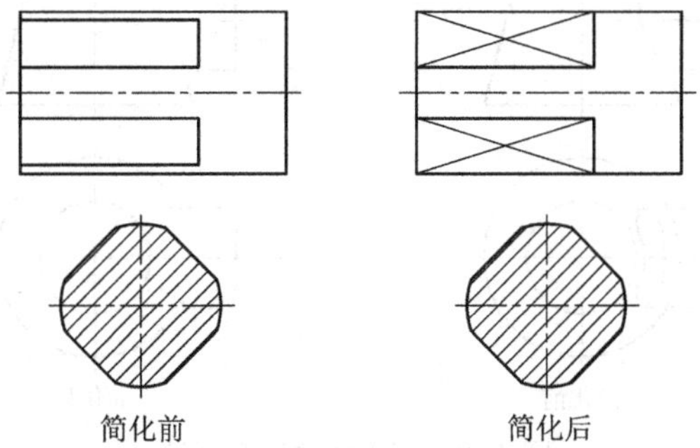

图 4.64　细小结构的简化画法

（8）小倾斜角度圆的简化画法

与投影面倾斜角度小于或等于 30° 的圆或圆弧，其投影可用圆或圆弧代替，而不必画出椭圆，如图 4.65 所示。

（9）圆柱形法兰上孔的简化画法

圆柱形法兰和类似零件上沿圆周均匀分布的孔，可按照如图 4.66 所示的方法表示。

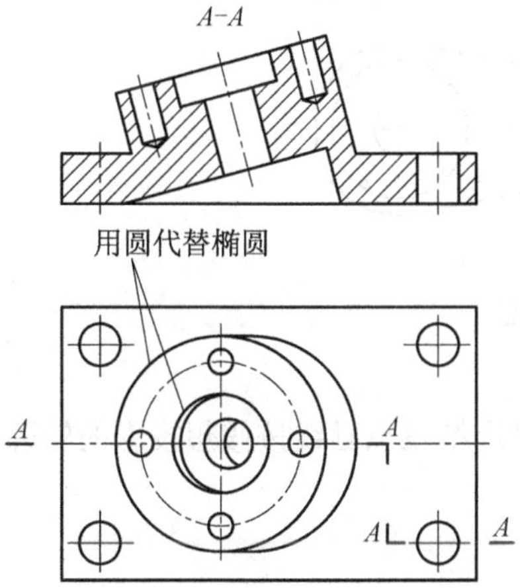

图 4.65　小倾斜角度圆的简化画法

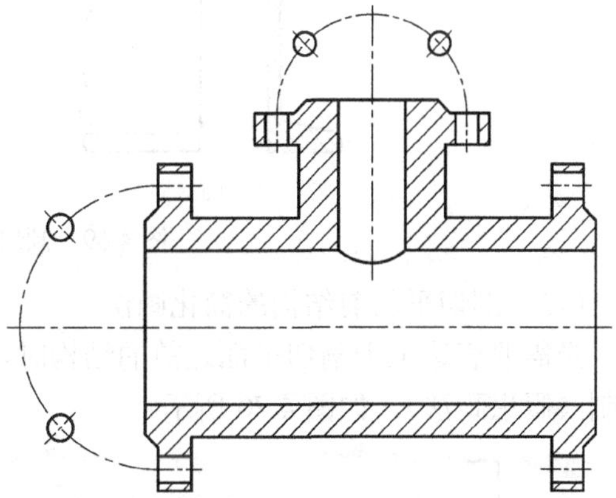

图 4.66　圆柱形法兰上孔的简化画法

（10）相贯线的简化画法

① 在不致引起误解的情况下，相贯线等表面交线允许简化，用直线代替，如图 4.67 所示。

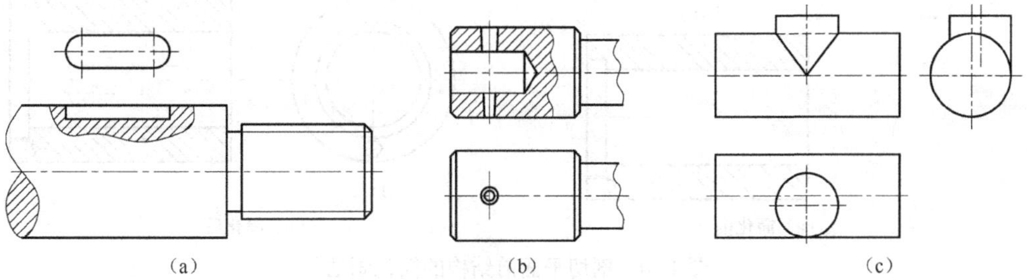

图 4.67　相贯线的简化画法

② 在不致引起误解的情况下，相贯线也可采用模糊画法，如图 4.68 所示。

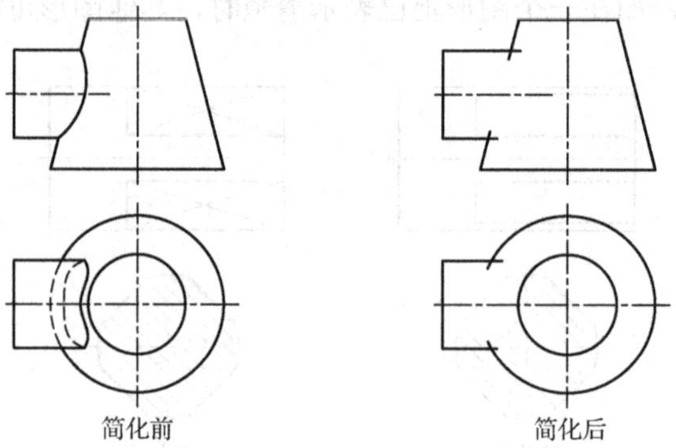

图 4.68 相贯线的模糊画法

（11）倾斜结构的简化画法

机件上斜度不大的结构，如在一个视图中已表达清楚时，在其他视图上可仅按小端画出，如图 4.69 所示。

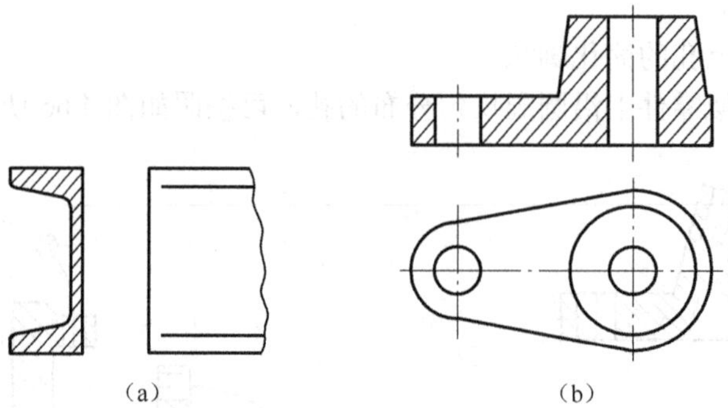

图 4.69 倾斜结构的简化画法

（12）剖切平面前结构的简化画法

当需要表达位于剖切平面之前的结构时，这些结构可用细双点画线按假想投影的轮廓线绘制（假想画法），如图 4.70 所示。

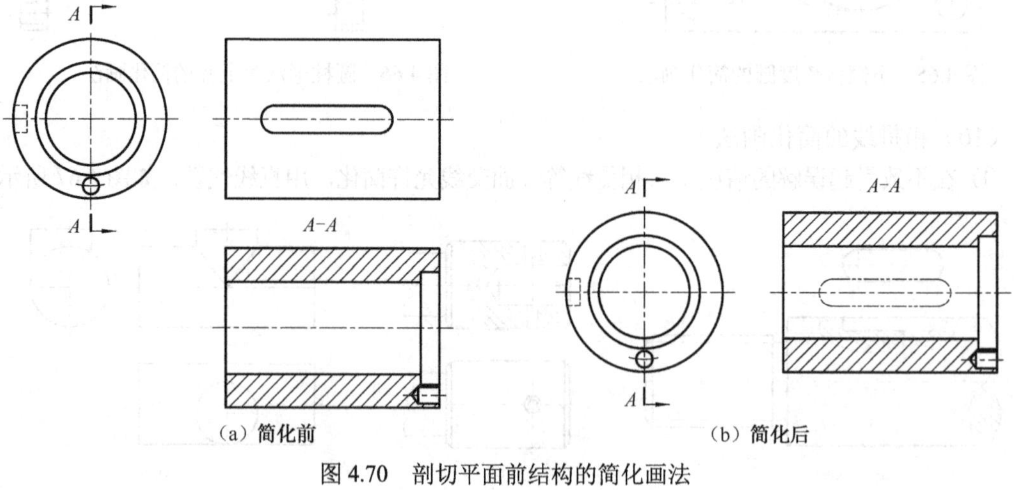

图 4.70 剖切平面前结构的简化画法

（13）合成图形的剖视图

必要时，可将投射方向一致的几个对称图形各取一半（或四分之一）合并成一个图形。此时应在剖视图附近标出相应的剖视图名称“*X*–*X*”，如图 4.71 所示。

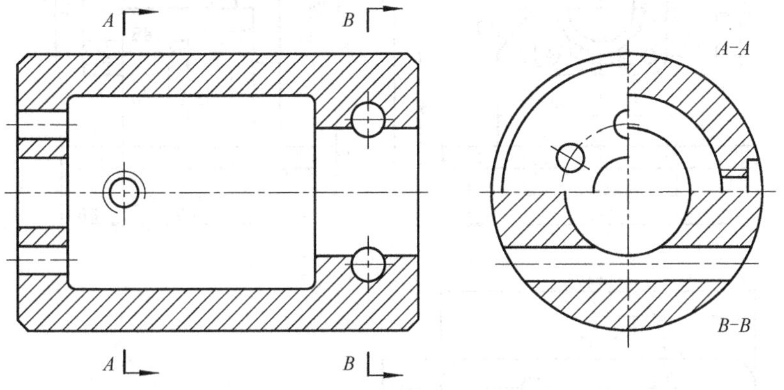

图 4.71 合成图形的剖视图

4.6 机件表达的综合应用

在实际绘制工程图时，同一个机件可能有多种表达方案，应认真分析机件的结构特点，选择一个最恰当的表达方案，力求以最少的视图将机件表达得最清晰，并且容易标注尺寸。

一般绘图步骤：

① 形体分析。

② 选择主视图。先根据机件的结构特点确定主视方向，再根据机件的复杂程度确定是否采取剖切或其他方法。

③ 确定其他视图。应使所有图形互为依托，互相补充，并且每一个图形都有表达重点，力求画图简便、看图方便。

④ 标注尺寸。

下面以图 4.72 所示的机件为例，根据给出的三个视图，分析机件的内外结构形状，重新选择一个更佳的表达方案，力求简便、清晰地把机件的外部形状和内部结构都表达出来。

【分析】 图 4.72 中所有的内部结构都是以虚线的形式表达的，使视图看起来非常复杂，而且十分不清晰；所有内部结构的尺寸也都标注在虚线上，这是违背国家制图标准规定的。因此需要重新考虑表达方案。

从主、俯视图可以判定机件的左右方向是对称结构，由于其内外结构都比较复杂，都需要表达，因此主视图选择半剖比较合适；对俯、左视图进行分析可以得知机件的前后方向不对称，而机件的内部结构，以及各孔和腔体之间的关系在左视方向表达得最为清晰，所以左视图适合采用全剖；此时还有底板的形状需要表达，优先考虑画底板的局部视图，但由于此机件的前端板上的孔还没表达清楚，需要一个能够局部剖的位置，因此选择画出俯视图；剩下后面一处肋板的厚度还未知，在左视图中加一个重合断面图即可解决问题。

标注尺寸时，按照国家标准的规定，同一结构的定形、定位尺寸尽量集中标注；内部结构的尺寸标在剖视图中，外形尺寸标在视图及剖视图的外轮廓处。

具体表达方案如图 4.73 所示。

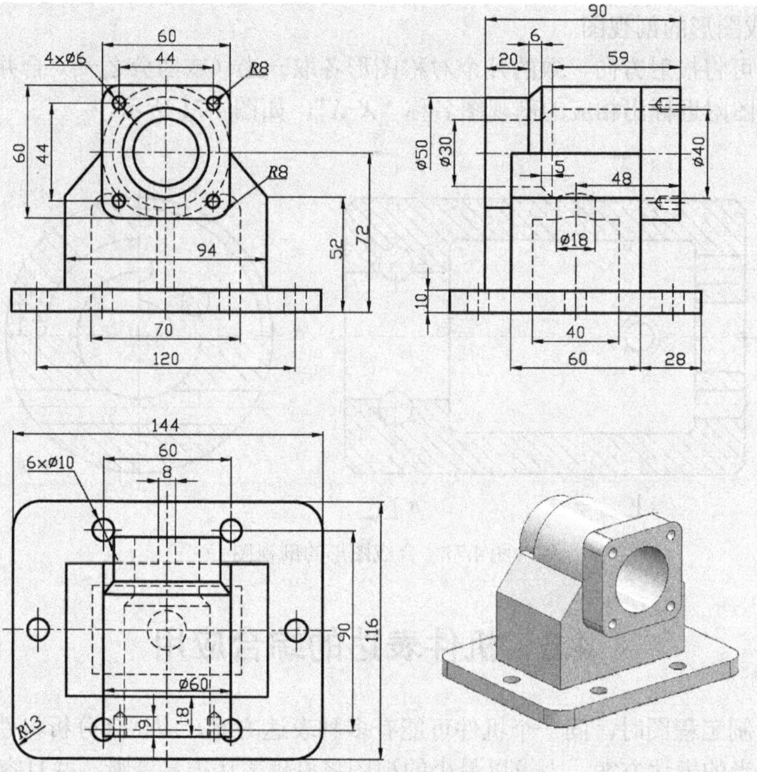

图 4.72　机件的视图

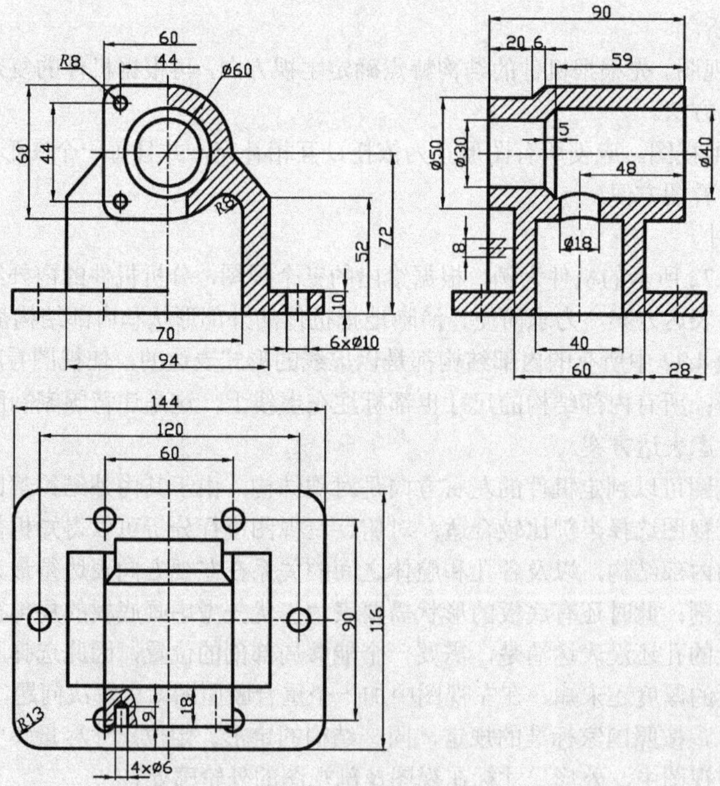

图 4.73　机件的表达方案

4.7 AutoCAD 中剖视图的画法

绘制剖视图时会遇到波浪线和剖面线的问题，下面分别介绍这两种图线在 AutoCAD 中的画法。

1. 波浪线的画法

在 AutoCAD 中绘制波浪线通常使用以下两种命令：

①“样条曲线拟合”命令。

②“样条曲线控制点”命令。

两种命令的操作方法类似：输入命令→依次输入若干任意点（形成连续的光滑曲线）。

注意： 用样条曲线命令画出来的波浪线是连续的整体，绘制时应关闭“正交”状态。

2. 剖面线的画法

在 AutoCAD 中绘制剖面线使用“图案填充”工具。

操作：输入命令→“图案填充创建”工具栏→在“图案”选项卡中选择“ANSI31”→在需要填充的封闭线框内部单击→（观察剖面线的方向和间距是否满意）。

图 4.74 “图案填充创建”工具栏

注意： ① 没有完成图案填充操作时，剖面线间距不合适可通过“比例”进行调整，倾斜方向不对可修改“角度”，如图 4.74 所示。当完成操作后发现剖面线间距和方向不合适，可双击画出的剖面线，在弹出的快捷对话框中进行修改，如图 4.75 所示。

② 角度为 0 时剖面线即为默认 45° 倾斜，更换方向应输入“90”。

③ 常用图案：ANSI31 为 45° 间距相等的斜线，表示通用剖面线或金属材料。

ANSI37 为网格状图案，表示非金属材料。

SOLID 为涂黑状态，可用以表示狭小范围的简化剖面线。

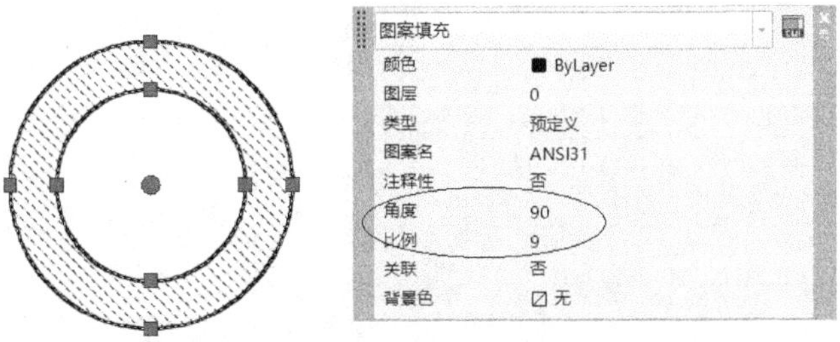

图 4.75 快速编辑剖面线

课后思考

1．本章共讲了哪些机件表达方法?

2．视图的表达重点是什么？分为哪几种？各适用于什么场合？都有什么标注要求？

3．剖视图有几种？各适用于什么样的机件？都有什么标注要求？

4．剖切面有几种？怎样选择？

5．断面图分为哪两种？分别适用于什么机件？绘制时应注意哪些问题？

6．剖视图和断面图有什么区别？

7．什么是局部放大图？如何标注？怎样与放大的局部剖视图和局部视图进行区别？

8．为什么要采用规定画法和简化画法？常用的规定画法和简化画法有哪些？

9．在 AutoCAD 中波浪线怎样绘制？

10．在 AutoCAD 中绘制剖面线的方法是什么？怎样进行修改？

第二篇 典型零件测绘篇

任何一台机器或部件都是由许多种零件按照一定的装配关系和技术要求组装而成的，组成机器的最小单元称为零件。本书精心选择了滑轮架、车床尾座、机用虎钳等几种常用的装配部件，将这些部件拆卸开，分析各组成零件的结构形状及在部件中所起的作用。按照零件及其结构的标准化程度，将零件大致分成了标准件和非标准件两大类。非标准件的形状千变万化，在机器中的作用也多种多样，根据零件在部件中所起的作用、基本形状以及与相邻零件的关系，又将非标准件分为薄板类、轴套类、轮盘类、叉架类和箱体类五种类型，如图 5.1 所示。

表达零件结构形状、尺寸大小、加工和检验等方面技术要求的图样称为零件图。如图 5.2 所示的球阀，是管道系统中控制流体流量和启闭的部件。

为了满足生产部门制造零件的要求，一张零件图必须包括一组图形、完整尺寸、技术要求和标题栏四个方面的内容，如图 5.3 所示。其中，一组图形用来清晰表达零件各部分的结构和形状，可包括视图、剖视图、断面图、局部放大图等各种表达方法；完整尺寸用来标注零件在制造和检验过程中所需要的所有尺寸；技术要求则是用规定的符号、代号、标记和简要的文字表达出零件制造和检验时所应达到的各项技术指标和要求；标题栏位于零件图的右下角，用来填写单位名称、图名（零件名称）、图号（零件编号）、材料、重量、比例，以及设计、审核、批准等人员的签名与日期等。

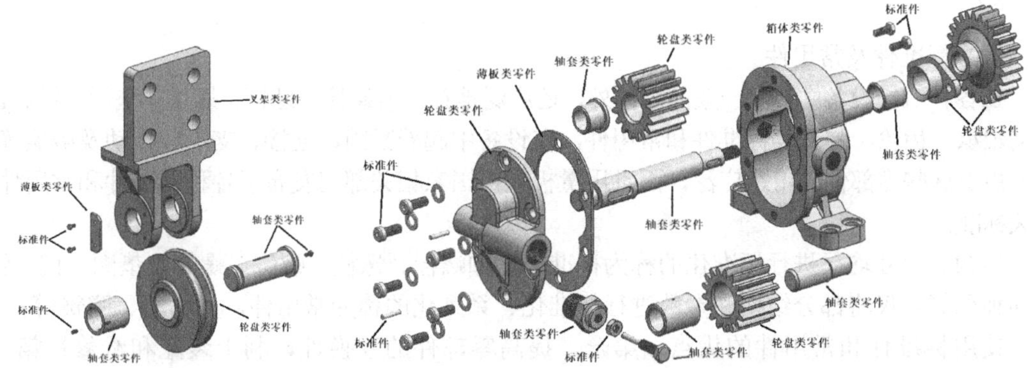

（a）滑轮架　　（b）齿轮泵

图 5.1 部件中零件的分类

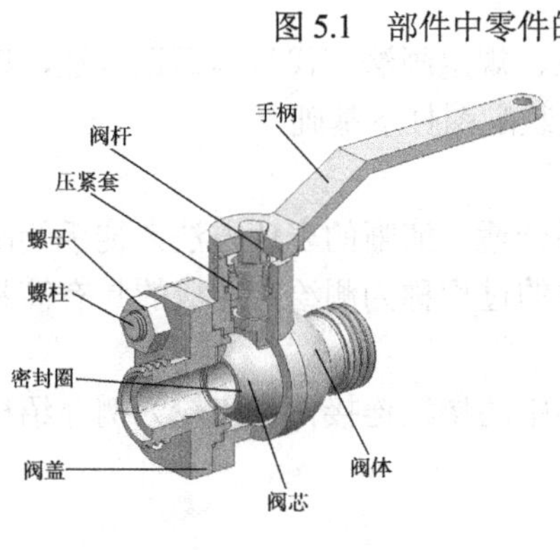

图 5.2 球阀的轴测装配图

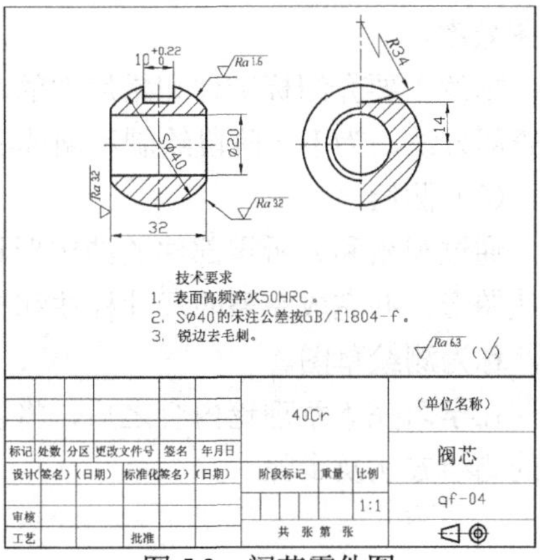

图 5.3 阀芯零件图

第 5 章　标准件与常用件的测绘

【能力目标】

（1）能够准确识别常见的标准件和常用件。

（2）能够准确绘制内外螺纹，以及螺栓、螺柱、螺钉连接图形。

（3）能够准确绘制深沟球轴承、键连接、销连接、圆柱螺旋弹簧的表达图形。

（4）能够熟练查阅各种常用标准件的国家标准。

（5）能够熟练测量常见螺纹连接件的主要尺寸，并准确地标记和标注。

（6）能够根据实际齿轮零件测绘出较完整的齿轮工程图。

（7）能够正确使用直尺、游标卡尺等常用测量工具，准确测量出长度、厚度、深度、直径、螺距等尺寸。

【知识目标】

（1）掌握螺纹连接、普通平键连接、销连接、滚动轴承、圆柱齿轮、弹簧等标准件和常用件的功能、应用、分类、表达方法、标注方法，以及相关国家标准的查阅方法。

（2）熟悉螺栓、螺柱、螺钉、螺母、深沟球轴承、圆柱直齿轮的测绘方法。

（3）了解常见测量工具的使用方法。

5.1　标准件及常用件的概念

（1）标准件及常用件

在各种机械设备中，除一般的零件外，还广泛地存在着螺栓、螺钉、螺母、垫圈、键、销、滚动轴承、齿轮、弹簧等标准件和常用件，在设备中起着紧固、连接、支承、传动及减振等作用。由于这些零部件的用途广泛，而且用量极大，国家相关部门发布了各种标准件和常用件的相关标准。

结构、尺寸均已进行标准化的称为标准件，如螺栓、螺柱、螺钉、螺母、垫圈、键、销、滚动轴承等。仅将部分结构和参数进行标准化、系列化的称为常用件，如齿轮、弹簧等。

使用标准件和常用件的优点：第一，提高零部件的互换性，利于装配和维修；第二，便于大批量生产，降低成本；第三，便于设计选用，以避免设计人员的重复劳动和提高绘图效率。

本章主要介绍标准件和常用件的基本知识、规定画法、代号与标记方法，以及有关标准的查阅方法，为下一阶段绘制和阅读零件图及装配图打下基础。

（2）测绘

通过观察和分析零部件的结构形状，选择合适、清晰的表达方法，徒手绘制出零部件的表达图形，并完成完整的尺寸标注和技术要求的过程称为测绘；完成的具有简易标题栏的图纸，称为测绘草图。

在学习完本章理论内容之后，将以减速器中的螺栓连接件、齿轮为例介绍标准件和常用件的测绘方法及步骤。

5.2　螺纹画法与标注

5.2.1　螺纹的形成与加工

（1）螺纹的形成

螺纹在零件上的应用十分广泛。在圆柱或圆锥表面上，沿着螺旋线所形成的具有相同剖面的连续凸起和沟槽，称为螺纹。如图 5.4 所示，加工在零件外表面上的螺纹称为外螺纹，加工在零件内表面上的螺纹称为内螺纹。

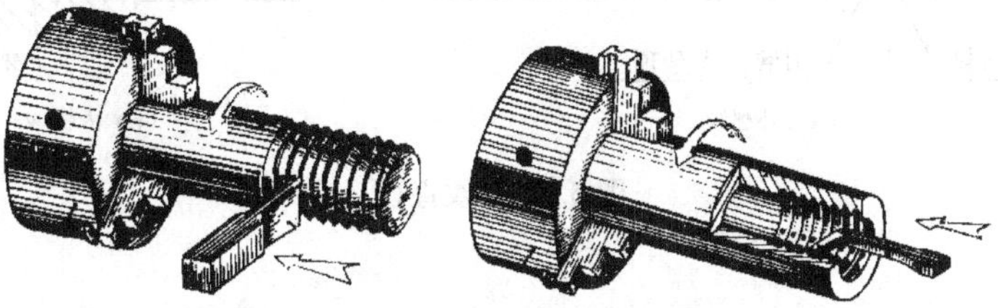

（a）车外螺纹　　（b）车内螺纹

图 5.4　外螺纹和内螺纹的加工

（2）螺纹的加工

加工螺纹的方法很多，一般采用车床加工或用丝锥、板牙等专用工具加工。如图 5.4（a）、（b）所示为在车床上加工外螺纹和内螺纹，加工时工件做等速的旋转运动，刀具则沿着工件轴向做等速直线运动，使刀尖在工件表面上切制出螺纹来。

而使用专用工具加工内螺纹（螺纹孔）时，一般先用钻头钻出底孔，再用丝锥攻出螺纹。钻盲孔时在孔底形成一个锥坑，锥顶角与钻头顶部相同，按 120° 画出（如图 5.5 所示）。加工外螺纹时，通常用板牙套在圆柱表面上旋制加工。

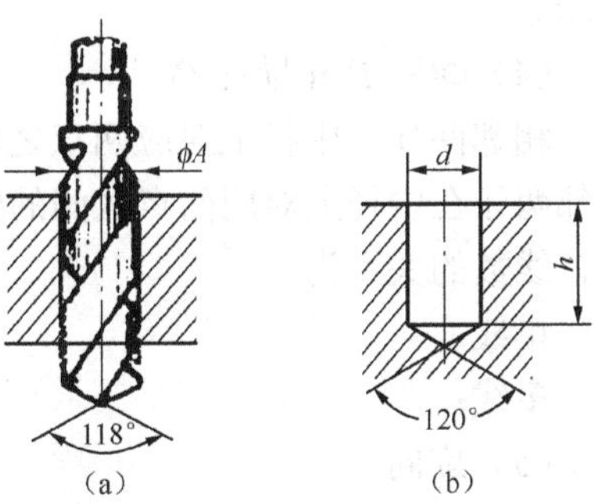

图 5.5　螺纹底孔画法

5.2.2　螺纹的基本要素

螺纹的基本要素包括牙型、直径、线数、螺距和旋向，只有当上述五要素均相同时，内外螺纹才可以旋合。

（1）牙型

在通过螺纹轴线的剖面上，螺纹的牙齿轮廓形状称为牙型。它由牙顶、牙底和两牙侧构成，形成一定的牙型角。常见的螺纹牙型有三角形、梯形、锯齿形和矩形等。螺纹的牙型不同，其用途也不同。

（2）直径

螺纹的直径有大径、小径和中径之分，外螺纹直径分别用符号 d、d_1 和 d_2 表示，而内螺纹直径则用 D、D_1 和 D_2 表示，如图 5.6 所示。

通常用螺纹大径来表示螺纹的规格大小，故螺纹大径又称为公称直径；而用螺纹中径来控制精度。

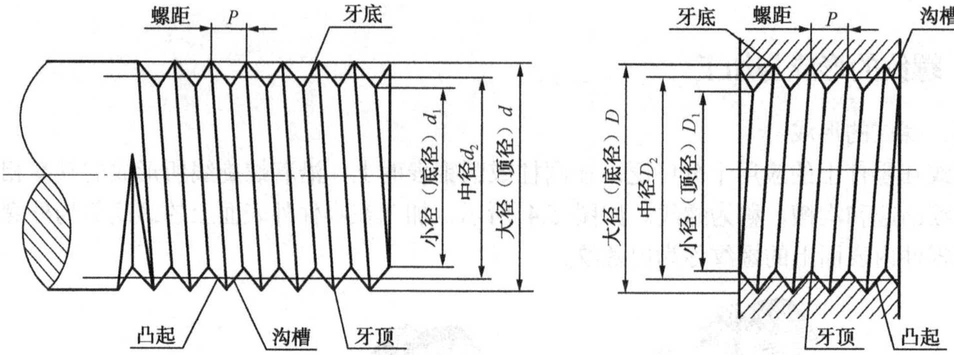

（a）外螺纹　　（b）内螺纹

图 5.6　螺纹直径

（3）线数 n

在同一圆柱（或圆锥）表面上车制螺纹的条数称为螺纹线数，用 n 表示。螺纹有单线和多线之分。沿一条螺旋线所形成的螺纹，称为单线螺纹，如图 5.7（a）所示；沿两条或两条以上，且在轴向上等距分布的螺旋线所形成的螺纹，称为多线螺纹，如图 5.7（b）所示。

（4）螺距 P 和导程 P_h

相邻两牙在中径上对应两点之间的轴向距离称为螺距，用 P 表示。在同一条螺旋线上的相邻两牙在中径上对应两点之间的轴向距离称为导程，用 P_h 表示。如图 5.7 所示，螺距、导程、线数的关系为

单线：　$P_h = P$

多线：　$P_h = nP$

（5）旋向

螺纹旋向分为右旋和左旋两种。顺时针旋转时旋入的螺纹为右旋螺纹（如图 5.8（b）所示），逆时针旋转时旋入的螺纹为左旋螺纹（如图 5.8（a）所示）。判断方法：将外螺纹垂直放置，右高左低即为右旋，而左高右低即为左旋。工程上多用右旋螺纹。

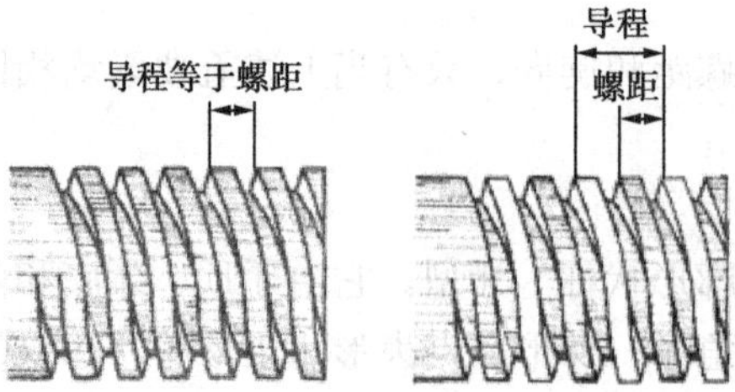

（a）　　（b）

图 5.7　螺纹的线数、螺距与导程

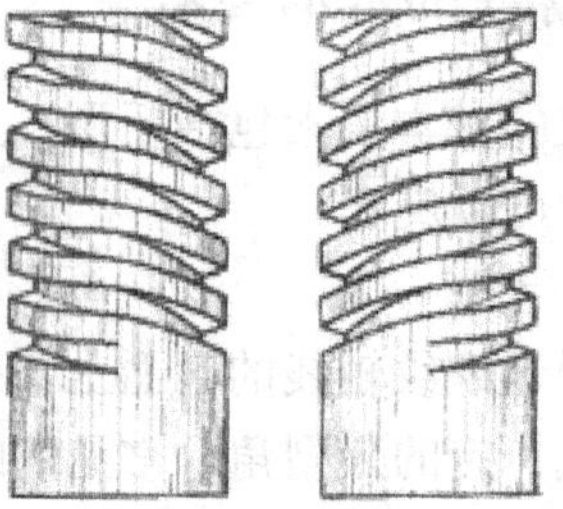

（a）　　（b）

图 5.8　螺纹的旋向

5.2.3　螺纹的分类

国家标准对螺纹的牙型、直径和螺距三个要素做出了规定，凡三要素符合标准的螺纹，称为标准螺纹。牙型符合标准，而直径或螺距不符合标准的，称为特殊螺纹。牙型不符合标准的，称为非标准螺纹。

螺纹种类不仅可按牙型分，也可以按用途分为连接螺纹和传动螺纹两类。表 5.1 列举了常用标准螺纹的分类和有关说明。

表 5.1　常用标准螺纹

种　类			牙型符号	牙型图	说　明
连接螺纹	普通螺纹	粗牙 细牙	M	三角形牙型 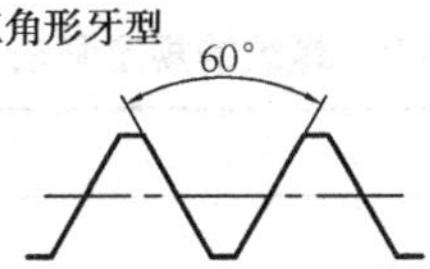	最常用的连接螺纹，在相同的大径下，细牙螺纹较粗牙螺纹的螺距小。 一般连接多用粗牙，而细牙则适用于薄壁连接
	管螺纹	螺纹密封	R_P R_1 R_C R_2	三角形牙型 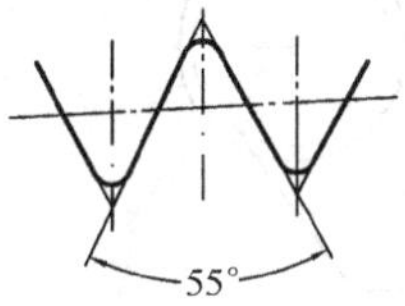	包括圆柱内螺纹 R_P 与圆锥外螺纹 R_1、圆锥内螺纹 R_C 与圆锥外螺纹 R_2 两种连接形式。 适用于管道、管接头、阀门等处的连接。必要时允许在螺纹副内添加密封物，以保证连接的密封性
		非螺纹密封	G	三角形牙型 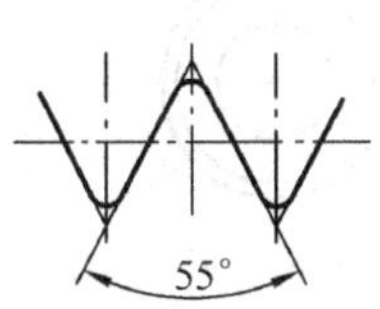	该螺纹本身不具密封性，若要求具有密封性，可采用其他方法。 适用于管道、管接头、旋塞、阀门等处的连接
传动螺纹	梯形螺纹		Tr	梯形牙型 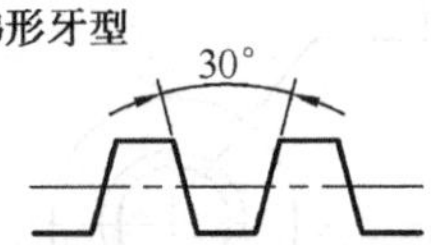	用于传递运动和动力，如机床丝杠、尾架丝杠等
	锯齿形螺纹		B	锯齿形牙型 	用于传递单向压力，如千斤顶螺杆等

连接螺纹除上述普通螺纹和管螺纹外还有许多种，如米制锥螺纹（ZM）、60° 圆锥管螺纹（NPT）、小螺纹（S），以及各种行业专用螺纹等。传动螺纹除上述两种，还有矩形螺纹，该螺纹为非标准螺纹。

5.2.4 螺纹的规定画法和标记

1. 螺纹的规定画法（GB/T 4459.1—1995）

螺纹的视图，若按其真实的投影来画十分麻烦。为了简化作图，国家标准规定了在机械图样中螺纹的画法。

基本规定：在非圆投影视图上，螺纹的牙顶用粗实线表示，牙底用细实线表示，倒角或倒圆部分均应画出；在圆投影的视图上，表示牙顶的粗实线圆要画完整，而表示牙底的细实线圆只画 3/4 圈，表示轴或孔上的倒角、倒圆省略不画。螺纹的终止线用粗实线表示。

表 5.2 列出了有关螺纹的规定画法。

表 5.2 螺纹的规定画法

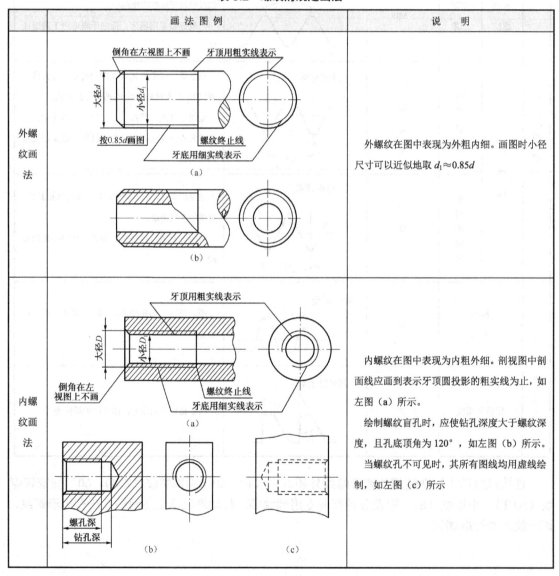

	画 法 图 例	说 明
外螺纹画法	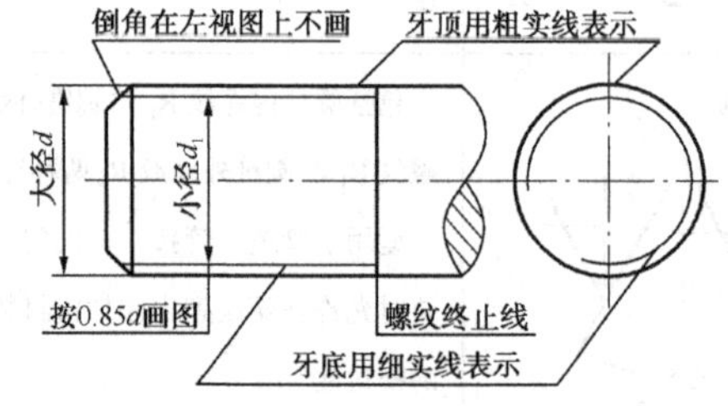 （a） 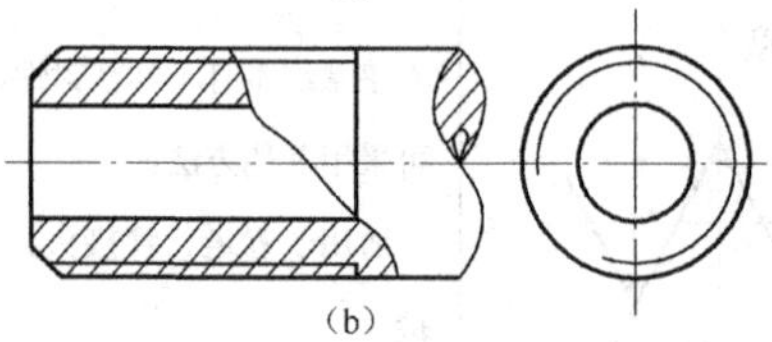 （b）	外螺纹在图中表现为外粗内细。画图时小径尺寸可以近似地取 $d_1 \approx 0.85d$
内螺纹画法	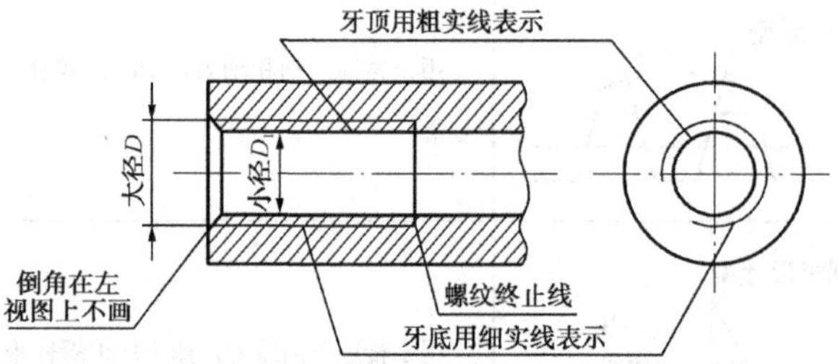 （a） 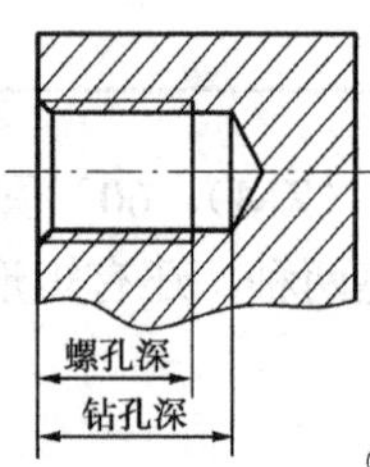 （b） 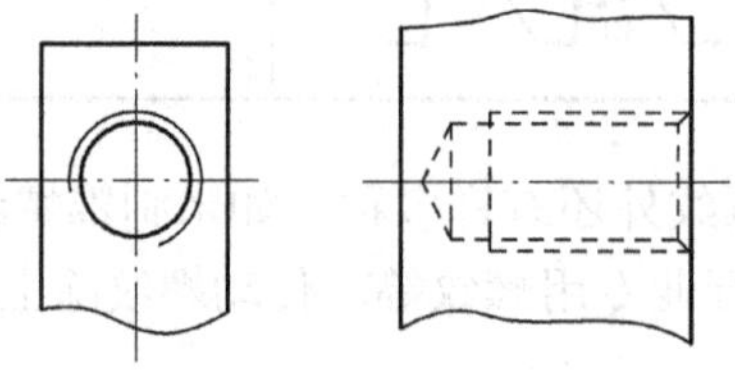 （c）	内螺纹在图中表现为内粗外细。剖视图中剖面线应画到表示牙顶圆投影的粗实线为止，如左图（a）所示。 绘制螺纹盲孔时，应使钻孔深度大于螺纹深度，且孔底顶角为 120°，如左图（b）所示。 当螺纹孔不可见时，其所有图线均用虚线绘制，如左图（c）所示

续表

	画法图例	说　明
内、外螺纹旋合的画法	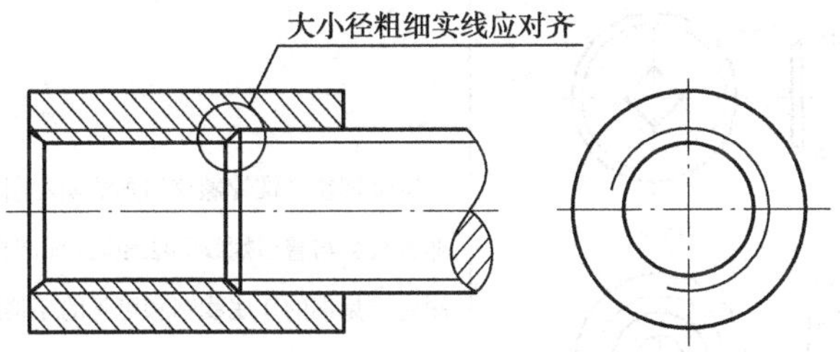	在剖视图中，内、外螺纹旋合的部分应按外螺纹的画法绘制，其余部分仍按各自的画法表示。若为传动螺纹，在啮合处常采用局部剖表示出几个牙型。 应注意，表示内、外螺纹大径的细实线和粗实线，以及表示内、外螺纹小径的粗实线和细实线必须分别对齐
螺纹牙型的表示方法	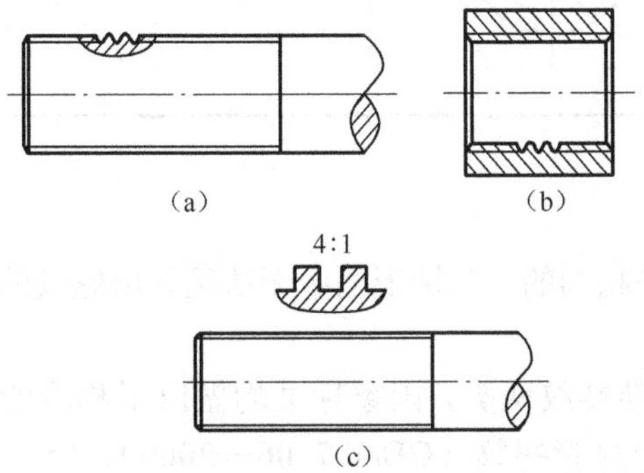	标准螺纹的牙型图一般不必绘制，而对于需要表示或表达非标准螺纹时，通常采用局部剖或局部放大图绘制出几个牙型
部分螺孔的表示方法	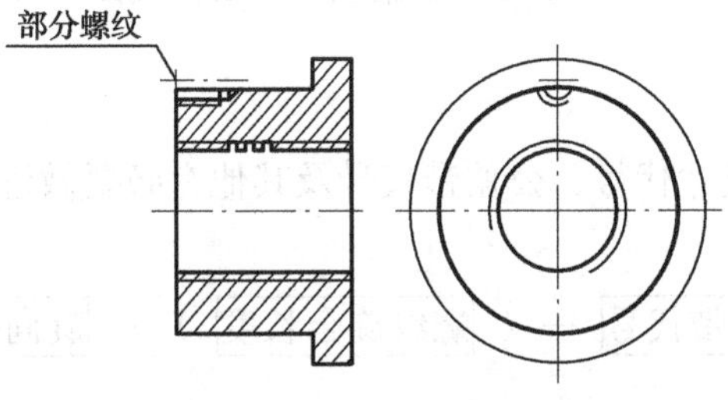	表示部分螺孔时，在投影为圆的视图中，螺纹的牙底线也应适当空出一段距离
螺尾的表示方法	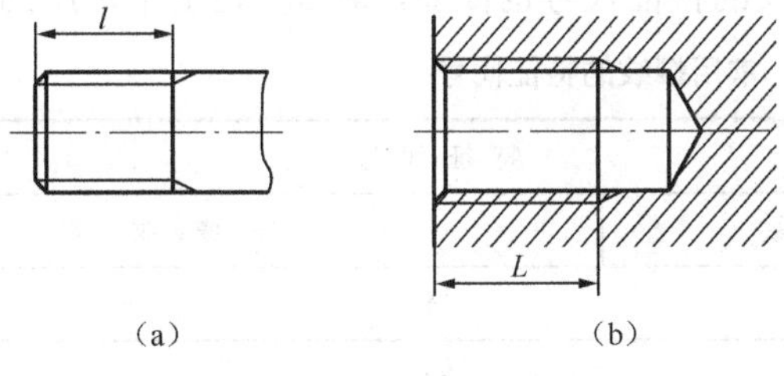	在加工部分长度的螺纹时，由于刀具临近螺纹终止时需要退离工件，而出现吃刀深度逐渐变浅的部分，称为螺尾。通常画螺纹时不画螺尾。当需要表达螺纹收尾时，螺尾部分的牙底线用与轴线成 30° 的细实线绘制。通常，螺纹长度指不包括螺尾的有效螺纹长度
螺纹孔相贯线的表示方法	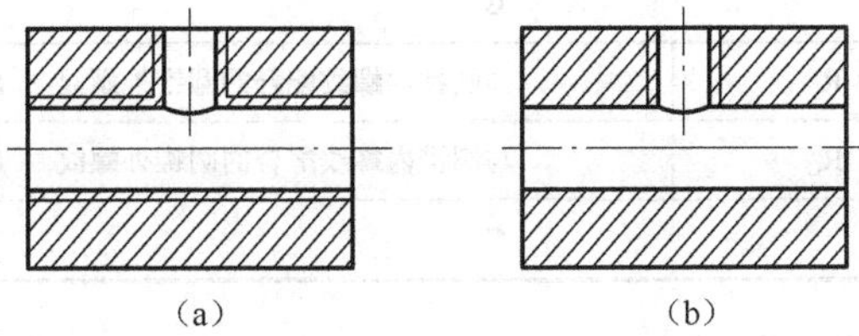	在零件上经常会出现螺纹孔相贯的情况。用剖视图表示螺纹孔相贯时，只在钻孔处（牙顶圆）画出粗实线的相贯线

续表

	画法图例	说明
圆锥螺纹及锥管螺纹的画法	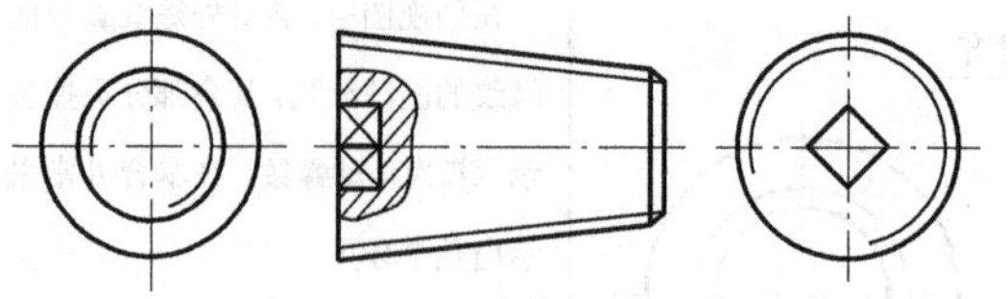 （a） 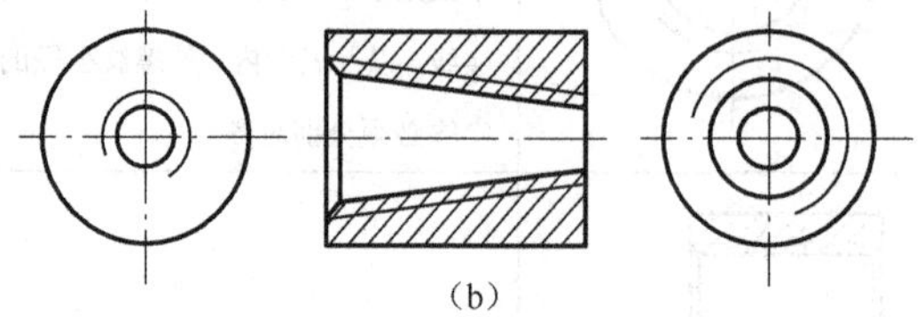 （b）	圆锥螺纹及锥管螺纹的画法如左图所示，其非圆投影与普通螺纹画法相同，而圆投影则仅画先看见端的牙底线圆和可见的牙顶线圆

2. 螺纹的标注方法

由表 5.2 可知，各种螺纹的画法都是相同的，从图形当中无法区分出螺纹的种类，因此必须通过标注予以明确。

螺纹的规定标记分标准螺纹和非标准螺纹两类，国家标准均做出了相应的规定。具体有普通螺纹（GB/T 196—2003）、55° 密封管螺纹（GB/T 7306—2000）、55° 非密封管螺纹（GB/T 7307—2001）、梯形螺纹（GB/T 5796—2005）、锯齿形螺纹（GB/T 13576—2008）等。

（1）标准螺纹的标记

完整的螺纹标记由螺纹特征代号、尺寸代号、公差带代号及其他有必要做进一步说明的个别信息组成。其一般标记格式为

[螺纹特征代号] [尺寸代号] － [公差带代号] －（ [螺纹旋合长度] ）－ [旋向代号]

① 螺纹特征代号。

由于螺纹的种类非常繁多，导致螺纹的特征代号也很多，表 5.3 列出了常用的几种。

表 5.3 常用螺纹的特征代号

螺纹种类	特征代号	
	内螺纹	外螺纹
普通螺纹	M	
梯形螺纹	Tr	
锯齿形螺纹	B	
55° 密封管螺纹	圆柱内螺纹 R_P	与圆柱内螺纹配合的圆锥外螺纹 R_1
	圆锥内螺纹 R_C	与圆锥内螺纹配合的圆锥外螺纹 R_2
55° 非密封管螺纹	G	

② 尺寸代号。

螺纹种类不同，其尺寸代号也有所不同，表 5.4 列出了常用几种螺纹的尺寸代号。

表 5.4　常用螺纹的尺寸代号

螺纹种类		尺寸代号	
		单线螺纹	多线螺纹
普通螺纹	粗牙	公称直径	公称直径×Ph 导程 P 螺距
	细牙	公称直径×螺距	
梯形螺纹			
锯齿形螺纹			
管螺纹		管子内径英寸的数值，书写成整数或分数形式	

注意：多线螺纹如果需要进一步表明螺纹的线数，可在后面增加括号说明（使用英文进行说明：双线为 two starts；三线为 three starts；四线为 four starts）。例如，公称直径为 16mm、螺距为 2mm、导程为 4mm 的双线梯形螺纹标记为 Tr16×Ph4P2 或 Tr16×Ph4P2（two starts）。

③ 公差带代号。

螺纹种类不同，其公差要求的标注（公差带代号或公差等级）也有所不同，表 5.5 列出了常用的几种。

表 5.5　常用螺纹的公差要求

螺纹种类	公差要求		
	公差带代号	公差等级	说明
普通螺纹	中径公差带代号 + 顶径公差带代号	公差带代号中的数字	各直径的公差带代号由表示公差等级的数值和表示公差带位置的字母（内螺纹用大写字母，外螺纹用小写字母）组成。若中径和顶径公差带代号不同，应分别注出代号，如 M10-5g6g；若中径和顶径公差带代号相同，则只需标注一个代号，如 M10-7H。 当普通螺纹公称直径大于等于 1.6mm 时，外螺纹和内螺纹的公差带代号 6g、6H 一般省略不标
梯形螺纹	中径公差带代号		标记方法与普通螺纹的类似
锯齿形螺纹			
55° 密封管螺纹	/		
55° 非密封管螺纹	/	A、B	内管螺纹公差不分等级，外管螺纹公差有 A 级、B 级之分

④ 螺纹旋合长度。

国家标准对普通螺纹的旋合长度规定为长（L）、中（N）、短（S）三种 。一般情况为中等旋合长度，此时省略不标注“N”。

梯形螺纹和锯齿形螺纹的旋合长度分中（N）和长（L）两种，中等旋合长度不标注。

管螺纹无此项。

⑤ 旋向代号。

右旋螺纹不标注，左旋螺纹则应加注旋向代号“LH”。

常用标准螺纹的标记和标注示例见表 5.6。

表 5.6　常用标准螺纹的标记和标注示例

螺纹种类		标记示例	标注示例	说明
普通螺纹		M30×2-5g6g-S-LH	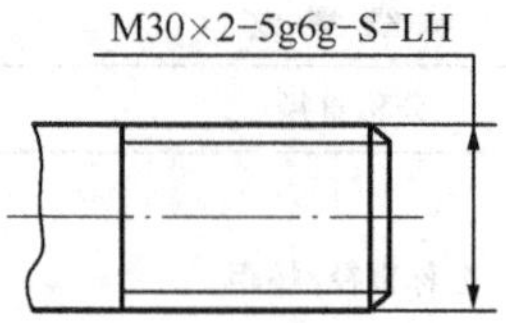	表示公称直径为 30mm 的细牙普通外螺纹，其螺距为 2mm，旋向为左旋，中径公差带代号为 5g，顶径公差带代号为 6g，短旋合长度
		M20-6H	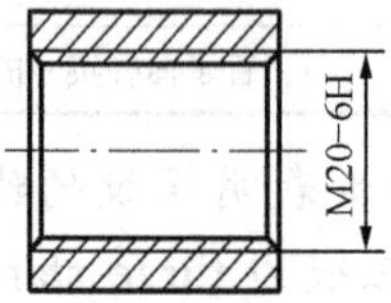	表示公称直径为 20mm 的粗牙普通内螺纹，其螺距为 2.5mm，旋向为右旋，中径和顶径公差带代号均为 6H，中等旋合长度
55° 螺纹密封管螺纹	圆柱内管螺纹	R_P1-LH	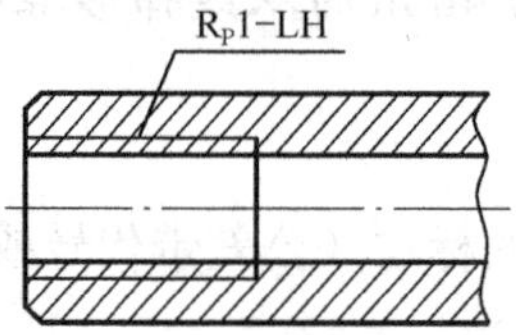	表示尺寸代号为 1 的 55° 螺纹密封圆柱内管螺纹，旋向为左旋
	圆锥内管螺纹	R_C1/2	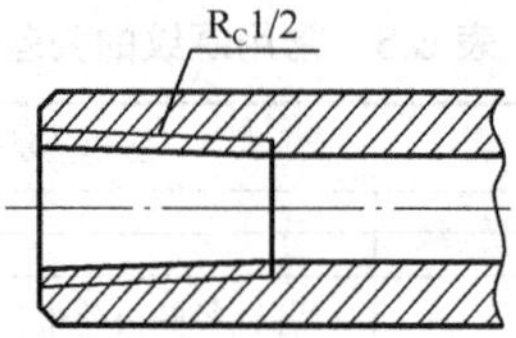	表示尺寸代号为 1/2 的 55° 螺纹密封圆锥内管螺纹，旋向为右旋
	圆锥外管螺纹	$R_2$1/2	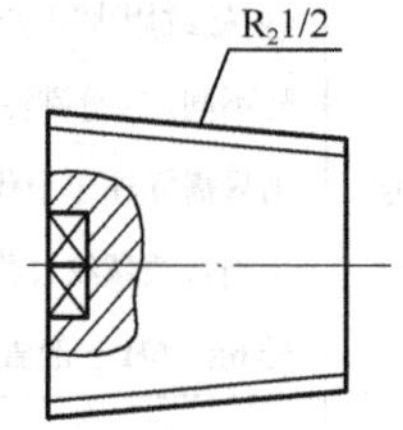	表示尺寸代号为 1/2 的 55° 螺纹密封、与圆锥内管螺纹配合的圆锥外管螺纹
55° 非螺纹密封管螺纹	内螺纹	G1	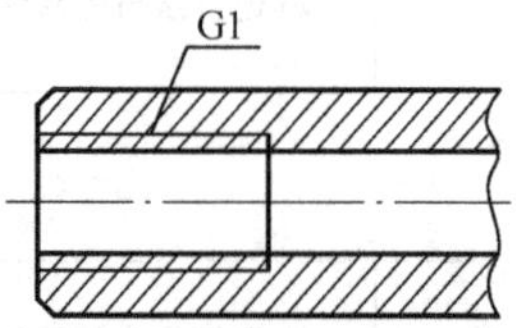	表示尺寸代号为 1 的 55° 非螺纹密封内管螺纹
	外螺纹	G3/4B	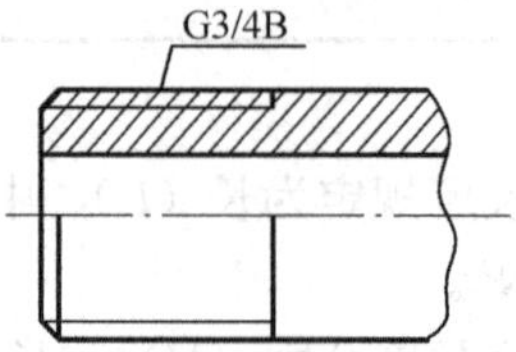	表示尺寸代号为 3/4 的 55° 非螺纹密封外管螺纹，B 级

续表

螺纹种类		标记示例	标注示例	说明
梯形螺纹	单线	Tr40×7-7e	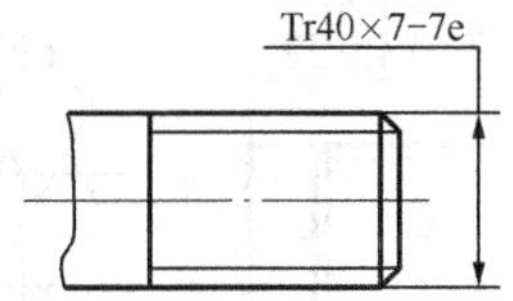	表示公称直径为 40mm 的单线梯形外螺纹，其螺距为 7mm，旋向为右旋，中径公差带代号为 7e，中等旋合长度
	多线	Tr40×Ph14P7-8e-L-LH	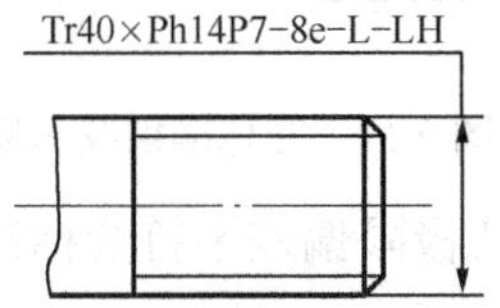	表示公称直径为 40mm 的双线梯形外螺纹，其螺距为 7mm，导程为 14mm，旋向为左旋，中径公差带代号 8e，长旋合长度
锯齿形螺纹	单线	B90×12-7e-LH	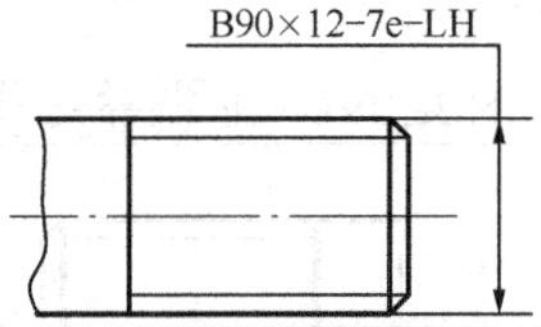	表示公称直径为 90mm 的单线锯齿形外螺纹，其螺距为 12mm，旋向为左旋，中径公差带代号为 7e，中等旋合长度
	多线	B90×Ph24P12-8e-L	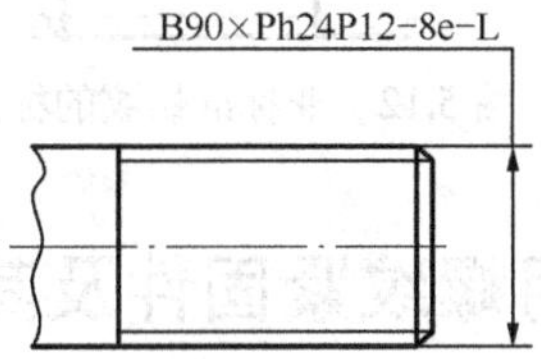	表示公称直径为 90mm 的双线锯齿形外螺纹，其螺距为 12mm，导程为 24mm，旋向为右旋，中径公差带代号为 8e，长旋合长度

注意：管螺纹的标注一律采用引出标注法，并且应从大径引出。

（2）螺纹副的标注

标注普通螺纹、梯形螺纹、锯齿形螺纹的螺纹副时，将公差带代号用斜线隔开，左边为内螺纹的公差带代号，右边为外螺纹的公差带代号，如 M14×1.5-6H/6f、Tr40×Ph14P7-7H/7e。标注示例如图 5.9 所示。

55° 密封管螺纹的螺纹副有两种形式，标记时将其螺纹特征代号用斜线分开，左边表示内螺纹，右边表示外螺纹，尺寸代号只书写一次，如 Rp/$R_1$1/2、Rc/$R_2$1/2。

55° 非密封管螺纹的螺纹副，仅需标注外螺纹的标记代号。

（3）特殊螺纹和非标准螺纹的标注

特殊螺纹的标注，应在螺纹代号之前加注“特”字，必要时应注出极限尺寸，如图 5.10 所示。

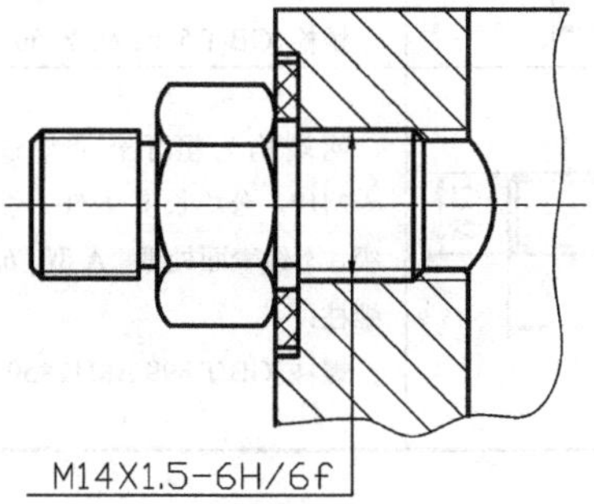

图 5.9　螺纹副的标注

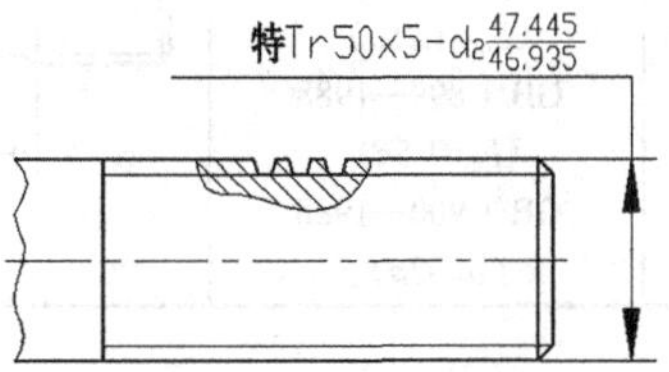

图 5.10　特殊螺纹的标注

非标准螺纹，通常应画出螺纹的牙型，并注出所需要的尺寸和有关要求，如图 5.11 所示。

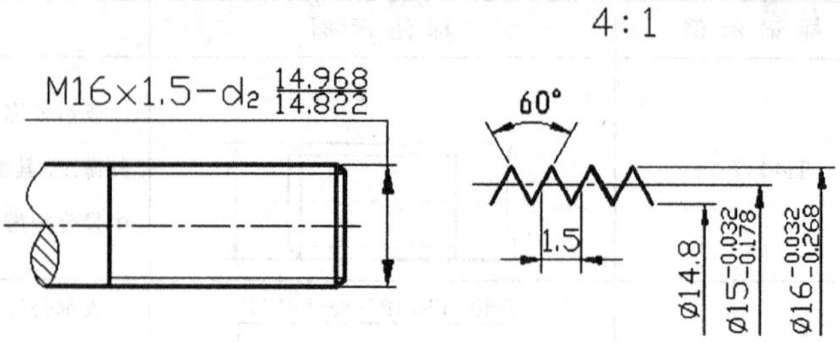

图 5.11　非标准螺纹的标注一

对于三要素均符合标准，但其极限偏差不符合标准的螺纹，除应注明螺纹代号外，还应标注出极限尺寸，如图 5.12 所示。

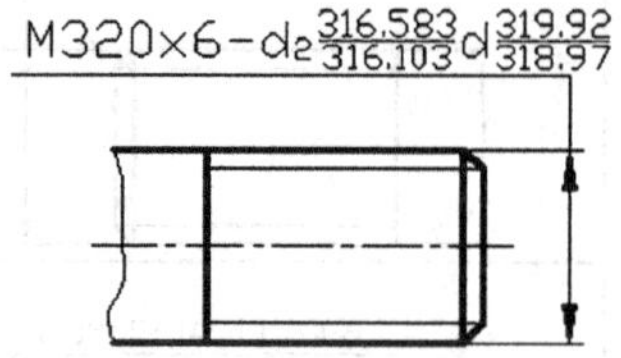

图 5.12　非标准螺纹的标注二

5.3　常用螺纹紧固件及其连接的画法

在工程上应用最广泛的可拆连接方式是螺纹紧固件连接。螺纹紧固件的种类非常多，国家标准中对各种螺纹紧固件的结构、尺寸、画法、标记等均做出了相应的规定。常用的螺纹紧固件有螺栓、螺钉、螺母、垫圈等，使用时一般无须画出它们的零件图。

5.3.1　常用螺纹紧固件及其标记

表 5.7 列出了常用的几种螺纹紧固件的名称、标准代号、图例及标记方法。

表 5.7　常用螺纹紧固件名称、标准代号、图例及其标记方法

序号	名称	标 准 代 号	图例和标注	标 记 示 例
1	六角头螺栓	GB/T 5782—2016	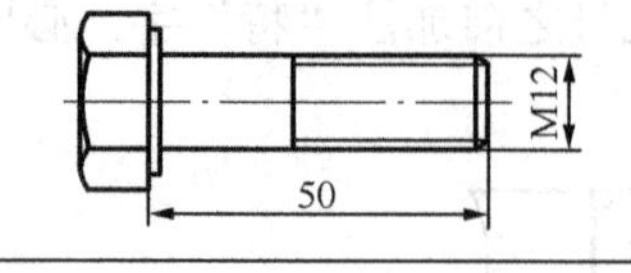	螺纹规格 d=M12，公称长度 l=50，性能等级为 8.8 级，表面氧化，杆身半螺纹，产品等级为 A 级的六角头螺栓： 螺栓 GB/T 5782 M12×50
2	双头螺柱	GB/T 897—1988 （b_m=1d） GB/T 898—1988 （b_m=1.25d） GB/T 899—1988 （b_m=1.5d） GB/T 900—1988 （b_m=2d）	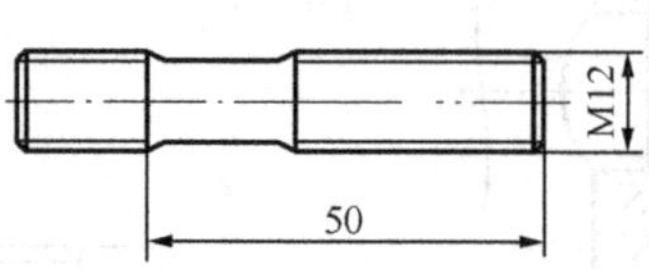	两端均为粗牙普通螺纹，螺纹规格 d=M12，公称长度 l=50，性能等级为 4.8 级，不经表面处理，A 型，b_m=1.5d 的双头螺柱： 螺柱 GB/T 899 AM12×50

续表

序号	名称	标 准 代 号	图例和标注	标 记 示 例
3	内六角圆柱头螺钉	GB/T 70.1—2008	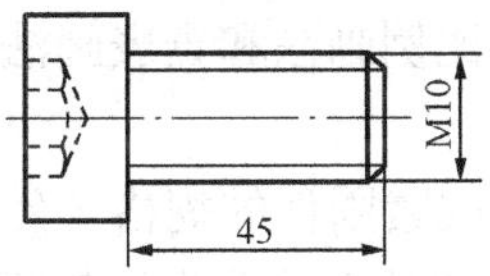	螺纹规格 d=M10，公称长度 l=45，性能等级为 8.8 级，表面氧化的内六角圆柱头螺钉： 螺钉 GB/T 70.1 M10×45
4	开槽圆柱头螺钉	GB/T 65—2016	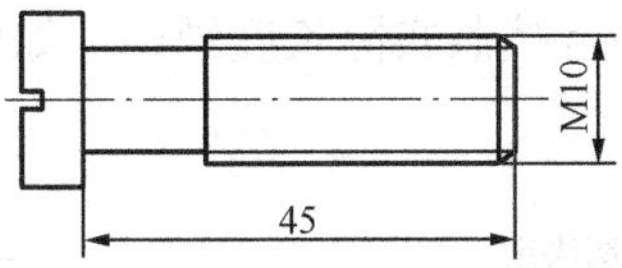	螺纹规格 d=M10，公称长度 l=45，性能等级为 4.8 级，不经表面处理的开槽圆柱头螺钉： 螺钉 GB/T 65 M10×45
5	开槽沉头螺钉	GB/T 68—2016	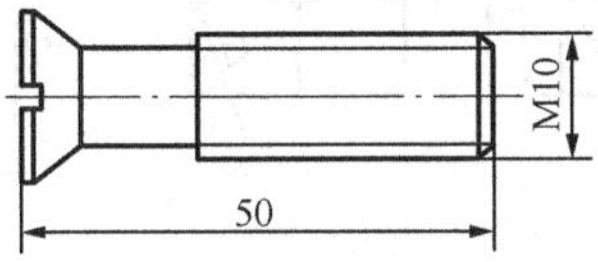	螺纹规格 d=M10，公称长度 l=50，性能等级为 4.8 级，不经表面处理的开槽沉头螺钉： 螺钉 GB/T 68 M10×50
6	开槽锥端紧定螺钉	GB/T 71—2018	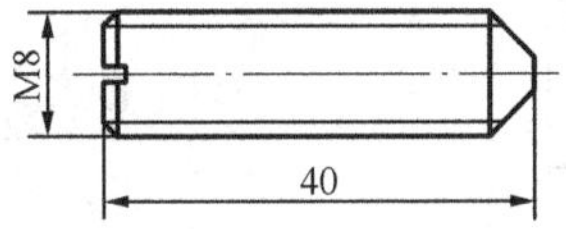	螺纹规格 d=M8，公称长度 l=40，性能等级为 14H 级，表面氧化的开槽锥端紧定螺钉： 螺钉 GB/T 71 M8×40
7	开槽长圆柱端紧定螺钉	GB/T 75—2018	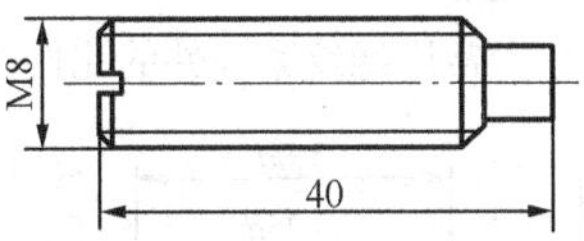	螺纹规格 d=M8，公称长度 l=40，性能等级为 14H 级，表面氧化的开槽长圆柱端紧定螺钉： 螺钉 GB/T 75 M8×40
8	I 型六角螺母	GB/T 6170—2015	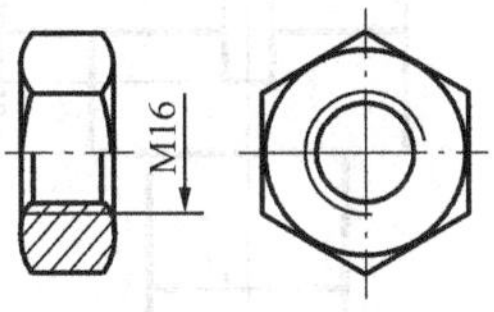	螺纹规格 D=M16，性能等级为 8 级，不经表面处理、产品等级为 A 级的 I 型六角螺母： 螺母 GB/T 6170 M16
9	平垫圈	GB/T 97.1—2002	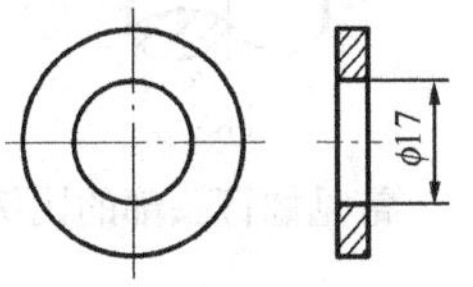	标准系列、规格为 16，性能等级为 140HV 级，不经表面处理的平垫圈： 垫圈 GB/T 97.1 16
10	标准型弹簧垫圈	GB/T 93—1987	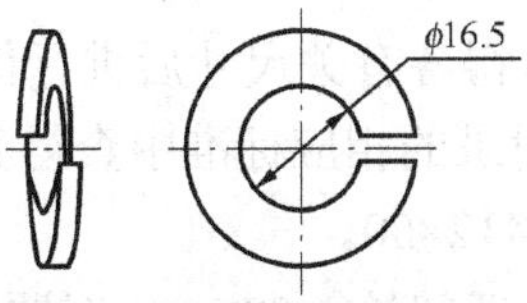	规格为 16、材料为 65Mn、表面氧化的标准型弹簧垫圈： 垫圈 GB/T 93 16

由上表可总结出一般螺纹紧固件的标记格式为

紧固件名称 标准代号 形式代号 规格代号 － 性能代号

注意：当只有一种形式及性能要求时，不标注相应代号。具体的标记格式在每个标准中均有标注示例，查阅标准时应仔细观察。

5.3.2 常用螺纹紧固件的画法

对于已经标准化了的螺纹紧固件，虽然一般不需要单独绘制其零件图，但在装配图中，会有很多时候需要画出连接图，因此，还必须要掌握紧固件的画法。通常，螺纹紧固件的绘制方法按照其尺寸来源的不同，分为比例画法和查表画法两种。

（1）比例画法

为了提高画图速度，在知道了螺纹紧固件的规格（公称直径 *d*、*D* 及长度 *l* 等）后，就可以按照一定的比例关系来进行画图，这种方法称为比例画法。采用比例画法时，紧固件的有效长度由被连接件的厚度决定，并且按照实际长度画出，如图 5.13 及图 5.14 所示。

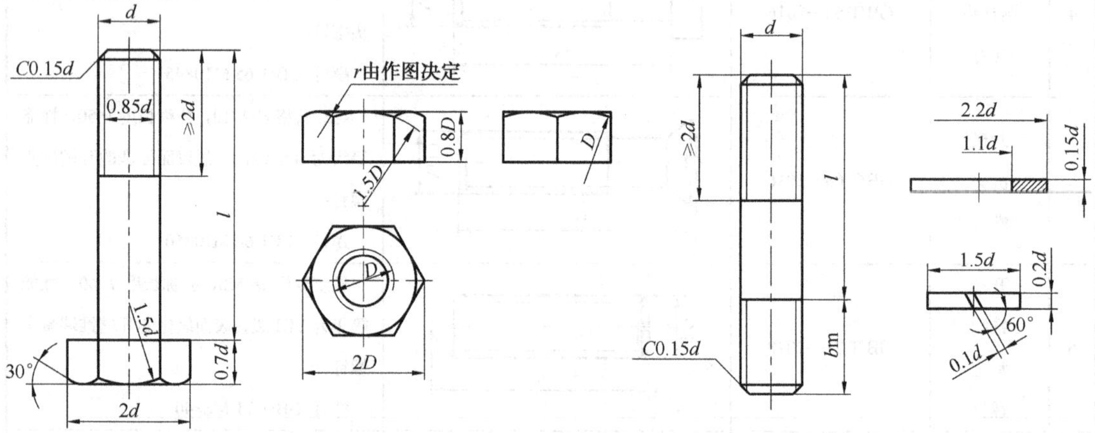

（a）螺栓　（b）螺母　（c）螺柱　（d）垫圈

图 5.13　常用螺纹紧固件的比例画法

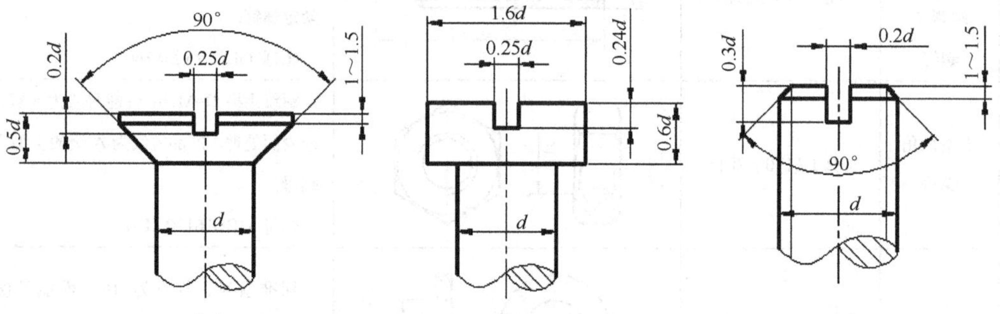

（a）　（b）　（c）

图 5.14　常见螺钉头部的比例画法

（2）查表画法

根据紧固件的标记，在标准中查得各有关尺寸后进行作图。如需要绘制下列六角头螺栓、六角螺母和平垫圈的视图时，可从附录的相应标准中查得其主要尺寸。

【例 5.1】 螺栓　GB/T 5782　M12×50。

由标记可知螺栓直径 d=12mm、杆部长 l=50mm，对照 GB/T 5782—2016 查得：螺纹长度 b=30mm，六角头的对角距 e_{min}=20.03mm、对边距 s=18mm、厚度 k =7.5mm。根据所查尺寸画图 5.15（a）。

【例 5.2】 螺母　GB/T 6170　M12。

由标记可知螺纹规格 D=12mm，对照 GB/T 6170—2015 查得：六角头的对角距 e_{min}=

20.3mm、对边距 s=18mm、厚度 m =10.8mm。根据所查尺寸画图 5.15（b）。

【例 5.3】 垫圈 GB/T 97.1 12。

由 GB/T 97.1—2002 查得：规格为 12 的垫圈的内径 d_1=13mm、外径 d_2=24mm、厚度 h=2.5mm。根据所查尺寸画图 5.15（c）。

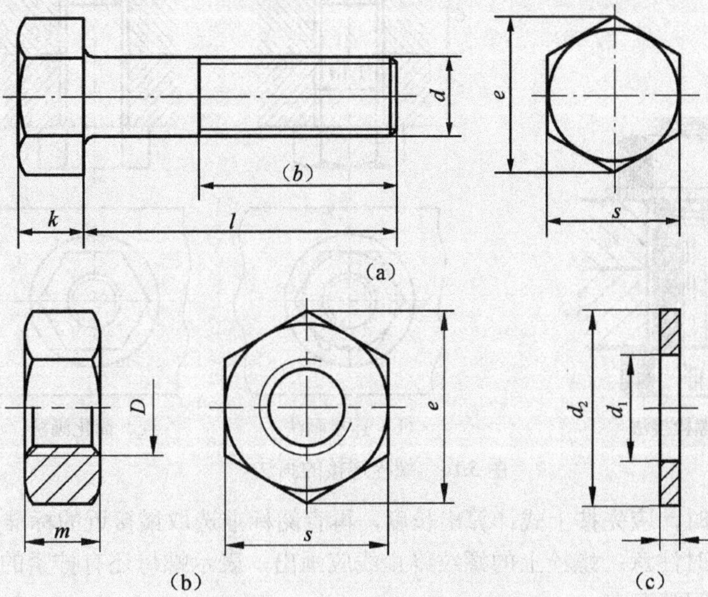

图 5.15 螺栓、螺母、垫圈的视图

5.3.3 螺纹紧固件的连接画法

通常螺纹紧固件的连接形式分为螺栓连接、螺柱连接和螺钉连接三类。

绘图时应遵守下列基本规定（GB/T 4459.1—1995）：

（1）两零件的接触表面只画一条轮廓线，而不接触的相邻表面（无论间隙多小）应画出两条轮廓线。

（2）在剖视图、断面图中，相邻两零件的剖面线应画成不同方向或同向而不同间距，加以区别。同一零件在各个剖视、断面图中，其剖面线方向和间距必须相同。

（3）当剖切平面通过紧固件的轴线时，这些零件都按不剖绘制。

1. 螺栓连接

螺栓连接一般适用于两个不太厚并允许钻成通孔的零件连接，可承受较大的力，由螺栓、螺母和垫圈配套使用，如图 5.16（a）所示。连接前，先在两个被连接件上钻出通孔，通孔的直径一般取 1.1d; 将螺栓从一端穿入孔中，然后在另一端加上垫圈、拧紧螺母，如图 5.16（b）、（c）所示。

从图中可以看出，螺栓的长度 l 应符合下列关系：

$$l=\delta_1+\delta_2+h+m+a$$

式中 δ_1、δ_2——被连接件的厚度；

h——垫圈厚度，h=0.15d;

m——螺母厚度，$m=0.8d$；

a——螺栓伸出长度，$a=(0.2\sim0.3)d$。

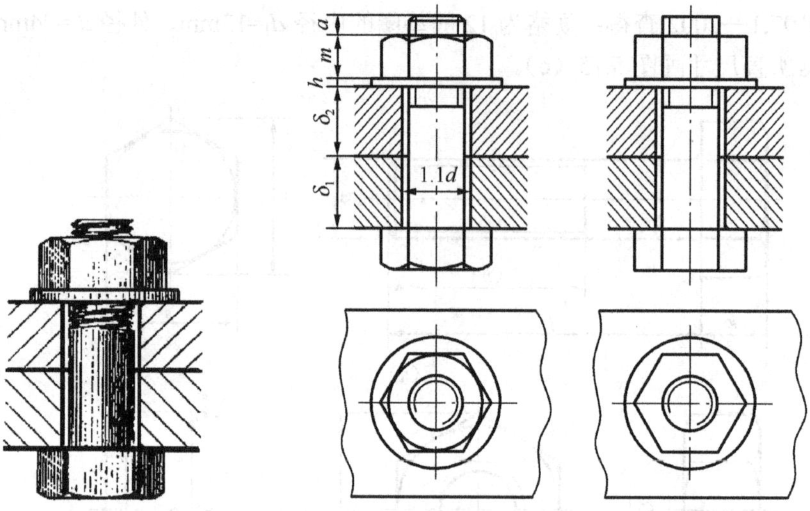

（a）螺栓接法　（b）连接画法　（c）简化画法

图 5.16　螺栓连接的画法

选择螺栓规格时，应先按上式计算出长度，再查阅标准选取最接近的标准值。

画螺栓连接图时注意：螺栓上的螺纹终止线应画出，表示螺母还有拧紧的余地，并且两个被连接件之间无间隙存在。

2. 螺柱连接

螺柱连接一般适用于两个被连接件中有一个零件较厚或不允许钻成通孔时采用；螺柱连接可承受较大的力，允许频繁拆卸。它由螺柱、螺母和垫圈配套使用，如图 5.17（a）所示。连接前，先在较厚零件上加工出螺纹孔，在另一较薄零件上加工出通孔（通孔直径取 1.1d），然后将双头螺柱的旋入端旋紧在螺孔内，再在螺柱的另一端套上带孔的薄零件，加上垫圈、拧紧螺母，如图 5.17（b）、（c）所示。

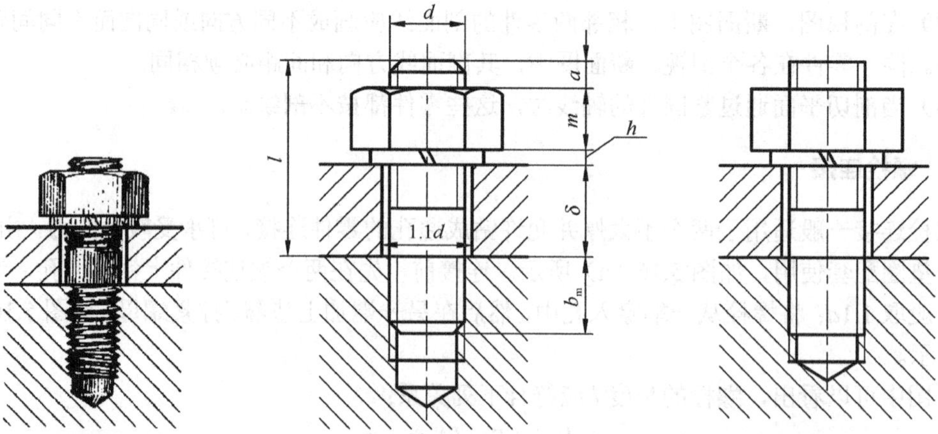

（a）螺柱连接　（b）连接画法　（c）简化画法

图 5.17　双头螺柱连接的画法

从图中可以看出，螺柱的长度 l 应符合下列关系：

$$l=\delta+h+m+a$$

式中　δ——薄零件的厚度；

h——垫圈厚度，平垫圈 h=0.15d，弹簧垫圈 h=0.2d；

m——螺母厚度，m=0.8d；

a——螺栓伸出长度，a=(0.2～0.3)d。

选择螺柱规格时，应先按上式计算出长度，再查阅标准选取最接近的标准值。

绘制螺柱连接时应注意以下几点：

（1）螺柱的旋入端 b_m 与被连接件的材料有关：

$b_m=1d$　　（用于钢、青铜、硬铝）

$b_m=1.25d$ 或 $1.5d$　　（用于铸铁）

$b_m=2d$　　（用于铝合金、有色金属等较软材料）

（2）螺柱旋入端的螺纹终止线应与结合面平齐，表示旋入端全部旋入螺孔内，足够拧紧，如图 5.17 所示。

（3）零件上螺孔的深度应大于旋入端的螺纹长度 b_m，通常取螺孔深为 $b_m+0.5d$，钻孔深为 b_m+d。

双头螺柱连接图容易画错的地方如图 5.18 所示。

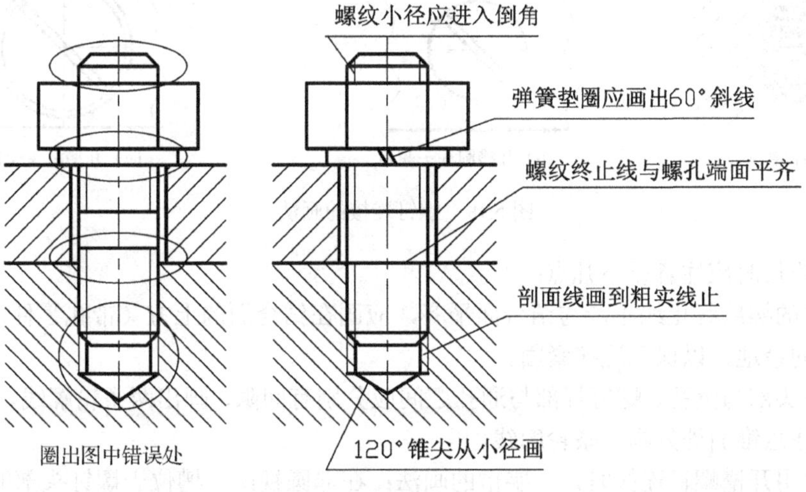

图 5.18　双头螺柱连接正误对照

在装配图中，螺栓连接和螺柱连接常采用如图 5.16（c）和图 5.17（c）所示的简化画法，将螺杆部分的倒角，以及螺母和六角头上因倒角而产生的截交线省略不画，有时也将钻孔深度省去不画。

3. 螺钉连接

螺钉按用途分为连接螺钉和紧定螺钉两类。

（1）螺钉连接

螺钉一般用于受力不大而又不需经常拆卸的零件连接中。它的两个被连接件中，较厚的零件加工出螺纹孔，较薄的零件加工出通孔；将螺钉穿过通孔拧入螺纹孔当中，靠螺钉头部的压紧使两个零件连接起来，如图 5.19（a）所示。这种连接方法拧入端的画法与螺柱连接的画法相类似。螺钉连接的画法根据螺钉头部的形状不同而有许多形式，如图 5.19（b）、（c）所示。

螺钉的公称长度 l，可先按下列公式计算后，再查标准选取标准值：

$$l \geqslant \delta + b_m$$

式中 δ——带沉孔零件的厚度；

b_m——螺纹的拧入深度，可根据零件的材料确定。

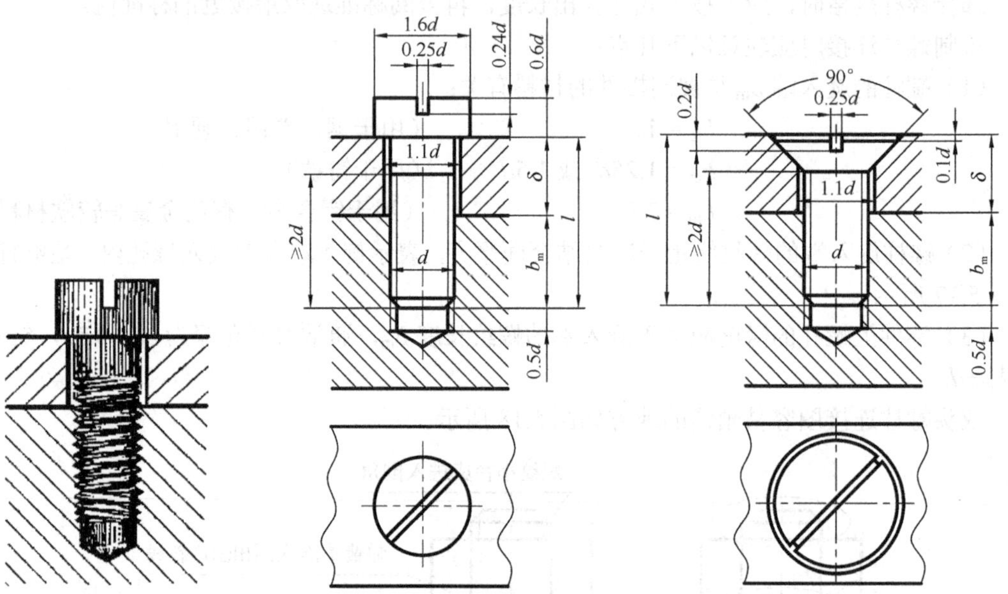

（a）螺钉连接　（b）开槽圆柱头螺钉　（c）开槽沉头螺钉

图 5.19　螺钉连接的画法

画螺钉连接时应注意以下几点：

① 螺钉的螺纹终止线不能与结合面平齐，应画在结合面的上方（带孔零件内），表示螺钉还有拧紧的余地，以保证连接紧固。

② 螺钉头部与沉孔、螺钉杆部与通孔之间应分别有间隙，画出两条轮廓线。但对于沉头螺钉，则应注意锥面处只画一条轮廓线。

③ 当采用开槽螺钉连接时，一字槽的画法：在非圆视图上槽位于螺钉头部的中间位置，而在圆投影的视图上槽应与水平成 45° 绘制，如果需要绘制左视图，一字槽也画在中间位置。当槽宽小于等于 2mm 时，可涂黑表示。

④ 在圆投影的视图中，螺钉头部及其槽的倒角投影一般省略不画。连接螺钉的种类很多，一般按照螺钉的头部和扳拧形式来划分。

（2）紧定螺钉连接

紧定螺钉通常起固定两个零件相对位置的作用，防止零件之间产生滑移和脱落。如图 5.20 所示，要想将轴和轮固定在一起，应先在轮毂的适当位置处加工出螺纹孔，然后将轮和轴装配起来，以螺孔导入钻出锥坑；最后拧入紧定螺钉，使轮和轴的相对位置固定，保证在运动时不致产生轴向移动。

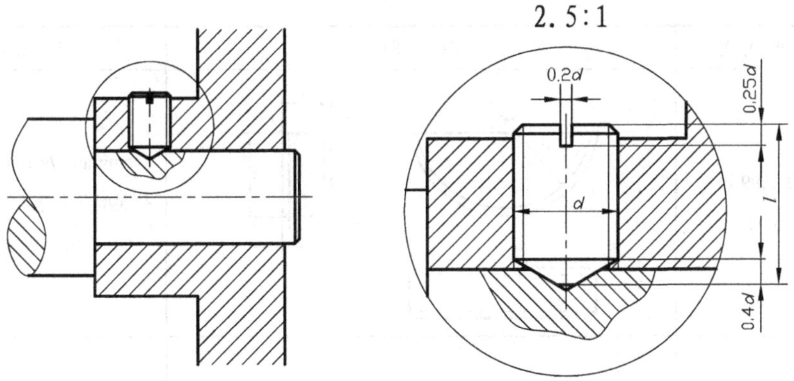

图 5.20　开槽锥端紧定螺钉连接的画法

5.4　键　连　接

键连接是一种可拆连接。键主要用于轴与轴上零件（如齿轮、带轮等）间的周向连接，以传递扭矩和运动。为了使齿轮随轴一起转动，在轮毂孔和轴上分别加工出键槽，用键将轴和轮连接起来进行转动，如图 5.21 所示。

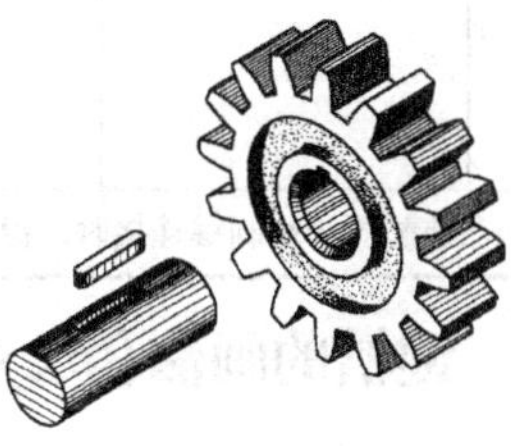

图 5.21　键连接

5.4.1　键的标记

键是标准件，其结构、尺寸、标记都应符合标准的相关规定。键的种类很多，常用的有普通平键、半圆键和钩头楔键。其中普通平键的应用最广，按照键槽的结构又可分为 A 型（圆头）、B 型（方头）和 C 型（单圆头）三种。常用键的标记方法如表 5.8 所示。

表 5.8　常用键的标记方法

名称	标准代号	图　例	标记示例
普通平键	GB/T 1096—2003	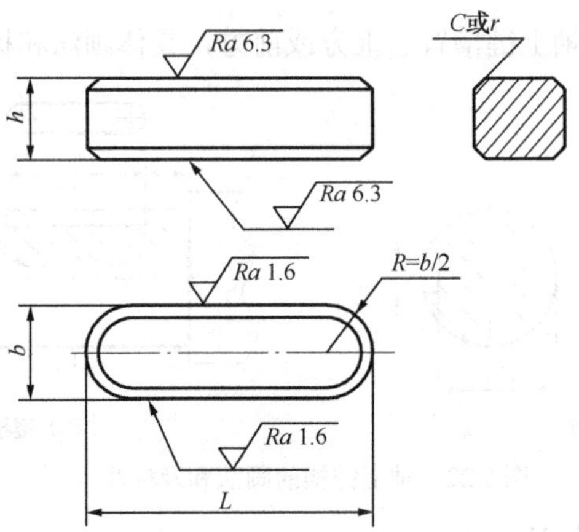	b=8mm，h=7mm，L=25mm 的 A 型普通平键： GB/T 1096　键　8×7×25 注：B、C 型普通平键应在规格前加注型式代号

续表

名称	标准代号	图 例	标记示例
半圆键	GB/T 1099.1—2003	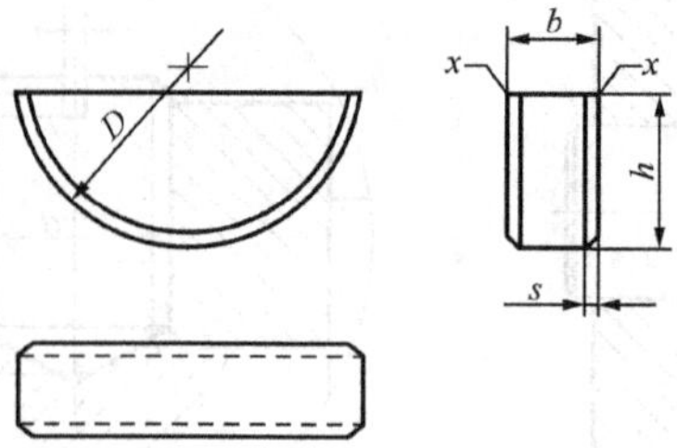	b=6mm，h=10mm，D=25mm 的普通型半圆键： GB/T 1099.1 键 6×10×25
钩头楔键	GB/T 1565—2003	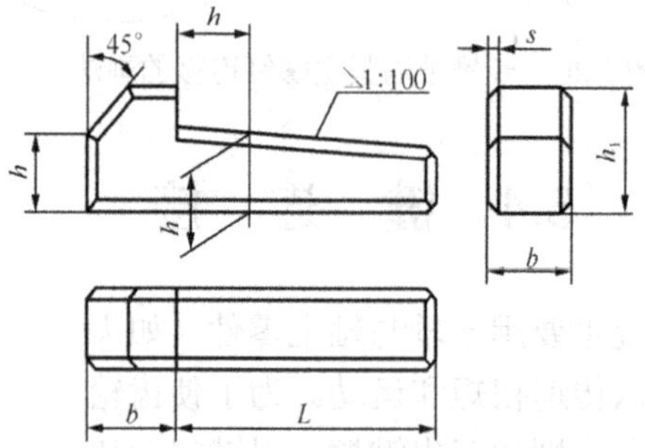	b=18mm，h=11mm，L=100mm 的钩头楔键： GB/T 1565 键 18×11×100
注：在装配图中绘制键连接时，键的倒角省略不画，以免造成对装配关系的误解。			

5.4.2 键槽的画法和尺寸标注

键连接是一种常用的标准连接方式，需要在被连接轮类零件的孔内和轴上加工出键槽，键槽的画法和标注方法应符合 GB/T 1095—2003 的规定。由于最常用的键连接是普通平键 A 型键，下面讲述 A 型平键槽的画法和标注方法。

（1）轴上键槽的画法及标注

在做设计或测绘零件时，键槽的宽度、深度和键的宽度、高度尺寸，可根据被连接的轴径在标准中查出。键及键槽的长度尺寸，应根据轮毂宽度，在标准系列当中选取（键长<轮毂宽）。

为了便于表达，通常将轴上键槽置于上方或前方，具体画法和标注方法如图 5.22 所示。

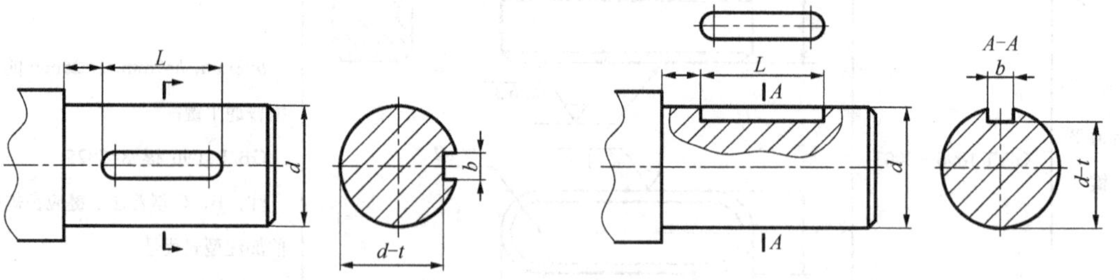

（a）键槽位于轴前方　　（b）键槽位于轴上方

图 5.22　轴上键槽的画法和及标注

（2）孔内键槽的画法及标注

轮类零件通过键连接可与轴一起旋转，以传递扭矩。

通常轮毂孔内的键槽是通槽，其位置与轴上键槽的位置类似，一般置于前方或上方。轮毂孔内键槽的画法和标注方法如图 5.23 所示。

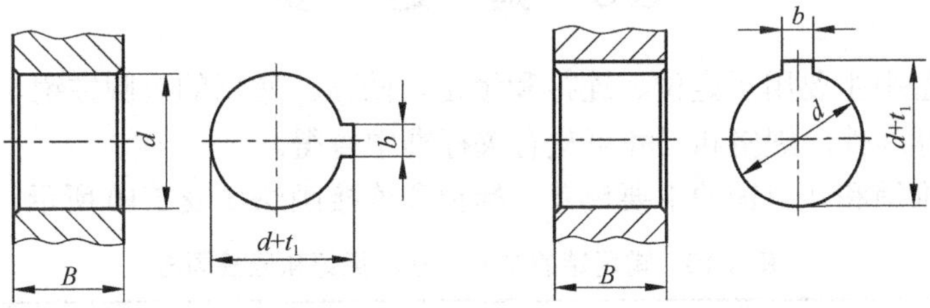

（a）键槽位于前方　　　　（b）键槽位于上方

图 5.23　轮毂孔内键槽的画法及标注方法

5.4.3　键连接的画法

普通平键和半圆键连接的作用原理相似，均是用键的两个侧面传递扭矩。半圆键常用于载荷不大的传动轴上。

钩头楔键的顶面为一个 1∶100 的斜面，装配时将键沿轴向打入键槽内，利用键的顶面及底面与键槽之间的挤压力使轴上零件固定。

画键连接图形时，在反映键长方向的剖视图中，轴零件上一般采用局部剖视，键按不剖处理。常用键连接的画法如表 5.9 所示。

表 5.9　常用键连接的画法

名称	键连接画法	说　明
普通平键	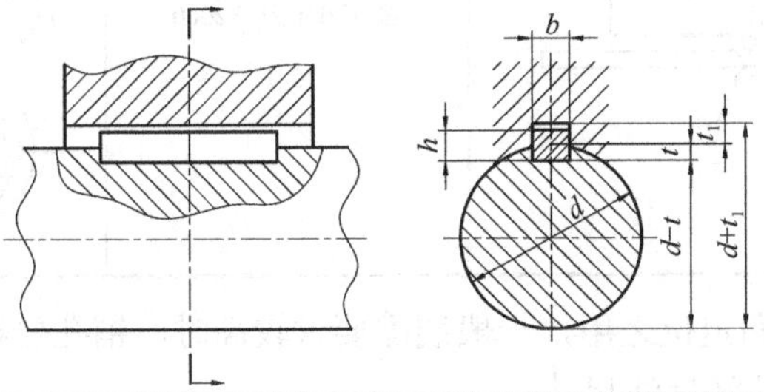	键的两侧面接触，下面与轴上键槽的底面接触（表示键完全装入键槽中），键的顶面与轮毂键槽底面留有一定间隙。 键的倒角可省略不画。 普通平键的对中性良好，装拆方便，适用于高精度、高速或承受变载、冲击的场合
半圆键	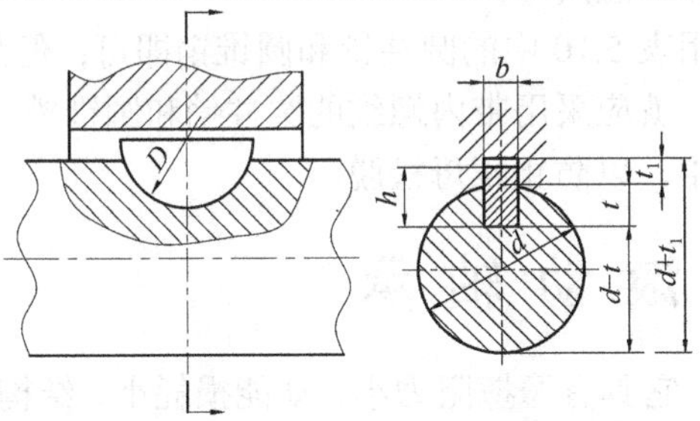	键的两侧面接触，下部圆弧面接触，顶面与轮毂键槽底面留有一定间隙。 半圆键装配方便，适用于圆锥形轴端的连接
钩头楔键	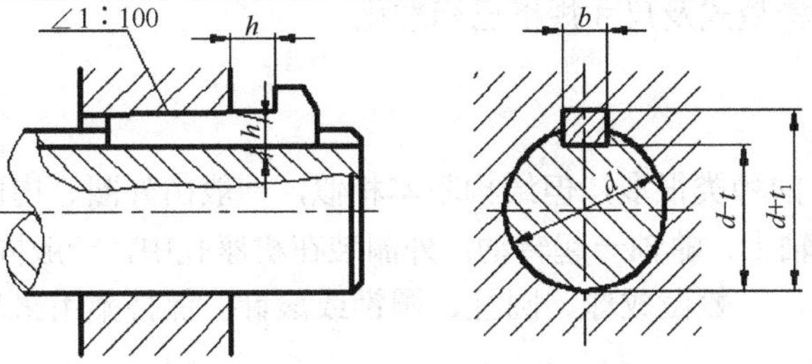	键的顶面与轮毂接触，底面与轴接触，键的两侧面为较松的间隙配合。 绘图时键与槽的四面同时接触。 用于精度要求不高、转速较低时传递较大的、双向的或有振动的转矩

5.5 销 连 接

销在机器设备中主要用于定位、连接和锁定、防松。常用的有圆柱销、圆锥销和开口销三种，它们都是标准件，规格和尺寸可从有关标准中查得。

圆柱销、圆锥销和开口销的主要尺寸、标记和连接画法如表 5.10 所示。

表 5.10 常用销的主要尺寸、标记和连接画法

名称及标准	主 要 尺 寸	标 记	连 接 画 法
圆柱销 GB/T 119.1—2000	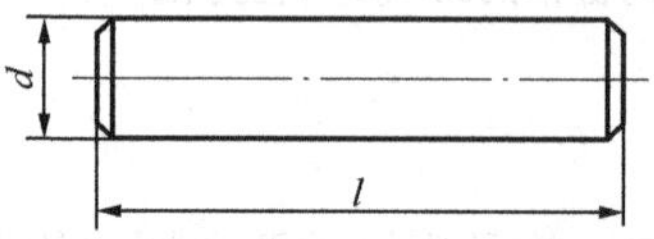	销 GB/T 119.1—2000 A d×l	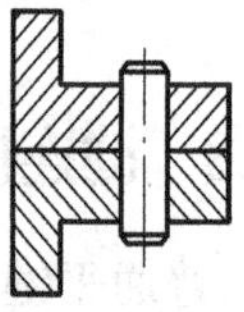
圆锥销 GB/T 117—2000	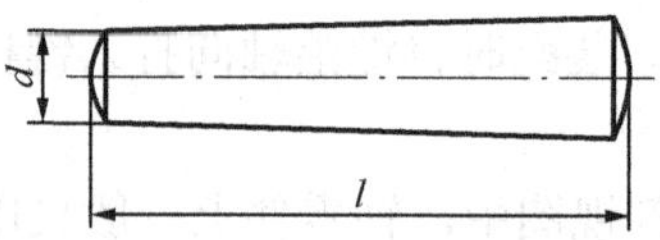	销 GB/T 117—2000 A d×l	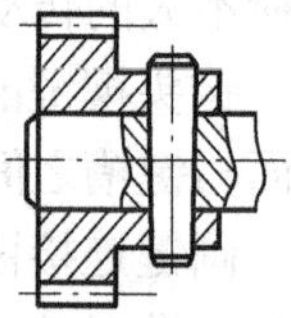
开口销 GB/T 91—2000	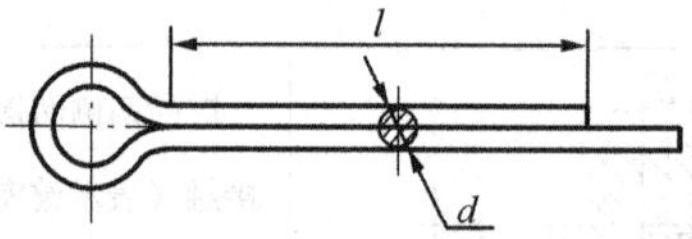	销 GB/T 91—2000 d×l	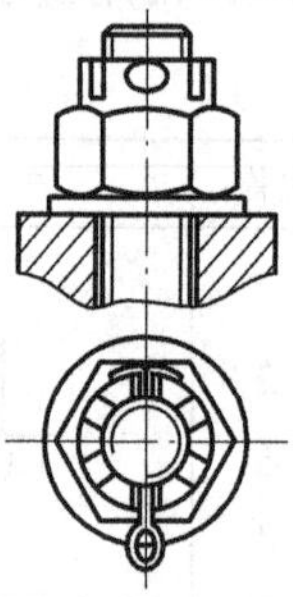

圆柱销和圆锥销可做零件间连接和定位之用，一般装配要求较高时，销孔要在被连接零件装配后同时加工。锥销孔应采用旁注法标注尺寸。

当两被连接件均为通孔时，一般使用表 5.10 中的圆柱销和圆锥销即可；但是，当其中一个零件上是盲孔时，销就不方便拆卸了，就应采用带内螺纹的圆柱销和圆锥销。

开口销常用在螺纹连接的锁紧装置中，以防止螺母松脱。

5.6 滚 动 轴 承

滚动轴承是用来支承旋转轴的组件，它具有摩擦阻力小、动能损耗小、结构紧凑等优点，在机器中广泛应用。滚动轴承的结构型式及尺寸规格已标准化。

5.6.1 滚动轴承的结构和分类

滚动轴承（GB/T 271—2017）的种类很多，但结构基本相似，一般由外圈、内圈、滚动体和保持架四部分组成。内圈套在轴上，随轴一起转动；外圈装在机座孔中，一般固定不动；滚动体装在内、外圈之间的滚道中，一般做成球、圆柱、圆锥或滚针；保持架用来均匀隔开滚动体。

按照可承受载荷的方向，滚动轴承分为以下三类（如图 5.24 所示）：

（1）向心轴承：主要承受径向载荷，如深沟球轴承。

（2）推力轴承：主要承受轴向载荷，如推力球轴承。

（3）向心推力轴承：能同时承受径向和轴向载荷，如圆锥滚子轴承。

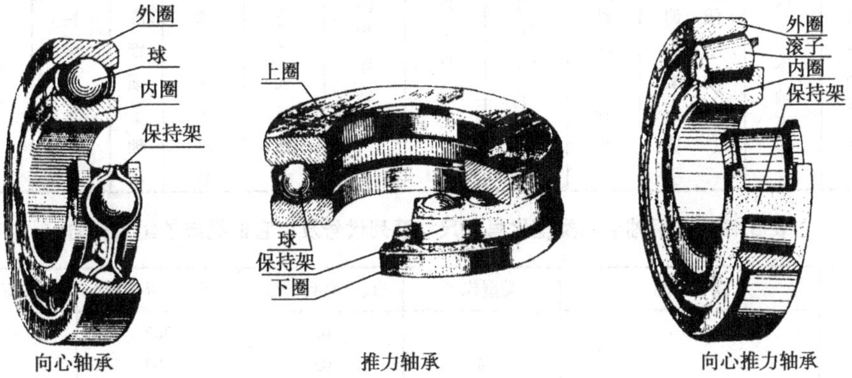

图 5.24　滚动轴承的分类

常见的滚动轴承如图 5.25 所示。

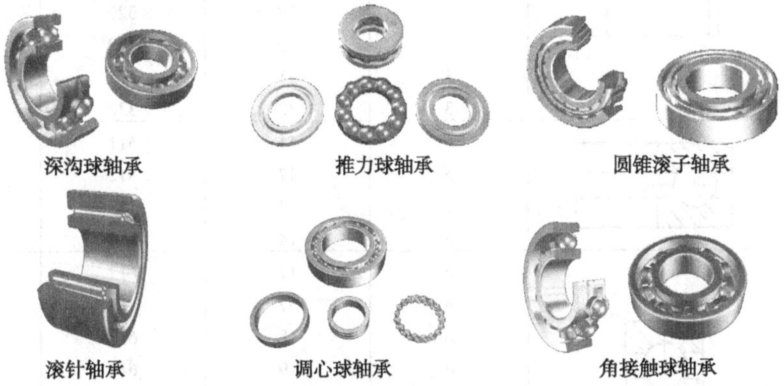

图 5.25　常见滚动轴承

5.6.2　滚动轴承的代号

滚动轴承的代号（GB/T 272—2017、JB/T 2974—2004）由前置代号、基本代号和后置代号三部分组成（依次排列），分别表明轴承的结构、尺寸、公差等级、技术性能等特征。

1. 基本代号

滚动轴承的基本代号由轴承类型代号、尺寸系列代号和内径代号构成。

轴承类型代号用数字或字母表示，如表 5.11 所示；尺寸系列代号的主要作用是区别内径相同而宽度和外径不同的轴承，用两位阿拉伯数字表示，前一位是轴承的宽（高）度系列代号，后一位是直径系列代号，常用轴承的尺寸系列代号如表 5.12 所示；内径代号也用数字表示，如表 5.13 所示。

表 5.11　轴承的类型代号

代号	0	1	2	3	4	5	6	7	8	9	N	U	QJ
轴承类型	双列角接触球轴承	调心球轴承	调心滚子轴承 推力调心滚子轴承	圆锥滚子轴承	双列深沟球轴承	推力球轴承	深沟球轴承	推力角接触球轴承	推力圆柱滚子轴承	推力圆锥滚子轴承	圆柱滚子轴承	外球面球轴承	四点接触球轴承

表 5.12　常用轴承的类型代号、尺寸系列代号及由它们组成的组合代号

轴承类型	简　图	类型代号	尺寸系列代号	组 合 代 号	标准代号
圆锥滚子轴承	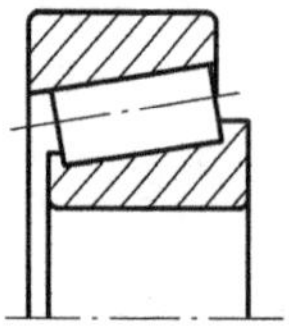	3	02	302	GB/T 297—2015
		3	03	303	
		3	13	313	
		3	20	320	
		3	22	322	
		3	23	323	
		3	29	329	
		3	30	330	
		3	31	331	
		3	32	332	
推力球轴承	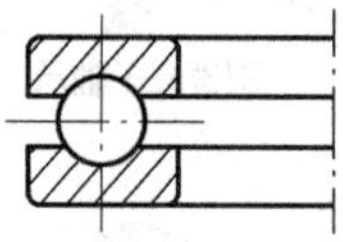	5	11	511	GB/T 301—2015
		5	12	512	
		5	13	513	
		5	14	514	
深沟球轴承	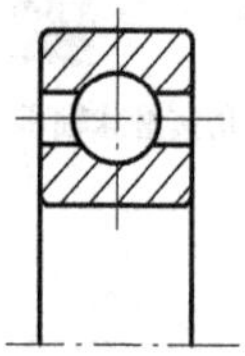	6	17	617	GB/T 276—2013
		6	37	637	
		6	18	618	
		6	19	619	
		16	（0）　0	160	
		6	（1）　0	60	
		6	（0）　2	62	
		6	（0）　3	63	
		6	（0）　4	64	

注意： 表中括号内的数字表示在组合代号中省略。

表 5.13　滚动轴承的内径代号及其示例

轴承公称内径/mm	内 径 代 号	示　例
0.6 到 10（非整数）	用公称内径毫米数直接表示，在其与尺寸系列代号之间用斜线分开	深沟球轴承　618/2.5 d=2.5mm
1 到 9（整数）	用公称内径毫米数直接表示，对深沟及角接触球轴承 7、8、9 直径系列，内径与尺寸系列代号之间用斜线分开	深沟球轴承 62/5，618/5 d=5mm

续表

轴承公称内径/mm		内 径 代 号	示　　例
10 到 17	10	00	深沟球轴承 6200 d=10mm
	12	01	
	15	02	
	17	03	
20 到 480 （22、28、32 除外）		公称内径除以 5 的商，若商为个位数，需在商左边加“0”	圆锥滚子轴承 30308 d=40mm
≥500 以及 22、28、32		用公称内径毫米数直接表示，与尺寸系列代号之间用斜线分开	调心滚子轴承　230/500 d=500mm 深沟球轴承　62/22 d=22mm

2. 前置、后置代号

前置、后置代号是轴承在结构形状、尺寸、公差、技术要求等有所改变时，在其基本代号左右添加的补充代号。

前置代号的含义需查阅 JB/T 2974—2004，后置代号的含义需查阅 GB/T 272—2017。

3. 轴承基本代号举例

轴承基本代号举例如图 5.26 所示。

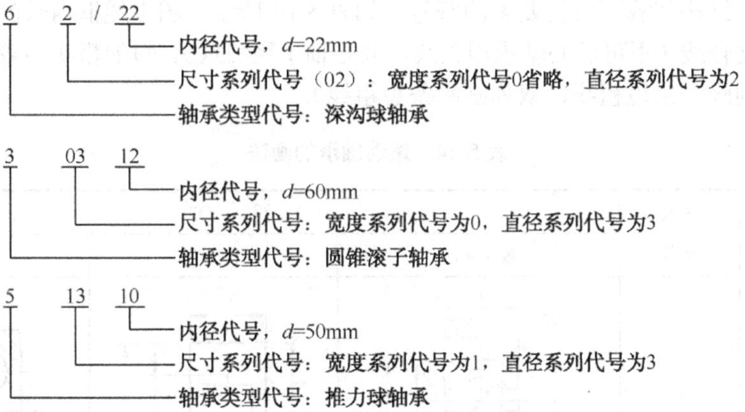

图 5.26　轴承基本代号举例

5.6.3　滚动轴承的画法

滚动轴承（GB/T 4459.7—2017）是标准件，使用时必须按要求选用。当需要绘制滚动轴承的图形时，应按照标准规定，根据不同的场合采用不同的方法画图，但在同一图样中一般只采用一种画法。

滚动轴承的画法有规定画法和简化画法两类，简化画法又分为通用画法和特征画法。

1. 通用画法

在剖视图中，当不需要确切地表示滚动轴承的外形轮廓、载荷特性和结构特征时，可采用矩形线框及十字符号的通用画法绘制，如图 5.27 所示。当需要表示滚动轴承的轮廓时，则应画出其断面轮廓，如图 5.28 所示。

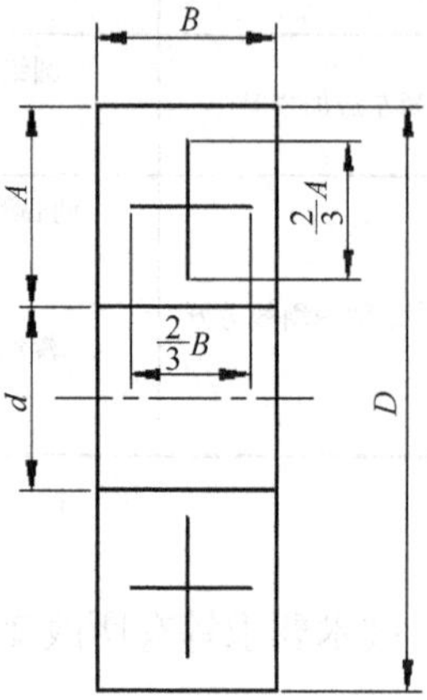

图 5.27 通用画法及其尺寸比例

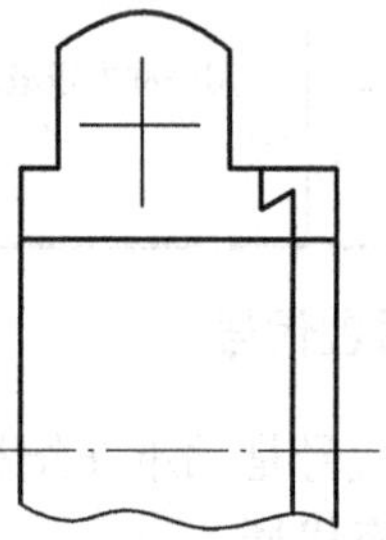
图 5.28 画出外形轮廓的通用画法

2. 特征画法

当需要比较形象地表示出滚动轴承的结构特征和载荷特性时，可采用特征画法。此时在矩形线框内画出结构和载荷特性要素的符号，如表 5.14 所示，图中线框内长的粗实线表示轴承滚动体的滚动轴线（不可调心轴承用直线，调心轴承用弧线），短的粗实线表示滚动体的列数和位置（单列画一条短粗线，双列画两条短粗线）。

表 5.14 滚动轴承的画法

名称和标准号	主要参数	画法		
		规定画法	特征画法	装配画法
深沟球轴承 GB/T 276—2013	D d B	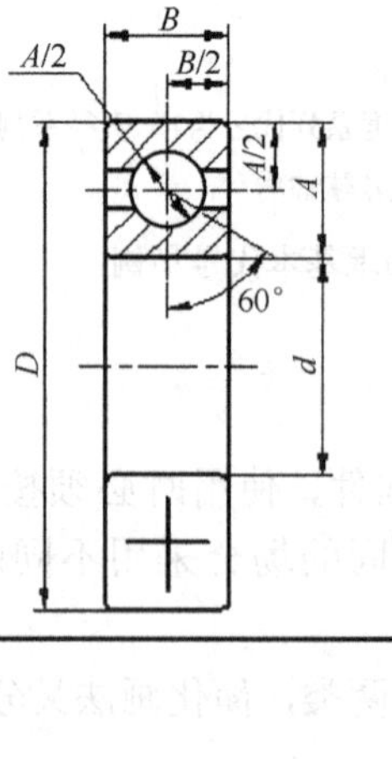	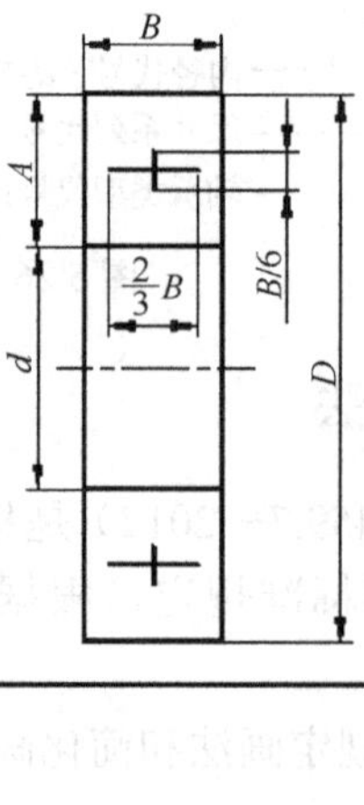	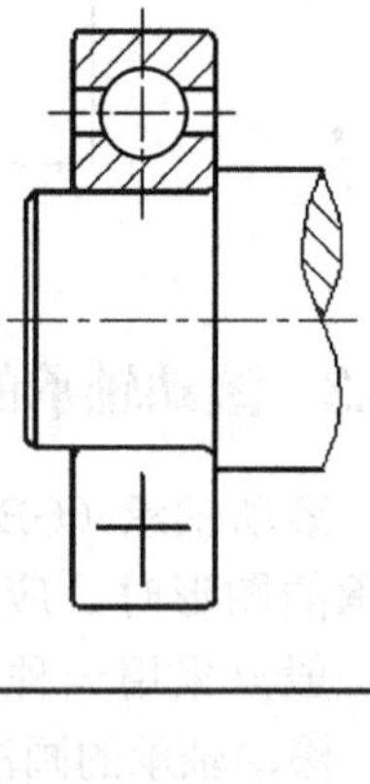

续表

名称和标准号	主要参数	画法		
		规定画法	特征画法	装配画法
圆锥滚子轴承 GB/T 297—2015	*D* *d* *B* *T* *C*	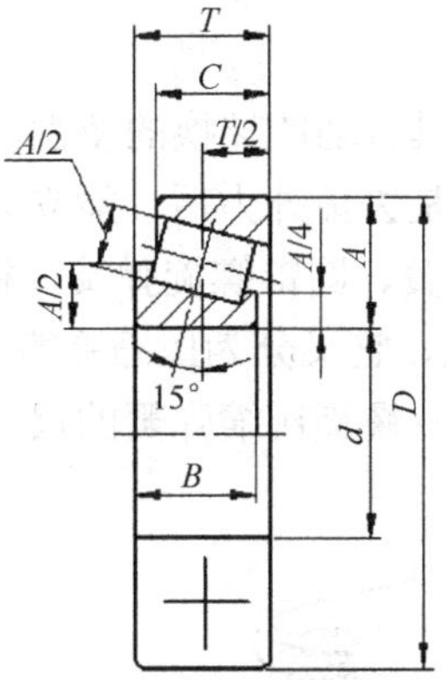	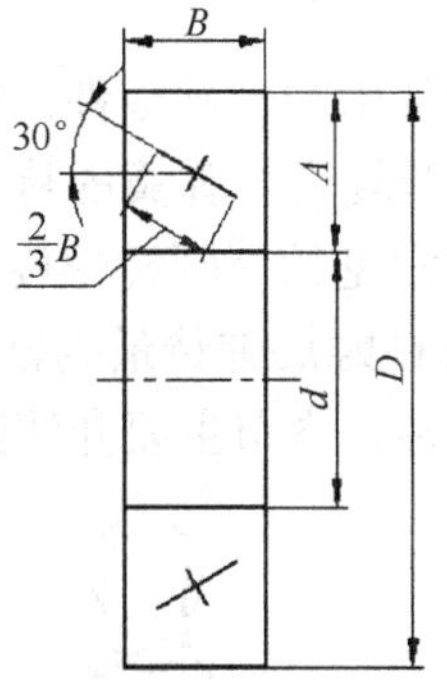	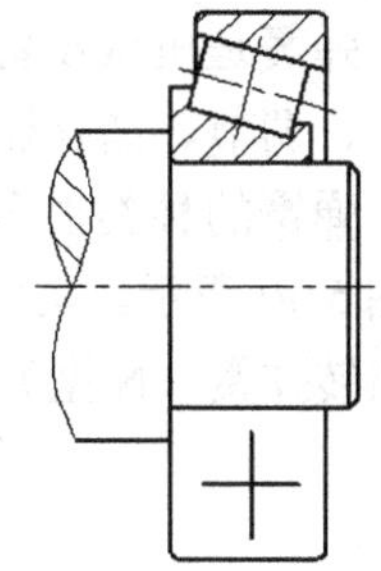
推力球轴承 GB/T 301—2015	*D* *d* *T*	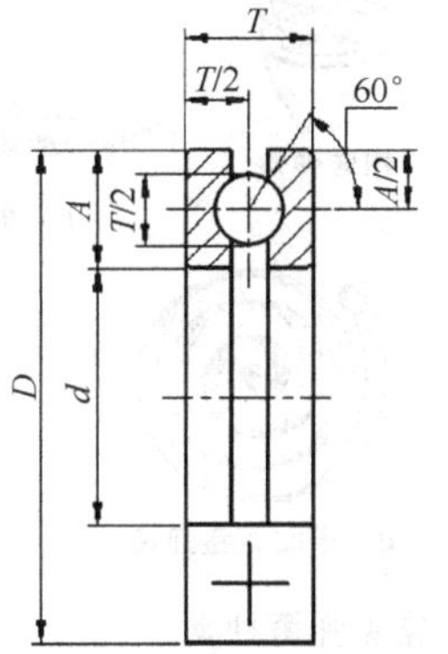	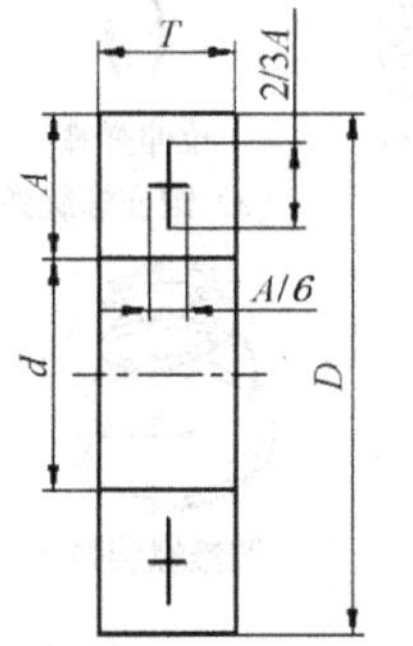	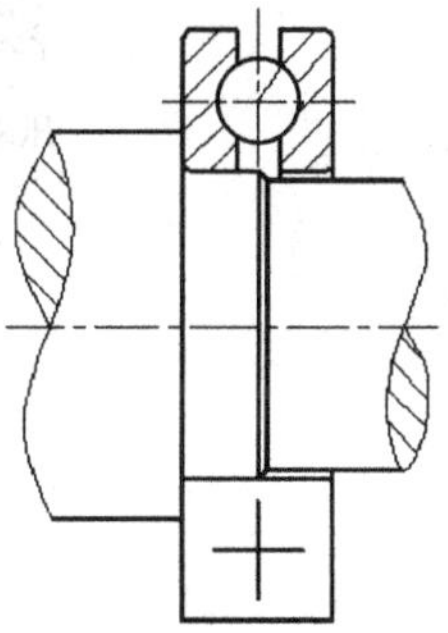

在垂直于滚动轴承轴线的视图上，无论滚动体的形状如何，以及尺寸如何，均可按图 5.29 所示的方法绘制。

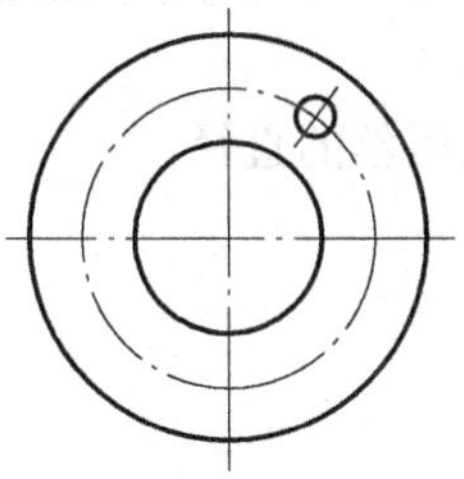

图 5.29　滚动轴承在垂直于轴线的视图中的特征画法

3. 规定画法

在装配图中，或在滚动轴承的产品图样、样本、标准、用户手册和使用说明书中，必要时可采用表 5.14 所示的规定画法绘制。

5.7 弹　　簧

5.7.1 弹簧的应用和分类

弹簧是机械设备中常用的一种零件，它具有功能转换的特性，可用于减振、夹紧、测力、复位、调节、储存能量等场合。弹簧的特点是去掉外力后，能立即恢复原状。

弹簧的种类很多，常见的有圆柱螺旋弹簧、圆锥螺旋弹簧、板弹簧、平面涡卷弹簧等，如图 5.30 所示。其中圆柱螺旋弹簧最为常见，它又分为压缩弹簧（Y 型）、拉伸弹簧（L 型）和扭转弹簧（N 型）三种。本节主要介绍圆柱螺旋压缩弹簧的尺寸计算和画法。

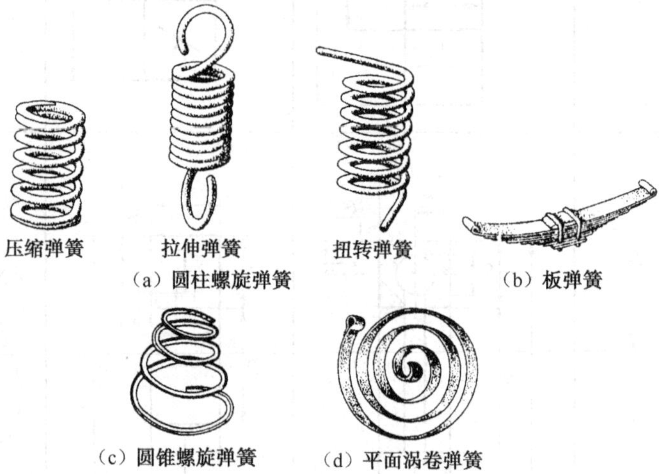

压缩弹簧　拉伸弹簧　扭转弹簧

（a）圆柱螺旋弹簧　（b）板弹簧

（c）圆锥螺旋弹簧　（d）平面涡卷弹簧

图 5.30　常见弹簧种类

5.7.2 圆柱螺旋压缩弹簧各部分的名称及尺寸计算

圆柱螺旋压缩弹簧（GB/T 2089—2009）的尺寸如图 5.31 所示。

（1）弹簧丝直径 d

弹簧丝直径 d 指制造弹簧所用金属丝的直径。

（2）弹簧直径

弹簧中径 D_2：弹簧的平均直径。

$$D_2=(D_1+D)/2$$

弹簧内径 D_1：弹簧的最小直径。

$$D_1=D-2d=D_2-d$$

弹簧外径 D：弹簧的最大直径。

$$D=D_1+2d=D_2+d$$

（3）节距 t

节距 t 是相邻两有效圈上对应点间的轴向距离。

（4）有效圈数 n

为了使压缩弹簧工作平稳、端面受力均匀，保证轴线垂

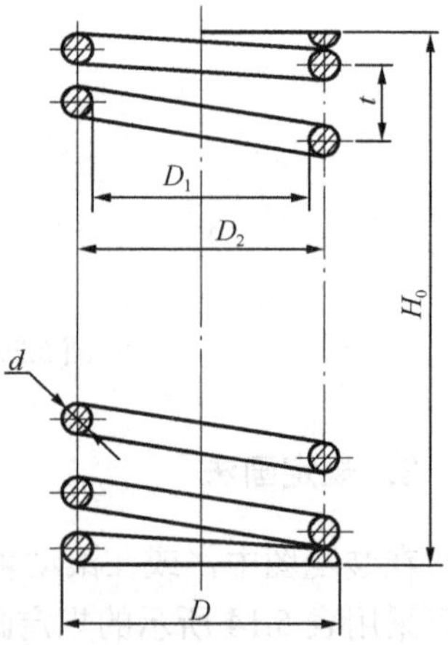

图 5.31　圆柱螺旋压缩弹簧的尺寸

直于支承端面，制造时需将弹簧的两端并紧且磨平。这部分弹簧圈数仅起支承作用，称为支承圈数（n_2）。支承圈数有 1.5、2 和 2.5 三种，一般为 2.5 圈。其余保持相等节距的弹簧圈数，称为有效圈数（n）。支承圈数和有效圈数之和称为总圈数（n_1），即

$$n_1=n_2+n$$

（5）自由高度 H_0

自由高度 H_0 指未受载荷时的弹簧高度（或长度）。

$$H_0= nt +(n_2-0.5)d$$

（6）展开长度 L

展开长度 L 指制造弹簧时所需金属丝的长度。

$$L\approx\pi D_2 n_1$$

（7）旋向

螺旋弹簧分为右旋和左旋两种。判断时将弹簧垂直放置，右侧高即为右旋，左边高即为左旋。

5.7.3　弹簧的画法

1. 螺旋弹簧的规定画法

弹簧的真实投影比较复杂，为了简化作图，国家标准（GB/T 4459.4—2003）对弹簧的画法进行了规定。

画图时可根据实际情况采用图 5.32 中的一种画法，并应注意以下几点：

（1）在平行于螺旋弹簧轴线的投影面的视图中，各圈的轮廓应画成直线。

（2）螺旋弹簧均可画成右旋，对必须保证的旋向要求应在“技术要求”中注明。

（3）有效圈数在 4 圈以上的螺旋弹簧中间部分可以省略。可在每一端只画 1～2 圈（支承圈除外），中间各圈只需用通过簧丝断面中心的细点画线连起来，且允许适当缩短图形长度。

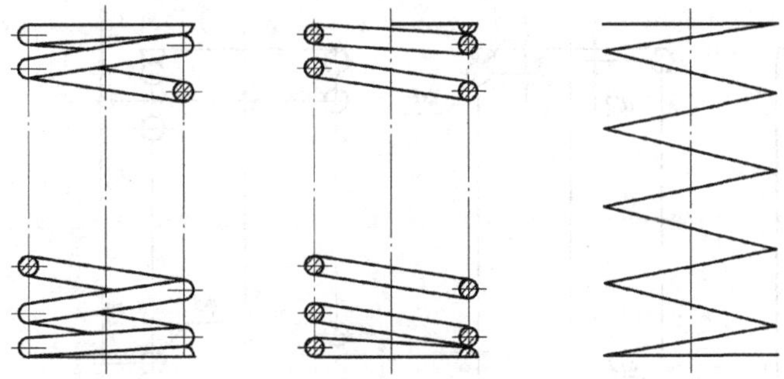

（a）视图　　（b）剖视图　　（c）示意图

图 5.32　圆柱螺旋压缩弹簧的画法

2. 装配图中弹簧的简化画法

在装配图中，弹簧后面被挡住的结构一般不画出，可见部分应从弹簧的外轮廓线或从弹簧钢丝剖面的中心线画起，如图 5.33（a）所示。

当弹簧钢丝的直径较小时（在图形上等于或小于 2mm），允许用示意图表示，如图 5.33（b）所示；当弹簧被剖切时，也可采用涂黑表示，如图 5.33（c）所示。

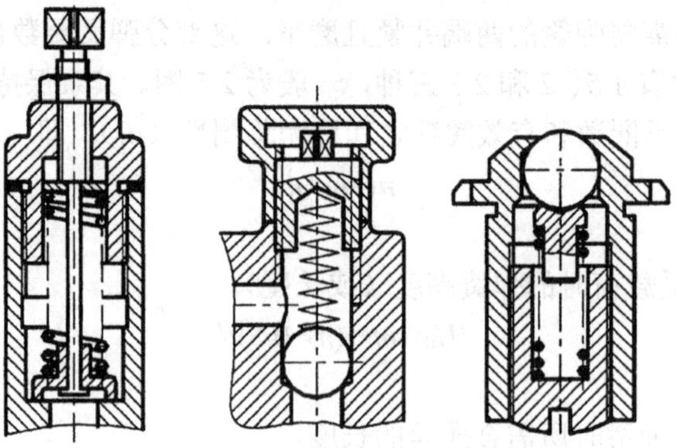

（a）　　（b）　　（c）

图 5.33　装配图中弹簧的画法

3. 圆柱螺旋压缩弹簧的作图步骤

下面通过一个实例来介绍圆柱螺旋压缩弹簧的作图步骤。

【例 5.4】 已知一普通圆柱螺旋压缩弹簧，其中径 D_2=38mm，弹簧丝直径 d=6mm，节距 t=11.8mm，有效圈数 n=7.5，支承圈数 n_2=2.5，右旋，试绘制该弹簧的剖视图。

解： 计算自由高度

$$H_0 = nt + (n_2 - 0.5)d = 7.5\times11.8+(2.5-0.5)\times6 = 100.5\text{mm}$$

作图步骤如图 5.34 所示。

（1）根据自由高度 H_0 和弹簧中径 D_2 作矩形 $ABCD$；

（2）根据弹簧丝直径 d，在矩形的上、下两端面画出支承圈部分的四个圆和两个半圆；

（3）根据节距 t 和弹簧丝直径 d，画有效圈数部分的五个圆；

（4）按右旋方向作相应圆的公切线，画弹簧丝的剖面线。

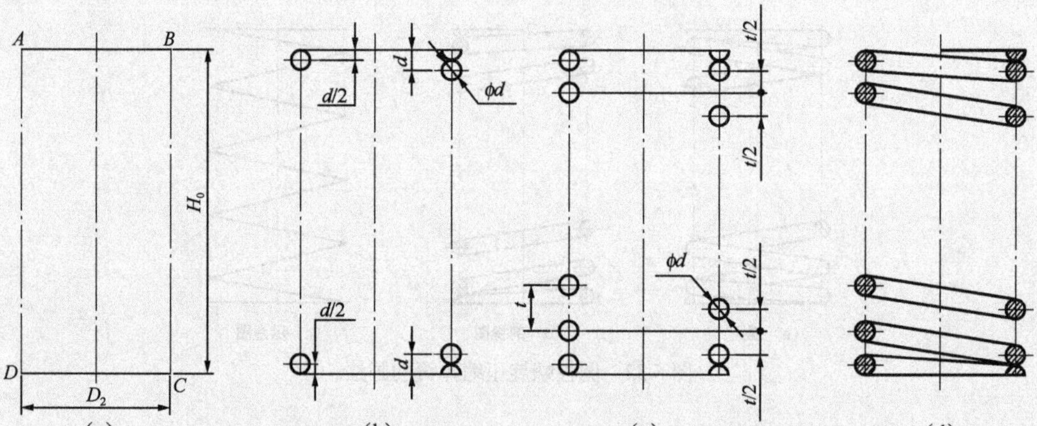

（a）　　（b）　　（c）　　（d）

图 5.34　圆柱螺旋压缩弹簧的作图步骤

图 5.35 为圆柱螺旋压缩弹簧工程图的格式，图形上方的图解图形表达弹簧负荷与长度之间的变化关系。当负荷为 F_1、F_2 时，弹簧的长度压缩至 f_1、f_2。

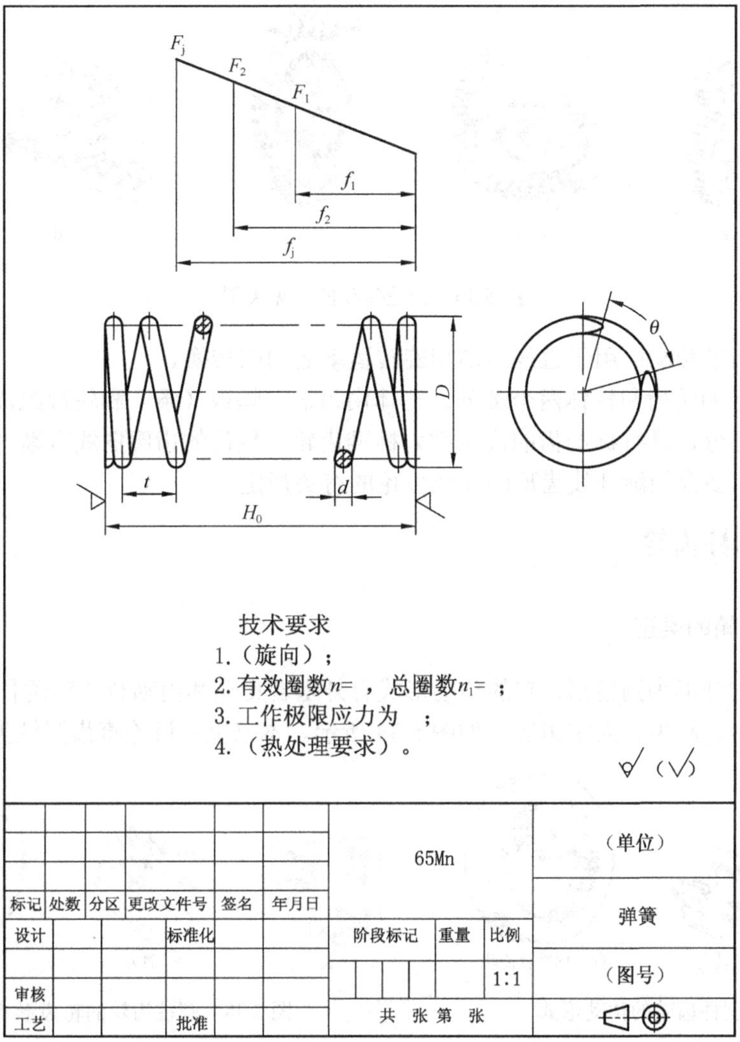

图 5.35 弹簧工程图

5.8 齿 轮

5.8.1 齿轮的作用与种类

齿轮是用来传递动力和运动的零件，可以改变速度和变换运动方向，是机器中应用最广泛的传动零件之一。

齿轮传动的种类很多，常见的有三种：圆柱齿轮传动、圆锥齿轮传动和蜗杆蜗轮传动，分别如图 5.36（a）、（b）、（c）所示。齿轮齿条传动是圆柱齿轮传动的特例，如图 5.36（d）所示。

（1）圆柱齿轮传动：用于两平行轴之间的传动，只改变速度。

（2）圆锥齿轮传动：用于两相交轴之间的传动，既可改变速度，也可改变运动方向。

（3）蜗杆蜗轮传动：用于两交叉轴之间的传动，既可改变速度，也可改变运动方向。

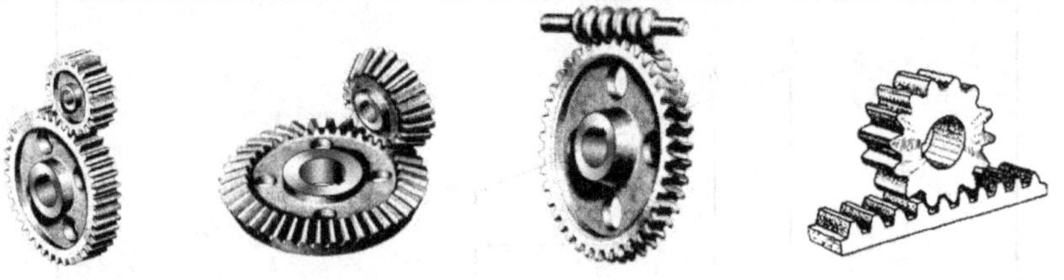

（a）　（b）　（c）　（d）

图 5.36　齿轮传动的常见类型

（4）齿轮齿条传动：用于直线运动和旋转运动之间的转换。

齿轮一般分为轮齿和轮体两个部分。轮体由齿盘、幅板（条）和轮毂组成。轮齿有标准齿和非标准齿之分，具有标准齿的齿轮称为标准齿轮。轮齿的齿廓曲线有渐开线、圆弧和摆线三种，本节主要介绍渐开线齿形的标准齿轮的有关规定。

5.8.2　直齿圆柱齿轮

1. 圆柱齿轮的类型

圆柱齿轮的外形为圆柱形，它的传动形式有外啮合传动和内啮合传动两种，如图 5.37 所示；轮齿有直齿、斜齿、人字齿等，如图 5.38 所示。本书重点讨论直齿圆柱齿轮。

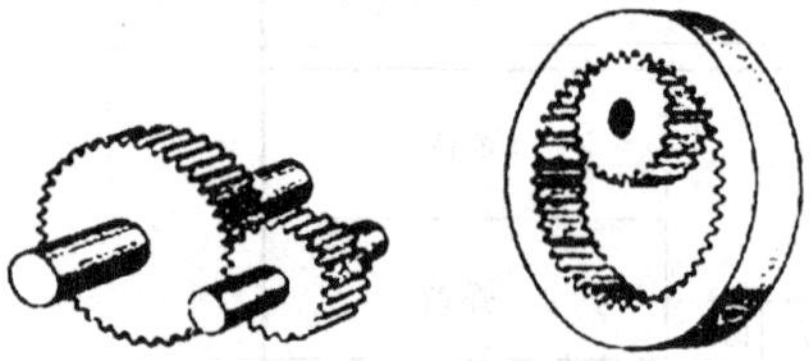

（a）外啮合传动　（b）内啮合传动

图 5.37　圆柱齿轮的传动形式

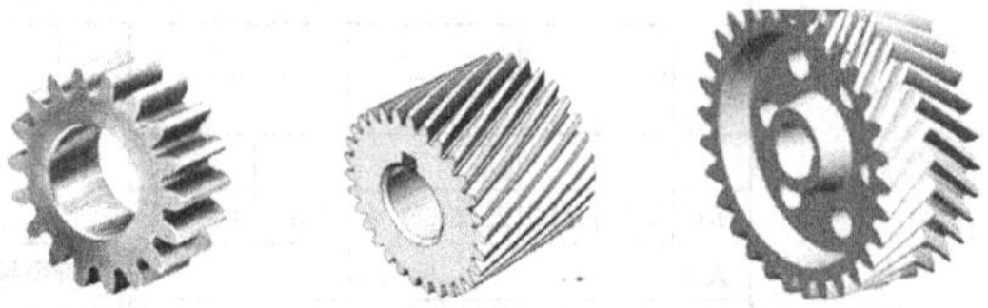

（a）直齿　（b）斜齿　（c）人字齿

图 5.38　圆柱齿轮的轮齿形式

2. 直齿圆柱齿轮轮齿的几何要素及尺寸关系

直齿圆柱齿轮轮齿的几何要素及尺寸关系如图 5.39 所示。

（1）齿顶圆直径 d_a

在圆柱齿轮上，通过轮齿顶部的圆柱面，其直径用 d_a 表示。

（2）齿根圆直径 d_f

在圆柱齿轮上，通过轮齿根部的圆柱面，其直径用 d_f 表示。

（3）分度圆直径 d

分度圆是齿轮设计和加工时计算尺寸的基准圆，是一个约定的假想圆柱面。分度圆直径用 d 表示。

（4）齿高 h

轮齿在齿顶圆与齿根圆之间的径向距离为齿高。齿高分为齿顶高和齿根高两段：

齿顶高：齿顶圆与分度圆之间的径向距离，用 h_a 表示；

齿根高：分度圆与齿根圆之间的径向距离，用 h_f 表示；

齿高：$h = h_a + h_f$。

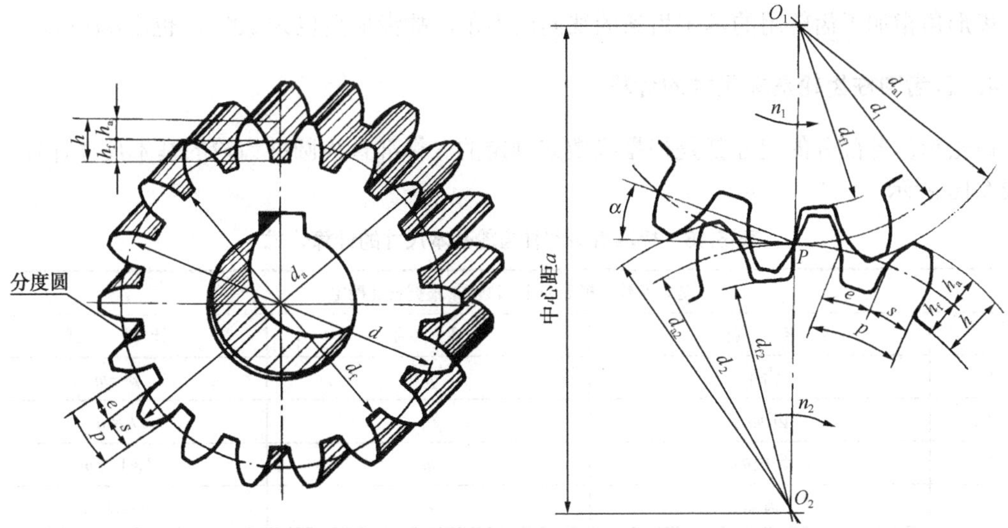

图 5.39　直齿圆柱齿轮的几何要素及尺寸关系

（5）齿距 p

分度圆上相邻两齿廓对应两点之间的弧长称为齿距。对于标准齿轮，分度圆上齿厚 s 与槽宽 e 相等，故有以下关系式：

$$p=s+e=2s=2e \text{ 或 } s=e=p/2$$

（6）中心距 a

两圆柱齿轮轴线之间的距离称为中心距。

3. 直齿圆柱齿轮的基本参数

（1）齿数 z

齿轮上轮齿的总数称为齿数，用 z 表示，它是齿轮计算的主要参数之一。

（2）模数 m

在齿轮上有多少个齿（齿数 z），就会有多少个齿距（p），因此分度圆的周长为 $\pi d=pz$，所以 $d=pz/\pi$。令 $p/\pi=m$，则 $d=mz$。

式中，m 为齿轮的模数，单位为 mm。

模数是设计、制造齿轮的一个重要参数，为了简化和统一齿轮的轮齿规格，提高齿轮的互换性，以及便于齿轮的加工、修配，减少齿轮刀具的规格品种，国家标准对齿轮的模数做出了统一规定，如表 5.15 所示。

表 5.15　圆柱齿轮的模数（GB/T 1357—2008）　单位：mm

第一系列	1，1.25，1.5，2，2.5，3，4，5，6，8，10，12，16，20，25，32，40，50
第二系列	1.125，1.375，1.75，2.25，2.75，3.5，4.5，5.5，（6.5），7，9，（11），14，18，22，28，36，45

选用圆柱齿轮模数时应注意：应优先选用第一系列，其次选用第二系列，括号内的尽可能不用；对于斜齿圆柱齿轮是指法向模数 m_n。

（3）压力角和齿形角 α

如图 5.39 所示，轮齿在分度圆上啮合点 P 的受力方向（渐开线的法线方向）与该点的瞬时速度方向（分度圆的切线方向）所夹的锐角 α 称为压力角，标准规定压力角 $\alpha=20°$。

齿形角指加工齿轮用的基本齿条的法向压力角，故齿形角也为 20°，也用α表示。

4. 直齿圆柱齿轮基本尺寸的计算

齿轮轮齿各部分的尺寸都是根据模数来确定的。标准直齿圆柱齿轮的基本尺寸计算公式如表 5.16 所示。

表 5.16　标准直齿圆柱齿轮基本尺寸的计算公式

基本参数：模数 m 和齿数 z，根据设计确定			
序　号	名　称	符　号	计 算 公 式
1	齿距	p	$p=\pi m$
2	齿顶高	h_a	$h_a=m$
3	齿根高	h_f	$h_f=1.25m$
4	齿高	h	$h=2.25m$
5	分度圆直径	d	$d=mz$
6	齿顶圆直径	d_a	$d_a=m(z+2)$
7	齿根圆直径	d_f	$d_f=m(z-2.5)$
8	中心距	a	$a=\frac{1}{2}m(z_1+z_2)$ （z_1 和 z_2 是两齿轮的齿数）

5. 直齿圆柱齿轮的画法

（1）单个直齿圆柱齿轮的画法

齿轮的轮齿部分应按 GB/T 4459.2—2003 的规定绘制，如图 5.40 所示。

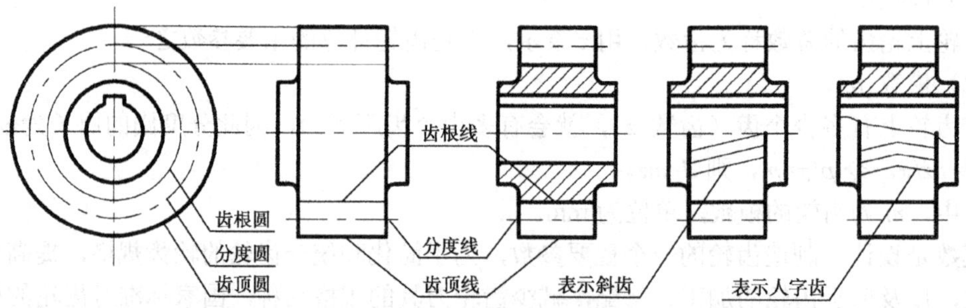

图 5.40　齿轮的画法

齿顶圆和齿顶线用粗实线绘制；分度圆和分度线用细点画线绘制，并且分度线应超出齿轮两端面 2～3mm；在视图中齿根圆和齿根线用细实线绘制或省略不画，在剖视图中齿根线用粗实线绘制。在剖视图中，当剖切平面通过齿轮的轴线时，轮齿一律按不剖处理。

齿轮一般用两个视图表示，或者用一个视图和一个局部视图表示。通常将非圆的剖视图或半剖视图作为主视图，并将轴线水平放置。

除轮齿部分外，其余轮体的结构均按真实投影绘制，其结构和尺寸由设计要求确定。

（2）两直齿圆柱齿轮啮合的画法（如图 5.41 所示）

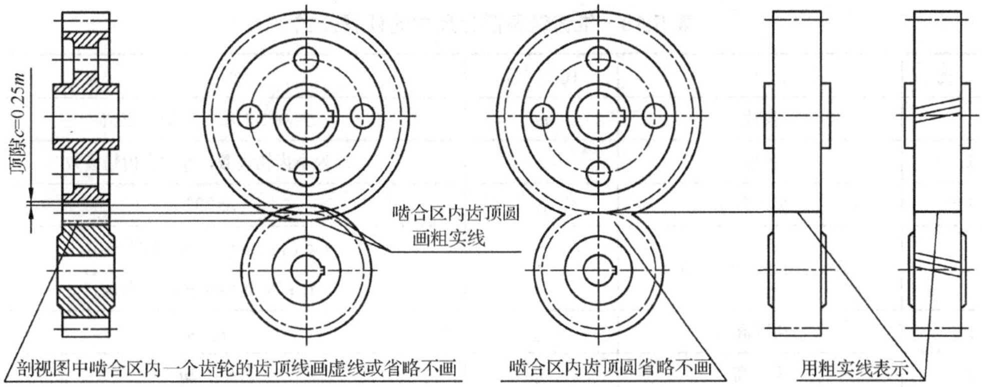

（a）规定画法　　（b）省略画法　　（c）外观视图

图 5.41　两直齿圆柱齿轮啮合的画法

5.8.3　直齿圆锥齿轮

1. 直齿圆锥齿轮各部分的名称、代号

直齿圆锥齿轮通常用于交角为 90° 的两轴之间的传动。锥齿轮各部分名称、代号及画法如图 5.42 所示。

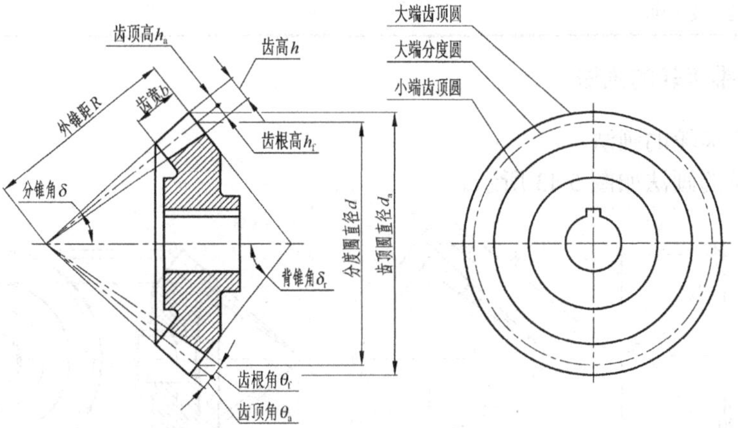

图 5.42　锥齿轮各部分名称、代号和画法

2. 直齿圆锥齿轮基本尺寸的计算

由于锥齿轮的轮齿分布在圆锥表面，故其轮齿的厚度和高度都沿着齿宽方向逐渐变化，因此锥齿轮的模数是变化的。为了计算和制造方便，规定锥齿轮的大端端面模数为标准模数，如表 5.17 所示；以它作为计算其他各部分尺寸的基本参数，计算公式如表 5.18 所示。

表 5.17　锥齿轮大端端面模数（摘自 GB/T 12368—1990）　　单位：mm

1	1.125	1.25	1.375	1.5	1.75	2	2.25	2.5	2.75	3	3.25
		3.5	3.75	4	4.5	5	5.5	6	5.5	7	8
		9	10	11	12	14	16	18	20	22	25
		28	30	32	36	40	45	50			

表 5.18　锥齿轮各部分尺寸的计算公式

序　号	名　称	代　号	公　式
1	模数	m	大端端面模数，取标准值
2	齿数	z	z_1为小齿轮齿数，z_2为大齿轮齿数
3	齿形角	α	α=20°
4	分度圆锥角（分锥角）	δ	$\tan\delta_1 = z_1/z_2$　$\delta_2 = 90° - \delta_1$ （δ_1和δ_2是两齿轮的分锥角）
5	齿顶高	h_a	$h_a=m$
6	齿根高	h_f	$h_f=1.2m$
7	齿高	h	$h=2.2m$
8	分度圆直径	d	$d=mz$
9	齿顶圆直径	d_a	$d_a=m(z+2\cos\delta)$
10	齿根圆直径	d_f	$d_f=m(z-2.4\cos\delta)$
11	顶锥角	δ_a	$\delta_a=\delta+\theta_a$
12	根锥角	δ_f	$\delta_f=\delta-\theta_f$
13	齿宽	b	$b \leqslant R/3$
14	外锥距	R	$R=mz/2\sin\delta$
注：以上各尺寸均是大端尺寸。			

3. 直齿圆锥齿轮的画法

（1）单个锥齿轮的画法

单个锥齿轮的画法如图 5.43 所示。

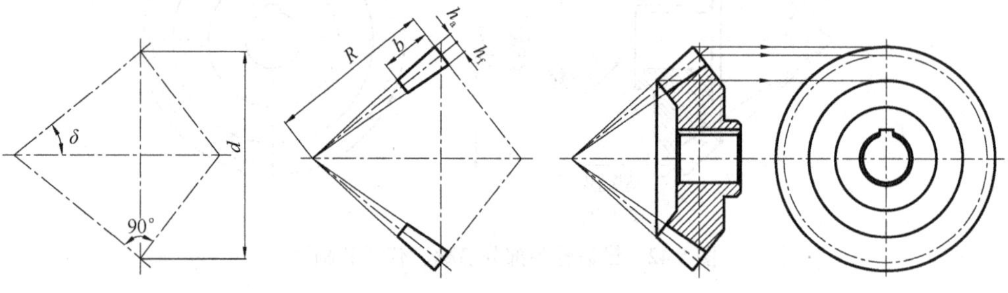

（a）定出分度圆直径和分度圆锥角　（b）画出齿顶线、齿根线，定出齿宽　（c）完成其他图线

图 5.43　单个锥齿轮的画图步骤

在非圆投影的视图中，与圆柱齿轮的画法类似，用粗实线绘制齿顶线和齿根线，用细点画线绘制分度线，并超出端面 2～3mm。通常采用剖视图，轮齿按不剖处理。

在圆投影的视图中，用粗实线绘制大端和小端的齿顶圆；用细点画线绘制大端的分度圆，小端分度圆不画；齿根圆省略不画。也可采用仅画表达键槽轴孔的局部视图。

（2）锥齿轮啮合的画法

一对准确安装的标准锥齿轮啮合时，它们的分度圆锥相切，故节线重合，用点画线画出；在啮合区内的画法与圆柱齿轮的画法类似，将其中一个齿轮的齿顶线画成粗实线，而将另一个齿轮的齿顶线画成虚线或省略不画，如图 5.44 所示。

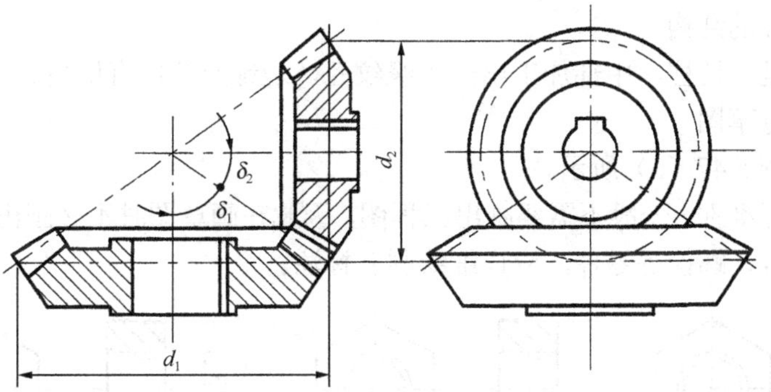

图 5.44　锥齿轮啮合的画法

5.9　典型标准件及常用件测绘——螺母、直齿圆柱齿轮

减速器（如图 5.45 所示）中连接上下箱体的螺栓连接件包括螺栓、螺母、垫圈三种常用标准件，减速器的从动齿轮则是一种非常典型的直齿圆柱齿轮。下面通过两个案例分别介绍标准件及常用件的测绘方法和步骤。

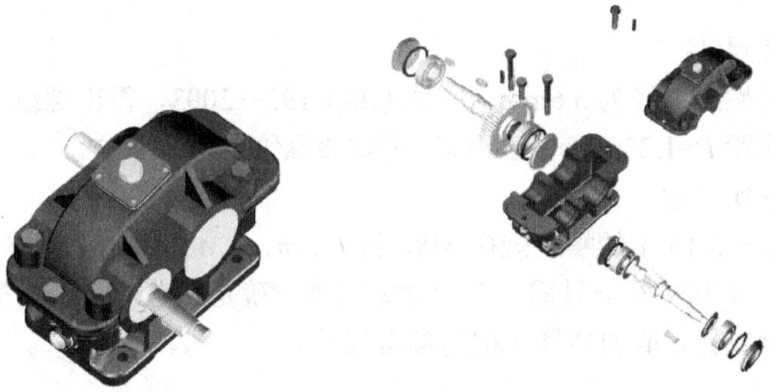

图 5.45　减速器

案例 1　螺母

如图 5.46 所示的六角螺母是最常见的标准件之一，在减速器中与螺栓和垫圈成组使用。

(a)　(b)

图 5.46　六角螺母及其应用

（1）准备工作

① 准备好画底稿线和描粗用的铅笔，画图用的图纸、橡皮，以及需要的测量工具等。常用测量工具及其使用方法见附录 B。

② 弄清楚零件的名称、用途，以及它在部件中的装配关系。标准件的名称不能随意取，应符合相关标准的规定。

（2）观察零件的结构

螺母的原形是六棱柱，中部加工出一个螺纹孔，边缘及孔口有倒角。

（3）绘制螺母草图

螺母草图如图 5.47（a）所示。

由于螺母是标准件，一般不需要画出工程图，因此在画草图时不必画出倒角等细小结构。但对于非标准螺母、螺栓等零件，应详细绘制并标注。

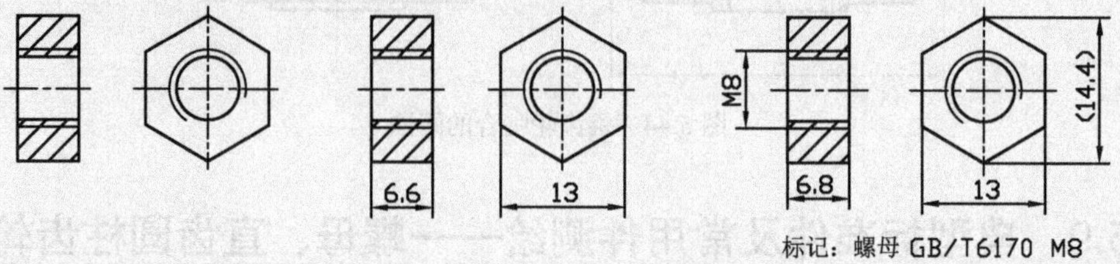

（a）（b）（c）

图 5.47　六角螺母测绘草图

（4）测量螺母的外形尺寸

用游标卡尺测得螺母对边尺寸为 13mm、厚度为 6.6mm，暂时标注在草图中，如图 5.47（b）所示。

（5）测量螺纹孔尺寸

用游标卡尺测得螺纹内径为 5.6mm，查阅 GB/T 193—2003，得出螺纹公称直径为 8mm。用螺纹规测得螺距 P=1.25mm，查阅标准可知该螺纹为粗牙螺纹。

（6）查阅标准核实尺寸

查阅 GB/T 6170—2015 中的螺纹规格 M8，将 D、m、s、e 等参数的标准值标注在草图中，如图 5.47（c）所示。其中 s 和 e 只需一个尺寸即可唯一确定六边形，因此都标注出来属于重复标注，应省略不标或将 e 值加括号（称为参考尺寸）。

（7）写出标记

根据标准规定写出螺母的标记，如图 5.47（c）所示。

案例2　直齿圆柱齿轮

如图 5.48 所示的圆柱齿轮在减速器中通过平键连接，随从动轴一起旋转，将主动轴的高速降至较低速度。

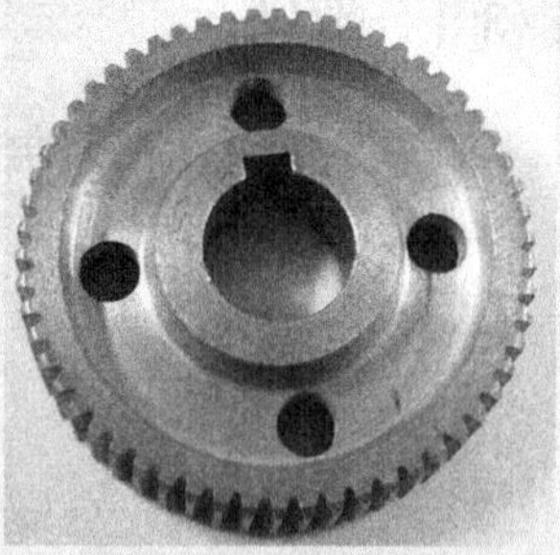

图 5.48　圆柱齿轮

（1）准备工作

略。

（2）观察零件的结构

根据齿轮轮齿与轴线平行的关系，判断其为直齿圆柱齿轮；轴孔处有一个键槽，可通过键连接实现传动；中部两侧的凹槽和均匀分布的圆孔仅是用来减轻齿轮重量的结构。

（3）绘制齿轮草图

参照标准规定的齿轮画法及齿轮外形，绘制该齿轮轮廓，如图 5.49（a）所示。

由于齿轮存在轴孔、凹槽等内部结构，将主视图剖开，绘制出轴孔、倒角、键槽和凹槽等细节部分，如图 5.49（b）所示。

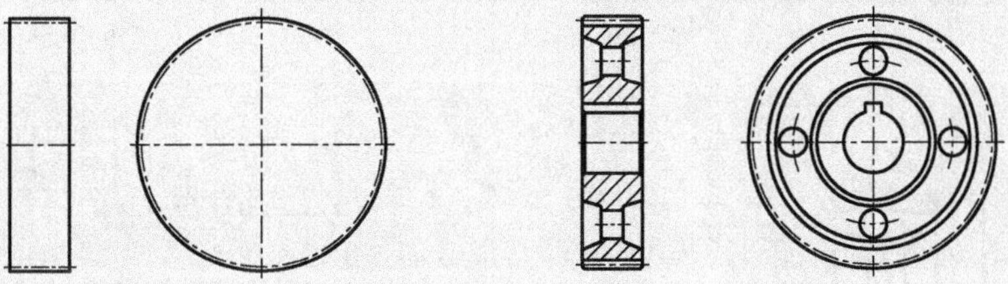

（a）　　　　　　（b）

图 5.49　齿轮草图

（4）测量齿轮的外形尺寸

用游标卡尺测量出齿轮的外径尺寸（齿顶圆）d_a' = 89.6mm，齿轮厚度=22mm，齿轮内孔直径=22mm，然后数出齿数 z=58。

（5）确定模数 m

根据以下公式进行计算：

$$m' = d_a/(z+2h_{a*})$$

将 d_a 代入测量所得的 d_a' 值；h_{a*}为齿顶高系数，取 1；计算出 m' ≈1.4933mm。

查阅表 5.15 所示的直齿圆柱齿轮模数系列，选取与计算出的数值最接近，并且偏上的数值。故确定该齿轮的模数 m=1.5mm。

（6）计算齿轮的基本尺寸

根据表 5.16 所示的计算公式，计算出齿轮的齿顶圆和分度圆尺寸，标注在草图中，如图 5.50（a）所示。

（7）标注主要结构尺寸

齿轮属于部分结构标准化的常用件，对于除齿部以外的结构，按照机械制图的规定进行标注，如图 5.50（b）所示。

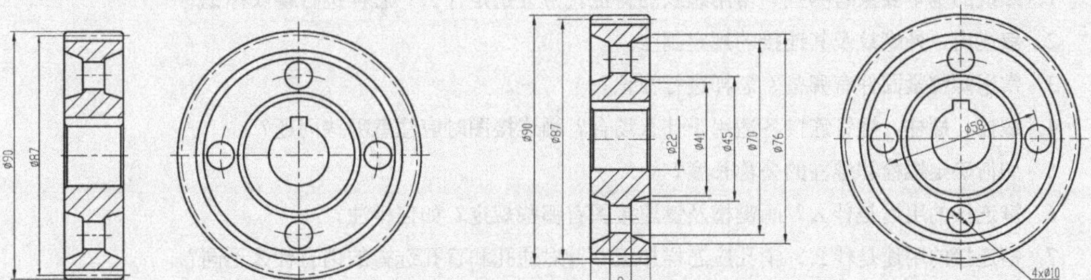

（a）　　　　　　（b）

图 5.50　标注齿轮尺寸

（8）标注键槽尺寸、公差及技术要求

标注键槽尺寸及尺寸公差、表面结构、几何公差等技术要求，如图 5.51 所示。

其中键槽为标准结构，仅需测量出槽宽尺寸，查阅 GB/T1096—2003 选择最接近的数值进行标注，同时查阅出对应的槽深尺寸，按标准规定标注。

（9）填写参数表和标题栏

对于齿轮零件，在图形的右上角应列出主要参数表。受图纸幅面限制，将左视图改画成局部视图。如图 5.51 所示为完成的齿轮零件草图。

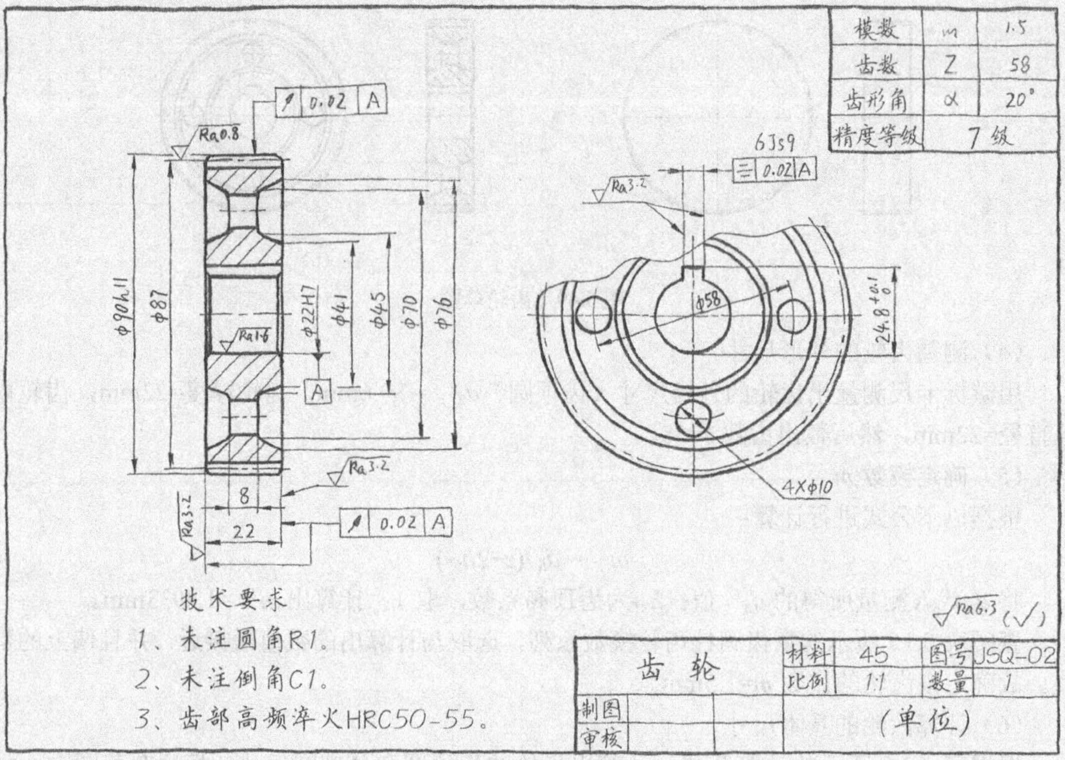

图 5.51 齿轮零件草图

课后思考

1．螺纹的基本要素有哪些？常用螺纹的特征代号分别是什么？怎样进行螺纹标记？

2．叙述内、外螺纹及其连接的规定画法。

3．常用螺纹紧固件有哪些？怎样进行标记？

4．螺栓、螺柱、螺钉连接各适用于什么场合？画连接图时应注意哪些问题？

5．如何确定螺栓和螺柱的公称长度？

6．键连接的用途是什么？画键槽及键连接图有哪些规定？如何标注？

7．销连接的用途是什么？销孔应怎样加工？针对通孔和盲孔选择的销有什么不同？

8. 分别说明轴承代号 51311、6205、30208 表示什么含义？熟悉深沟球轴承和圆锥滚子轴承的规定画法。

9．国家标准对绘制压缩弹簧工程图有哪些规定？

10．说明齿轮传动的作用和分类，以及齿轮画法的相关规定。

第 6 章　薄板类零件的测绘

【能力目标】

（1）能够正确分析薄板类零件的结构、形状及零件在装配体中的作用，可以初步判断出零件的材料。

（2）快速确定薄板类零件的表达方案，徒手绘制出准确的零件草图。

（3）能够正确使用直尺、游标卡尺等常用测量工具，准确测量出长度、宽度、厚度、深度、内外直径、圆角半径、孔中心距等尺寸。

（4）能够正确标注薄板类零件图的尺寸。

（5）能够快速、准确地识读薄板类零件图。

（6）能够使用 AutoCAD 软件绘制出规范的薄板类零件图。

【知识目标】

（1）了解测绘零件草图的一般步骤。

（2）掌握薄板类零件中孔、槽、倒角、圆角等结构的表达方法及标注方法。

（3）掌握常见尺寸的测量方法和各种薄板类零件的尺寸标注方法。

（4）掌握 AutoCAD 中文字书写方法及快速引线标注方法。

（5）熟悉 AutoCAD 中的图块操作。

6.1　薄板类零件上常见工艺结构

薄板类零件的特征是厚度远小于其长度和宽度，在机器设备中多为垫片、盖板、挡板、压板等。一般情况下薄板类零件的形状比较简单，零件上会分布一些孔、槽、倒角、圆角等结构。

6.1.1　常见孔的形式及其标注方法

薄板类零件上通常会存在各种安装孔，其尺寸标注方法如表 6.1 所示。

国家标准《技术制图　简化表示法》（GB / T 16675.2—2012）要求标注尺寸时，应使用符号和缩写词。

表 6.1　常见孔的尺寸标注

类　型		简 化 注 法		一 般 注 法
光 孔	一般盲孔	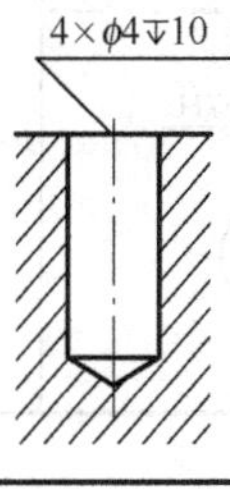	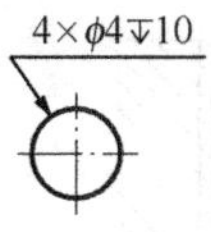	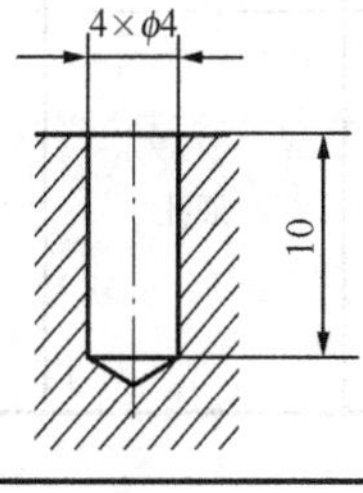

续表

类型		简化注法		一般注法
光孔	一般通孔	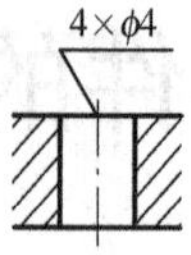4×φ4	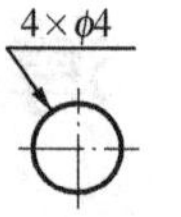4×φ4	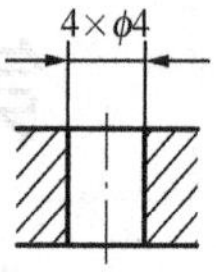4×φ4
	精加工孔	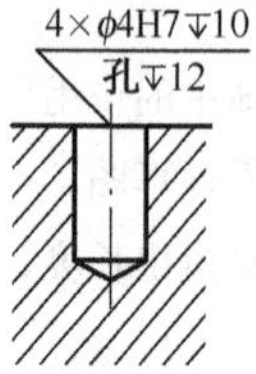4×φ4H7↧10 孔↧12	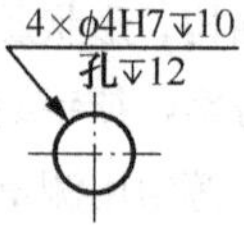4×φ4H7↧10 孔↧12	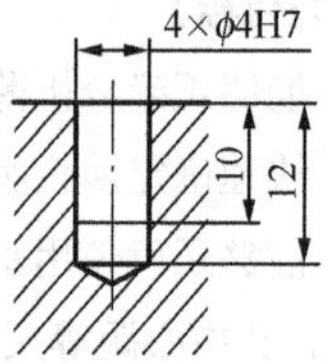
	锥孔	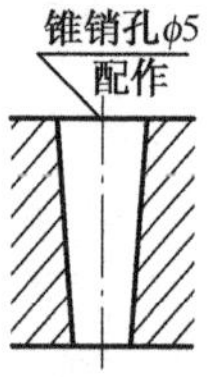锥销孔φ5 配作	锥销孔φ5 配作	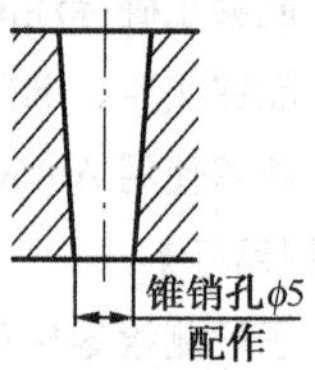锥销孔φ5 配作
沉头孔	埋头孔	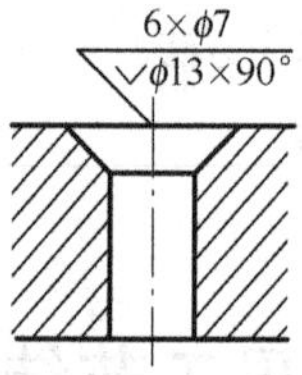6×φ7 ⌵φ13×90°	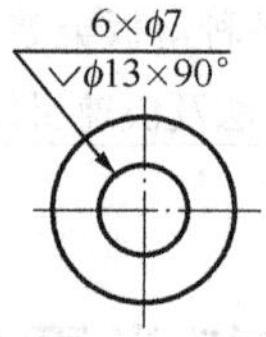6×φ7 ⌵φ13×90°	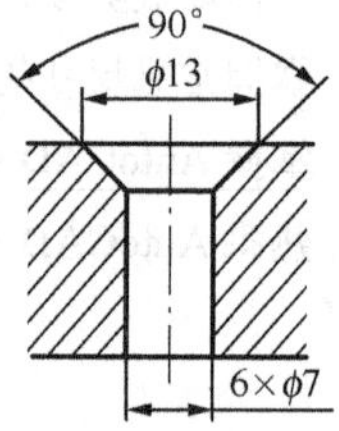90° φ13 6×φ7
	沉孔	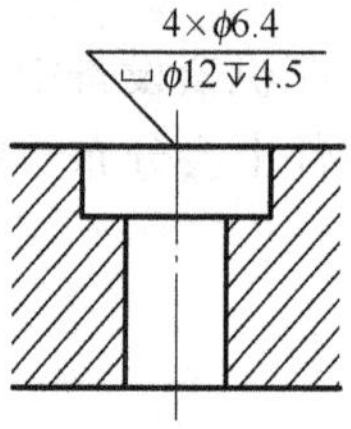4×φ6.4 ⌴φ12↧4.5	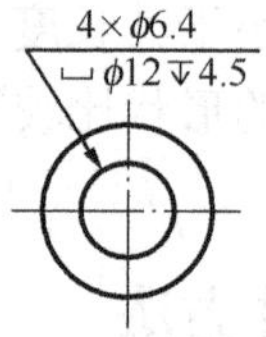4×φ6.4 ⌴φ12↧4.5	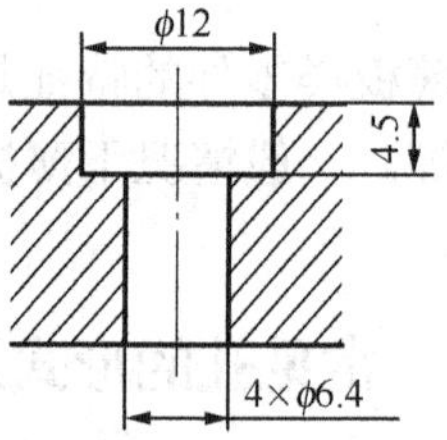φ12 4.5 4×φ6.4
	锪平孔	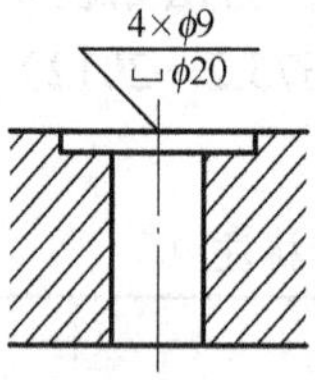4×φ9 ⌴φ20	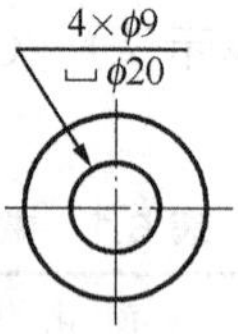4×φ9 ⌴φ20	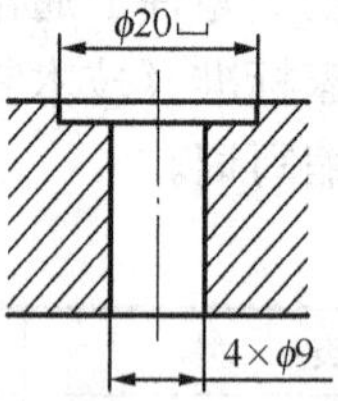φ20⌴ 4×φ9
螺孔	通孔	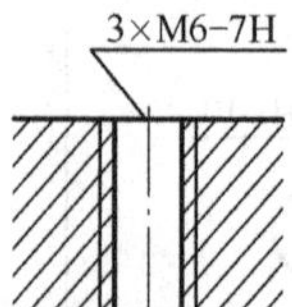3×M6-7H	3×M6-7H	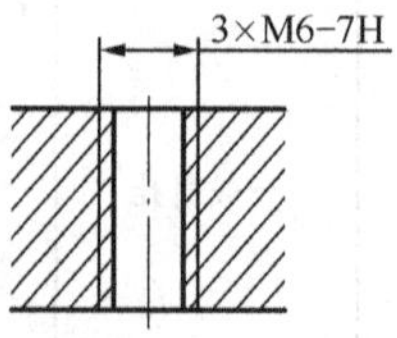3×M6-7H

续表

类　型		简化注法		一般注法
螺孔	盲孔	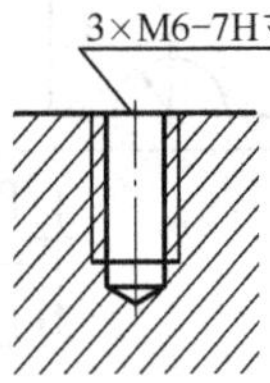	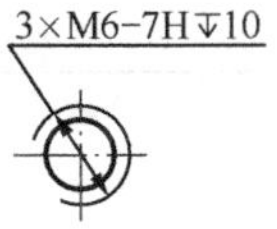	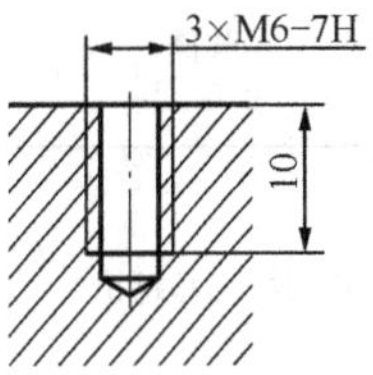
		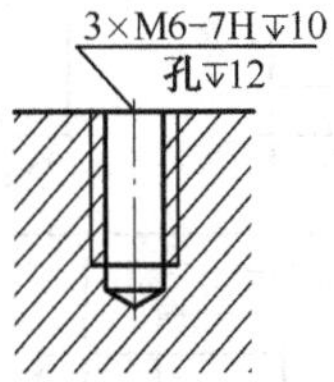	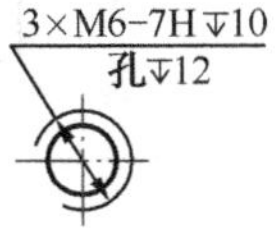	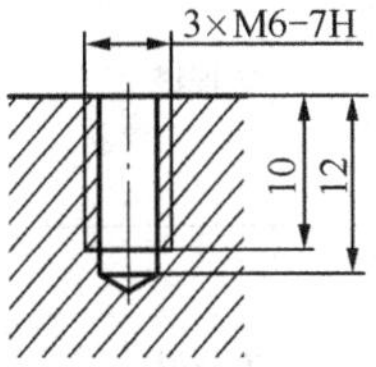

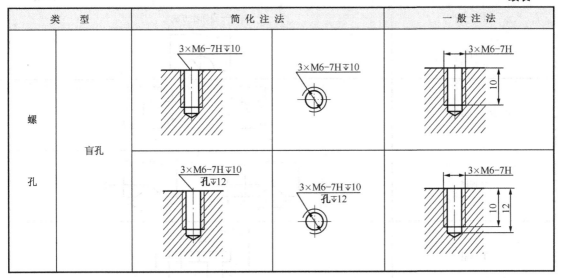

表 6.1 中出现了几种常用的符号，其含义和画法如表 6.2 所示。

表 6.2　几种常用符号

符　号	含　义	画　法
↧	深度符号	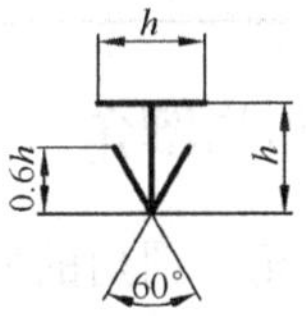
⌴	沉孔（或锪平）符号	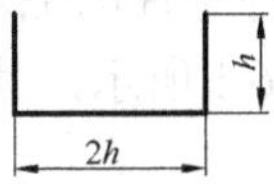
⌵	埋头孔符号	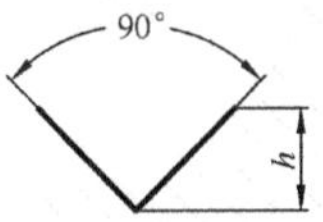
注：其中 h 为数字的高度。		

6.1.2　薄板类零件上常见的槽形

薄板类零件上常见的槽形及其标注方法如表 6.3 所示。

表 6.3　常见槽的尺寸标注

槽　型	一般标注方法
方槽	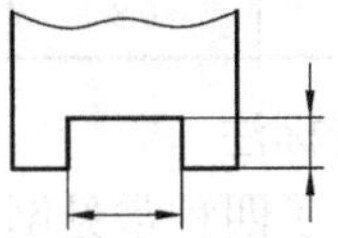

续表

槽　型	一般标注方法
圆槽	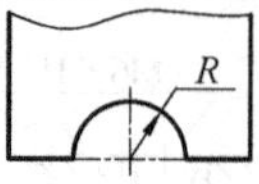
长圆槽（马蹄槽）	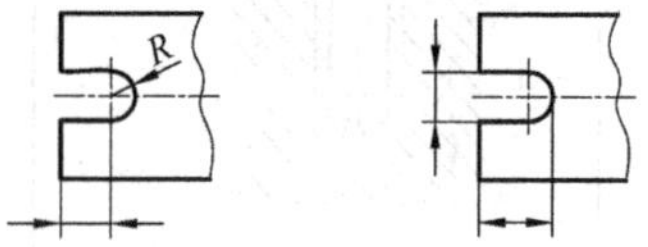
V 形槽	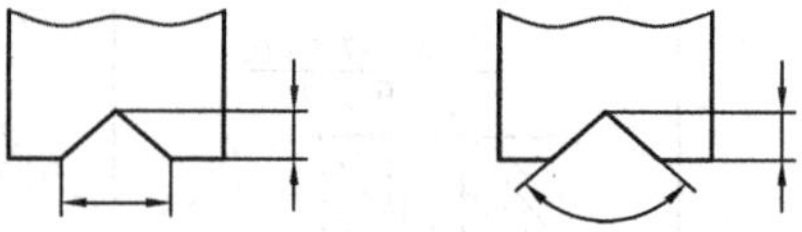
T 形槽	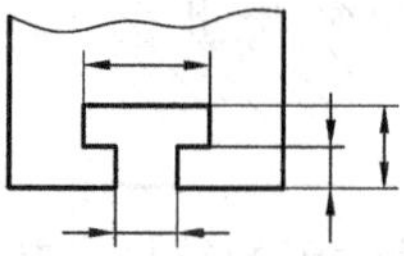
燕尾槽	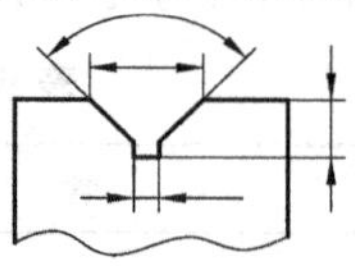

6.1.3　圆角与倒角

（1）倒角、圆角的型式（GB/T 6403.4—2008）

为了去除零件的毛刺和锐边，通常需要在零件的边缘加工出倒角或者圆角。倒角、圆角的型式如图 6.1 所示，其尺寸系列值如表 6.4 所示。

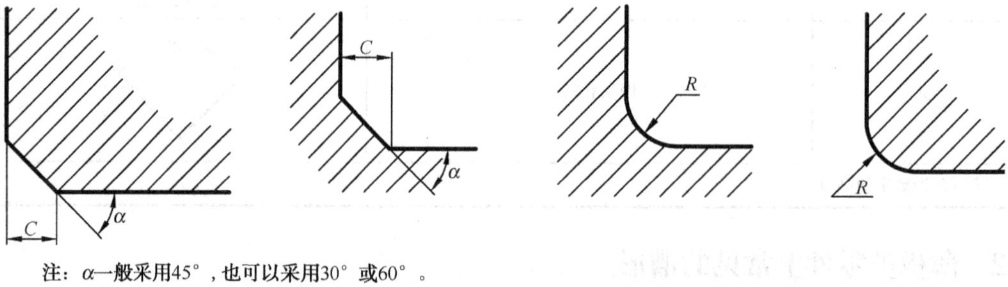

注：α一般采用45°，也可以采用30°或60°。

图 6.1　倒角与圆角的型式

表 6.4　倒角、圆角尺寸系列值

单位：mm

ϕ	>3～6	>6～10	>10～18	>18～30	>30～50	>50～80	>80～120	>120～180
R、C	0.4	0.6	0.8	1.0	1.6	2.0	2.5	3.0

（2）倒角、圆角的标注

图 6.2（a）中给出了四种常见倒角标注方法，其中字母 C 为 45°倒角符号。

图 6.2（b）中给出了四种常用圆角的标注方法。

6.2　常见薄板类零件的表达及标注

1. 常见薄板类零件的表达方案选择

薄板类零件的外形通常为较规则的几何形状。一般薄板类零件的表达方案按照以下原则选取：

（1）当薄板类零件的厚度较小并且结构较简单时，可只画一个表达形状的视图，在视图中标注出其厚度尺寸，如图 6.3 所示。图中标注的“t”为厚度符号，旧标准中曾用“δ”表示。

（2）当一个视图不足以表达出其厚度方向的结构时，可根据实际需要增加一至两个视图表达其厚度、孔、槽等结构。

（3）薄板类零件表达的重点在于各种孔、槽的形状及位置。薄板类零件中的孔、槽结构一般需要采用剖视图表示，但当孔、槽结构简单，不致引起误解时可以不剖。

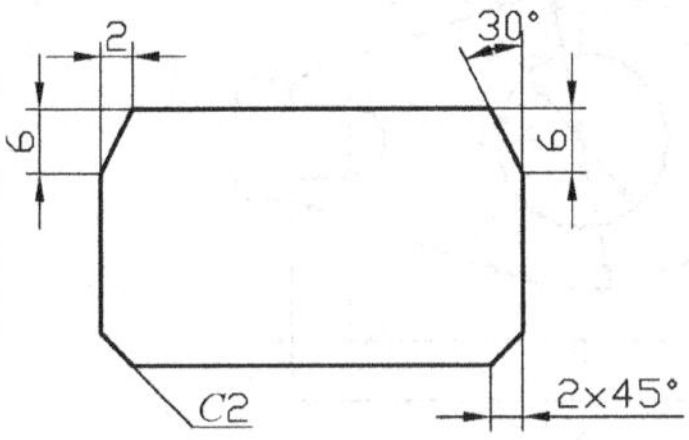

（a）

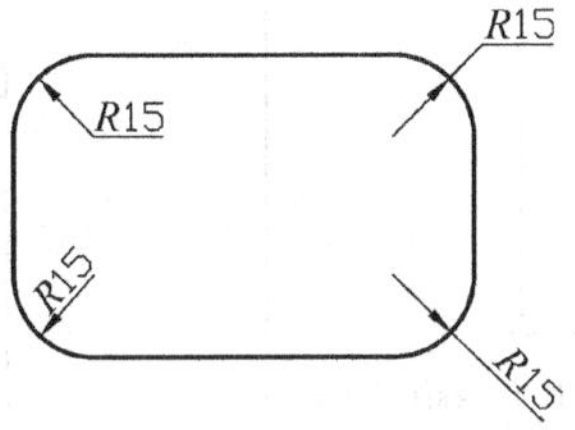

（b）

图 6.2　倒角与圆角的标注

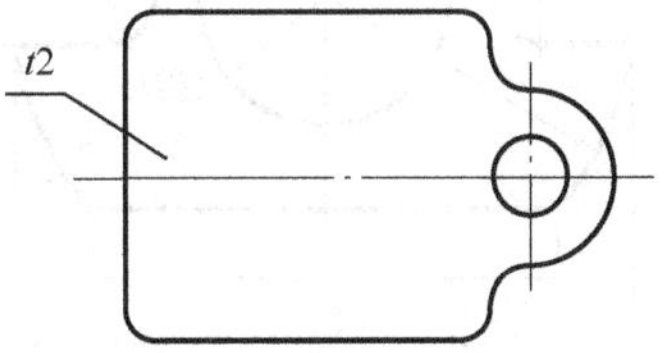

图 6.3　厚度的标注

2. 常见薄板类零件的标注

机器或部件当中常见板类零件，或零件中常见凸台的形状及尺寸标注方法如表 6.5 所示。当零件外形为正方形时，可使用正方形符号“□”，此时边长尺寸只标注一次即可，如图 6.4 所示。

表 6.5　常见板类零件的形状及尺寸标注方法

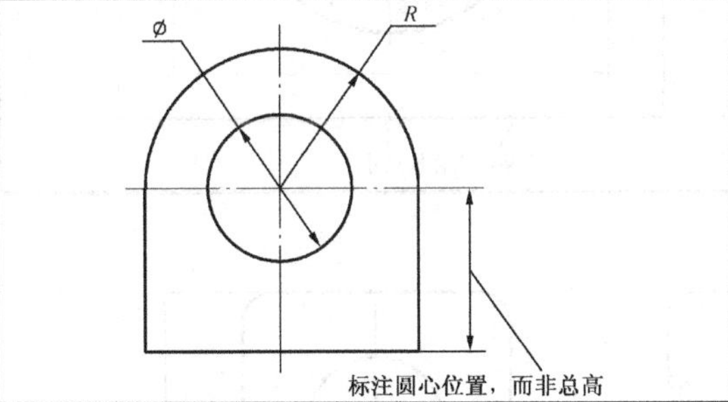

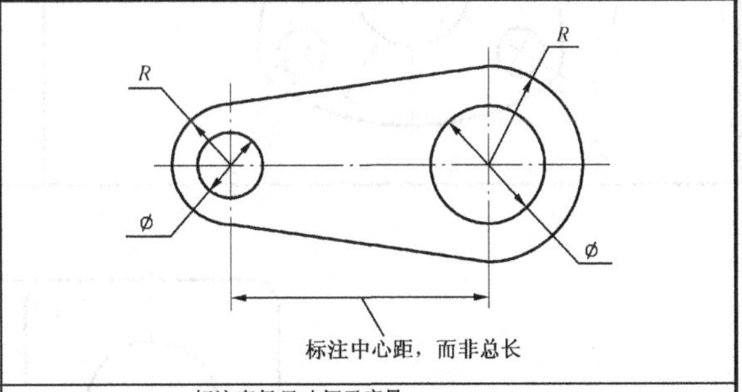

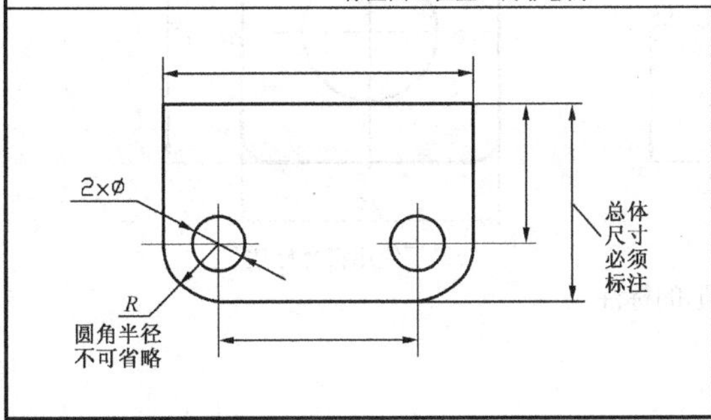

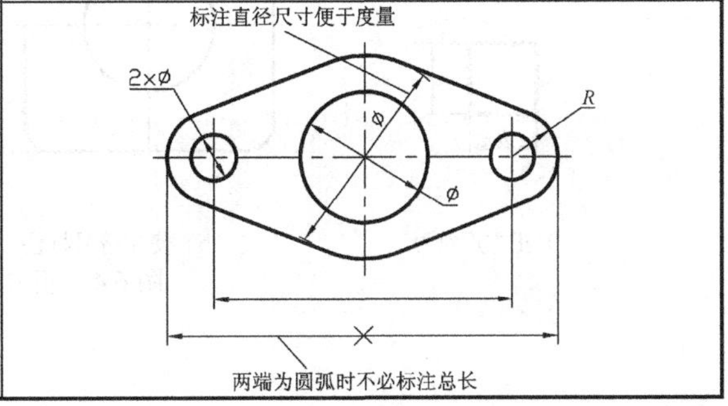

续表

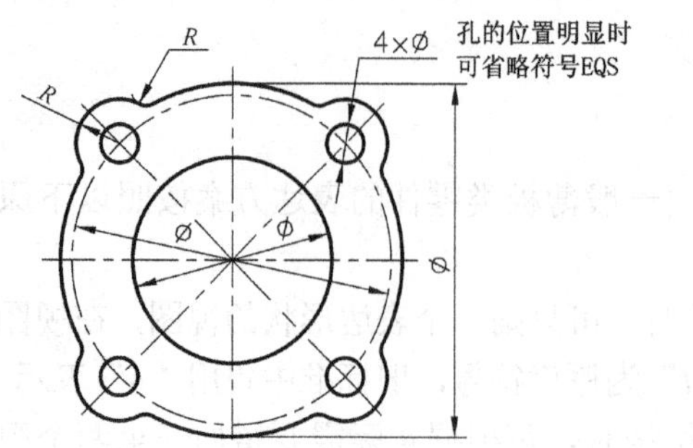

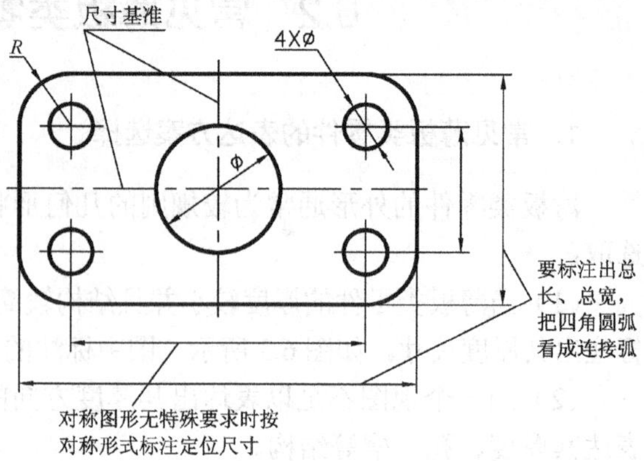

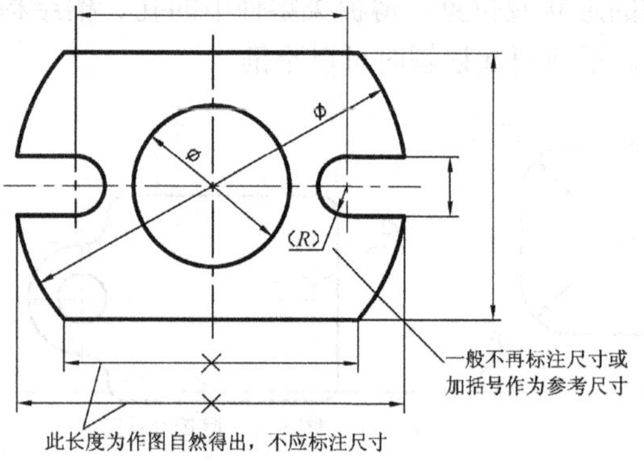

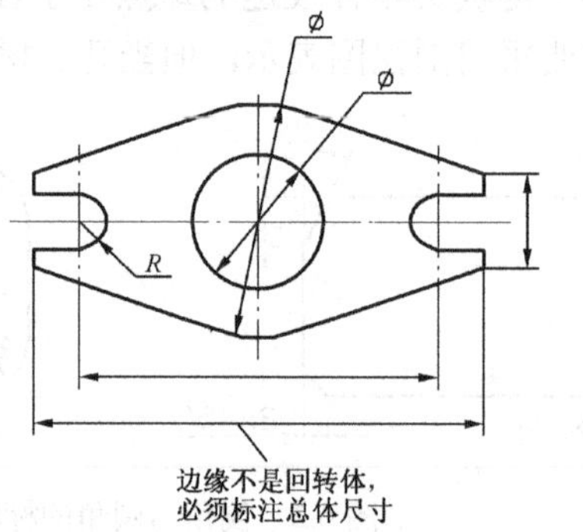

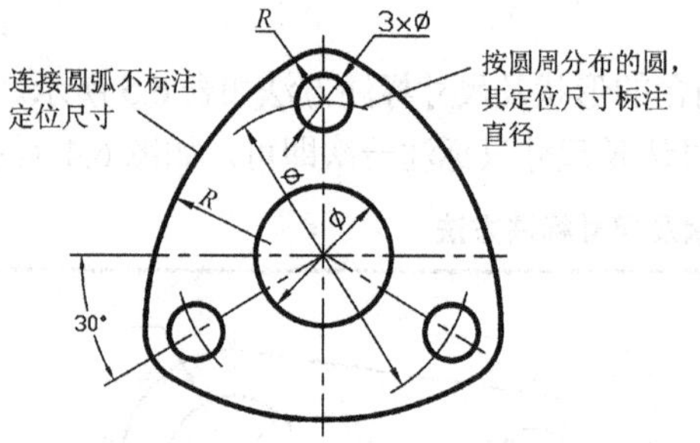

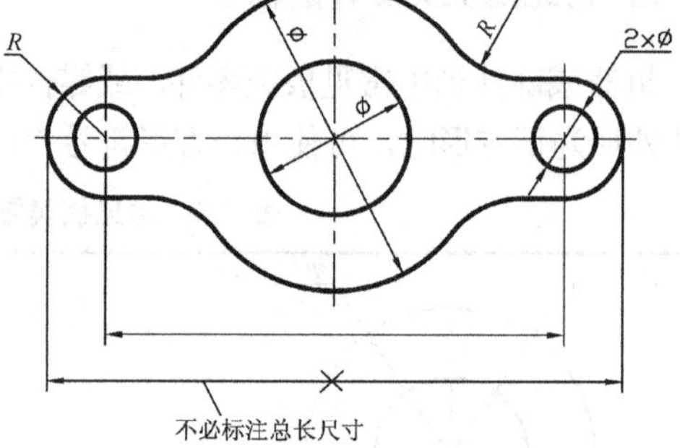

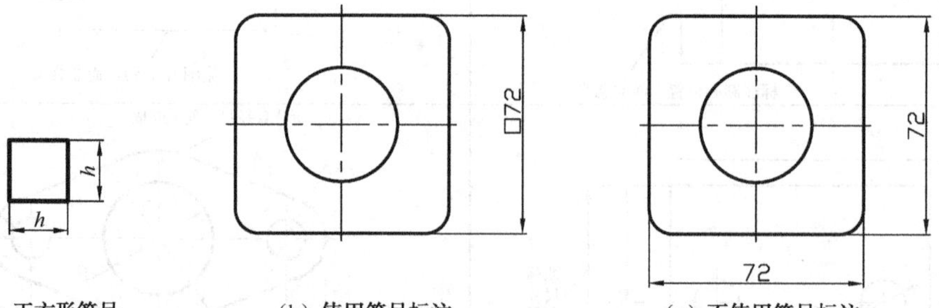

（a）正方形符号　（b）使用符号标注　（c）不使用符号标注

图 6.4　正方形的标注

6.3 薄板类零件的简化画法

1. 对称装配件的简化画法

对于左右对称装配的薄板类零件，允许仅画出其中一件，另一件则用文字说明，其中“LH”为左件，“RH”为右件，如图 6.5 所示。

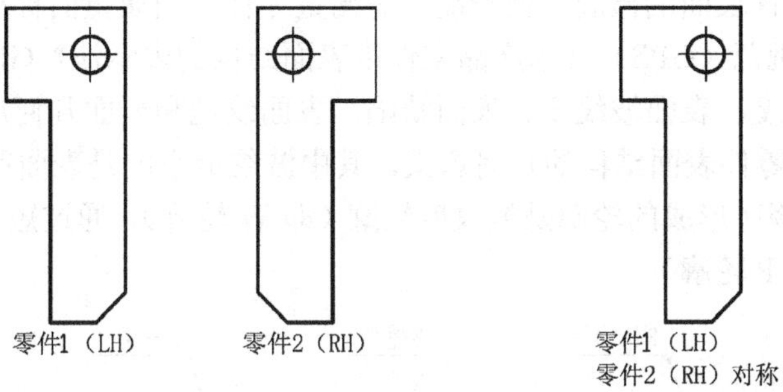

（a）简化前　　（b）简化后

图 6.5 对称件的简化画法

2. 形状类似零件的简化画法

对于结构形状类似的简单零件，允许仅画出一个图形，尺寸用表格表示，如图 6.6 所示。

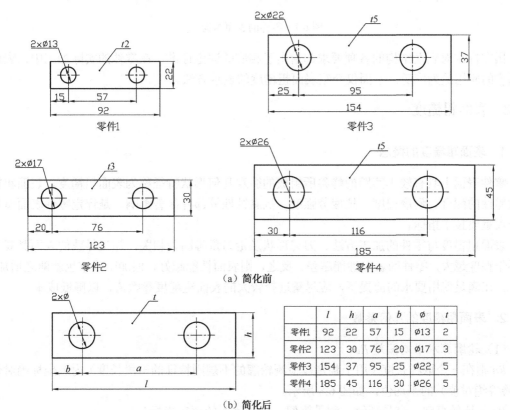

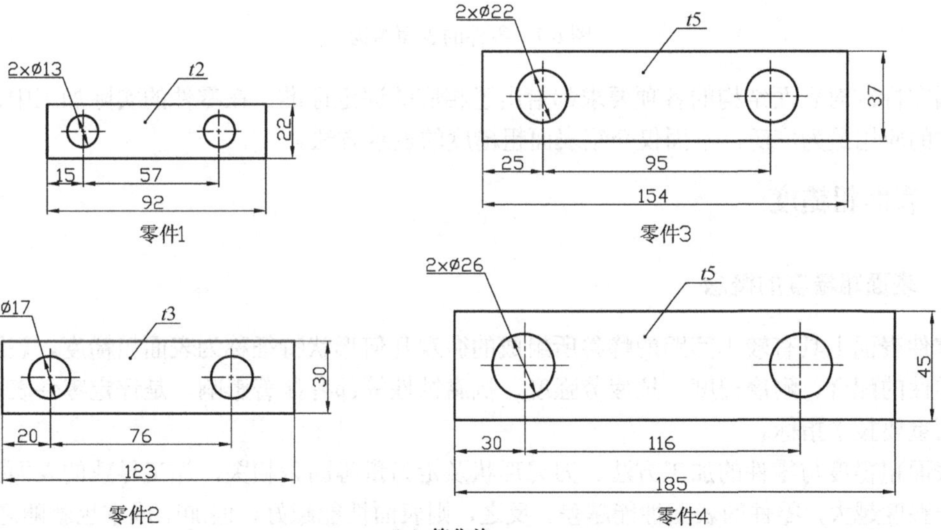

（a）简化前

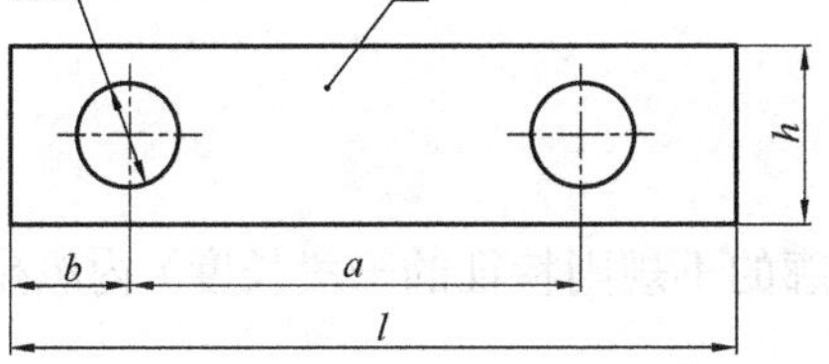

	l	*h*	*a*	*b*	ϕ	*t*
零件1	92	22	57	15	ϕ13	2
零件2	123	30	76	20	ϕ17	3
零件3	154	37	95	25	ϕ22	5
零件4	185	45	116	30	ϕ26	5

（b）简化后

图 6.6 类似零件的简化画法

6.4 零件图的技术要求（一）

薄板类零件通常不需要特殊的技术要求，一般情况下只需标注出各加工表面的质量要求即可。对此，我国制定出了相应的国家标准，在设计、生产、检验过程中必须严格遵守和执行。

6.4.1 零件表面结构的概念

表面结构是指零件表面的微观几何形貌，是衡量零件表面质量的标准。

《产品几何技术规范（GPS）技术产品文件中表面结构的表示法》GB/T 131—2006 规定，表面结构是表面粗糙度、表面波纹度、表面缺陷、表面纹理和表面几何形状的总称。

如图 6.7 所示为零件表面结构的几何意义，其中波纹最小的是表面粗糙度轮廓（即 R 轮廓），包络 R 轮廓的峰所形成的轮廓是波纹度轮廓（即 W 轮廓），通过短波滤波器后生成的总轮廓是形状轮廓（即 P 轮廓）。

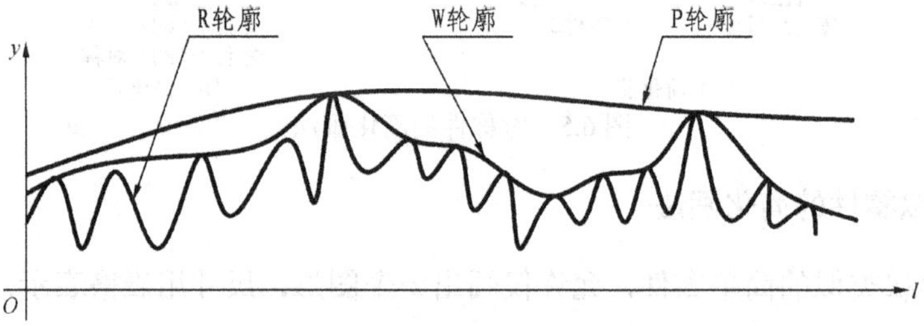

图 6.7 零件的表面结构

国家标准对表面结构的各项要求都给出了相应的评定标准，在零件的实际加工中，表面粗糙度的应用最为广泛，下面仅介绍表面粗糙度的表示方法。

6.4.2 表面粗糙度

1. 表面粗糙度的概念

零件表面上具有较小间距的峰谷所组成的微观几何形状特征称为表面粗糙度。表面粗糙度对零件的配合、耐磨程度、抗疲劳强度、抗腐蚀性等都有显著影响，是评定零件表面质量的一项重要技术指标。

表面粗糙度与零件的加工方法、刀刃形状及走刀量等因素相关，加工导致的表面微观几何不平整度越大，零件的表面性能越差；反之，则表面性能越好，但加工成本也就随之增加。因此，在满足使用要求的前提下，应尽量选择较大的表面粗糙度参数值，以降低成本。

2. 表面粗糙度的几何参数

（1）轮廓算术平均偏差 *Ra*

Ra 指在一个取样长度（用于判别被检测轮廓的不规则特征的一段长度）内纵坐标绝对值（即峰谷绝对值）的平均值，如图 6.8 所示。

Ra 值比较直观，容易理解，测量简便，是最常用的评定指标。

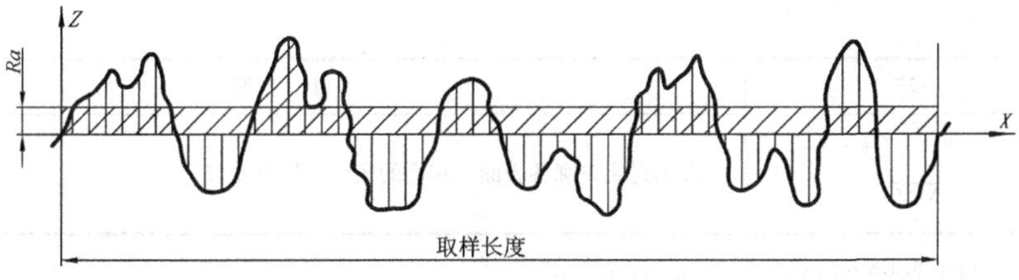

图 6.8　轮廓算术平均偏差

（2）轮廓的最大高度 *Rz*

Rz 指在一个取样长度内最大轮廓峰高和峰谷之和的高度，如图 6.9 所示。

Rz 值不如 *Ra* 值能较准确反映轮廓表面特征，但如果和 *Ra* 联合使用，可以控制和防止出现较大的加工痕迹。

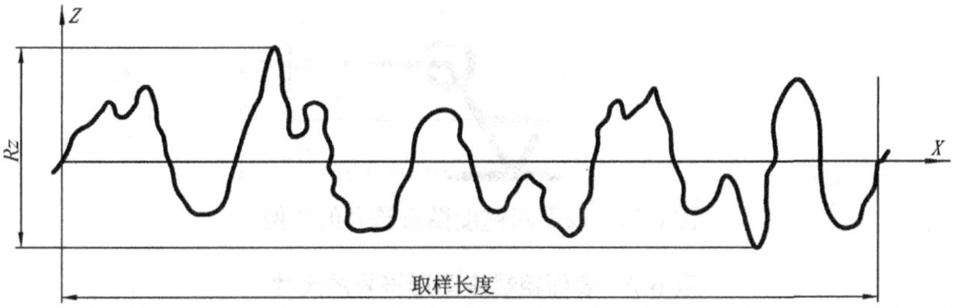

图 6.9　轮廓的最大高度

3. 表面粗糙度的图形符号

（1）表面粗糙度图形符号

在技术产品文件中对表面粗糙度的要求可用几种不同的图形符号表示，每种符号都有特定含义，如表 6.6 所示。

表 6.6　表面粗糙度的图形符号

符号种类	符　号	说　明	
基本符号		仅用于简化代号标注，没有补充说明时不能单独使用	
扩展符号	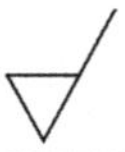	表示指定表面是用去除材料的方法获得的，如机械加工获得的表面。仅当其含义是“被加工表面”时可单独使用	
		表示指定表面是用不去除材料方法获得的，也可用于表示保持上道工序形成的表面	
完整符号	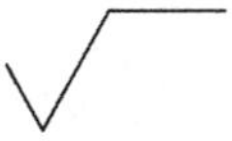	允许用任何工艺获得，文本表达为 APA	在横线上标注表面粗糙度特征的补充信息
	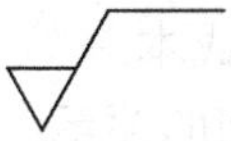	用去除材料方法获得，文本表达为 MRR	
	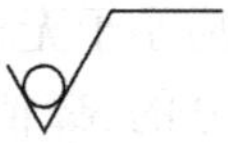	用不去除材料方法获得，文本表达为 NMR	

续表

符号种类	符　号	说　明
工件轮廓各表面的图形符号	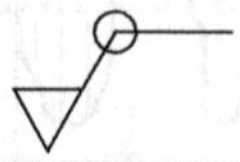	表示封闭轮廓各表面有相同的表面粗糙度要求

（2）表面粗糙度图形符号的比例和尺寸

表面粗糙度图形符号的比例如图 6.10 所示，尺寸如表 6.7 所示。

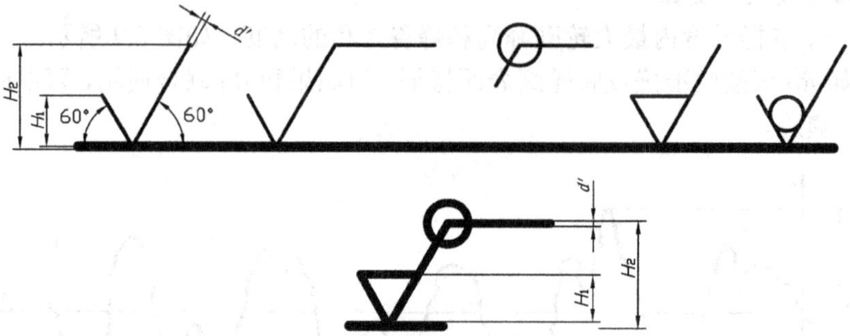

图 6.10　表面粗糙度图形符号的比例

表 6.7　表面粗糙度图形符号的尺寸　　单位：mm

数字和字母高度 h	2.5	3.5	5	7	10	14	20
符号线宽度 d'	0.25	0.35	0.5	0.7	1	1.4	2
字母线宽度 d							
高度 H_1	3.5	5	7	10	14	20	28
高度 H_2（最小值）	7.5	10.5	15	21	30	42	60
注：H_2 的尺寸取决于标注内容。							

（3）表面粗糙度要求的注写位置

在完整符号中，对表面粗糙度的单一要求和补充要求应注写在如图 6.11 所示的指定位置。

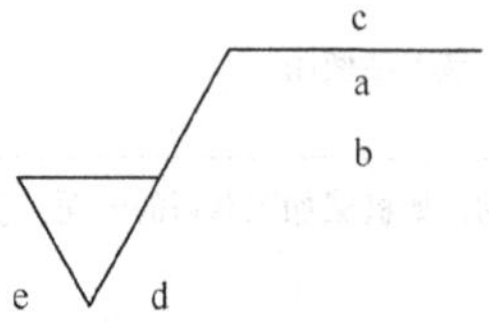

a—第一个表面结构要求（传输带/取样长度/参数代号/数值）

b—第二个表面结构要求（传输带/取样长度/参数代号/数值）

补充要求：

c—加工方法（车、铣、磨、涂镀等）

d—表面纹理和方向

e—加工余量

图 6.11　表面粗糙度参数的注写位置

4. 表面粗糙度参数的选用

选用表面粗糙度参数时一般应遵循以下原则：

（1）在满足功能使用的条件下，参数值尽可能大一点以降低成本。

（2）在同一零件中，选择 *Ra* 值应考虑该表面与其他零件之间的关系：接触面 *Ra* 值应小于非接触面，配合面 *Ra* 值应小于接触面，有相对运动表面 *Ra* 值应小于无相对运动表面，有密封和耐腐蚀要求表面的 *Ra* 值要选小一些；同一公差等级，小尺寸的 *Ra* 值应比大尺寸的 *Ra* 值小，轴表面 *Ra* 值应比孔表面的 *Ra* 值小。

（3）常用 *Ra* 值有 0.4、0.8、1.6、3.2、6.3、12.5μm，不同的加工方法、不同的精度等级所能达到的数值也不尽相同，选择时可参考表 6.8。

（4）对于键槽、轴承等有标准规定的结构（称为标准结构），其 *Ra* 值应符合相关标准的规定。

表 6.8　表面粗糙度的选择

粗糙度参数值 *Ra*	主要加工方法	表面特征	配合性质	公差等级	应用举例
0.4	研磨、铰、磨	微见加工痕迹的方向	精度要求较高的配合表面	5 6	直径小的精密心轴，转轴配合面，要求气密的表面和支承面，精度高的齿轮工作表面，滑动导轨面，高速工作的滑动轴承等
0.8	铰、磨、镗、精车、精铣	可见加工痕迹的方向	一般配合表面	6 7 8	一般转速的轴颈，重要定位表面，齿轮的工作表面等
1.6	精车、精铣、精镗	看不见加工痕迹	精度要求不高的配合表面、与其他零件结合的表面	6 7 8	精度不高的轴颈；一般配合的内孔，如衬套的压入孔、一般箱体的滚动轴承孔；支承面、套筒配合面、齿轮的齿廓表面等
3.2		微见加工痕迹	与其他零件接触的重要表面	7 8 9	箱体、支架、盖面、套筒等的接触面，齿轮的非工作表面
6.3	半精加工的车、钻、铣等	可见加工痕迹	一般接触表面或要求较高的非接触表面	7 8 9	要求较低的静止接触面，如零件侧面、轴肩、一般盖板接触面、螺栓头支撑面等；要求较高的非接触面，如支架、箱体、带轮等的非接触面
12.5	粗车、粗铣、钻孔	微见刀痕	非接触表面		钻孔表面、端面、倒角、螺钉孔、退刀槽，要求较低的非接触面等

5. 表面粗糙度的标注

表面粗糙度的标注方法如表 6.9 所示。

表 6.9　表面粗糙度的标注示例

应 用 示 例	说　明
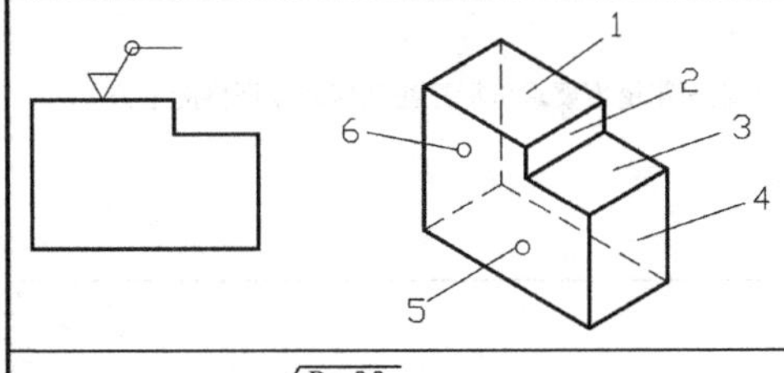	当在图样某个视图上构成封闭轮廓的各表面有相同的表面粗糙度要求时使用此符号。如果标注可能引起歧义时，各表面应分别标注
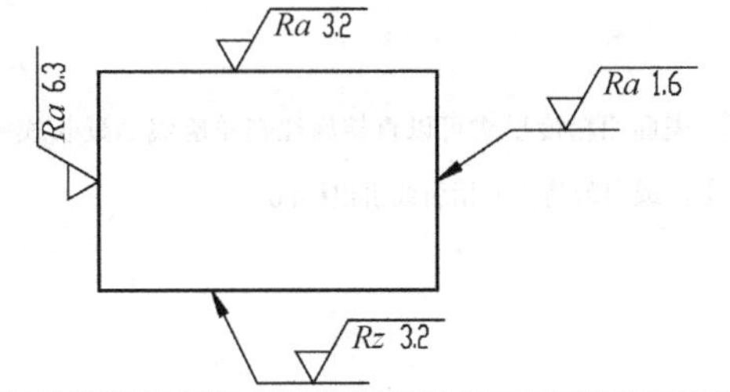	表面粗糙度的注写和读取方向与尺寸的注写和读取方向一致

续表

应用示例	说　明
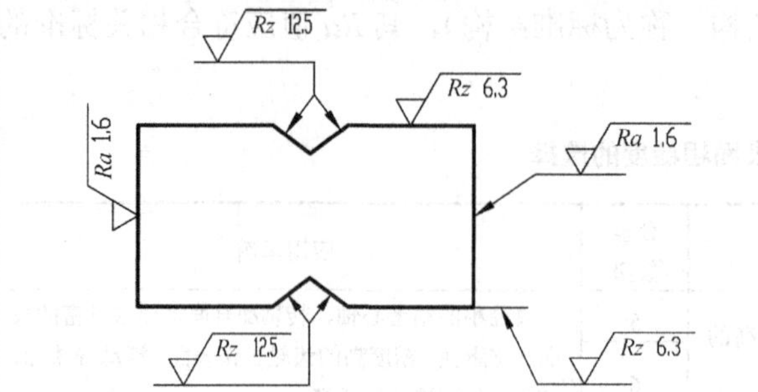	表面粗糙度要求可标注在轮廓线上，其符号应从材料外指向材料内，并接触表面
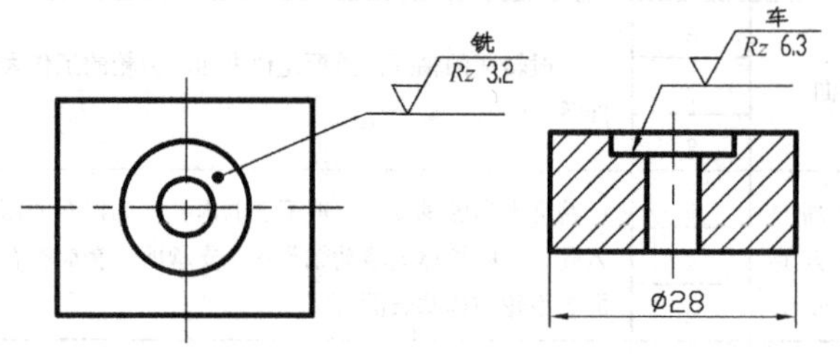	必要时，表面粗糙度符号也可以用带箭头或黑点的指引线引出标注
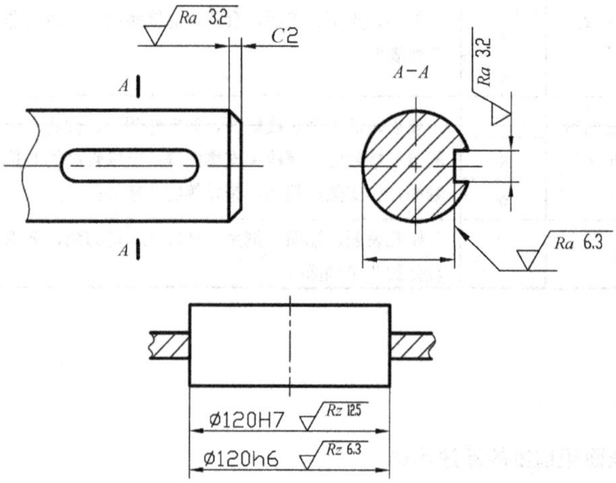	在不致引起误解时，表面粗糙度要求可以标注在给定的尺寸线上
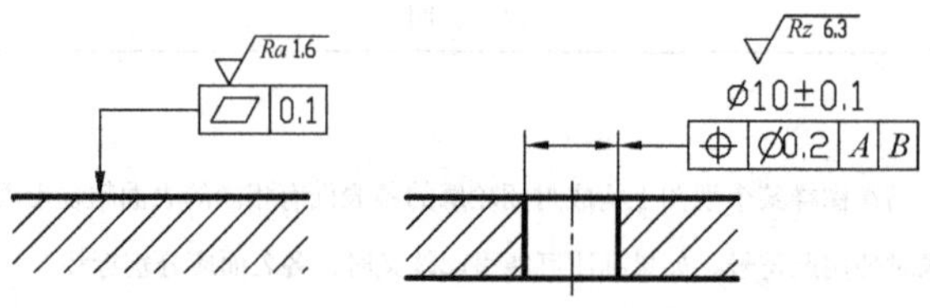	表面粗糙度要求可标注在几何公差框格的上方
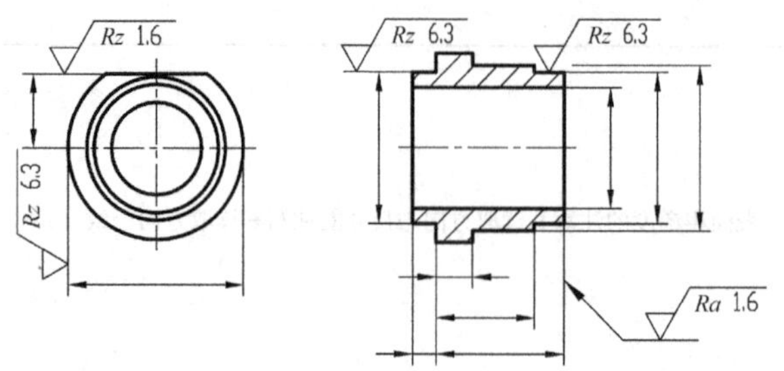	表面粗糙度要求可以直接标注在轮廓线的延长线上，或用带箭头的指引线引出标注

续表

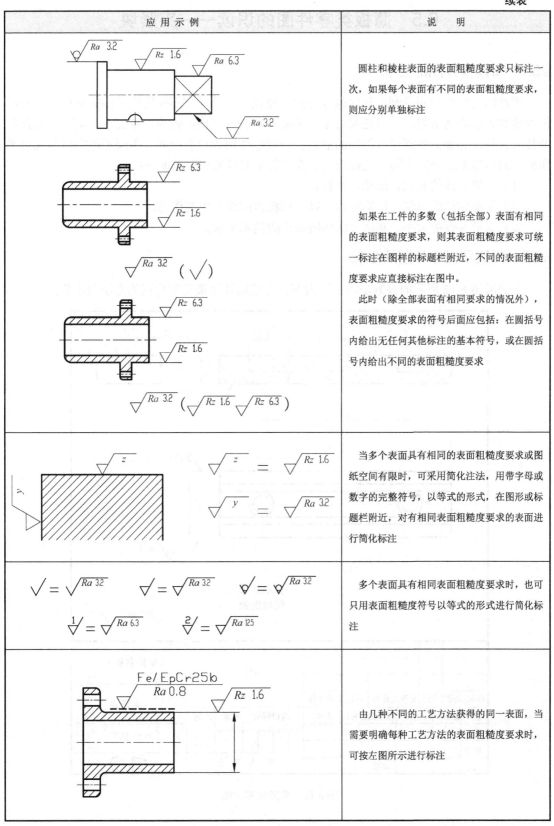

<table>
<tr><th>应用示例</th><th>说　明</th></tr>
<tr><td>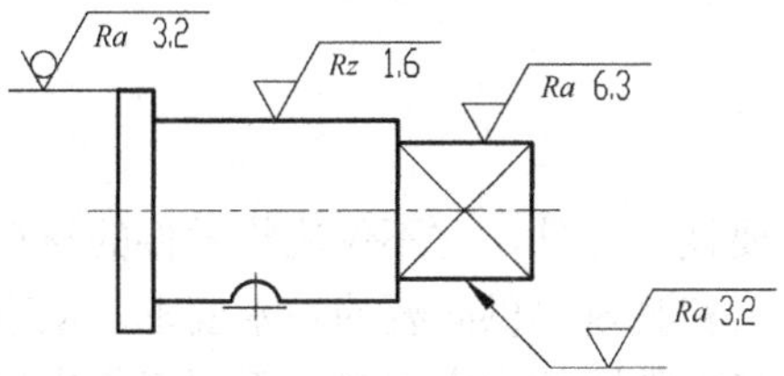
</td><td>圆柱和棱柱表面的表面粗糙度要求只标注一次，如果每个表面有不同的表面粗糙度要求，则应分别单独标注</td></tr>
<tr><td>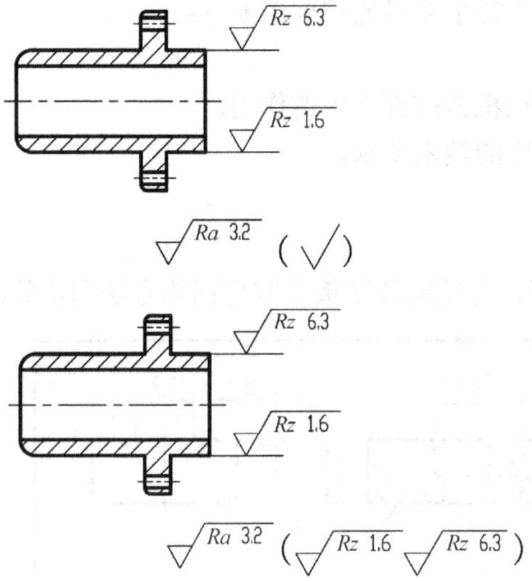
</td><td>如果在工件的多数（包括全部）表面有相同的表面粗糙度要求，则其表面粗糙度要求可统一标注在图样的标题栏附近，不同的表面粗糙度要求应直接标注在图中。
此时（除全部表面有相同要求的情况外），表面粗糙度要求的符号后面应包括：在圆括号内给出无任何其他标注的基本符号，或在圆括号内给出不同的表面粗糙度要求</td></tr>
<tr><td>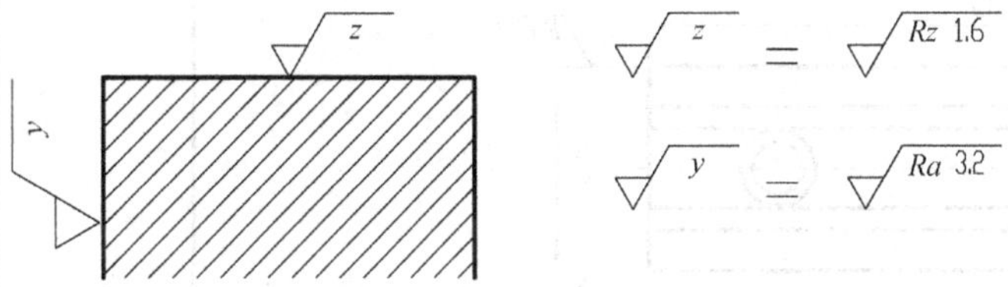
</td><td>当多个表面具有相同的表面粗糙度要求或图纸空间有限时，可采用简化注法，用带字母或数字的完整符号，以等式的形式，在图形或标题栏附近，对有相同表面粗糙度要求的表面进行简化标注</td></tr>
<tr><td>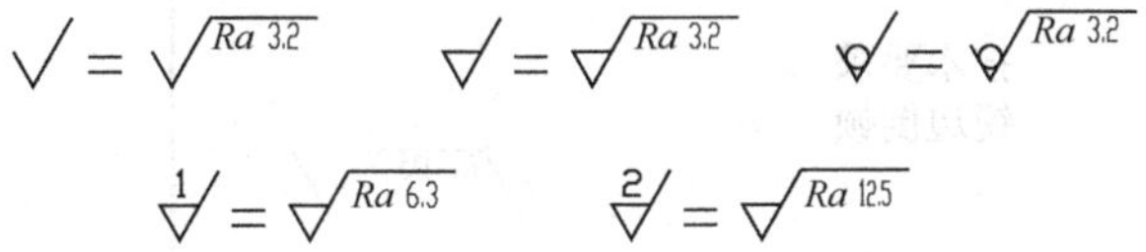
</td><td>多个表面具有相同表面粗糙度要求时，也可只用表面粗糙度符号以等式的形式进行简化标注</td></tr>
<tr><td>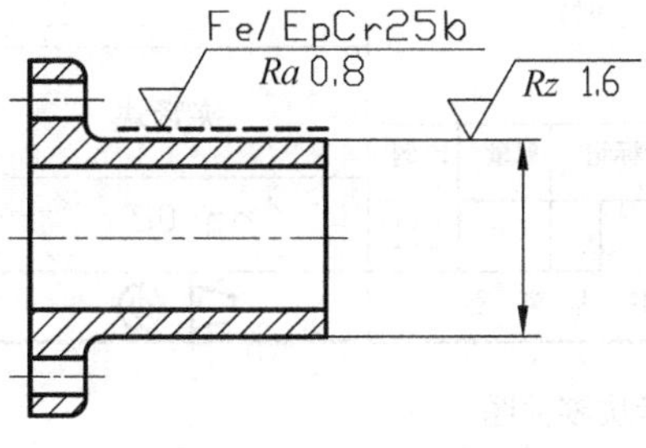
</td><td>由几种不同的工艺方法获得的同一表面，当需要明确每种工艺方法的表面粗糙度要求时，可按左图所示进行标注</td></tr>
</table>

6.5 薄板类零件图的识读——夹紧块

6.5.1 阅读零件图的要求

零件图是生产中指导制造和检验零件的主要技术文件，它不仅应将零件的材料、内外结构形状和大小表达清楚，而且还要对零件的加工和测量提供必要的技术要求。从事机械行业的技术人员，必须具备阅读零件图的能力。一张零件图的内容很多，不同工作岗位的人员看图的目的和侧重点有所不同，通常阅读零件图的主要目的和要求如下：

（1）了解零件的名称、用途、材料。

（2）了解零件的形状、结构特点，以及在机器或部件中的作用。

（3）了解零件的大小、制造方法和所提出的技术要求。

6.5.2 阅读薄板零件图的步骤

下面以图 6.12 所示的夹紧块零件图为例，介绍阅读薄板类零件图的方法和步骤。

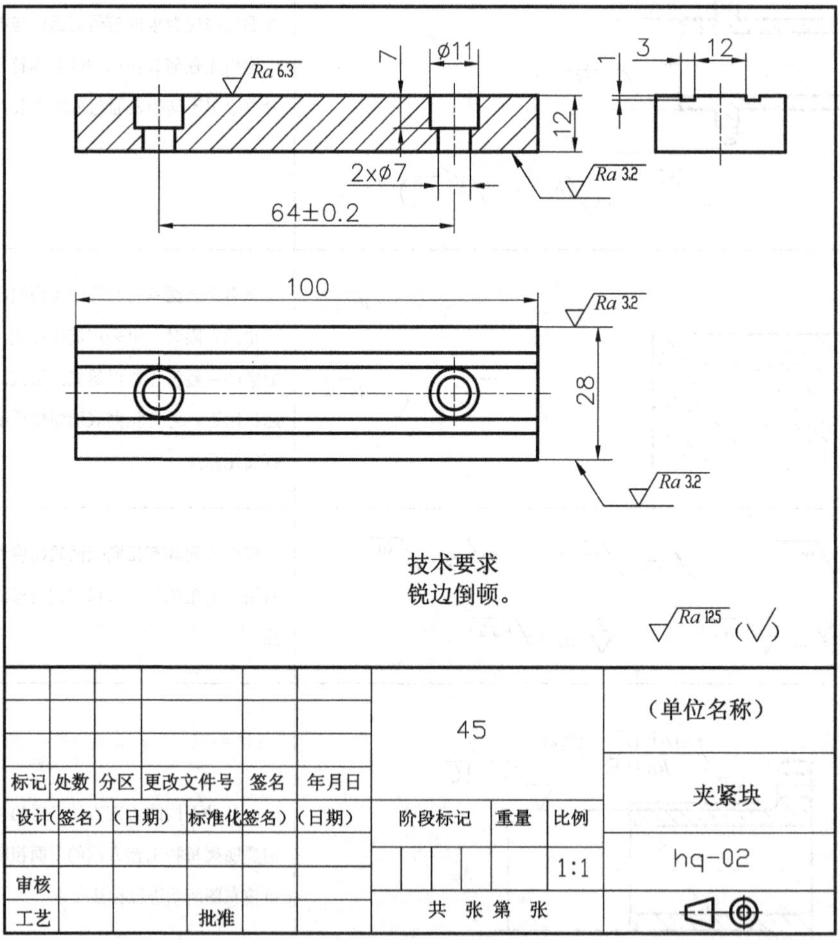

图 6.12　夹紧块零件图

（1）读标题栏

通过阅读标题栏，了解到零件名称为“夹紧块”，图号为“hq-02”；结合视图可知该零件属于薄板类零件，在机用虎钳的钳口处起到夹紧被加工零件的作用；还可读出该零件的材料为 45 号钢，绘图比例为 1 : 1。

（2）读视图

读图时切忌盯住一个视图看，应结合几个视图，弄清楚各视图相互之间的投影关系，想像出零件的结构和形状。读图的一般顺序是先整体后局部、先实体后虚体。

该零件图通过三个基本视图表达。其中主视图采用全剖，表达出内部沉孔的结构；左视图表达上方槽的形状和位置；俯视图表达孔和槽的分布状况。结合各视图，从而想象出零件的空间形状，如表 6.10 所示。

表 6.10　夹紧块的空间形状想象

步骤	视 图 依 据	立 体 形 状
构思零件的外部形状	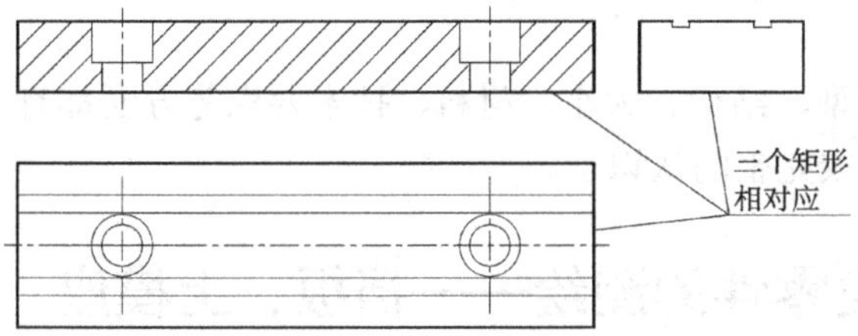	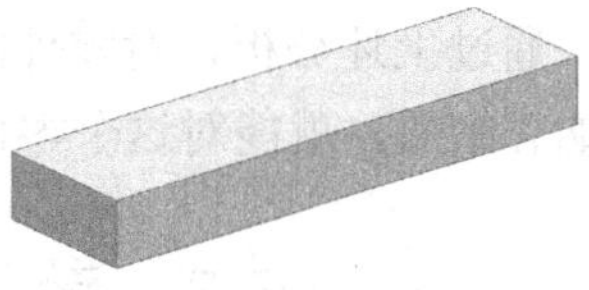
观察上方槽的形状及位置状态	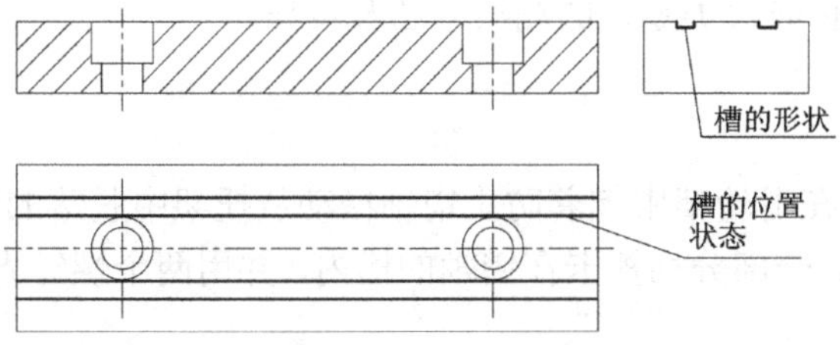	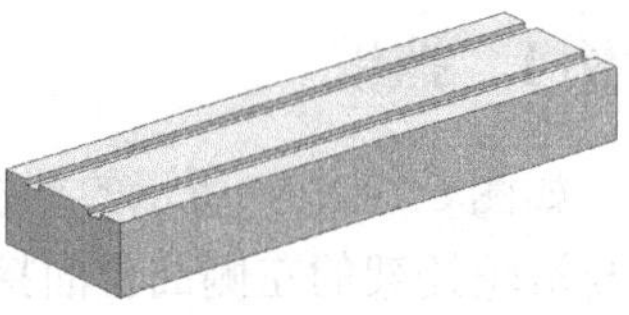
观察孔的结构和位置	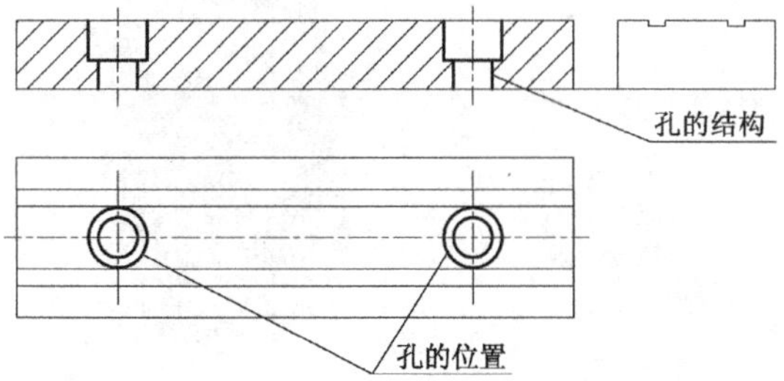	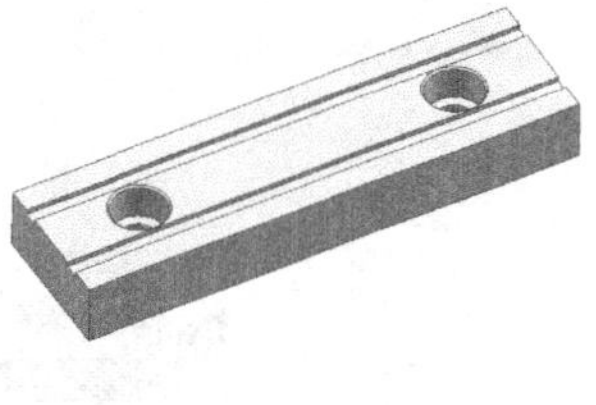

（3）读尺寸和技术要求

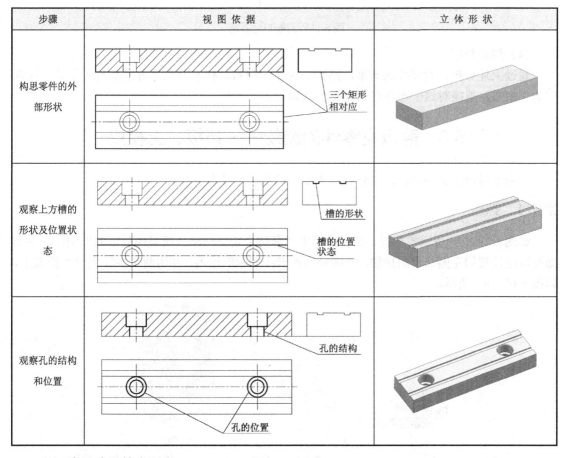

首先应分析零件的长、宽、高三个方向上的尺寸基准，从基准出发查找各部分的定形、定位尺寸，并了解尺寸基准之间、尺寸与尺寸之间的相互关系。必要时还要联系机器或部件与该零件相关的零件一起分析，同时还应分析零件上各表面的表面粗糙度要求，判断各表面的装配状况。

该零件结构简单，高度方向的尺寸基准为底面，从其表面粗糙度要求和孔的状态可判断出该平面是与相邻零件的接触表面；由于零件前后呈对称状态，故其宽度方向的尺寸基准为前后方向的对称平面；从长度方向的尺寸标注及对称结构可判断左右方向的对称面为长度方向的对称平面，如图 6.13 所示。夹紧块上的两个沉孔是装配时的安装孔，其定位尺寸与相邻零件的尺寸应保持一致。

阅读技术要求，可知该零件没有特殊的技术要求，仅需要将各锐边倒钝（倒出较小的倒角，或者使用工具去除尖锐的边缘及毛刺），以免在装配过程中伤到装配工人或者划伤其他零件。

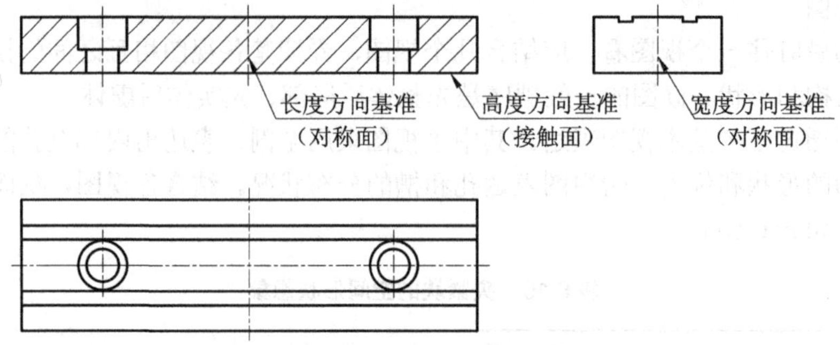

图 6.13　判断尺寸基准

（4）综合归纳

通过上述分析，对零件的类型、结构、大小、材料、技术要求等方面都有了了解，综合归纳总结后，就能对这个零件形成完整的认识了。

6.6　薄板类零件的测绘——挡板、上模座

下面通过两个实际案例，讲解薄板类零件的测绘方法及步骤。

案例 1　挡板

如图 6.14（a）所示的挡板，在滑轮架中起着防止销轴松动从托架中脱落的作用，其下平面与滑轮托架的左侧凸台面接触，一部分挡板卡在销轴的槽内，并用两个螺钉固定在托架上，如图 6.14（b）所示。

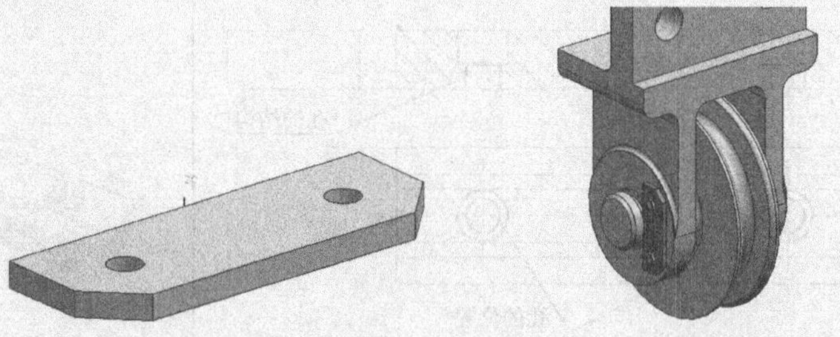

（a）　　（b）

图 6.14　挡板

1. 测绘草图

（1）准备工作

① 准备好画底稿线和描粗用的铅笔，画图用的图纸、橡皮，以及需要的测量工具等。常用绘图工具及其使用方法见本书中第 1 章 1.4 节，常用测量工具见附录 B。

② 弄清楚零件的名称、用途，以及它在部件中的装配关系。

零件名称可以结合它的形状特征和实际用途来起，由于这个零件属于薄板类，在滑轮架中起到阻挡销轴轴向滑动的作用，因此起名为“挡板”。

③ 初步鉴别零件的材料，研究其制造方法和技术要求。

零件常用金属材料见附录 A，通过对比选择材料牌号 Q235 比较合适。

（2）观察零件的结构

该挡板的结构比较简单，是在长方体的基础上切掉了两个角（倒角），并在板上打了两个安装螺钉用的圆孔。

（3）绘制图框和标题栏

沿着坐标纸格线的边缘绘制出图框线，在其右下角画出草图用的简易标题栏（见本书第 1 章中的图 1.6），如图 6.15 所示。填写标题栏可放在最后一步。

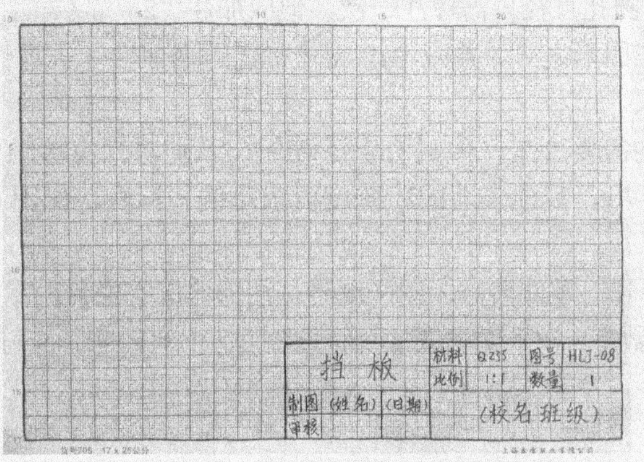

图 6.15　坐标纸图框及标题栏

（4）徒手绘制草图

将挡板水平放置，观察其形状特征，徒手画出其轮廓图形。由于主视图中的孔无法看到，故将其中一个孔剖开表示，如图 6.16（a）、（b）所示。

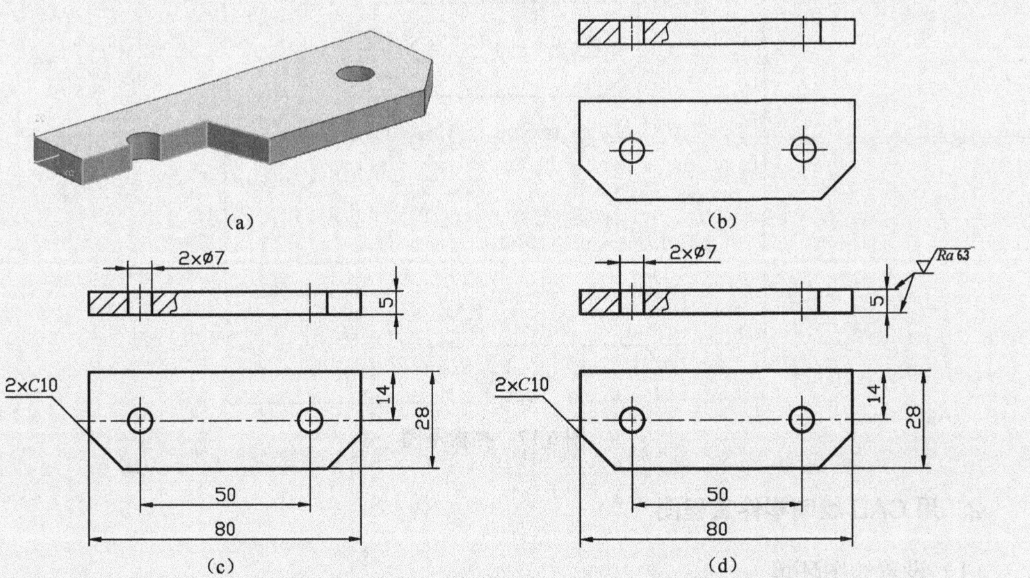

图 6.16　绘制挡板草图过程

注意：① 由于坐标纸的格子线影响图形的清晰度，在本书以后的内容中将不再使用。

② 在教学过程中，实际测绘零件时应尽量使用坐标纸徒手绘制草图，以训练学生的基本功。

（5）绘制尺寸界线和尺寸线

尺寸界线和尺寸线（包括箭头）是尺寸标注不可缺少的组成部分，一般先根据零件的实际形状需要统一绘制出来，再进行测量和标注。切记不可边画线边测量边标注。

（6）集中标注尺寸

先测量挡板的长、宽和厚度尺寸，再测量孔径尺寸和倒角尺寸，最后测量孔的中心距。由于零件左右方向对称，故不需要定位尺寸。测量长度、厚度、孔径及孔中心距尺寸的方法见附录B。

将以上测量出来的数据以mm为单位，并取整处理后集中标注在图形中。其中直径尺寸前应加注符号“ϕ”；两个圆孔直径只需标注一次，但应加注“2×”字样，如图6.16（c）所示。

尺寸应尽量标注在图形之外，并应考虑尺寸布置的合理性和美观性，避免形成封闭尺寸。

（7）标注技术要求

挡板的所有表面均需要加工，但只有上下表面与其他零件有接触要求，该表面的粗糙度要求稍高一些应单独标出，其他表面的粗糙度要求可统一标注，如图6.16（d）所示。

（8）填写标题栏

填写零件的材料牌号、零件名称、图样编号、图形比例等栏目，完成零件草图如图6.17所示。在图形中书写尺寸数字、技术要求或填写标题栏时，书写的字体应符合GB/T 14691的规定。

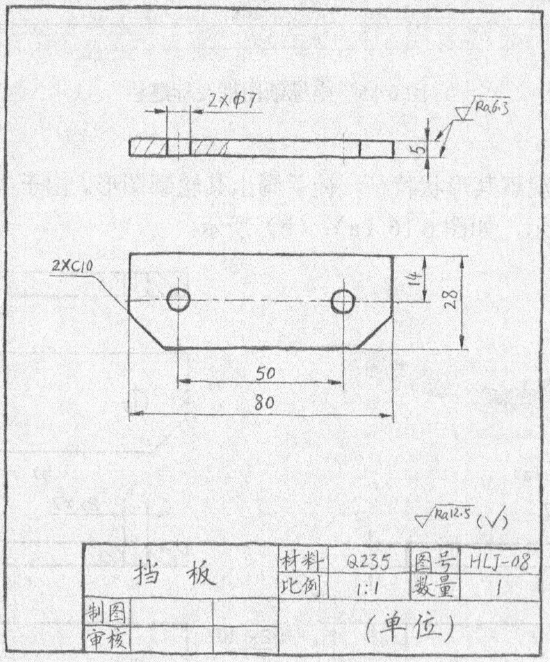

图6.17 挡板草图

2. 用CAD绘制零件工程图

（1）设置绘图环境

① 设置A4的图形界限，以及0.0的绘图精度。

② 调出“对象捕捉”等常用工具栏。

③ 设置“粗实线”“细实线”“中心线”“标注”等图层。剖面线和波浪线可单独设置图层，也允许用“细实线”层代替。

④ 设置标注及书写需要的文字样式。

⑤ 设置辅助功能。捕捉间距设置尽量小一些，“对象捕捉”模式尽量全选。

⑥ 设置标注样式。由于采用了 1∶1 的比例作图，仅需要在默认的“ISO-25”样式的基础上稍做修改即可。

（2）绘制视图

该零件图形比较简单，此处省略画图步骤。

需要指出的是使用 CAD 绘图软件绘制圆时，既可以像手工绘图时，先画出中心线，再以中心线的交点为圆心画圆；也可以先捕捉圆心画出圆形，再通过追踪的方法补画出中心线。

（3）标注尺寸

标注直径尺寸时，在尺寸数值前增加“%%c”即为直径符号“ϕ”；倒角标注与数量之间的乘号为英文状态下的字母“x”。

标注倒角的方法有以下两种：

方法一：使用直线命令画出引出线，在水平引线上应用“多行文字”命令“A”写出“2×*C*10”。

方法二：应用“快速引线”命令“LE”，具体步骤如下。

操作：输入命令“LE”→输入“S”（设置选项）→弹出“引线设置”对话框→“注释”选项卡中“注释类型”选择“多行文字”（如图 6.18（a）所示）→“引线和箭头”选项卡中“箭头”样式选“无”（如图 6.18（b）所示）→“附着”选项卡中选“最后一行加下画线”（如图 6.18（c）所示）→单击“确定”按钮→选择引出点→单击下一点（画引出斜线）→单击下一点（画出一小段水平线）→输入字体高度→输入引出标注数值→回车。

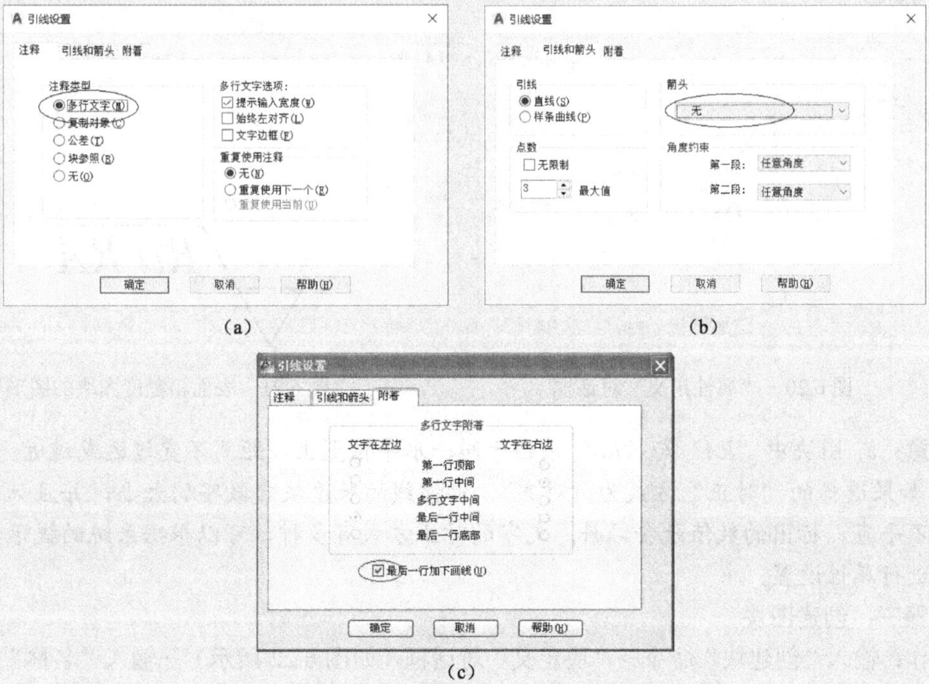

图 6.18　应用“快速引线”命令标注倒角的设置

（4）标注技术要求

此零件图中标注的技术要求只有表面粗糙度。由于表面粗糙度的参数要求不同，通常在标注前先创建一个带有属性的图块，再进行插入使用。

① 创建图块。

具体步骤如下：

步骤一：绘制图块的图形

操作：按照图 6.19（b）所示的尺寸绘制表面粗糙度符号→用“多行文字”命令“A”书写参数符号“*Ra*”。

注意：表面粗糙度符号大小应符合标准规定：参数字体大小与尺寸数字的大小一致，三角形的高度等于大一个字号的高度，而整个符号的高度等于三倍标注字体的高度。

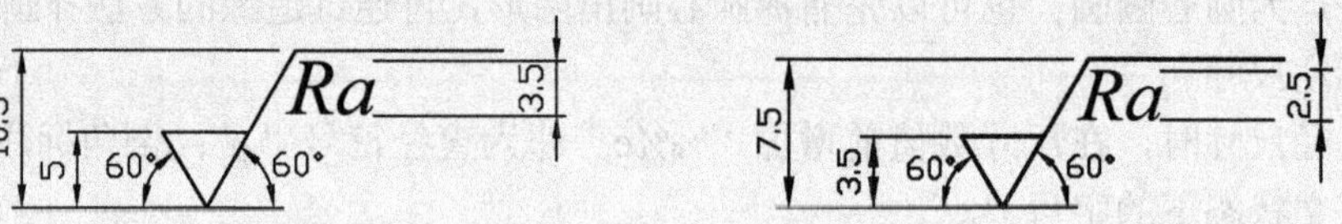

图 6.19　表面粗糙度符号

步骤二：定义属性

操作：在工具栏中部打开“块”工具→单击“定义属性”图标→“属性定义”对话框（如图 6.20 所示）→在“标记”和“提示”栏中输入“RA”　→选择文字“对正”选项“左对齐”→修改字体大小→单击“确定”按钮→返回到图形文件中→用光标在符号横线下方“Ra”旁指定标记“RA”的位置（如图 6.21 所示）。

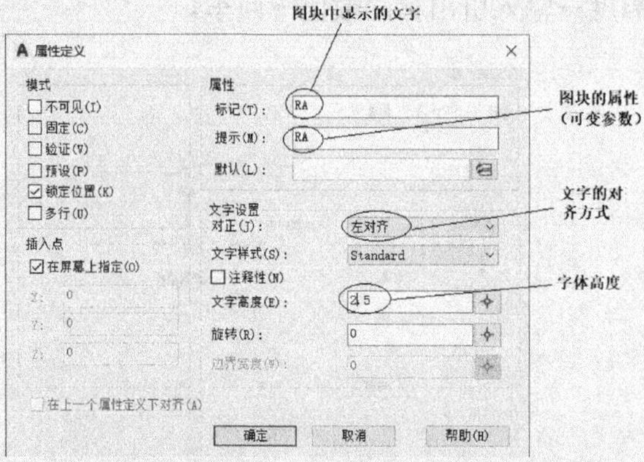

图 6.20　“属性定义”对话框

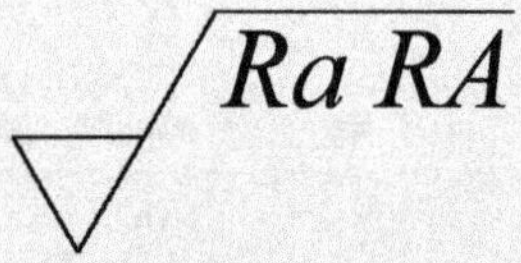

图 6.21　表面粗糙度图块的图形

注意：a. 图块中“*RA*”与“*Ra*”应位于同一水平位置上，距离不宜过远或过近。

b. 如果选择的“对正”方式为“对齐”，则横线的长度决定数字的大小，并且如果光标拉的线不平直，标出的数值就会倾斜。文字的对正方式有多种，可以根据系统的提示尝试其他方式进行属性设置。

步骤三：创建图块

操作：输入“创建块”命令→“块定义”对话框（如图 6.22 所示）→输入“名称”为“表面粗糙度”→单击“拾取点”按钮→回到图形文件中→选择绘制图形下方的尖点（如图 6.23

所示）→返回到对话框→单击“选择对象”按钮→再次回到图形文件中→拾取全部图形→回车→又返回到对话框→勾选“删除”选项→单击“确定”按钮。

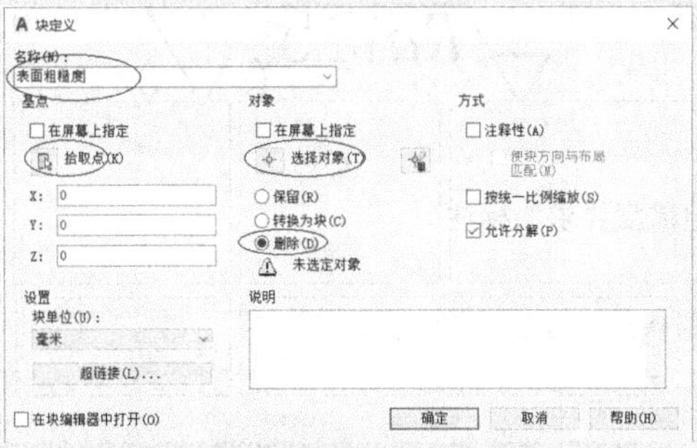

图 6.22　“块定义”对话框

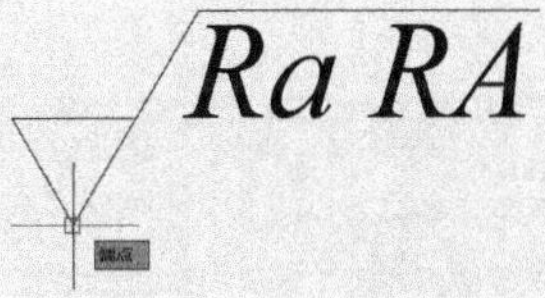

图 6.23　选择拾取点

注意： 表面粗糙度符号的拾取点即图块的插入基点。

② 绘制表面粗糙度的引线。

引出标注表面粗糙度时，应绘制出带箭头的引线，采用快速引线“LE”的方式比较快捷，默认状态下（箭头方式为“实心闭合”）操作到画出引线后即可按下 Esc 键退出。

③ 插入图块。

在零件图中标注表面粗糙度通常使用插入图块的方式。

操作：输入“插入块”命令→选择“更多选项”选项→“插入”对话框（如图 6.24 所示）→在“名称”栏中选择“表面粗糙度”（刚才创建的图块）→单击“确定”按钮→将光标移到图块插入的位置单击（需选在轮廓线或引出线上）→“编辑属性”对话框（如图 6.25 所示）→输入参数值→单击“确定”按钮。

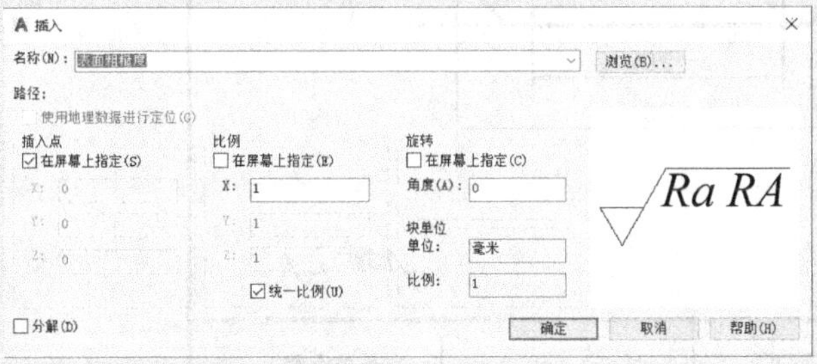

图 6.24　“插入”对话框

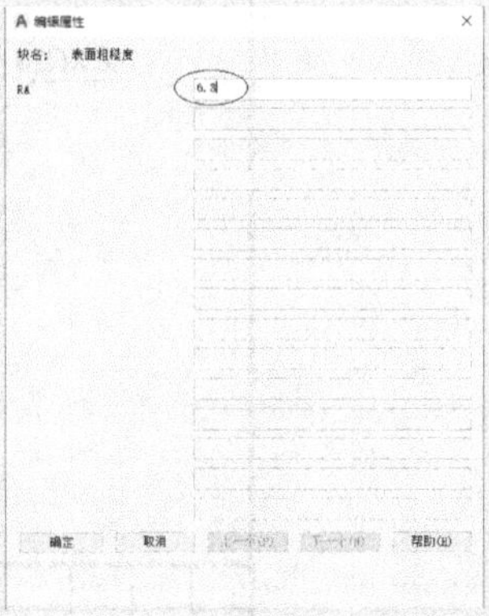

图 6.25　“编辑属性”对话框

注意： 可以通过“角度”控制图块的倾斜角度，通过“比例”控制图块的大小；可以通过“浏览”按钮将其他位置存储的图形文件作为图块插入到工作图中。

④ 标注标题栏上方的其余表面粗糙度要求。

操作：插入两个表面粗糙度图块（后一个无须输入参数）→分解后面的图块→删除不要的部分（只留下基本符号）→用“多行文字”命令写入一个括号（中间加两个空格）→调整括号位置。标注如图 6.26 所示。

（5）填写标题栏，完成工程图。

填写标题栏的栏目时，使用“多行文字”命令“A”，应满格选择填写范围，并选择“正中”的“对正”方式（如图 6.27 所示）。相同大小的栏目采用“复制”加“修改”的方式更加快捷。

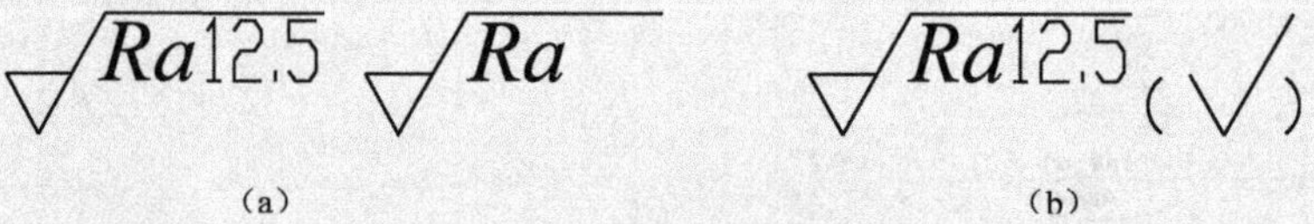

图 6.26　其余粗糙度要求的标注

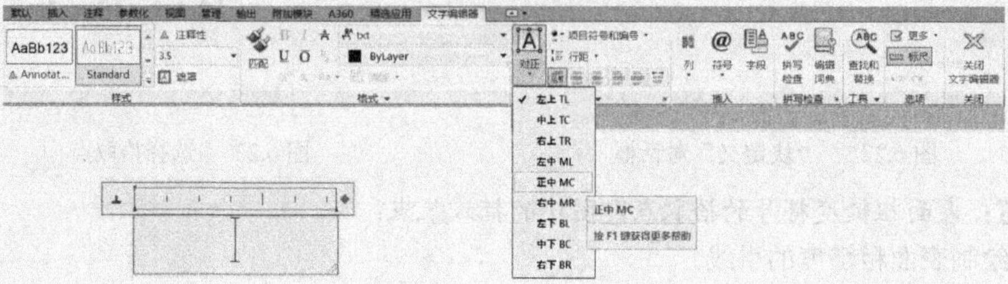

图 6.27　文字对正方式选择

填写完标题栏后，打开“线宽”状态检查图形，确认无误后命名存盘，如图 6.28 所示。

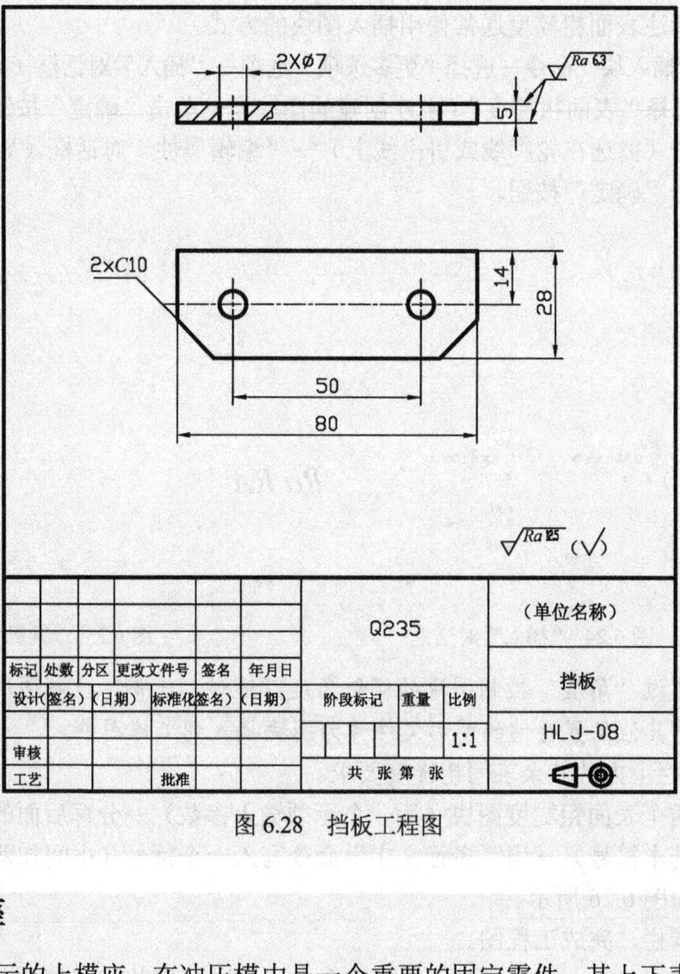

图 6.28　挡板工程图

案例 2　上模座

如图 6.29 所示的上模座，在冲压模中是一个重要的固定零件。其上下表面与其他零件或部件有接触要求，中心部位的ϕ70 孔与模柄有配合要求，四角的ϕ25 孔与导套有配合要求，中部大孔旁边的ϕ6 孔与销钉有配合要求。

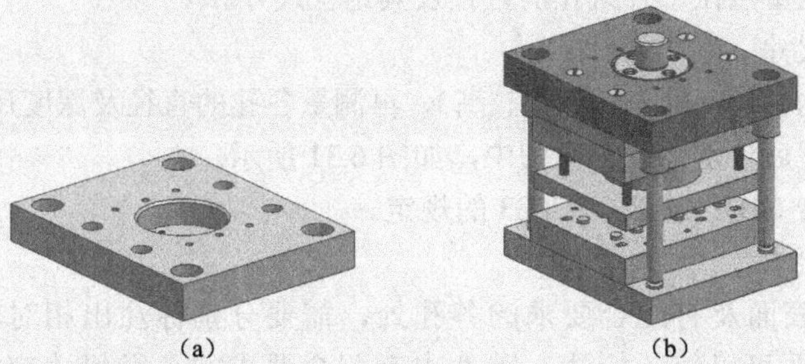

图 6.29　上模座

1. 测绘草图

（1）准备工作

略。

（2）观察零件的结构

图 6.29 所示的上模座是一个具有代表性的板类零件，在长方体上规律分布了若干组孔，整个零件呈对称状态。

（3）绘制图框和标题栏

略。

（4）徒手绘制草图

该零件的表达重点在于各孔的分布位置和深度状态。因此，用俯视图表达各组孔的分布状况、用全剖的主视图表达各孔的深度状态，再用一个局部剖视图补充表达的不足，如图 6.30 所示。

由于上模座零件的尺寸较大，故采用缩小比例进行画图。

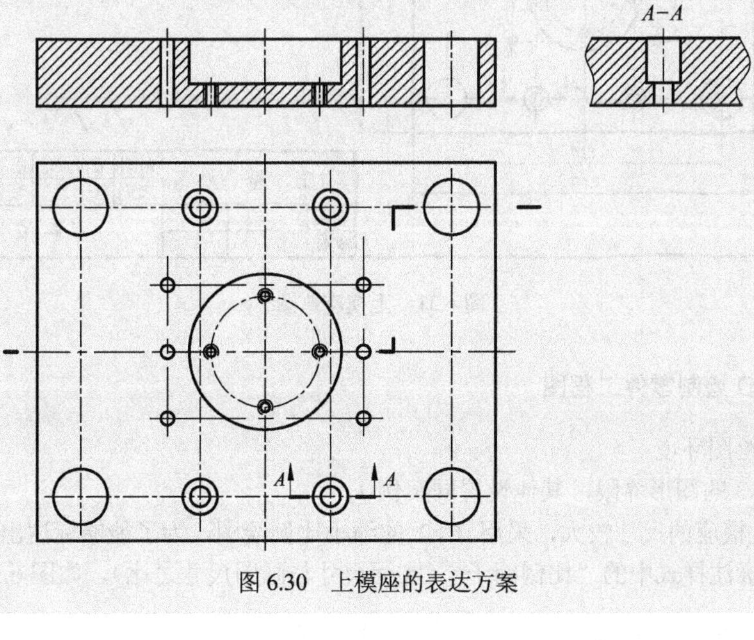

图 6.30　上模座的表达方案

（5）绘制尺寸界线和尺寸线

分析零件的结构，确定需要标注的尺寸，并考虑尺寸线的分布，画出所有尺寸界线和尺寸线。该零件的标注重点在于各组孔的直径及其定位尺寸。

（6）集中标注尺寸

先测量上模座的外形尺寸（长、宽、高），再测量各孔的直径及深度尺寸，然后测量孔的定位尺寸，取整处理后分别标注在草图中，如图6.31所示。

尺寸标注应符合GB/T 4458.4—2003的规定。

（7）标注技术要求

上模座的上下表面及有配合要求的各孔处，需要分别标注出相对较高的表面粗糙度要求，其他次要表面可以统一标注；零件中有配合要求的孔径尺寸应加注相应尺寸公差要求，如图6.31所示。

（8）填写标题栏

填写零件的材料牌号、零件名称、图样编号、图形比例等栏目，完成零件草图（如图6.31所示）。

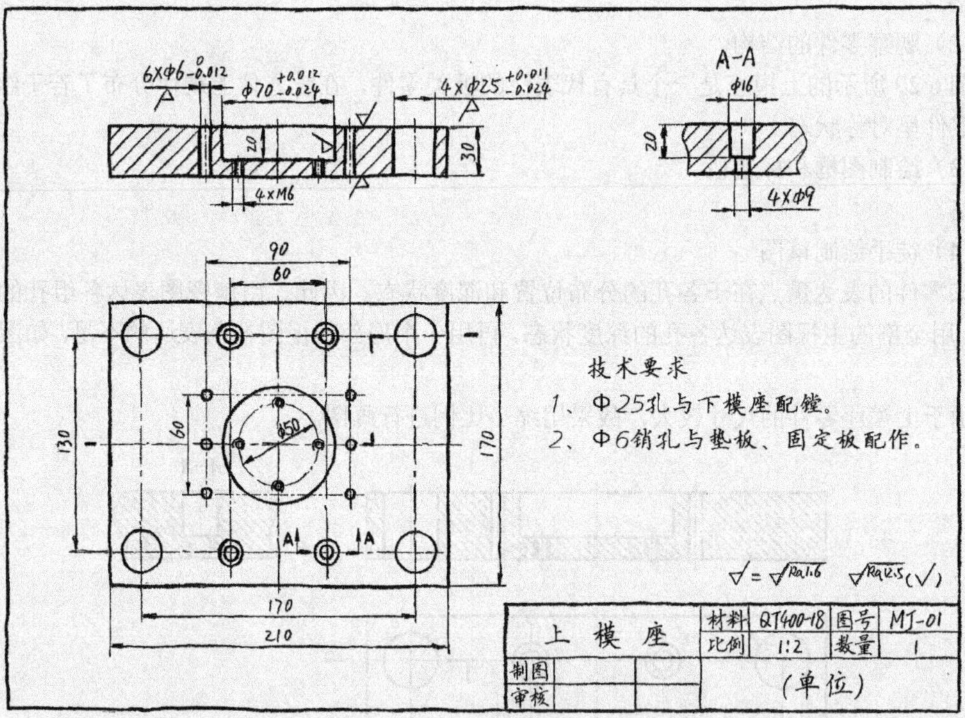

图6.31　上模座草图

2. 用CAD绘制零件工程图

（1）设置绘图环境

① 设置A3的图形界限，其他设置同案例1。

② 由于上模座的尺寸较大，采用1∶2的缩小比例绘图，为了能够标注出正确的尺寸数值，需要修改标注样式中的“比例因子”（实际尺寸与画图尺寸之比），如图6.32所示。

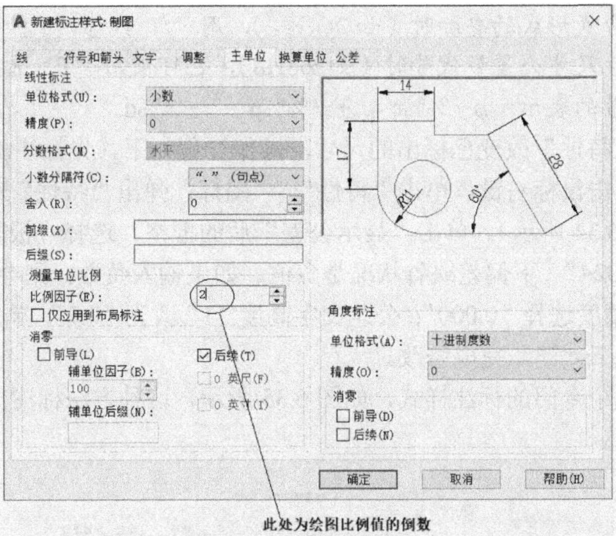

图 6.32　标注样式设置

（2）绘制视图

过程略。

（3）标注尺寸

这个零件的部分尺寸带有公差要求，标注尺寸上下偏差的方法比较多，可以专门设置一个标注样式，可以在标注尺寸时进行，也可以对标出的尺寸进行修改获得。

方法一：在标注尺寸过程中进行公差标注（以 $\phi70^{+0.012}_{-0.024}$ 为例），操作过程如下。

命令：单击“标注”图标 或 。

指定第一条尺寸界线原点：用光标捕捉尺寸起点。

指定第二条尺寸界线原点：用光标捕捉尺寸终点。

[多行文字(M)/文字(T)/角度(A)/水平(H)/垂直(V)/旋转(R)]：输入“M”。

弹出“文字编辑器”（见图 6.33（a）），在尺寸数字之前输入“%%c”，在其后输入“+0.012^−0.024”（如图 6.33（b）所示）。

选中“+0.012^−0.024”，单击 图标，上下偏差堆叠起来（如图 6.33（c）所示），单击“确定”按钮。

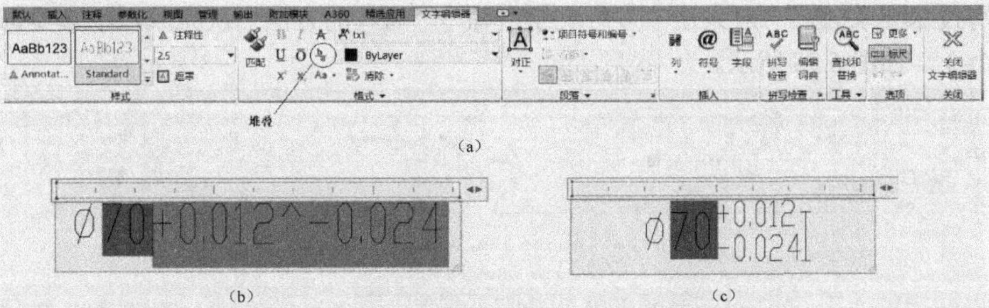

图 6.33　标注尺寸极限偏差

[多行文字(M)/文字(T)/角度(A)/水平(H)/垂直(V)/旋转(R)]：将尺寸线移到合适的位置，单击放置。

注意：① “^” 是叠加符号，以它为界将前后部分叠加起来。

② 当需要显示分式形式的叠加时（如$\varnothing 68\frac{H7}{f6}$），用“/”代替“^”。

③ 当只需要标注尺寸公差带代号时（如ϕ68H8），也可使用“T”选项进行修改。

④ 几个常用符号的表示：ϕ—%%c，±—%%p，°—%%d。

方法二：利用“特性”改变已标出的尺寸，操作过程如下（先标注ϕ70，过程略）。

选中该尺寸，单击鼠标右键，单击“特性”图标；弹出“特性”对话框，将显示内容调至“公差”（如图 6.34 所示）。单击“显示公差”后的框格，选择“极限偏差”。

输入下偏差“0.024”（下偏差缺省状况是负值，如果输入负数，则会变为正数）；输入上偏差“0.012”；公差精度选择“0.000”；公差文字高度“1”改为“0.7”，单击左上角的符号 ✕；按一下键盘左上角的 Esc 键，完成修改。

方法三：创建一个专门的标注样式，如图 6.35 所示，这种方法标注出来的公差值全都是一定的。

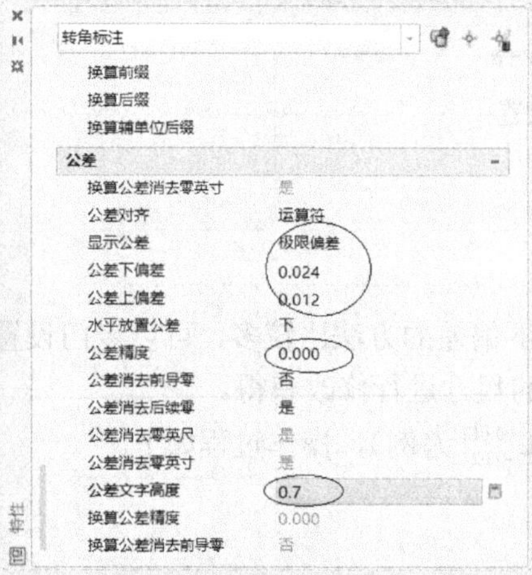

图 6.34　应用对象特性标注公差

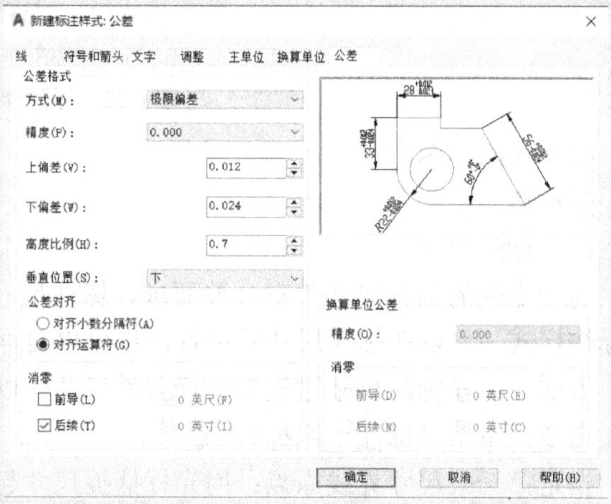

图 6.35　创建标注公差样式

（4）标注技术要求

这张零件图中的技术要求包括标注的技术要求（表面粗糙度、尺寸公差）和书写的技术要求，尺寸公差要求在标注尺寸时可同时完成，表面粗糙度的标注方法同前，此处采用了简化方法。

书写技术要求时，一般采用“多行文字”命令“A”的方法一次完成，不必要每一条执行一次命令，如图 6.36 所示。

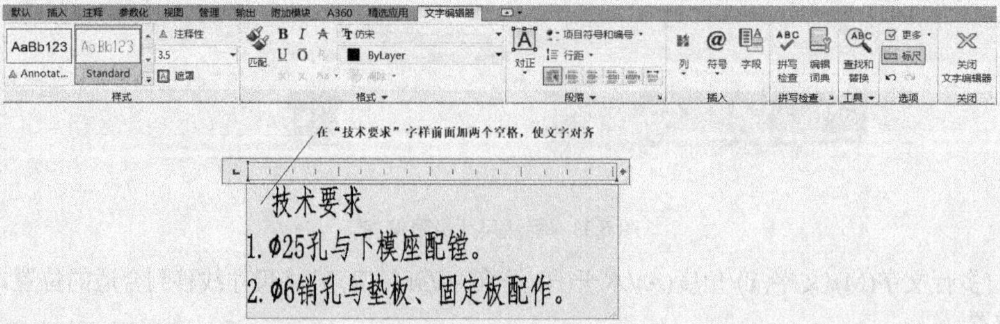

图 6.36　书写技术要求

注意：技术要求的字体应比标注字体大一至两个字号。

（5）填写标题栏，完成工程图

填写标题栏，完成上模座的工程图，如图 6.37 所示。

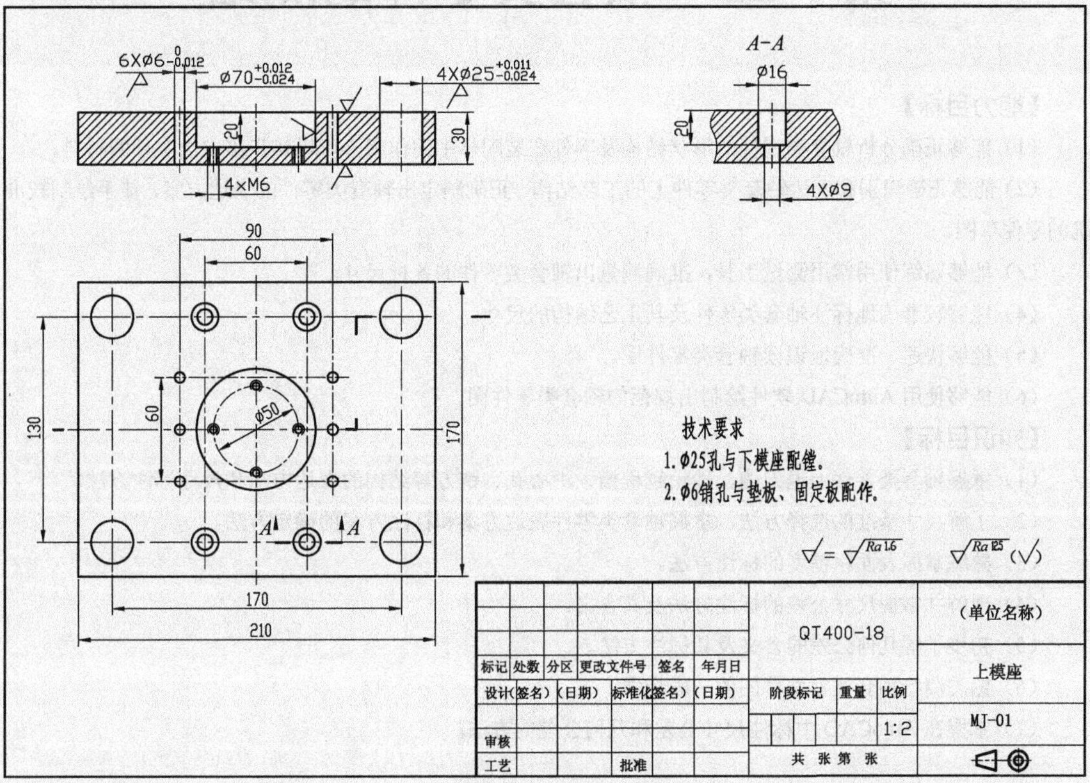

图 6.37　上模座的工程图

课后思考

1．薄板类零件的结构特点是什么？在装配体中常被用作什么？

2．薄板类零件上一般存在哪些工艺结构？怎样表达？怎样标注？

3．怎样确定薄板类零件的表达方案？

4．熟悉常见薄板类零件的形状及标注方法。

5．表面粗糙度是用来控制什么的？选择原则是什么？标注时应注意什么？

6．叙述识读薄板类零件图的步骤。

7．一般零件的测绘步骤是怎样的？

8．常用的测量工具有哪些？怎样测量零件的长、宽、厚度，以及内外直径、圆角半径、孔中心距等尺寸？

9．应用 AutoCAD 软件绘制薄板类零件图需要做什么设置？作图的一般步骤是什么？

10．应用“快速引线”命令可以完成哪些作图任务？

11．为什么表面粗糙度符号要做成带属性的图块？图块制作方法和步骤是什么？

12．在 AutoCAD 中怎样标注尺寸偏差？

第 7 章　轴套类零件的测绘

【能力目标】

（1）能够正确分析轴套类零件的形状结构及零件在装配体中的作用，可以初步鉴定出零件的材料。

（2）能够正确识别和表达轴套类零件上的工艺结构，正确制定出轴套类零件的表达方案，徒手绘制较准确的零件草图。

（3）能够熟练使用常用测量工具，准确测量出轴套类零件的各种尺寸。

（4）能够较准确地标注轴套类零件及其工艺结构的尺寸。

（5）能够快速、准确地识读轴套类零件图。

（6）能够使用 AutoCAD 软件绘制出规范的轴套类零件图。

【知识目标】

（1）掌握轴套类零件上退刀槽、砂轮越程槽、中心孔、铣方等结构的表达方法和尺寸标注方法。

（2）了解尺寸基准的选择方法，掌握轴套类零件表达方案和标注方案的确定方法。

（3）熟练掌握表面粗糙度的标注方法。

（4）理解并掌握尺寸公差的标注方法及其含义。

（5）初步了解几何公差的含义及其标注方法。

（6）熟悉测绘轴套类零件草图的一般步骤。

（7）掌握在 AutoCAD 中标注尺寸公差和几何公差的方法。

7.1　轴套类零件上常见工艺结构

轴套类零件是机器设备中最常见的一类零件，其特点是主要组成部分多为圆柱、圆锥等回转体，通常轴向尺寸大于径向尺寸。此类零件包括轴和套两种，轴通常用来支承传动零件（如齿轮、带轮、链轮等）和传递动力，并且有直轴和曲轴、光轴和阶梯轴、实心轴和空心轴之分；套一般装在轴上或机体孔中，用于定位、支承、导向或保护传动零件。

轴套类零件上常存在倒角、圆角、退刀槽、砂轮越程槽、键槽、油槽、油孔、螺纹、销孔、中心孔、锥度、铣方、铣平、滚花等工艺结构。

1. 倒角和圆角

轴套类零件的端部、根部等处经常会有倒角或圆角结构，其常见位置及标注方法如图 7.1 所示。

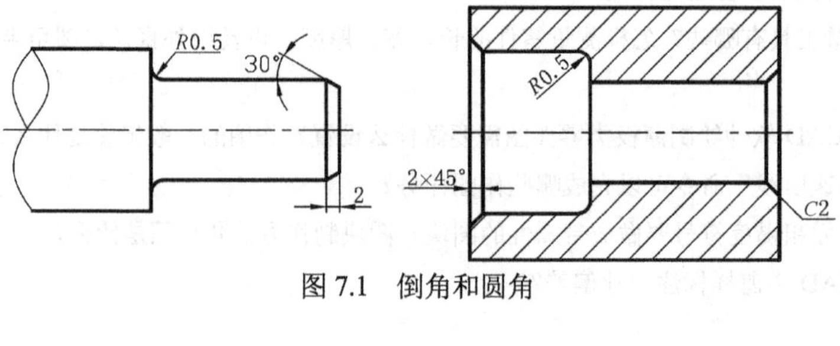

图 7.1　倒角和圆角

2. 退刀槽

在零件加工过程中，为了使刀具顺利退出并且保证在装配时与相邻零件靠紧，需要在加工表面的台肩处加工出退刀槽或砂轮越程槽。用于车削加工的环形槽称为退刀槽。

退刀槽结构简单，一般无须放大表达，只需在视图中直接标注清楚即可。退刀槽的尺寸标注形式一般为“槽宽×槽深”或“槽宽×直径”，在同一张零件图中的标注形式应保持一致，如图 7.2 所示。

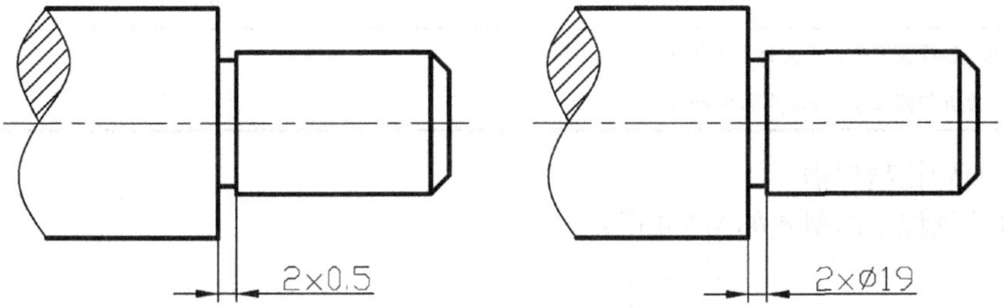

图 7.2　退刀槽的标注

3. 砂轮越程槽

轴套零件台肩处用于磨削加工的槽称为砂轮越程槽。

砂轮越程槽的形式与零件上需要磨削加工的表面相关，通常采用局部放大图的形式画出，标注方法和尺寸应符合 GB/T 6403.5—2008 的规定。

（1）回转面及端面砂轮越程槽的型式如图 7.3 所示。

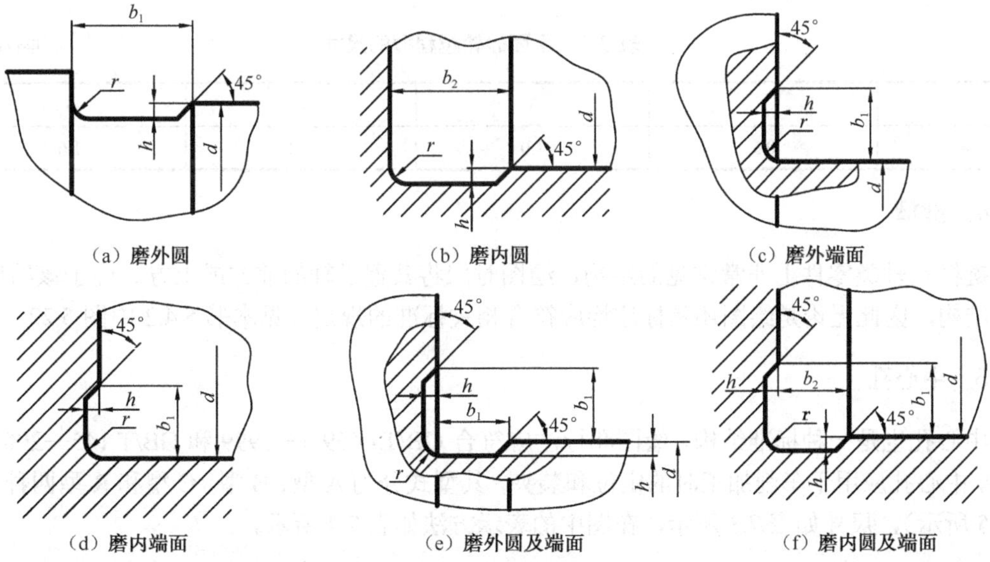

图 7.3　回转面及端面砂轮越程槽的型式

回转面及端面砂轮越程槽的尺寸如表 7.1 所示。

表 7.1　回转面及端面砂轮越程槽的尺寸　　单位：mm

b_1	0.6	1.0	1.6	2.0	3.0	4.0	5.0	8.0	10
b_2	2.0	3.0		4.0		5.0		8.0	10
h	0.1	0.2		0.3	0.4		0.6	0.8	1.2
r	0.2	0.5		0.8	1.0		1.6	2.0	3.0
d	～10			10～50		50～100		100	
注 1：越程槽内与直线相交处，不允许产生尖角。									
注 2：越程槽深度 h 与圆弧半径 r，要满足 $r \leqslant 3h$。									

（2）平面砂轮越程槽

平面砂轮越程槽的型式如图 7.4 所示。

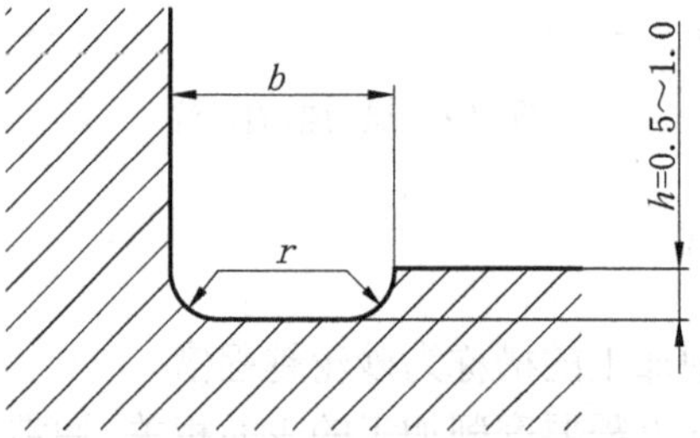

图 7.4　平面砂轮越程槽的型式

平面砂轮越程槽的尺寸如表 7.2 所示。

表 7.2　平面砂轮越程槽的尺寸　　单位：mm

b	2	3	4	5
r	0.5	1.0	1.2	1.6

4. 键槽

键槽是轴类零件上非常常见的结构，绘图时应将其置于轴的前方或上方。由于该结构是标准结构，因此无论是绘图还是标注均应符合相关标准的规定（见本书 5.4.2 中图 5.22）。

5. 中心孔

中心孔也是一种标准结构，绘图和标注应符合 GB/T 4459.5—1999 和 GB/T 145—2001 的规定。中心孔应用于车削加工时的定位和装夹，其型式分为 A 型、B 型、C 型和 R 型四种（如图 7.5 所示），尺寸如表 7.3 所示，在图中的表示方法如表 7.4 所示。

6. 铣平与铣方

铣平和铣方结构的作用是便于零件的拆装，铣平结构如图 7.6 所示，铣方结构一般采用如图 7.7 所示的方法表示。

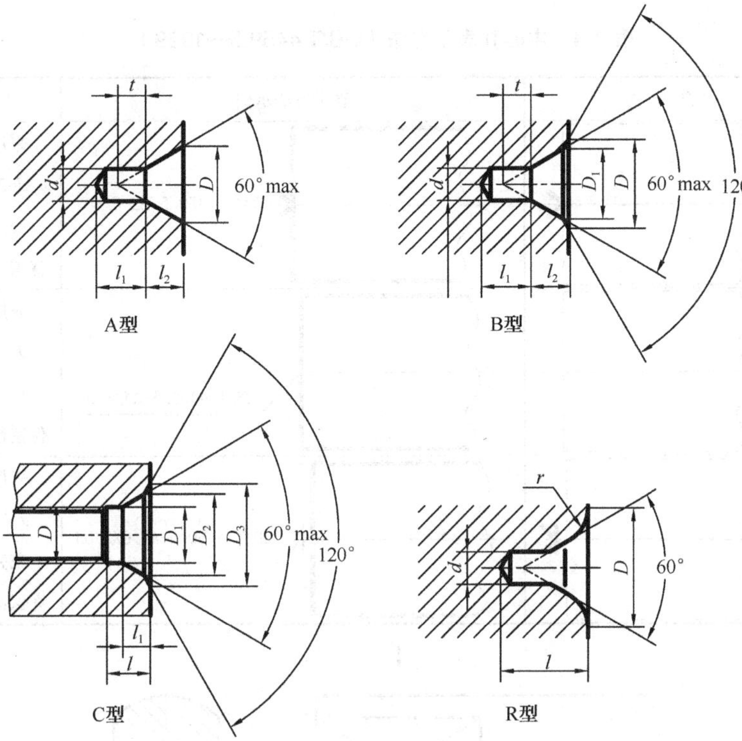

图 7.5　中心孔的型式

表 7.3　中心孔的尺寸

d		D			l_2		t（参考）		l_{min}	r max	r min	D	D_1	D_2	D_3	l	l_1（参考）	选择中心孔的参考数据		
A 型	B、R 型	A 型	B 型	R 型	A 型	B 型	A 型	B 型	R 型			C 型						原料端部最小直径 D_o	轴状原料最大直径 D_c	工件最大重量t
1.00		2.12	3.15	2.12	0.97	1.27	0.9		2.3	3.15	2.50									
(1.25)		2.65	4.00	2.65	1.21	1.60	1.1		2.8	4.00	3.15							8	>10～18	0.12
1.60		3.35	5.00	3.35	1.52	1.99	1.4		3.5	5.00	4.00							10	>18～30	0.2
2.00		4.25	6.30	4.25	1.95	2.54	1.8		4.4	6.30	5.00									
2.50		5.30	8.00	5.30	2.42	3.20	2.2		5.5	8.00	6.30									
3.15		6.70	10.00	6.70	3.07	4.03	2.8		7.0	10.00	8.00	M3	3.2	5.3	5.8	2.6	1.8	12	>30～50	0.5
4.00		8.50	12.50	8.50	3.90	5.05	3.5		8.9	12.50	10.00	M4	4.3	6.7	7.4	3.2	2.1	15	>50～80	0.8
(5.00)		10.60	16.00	10.60	4.85	6.41	4.4		11.2	16.00	12.50	M5	5.3	8.1	8.8	4.0	2.4	20	>80～120	1
6.30		13.20	18.00	13.20	5.98	7.36	5.5		14.0	20.00	16.00	M6	6.4	9.6	10.5	5.0	2.8	25	>120～180	1.5
(8.00)		17.00	22.40	17.00	7.79	9.36	7.0		17.9	25.00	20.00	M8	8.4	12.2	13.2	6.0	3.3	30	>180～220	2
10.00		21.20	28.00	21.20	9.70	11.66	8.7		22.5	31.5	25.00	M10	10.5	14.9	16.3	7.5	3.8	35	>180～220	2.5

注：1．括号内尺寸尽量不用。

2．选择中心孔的参考数据不属于 GB / T 145—2001 的内容，仅供参考。

3．A 型和 B 型尺寸 l_1 取决于中心钻的长度 l_2，即使中心钻重磨后再使用，此值也不应小于 t。

4．B 型尺寸 D_1 与 A 型的 D 相同。

表 7.4　中心孔表示方法（GB/T 4459.5—1999）

要　求	符　号	表示方法示例	说　明
在完工的零件上要求保留中心孔	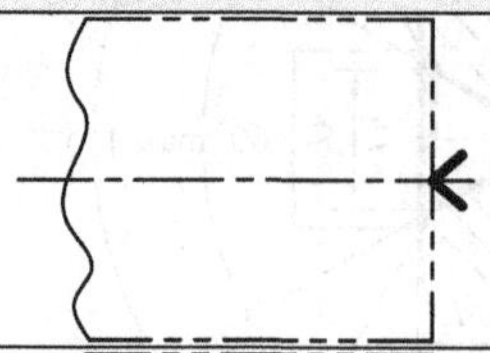	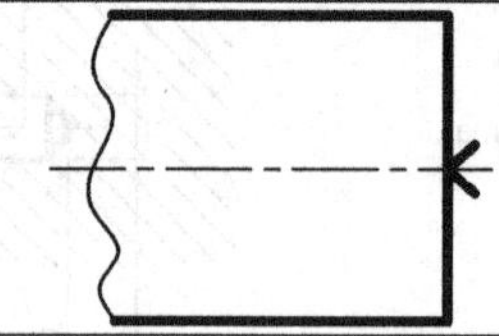	采用 B 型中心孔；d=2.5mm，D=8mm；在完工的零件上要求保留
在完工的零件上可以保留中心孔	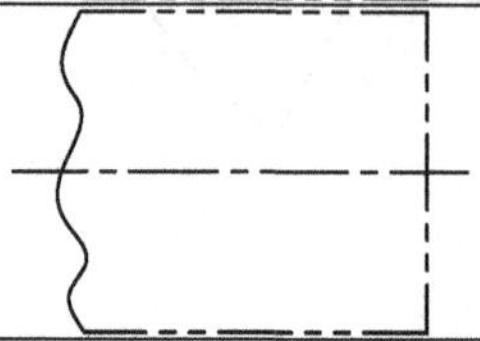	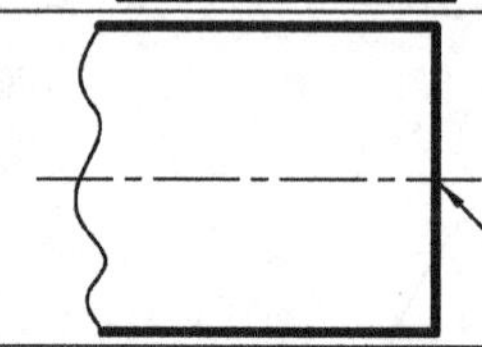	采用 A 型中心孔；d=4mm，D=8.5mm；在完工的零件上是否保留都可以
在完工的零件上不允许保留中心孔	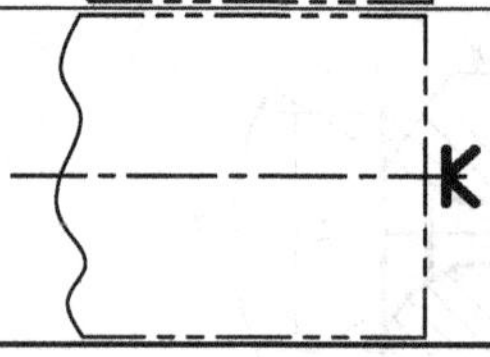	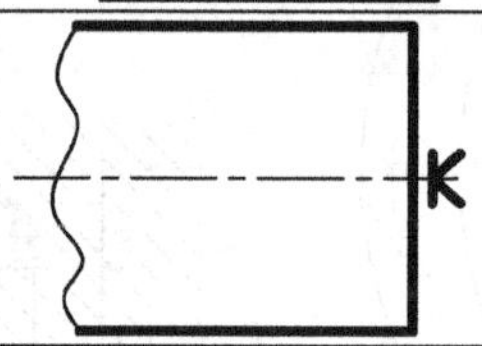	采用 A 型中心孔；d=1.6mm，D=3.35mm；在完工的零件上不允许保留

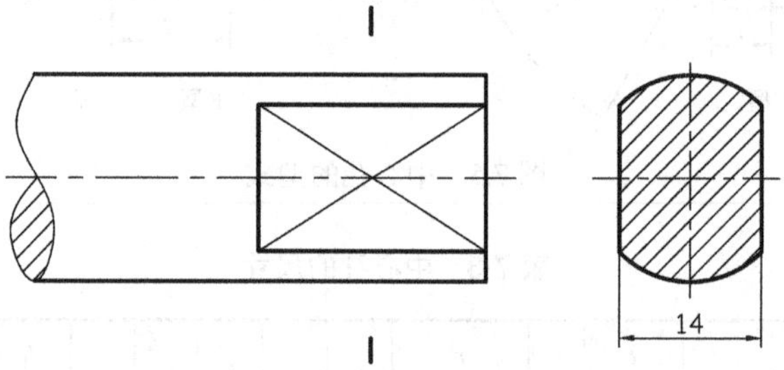

图 7.6　铣平结构的表示

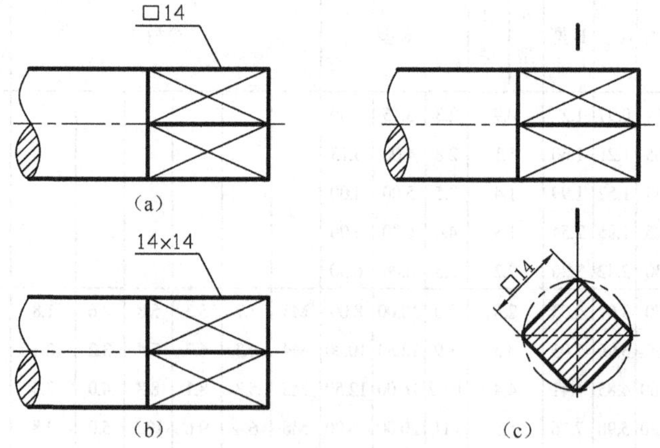

图 7.7　铣方结构的表示

7. 滚花（GB/T 6403.3—2008）

滚花用于零件手柄的防滑，包括直纹和网纹两种，其型式和标注如图 7.8 所示。滚花的模数 m 常用值为 0.2、0.3、0.4、0.5。

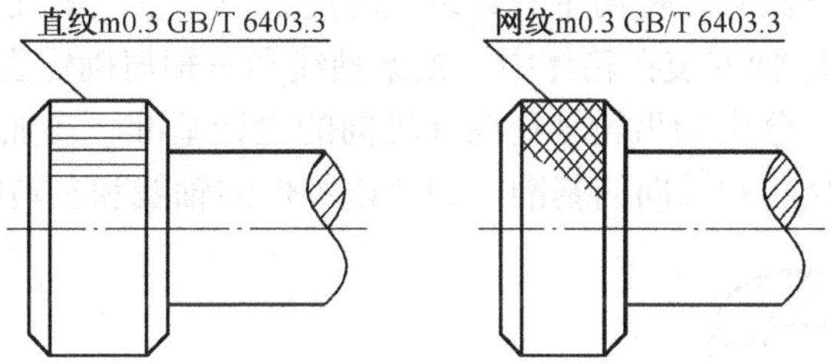

图 7.8　滚花的型式与标注

7.2　轴套类零件的表达及标注

7.2.1　轴套类零件的表达方案

（1）由于轴套类零件的主体为回转体，其主要工序一般都在车床和磨床上进行，加工时轴线呈水平位置。为了便于加工时看图，此类零件主视图的放置位置与零件主要加工工序的装夹位置一致，应将轴线水平放置，符合加工位置原则（如图 7.9 所示），并且通常将零件的大头朝左放置。

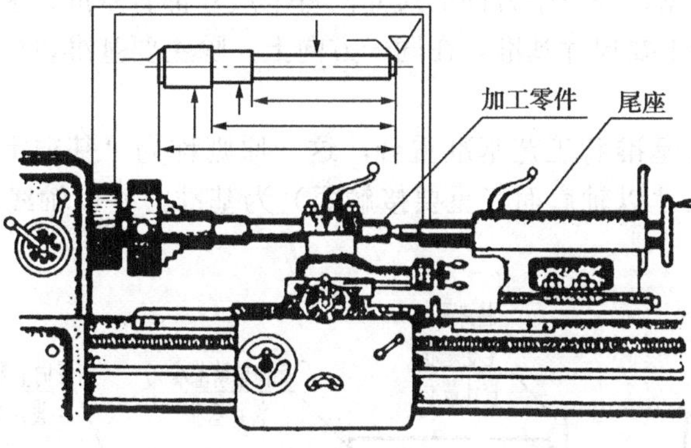

图 7.9　轴类零件的加工位置

（2）轴套类零件一般只用一个基本视图（主视图）即可把轴套上各回转体的相对位置和主要形状表达清楚；选择主视图时，通常将键槽、孔等结构朝前或朝上放置。

（3）针对轴套类零件上的孔、键槽、铣方等结构可增加局部剖视图、局部视图、移出断面图来表达；针对退刀槽、砂轮越程槽等细小结构可用局部放大图表达。

（4）对于简单而又较长的轴，可用假想断开后缩短的方法绘制（折断画法）。

（5）套筒、空心轴的内部结构可采用全剖、半剖、局部剖等方法来表达。

7.2.2　零件图中尺寸基准的选择

尺寸基准是指零件在设计、制造和检验时的计量起点，一般选择零件上的一些面和线。根据基准的作用不同，一般可分为设计基准、工艺基准和测量基准。

设计基准：设计时确定零件在机器中的位置所依据的面和线。

工艺基准：加工时确定零件在机床或夹具中的位置所依据的面和线。

测量基准：测量、检验时，使用量具计量尺时的起点所依据的面和线。

如图 7.10 所示，齿轮轴安装在箱体中，根据轴线和右轴肩确定齿轮轴在机器中的位置，因此该轴线和右轴肩端面分别为齿轮轴径向和轴向的设计基准。在加工过程中，大部分工序以轴线和左右端面作为径向和轴向的基准，因此该零件的轴线和左右端面为工艺基准。

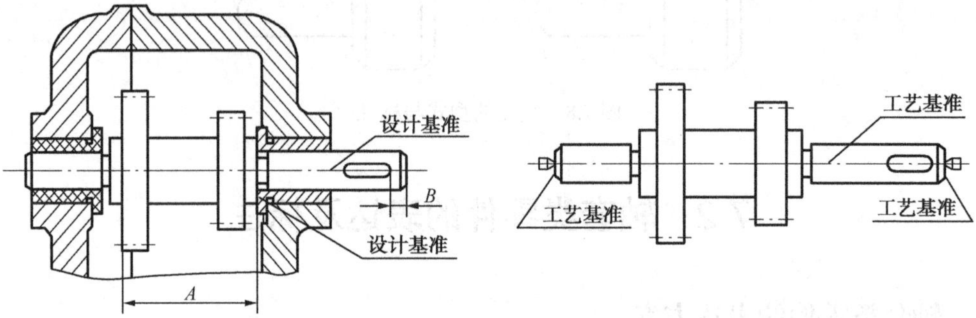

图 7.10　设计基准和工艺基准

从设计基准出发标注的尺寸，能反映设计要求，保证零件在机器中的工作性能；从工艺基准出发标注的尺寸，能把尺寸标注与零件加工联系起来，保证工艺要求，方便加工和测量。因此，标注尺寸时应尽量使设计基准和工艺基准统一起来。

每个零件都有长、宽、高三个方向的尺寸，每个尺寸都有基准，因此每个方向可能有多个基准，但只能有一个主要尺寸基准。在同一方向上，除主要基准以外的尺寸基准称为辅助基准。

主要基准应与设计基准和工艺基准重合，这一原则称为“基准重合原则”。如图 7.11 所示的轴，长度方向尺寸以轴肩面（重要接触面）为基准，并以轴线作为直径方向的尺寸基准。

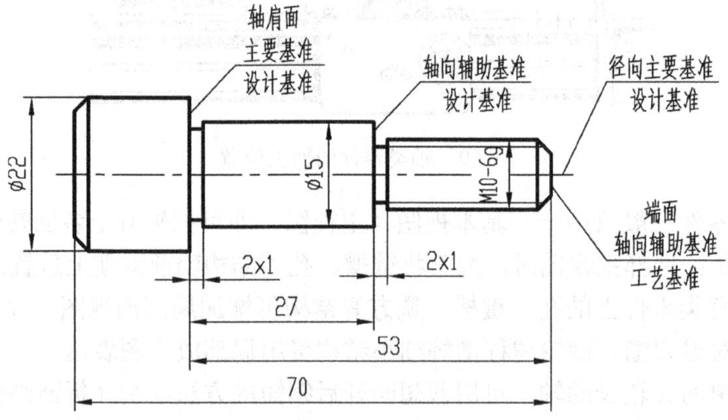

图 7.11　基准的选择一

通常，面基准选择零件上较大的加工面、与其他零件的结合面、零件的对称面、重要端面和轴肩等。如图 7.12 所示的轴承座，高度方向的尺寸基准是安装面，也是最大的加工面；长度方向尺寸以左右对称面为基准；宽度方向尺寸以前后对称面为基准。线基准一般选择轴和孔的轴线、对称中心线等。

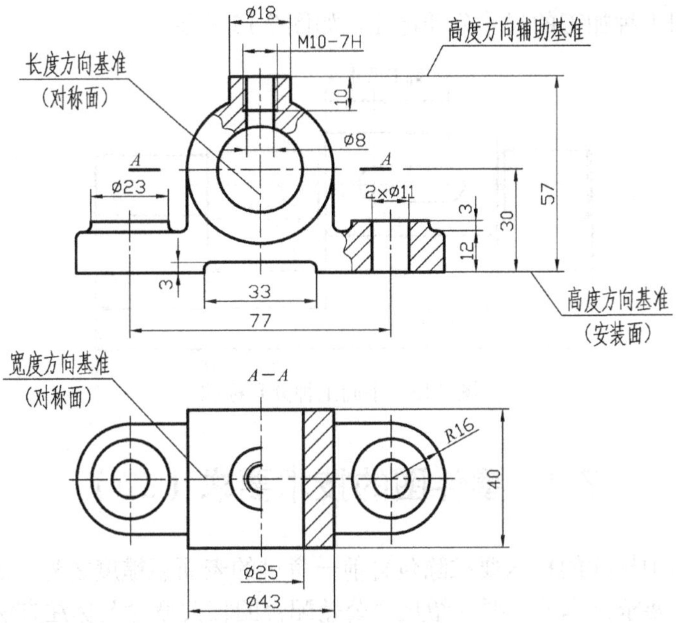

图 7.12　基准的选择二

7.2.3　轴套类零件尺寸标注的注意事项

（1）轴向尺寸的主要基准一般选择左右端面或重要的轴肩面；径向尺寸基准为轴线。

（2）为保证零件的加工质量，零件中的重要尺寸要直接注出，不能用其他尺寸推断计算。

（3）为避免长度方向注成封闭的尺寸链，一般将一个不重要的轴段放开不标。

（4）标注时应考虑到工艺要求，应便于加工和测量，如图 7.13、图 7.14 所示。

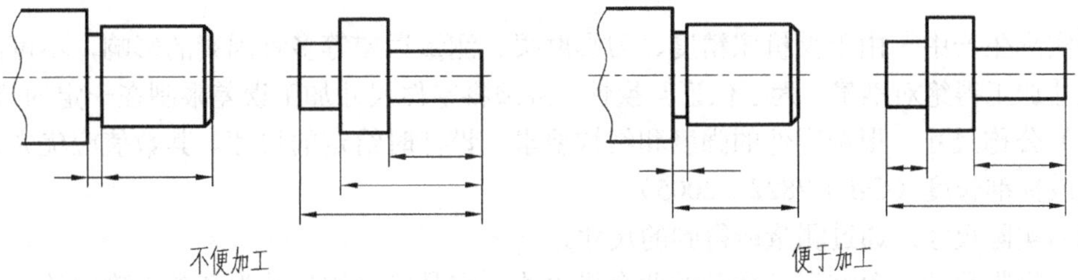

图 7.13　标注尺寸应便于加工

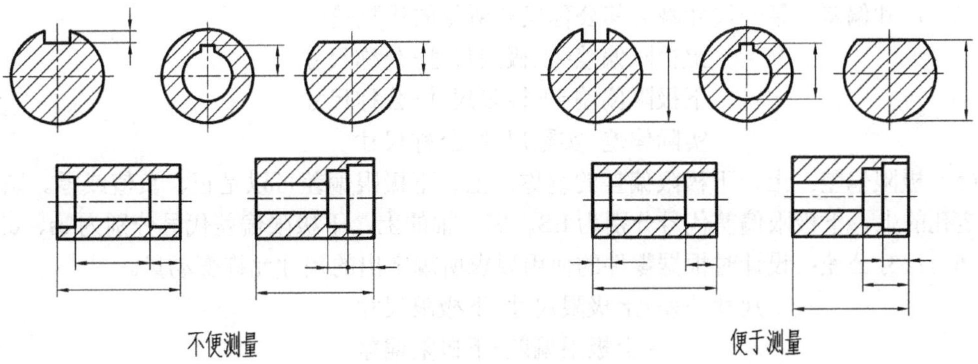

图 7.14　标注尺寸应便于测量

（5）应将不同工种加工的尺寸分开标注，如图7.15所示。

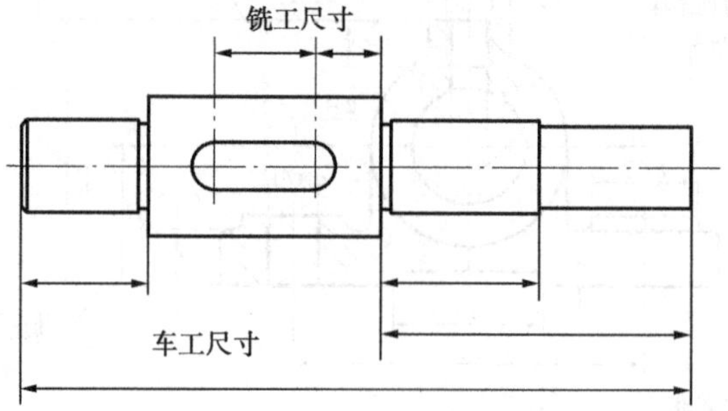

图7.15　不同工种分开标注

7.3　零件图的技术要求（二）

轴套类零件图中标注的技术要求除包含前一章讲的表面粗糙度之外，还有尺寸的公差配合要求和几何公差要求，本节主要介绍尺寸公差配合的相关概念及标注方法。

7.3.1　极限与配合的概念

1．互换性

现代化大规模生产要求零件具有互换性，即从同一规格的一批零件中任取一件，不经过修配就能装到机器或部件上，并能保证使用要求。零件的互换性是机器产品批量生产的前提。

2．尺寸公差相关术语

在实际生产中，由于受机床精度、刀具磨损、测量误差等多种因素的影响，不可能把零件的尺寸加工得绝对准确。为了保证互换性，必须将零件尺寸加工误差限制在一定的范围内。

（1）公称尺寸：根据零件的强度和结构要求，设计时给定的尺寸。其数值应优先选用标准直径或标准长度（GB/T 2822—2005）。

（2）实际尺寸：通过测量所得到的尺寸。

（3）极限尺寸：允许尺寸变动的两个界限值。它是以公称尺寸为基数来确定的。两个界限值中较大的称为上极限尺寸，较小的称为下极限尺寸。

（4）尺寸偏差：某一尺寸减去其公称尺寸所得的代数差。

上极限偏差=上极限尺寸-公称尺寸

下极限偏差=下极限尺寸-公称尺寸

实际偏差=实际尺寸-公称尺寸

（5）极限偏差：上、下极限偏差的统称，上、下极限偏差可以是正、负值或零。国家标准规定孔的上、下极限偏差代号分别为ES、EI，轴的上、下极限偏差代号分别为es、ei。

（6）尺寸公差：设计时根据零件的使用要求所规定出的尺寸允许变动量。

尺寸公差=上极限尺寸-下极限尺寸

=上极限偏差-下极限偏差

（7）公差带及公差带图：为了便于分析尺寸公差和进行有关计算，以公称尺寸为基准（零线），用夸大了间距的两条直线表示上、下极限偏差，这两条直线所限定的区域为公差带，用这种方法画出的图称为公差带图。在公差带图中，零线是确定正、负偏差的基准线，零线以上为正偏差，零线以下为负偏差。在零件图上标注的尺寸公差，其上、下极限偏差有时都是正值，有时都是负值，有时一正一负。上、下极限偏差值中可以有一个值是 0，但不得两个均为 0。公差值必定为正值，不应是 0 或负值。

如图 7.16 所示，孔和轴的直径ϕ30 及其后面的数值的含义：孔直径的允许变化范围为ϕ30～ϕ30.021，轴直径的允许变化范围为ϕ29.98～ϕ29.993。这个范围即为尺寸公差。

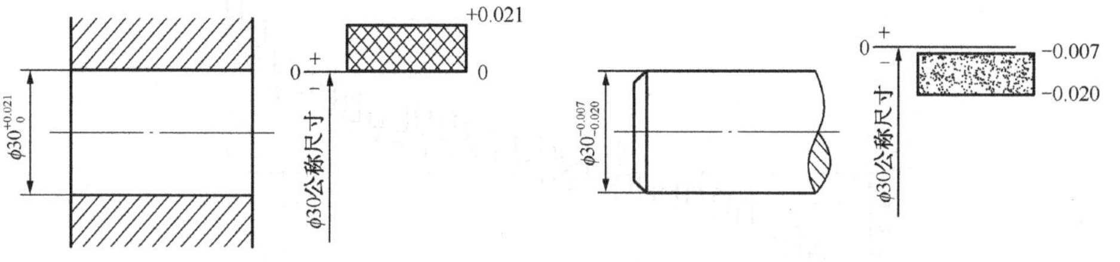

（a）孔直径尺寸公差　（b）孔直径公差带图　（c）轴直径尺寸公差　（d）轴直径公差带图

图 7.16　孔与轴的尺寸公差及公差带图

（8）标准公差与基本偏差：公差带是由标准公差和基本偏差组成的。标准公差决定公差带大小，基本偏差确定公差带相对零线的位置。

标准公差是由国家标准规定的公差值，其大小由公差等级和公称尺寸决定。国家标准（GB/T 1800.1—2009）将公差分为 20 个等级，即：IT01、IT0、IT1、IT2、…、IT18。IT 表示标准公差，数字表示公差等级。其中 IT01 的公差值最小，精度最高；IT18 公差值最大，精度最低。标准公差值详见附录 A。

基本偏差通常是指靠近零线的那个偏差，它可以是上极限偏差，也可以是下极限偏差。国家标准对孔和轴分别规定了 28 种基本偏差，轴的基本偏差的代号用小写字母表示，孔的基本偏差的代号用大写字母表示。基本偏差系列如图 7.17 所示。

（9）公差带代号：孔、轴的尺寸公差可以用公差带代号表示。公差带代号由基本偏差代号（字母）和公差等级代号（数字）组成，如图 7.18 所示。

ϕ50H8 的含义：公称尺寸为ϕ50，基本偏差代号为 H，精度等级为 8 级的孔。

ϕ50f7 的含义：公称尺寸为ϕ50，基本偏差代号为 f，精度等级为 7 级的轴。

3. 配合的相关术语

公称尺寸相同的、相互结合的孔和轴公差带之间的关系称为配合。根据使用要求，不同孔和轴之间的配合有松有紧。如轴承座、轴套和轴三者之间的配合（如图 7.19 所示），轴套和轴承座之间不允许有相对运动，应选择较紧的配合，而轴在轴套内要求能转动，应选择松动的配合，为此，国家标准规定配合分为以下三种。

（1）间隙配合

孔的实际要素总比轴的实际要素大，装配在一起后，轴与孔之间存在间隙（包括最小间隙为 0 的情况），轴在孔中可存在相对运动。这时，孔的公差带在轴的公差带之上，如图 7.20 所示。

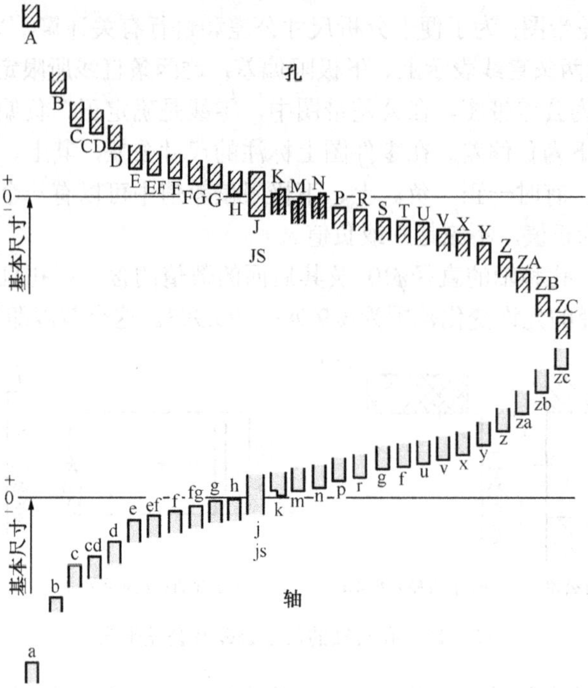

图 7.17　基本偏差系列

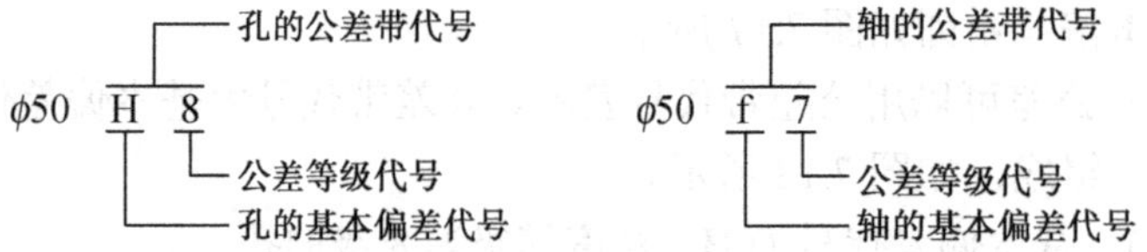

图 7.18　公差带代号

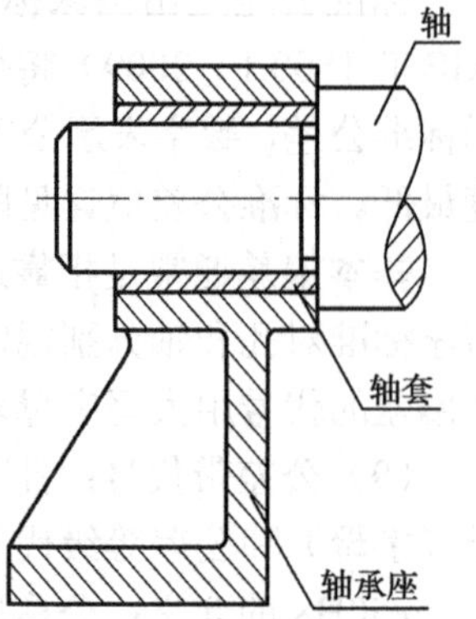

图 7.19　配合的概念

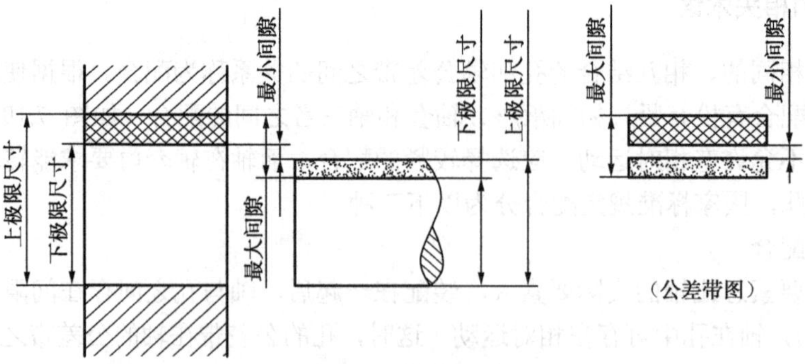

图 7.20　间隙配合

（2）过盈配合

孔的实际要素总比轴的实际要素小，在装配时需要一定的外力才能把轴压入孔中，所以轴与孔装配在一起后不能产生相对运动。这时，孔的公差带在轴的公差带之下，如图 7.21 所示。

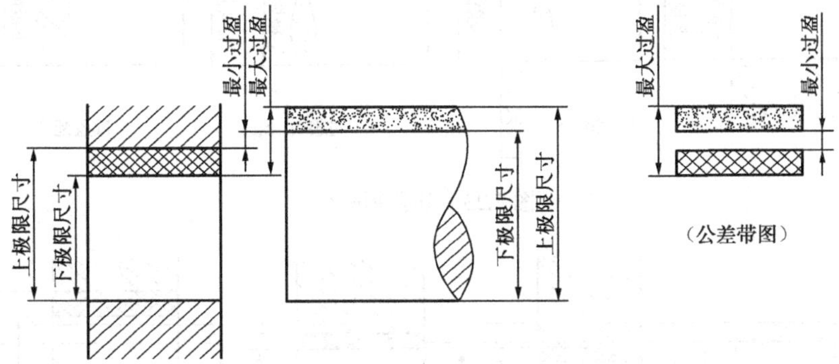

图 7.21　过盈配合

（3）过渡配合

轴的实际要素有时比孔的实际要素小，有时比孔的实际要素大。它们装在一起后，可能出现间隙，或出现过盈，但间隙或过盈都相对较小。这种介于间隙和过盈之间的配合，即过渡配合。这时，孔的公差带和轴的公差带将出现相互重叠的部分，如图 7.22 所示。

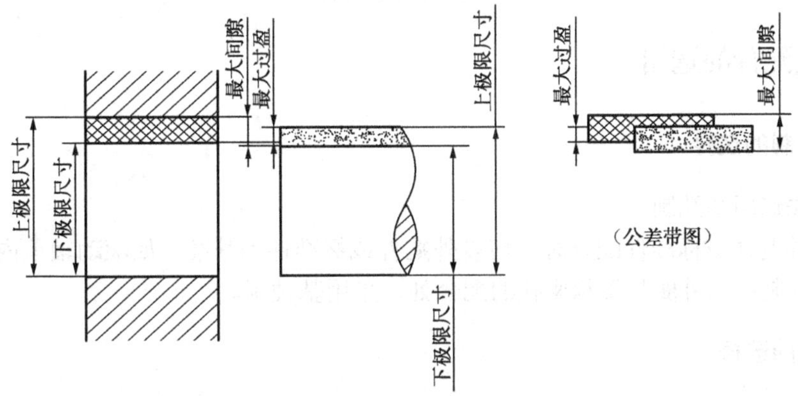

图 7.22　过渡配合

4. 配合制

孔和轴公差带形成配合的制度，称为配合制。根据生产实际需要，国家标准规定了两种配合制。

（1）基孔制配合

基孔制配合是基本偏差一定的孔的公差带，与不同基本偏差的轴的公差带形成各种配合的一种制度。基孔制配合的孔称为基准孔，其基本偏差代号为 H，下极限偏差为 0，即它的最小极限尺寸等于公称尺寸，如图 7.23 所示。

（2）基轴制配合

基轴制配合是基本偏差一定的轴的公差带，与不同基本偏差的孔的公差带形成各种配合的一种制度。基轴制配合的轴称为基准轴，其基本偏差代号为 h，上极限偏差为 0，即它的最大极限尺寸为公称尺寸，如图 7.24 所示。

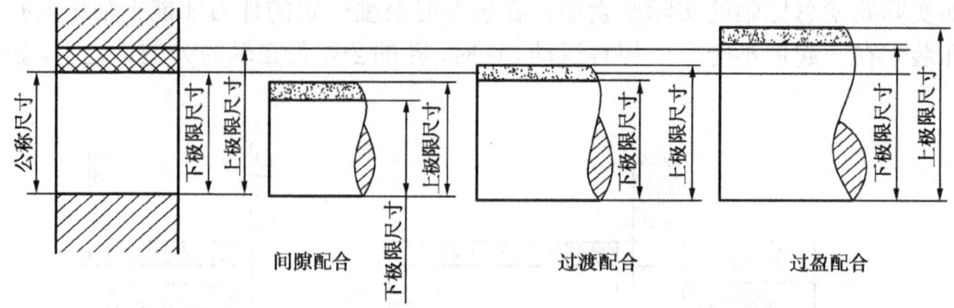

图 7.23　基孔制配合

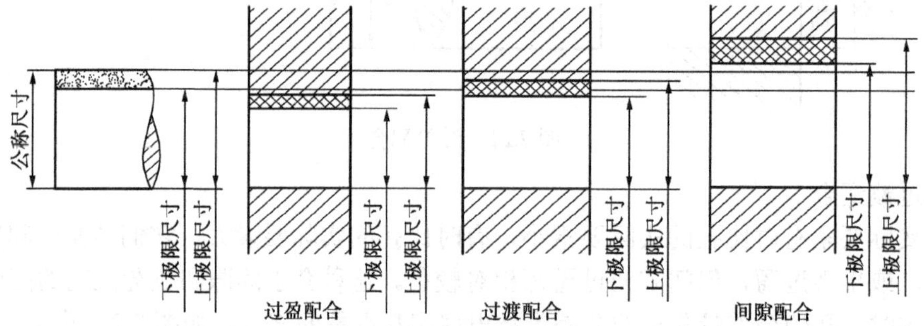

图 7.24　基轴制配合

7.3.2　公差配合的选用

1. 基准制的选择

（1）优先选用基孔制。

（2）与外购件或标准件配合时，应以外购件或标准件为基准。如滚动轴承内圈与轴配合处，采用基孔制；而外圈与轴承座孔的配合处，采用基轴制。

2. 配合的选择

选择配合的方法有类比法、计算法和实验法等。在实际生产中，应用最广泛的是类比法。所谓类比法，就是参考现有的手册和资料，参照经过验证的类似产品已有的配合进行修正的方法。当零件之间有相对移动或转动时，必须选择间隙配合；当零件之间无键、销等紧固件，只依靠结合面之间的过盈来实现传动时，必须选择过盈配合；当零件之间不要求有相对运动，同轴度要求较高，且不是依靠该配合传递动力时，通常选择过渡配合。表 7.5 列出了基孔制中轴的基本偏差的应用说明。

表 7.5　常用轴的基本偏差应用说明

配合	基本偏差	配合特性及应用
间隙配合	a、b	间隙很大，应用较少
	c	间隙很大，一般应用于缓慢、松弛的动配合。用于工作条件较差（如农业机械）、受力变形，或便于装配而必须保证有较大间隙时，优先推荐配合为 H11/c11

续表

配合	基本偏差	配合特性及应用
间隙配合	d	适用于松的转动配合，如密封盖、滑轮、空转带轮等与轴的配合；也适用于大直径滑动轴承配合。优先推荐配合为 H9/d9
	e	多用于 IT7～IT9 级，通常适用于要求有明显间隙，易于转动的支承配合，如大跨度支承、多支点支承等配合
	f	多用于 IT7～IT9 级的一般转动配合。当温度影响不大时，被广泛应用于普通润滑油（或润滑脂）润滑的支承，如齿轮箱、小发动机、泵等的转轴与滑动支承的配合。优先推荐配合为 H8/f7
	g	配合间隙很小，制造成本较高，除很轻负荷的精密装置外，不推荐用于转动配合。多用于 IT5～IT7 级，最适合不回转的精密滑动配合，也用于插销等定位配合，如精密连杆轴承、活塞及滑阀、连杆销等。优先推荐配合为 H7/g6
	h	多用于 IT4～IT11 级，广泛用于无相对转动的零件，作为一般的定位配合。若没有温度、变形影响，也用于精密滑动配合
过渡配合	j、js	完全对称偏差，平均起来稍有间隙的配合，多用于 IT4～IT7 级，要求间隙比 h 轴小，并允许略有过盈的定位配合，如联轴器，可用手或木锤装配
	k	平均起来没有间隙的配合，适用于 IT4～IT7 级，用于稍有过盈的定位配合，如为不消除振动的定位配合，一般用木锤装配。优先推荐配合为 H7/k6
	m	平均起来具有不大过盈的过渡配合，适用于 IT4～IT7 级。一般可用木锤装配，但在最大过盈时，要求有较大的压入力
过盈配合	n	平均过盈比 m 轴稍大，很少得到间隙，适用于 IT4～IT7 级。用锤或压力机装配，通常推荐用于紧密的组件配合。优先推荐配合为 H7/n6
	p	对于非铁类零件、需要易于拆卸时，用较轻的压入力配合。对钢件、铸铁或铜、钢组件装配是标准压力配合。优先推荐配合为 H7/p6
	r	通常是中等打入配合
	s	用于永久性或半永久性装配，可产生相当大的结合力。尺寸较大时，为了避免损伤配合表面，需用热涨或冷缩法装配
	t、u、v、x、y、z	过盈量依次增大，一般不推荐

优先采用标准中规定的优先公差带和优先配合。表 7.6 和表 7.7 为国家标准中规定的基孔制和基轴制优先、常用配合。

表 7.6　基孔制优先、常用配合

基准孔	轴																				
	a	b	c	d	e	f	g	h	js	k	m	n	p	r	s	t	u	v	x	y	z
	间隙配合								过渡配合			过盈配合									
H6						$\frac{H6}{f6}$	$\frac{H6}{g5}$	$\frac{H6}{h5}$	$\frac{H6}{js5}$	$\frac{H6}{k5}$	$\frac{H6}{m5}$	$\frac{H6}{n5}$	$\frac{H6}{p5}$	$\frac{H6}{r5}$	$\frac{H6}{s5}$	$\frac{H6}{t5}$					
H7						$\frac{H7}{f6}$	$\frac{H7}{g6}$▼	$\frac{H7}{h6}$▼	$\frac{H7}{js6}$▼	$\frac{H7}{k6}$▼	$\frac{H7}{m6}$▼	$\frac{H7}{n6}$▼	$\frac{H7}{p6}$▼	$\frac{H7}{r6}$	$\frac{H7}{s6}$▼	$\frac{H7}{t6}$	$\frac{H7}{u6}$▼	$\frac{H7}{v6}$	$\frac{H7}{x6}$	$\frac{H7}{y6}$	$\frac{H7}{z6}$

续表

基准孔	轴																				
	a	b	c	d	e	f	g	h	js	k	m	n	p	r	s	t	u	v	x	y	z
	间隙配合								过渡配合			过盈配合									
H8					$\frac{H8}{e7}$	$\frac{H8}{f7}$▼	$\frac{H8}{g7}$	$\frac{H8}{h7}$▼	$\frac{H8}{js7}$	$\frac{H8}{k7}$	$\frac{H8}{m7}$	$\frac{H8}{n7}$	$\frac{H8}{p7}$	$\frac{H8}{r7}$	$\frac{H8}{s7}$	$\frac{H8}{t7}$	$\frac{H8}{u7}$				
				$\frac{H8}{d8}$	$\frac{H8}{e8}$	$\frac{H8}{f8}$		$\frac{H8}{h8}$													
H9			$\frac{H9}{c9}$	$\frac{H9}{d9}$▼	$\frac{H9}{e9}$	$\frac{H9}{f9}$		$\frac{H9}{h9}$▼													
H10			$\frac{H10}{c10}$	$\frac{H10}{d10}$				$\frac{H10}{h10}$													
H11	$\frac{H11}{a11}$	$\frac{H11}{b11}$	$\frac{H11}{c11}$▼	$\frac{H11}{d11}$				$\frac{H11}{h11}$▼													
H12		$\frac{H12}{b12}$						$\frac{H12}{h12}$													

注：1. $\frac{H6}{n5}$、$\frac{H7}{p6}$ 在基本尺寸小于或等于 3mm 和 $\frac{H8}{r7}$ 在小于或等于 100mm 时，为过渡配合。

2. 注有符号▼的配合为优先配合。

表 7.7　基轴制优先、常用配合

基准轴	孔																				
	A	B	C	D	E	F	G	H	JS	K	M	N	P	R	S	T	U	V	X	Y	Z
	间隙配合								过渡配合			过盈配合									
h5						$\frac{F6}{h5}$	$\frac{G6}{h5}$	$\frac{H6}{h5}$	$\frac{JS6}{h5}$	$\frac{K6}{h5}$	$\frac{M6}{h5}$	$\frac{N6}{h5}$	$\frac{P6}{h5}$	$\frac{R6}{h5}$	$\frac{S6}{h5}$	$\frac{T6}{h5}$					
h6						$\frac{F7}{h6}$	$\frac{G7}{h6}$▼	$\frac{H7}{h6}$▼	$\frac{JS7}{h6}$	$\frac{K7}{h6}$▼	$\frac{M7}{h6}$	$\frac{N7}{h6}$▼	$\frac{P7}{h6}$▼	$\frac{R7}{h6}$	$\frac{S7}{h6}$▼	$\frac{T7}{h6}$	$\frac{U7}{h6}$▼				
h7					$\frac{E8}{h7}$	$\frac{F8}{h7}$▼		$\frac{H8}{h7}$▼	$\frac{JS8}{h7}$	$\frac{K8}{h7}$	$\frac{M8}{h7}$	$\frac{N8}{h7}$									
h8				$\frac{D8}{h8}$	$\frac{E8}{h8}$	$\frac{F8}{h8}$		$\frac{H8}{h8}$													
h9				$\frac{D9}{h9}$▼	$\frac{E9}{h9}$	$\frac{F9}{h9}$		$\frac{H9}{h9}$▼													
H10				$\frac{D10}{h10}$				$\frac{H10}{h10}$													
H11	$\frac{A11}{h11}$	$\frac{B11}{h11}$	$\frac{C11}{h11}$▼	$\frac{D11}{h11}$				$\frac{H11}{h11}$▼													
H12		$\frac{B12}{h12}$						$\frac{H12}{h12}$													

注：注有▼符号的配合为优先配合。

3. 公差等级的选择

由于公差等级越高，加工成本就越高，因此在保证使用要求的条件下，尽量采用较低的公差等级。

通常采用的配合公差等级为 IT5～IT9。一般情况下，孔的公差等级比轴的低一级，当公差等级较低时可选取同等级，如 H8/f7、H11/c11。常用公差等级的应用如表 7.8 所示。

表 7.8　常用公差等级的应用

公差等级	应用举例
IT5	用于发动机、仪器仪表、机床中特别重要的配合，如精密仪器中轴和轴承的配合
IT6、IT7	广泛用于机械制造中的重要配合，如齿轮和轴、皮带轮和轴、与滚动轴承相配合的轴及座孔。通常轴颈选用 IT6，与之相配的孔选用 IT7
IT8、IT9	用于农业机械、运输机械等的重要配合，精密机械的次要配合。如机床中操纵件和轴、轴套外径与孔

7.3.3　极限与配合的标注及查表

1. 在装配图上的标注方法

在装配图上标注配合时，采用组合式注法，如图 7.25（a）所示，在公称尺寸后用分式表示配合，分子为孔的公差带代号，分母为轴的公差带代号。

2. 在零件图中的标注方法

在零件图中标注公差有三种形式：

（1）在公称尺寸后只注公差带代号，如图 7.25（b）所示。这种标注形式适用于成熟产品、大批量生产，用量规检测尺寸。

（2）在公称尺寸后只注极限偏差，如图 7.25（c）所示。这种标注形式适用于新产品试制或小批量生产，便于检测。

（3）在公称尺寸后公差带代号和极限偏差均注出来，如图 7.25（d）所示。这种标注形式适用于生产规模不确定的情况，并且便于在设计过程中审图。

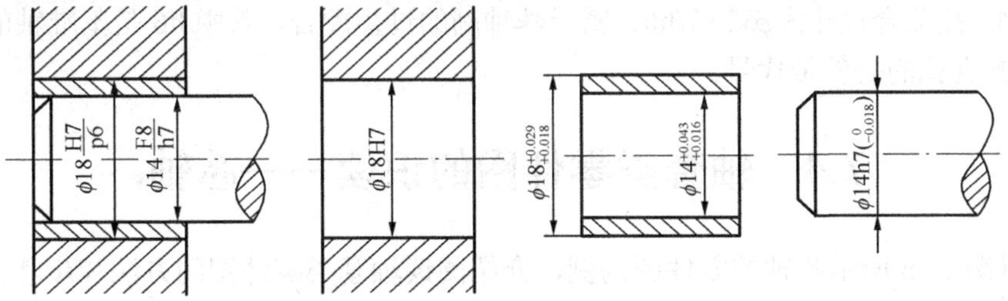

图 7.25　图样上极限与配合的标注

3. 查表方法

（1）由公差带代号查出尺寸偏差

若已知公称尺寸和配合代号，需要知道孔、轴的极限偏差时，可以通过查阅标准 GB/T

1800.2—2009（见附录 A）获得。

【例 7.1】 判断ϕ18H7/p6、ϕ14F8/h7 的基准制和配合种类，并查表确定其中轴和孔的尺寸偏差。

① ϕ18H7/p6 是基孔制的过盈配合，其中 H7 是基准孔的公差带代号，p6 是配合轴的公差带代号。

ϕ18H7：基准孔的极限偏差，可在附录 A 表中查得。在表中根据公称尺寸从大于 14～18 的行与公差带 H7 的列相交处查得 $^{+18}_{\ 0}$（单位为 μm，改为单位 mm 时，即为 $^{+0.018}_{\ \ 0}$），这就是基准孔的上、下极限偏差，所以ϕ18H7 可写成$\phi18^{+0.018}_{\ \ 0}$。

ϕ18p6：配合轴的极限偏差，可在附录 A 表中查得。在表中根据公称尺寸从大于 14～18 的行与公差带 p6 的列相交处查得 $^{+29}_{+18}$（单位为 μm，改为单位 mm 时，即为 $^{+0.029}_{+0.018}$），所以ϕ18p6 可写成$\phi18^{+0.029}_{+0.018}$。

② ϕ14F8/h7 是基轴制的间隙配合，其中 h7 是基准轴的公差带代号，F8 是配合孔的公差带代号。

ϕ14h7 为基准轴的极限偏差，可由附录 A 表中查得。在表中根据公称尺寸从大于 10～14 的行与公差带 h7 的列相交处查得 $^{\ 0}_{-18}$（即为 $^{\ \ 0}_{-0.018}$），所以ϕ14h7 可写成$\phi14^{\ \ 0}_{-0.018}$。

ϕ14F8 为配合孔的极限偏差，可由附录 A 表中查得。在表中根据公称尺寸从大于 10～14 的行与公差带 F8 的列相交处查得 $^{+43}_{+16}$（即为 $^{+0.043}_{+0.016}$），ϕ14F8 可写成$\phi14^{+0.043}_{+0.016}$。

（2）由尺寸偏差查出公差带代号

若已知公称尺寸和极限偏差，同样可以查出其配合代号。

【例 7.2】 查表确定轴$\phi32^{\ \ 0}_{-0.016}$和孔$\phi32^{-0.008}_{-0.033}$的配合代号，并判断其基准制。

由于$\phi32^{\ \ 0}_{-0.016}$是轴的公称尺寸及尺寸偏差，可在附录 A 表中查阅轴的极限偏差。在表中根据公称尺寸从大于 30～40 的行里寻找 $^{\ 0}_{-16}$（$^{\ \ 0}_{-0.016}$的单位为 mm，改为单位 μm），向上对到 h6，所以$\phi32^{\ \ 0}_{-0.016}$可写成ϕ32h6。

由于$\phi32^{-0.008}_{-0.033}$是孔的公称尺寸及尺寸偏差，可在附录 A 表中查阅孔的极限偏差。在表中根据公称尺寸从大于 30～40 的行里寻找 $^{-8}_{-33}$（$^{-0.008}_{-0.033}$的单位为 mm，改为单位 μm），向上对到 N7，所以$\phi32^{-0.008}_{-0.033}$可写成ϕ32N7。

这对轴、孔配合尺寸为ϕ32N7/h6，属于基轴制的过盈配合，其中 h6 是基准轴的公差带代号，N7 是配合孔的公差带代号。

7.4　轴套类零件图的识读——芯轴

下面以图 7.26 所示芯轴的零件图为例，介绍阅读轴套类零件图的方法和步骤。

（1）读标题栏

通过阅读标题栏，了解到零件的名称为“芯轴”，图号为“YLZ-06”；结合视图可知该零件属于轴类零件；还可读出该零件的材料为 45 号钢，绘图比例为 2∶1。

（2）读视图

读图的一般顺序是先大后小、自外而内。

该零件图比较简单，仅由两个视图表达。其中主视图采用局部剖，表达出螺纹孔的深度状况；移出断面图表达出铣平结构的厚度。读图步骤如表 7.9 所示。

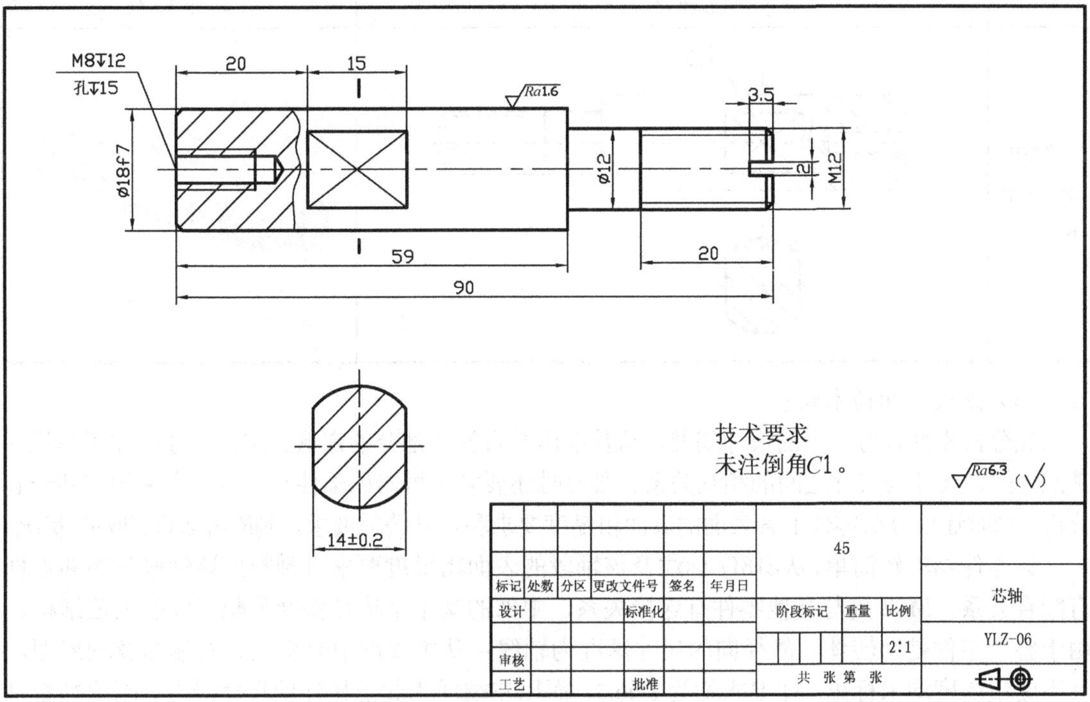

图 7.26　轴套类零件

表 7.9　想象芯轴的空间形状

步骤	视 图 依 据	立 体 形 状
构思零件的外部形状	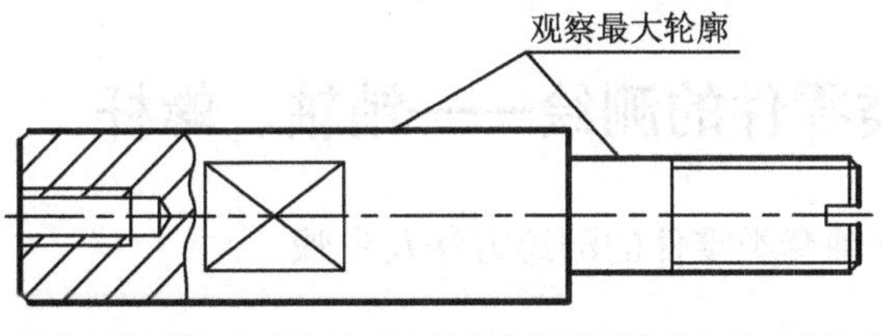	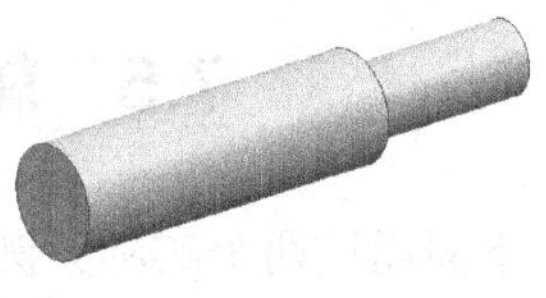
观察左端倒角及螺纹孔	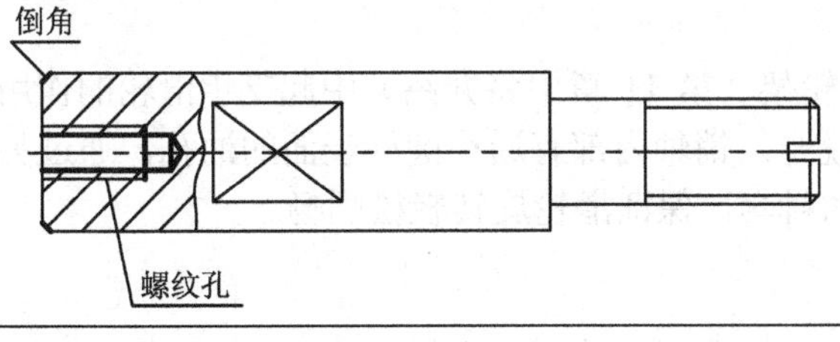	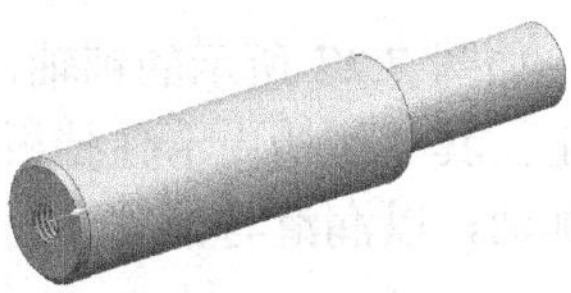
观察右端结构	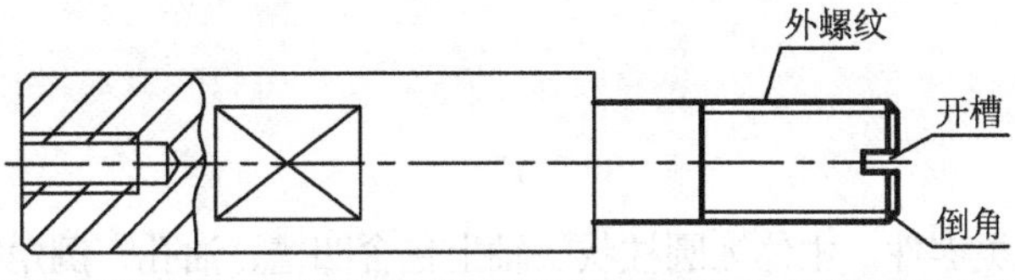	

续表

步骤	视图依据	立体形状
观察中部铣平结构	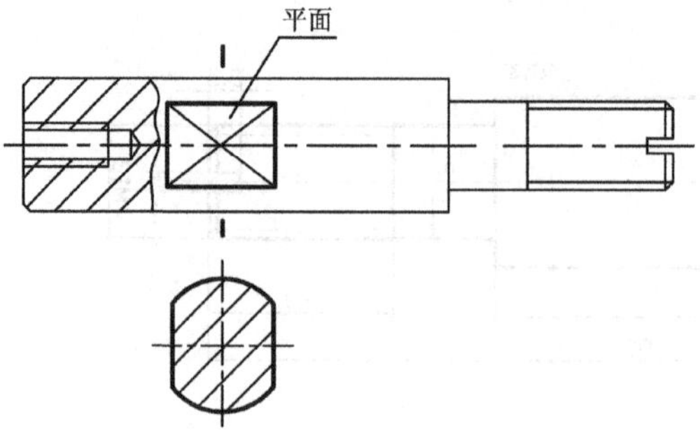	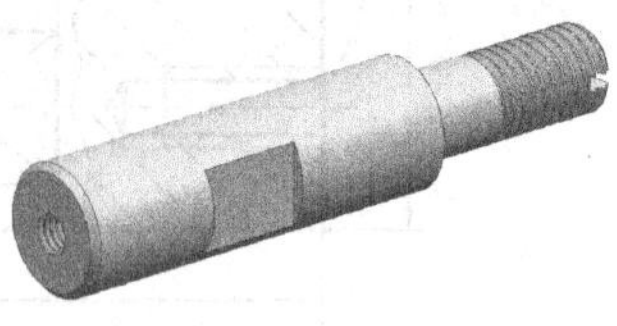

（3）读尺寸和技术要求

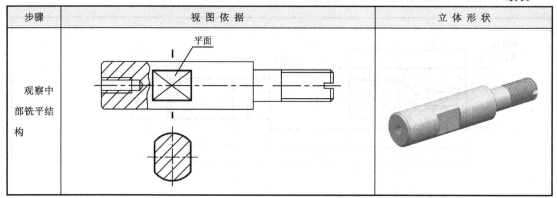

先分析零件各方向上的尺寸基准，从基准出发查找各部分的定形、定位尺寸，并了解尺寸基准之间、尺寸与尺寸之间的相互关系。必要时还要联系机器或部件与该零件有关的零件一起分析，同时还应分析零件上各表面的表面粗糙度要求和尺寸公差要求，判断各表面的装配状况。

该零件结构较简单，从ϕ18f7 标注及该轴段的表面粗糙度要求可判断出该轴段与相邻零件有配合关系，M12 处与其他零件有连接关系，中部的铣平结构是协助装配工作的工艺结构。由于整个零件是回转体，故径向的尺寸基准为轴线；从主视图中分析左、右端面及轴肩面，其表面粗糙度均未标出，即要求均为 *Ra*6.3，而以左端面为起点标注的尺寸最多，因此判断轴向的尺寸基准为左端面。

阅读书写的技术要求，可知该零件没有特殊的技术要求，仅需在两端倒角即可。

（4）综合归纳

通过上述分析，对零件的类型、结构、大小、材料、技术要求等方面都有了了解，综合归纳总结后，就能对这个零件形成完整的认识。

7.5　轴套类零件的测绘——销轴、螺杆

下面通过两个实际案例，讲解轴套类零件的测绘方法及步骤。

案例1　销轴

如图 7.27 所示的销轴，在滑轮架（第 11 章中将介绍）中起支承滑轮的作用，安装在托架上，其外侧槽内卡住挡板防止脱开。销轴内部有通往圆柱表面的油孔，通过另一端面的油嘴加油，以润滑与销轴表面配合的衬套，保证滑轮旋转轻松顺畅。

1. 测绘草图

（1）准备工作

略。

（2）观察零件的结构

图 7.27 所示的销轴是简单轴类零件，主体为圆柱状，轴上包含凹槽、油孔、倒角等结构。

（3）绘制图框和标题栏

略。

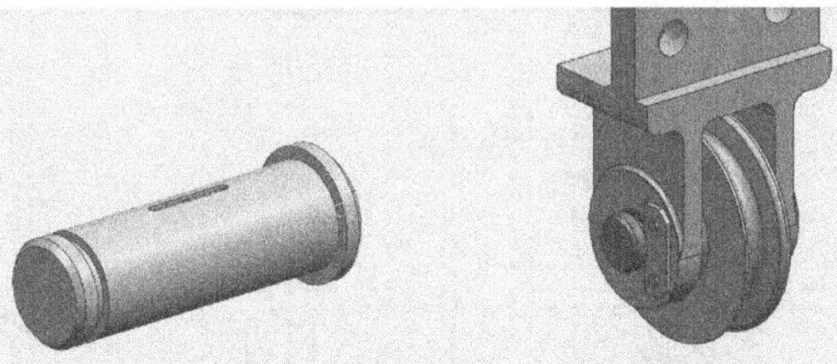

（a）　　（b）

图 7.27　销轴

（4）徒手绘制草图

采用“加工位置原则”选择主视图，将其轴线置于水平位置，并且使轴按“左大右小”放置。

该零件内部有从左端通往圆柱表面的润滑油孔，在视图上用虚线表示，如图 7.28（a）所示。为了将内部结构表达清晰，并便于标注尺寸，可采用如图 7.28（b）所示的局部剖视图和移出断面图表示；而对于销轴上方凹槽的形状则采用第三角投影的局部视图表示。

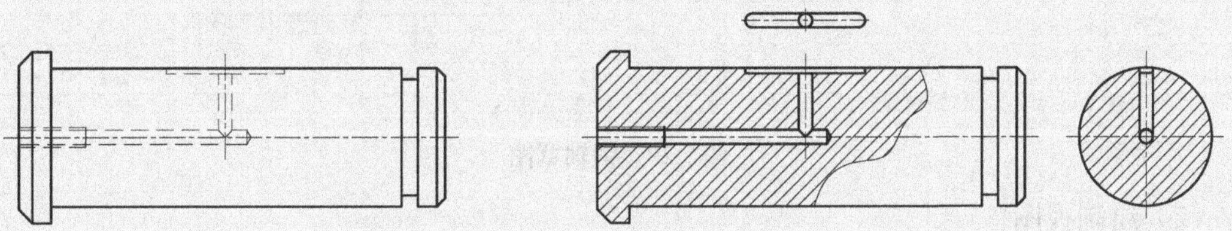

（a）　　（b）

图 7.28　销轴的表达方案

（5）绘制尺寸界线和尺寸线

根据零件的实际结构确定需要标注的尺寸，并考虑尺寸线的分布，画出所有尺寸界线和尺寸线。绘制时，先画各结构定形尺寸的尺寸线，再画它们之间定位尺寸的尺寸线，以免出现漏标或多标情况。

（6）集中标注尺寸

先测量销轴的外形尺寸（直径、长度），再测量各细部结构（沟槽、油孔）的尺寸，然后测量孔槽的定位尺寸，取整处理后分别标注在草图中，如图 7.29 所示。

尺寸标注应符合国家标准规定。

（7）标注技术要求

销轴的外圆面与衬套孔有配合要求，并要求能够灵活旋转，因此选择间隙配合要求标注为ϕ50h7，同时需要标注较高的表面粗糙度要求，其他表面没有特殊要求，可以统一标注，如图 7.29 所示。

（8）填写标题栏

填写零件的材料牌号、零件名称、图样编号、图形比例等栏目。

在图形中书写尺寸数字、技术要求或填写标题栏时，书写的字体应符合国家标准规定。

2. 用 CAD 绘制零件工程图

（1）设置绘图环境

过程略。

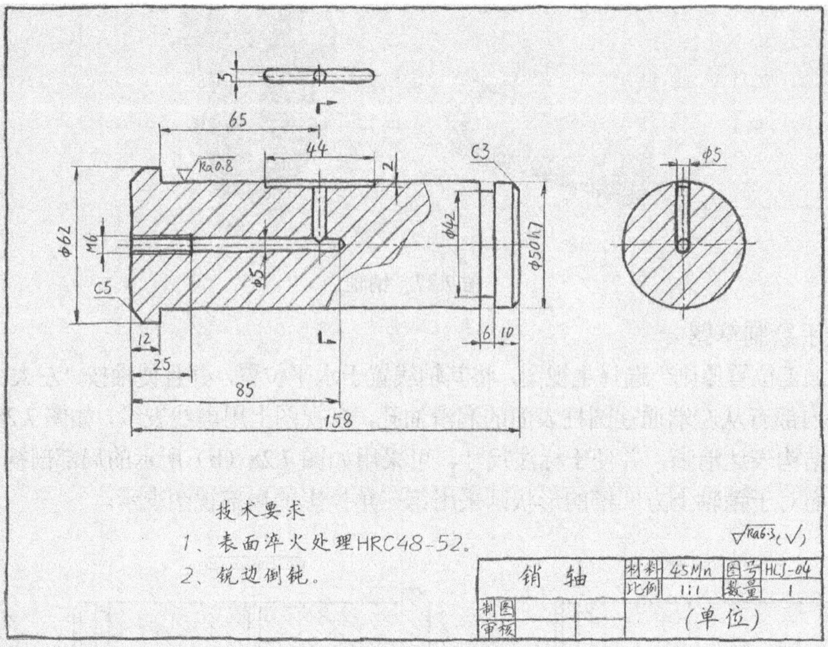

图7.29　销轴草图

（2）绘制视图

过程略。

（3）标注尺寸及技术要求

按照测绘草图抄注尺寸及技术要求，具体过程略。

（4）填写标题栏，完成工程图

填写标题栏，完成销轴的工程图，如图7.30所示。

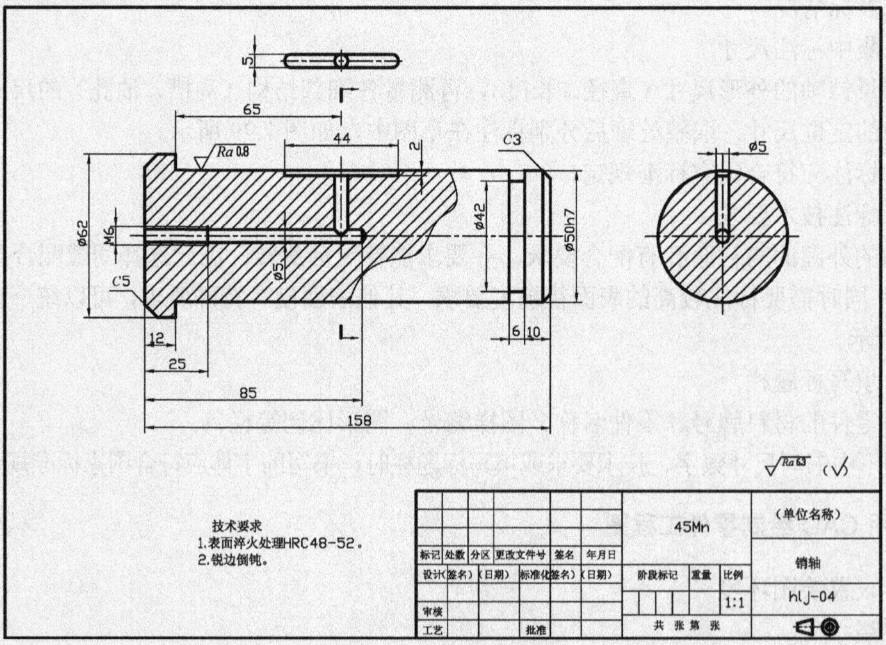

图7.30　销轴的工程图

案例 2　螺杆

如图 7.31 所示的螺杆，在车床尾座中起传动作用，与套筒螺纹连接。由于套筒下方的槽内卡有螺钉使其无法转动，当转动手柄时，通过键连接将动力传送到螺杆上，使螺杆带动套筒及顶尖左右移动，实现零件的夹紧或松开。

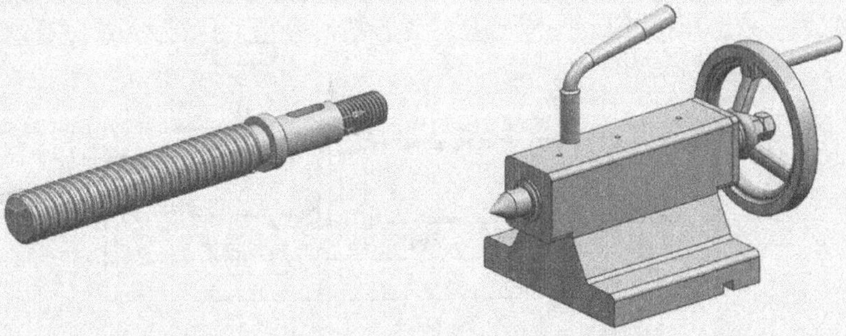

（a）　　　　（b）

图 7.31　螺杆

1. 测绘草图

（1）准备工作

略。

（2）观察零件的结构

图 7.31 所示的螺杆是比较典型的轴类零件，零件上包含螺纹、退刀槽、倒角、键槽等结构。

（3）绘制图框和标题栏

略。

（4）徒手绘制草图

采用“加工位置原则”选择主视图，使其轴线水平，大头朝左、小头朝右。

该零件上的螺纹按照标准规定画法表示，由于螺杆部分较长，可采用折断画法；键槽采用移出断面图表示，由于键槽位于上方，增加一个局部视图表示其形状，如图 7.32 所示。

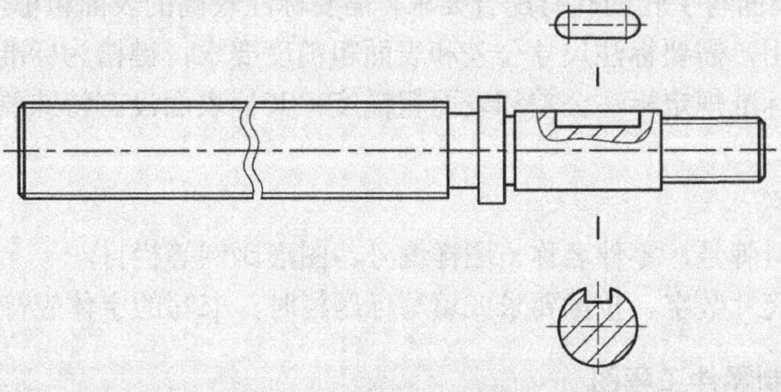

图 7.32　螺杆的表达方案

（5）绘制尺寸界线和尺寸线

根据零件的结构，确定需要标注的尺寸，并考虑尺寸线的分布，画出所有尺寸界线和尺寸线。绘制时应避免出现漏标或多标情况。

（6）集中标注尺寸

先测量螺杆各轴段的外形尺寸（直径、长度），再测量各细部结构的尺寸，取整处理后分别标注在草图中，如图7.33所示。

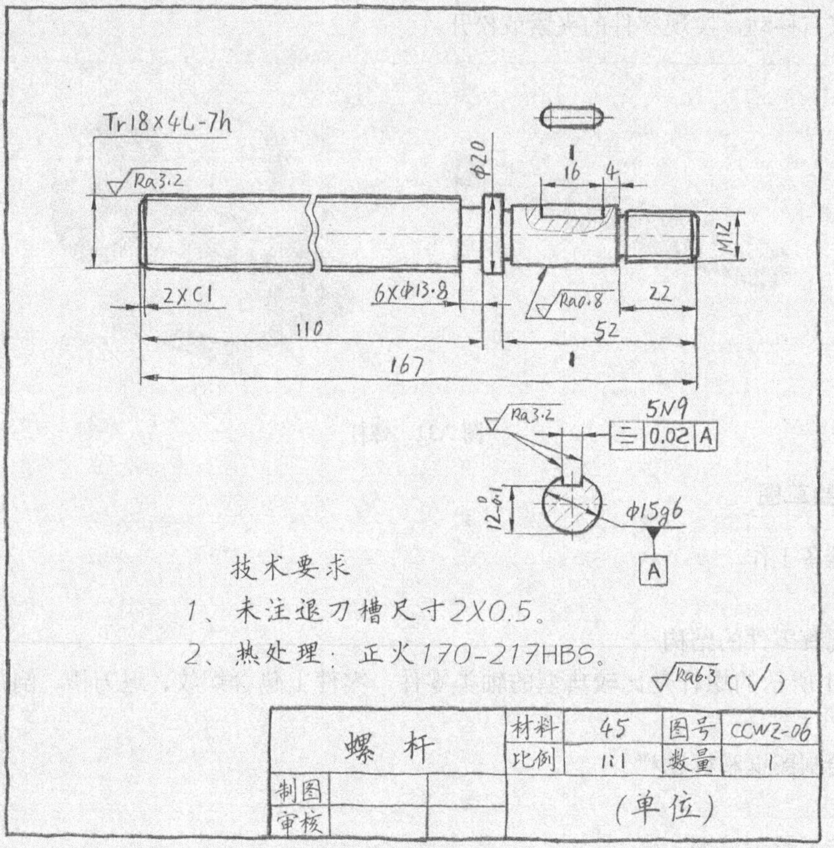

图7.33　螺杆草图

尺寸标注应符合国家标准规定。

（7）标注技术要求

螺杆的ϕ15外圆面与手轮的孔有配合要求，需要标注较高的表面粗糙度要求和尺寸公差；梯形螺纹起传动作用，需要标注尺寸公差和表面粗糙度要求；键槽为标准结构，其两侧面为工作表面，应按照标准规定标注公差和表面粗糙度；其他表面没有特殊要求，统一标注，如图7.33所示。

（8）填写标题栏

填写零件的材料牌号、零件名称、图样编号、图形比例等栏目。

在图形中书写尺寸数字、技术要求或填写标题栏时，书写的字体应符合国家标准规定。

2. 用CAD绘制零件工程图

（1）设置绘图环境

过程略。

（2）绘制视图

过程略。

（3）标注尺寸及技术要求

该零件的键槽处有对称度要求，这种技术要求称为几何公差要求，相关内容将在下一章介绍。

几何公差（旧标准中称为形位公差）标注包含基准符号和公差框格两个部分，下面分别介绍在 AutoCAD 中的标注方法。

① 基准符号的标注方法。

基准符号是几何公差的重要组成部分，在绘制零件图时应用比较多，因此通常会制作成图块，并且由于符号中的字母可能变换，制作图块时应将其做成带属性的字母。具体制作步骤如下：

步骤一：按照图 7.34（a）所示的尺寸绘制基准符号图形。

注意：基准符号正方形的边长为标注字体大小的 2 倍，三角形的边长等于字体高度。

步骤二：打开“块”工具，单击“定义属性”图标，弹出“属性定义”对话框。

步骤三：在“标记”和“提示”栏中输入“A”，选择文字“对正”选项为“正中”，输入“文字高度”为“3.5”，单击“确定”按钮（如图 7.34（b）所示），返回到图形文件中。

步骤四：用光标捕捉小正方形中点并单击，完成图 7.34（c）。

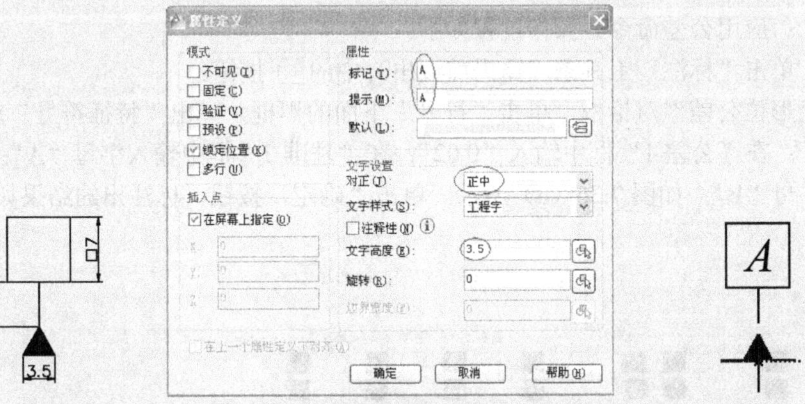

（a）　　（b）　　（c）

图 7.34　设置基准符号图块

步骤五：应用“创建块”命令，以“基准符号”为名创建该图块。

注意 1：基准符号的拾取点应选择小三角形水平边的中点。

注意 2：基准符号的三角形及其引线还可以用“快速引线”命令“LE”绘制，操作时将箭头形式“实心闭合”修改为“实心基准三角形”。

图块制作完毕后，可以通过插入图块的方法进行标注，注意标注时三角形的边应紧贴在基准要素上。

② 公差框格的标注方法。

方法一：应用“快速引线”命令。操作过程如下。

命令：输入“LE”；

指定第一个引线点或[设置(S)]：输入“S”；

弹出“引线设置”对话框，在“注释”选项卡中选择“公差”选项，在“引线和箭头”选项卡中将箭头设置为“实心闭合”，单击“确定”按钮。

指定第一个引线点：用光标选择引出点；

指定下一点：将光标上移单击（画出带箭头的垂线）；

指定下一点：将光标右移单击（画出一小段水平线）；

弹出“形位公差”对话框（如图 7.35（a）所示），单击“符号”下面的黑框，弹出“特征符号”对话框（如图 7.35（b）所示），选择需要的符号；在“公差 1”框中输入“0.02”；在“基准 1”框中输入字母“A”；单击“确定”按钮完成标注。

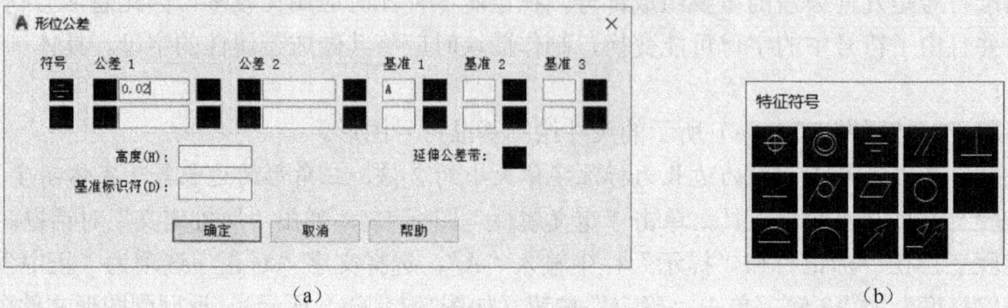

（a）　　（b）

图 7.35　“形位公差”对话框

方法二：应用公差命令。操作过程如下。

命令：单击“标注”工具条（需提前调出）中的按钮。

弹出“形位公差”对话框，单击“符号”下面的黑框，弹出“特征符号”对话框，选择需要的符号；在“公差 1”框中输入“0.02”；在“基准 1”框中输入字母“A”；在“基准 2”框中输入字母“B”；如图 7.36（a）所示。单击“确定”按钮，标注出的结果如图 7.36（b）所示。

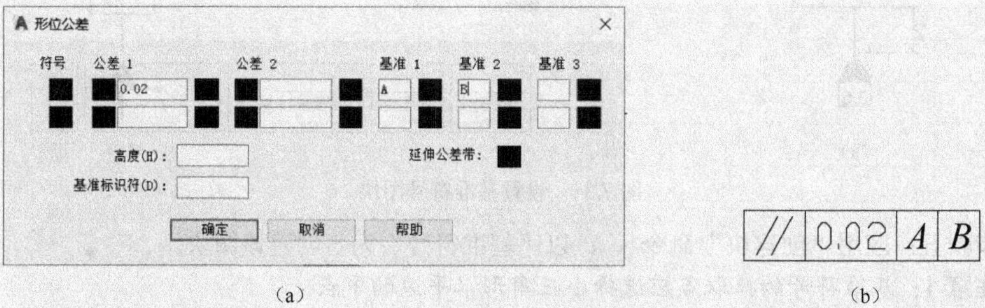

（a）　　（b）

图 7.36　双基准几何公差的标注

注意：此种方法需要自行绘制出带箭头的引线。“形位公差”对话框中的黑框均为单击选择输入，而白框则通过键盘输入。

（4）填写标题栏，完成工程图

填写标题栏，完成螺杆的工程图，如图 7.37 所示。

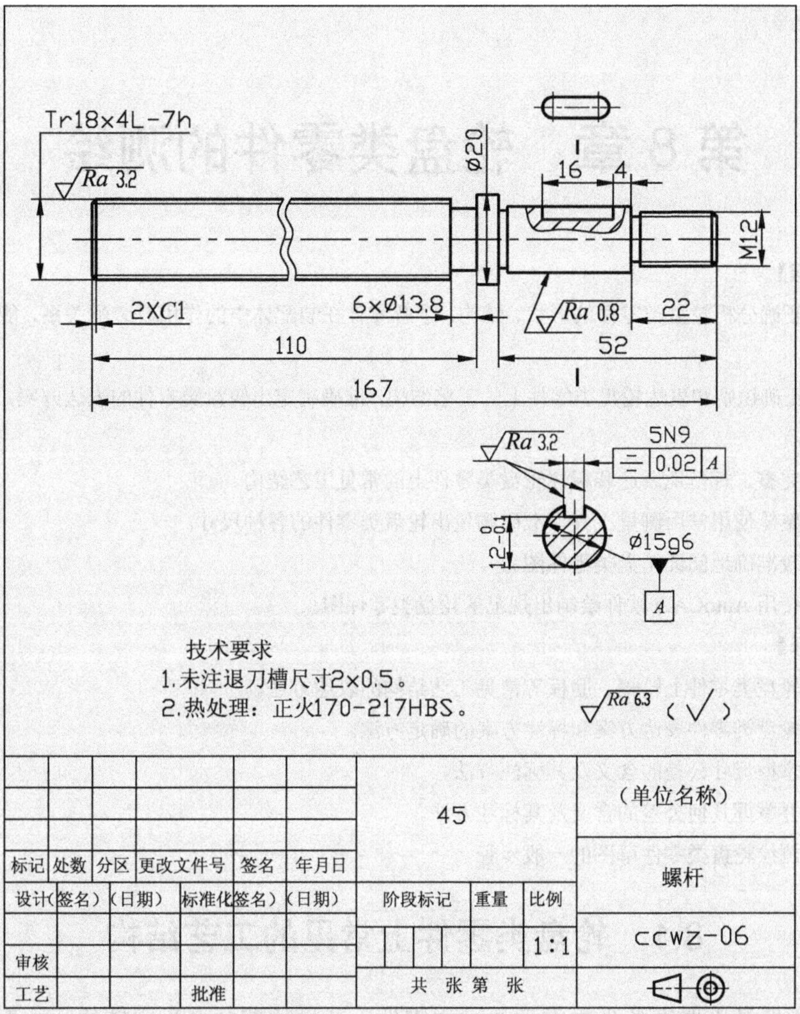

图 7.37　螺杆的工程图

课 后 思 考

1. 轴套类零件的特点是什么？在装配体中常起什么作用？
2. 轴套类零件上一般存在哪些工艺结构？怎样表达？怎样标注？
3. 怎样确定轴套类零件的表达方案？
4. 尺寸公差是用于控制什么的技术要求？选择原则是什么？标注时应注意什么？
5. 怎样识读轴套类零件图？
6. 怎样测量零件上的螺纹？
7. 本章学习了“快速引线”命令的什么功能？
8. 在 AutoCAD 中怎样标注尺寸偏差和几何公差？

第 8 章　轮盘类零件的测绘

【能力目标】

（1）能够正确分析轮盘类零件的形状、结构，了解零件在装配体中的作用及装配关系，能初步鉴定出零件的材料。

（2）能够正确识别和表达轮盘类零件上的工艺结构，准确制定出轮盘类零件的表达方案，徒手绘制较规范的零件草图。

（3）能够完整、规范地表达和标注轮盘类零件上的常见工艺结构。

（4）能够熟练使用常用测量工具，准确测量出轮盘类零件的各种尺寸。

（5）能够较准确地阅读轮盘类零件图。

（6）能够使用 AutoCAD 软件绘制出规范的轮盘类零件图。

【知识目标】

（1）掌握轮盘类零件上轮辐、肋板等常见工艺结构的表达方法。

（2）掌握轮盘类零件表达方案和标注方案的确定方法。

（3）熟练掌握尺寸公差的含义及其标注方法。

（4）理解并掌握几何公差的含义及其标注方法。

（5）了解测绘轮盘类零件草图的一般步骤。

8.1　轮盘类零件上常见的工艺结构

轮盘类零件是机器设备当中常见的一类零件，其主体部分多为回转体，一般情况径向尺寸大于轴向尺寸。轮盘类零件包括轮类和盘盖类两种，轮类一般用键、销与轴连接，用以传递扭矩，常见的有齿轮、带轮、链轮、手轮、蜗轮、飞轮、滑轮等；盘盖类零件可起支承、定位、密封等作用，包括圆形、方形等各种形状的法兰盘、端盖等。

轮盘类零件上常有均匀分布的孔、肋、槽、齿和耳板等结构，毛坯多为锻件或铸件。轮一般由轮毂、轮辐和轮缘三部分组成，较小的轮也可制成实体。

（1）轮辐

轮类零件上的轮辐，按纵向剖切时不画剖面线，而用粗实线将它们与邻接部分分开（如图 8.1 所示）；但当剖切平面横向剖切该结构时，仍需画出剖面线。

（2）肋板

轮类零件上的肋板通常均匀分布在圆周位置，当肋板不处于剖切平面上时，应将其旋转到剖切平面上对称绘制，并且用粗实线将它与相邻结构分开，不画剖面线（见本书 4.5.1 小节中图 4.54）。

（3）键槽

绝大多数的轮类零件通过键连接与轴相连，与其一起做旋转运动用以传递扭矩。因此，键槽是轮类零件上十分常见的结构，通常绘图时将其置于上方或前方。由于键槽是一种标准结构，故其表达方法和标注方法应符合相关标准的规定（见本书 5.4.2 小节中图 5.23）。

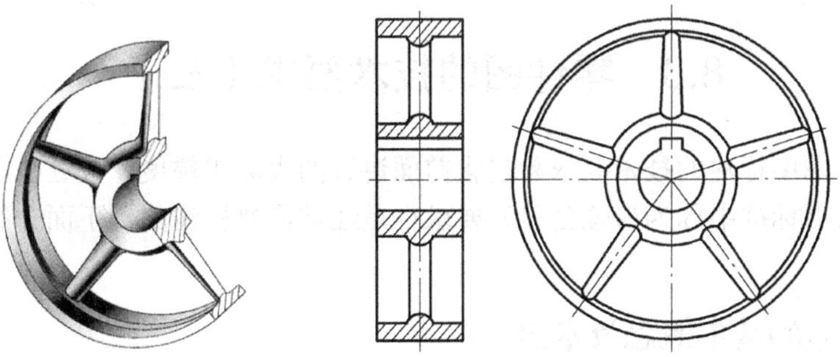

图 8.1　轮辐的画法

8.2　轮盘类零件的表达及标注

1. 轮盘类零件的表达方案

（1）由于轮类零件的主体大多为回转体，其主要工序仍然在车床和磨床上进行，加工时轴线呈水平状态，因此此类零件的主视图应将轴线水平放置，符合加工位置原则。

而对于盘盖类零件，如果回转结构较少，不以车削加工为主时，允许按照其工作时的位置放置主视图，如图 8.2 所示。

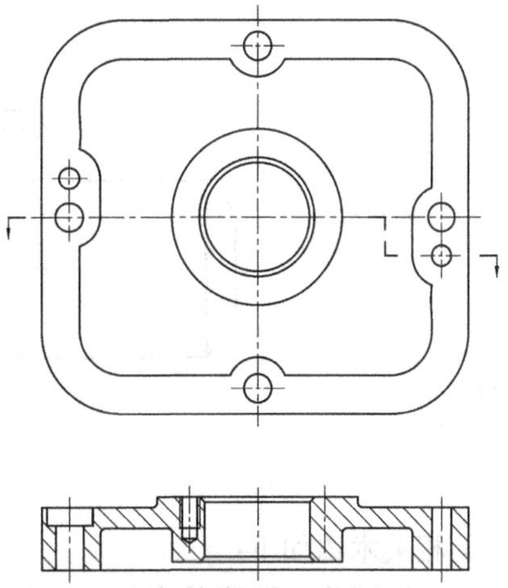

图 8.2　工作位置表达盘盖零件

（2）轮盘类零件一般用两到三个基本视图表达。由于轮盘类零件一般都存在轴孔，所以大多数该类零件的主视图选择非圆方向的剖视图，用来表达内部结构，而视图主要用来表达零件外部形状及孔、槽、轮辐、肋板等结构的分布情况。

（3）当基本视图图形对称时，可只画一半，也可用局部视图表达。

（4）轮类零件轮辐的表达方法比较特殊，画图时应符合相关标准的规定；轮辐断面形状可用重合断面图或移出断面图表达。

（5）针对轴孔处的键槽结构可采用局部视图表示；退刀槽、砂轮越程槽等细小结构可用局部放大图表达。

2. 轮盘类零件尺寸标注的注意事项

（1）通常选择主要轴孔的轴线作为径向尺寸的主要基准，主要形体的对称面或重要的结合面（端面或轴肩面）作为轴向尺寸的主要基准。

（2）各圆柱体、圆柱孔的直径尺寸及长度尺寸一般标注在主视图（非圆视图）上。

（3）轮盘类零件上孔、槽的定形、定位尺寸一般标注在表达其位置分布的视图中。

8.3　零件图的技术要求（三）

轮盘类零件图中标注的技术要求除包含前面讲过的表面粗糙度、尺寸公差与配合要求之外，几何公差（旧标准中称为形位公差）要求也是经常需要标注的，下面介绍相关的概念及标注方法。

8.3.1　几何公差的基本概念及术语

零件在加工过程中，不仅会产生尺寸误差和表面结构误差，也会出现几何形状和几何元素之间相对位置的误差，这些几何误差都会影响零件的使用性能，因此必须对一些零件的重要表面或线的几何公差进行限制。

例如，加工轴时可能会出现轴线弯曲，这种现象属于零件的形状误差。如图 8.3（a）所示的销轴，除注出直径的公差外，还注出了圆柱轴线的形状公差——直线度，它表示圆柱实际轴线应限定在ϕ0.06 圆柱体内。又如图 8.3（b）所示，箱体上两个安装锥齿轮轴的孔，如果两孔轴线歪斜程度过大，势必影响一对锥齿的啮合传动。为了保证正常的啮合，必须标注方向公差——垂直度。图中代号的含义：水平孔的轴线必须位于距离为 0.05mm，且垂直于另一个孔的轴线的两平行平面之间。

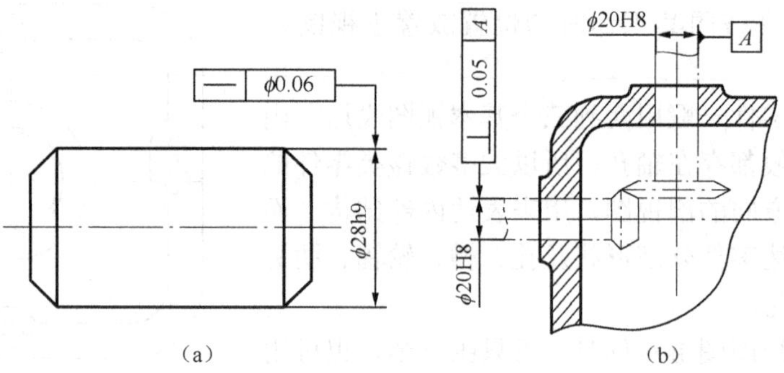

图 8.3　几何公差示例

相关术语如下：

（1）要素：要素是指零件上的特征部分——点、线或面。这些要素可以是组成要素（如圆柱体的外表面），也可以是导出要素（如中心线或中心面等）。

（2）被测要素：给出了几何公差要求的要素。

（3）基准要素：用来确定被测要素方向、位置的要素。

（4）公差带：由一个或几个理想的几何线或面所限定、由线性公差值表示其大小的区域。

8.3.2　几何公差的代号

在图样中，几何公差通常采用代号标注，当无法采用代号标注时，允许在技术要求中用文字说明。

几何公差的代号包括几何特征符号、几何公差框格、公差数值及指引线、基准符号和其他有关符号等。

1. 几何公差特征符号

几何公差特征符号见表 8.1。

表 8.1　几何公差特征符号

公差类型	几何特征	符号	有无基准
形状公差	直线度	—	无
	平面度	▱	无
	圆度	○	无
	圆柱度	⌭	无
	线轮廓度	⌒	无
	面轮廓度	⌓	无
方向公差	平行度	//	有
	垂直度	⊥	有
	倾斜度	∠	有
	线轮廓度	⌒	有
	面轮廓度	⌓	有
位置公差	位置度	⌖	有或无
	同心度（用于中心点）	◎	有
	同轴度（用于轴线）	◎	有
	对称度	⌯	有
	线轮廓度	⌒	有
	面轮廓度	⌓	有
跳动公差	圆跳动	↗	有
	全跳动	⌰	有

2. 公差框格

几何公差要求在矩形方框（几何公差框格）中给出，该框格由两格或多格组成。框中内容从左到右依次为公差符号、公差值、基准，如图 8.4 所示。

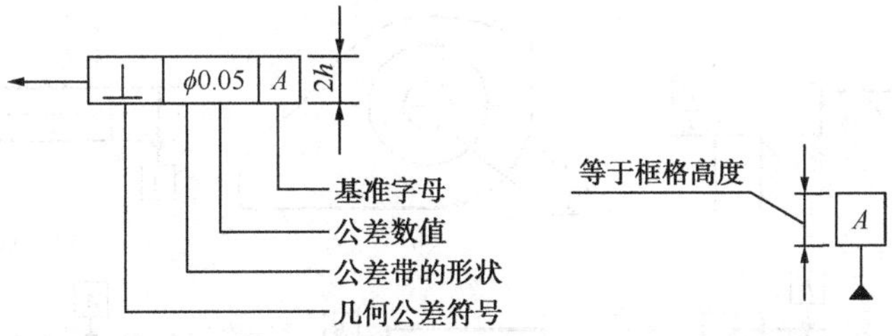

（a）几何公差框格　　（b）基准符号

图 8.4　几何公差框格内容及基准符号

3. 注写基准要素时的注意事项

（1）单一基准要素用大写字母表示，如图 8.4 所示。

（2）由两个基准要素组成的公共基准，用由横线隔开的两个大写字母表示，如图 8.5（a）所示。

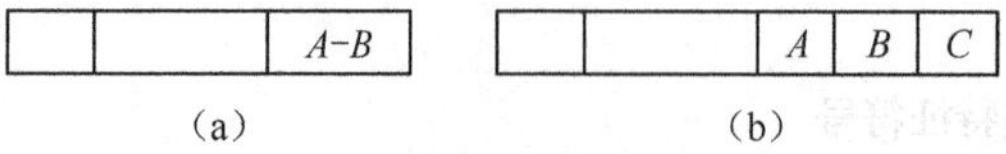

图 8.5　公共基准及基准体系

（3）由两个或三个要素组成的基准体系，应按照基准的优先次序从左到右分别填写在框格中，如图 8.5（b）所示，分别称为第一基准、第二基准……

（4）为不致引起误解，基准符号禁用字母 *E*、*I*、*J*、*M*、*O*、*P*、*L*、*R*、*F*。

（5）公差框格中有一个基准字母，必定对应一个相同字母的基准符号。

8.3.3　几何公差的标注

几何公差的公差带形状有两平行线、两平行平面、两等距曲线、两等距曲面、圆、两同心圆、球、圆柱、四棱柱、两同轴圆柱等。

标注几何公差时，公差框格指引线的箭头指向被测要素的表面或其延长线上，有基准要素的，基准用基准符号标注。在标注时应注意指引线箭头和基准符号的位置，当它们与尺寸线明显错开时，被测要素或基准要素为素线或表面；当它们与尺寸线对齐时，被测要素或基准要素为轴线、球心或中心平面；当被测要素或基准要素是轮廓面时，也可采用引出标注，如图 8.6 及图 8.7 所示。

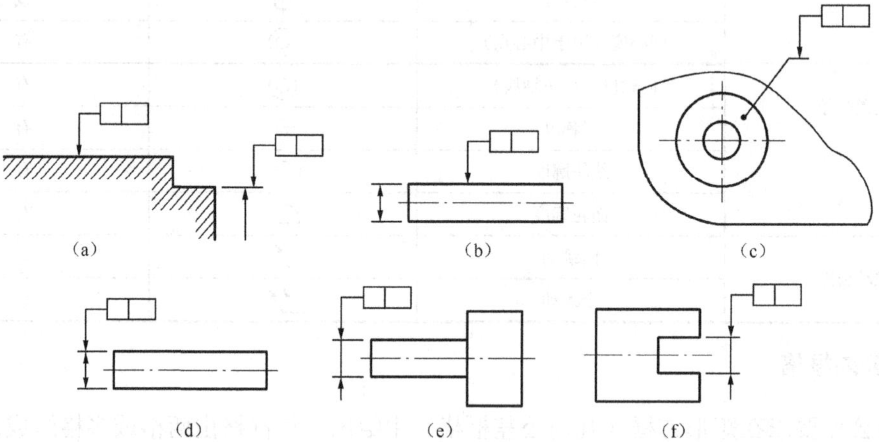

图 8.6　被测要素的标注方法

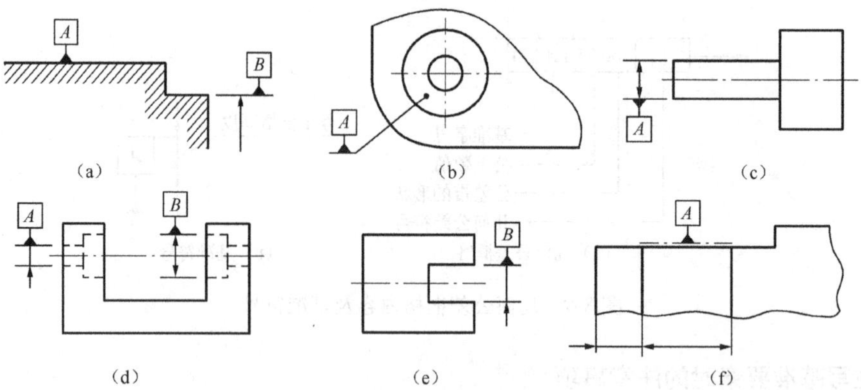

图 8.7　基准要素的标注方法

注意：公差框格的指引线箭头和基准符号不允许直接标注在中心线上，公差框格的后面也不允许直接连接基准。

【例 8.1】 如图 8.8 所示，解释图样中标注的几何公差的意义（图中省略了表面粗糙度要求）。

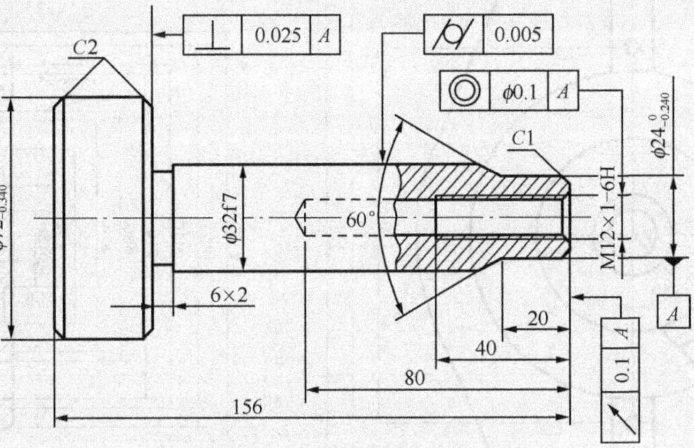

图 8.8　阅读几何公差标注

（1）[⊥ | 0.025 | A] 表示φ72 圆柱的右端面对基准 *A* 的垂直度公差为 0.025mm。即该被测表面应限定在距离为 0.025mm，且垂直于基准轴线 *A* 的两平行平面之间。

（2）[⌭ | 0.005] 表示φ32f7 圆柱面的圆柱度误差为 0.005mm。即该被测圆柱表面应限定在半径差为 0.005mm 的两同轴圆柱面之间。

（3）[◎ | φ0.1 | A] 表示 M12×1-6H 的轴线对基准 *A* 的同轴度误差为φ0.1mm。即被测圆柱面的实际轴线应限定在直径为 0.1mm，且以基准轴线 *A* 为轴线的圆柱面内。

（4）[↗ | 0.1 | A] 表示零件右端面对基准 *A* 的端面圆跳动公差为 0.1mm。即在与基准轴线 *A* 同轴的任一圆柱形截面上，实际圆应限定在轴向距离为 0.1mm 的两个等圆之间。

8.4　轮盘类零件的识读——底座

本节以图 8.9 所示底座的零件图为例，介绍阅读轮盘类零件图的方法和步骤。

阅读轮盘类的零件图，依然是按照“阅读标题栏—读视图想结构—读尺寸及技术要求—归纳总结”的顺序，其中非常关键的一个内容是要读出零件的形状结构。

下面通过表 8.2 说明阅读视图想象底座零件空间形状的步骤。

这张零件图采用了两个视图来表达底座的结构形状，主视图为右边的全剖视图，主要表达零件的内部结构；右视图则主要表达零件外形，以及槽、孔的位置。由于该零件的主体部分都是回转体，因此主视图是采用加工位置原则选择配置的，而画出右视图而非左视图的原因是从右边观察能更清晰地表达出安装孔的形状和位置。

该零件的左右平面（工作时水平放置）是虎钳工作时的主要接触表面，而右平面是安装的基准平面，因此该平面是零件厚度方向尺寸标注的主要基准；零件另外两个方向的结构基本呈对称状态，并且两边的安装槽也位于通过中部通孔轴线的对称面处，故这两个方向的对称面即为标注基准。

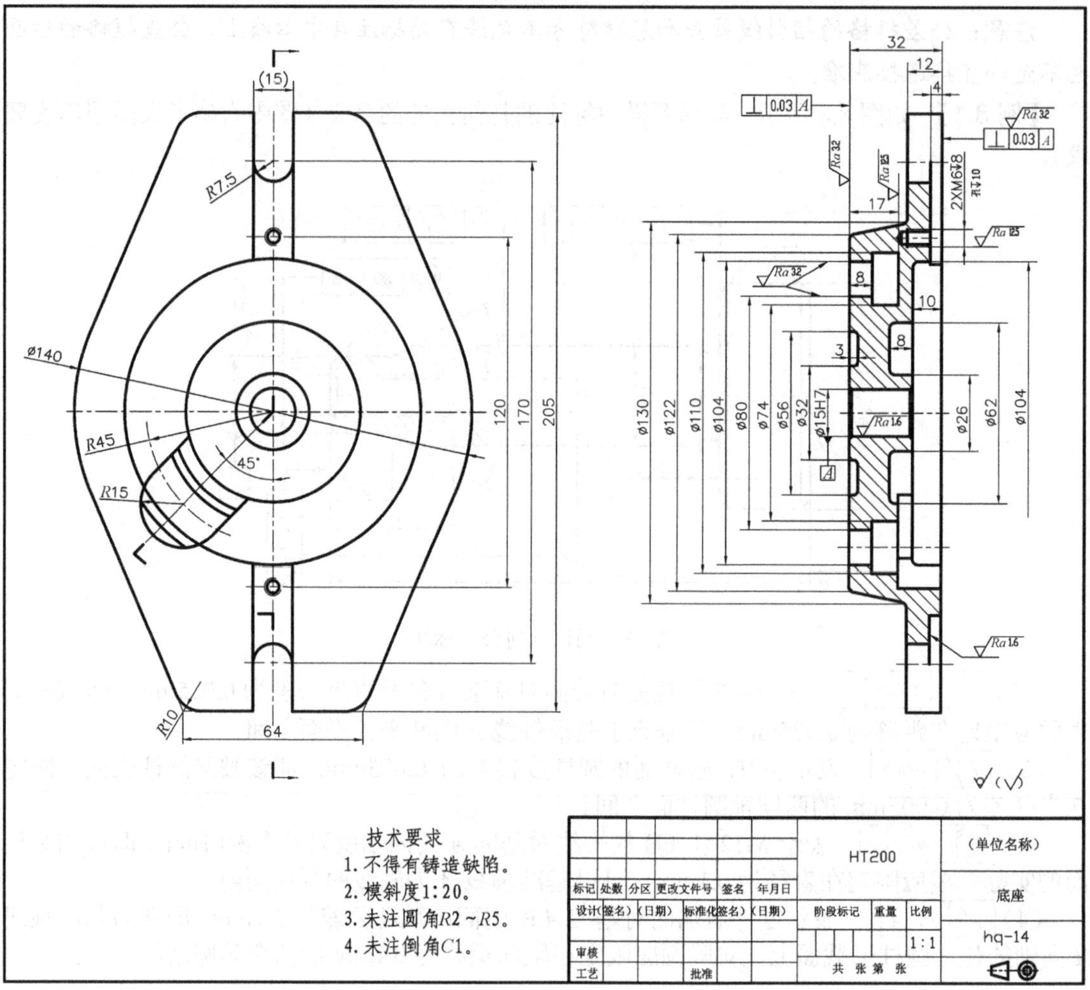

图 8.9　底座零件图

表 8.2　想象底座的空间形状

步　骤	视 图 依 据	立 体 形 状
构思底板形状	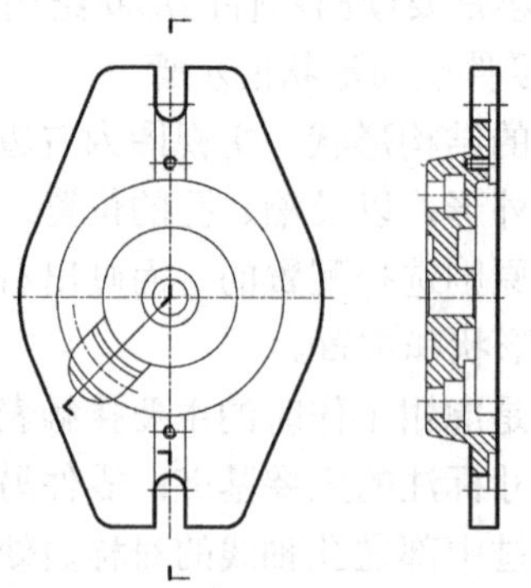	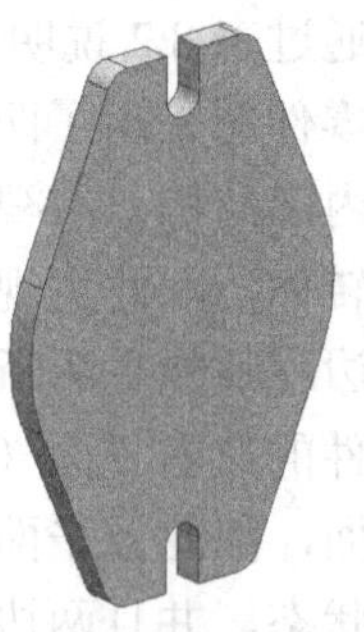

续表

步　　骤	视 图 依 据	立 体 形 状
构思凸台形状（结合直径标注）	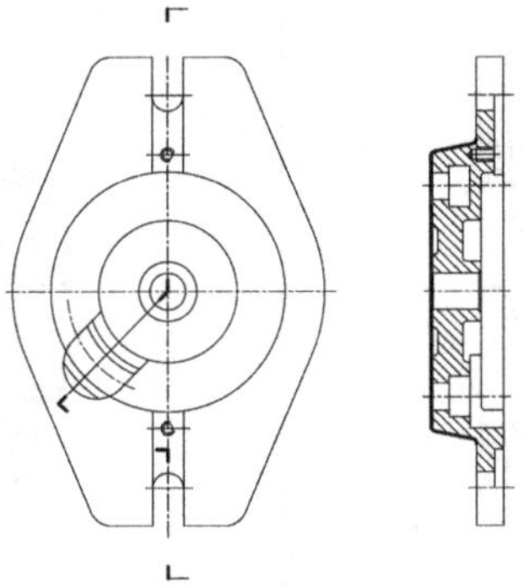	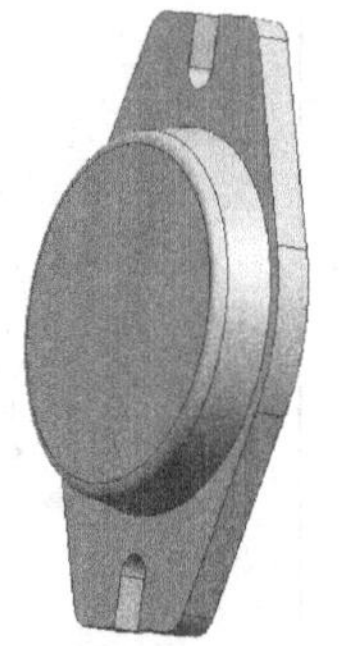
观察中部圆孔及圆形腔体	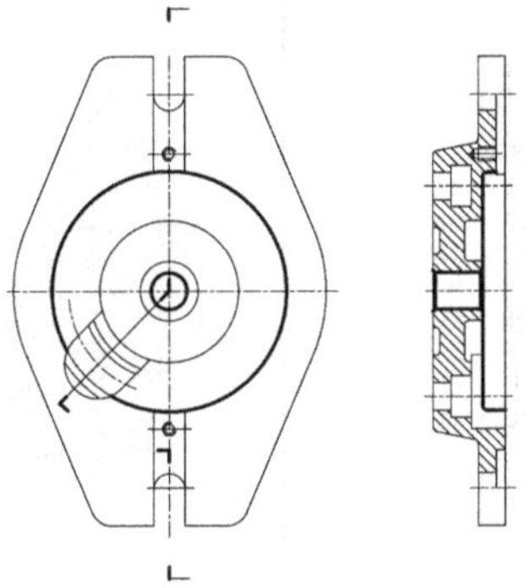	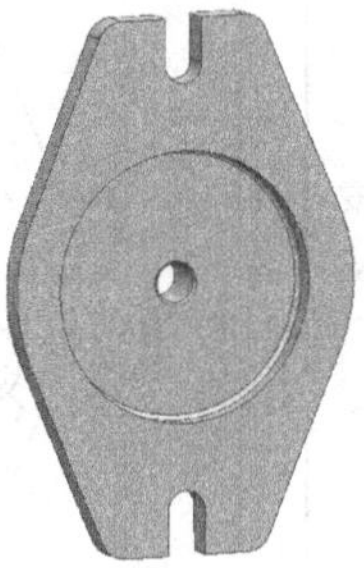
观察底部的环形槽	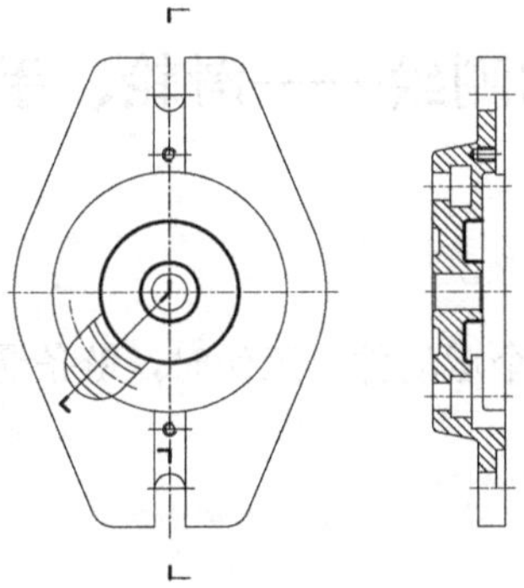	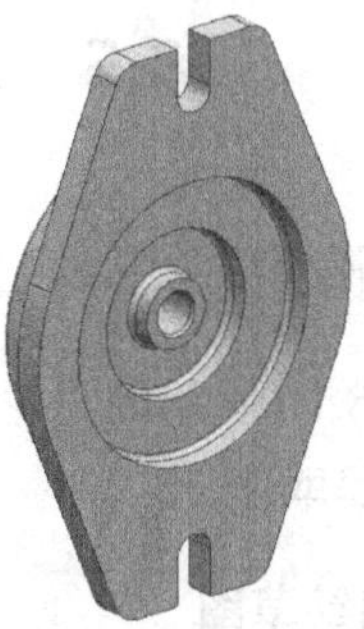
观察左边环形槽及 T 形槽（结合直径标注）	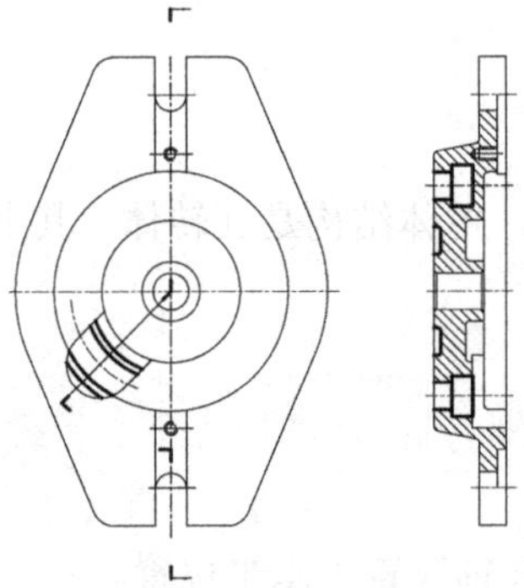	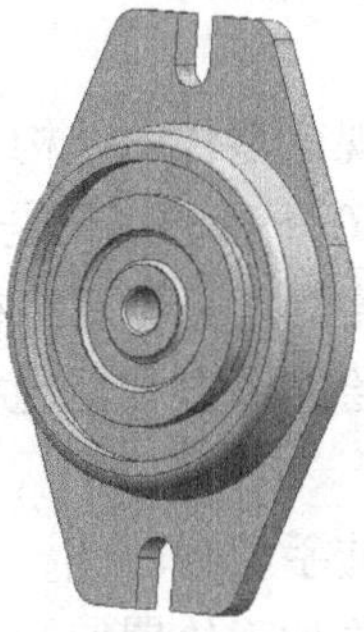

续表

步　骤	视图依据	立体形状
观察底部方槽及螺纹孔	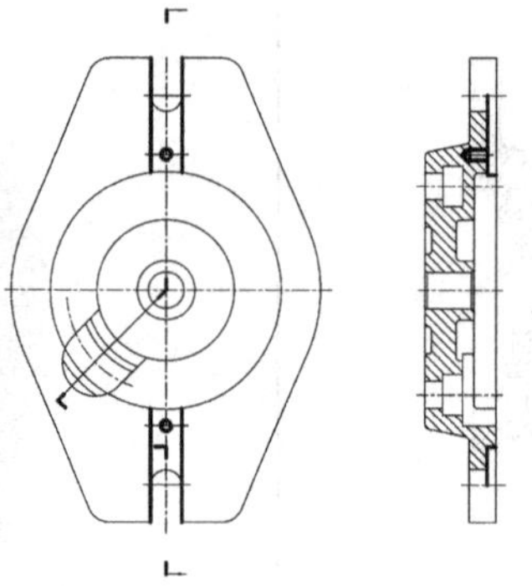	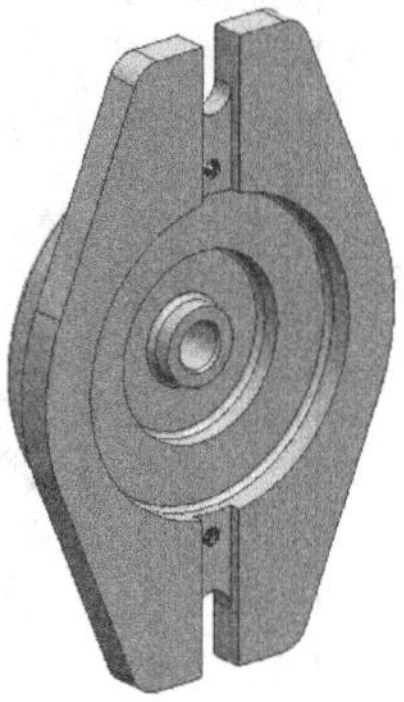
观察底部安装T形螺钉的工艺孔	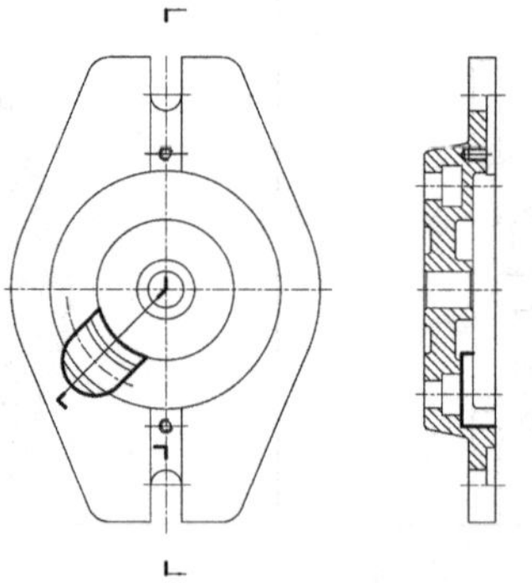	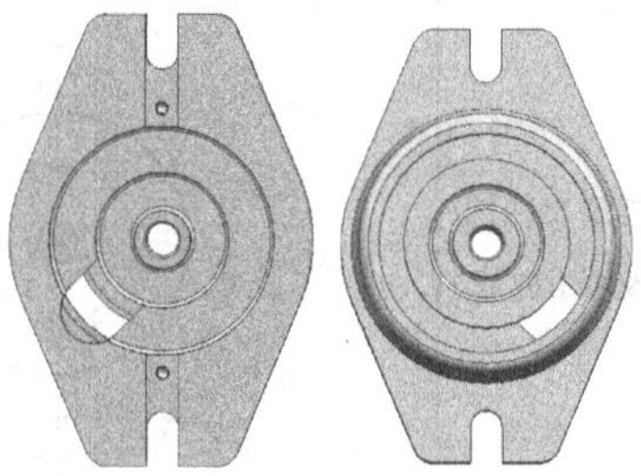

8.5　轮盘类零件的测绘——滑轮、手轮

案例1　滑轮

如图8.10所示的滑轮，在滑轮架中是一个运动件。工作时，链条通过滑轮的旋转可轻松将重物提起或落下。

1. 测绘草图

（1）准备工作

略。

（2）观察零件的结构

图8.10所示的滑轮是一个简单轮类零件，主体结构是回转体，其上只有轴孔、凹槽、螺纹孔和倒角等常见工艺结构。

（3）绘制图框和标题栏

略。

（4）徒手绘制草图

采用“加工位置原则”选择主视图，将其轴线置于水平位置。

由于该滑轮上有较多内部结构，而外部结构又比较简单，故主视图采用全剖视图；左视图方向除螺纹孔外，其他部分均可以通过尺寸标注很清晰地表达出来，因此只需画一个放大

的局部视图，如图 8.11 所示。

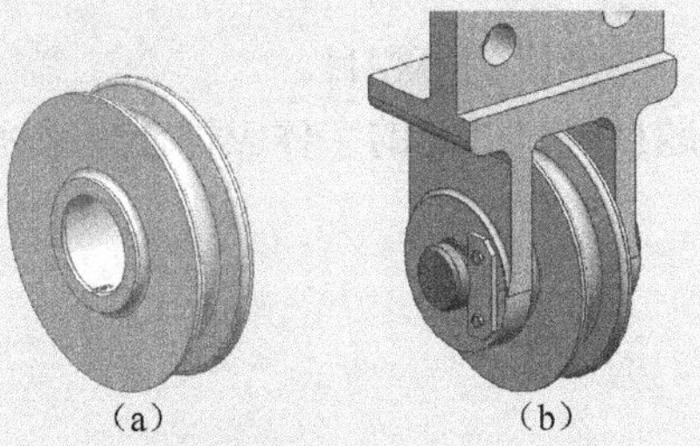

图 8.10　滑轮

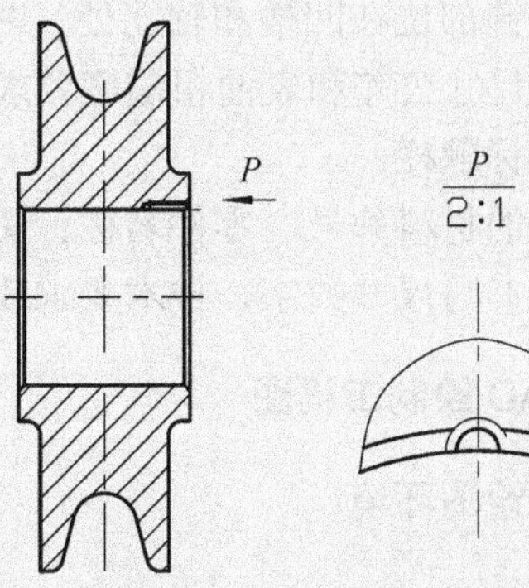

图 8.11　滑轮表达方案

（5）绘制尺寸界线和尺寸线

根据零件的结构特点，选择轴线为径向尺寸基准、左右对称面为轴向尺寸基准，确定需要标注的尺寸，画出所有径向和轴向尺寸的尺寸界线和尺寸线。

（6）集中标注尺寸

先测量滑轮上的径向尺寸，再测量轴向尺寸，然后测量凹槽的定形尺寸，最后测量螺纹孔尺寸，外形尺寸取整处理、螺纹尺寸标准化处理后分别标注在草图中，如图 8.12 所示。

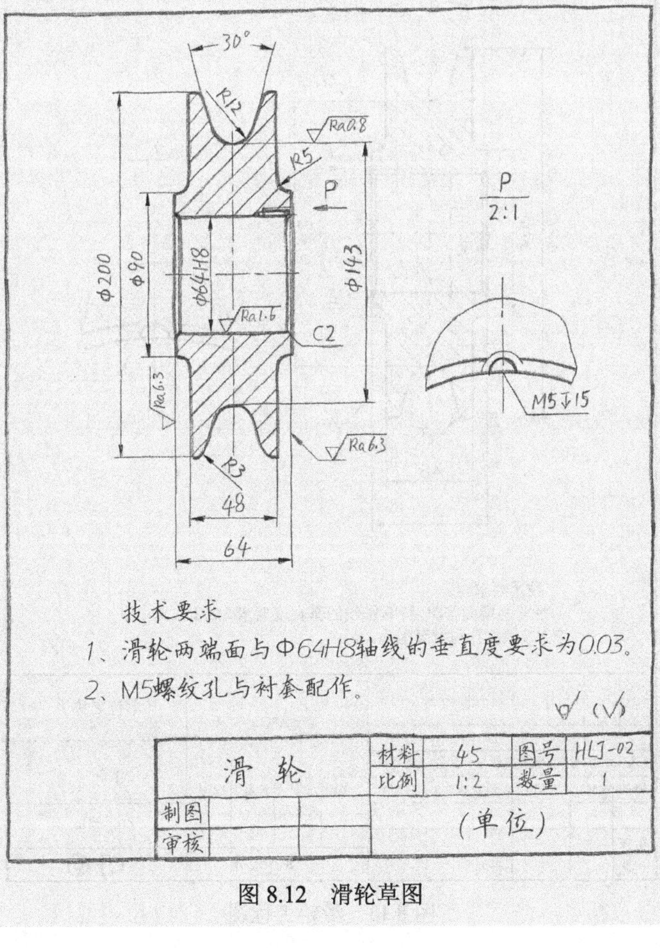

图 8.12　滑轮草图

（7）标注技术要求

滑轮的关键部位在凹槽和轴孔处，凹槽要求光滑，而轴孔与衬套有配合关系，该处应标注相对较高的尺寸公差和表面粗糙度要求，如图 8.12 所示。

（8）填写标题栏

填写零件的材料牌号、零件名称、图样编号、图形比例等栏目。

在图形中书写尺寸数字、技术要求或填写标题栏时，书写的字体应符合国家标准规定。

2. 用 CAD 绘制工程图

（1）设置绘图环境

过程略。

（2）绘制视图

过程略。

（3）标注尺寸及技术要求

按照测绘草图抄注尺寸及技术要求，具体过程略。

（4）填写标题栏，完成工程图

填写标题栏，完成滑轮的工程图，如图 8.13 所示。

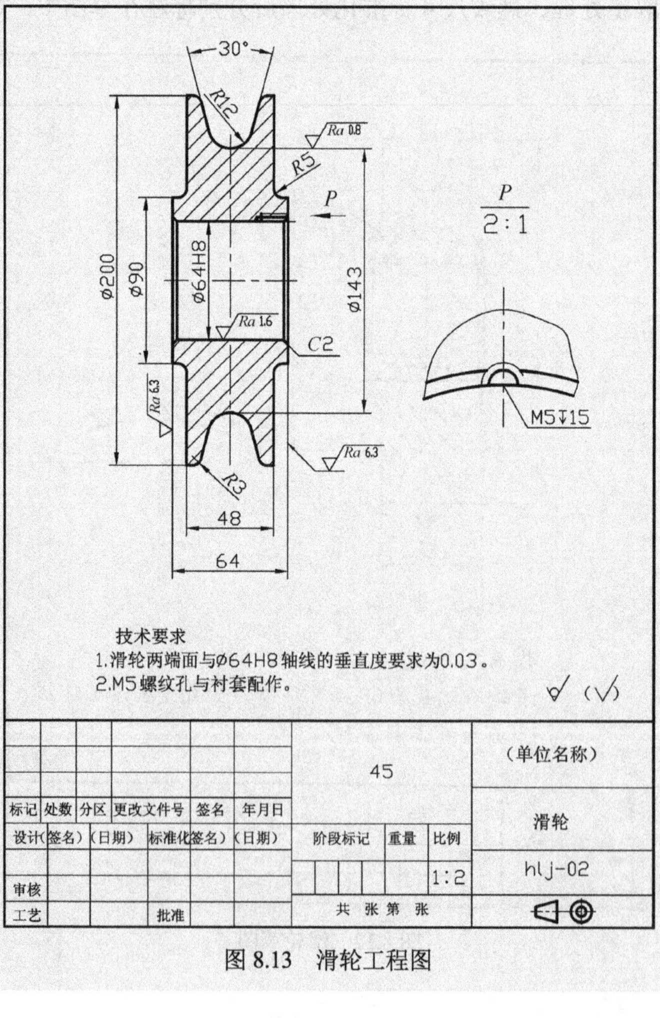

图 8.13　滑轮工程图

案例 2　手轮

车床尾座是车削加工时的一个辅助夹紧装置。如图 8.14 所示的手轮，在车床尾座中与螺杆连接，当摇动手轮的手柄时，手轮通过键连接带动螺杆旋转，从而使其推动顶尖做轴向运动，让顶尖顶住或松开被加工件。

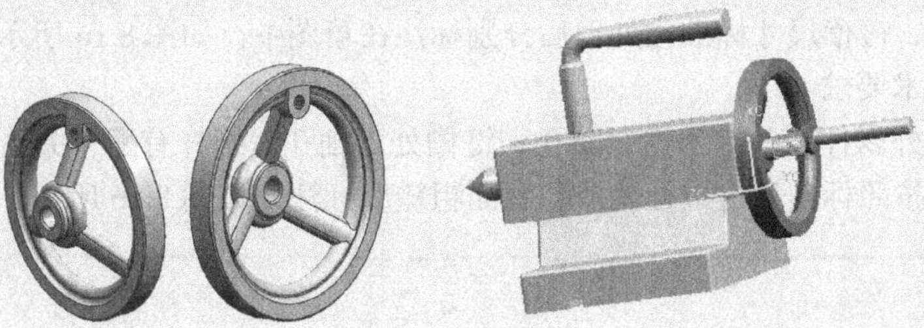

(a)　(b)

图 8.14　手轮

1. 测绘草图

（1）准备工作

略。

（2）观察零件的结构

图 8.14 所示的手轮是一个典型的轮类零件，由轮毂、轮辐和轮缘三部分组成，轮毂部分有轴孔和键槽结构。

（3）绘制图框和标题栏

略。

（4）徒手绘制草图

将手轮按照轴线水平的位置放置，选择非圆投影为主视图，由于零件存在内部结构，将其剖开（轮辐部分按照不剖处理）；为了将零件的外形及轮辐和孔的分布表达清楚，增加一个左视图；轮辐断面形状采用重合断面图表达，如图 8.15 所示。

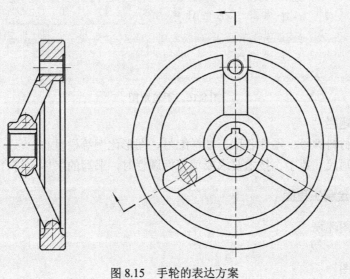

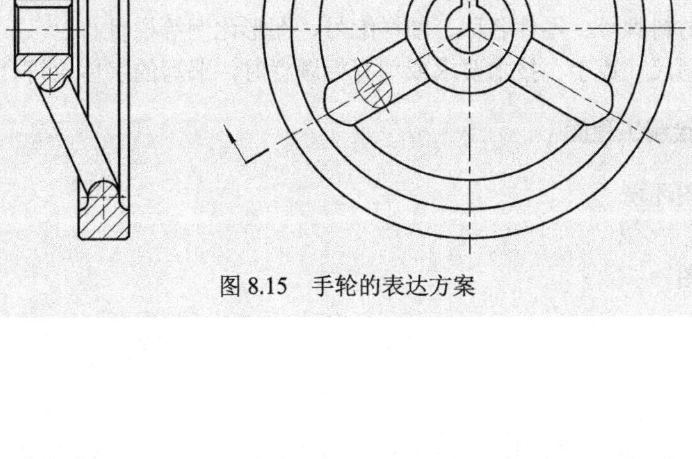

图 8.15　手轮的表达方案

（5）绘制尺寸界线和尺寸线

根据零件的结构形状，选择轴线为径向尺寸基准、左端面为轴向尺寸基准，确定需要标注的尺寸，并画出所有尺寸界线和尺寸线。

（6）集中标注尺寸

先测量手轮上所有的径向尺寸，再测量轴向厚度尺寸，然后测量螺纹孔和键槽尺寸，外形尺寸取整处理、键槽尺寸标准化处理后分别标注在草图中，如图 8.16 所示。

（7）标注技术要求

手轮是一个外露件，关键部位在轴孔和键槽处，轴孔与螺杆有配合关系，键槽与平键有配合要求，分别按照标准规定进行公差和表面粗糙度标注，如图 8.16 所示。

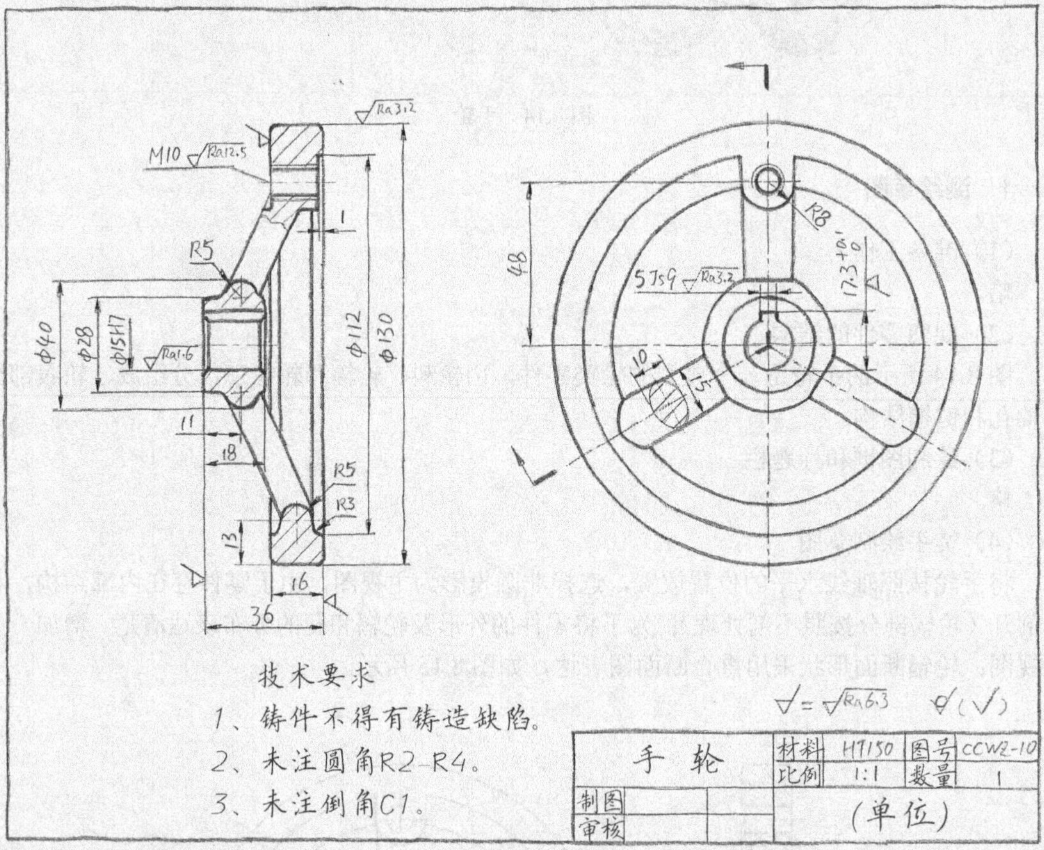

图 8.16　手轮草图

（8）填写标题栏

填写零件的材料牌号、零件名称、图样编号、图形比例等栏目。

在图形中书写尺寸数字、技术要求或填写标题栏时，书写的字体应符合国家标准规定。

2. 用 CAD 绘制工程图

（1）设置绘图环境

过程略。

（2）绘制视图

过程略。

（3）标注尺寸及技术要求

按照测绘草图抄注尺寸及技术要求，具体过程略。

（4）填写标题栏，完成工程图

填写标题栏，完成手轮的工程图，如图 8.17 所示。

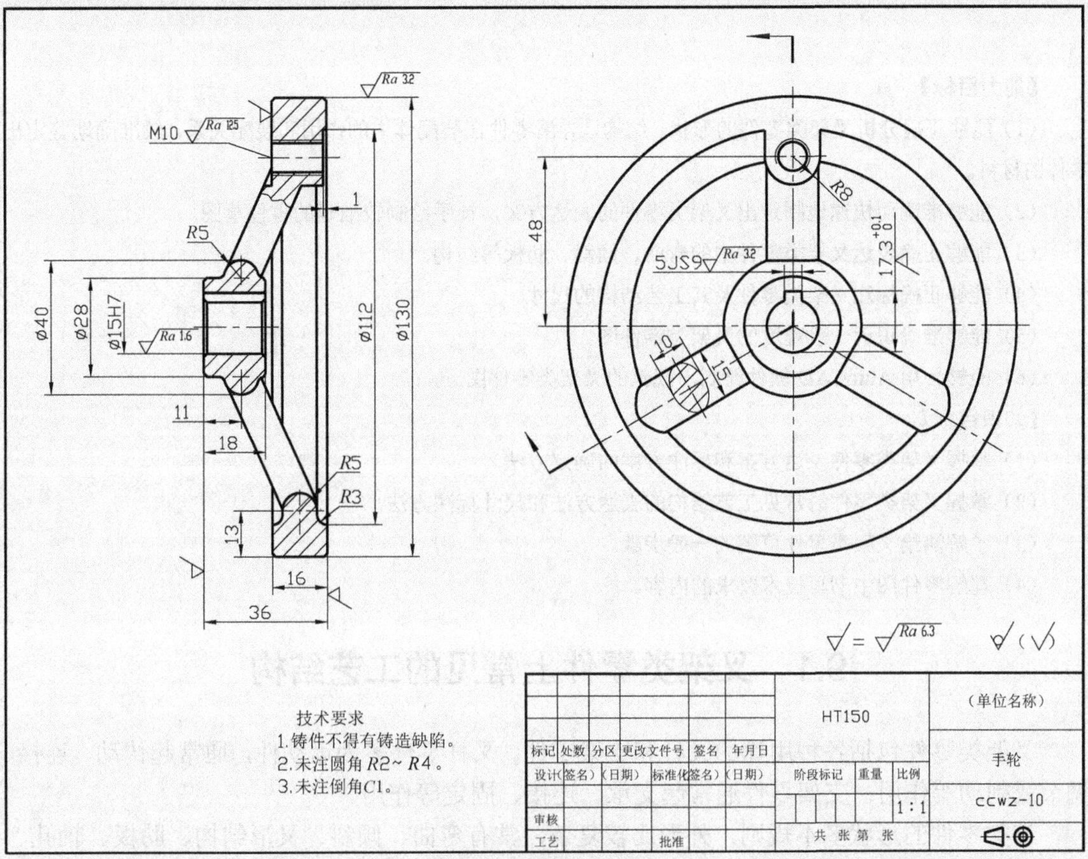

图 8.17　手轮工程图

课 后 思 考

1. 轮盘类零件的结构特点是什么？在装配体中常有什么作用？
2. 轮盘类零件上一般存在哪些工艺结构？怎样表达？怎样标注？
3. 怎样确定轮盘类零件的表达方案？
4. 几何公差是用于控制什么的技术要求？选择原则是什么？标注时应注意什么？
5. 怎样识读轮盘类零件图？
6. 如何测绘一个轮盘类零件？

第 9 章　叉架类零件的测绘

【能力目标】

（1）能够正确分析叉架类零件的形状、结构，弄清零件在装配体中的作用和装配关系，较准确地鉴定出零件的材料。

（2）能够准确而快速地制定出叉架类零件的表达方案，徒手绘制较准确的零件草图。

（3）能够正确表达叉架类零件中的弯曲、倾斜、肋板等结构。

（4）能够正确标注叉架类零件及其工艺结构的尺寸。

（5）能够准确识读一般难度的叉架类零件图。

（6）能够使用 AutoCAD 软件绘制出规范的叉架类零件图。

【知识目标】

（1）掌握叉架类零件表达方案和标注方案的确定方法。

（2）掌握叉架类零件的常见工艺结构的表达方法和尺寸标注方法。

（3）了解测绘叉架类零件草图的一般步骤。

（4）理解零件图中书写技术要求的内容。

9.1　叉架类零件上常见的工艺结构

叉架类零件包括各种用途的叉杆和支架零件。叉杆零件多为运动件，通常起传动、连接、调节或制动等作用；支架零件通常起支承、连接、固定等作用。

该类零件的形状多不规则，外形比较复杂，常有弯曲、倾斜、叉形结构、肋板、轴孔、凸台、凹坑、耳板、底板等结构，毛坯多为铸件或锻件。

（1）肋板

叉架类零件上肋板及薄壁是十分常见的结构，绘制图形时要注意本书 4.5.1 节的规定（如图 9.1 所示）。

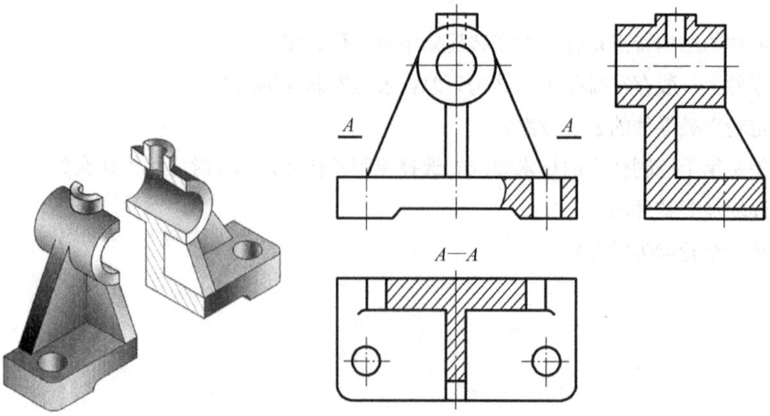

图 9.1　零件上肋板剖切的画法

（2）凸台与凹坑

零件上与其他相邻零件的接触面，一般都要加工。为了减少加工面积、降低加工成本，并保证零件表面之间有良好的接触，通常在零件上设计出凸台或凹坑结构。图 9.2（a）、（b）是螺栓连接的支承面，做成凸台或凹坑的形式；图 9.2 （c）、（d）是为了减少加工面积而做成了凹槽、凹腔结构。

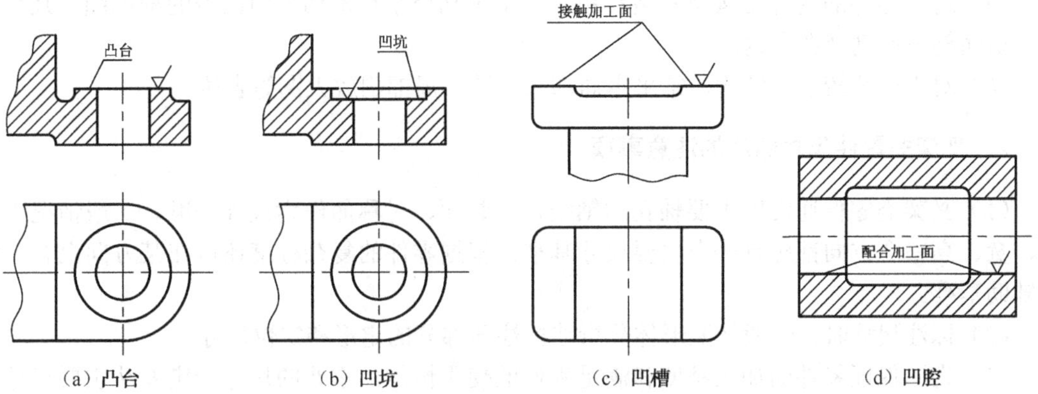

图 9.2　凸台和凹坑

9.2　叉架类零件的表达及标注

1. 叉架类零件的表达方案

（1）视图选择的要求：完全（零件各部分的结构、形状及其相对位置表达完全且唯一确定），正确（视图之间的投影关系及表达方法要正确），清楚（所画的图形要清晰易懂）。

（2）叉架类零件主视图选择思路：以零件的工作位置原则确定主视图的放置位置，以形状特征最明显原则确定投影方向。当零件为运动件或存在倾斜结构时，可将零件上的某部分结构水平或垂直放置，以方便画图。

所谓工作位置原则，指主视图的放置位置与零件在机器当中的工作位置（即安装位置）一致，便于想象零件在工作中的位置和作用，也便于把零件图和装配图对照起来（如图 9.3 所示）。

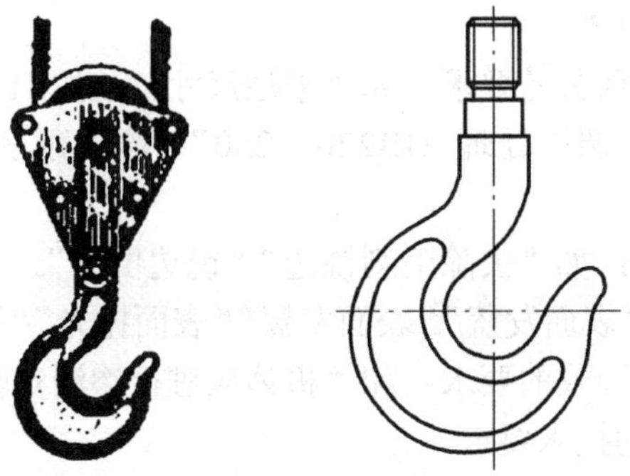

图 9.3　工作位置原则

所谓形状特征最明显原则，指的是在选择零件主视方向时，使主视图反映出零件最突出、最明显的形状特征，也称“最大信息量原则”。

（3）由于叉架类零件形状较复杂，通常需要两个或两个以上的基本视图，经常采用向视图和局部视图，并且许多时候采用局部剖的形式兼顾表达内外形状。

（4）对于叉架类零件上的倾斜结构，常采用斜视图、斜剖视图、断面图等方法来表达。

（5）对于零件的内部结构及安装孔系，常采用几个平行剖切平面剖得的剖视图、几个相交剖切面剖得的剖视图表达。

（6）对于一些较小的结构，常采用局部放大图、局部剖放大图等表达。

2. 叉架类零件尺寸标注的注意事项

（1）叉架类零件通常以主要轴孔的轴线、安装面、对称面作为尺寸基准。一般情况下，长、宽、高三个方向都应有一个主要尺寸基准，根据零件的复杂程度还可在某方向上有一定的辅助基准。

（2）标注尺寸时，一般按照形体分析法标注各部分的定形和定位尺寸。

（3）为了保证零件的加工精度和满足零件的使用性能，重要的尺寸一定要从主要尺寸基准直接标出，应避免出现推算重要结构尺寸的情况。

9.3 零件图中书写的技术要求

在零件图中，除需要标注表面粗糙度、尺寸公差、几何公差这些技术要求以外，对于一些不便于标注的技术要求，以及热处理、表面处理等还应以简洁的文字书写出来。技术要求的内容应针对加工、检验、安装等方面有逻辑性地进行书写。

（1）对零件材料的要求：

① 对材料质量的要求，如“铸件不得有气孔、夹砂、缩松、裂纹等铸造缺陷”。

② 对材料热处理的要求，如“材料需进行时效处理”。

（2）对毛坯尺寸的统一要求：

① 拔模斜度的要求，如“铸件的拔模斜度为 1 : 20”。

② 对毛坯过渡圆角的要求，如“未注铸造圆角为 $R2$～$R3$”。

（3）对加工尺寸的统一要求：如“未注倒角 $C2$”“未注圆角为 $R3$”。

（4）无法标注的尺寸及公差要求：如“$\phi 39^{-0.025}_{-0.050}$ 两圆柱面对 $\phi 50\pm0.008$ 轴线的圆跳动公差不大于 0.04”“$\phi 5$ 装配后加工”。

（5）未注尺寸公差及几何公差要求：如“未注尺寸公差按 IT14 级”。

（6）热处理要求：如“调质处理 HB220～250”“淬火硬度 40～45HRC”“$\phi 30$h5 处 S0.5-C59”。

（7）零件表面质量要求：如“去除毛刺锐边”“锐边倒钝”。

（8）表面处理要求：如“表面发蓝”“表面发黑”“表面抛光”“不加工面涂深灰色皱纹漆”。

（9）对零件成品检验、验收的要求：如“机体应进行渗漏实验”。

（10）其他不方便标注的技术要求。

9.4　叉架类零件的识读——十字接头

下面以图 9.4 所示十字接头的零件图为例，介绍阅读叉架类零件图的方法和步骤。

阅读叉架类的零件图，仍然按照“阅读标题栏—读视图想结构—读尺寸及技术要求—归纳总结”的顺序，其中读懂零件的形状结构是根本，在此基础上再阅读清楚尺寸标注和技术要求。

叉架类零件的组成结构往往比较明显，可以按照形体分析的结果逐个部分进行阅读，思路是“先大后小、先主后次、先实后虚”。想象十字接头空间形状的步骤如表 9.1 所示。

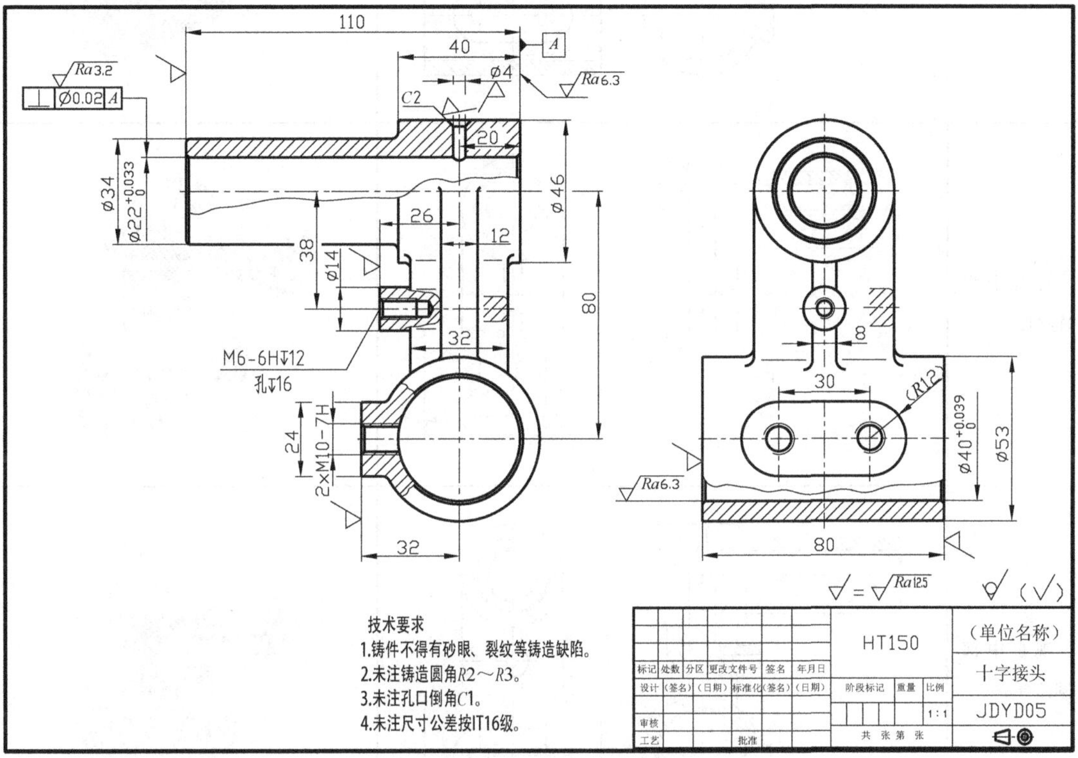

图 9.4　十字接头零件图

表 9.1　想象十字接头的空间形状的步骤

步　骤	视 图 依 据	立 体 形 状
观察上部轴的形状	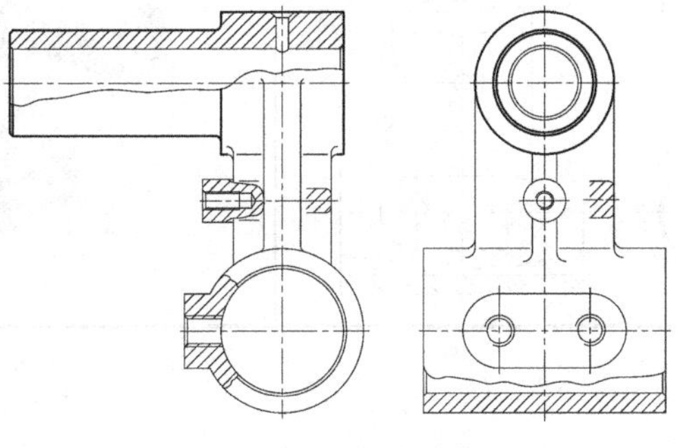	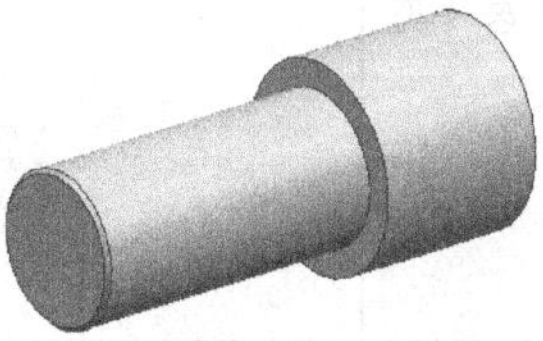

续表

步　　骤	视 图 依 据	立 体 形 状
观察下部轴的形状及其凸台	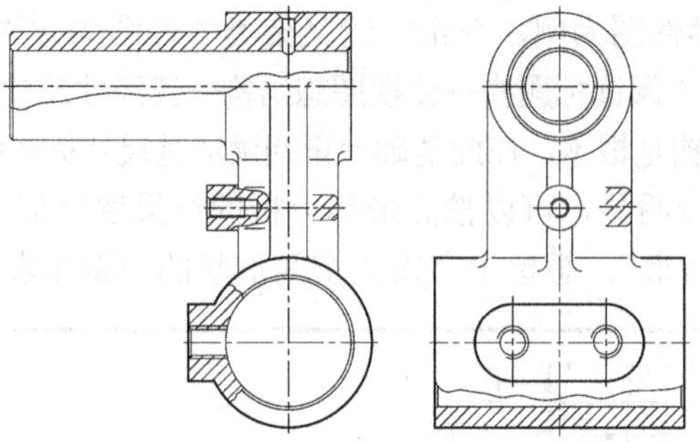	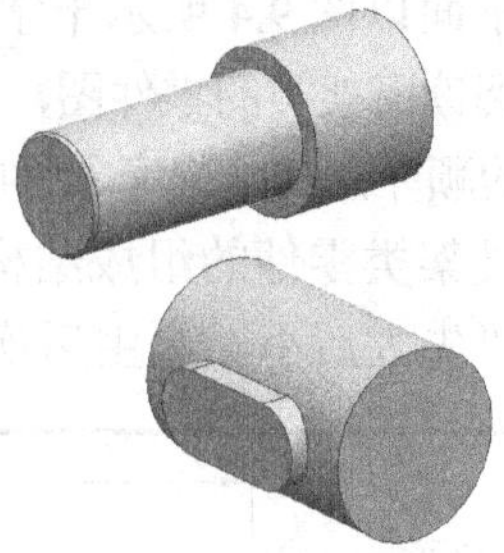
观察十字连接板	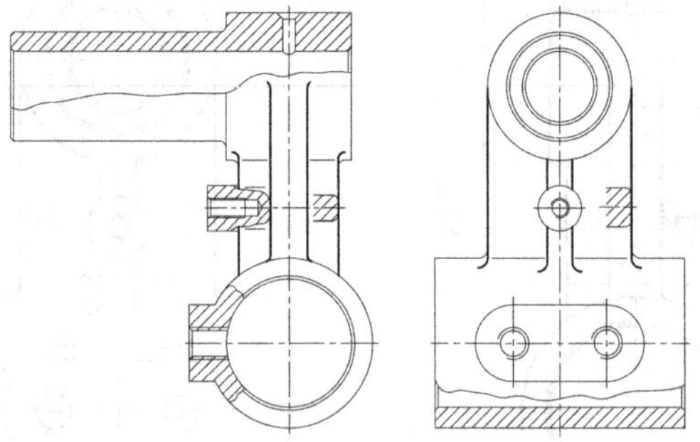	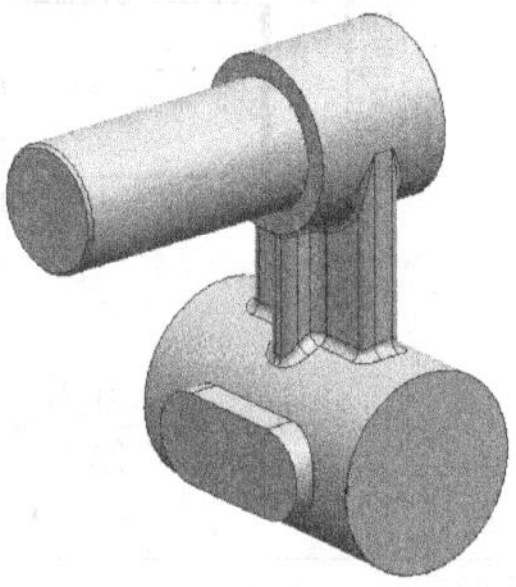
观察中部圆凸台	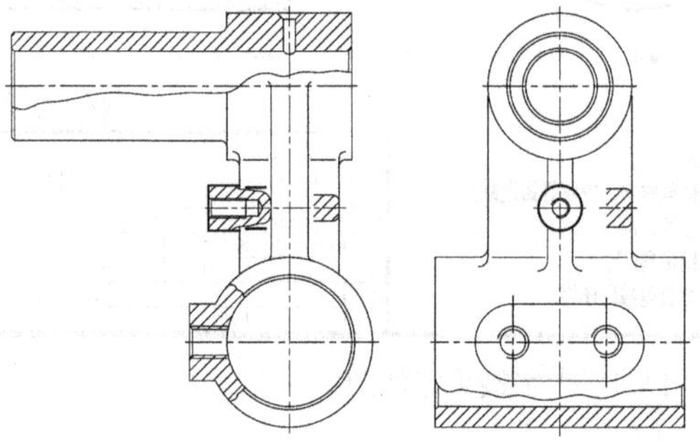	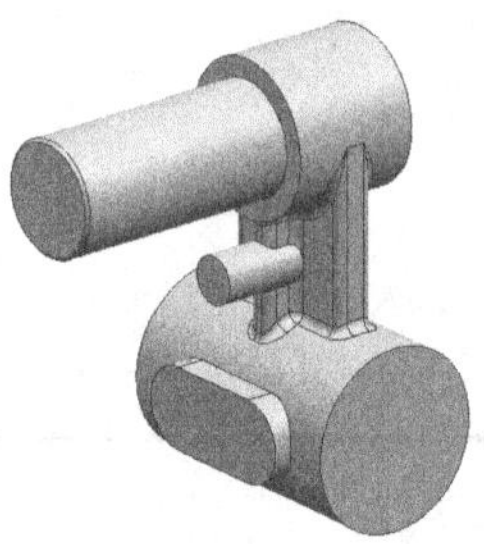
观察上部轴孔及其顶面通孔	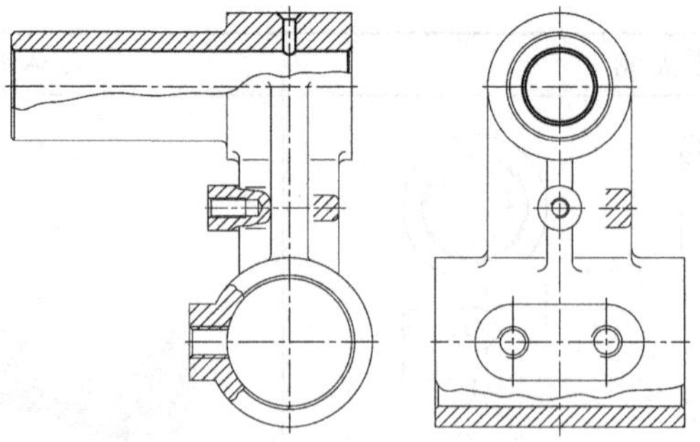	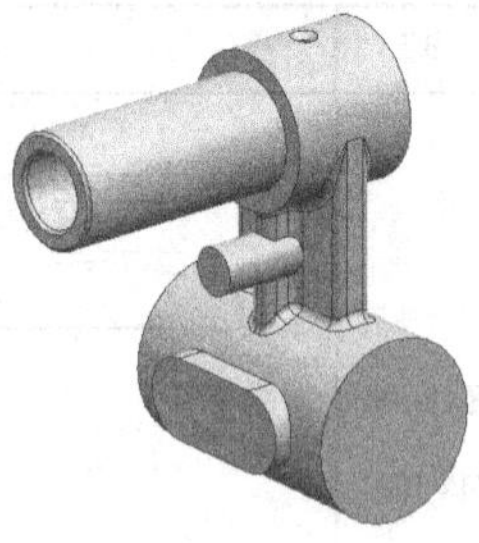

续表

步　骤	视图依据	立体形状
观察下部轴孔及凸台上螺纹孔	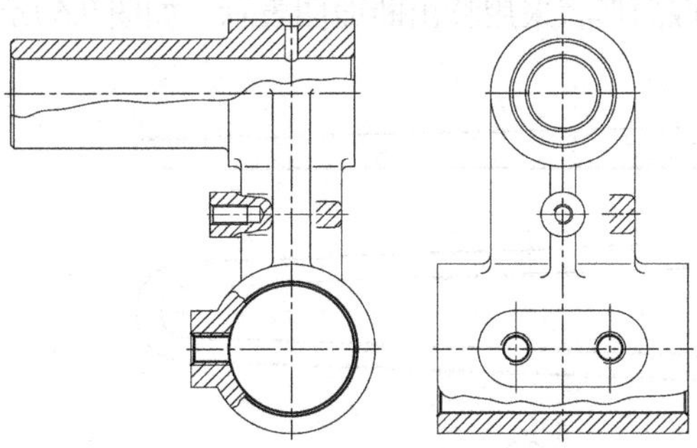	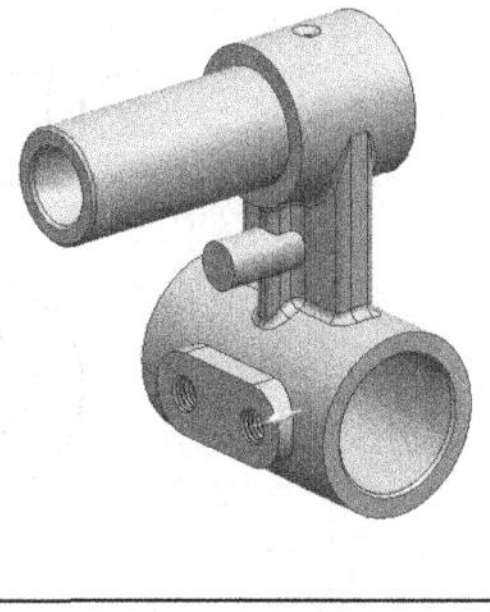
观察圆凸台上的螺纹孔	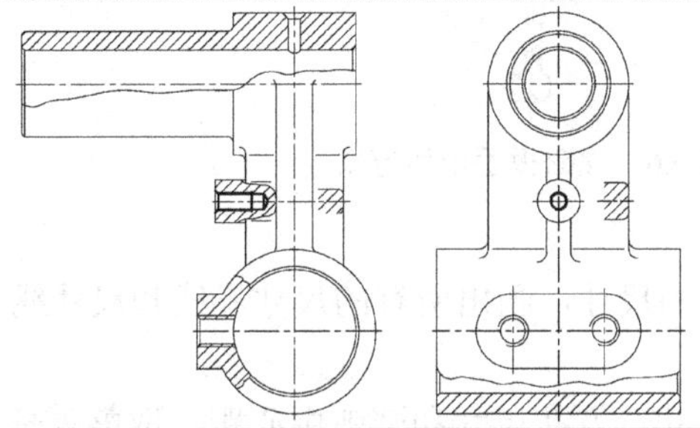	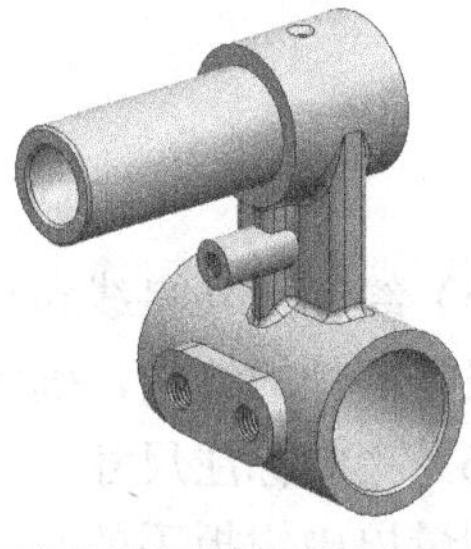

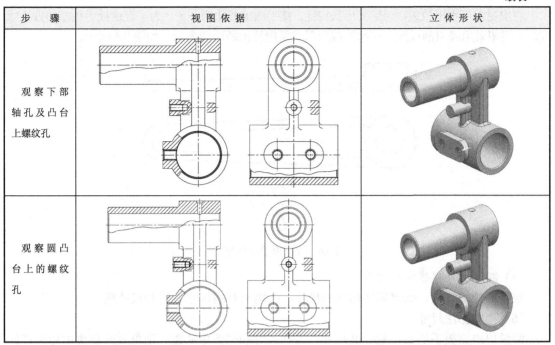

9.5　叉架类零件的测绘——虎钳扳手、托架

案例 1　虎钳扳手

如图 9.5 所示的虎钳扳手，在机用虎钳中是一个执行零件，用扳手旋转螺杆，使其带动活动钳身做左右移动，合紧或张开钳口，以实现被加工零件的夹紧或松开。

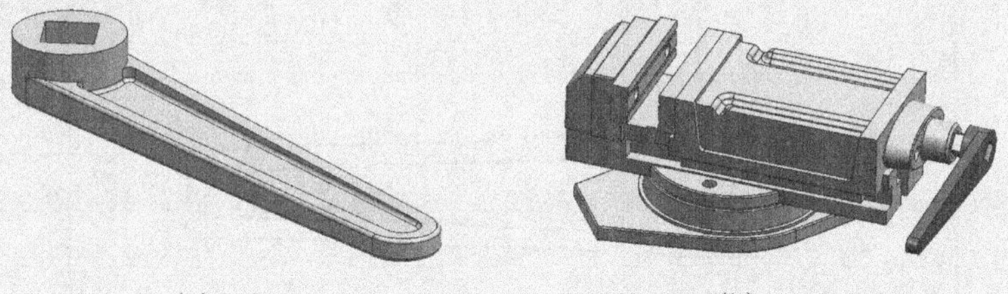

（a）　　　　（b）

图 9.5　虎钳扳手

1. 测绘草图

（1）准备工作

略。

（2）观察零件的结构

虎钳扳手由头部和柄部组成。头部开有方孔，工作时套在螺杆的铣方结构处，使其能够带动螺杆旋转；柄部上下面设有凹槽，以减轻零件的质量。

（3）绘制图框和标题栏

略。

（4）徒手绘制草图

将虎钳扳手水平放置，观察其形状特征，徒手画出其轮廓图形。为了表达扳手头部的方孔状况，主视图采用局部剖视图；柄部的截面形状采用移出断面图表示，如图9.6所示。

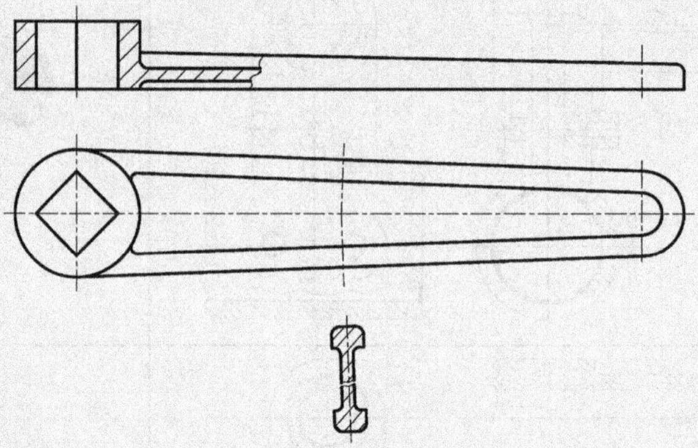

图9.6 虎钳扳手表达方案

（5）绘制尺寸界线和尺寸线

根据零件的结构，确定需要标注的尺寸，画出所有的尺寸界线和尺寸线。

（6）集中标注尺寸

测量出虎钳扳手的长、宽、高尺寸，方孔尺寸和圆弧中心距，取整处理后集中标注在图形中，如图9.7所示。

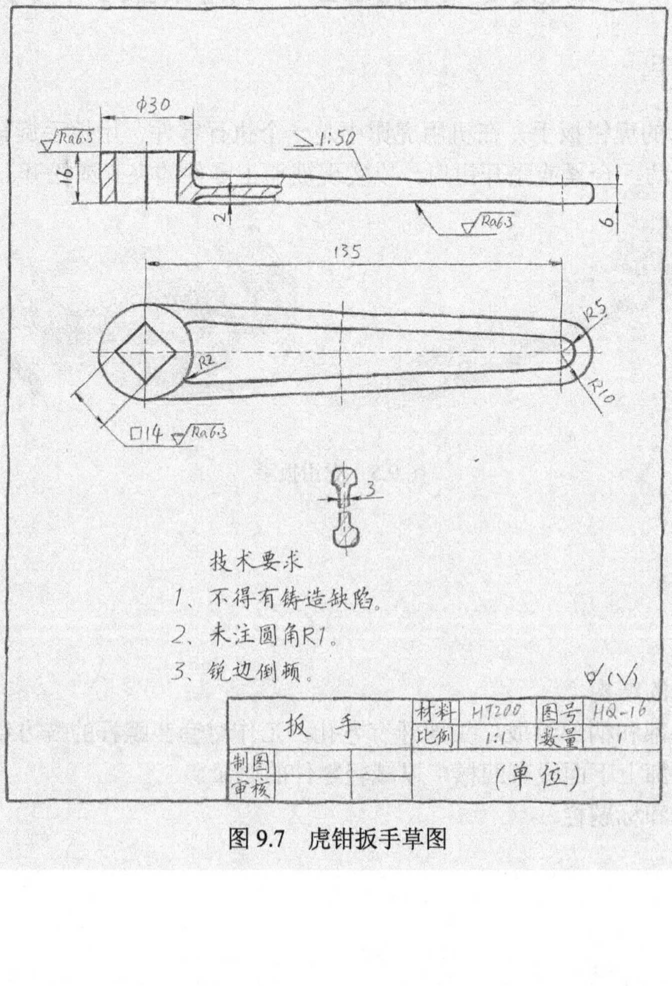

图9.7 虎钳扳手草图

标注尺寸时应特别注意，零件的长度尺寸只需标注中心距 135 即可，而总长则不需要标出。这样标注的原因：一是通过中心距和圆弧半径可以计算出总长；二是在圆弧半径必须标注的前提下，中心距往往是设计要求中必须保证的尺寸，以避免形成封闭尺寸。

（7）标注技术要求

扳手除上下平面和方孔需要加工，其他表面均为不加工表面，并且没有尺寸精度要求，因此只需如图 9.7 所示简单标注即可。

（8）填写标题栏

填写零件的材料牌号、零件名称、图样编号、图形比例等栏目。

在图形中书写尺寸数字、技术要求或填写标题栏时，书写的字体应符合国家标准规定。

2. 用 CAD 绘制零件工程图

（1）设置 A3 样板图

样板图设置内容及过程见附录 C。

（2）绘制视图

过程略。

（3）标注尺寸及技术要求

按照测绘草图抄注尺寸及技术要求，具体过程略。

（4）填写标题栏，完成工程图

填写标题栏，完成扳手的工程图，如图 9.8 所示。

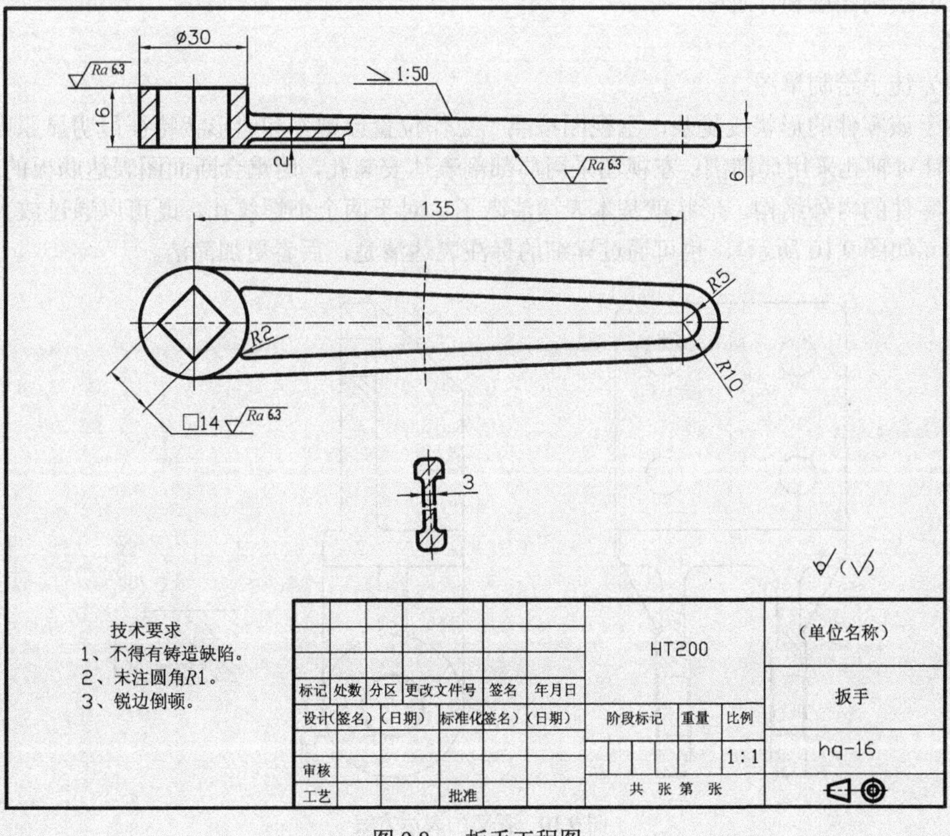

图 9.8　扳手工程图

案例2　托架

如图 9.9 所示的托架，在滑轮架组件中起固定连接和支承销轴、滑轮的作用。四个光孔用于固定滑轮组件，下面的两个大孔则用于安装小轴和滑轮。托架上有多处加强筋（肋板）。

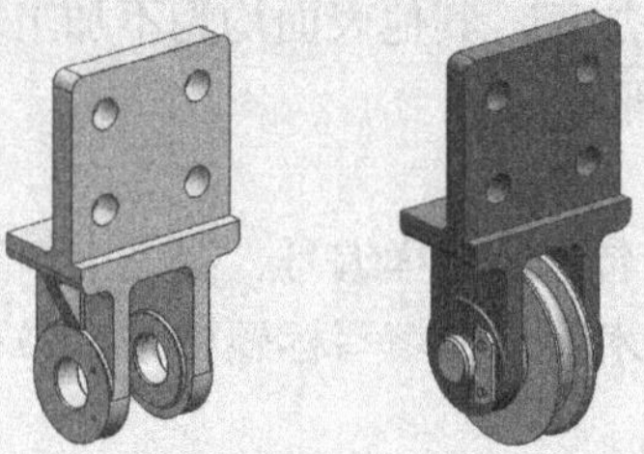

（a）　　（b）

图 9.9　托架

1. 测绘草图

（1）准备工作

略。

（2）观察零件的结构

图 9.9 所示的托架是一个典型的支架零件，由几个互相垂直的几何体构成，在此基础上增加了凸台、肋板、孔等结构。

（3）绘制图框和标题栏

略。

（4）徒手绘制草图

由于该零件的形状较复杂，主视图按照“工作位置原则”和“形状特征最明显原则”选择，并针对轴孔采用局部剖；左视图采用局部剖表达安装孔，用重合断面图表达肋板的厚度。这样，零件的内外结构、形状就基本表达清晰了；对于两个小螺纹孔，既可以通过放大的方式表达（如图 9.10 所示），也可通过详细的标注表达清楚，后者更加简洁。

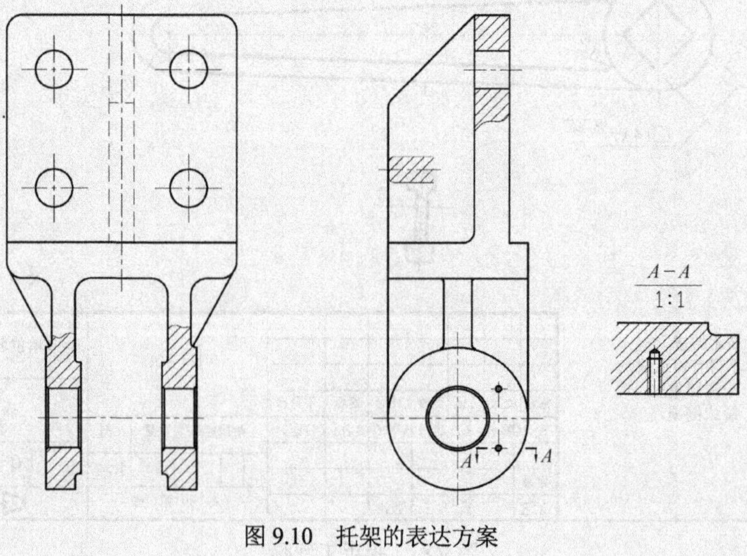

图 9.10　托架的表达方案

（5）绘制尺寸界线和尺寸线

根据零件的结构，确定需要标注的尺寸，画出所有的尺寸界线和尺寸线。

（6）集中标注尺寸

先按照形体分析的结果，分别测量各组成部分的外形尺寸，然后测量它们之间的相对位置尺寸，再测量各孔的直径及位置尺寸。取整处理后分别标注在草图中，如图 9.11 所示。

（7）标注技术要求

托架的轴孔与销轴为间隙配合，上部前方互相垂直的平面与车体有接触要求，轴孔两端面和安装孔需要加工，其他表面不加工。尺寸要求、表面结构要求及几何公差要求标注如图 9.11 所示。

（8）填写标题栏

填写零件的材料牌号、零件名称、图样编号、图形比例等栏目。

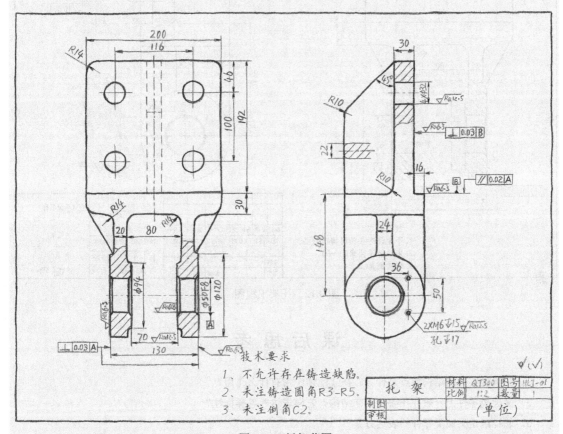

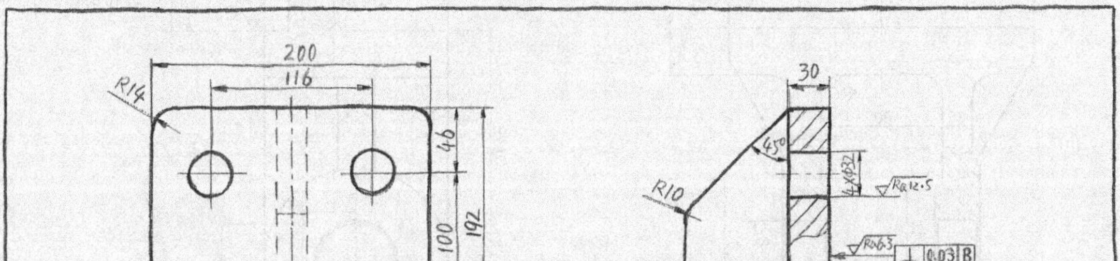

图 9.11　托架草图

2. 用 CAD 绘制零件工程图

（1）调出 A3 样板图

过程略。

（2）绘制视图

过程略。

（3）标注尺寸及技术要求

按照测绘草图抄注尺寸及技术要求，具体过程略。

（4）填写标题栏，完成工程图

填写标题栏，完成托架的工程图，如图 9.12 所示。

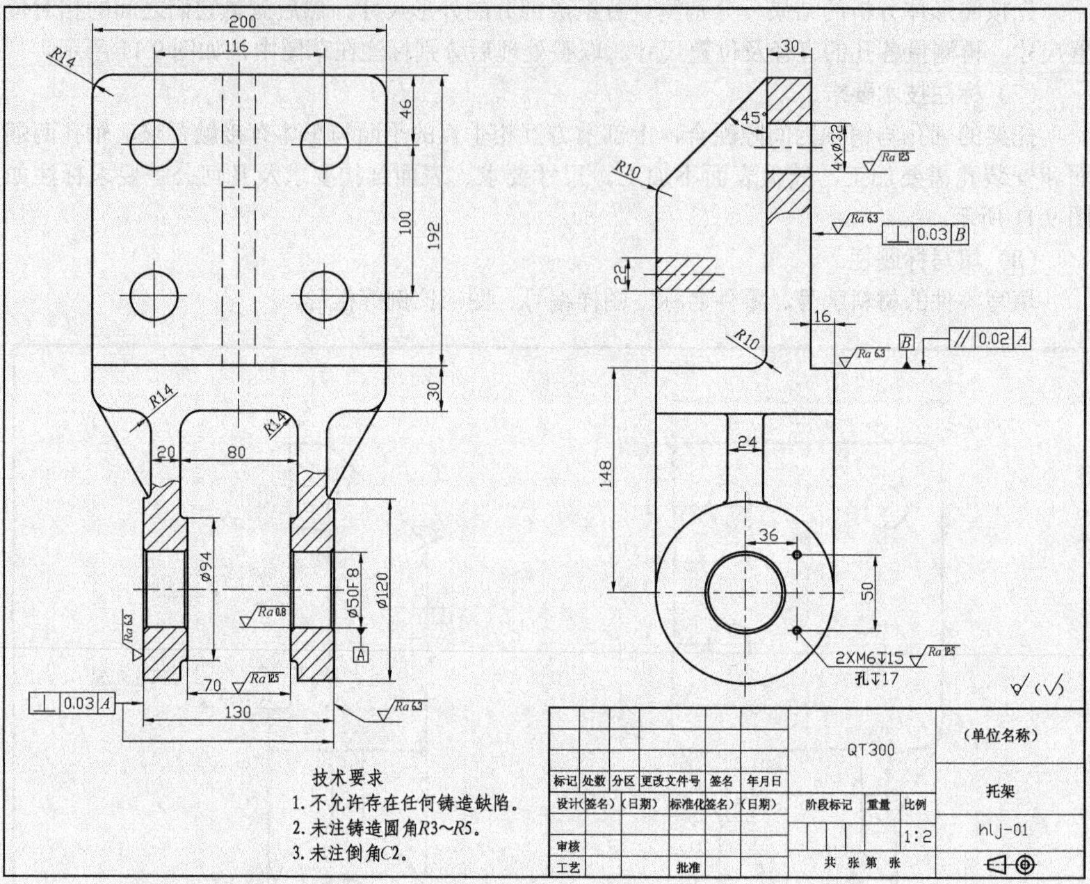

图 9.12　托架工程图

课 后 思 考

1. 叉架类零件的结构特点是什么？在装配体中常有什么作用？
2. 叉架类零件上一般存在哪些工艺结构？怎样表达？怎样标注？
3. 怎样确定叉架类零件的表达方案？
4. 书写的技术要求包括哪些内容？书写时应注意什么？
5. 怎样识读叉架类零件图？
6. 如何测绘叉架类零件？

第 10 章　箱体类零件的测绘

【能力目标】

（1）能够正确分析箱体类零件的形状、结构，弄清箱体类零件在装配体中的作用和装配关系，较准确地鉴定出零件的材料。

（2）能够准确而快速地制定出箱体类零件的表达方案，徒手绘制较准确的零件草图。

（3）能够正确表达箱体类零件中的空腔、肋板、钻孔结构、过渡线等。

（4）能够合理标注箱体类零件的尺寸。

（5）能够识读一般难度的箱体类零件图。

（6）能够使用 AutoCAD 软件绘制出规范的箱体类零件图。

【知识目标】

（1）掌握箱体类零件表达方案和标注方案的确定方法。

（2）了解测绘箱体类零件草图的一般步骤。

（3）掌握箱体类零件上常见工艺结构的表达方法和尺寸标注方法。

（4）理解并掌握过渡线的形成及画法。

10.1　箱体类零件上常见的工艺结构

箱体类零件一般是机器设备的主体，主要起容纳、承托、定位、密封及保护其他零件的作用。

该类零件的结构形状复杂，一般存在形状各异的空腔，并且常存在带安装孔的底板、顶板及其他连接板，上面有凹坑、凹槽、凸台等结构；支承孔处常有加厚凸台或加强肋板。零件毛坯大多是铸件，具有铸造圆角、拔模斜度等铸造工艺结构，具有较多的表面过渡线。

10.1.1　铸造工艺结构

（1）拔模斜度

如图 10.1 所示，在铸造零件毛坯时，为了便于将木模从砂型中取出，零件的内、外壁沿拔模方向应有一定的斜度（1∶20～1∶10），称作拔模斜度（也称起模斜度）。在零件图中拔模斜度可以画出，如图 10.2（a）所示。这种斜度在图样上一般不标注，也可以不画出，如图 10.2（b）所示。必要时，可以在技术要求中用文字说明。

在表达铸件时，如果已在一个视图中表达清楚拔模斜度，则在其他视图中允许只按小端画出投影，如图 10.3 所示。

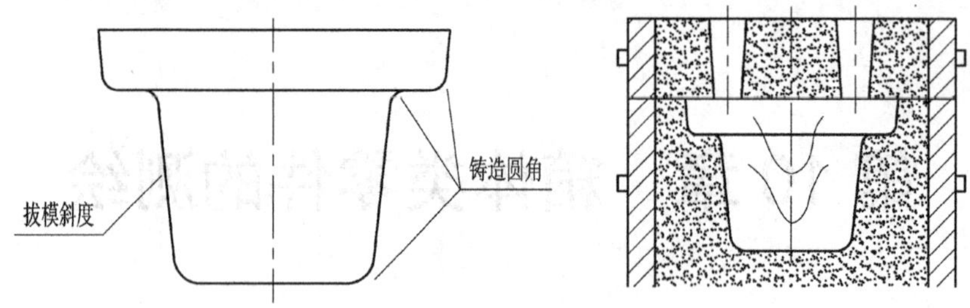

图 10.1　拔模斜度与铸造圆角

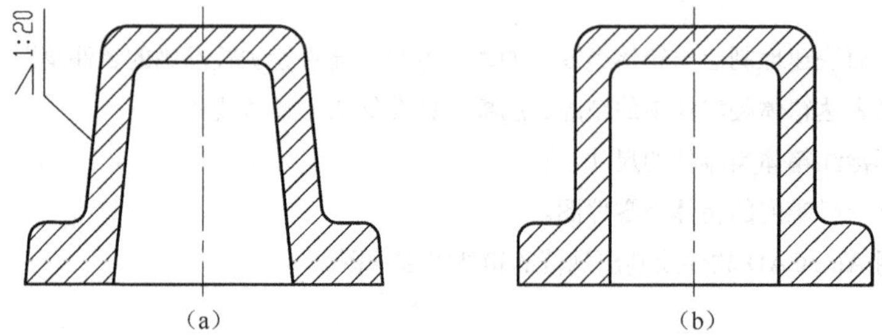

图 10.2　拔模斜度的表达一

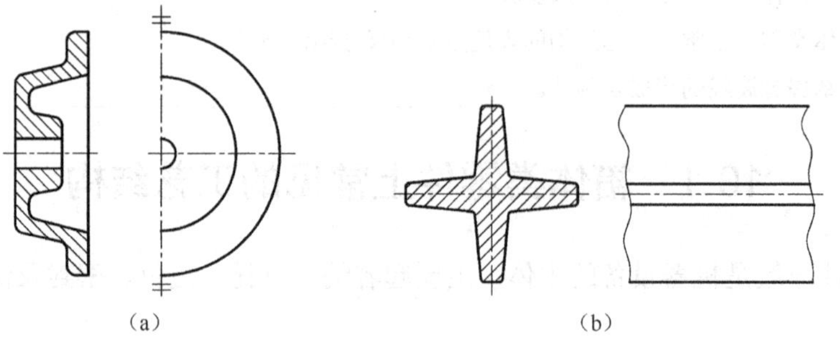

图 10.3　拔模斜度的表达二

（2）铸造圆角与过渡线

在铸件各表面的相交处，都应有铸造圆角，这样既能方便起模，又能防止浇铸铁水时将砂型转角处冲坏，还可避免铸件在冷却时产生裂纹或缩孔，如图 10.4 所示。铸造圆角在图样上一般不标注，常集中注写在技术要求中。

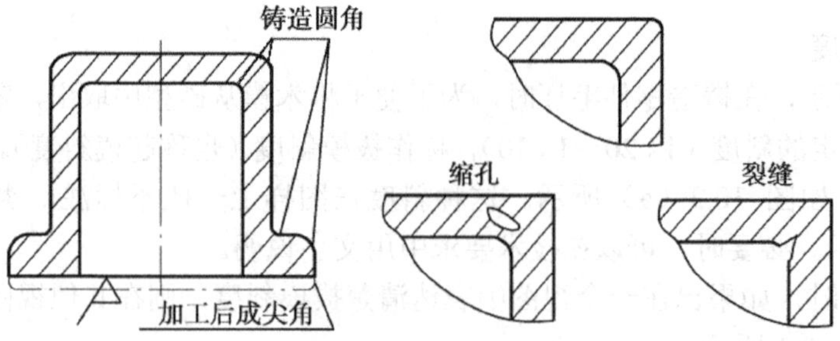

图 10.4　铸造圆角

由于铸造圆角的存在，零件上的表面交线就显得不明显。为了区分不同形体的表面，在零件图上仍需画出两表面的交线——过渡线。过渡线的画法与截交线、相贯线的画法基本相同，只是在其端点处不与其他轮廓线相接触，可见过渡线用细实线表示，如图 10.5～图 10.6 所示。

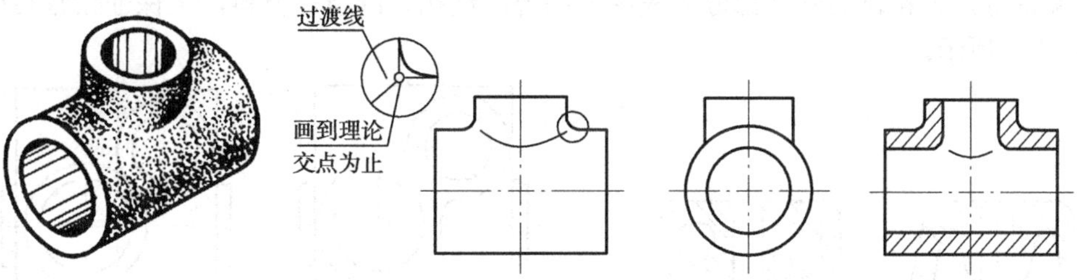

（a）

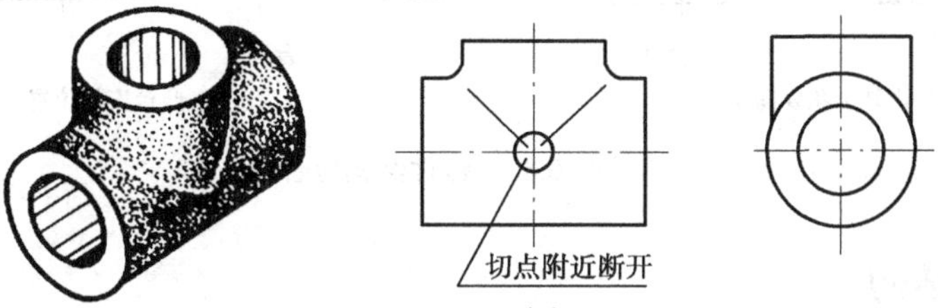

（b）

图 10.5 过渡线画法一

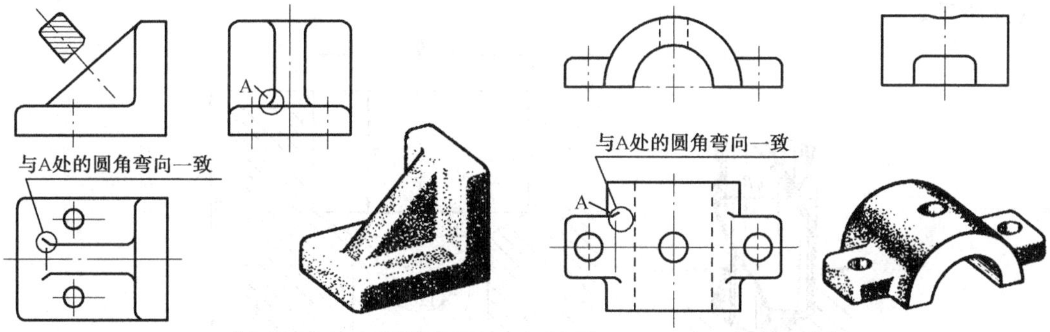

（a） （b）

图 10.6 过渡线画法二

（3）铸件壁厚

在浇铸零件时，为了避免因各部分冷却速度的不同而产生缩孔或裂缝，铸件的壁厚应保持大致相等或逐渐过渡，如图 10.7 所示。

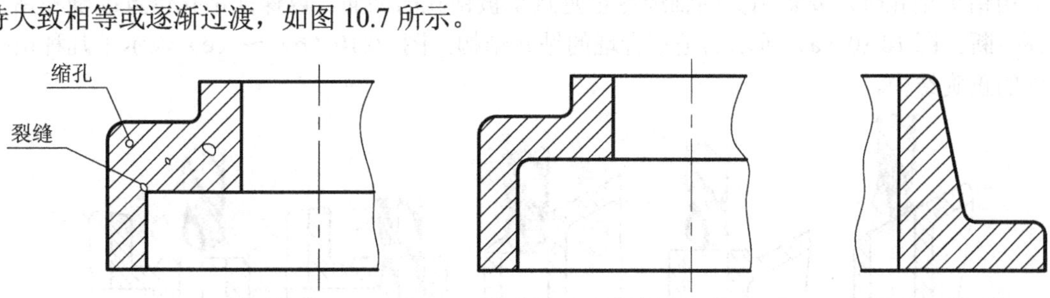

（a）铸造缺陷 （b）壁厚均匀 （c）逐渐过渡

图 10.7 铸件的壁厚

（4）铸件结构形状的合理性

铸件的内外结构应尽量简单、平直，如图 10.8（a）所示。紧靠在一起的凸台应合并，以避免出现狭缝，大箱体的安装部分应采用内凹外凸结构，既节省材料，又保证接触良好，如图 10.8（b）所示。

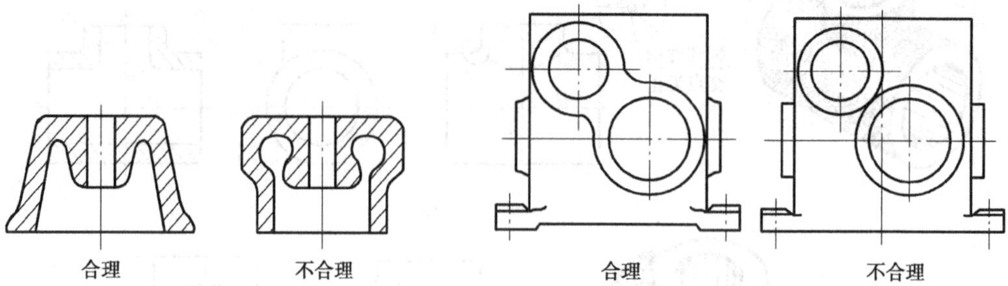

（a）内外形状要简单　　（b）凸台安放位置应合理

图 10.8　铸件结构应合理

10.1.2 钻孔结构

用钻头钻出的盲孔，在底部都会有一个接近 120° 的锥角，钻孔深度指的是圆柱部分的深度，不包括锥坑。在阶梯形钻孔的过渡处，也存在锥角 120° 的圆台，其画法及尺寸注法如图 10.9 所示。

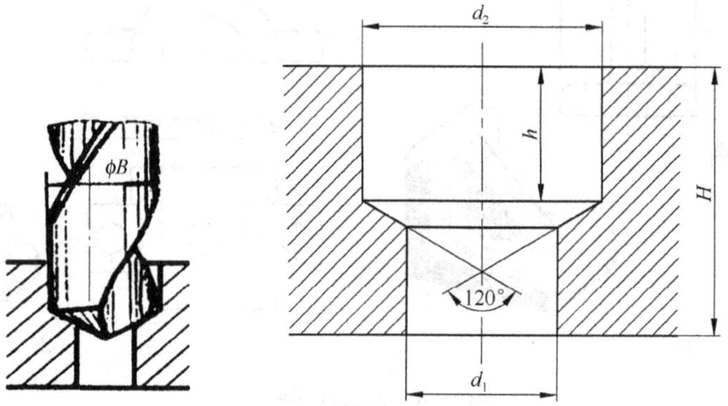

（a）　（b）

图 10.9　钻孔结构

用钻头钻孔时，要求钻头的轴线尽量垂直于被钻孔的端面，以保证钻孔位置准确和钻头不易折断。图 10.10（a）所示的是不合理的钻孔结构，图 10.10（b）～（e）表示了几种钻孔端面的正确结构。

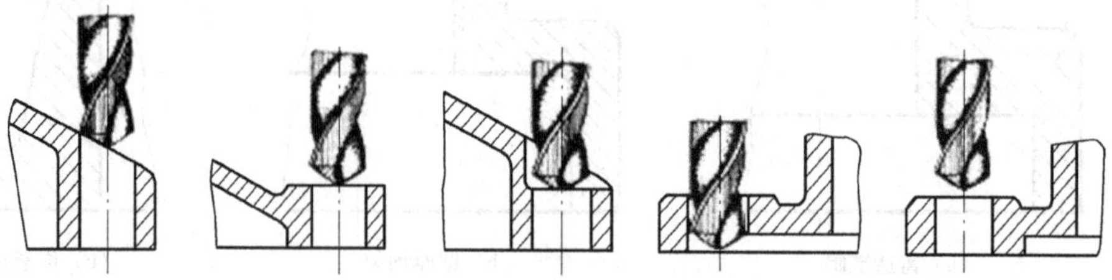

（a）　（b）　（c）　（d）　（e）

图 10.10　钻孔的端面

10.2 箱体类零件的表达及标注

1. 箱体类零件的表达方案

（1）箱体类零件主视图选择的思路：以零件工作位置为主视图的放置位置（工作位置原则），以最能表达零件形状特征的方向为投影方向（最大信息量原则）。

（2）箱体类零件的外部形状、安装孔的分布情况用基本视图或局部视图表达，内部结构用全剖或局部剖表达，视图的个数根据零件的复杂程度确定，一般需要三个或三个以上基本视图。

（3）针对箱体类零件上的结构，根据实际需要可采用向视图、斜视图、局部视图、剖视图、断面图等各种方法来表达。

（4）细小结构应采用局部放大图表达。

2. 箱体类零件尺寸标注的注意事项

（1）尺寸基准常选用设计轴线、对称平面、重要端面、重要安装面或结合面。

（2）直接影响机器工作性能和质量的重要尺寸（如中心距、配合尺寸、安装尺寸等），一定要从主要尺寸基准直接标出，以减少加工和测量误差，如图 10.11 所示。

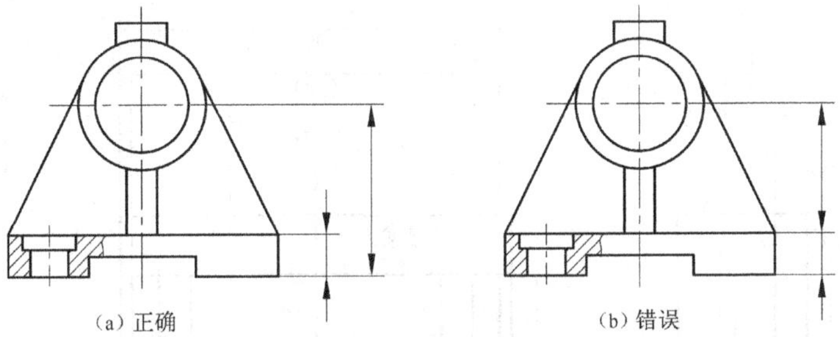

（a）正确　　（b）错误

图 10.11　重要尺寸直接注出

（3）标注的尺寸应尽可能便于加工和检验。

（4）同一个加工面与不加工面只能有一个联系尺寸，如图 10.12 所示。

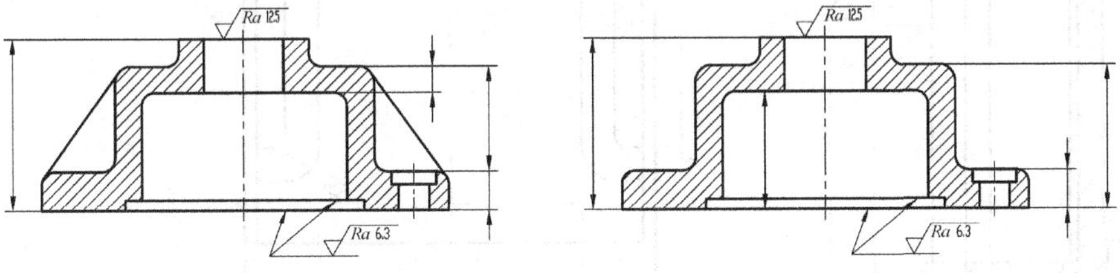

（a）正确　　（b）错误

图 10.12　毛坯面与加工面间的尺寸注法

（5）孔的标注尽量放在剖开的非圆视图中。

10.3 箱体类零件的识读——活动钳身

下面以图 10.13 所示活动钳身的零件图为例，介绍阅读箱体类零件图的方法和步骤。

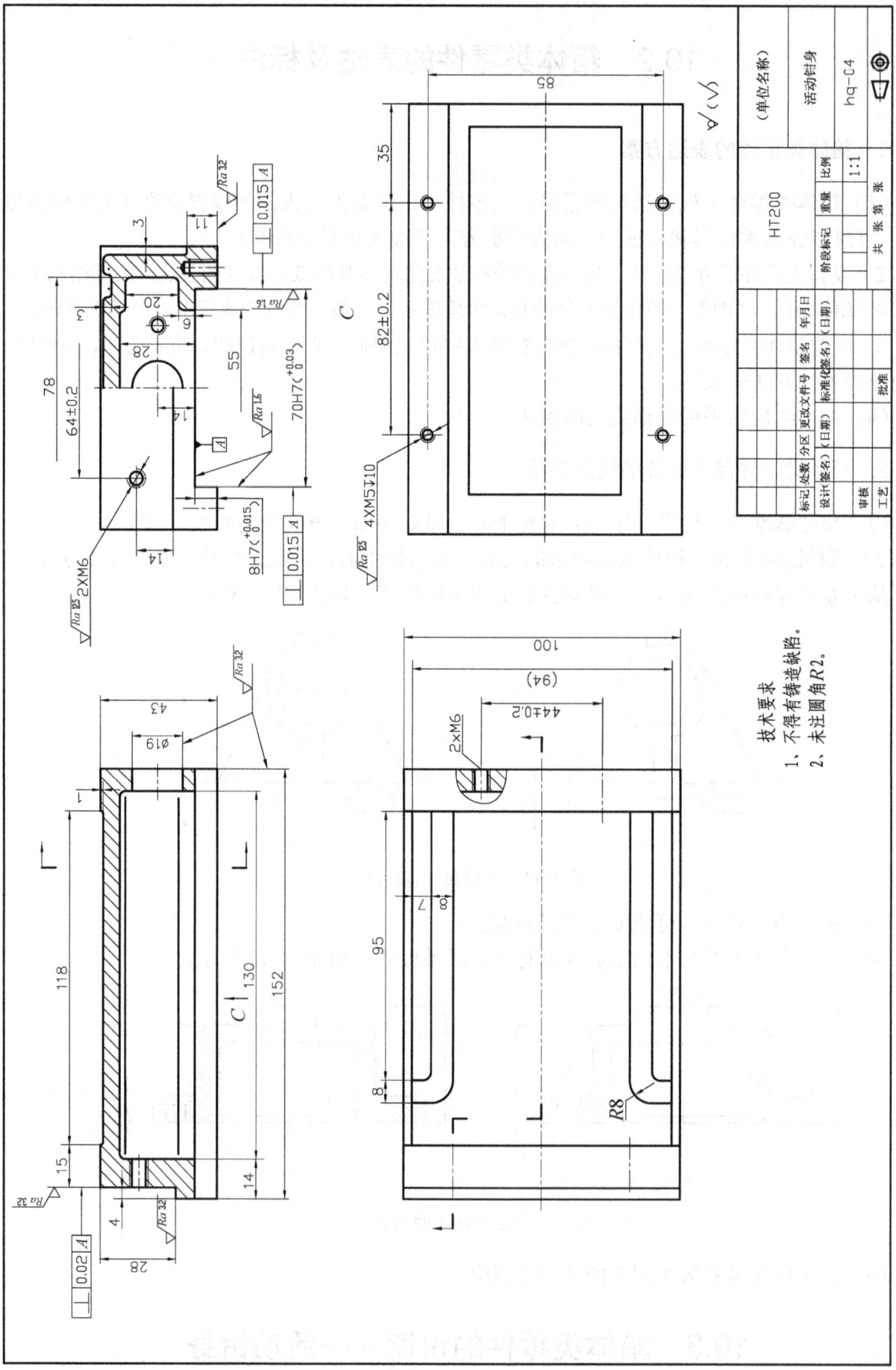

图10.13 活动钳身零件图

阅读箱体类零件图，同样按照“阅读标题栏—读视图想结构—读尺寸及技术要求—归纳总结”的顺序，其中最关键的依然是要先读出零件的形状结构，再读懂每一个尺寸和技术要求的含义。

阅读视图想象箱体类零件空间形状的思路与前面几章的案例类似，都是按照“先大后小、先主后次、先实后虚”的顺序，对于组成结构明显的零件可以按照形体分析的结果逐个部分阅读。阅读活动钳身的空间形状的步骤如表 10.1 所示。

表 10.1　想象活动钳身的空间形状

步　骤	视 图 依 据	立 体 形 状
根据最大轮廓构思外部形状	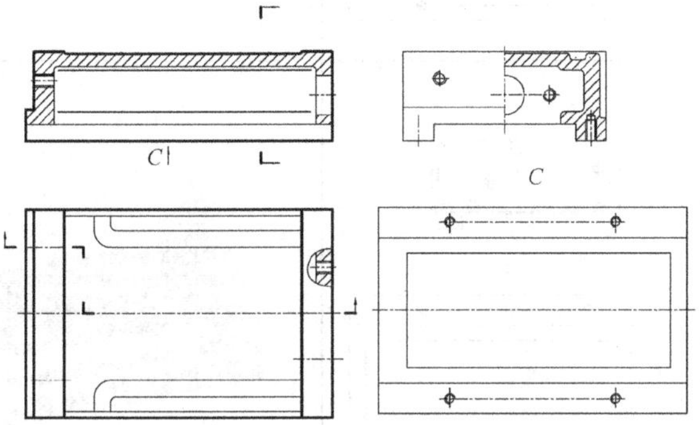	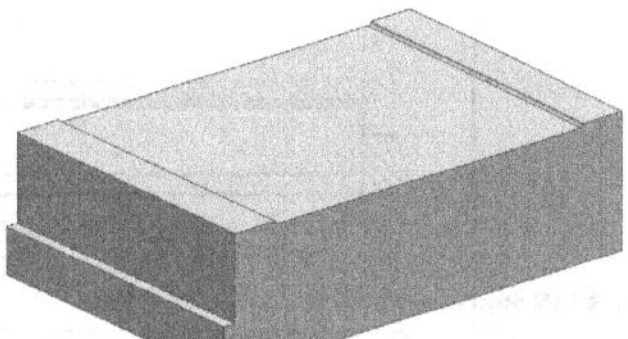
观察下部方槽	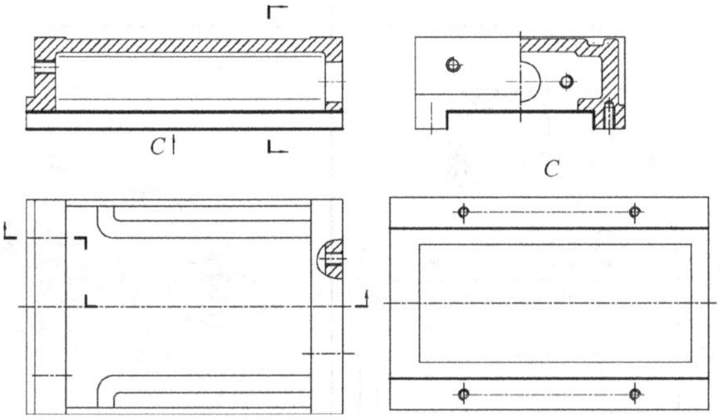	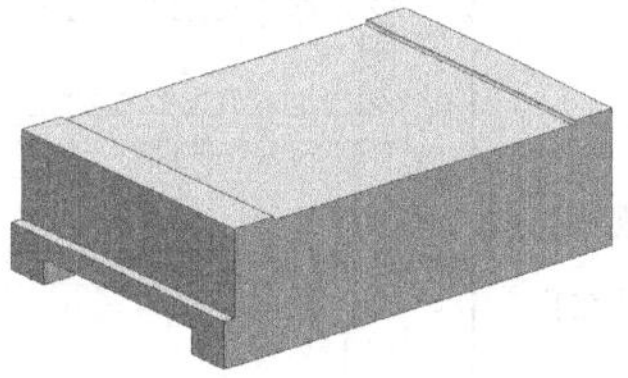
观察前后的方形凹槽	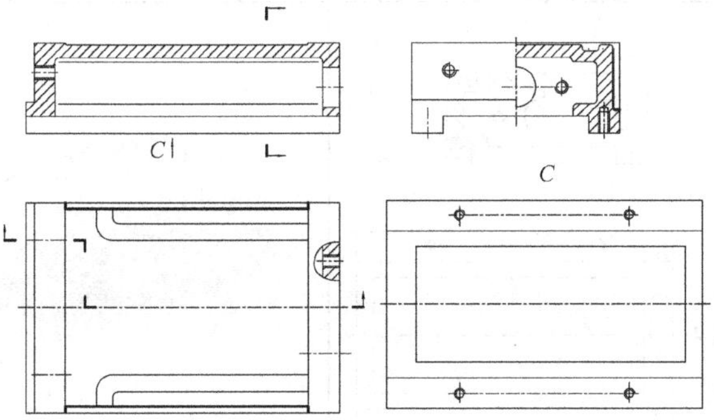	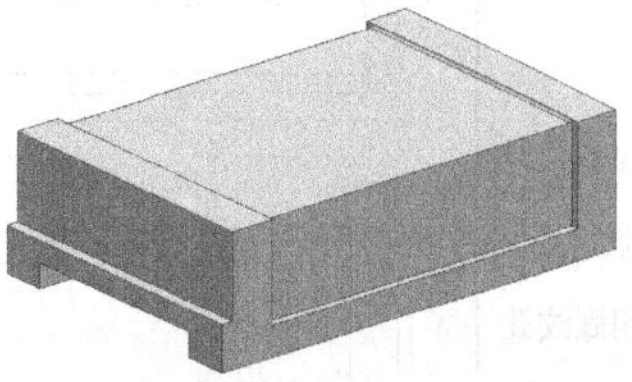

续表

步　骤	视 图 依 据	立 体 形 状
观察上部L形凹槽	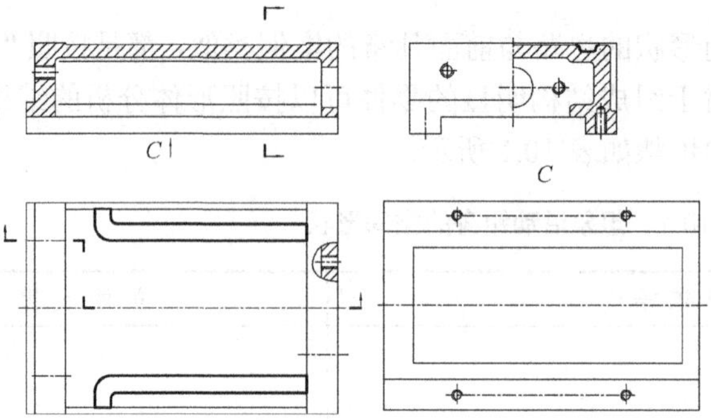	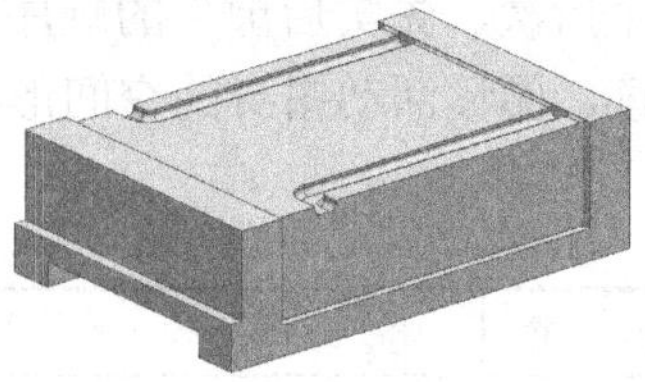
观察内部腔体	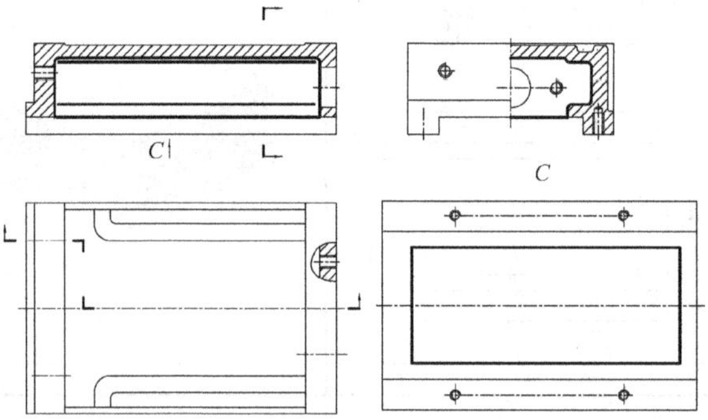	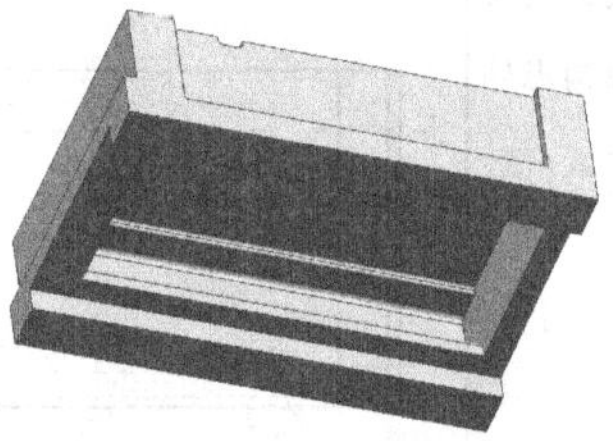
观察左侧面螺纹孔	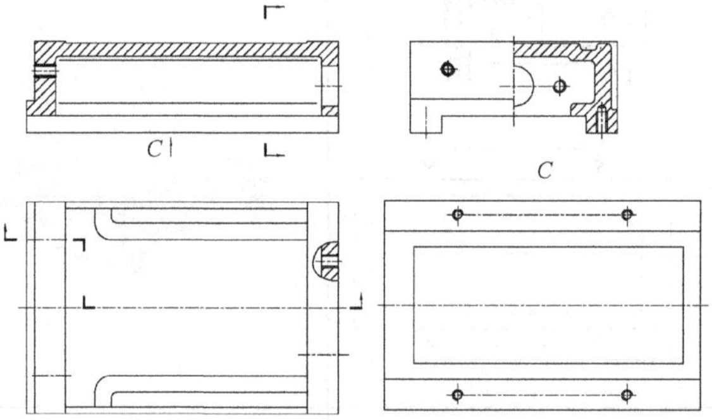	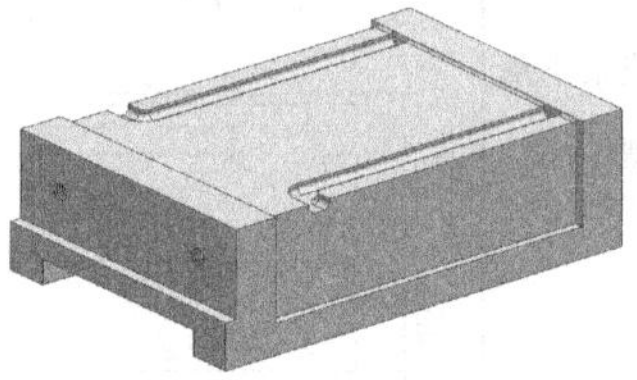
观察右侧面圆孔及其两侧螺纹孔	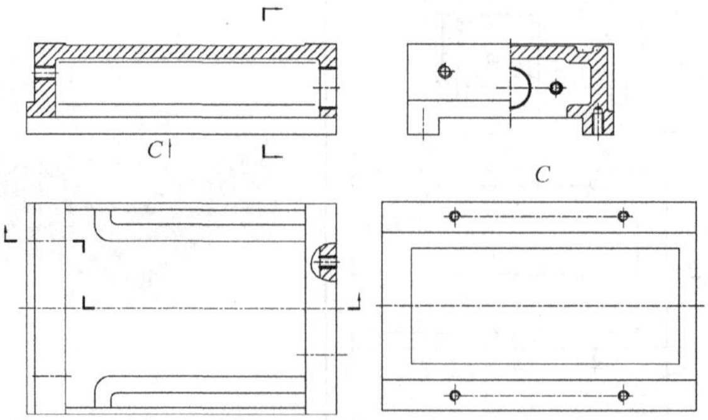	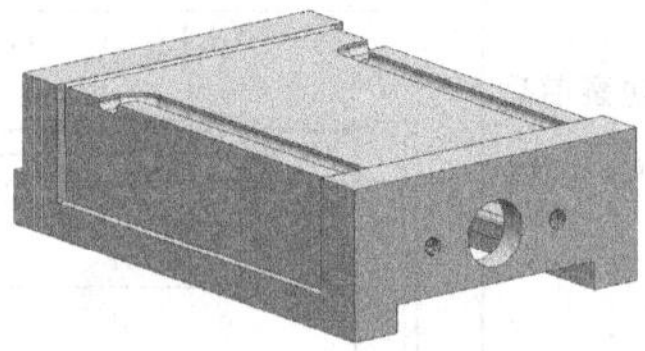

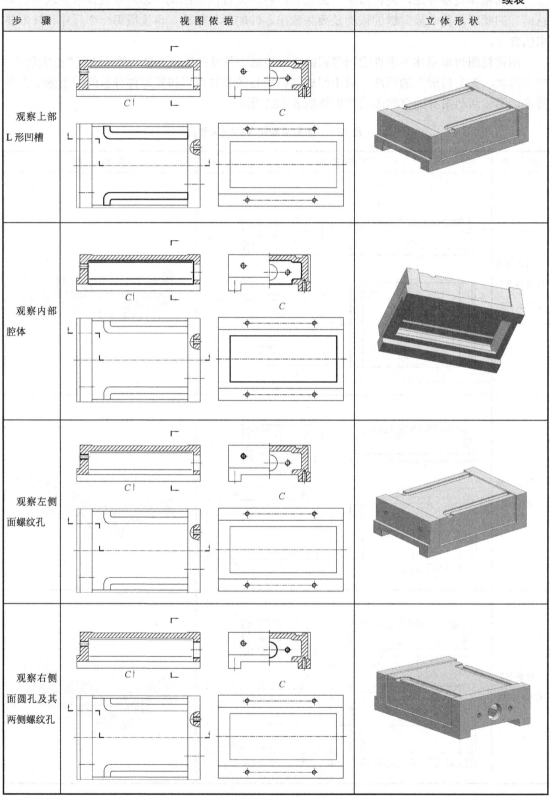

续表

步　　骤	视 图 依 据	立 体 形 状
观察底部螺纹孔	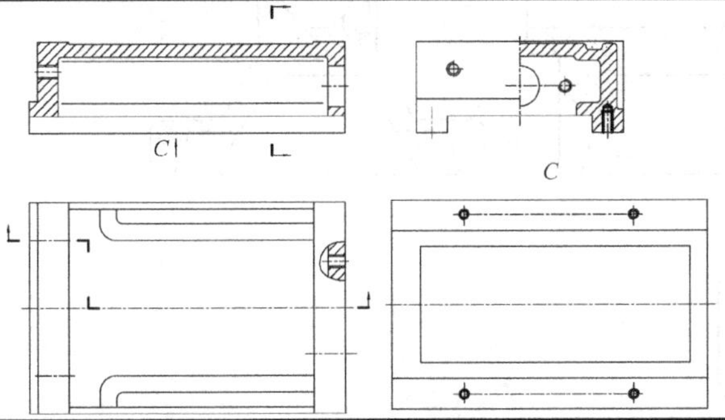	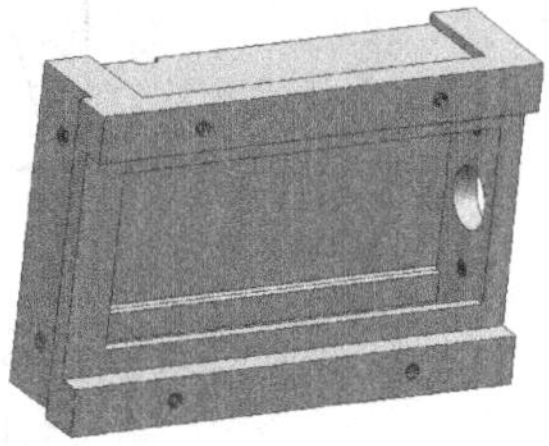

10.4　箱体类零件的测绘——尾座体、阀体

案例 1　尾座体

如图 10.14 所示的尾座体，在车床尾座中是一个主体零件，其他零件安装在该零件的空腔中。当摇动手轮的手柄时，通过键连接带动螺杆旋转，再通过螺纹传动，推动轴套连同顶尖一起做轴向往复运动，使其顶紧或离开工件，以实现被加工轴零件的装夹或拆卸。

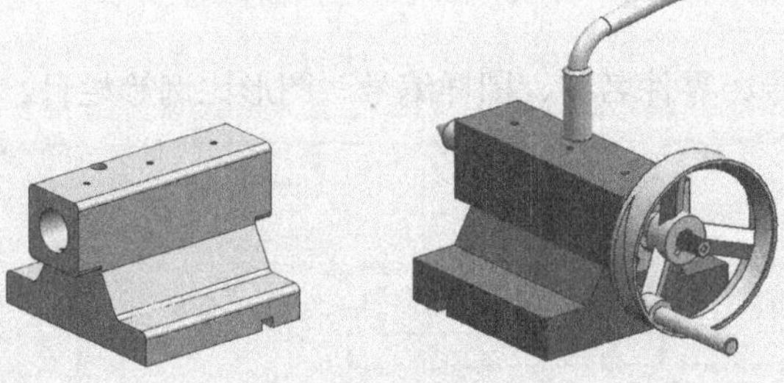

(a)　　(b)

图 10.14　尾座体

1. 测绘草图

（1）准备工作

略。

（2）观察零件的结构

尾座体的外形比较清晰，其中空腔有三处：水平方向的通孔用来安装轴套，垂直方向的圆孔用来安装锁紧机构，下方空腔主要起减少零件重量的作用。

（3）绘制图框和标题栏

略。

（4）徒手绘制草图

将尾座体按照工作位置放置，观察其形状特征，徒手画出其轮廓图形。为了清晰表达内部结构，主视图、左视图采用全剖；右端面螺纹孔位置采用局部视图表达，如图 10.15 所示。

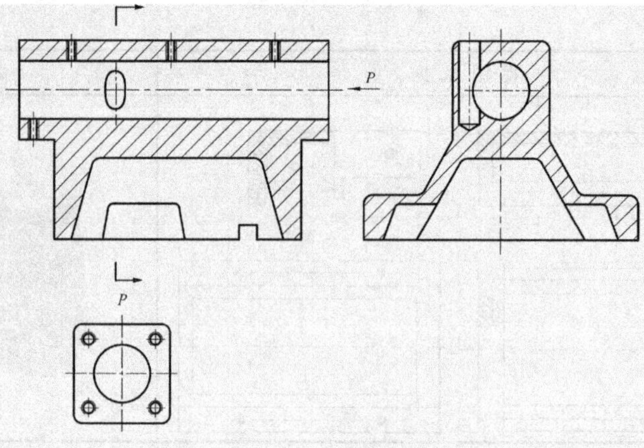

图 10.15　尾座体的表达方案

（5）绘制尺寸界线和尺寸线

根据零件的具体结构，确定需要标注的尺寸，画出所有的尺寸界线和尺寸线。

（6）集中标注尺寸

根据零件的组成部分分别测量长、宽、高方向尺寸，然后测量各部分的相对位置尺寸，取整处理后集中标注在图形中，如图 10.16 所示。

（7）标注技术要求

尾座体中有配合要求的位置是水平通孔及垂直圆孔，有接触要求的是左右端面、底面及顶面，其中底面应为基准面。具体标注如图 10.16 所示。

（8）填写标题栏

填写零件的材料牌号、零件名称、图样编号、图形比例等栏目。

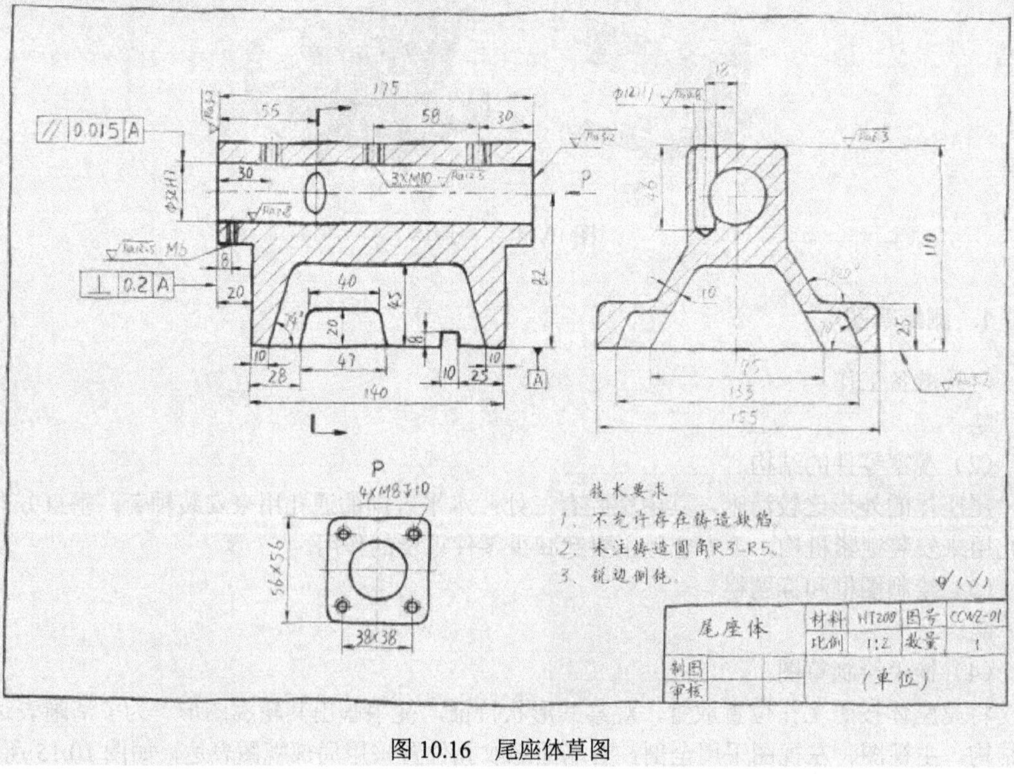

图 10.16　尾座体草图

2. 用 CAD 绘制零件工程图

（1）调出 A2 样板图
过程略。
（2）绘制视图
过程略。
（3）标注尺寸及技术要求
按照测绘草图抄注尺寸及技术要求，具体过程略。
（4）填写标题栏，完成工程图
填写标题栏，完成尾座体的工程图，如图 10.17 所示。

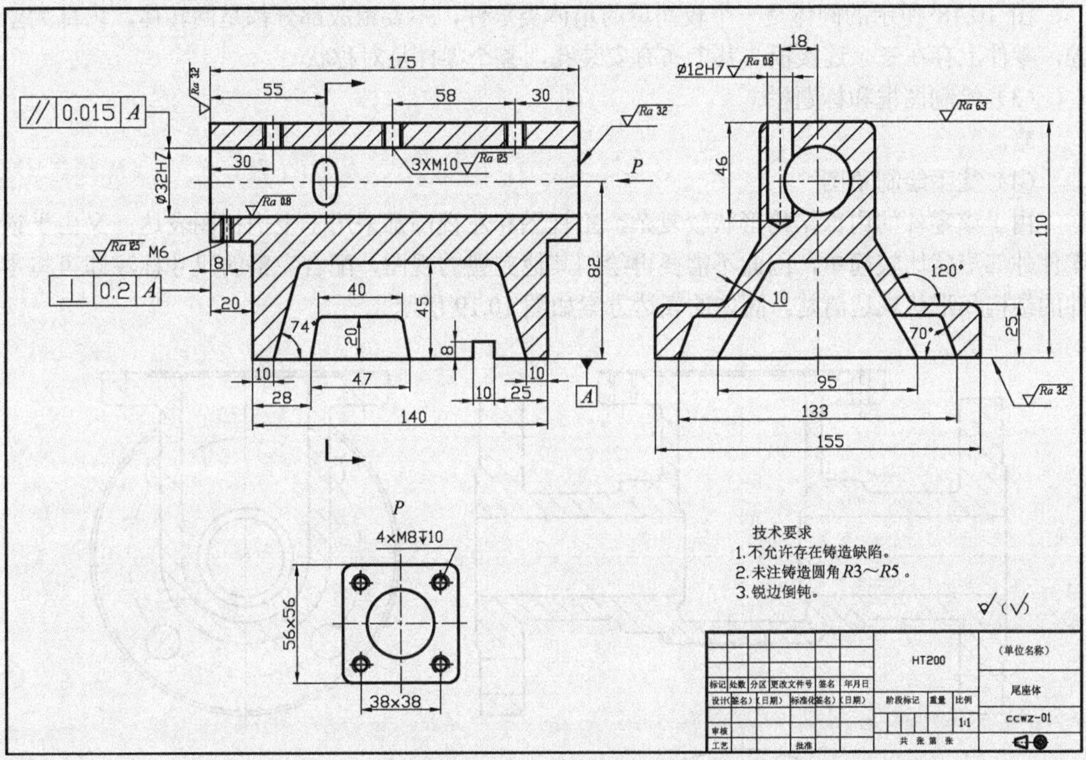

图 10.17　尾座体工程图

案例 2　阀体

如图 10.18 所示的阀体是流体或气体管路阀门中的重要零件。用扳手转动齿轮轴时，通过齿轮齿条传动，使旋转运动转化为上下直线运动，从而使阀芯提起或落下，实现管路的开通或关闭，两侧板连接管路的管接头。

1. 测绘草图

（1）准备工作
略。

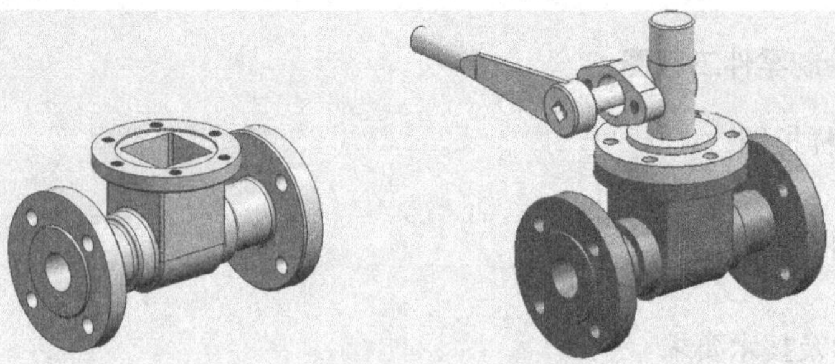

(a)　　　　(b)

图 10.18　阀体

（2）观察零件的结构

图 10.18 所示的阀体是一个较简单的箱体类零件，主要组成部分都是回转体，内部为空腔。零件上存在三个连接板，其上布有安装孔，整个零件呈对称状。

（3）绘制图框和标题栏

略。

（4）徒手绘制草图

由于该零件的内部结构形状较复杂，主视图和左视图都采用了全剖视图表达；又由于该零件外部形状比较简单，因此不需要再绘制其他完整的视图，配合完整的尺寸标注即可将零件的结构和形状表达清楚。阀体的表达方案如图 10.19 所示。

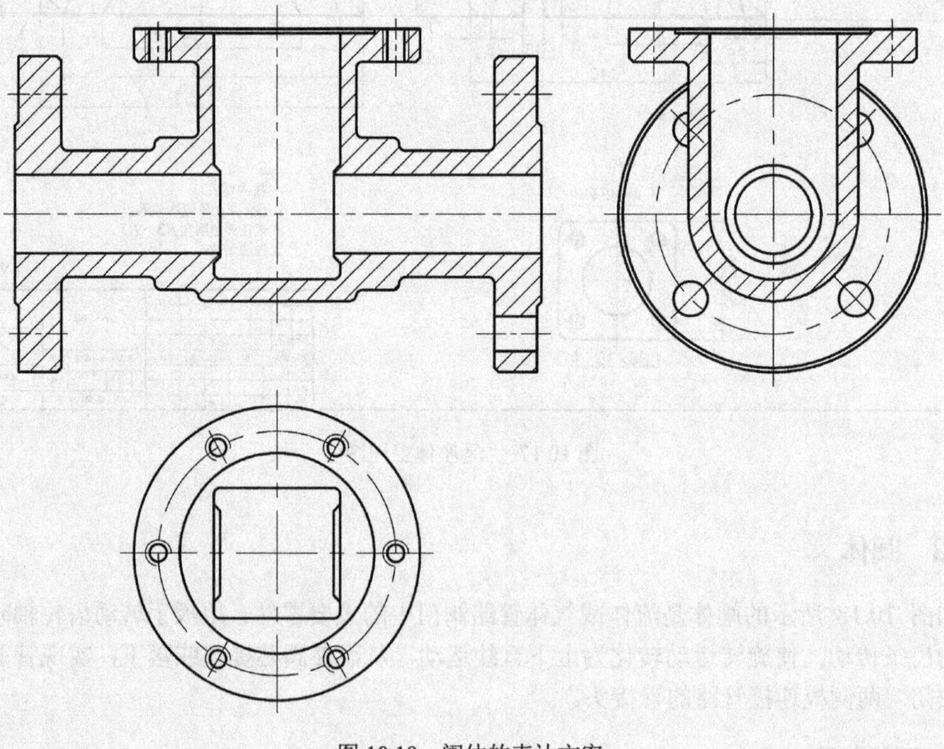

图 10.19　阀体的表达方案

（5）绘制尺寸界线和尺寸线

根据零件的结构，确定需要标注的尺寸，画出所有的尺寸界线和尺寸线。

（6）集中标注尺寸

按照水平和垂直方向，依次标注零件各组成几何体的定形、定位尺寸，然后测出它们之间的相对位置尺寸，最后测量各孔的直径、位置尺寸及螺纹尺寸。取整及标准化处理后分别标注在草图中，如图 10.20 所示。

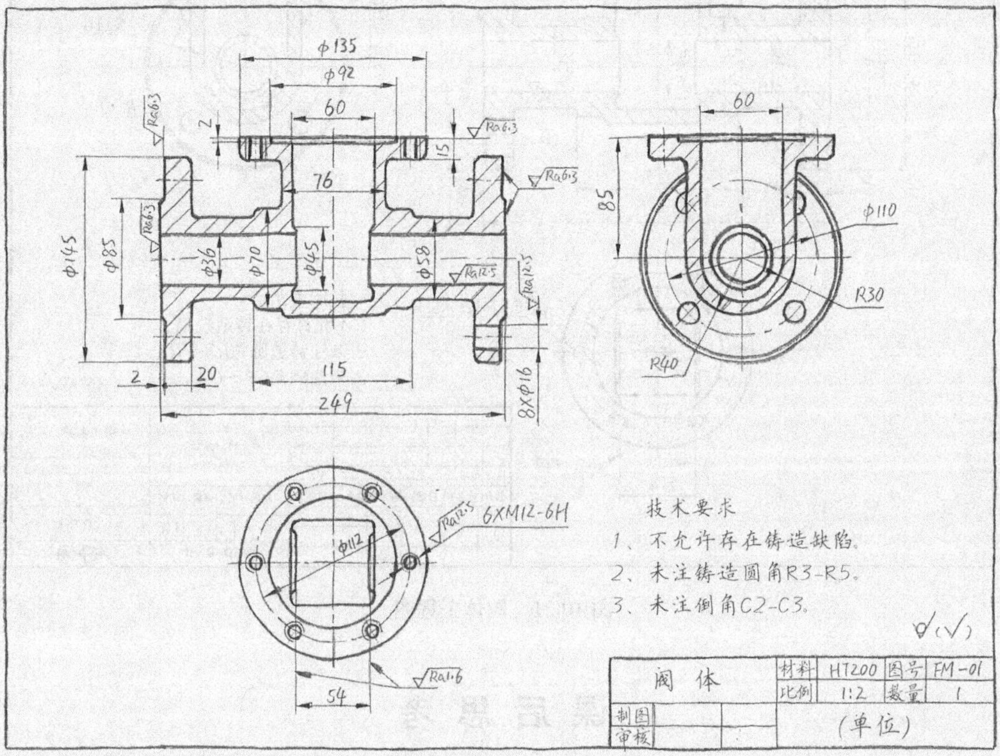

图 10.20　阀体草图

（7）标注技术要求

阀体的内部圆形凸台与阀芯接触，顶板与阀盖接触，两端面与管接头接触，其他部位没有特殊要求。表面粗糙度标注如图 10.20 所示。

（8）填写标题栏

填写零件的材料牌号、零件名称、图样编号、图形比例等栏目。

2. 用 CAD 绘制零件工程图

（1）调出 A3 样板图

过程略。

（2）绘制视图

过程略。

（3）标注尺寸及技术要求

按照测绘草图抄注尺寸及技术要求，过程略。

（4）填写标题栏，完成工程图

填写标题栏，完成阀体的工程图，如图 10.21 所示。

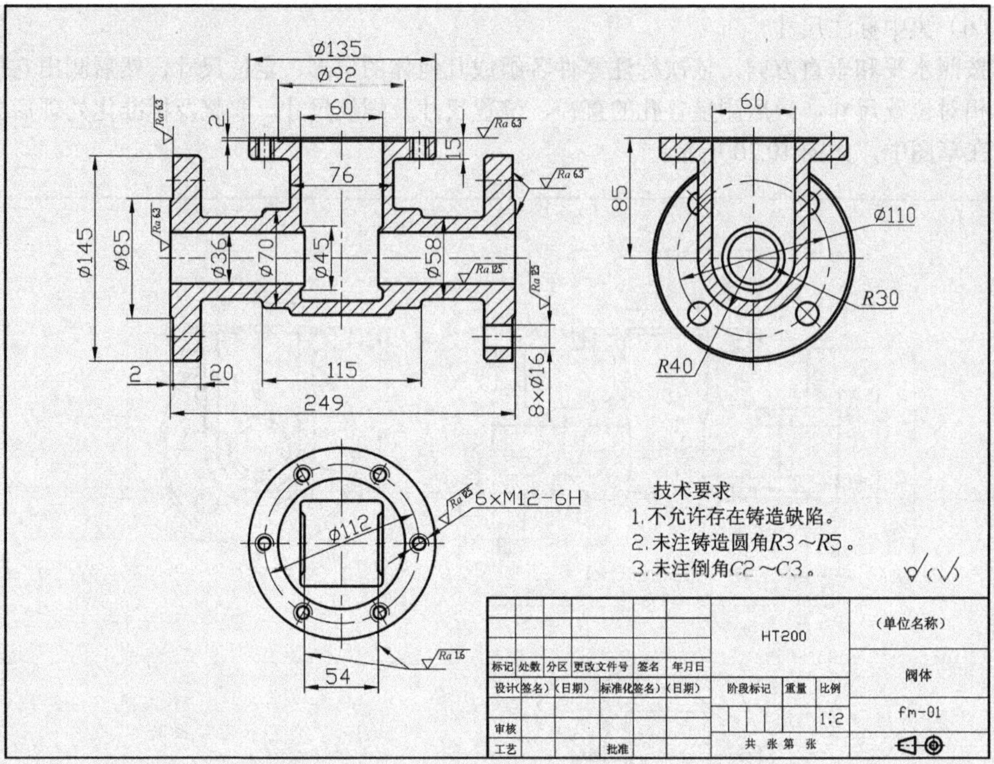

图 10.21　阀体工程图

课后思考

1．箱体类零件的结构特点是什么？在装配体中常起什么作用？

2．箱体类零件上一般存在哪些工艺结构？怎样表达？怎样标注？

3．怎样确定箱体类零件的表达方案？

4．怎样识读箱体类零件图？

5．如何测绘箱体类零件？

第三篇　典型部件测绘篇

装配图是表达装配体（机器或部件）的基本结构、各零件相对位置、装配关系、连接方式、工作原理等内容的技术图样。它是设计部门交给生产部门的重要技术文件，是产品设计、装配、检验、安装调试，以及使用维修等过程中的重要指导文件。

装配图有总装图、部件装配图和组件装配图之分。总装图用来表达一台完整机器的图样，通常只表示各部件之间的相对位置和机器的整体组装情况；部件装配图则表示一个部件的详细装配关系；组件装配图表达某个组件（如焊接件）的组装情况。

在设计或测绘机器时，通常先要画出装配图，然后再根据装配图设计零件的具体结构，逐个画出各零件图。根据零件图制造出零件，根据装配图将零件装配成机器或部件。

在使用产品时，装配图又是了解产品结构和进行调试、维修的主要依据。此外，装配图也是进行科学研究和技术交流的工具。

现代设计过程是先根据设计方案进行三维产品造型和仿真验证之后，再绘制二维工程图。如图 11.1 所示为滑动轴承的分解轴测图。图 11.2 所示为滑动轴承的完整装配图。滑动轴承是支承传动轴的一个部件，轴在轴衬内旋转。轴衬由上、下两块（上轴衬、下轴衬）组成，分别嵌在轴承座和轴承盖上，轴承座和轴承盖用一对螺栓和螺母连接在一起。轴承座和轴承盖之间留有一定的间隙，是为了使用加垫片的方法来调整轴衬和轴配合的松紧。

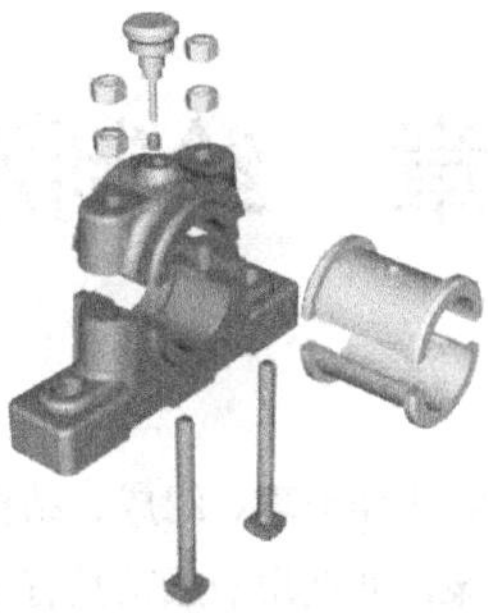

图 11.1　滑动轴承的分解轴测图

一张完整的装配图由以下四部分组成：

（1）一组视图：表达机器或部件的传动路线、工作原理、各组成零件的相对位置、装配关系、连接方式和主要零件的结构形状等。

（2）必要的尺寸：只标注出表示机器或部件的规格、装配、检验、安装时所必需的尺寸。

（3）技术要求：用数字、符号、文字对机器或部件的性能、装配、检验、调整、验收及使用方法等方面的有关条件或要求进行说明。

（4）零件序号、明细栏和标题栏：对每一种不同的零件进行编号，并在标题栏上方按照编号顺序编制成零件明细栏，说明装配体及其各组成零件的名称、数量和材料等一般概况。此部分是装配图与零件图最明显的区别。

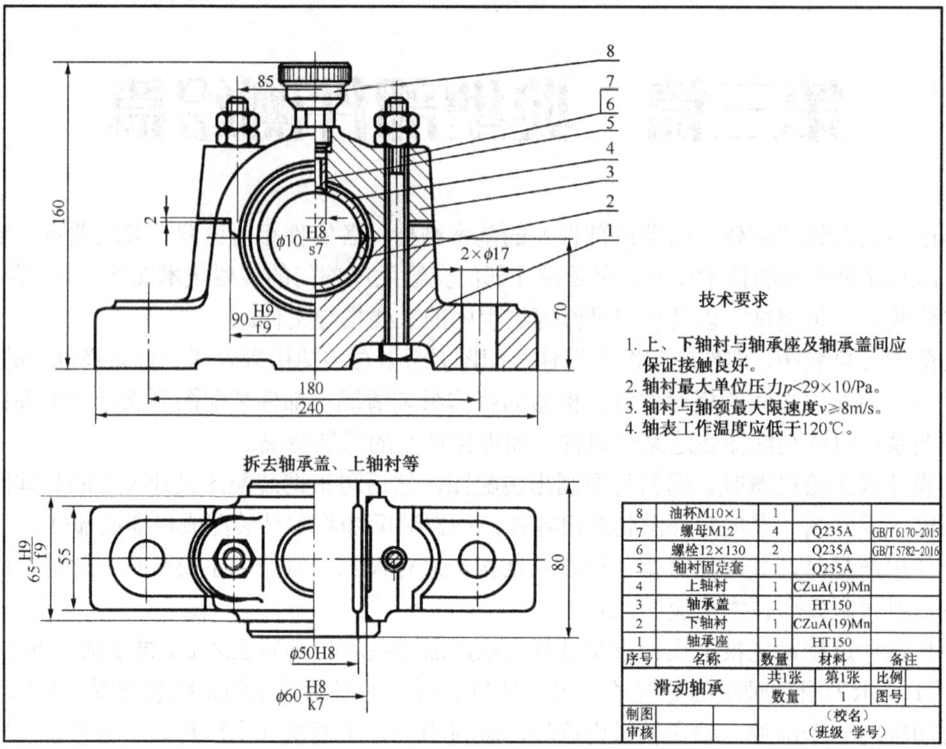

技术要求
1. 上、下轴衬与轴承座及轴承盖间应保证接触良好。
2. 轴衬最大单位压力p<29×10/Pa。
3. 轴衬与轴颈最大限速度v≥8m/s。
4. 轴表工作温度应低于120℃。
拆去轴承盖、上轴衬等
8 油杯M10×1 1
7 螺母M12 4 Q235A GB/T 6170-2015
6 螺栓12×130 2 Q235A GB/T 5782-2016
5 轴衬固定套 1 Q235A
4 上轴衬 1 CZuA(19)Mn
3 轴承盖 1 HT150
2 下轴衬 1 CZuA(19)Mn
1 轴承座 1 HT150
序号 名称 数量 材料 备注
滑动轴承 共1张 第1张 比例
数量 1 图号
制图
审核
（校名）
（班级 学号）

图 11.2　滑动轴承的完整装配图

第 11 章　绘制滑轮架

【能力目标】

（1）能够分析清楚简单装配体的用途、工作原理、组成、结构特征，以及零件之间的装配关系。

（2）能够正确制定出装配体的拆卸方案，并使用一般工具有序地进行零部件的拆卸和组装。

（3）能够正确绘制简单装配体的装配示意图。

（4）能够应用 AutoCAD 软件拼画简单装配体的装配图。

【知识目标】

（1）了解装配图的内容和作用。

（2）掌握装配图的规定画法和部分特殊画法。

（3）了解装配图的尺寸标注和技术要求。

（4）掌握装配图中零件序号的编写方法和明细栏的填写规则。

（5）了解由零件图拼画装配图的方法和步骤。

11.1　装配示意图的绘制方法

绘制装配示意图时，通常采用国家标准中规定的图形符号和简化画法画出零件的外形轮廓，概括表达各零件之间的相对位置关系、装配关系、连接方式及传动路线等。它是拆卸后重新组装和绘制装配图的依据。

画装配示意图的注意事项：

（1）装配示意图一般只画一两个视图，而且两接触面之间留有间隙，以便区分不同零件。

（2）装配示意图是把装配体设想为透明体，既要画出外部轮廓，又要画出内部结构，尽量把所有零件集中在一个图形上。

（3）一般从主要零件入手，按照由内而外的顺序依次把组成零件画出来。

（4）装配示意图上应按顺序编写零件序号，并列出零件明细栏，如图 11.13 所示；也可以在编写零件序号时，同时说明该零件的名称、材料、数量等信息。如图 11.3 所示为齿轮减速器的装配示意图。

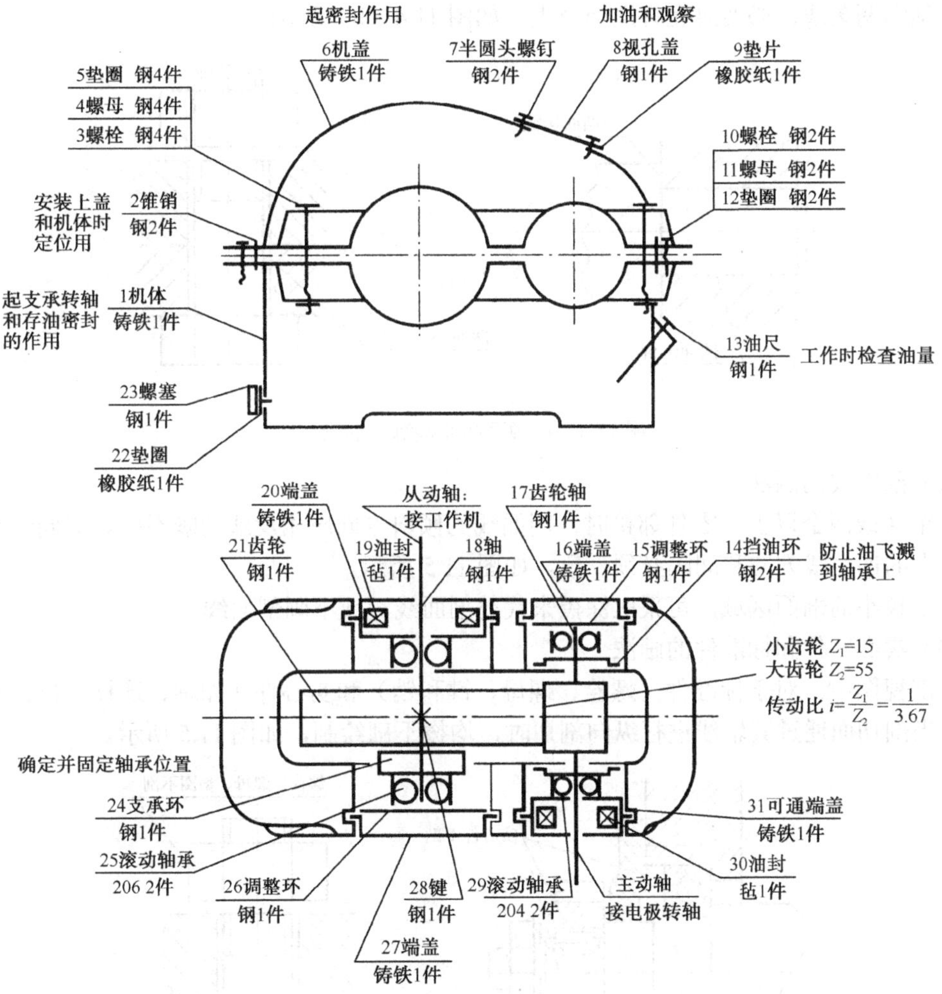

图 11.3　齿轮减速器装配示意图

11.2　装配图的规定画法和特殊画法

在零件图上所采用的各种表达方法，如视图、剖视图、断面图、局部放大图等也同样适用于画装配图。但是画零件图所表达的是一个零件，而画装配图所表达的则是由许多零件组成的装配体（机器或部件）。两种图样的要求不同，所表达的侧重面也不同。装配图应该表达出装配体的工作原理、装配关系和各零件的主要结构形状。因此，国家标准《机械制图》和《技术制图》制定了装配图的规定画法和特殊画法。

11.2.1 装配图的规定画法

（1）接触面和非接触面的画法

① 两零件的接触面或基本尺寸相同的轴孔配合面，规定只画一条线表示其公共轮廓，即使彼此间的间隙较大也只需画一条线，如图 11.4（a）所示。

② 相邻零件的非接触面或非配合面，应画两条线表示各自的轮廓，即使彼此间的间隙很小也必须画两条线，必要时允许适当夸大，如图 11.4（b）所示。

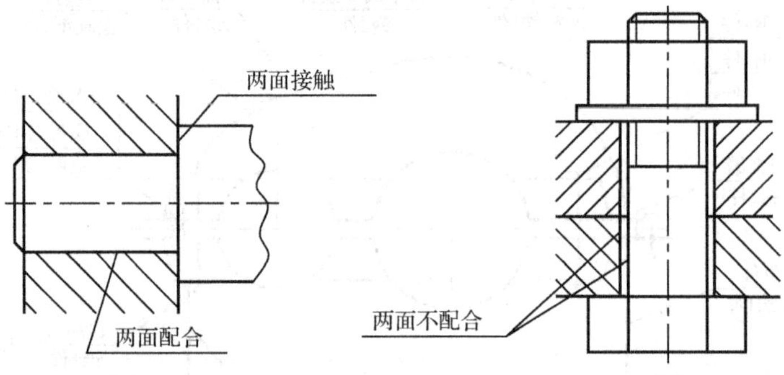

图 11.4　接触面和非接触面的画法

（2）剖面线的画法

两个（或两个以上）零件邻接时，剖面线的倾斜方向应相反或间隔不同。但同一零件在各视图上的剖面线方向和间隔必须一致，如图 11.5 所示。

对于较小的剖面区域，可采取涂黑来代替剖面线，或不画剖面线。

（3）实心零件和标准件的画法

在剖视图中，对于标准件（螺栓、螺母、键和销）和实心件（如轴、连杆、拉杆和手柄等），当剖切面通过其轴线进行纵向剖切时，均按不剖绘制，如图 11.5 所示。

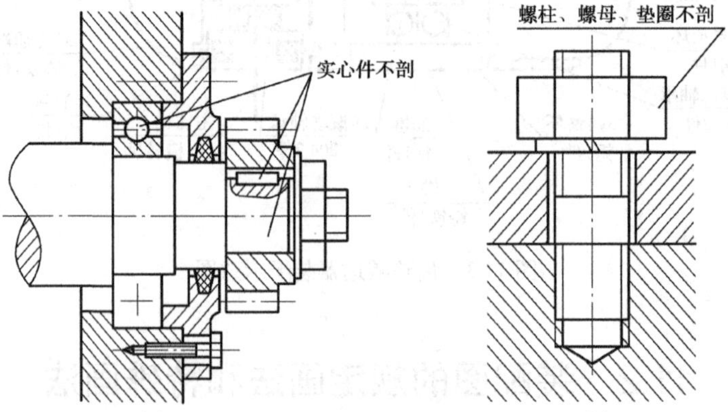

图 11.5　实心件和标准件的画法

11.2.2 装配图的特殊画法（一）

（1）拆卸画法

在装配图中，当某个或几个零件遮住了需要表达的其他结构或装配关系，而这个零件在其他视图中又已表示清楚时，可假想将其拆去，只画出所要表达部分的视图，但需在该视图上方写明“拆去 XX”，如图 11.2 俯视图所示。

（2）沿结合面剖切画法

在装配图中，为了表达某些内部结构，可沿零件间的结合面剖切后进行投影，称为沿结合面剖切画法，如图 11.6 的 *A*—*A* 图及图 11.2 的俯视图所示。

这种画法可减少绘制剖面线的面积，使图形更加清晰。

（3）单独画出某个零件的某视图的画法

在装配图中，当某个或某几个零件的形状未表达清楚而影响对部件工作情况、装配关系的理解时，可以将该零件的某个方向投影表达出来，单独画出视图，但此时必须在所画视图的上方标注该零件的视图名称，在相应视图的附近用箭头指明投射方向，并注上相同的字母，如图 11.6 所示。

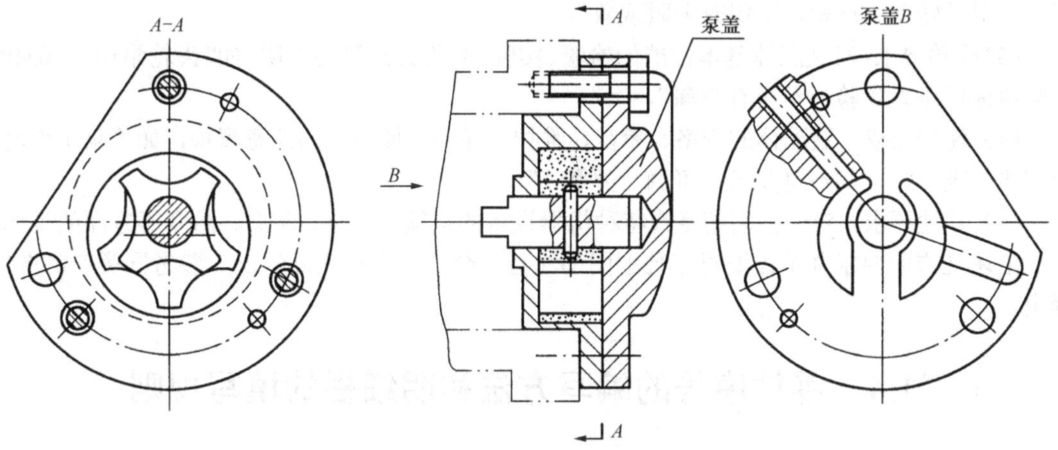

图 11.6 单独画出某个零件的视图

11.3 装配图的尺寸标注和技术要求

1. 装配图的尺寸标注

装配图和零件图的用途不同，因此对尺寸标注的要求也不相同。零件图是指导制造、加工零件的，需要标注完整的尺寸。而装配图是指导组装机器或部件的图样，不需要标注出所有零件的详细尺寸，只需要标注一些必要的尺寸。这些尺寸根据作用不同，可分为以下几类。

（1）性能（规格）尺寸

表示机器或部件的工作性能、规格大小的尺寸，是设计、选用机器的依据。

（2）装配尺寸

表示机器或部件上相关联零件之间装配关系的尺寸，包括配合尺寸和相对位置尺寸两种。

（1）配合尺寸：表示两相邻零件间的配合性质，一般在尺寸后面注明配合代号。

（2）相对位置尺寸：表示零件之间比较重要的相对位置及定位关系的尺寸。

（3）安装尺寸：表示将部件安装在机器上，或将机器安装在地基上，或部件之间连接时所需要的定位尺寸。

（4）外形尺寸：表示机器或部件的外形轮廓尺寸。

（5）其他重要尺寸：在机器或部件设计过程中经过计算或根据某种需要而确定的尺寸，如主要零件的结构尺寸、主要定位尺寸、运动件的极限尺寸等。

以上几类尺寸不一定在每张装配图上都同时存在，也可能存在同一尺寸有几种含义的情况。在装配图上需要标注哪些尺寸，标注时视部件的需要而定。

2. 装配图的技术要求

用文字或符号在装配图中注明对机器或部件的性能、装配、检验、使用等方面的要求和条件，统称为装配图的技术要求。拟定装配体的技术要求时，通常从以下几个方面考虑。

（1）性能要求：对机器或部件的规格、参数、性能指标等方面的要求，如“油泵额定压力为1.4MPa”。

（2）装配要求：装配过程中需要注意的事项及装配体所必须达到的要求，如“油泵装配好后，用手转动主动轴，不得有卡阻现象”。

（3）检验要求：对装配体基本性能的检验、实验、验收方法等的说明，如“齿轮泵用1.76MPa的柴油进行压力实验，不得有渗漏”。

（4）使用要求：装配体的规格、参数、维护、保养、使用时的注意事项，如“泵工作时，两阀要一吸一排，如不符要求，可调节弹簧3”。

（5）其他要求：对一些高精度或特种机器设备的运输、储存、防腐、温度等方面的说明。

上述几方面要求并不需要每张装配图都注写齐全，可根据实际情况，参考同类产品图纸确定。

11.4 零件序号的编写方法和明细栏的填写规则

为了便于读图、图样管理及组织生产，装配图中每一种零件都必须编注序号，并填写明细栏。

11.4.1 零件序号

1. 一般规定

（1）装配图中每种零、部件都必须编注序号。同一装配图中相同的零、部件只编注一个序号，并且只编注一次。

（2）零、部件的序号应与明细栏中的序号一一对应。

（3）同一装配图中编注序号的形式应一致。

2. 序号的编排方法

（1）序号的编注形式

① 在指引线的水平线（细实线）上或圆圈（细实线）内部注写序号，如图11.7所示。

② 注写序号时，序号的字高比装配图中所注尺寸数字大一号或两号。

（2）序号的指引线

① 指引线（细实线）应从零、部件的可见轮廓内引出，并在末端画一圆点。对于很薄的零件或涂黑的断面，可在指引线的末端画出箭头，并指向该部分的轮廓，如图 11.8 所示。

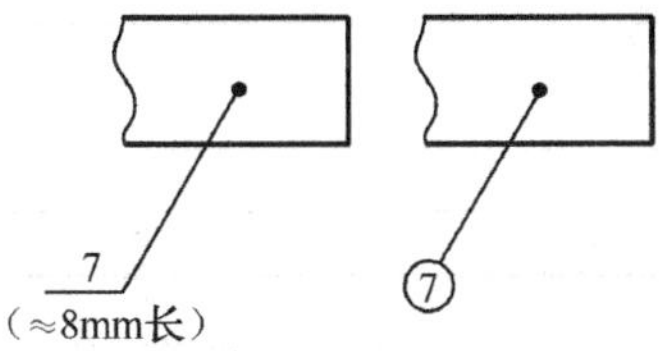

图 11.7　零、部件序号的形式

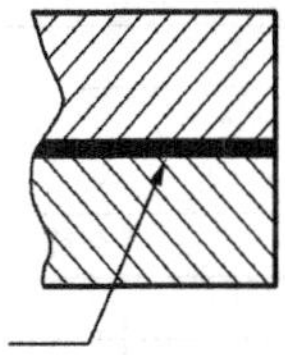

图 11.8　箭头代替圆点

② 指引线应尽可能排列均匀，不要过长，不能相交。当通过有剖面线的区域时，指引线不应与剖面线平行。

③ 必要时指引线允许画成折线，但只允许弯折一次，如图 11.9 所示。

④ 对于一组紧固件或装配关系清楚的零件组，可采用公共指引线，如图 11.10 所示。

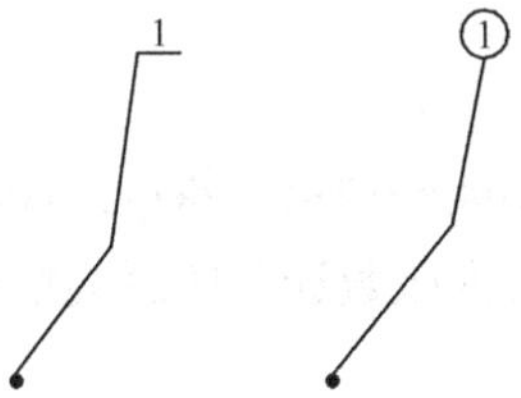

图 11.9　弯折指引线

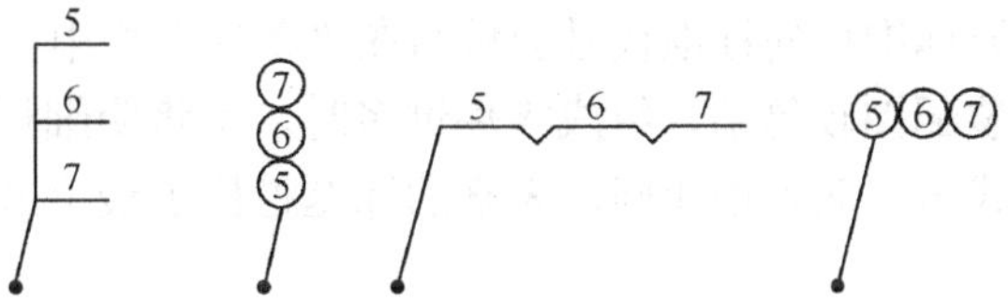

图 11.10　公共指引线

⑤ 在装配图中，标准化的部件（如滚动轴承、油杯、电机等）只标注一个序号，用一条指引线。

（3）序号的排列形式

在装配图中，零件序号应按顺时针方向或逆时针方向或 S 形顺次排列，不得跳号，并且水平、竖直方向均要求排列整齐。

11.4.2　明细栏的填写

明细栏是机器或部件中全部零、部件的详细目录，应画在标题栏上方，行距为 7mm。当图纸位置不够时，可将明细栏的一部分紧接标题栏的左边继续填写。明细栏的外框竖线用粗实线表示，其余为细实线，其下边与标题栏的上边重合，如图 11.11 所示。

填写明细栏时应注意以下几点：

（1）“序号”应自下而上填写，以便在发现漏编零件时，继续向上补编。

（2）“名称”栏一般只填写零、部件的名称。对于标准件应同时填写规格，如“螺母 M10”；对于一些常用零件，还应填写其参数值，如齿轮应填写“m=，z=”。

（3）“数量”栏填写该种零件在整个部件中使用的数量，或部件在整个机器中的数量。

（4）“材料”栏中应填写零件的材料牌号，标准件允许不填写，部件则无须填写。

9				
8				
7				
6				
5				
4				
3				
2				
1				
序号	名称	数量	材料	备注

									（单位名称）
标记	处数	分区	更改文件号	签名	年月日				（零件名称）
设计	（签名）	（日期）	标准化	（签名）	（日期）	阶段标记	重量	比例	
								1:1	（零件图号）
审核									
工艺			批准			共　张　第　张			

图 11.11　明细栏格式

（5）标准件的标准代号应填写在“备注”栏中。

当装配图较复杂、组成零件过多时，可将明细栏作为装配图的续页单独给出，此时明细栏的格式与一般表格相同，表格的标题栏位于最上方，并将续页的张数计入所属装配图的总张数中。

11.5　装配体的测绘——滑轮架

1. 测绘装配示意图

（1）准备工作

准备好画图、测量以及拆卸用的工具。

（2）绘制图框、标题栏和明细栏

明细栏紧挨标题栏绘制，记录各组成零件的件号、名称、材料、数量等信息，填写时应自下而上进行。

（3）分析被测对象

测绘前应首先对被测对象进行分析，仔细研究被测对象的用途、性能、工作原理、结构特征、装配关系等。

如图 11.12（a）所示的滑轮架由托架、滑轮、销轴、衬套、加油嘴、挡板、螺钉等零件组装而成。其中托架是一个支承零件，销轴连同其上安装的衬套和滑轮一起由该零件托起，端部安装挡板以防止销轴从托架中脱开。

（4）拆卸装配体并绘制装配示意图

在分析清楚被测对象结构的基础上，制订出滑轮架的拆卸计划，包括拆卸路线、拆卸方法、测量项目、主要事项等。通常拆卸过程是从外向内、自上而下的。

按照拆卸顺序进行拆卸的过程中，应对拆下的零件进行编号标记，并妥善放置和保管，以备重新装配时能达到原来的性能和精度。在拆卸过程中还应绘制出装配示意图（如图 11.12（b）所示），记录滑轮架各零件的装配关系，同时测量出零件的相对关系、极限尺寸、装配间隙等重要的装配尺寸。

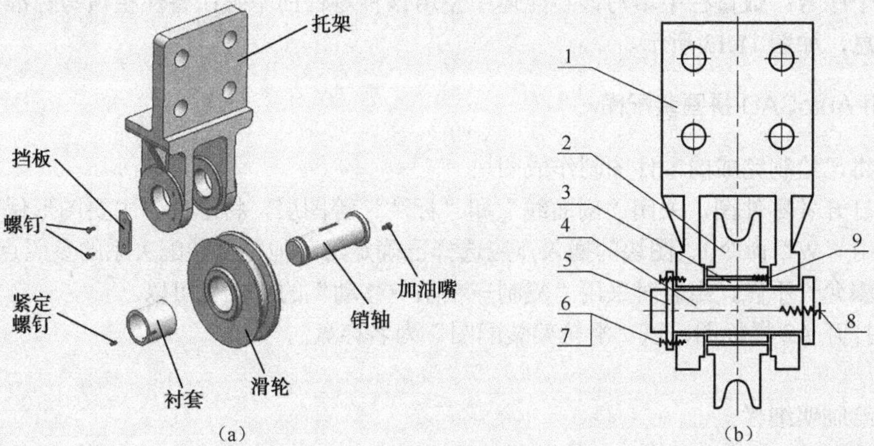

图 11.12　滑轮架

拆卸零件时应注意不要用硬东西乱敲，以免将零件边缘敲毛、敲坏。

（5）标注关键尺寸和要求

将测量出的总体尺寸及主要安装、装配和配合尺寸等集中标注在示意图中，如图 11.13 所示。

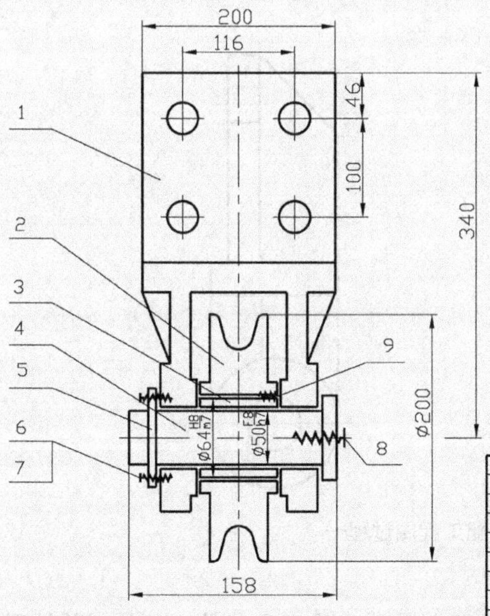

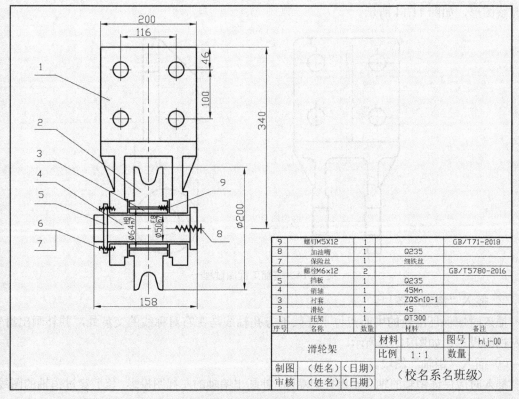

序号	名称	数量	材料	备注
9	螺钉M5X12	1		GB/T71-2018
8	加油嘴	1	Q235	
7	保险丝	1	细铁丝	
6	螺栓M6x12	2		GB/T5780-2016
5	挡板	1	Q235	
4	销轴	1	45Mn	
3	衬套	1	ZQSn10-1	
2	滑轮	1	45	
1	托架	1	QT300	

滑轮架	材料		图号	hlj-00
	比例	1：1	数量	
制图 （姓名）（日期）	（校名系名班级）			
审核 （姓名）（日期）				

图 11.13　滑轮架装配示意图

（6）填写标题栏和明细栏

填写标题栏的名称、图号、比例等栏目，装配图标题栏中的材料栏不填写。

填写明细栏时应注意：明细栏中序号与图形中的零件序号要一一对应，并且每一种零件只给出一个序号；数量栏中填写该装配体中使用该种零件的个数；备注栏填写标准件的标准代号等信息，如图 11.13 所示。

2. 用 AutoCAD 拼画装配图

（1）将已绘制完成的零件图制作成图块

逐个打开各零件图，关闭“剖面线”和“标注”等图层，将零件的主要图形保存为外部图块（应用“W”命令）。图块的插入点应选择已确定与其他零件装配关系的参照点。

此步骤允许不做，组装时采用“复制→粘贴→移动”的方式也可以。

（2）打开 A2 样板图，以“滑轮架装配图”为名存盘

略。

（3）绘制明细栏

明细栏紧邻标题栏向上绘制，行距为 7mm。

（4）依次插入和绘制各零件图形

在插入各零件图块时，要注意各零件图形的绘图比例，应将它们按照统一的比例插入，否则会出现不匹配情况。

① 插入“托架”图块。

插入图块并调整好图形位置后将其分解，删除不需要的图素，并补全因关闭图层造成的不完整图形，如图 11.14 所示。

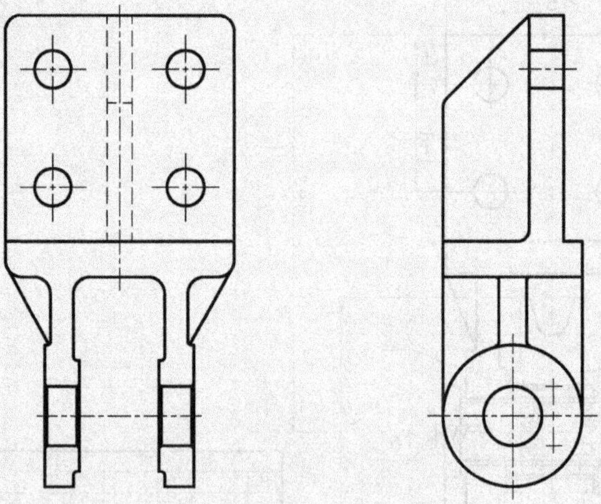

图 11.14　装配工程图过程一

② 插入“滑轮”图块。

插入时应保证滑轮的中心点位于托架下方孔轴线与左右对称线的交点处，并补画出滑轮的左视图投影，如图 11.15 所示。

③ 插入“销轴”图块。

插入时应保证销轴的轴肩紧靠托架端面，补画出销轴的左视图投影，修剪穿过销轴的图线；由于装配图中可以省略零件上的一些小结构，故可删除轴孔口的倒角线，如图 11.16 所示。

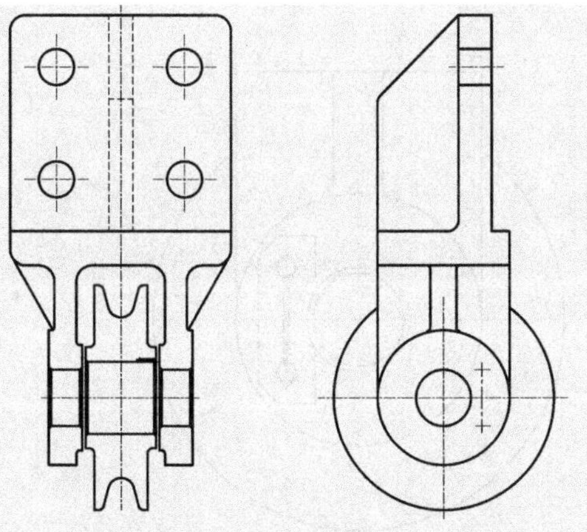

图 11.15　装配工程图过程二

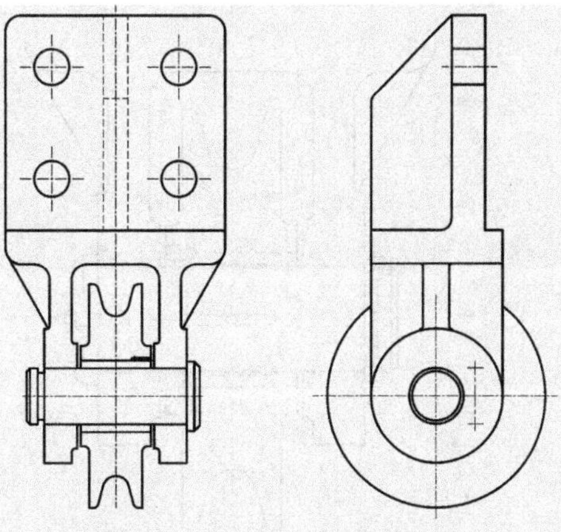

图 11.16　装配工程图过程三

④ 编辑衬套图形，绘制紧定螺钉，如图 11.17 所示。

⑤ 插入“加油嘴”图块。

编辑销轴右端的局部剖视图部分，并补画润滑槽图形，如图 11.18 所示。

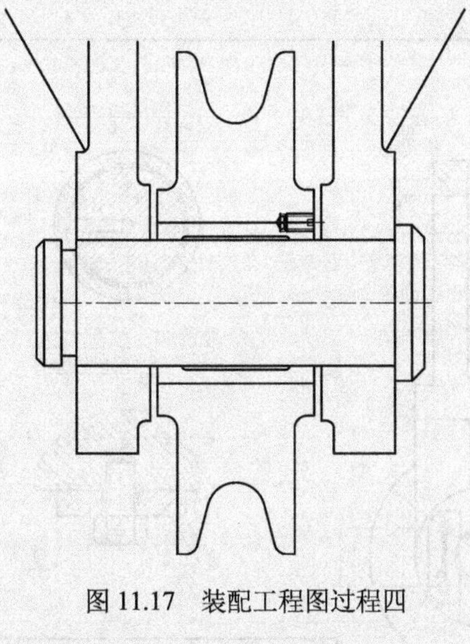

图 11.17　装配工程图过程四

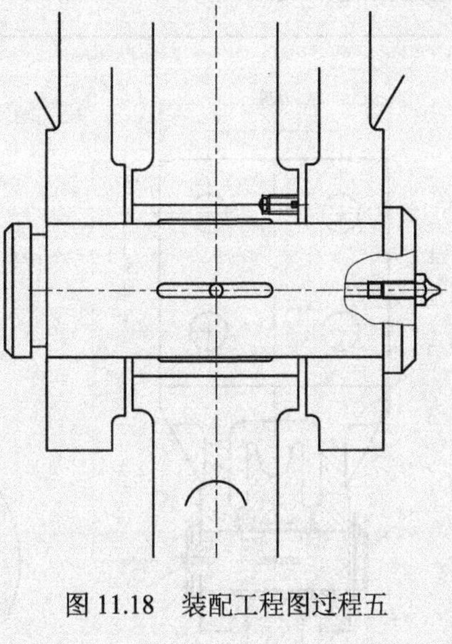

图 11.18　装配工程图过程五

⑥ 插入“挡板”图块，绘制螺钉及保险丝图形。

将“挡板”图块插入到正确位置，应用比例画法补画出紧定螺钉和保险丝的投影图形，如图 11.19 所示。

⑦ 增加视图补充表达的不足。

增加“*B*-*B*”局部剖视图，表达挡板的固定方法；针对衬套润滑方法的表达不足，增加“零件 3、4　*A*-*A*”局部剖视图。

⑧ 绘制剖面线。

注意相邻零件的剖面线应方向相反或间距不同。

（5）标注主要尺寸

标注装配示意图中的装配尺寸，并标注出所有配合尺寸。

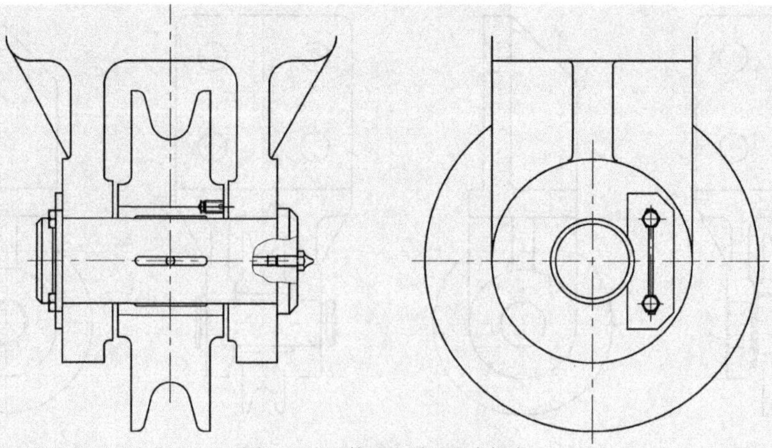

图 11.19　装配工程图过程六

（6）标注零件序号

标注时应使零件序号保持一定的顺序和规律，并且横向、竖向均对齐。

指引线使用“快速引线”命令“LE”绘制，但需将箭头形式改为“小点”。

（7）填写标题栏和明细栏

完整的滑轮架装配图如图 11.20 所示。

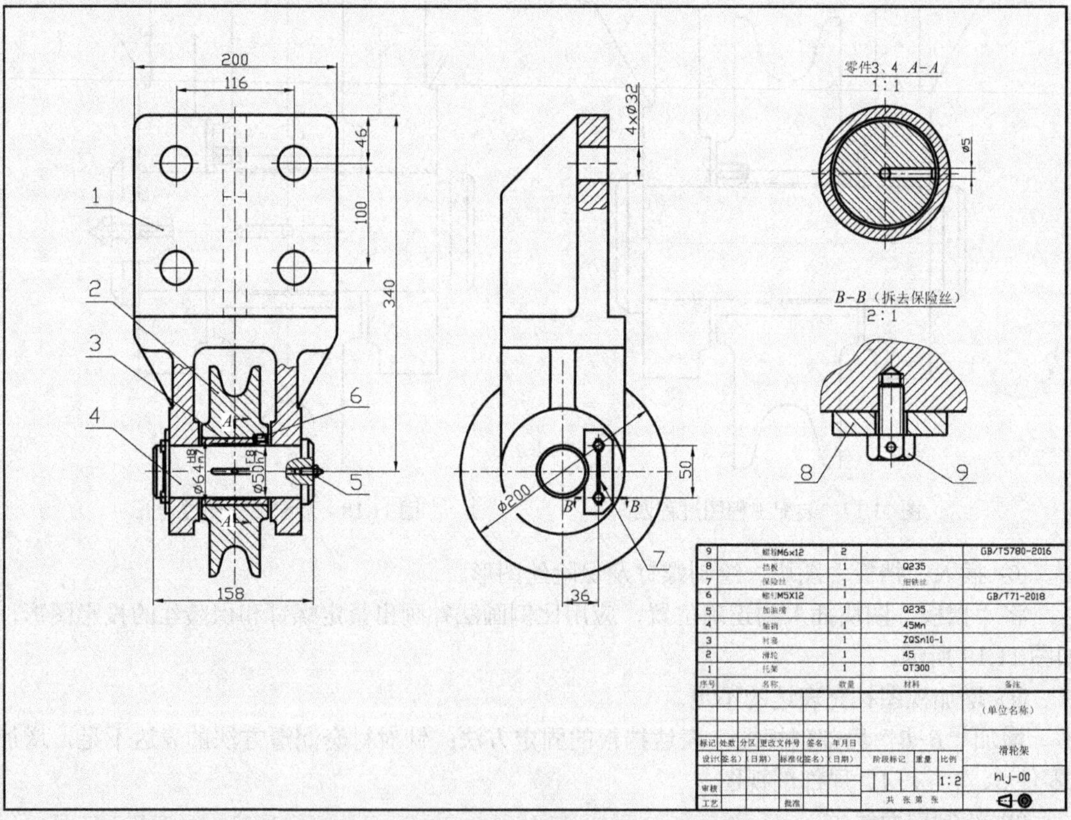

图 11.20　滑轮架装配图

（8）存盘

完成以上操作后保存图形。

3. 补充图形

滑轮架中的主要零件分布在本书的各章节中，剩余两个简单零件如图 11.21～图 11.22 所示。

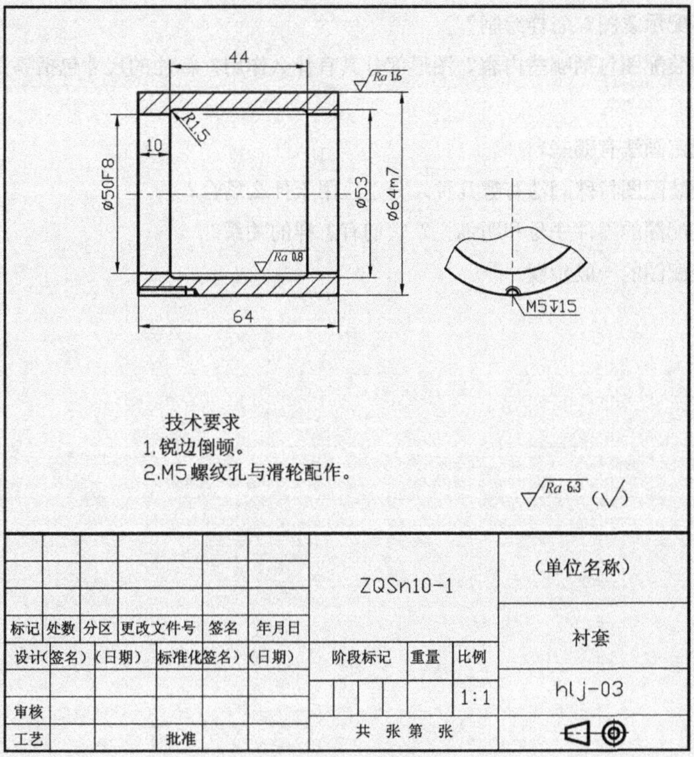

图 11.21　衬套零件图

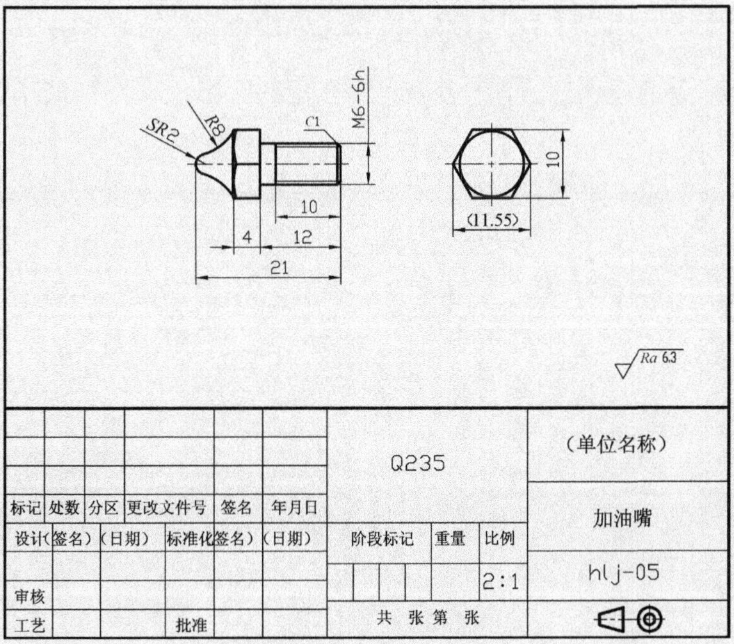

图 11.22　加油嘴零件图

课后思考

1．如何理解装配示意图？怎样绘制？

2．一张完整的装配图包括哪些内容？图形部分具有什么作用？标注的尺寸包括哪几类？技术要求应从哪些方面提出？

3．装配图的规定画法有哪些？

4．本章所学的装配图特殊画法有哪几种，分别应用于什么场合？

5．怎样理解装配图的零件序号和明细栏？它们有怎样的关系？

6．叙述测绘装配图的一般步骤。

第 12 章　绘制车床尾座

【能力目标】

（1）能够分析清楚一般装配体的用途、工作原理、组成、结构特征，以及零件之间的装配关系。

（2）能够正确绘制一般装配体的装配示意图。

（3）能够绘制出一般装配体较规范的装配图。

【知识目标】

（1）了解装配图的视图选择方法。

（2）掌握装配图的特殊画法。

（3）了解装配图中常见的装配结构。

（4）掌握由零件图拼画装配图的方法和步骤。

12.1　装配图的视图选择

（1）装配图视图选择的基本要求

① 完全：部件的功能、工作原理、装配关系及零件之间的位置关系等内容的表达要完全。

② 正确：视图、剖视图、规定画法及装配关系等的表示方法正确，符合国家标准规定。

③ 清楚：读图时清晰易懂。

（2）部件分析

分析清楚被测部件的用途和工作原理，在拆解装配体的过程中研究其结构、组成，以及零件之间的配合关系、连接固定关系和相对位置关系，分析装配体中各零件的形状结构，根据部件的大致轮廓尺寸初步确定画图比例。

（3）选择主视图

以部件的实际工作位置为放置位置（工作位置原则），选择最能清楚表达部件工作原理、主要装配关系或其结构特征的方向为主投影方向（最大信息量原则）。根据部件的实际情况选择表达方法。通常情况下，主视图或主要视图为剖视图形式。

（4）选择其他视图

选择其他视图的目的是补充主要视图没能表达清楚的内容，选择原则如下：

① 力求表达简练，视图数量较少。

② 部件的每一个零件均应有所表达。

③ 各零件之间的装配关系均应表达清晰。

④ 充分利用各种表达方法，优先选择基本视图。

⑤ 每个图形都应有表达的目的和重点。

⑥ 尽量避免对同一内容的重复表达。

（5）方案比较

多考虑几种表达方案，通过比较之后确定出一个最佳方案。

12.2 装配图的特殊画法（二）

（1）假想画法

① 表示运动零（部）件极限位置。

在装配图中，当需要表达运动零（部）件的运动范围或极限位置时，可将运动零（部）件画在一个极限位置（或中间位置）上，另一个极限位置（或两个极限位置）用细双点画线画出该运动零（部）件的外形轮廓，如图 12.1 所示。

② 表示相邻零（部）件。

在装配图中，当需要表示与本部件有装配关系或安装关系，但又不属于本部件的相邻的其他零（部）件时，可用细双点画线画出该相邻零（部）件的外形轮廓，如图 12.2 所示。

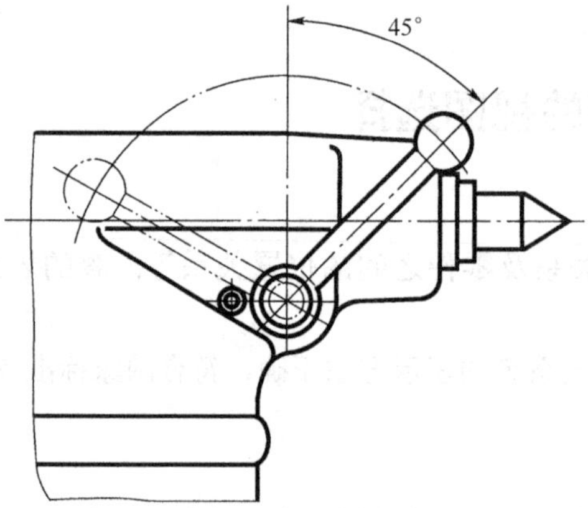

图 12.1 运动零（部）件的极限位置

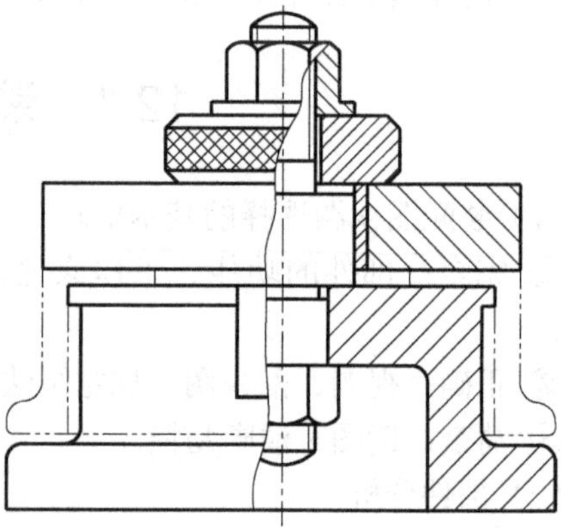

图 12.2 相邻零（部）件的画法

（2）夸大画法

在装配图中，对于薄片零件、细丝弹簧或较小的斜度和锥度、微小的间隙等，当无法按实际尺寸画出，或者虽能如实画出但不明显时，可将其夸大画出，即允许将该部分不按原绘图比例画出，以使图形清晰，如图 12.3 所示。

（3）简化画法

在装配图中，对零件的一些较小工艺结构，如倒角、圆角、退刀槽等可不画出；对于滚动轴承、螺纹紧固件等标准件可采用简化画法；对于若干相同的零件组（如螺栓连接等），允许只详细画出一处，其他各处仅以细点画线表示位置；当零件的厚度在 2mm 以下时，允许用涂黑代替剖面符号，如图 12.3 所示。

（4）展开画法

为了表示齿轮传动顺序和装配关系，可按空间轴系传动顺序沿其各轴线剖切后依次展开在同一平面上，画出剖面图，并在剖视图的上方加注“*X*-*X* 展开”字样，如图 12.4 所示。

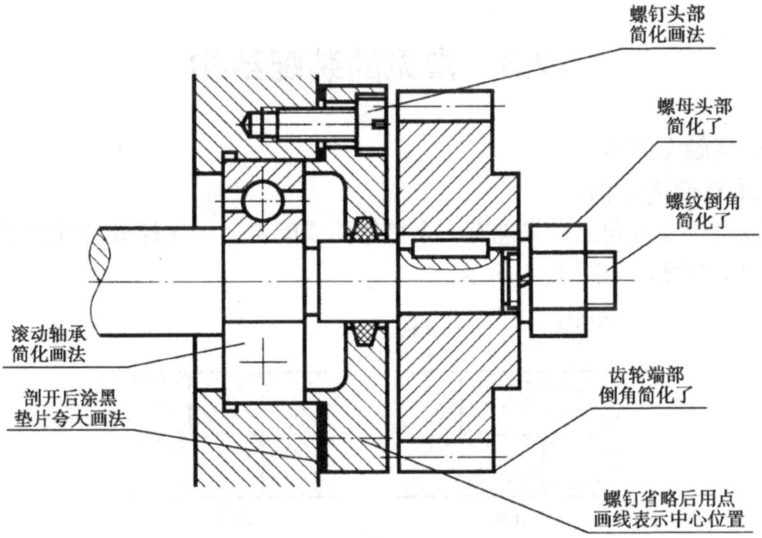

图 12.3　装配图中的简化画法和夸大画法

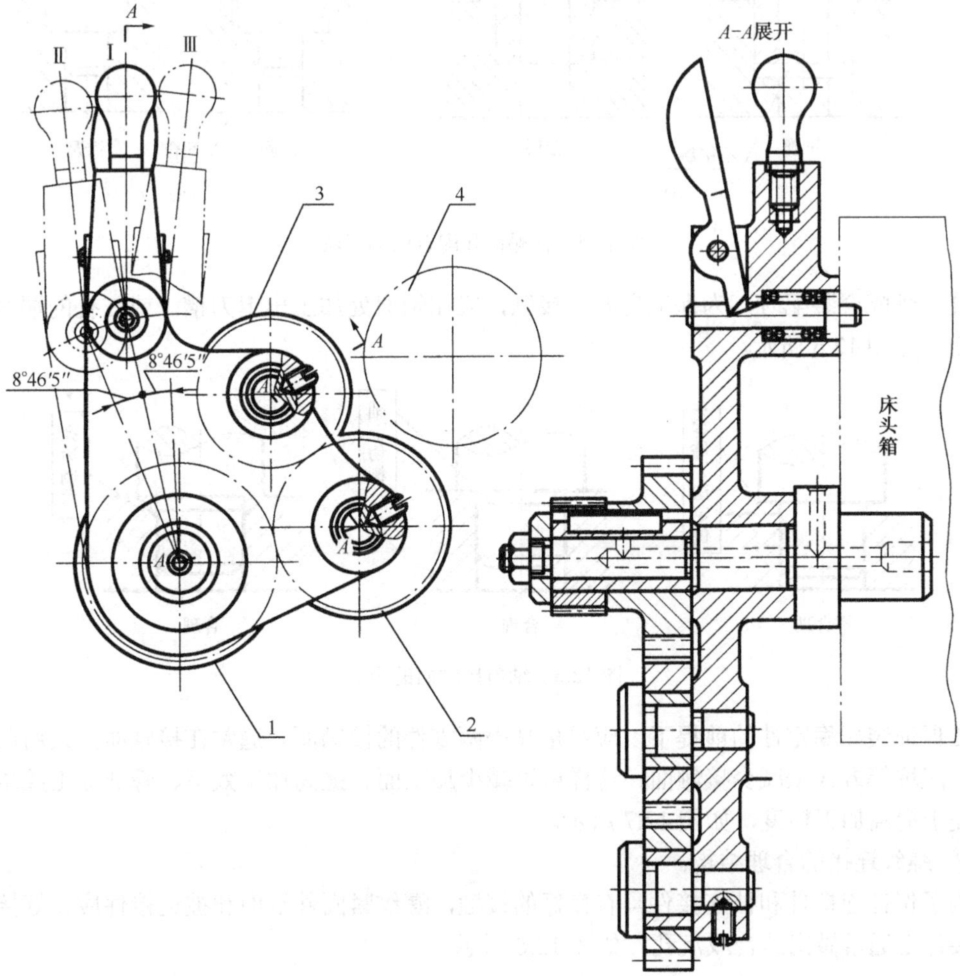

图 12.4　展开画法

12.3 常见的装配结构

（1）两零件接触面结构

① 接触面和配合面结构。

两个零件在同一个方向上，只能有一个接触面或配合面。这样既可以保证两零件良好接触，也可降低加工难度，如图12.5所示。

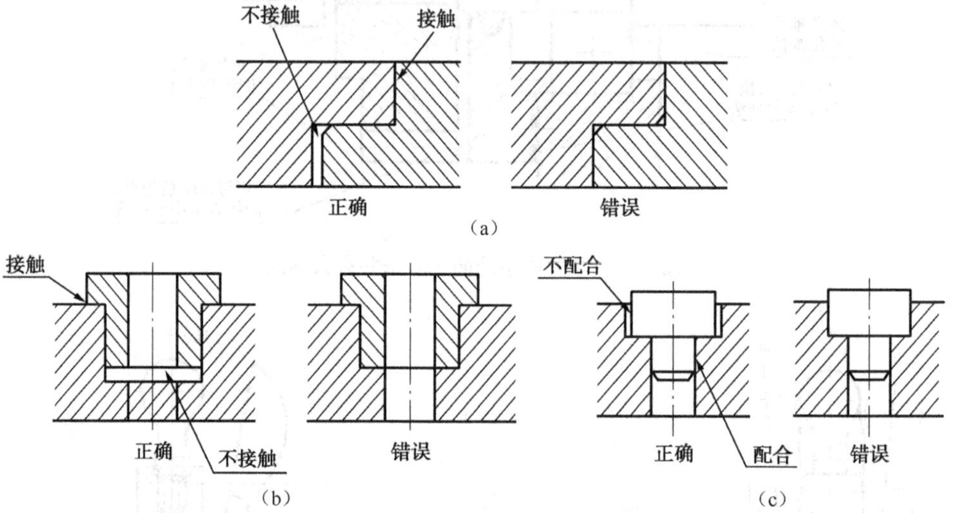

图12.5 接触面和配合面的画法

孔、轴配合装配时，为保证良好的接触，应在轴肩处加工出退刀槽，或在孔的端面加工出倒角，如图12.6所示。

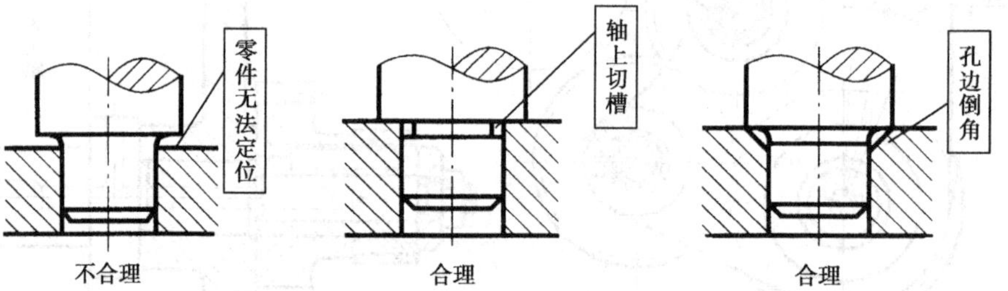

图12.6 轴肩接触面的画法

在保证装配稳定性的前提下，应尽量减少两零件的接触面。通常在接触面上采用凸台、凹槽、凹坑等方式来减少接触面，这样可以减少加工面、提高加工效率、降低加工成本，同时也便于提高加工精度，如图12.7所示。

② 螺纹连接的合理结构。

为了保证连接件和被连接件具有良好的接触，螺纹紧固件端面和被连接件应良好接触，被连接件上通常做出凸台或沉孔，如图12.8所示。

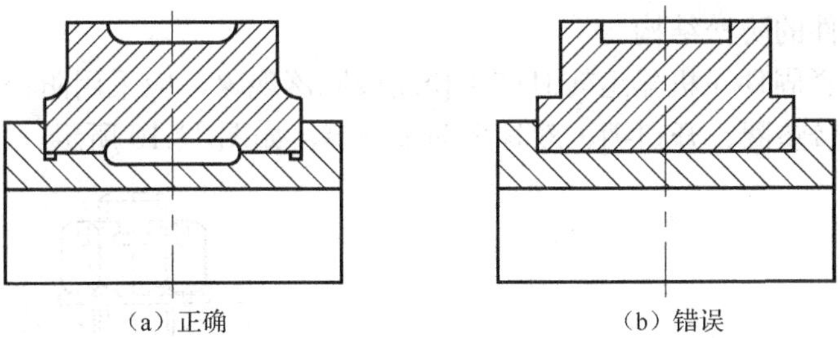

图 12.7　减少接触面的结构

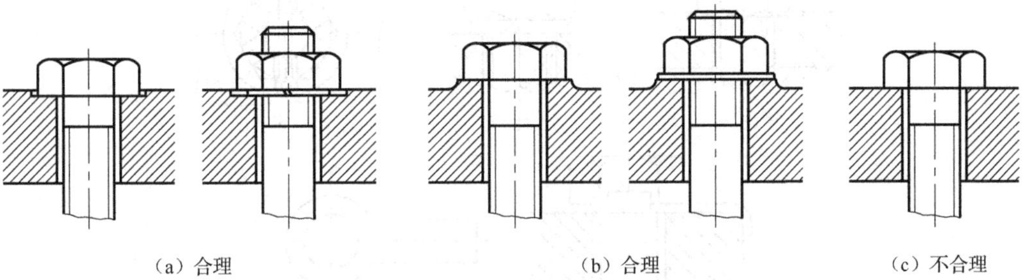

图 12.8　螺纹连接保证良好接触的结构

（2）滚动轴承轴向固定结构

为了防止滚动轴承产生轴向窜动，应采用一定的结构来固定轴承的内、外圈。滚动轴承一般采用的轴向固定结构如图 12.9 所示。为了方便滚动轴承的拆卸，应使轴肩高度小于滚动轴承内圈高度，孔的台肩高度小于滚动轴承外圈高度。

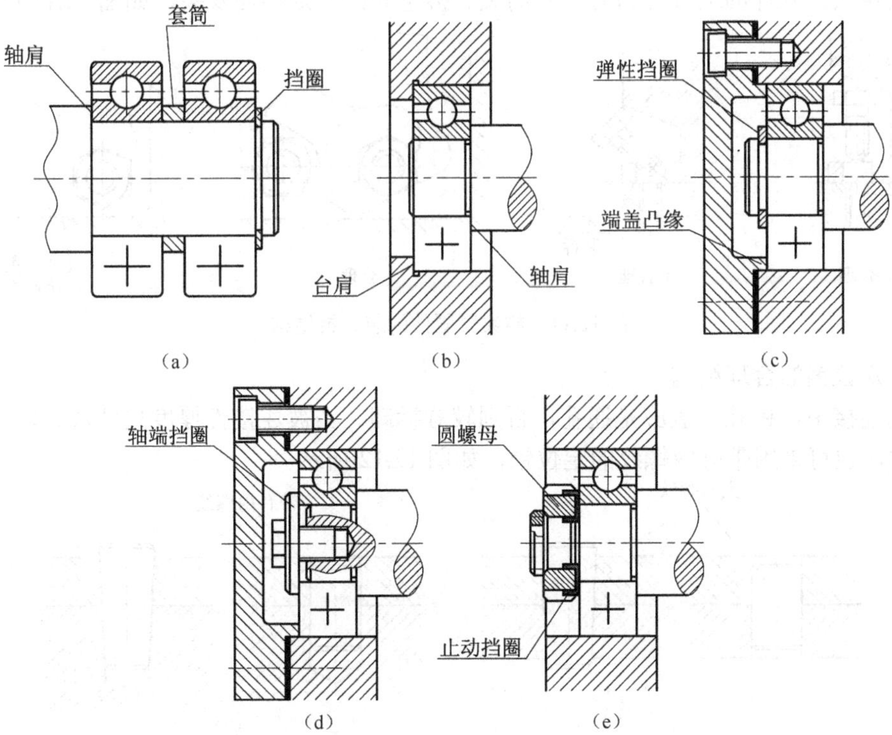

图 12.9　滚动轴承轴向固定结构

（3）螺纹紧固件的防松结构

为了防止螺纹紧固件在机器运转时产生松动或脱落现象，应采用防松结构。常见的防松结构有双螺母、弹簧垫圈、开口销、双耳止动垫圈等，如图12.10所示。

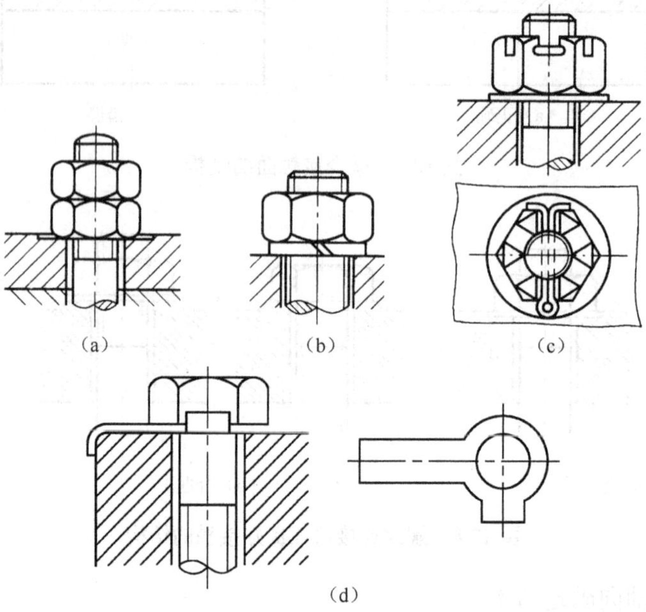

图12.10　螺纹紧固件防松结构

（4）螺纹紧固件的装、拆结构

使用螺纹紧固件的地方应留有足够的装、拆空间，否则不便安装，如图12.11所示。

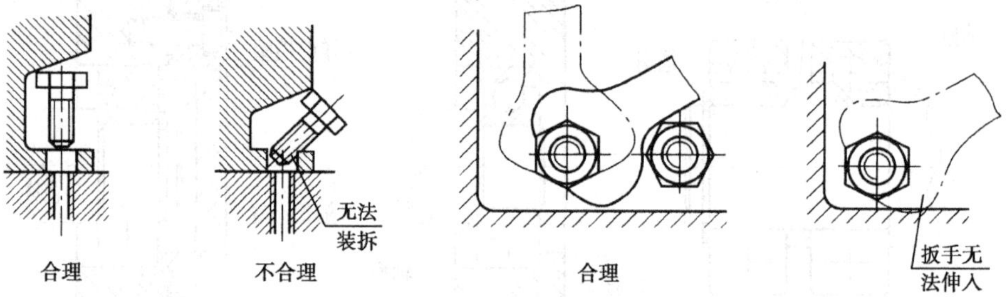

图12.11　螺纹紧固件的装、拆结构

（5）定位销的合理结构

在销连接中，销孔一般应是通孔，否则较难拆卸。当被连接件厚度尺寸较大，不便加工成通孔时，也可采用带有内螺纹的定位销，如图12.12所示。

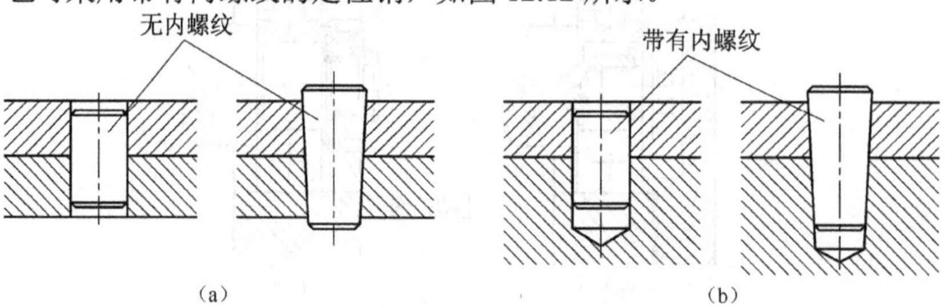

图12.12　定位销的合理结构

12.4　由零件图拼画装配图的步骤

根据给出的零件图和装配示意图，拼画装配图的一般步骤如下：

（1）仔细阅读给出的每张零件图，想出每个零件的结构形状；参阅装配示意图，弄清部件的工作原理、各零件之间的装配关系和在部件中的作用。

（2）正确运用装配图的表达方法，选定部件的表达方案。从主要装配干线画起，逐次向外扩张，把部件的工作原理、装配关系，零件之间的连接、固定方式和重要零件的主要结构表达清楚。通常按照自下而上、由内向外、从大到小的顺序（拆卸的反顺序）拼画出装配图。

（3）注意装配结构的合理性及相关零件间尺寸的协调关系。

（4）标注出必要的性能尺寸、装配尺寸、安装尺寸及外形尺寸。

（5）编写零件序号，填写明细栏、标题栏和技术要求。

绘制装配图时应注意以下几个方面：

（1）选择合适的图幅和合理的绘图比例，估算图形的位置，保证图面布置合理、美观。

（2）注意零件之间的相邻关系，准确绘制接触面和非接触面，并避免绘制零件中被其他零件遮挡的图线，以减少重复劳动及保证图面整洁。

（3）图形绘制完成后仔细检查，避免多线、漏线、错线等情况。

（4）合理书写技术要求，避免提出零件加工过程的要求。

（5）完整编写和填写零件序号、明细栏及标题栏。

12.5　装配体的测绘——车床尾座

1. 测绘装配示意图

（1）准备工作

略。

（2）绘制草图图框、标题栏和明细栏

略。

（3）分析被测对象

如图 12.13 所示的车床尾座是车削加工时的一个辅助夹紧装置，由尾座体、顶尖、丝杆、螺母、手轮等零件组装而成。当摇动手柄时，手轮通过键连接带动螺杆旋转，螺杆又将动力通过螺纹连接传递到套筒上，由于套筒下方的槽内卡着一个螺钉，使它不能旋转，从而使套筒带动顶尖做轴向往复运动，使顶尖顶住或松开被加工零件。

（4）拆卸装配体并绘制装配示意图

在分析清楚被测对象结构的基础上，制订出车床尾座的拆卸计划，包括拆卸路线、拆卸方法、测量项目、注意事项等。按照拟定的拆卸顺序进行拆卸，并对拆下的零件进行编号标记，妥善放置和保管，以备重新组装时能达到原来的性能和精度。在拆卸过程中绘制出装配示意图，如图 12.14 所示。同时测量并记录主要的装配尺寸。

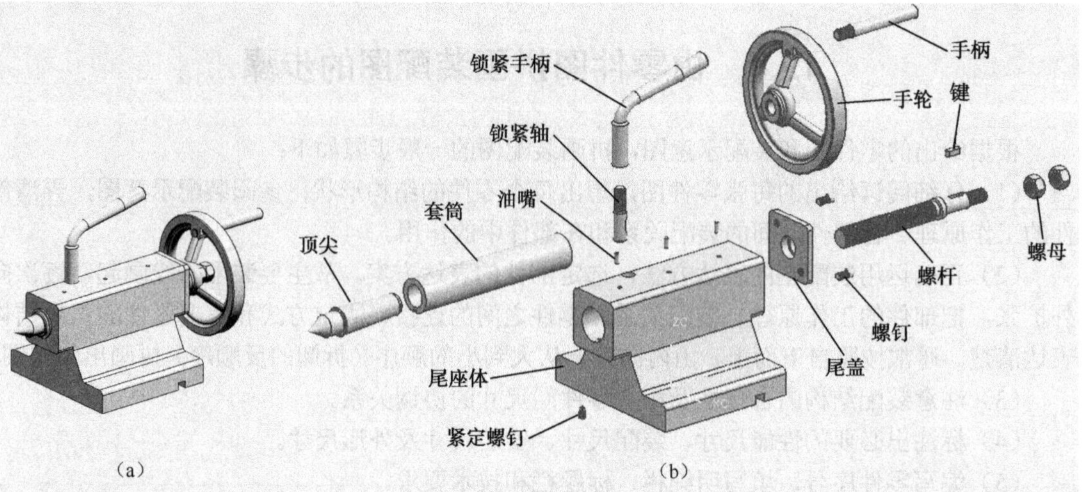

图 12.13　车床尾座

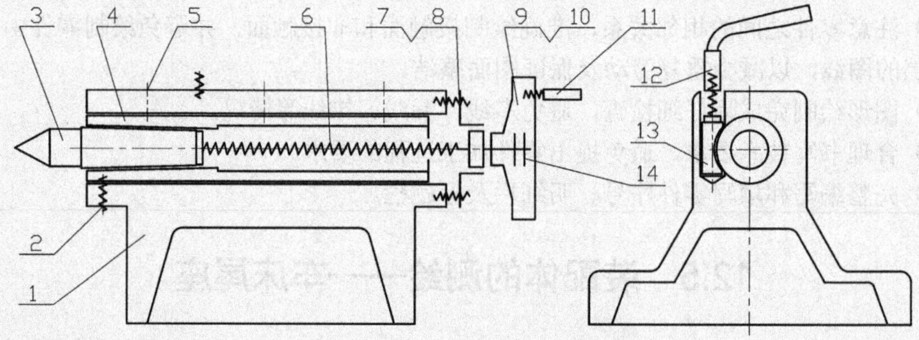

图 12.14　车床尾座装配示意图

（5）标注关键尺寸和技术要求

将测量出的总体尺寸及主要安装、装配和配合尺寸等集中标注在示意图中，如图 12.15 所示。

（6）填写标题栏和明细栏

完成车床尾座的装配草图，如图 12.15 所示。

2. 应用 AutoCAD 软件拼画装配图

（1）将已绘制完成的零件图的主要视图制作成图块

略。

（2）创建图形文件

打开 AutoCAD 的 A2 样板图，以“车床尾座装配图”为名存盘。

（3）绘制明细栏

略。

（4）依次插入和绘制各零件图形

将各零件图统一按照 1 : 1 的比例插入。

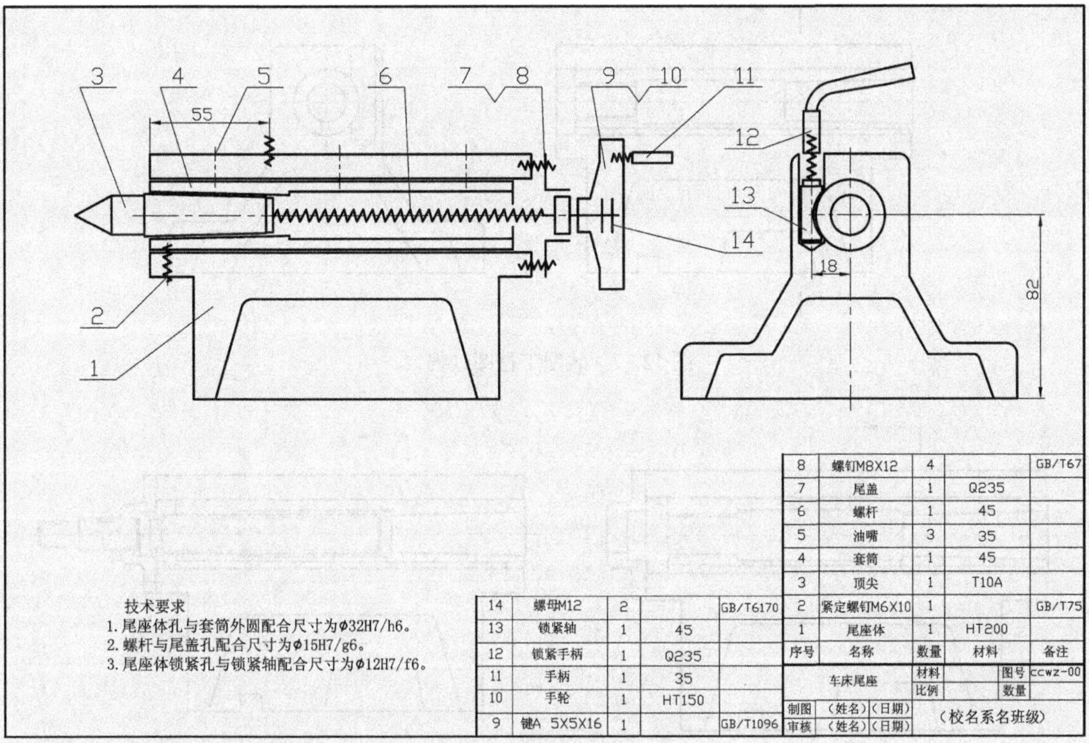

序号	名称	数量	材料	备注
14	螺母M12	2		GB/T6170
13	锁紧轴	1	45	
12	锁紧手柄	1	Q235	
11	手柄	1	35	
10	手轮	1	HT150	
9	键A 5X5X16	1		GB/T1096
8	螺钉M8X12	4		GB/T67
7	尾盖	1	Q235	
6	螺杆	1	45	
5	油嘴	3	35	
4	套筒	1	45	
3	顶尖	1	T10A	
2	紧定螺钉M6X10	1		GB/T75
1	尾座体	1	HT200	

图 12.15　车床尾座测绘草图

① 插入“尾座体”图块。

插入图块后对其进行编辑，删除不需要的图素，并补画因关闭图层造成的不完整图形，如图 12.16 所示。

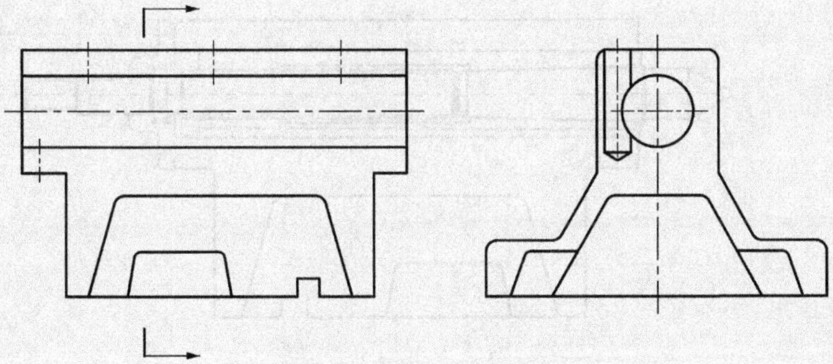

图 12.16　装配工程图过程一

② 插入“套筒”图块。

套筒外圆与尾座体的内孔为配合关系，只有一条轮廓线。注意修剪被遮挡住的图线，如图 12.17 所示。

③ 插入“尾盖”图块。

尾盖端面与尾座体右端面接触，如图 12.18 所示。

④ 插入“螺杆”图块，如图 12.19 所示。

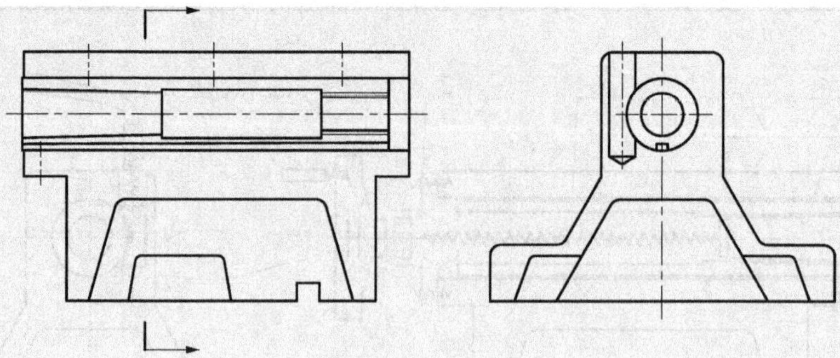

图 12.17　装配工程图过程二

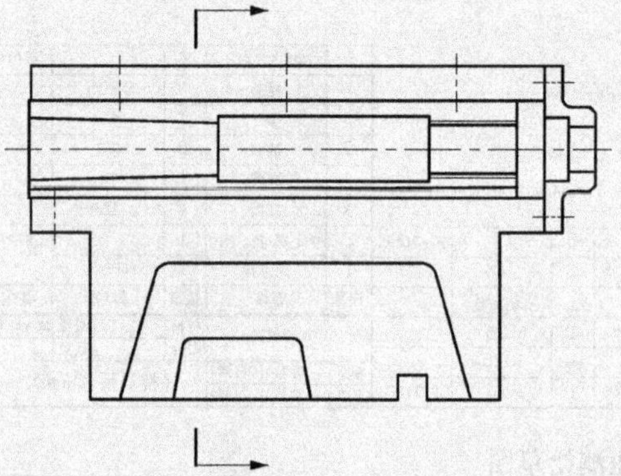

图 12.18　装配工程图过程三

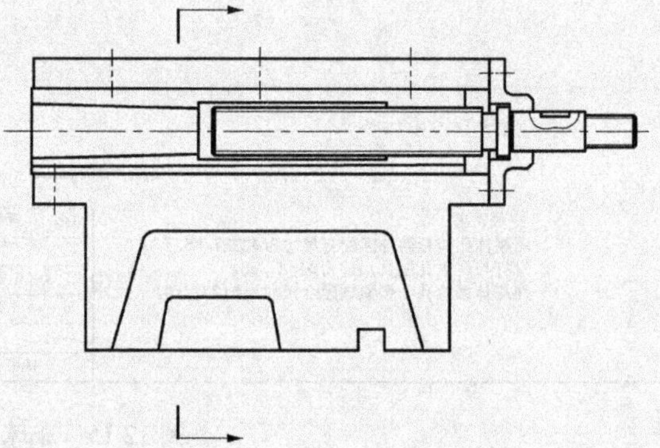

图 12.19　装配工程图过程四

⑤ 插入“顶尖”图块，如图 12.20 所示。

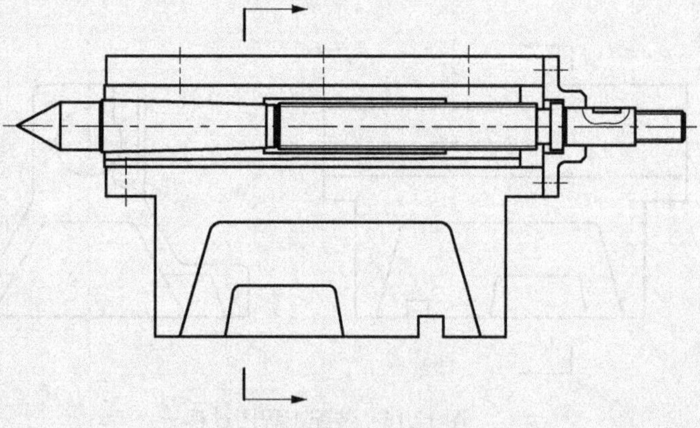

图 12.20　装配工程图过程五

⑥ 插入“手轮”及“手柄”图块，补画键连接部分和双螺母，如图 12.21 所示。

⑦ 插入“锁紧轴”和“锁紧手柄”，如图 12.22 所示。

⑧ 绘制螺钉、油嘴及剖面线，如图 12.23 所示。为了表达清楚油嘴的内部结构，增加一个局部放大图，如图 12.24 所示。

注意：以上步骤也可以通过复制粘贴的方式将各零件图的主要视图集中在装配图中，再根据装配关系移动到正确的位置处。

（5）标注主要尺寸

标注装配示意图中的装配尺寸。

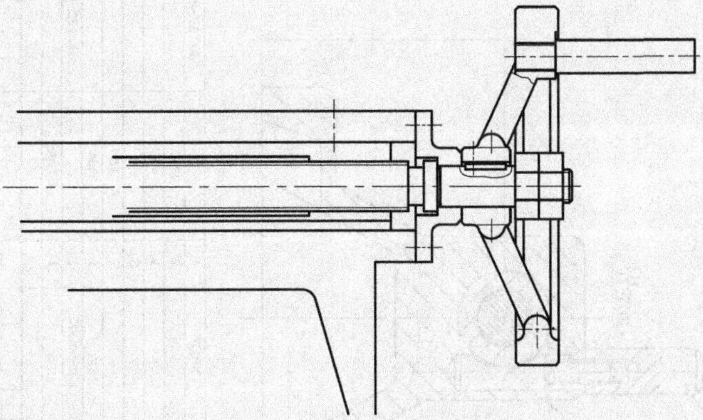

图 12.21 装配工程图过程六

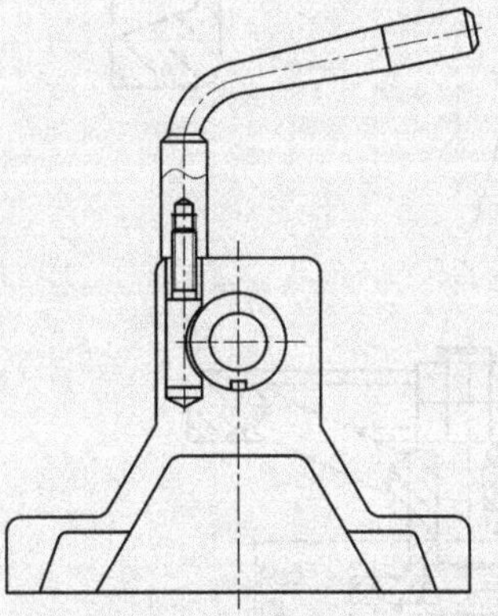

图 12.22 装配工程图过程七

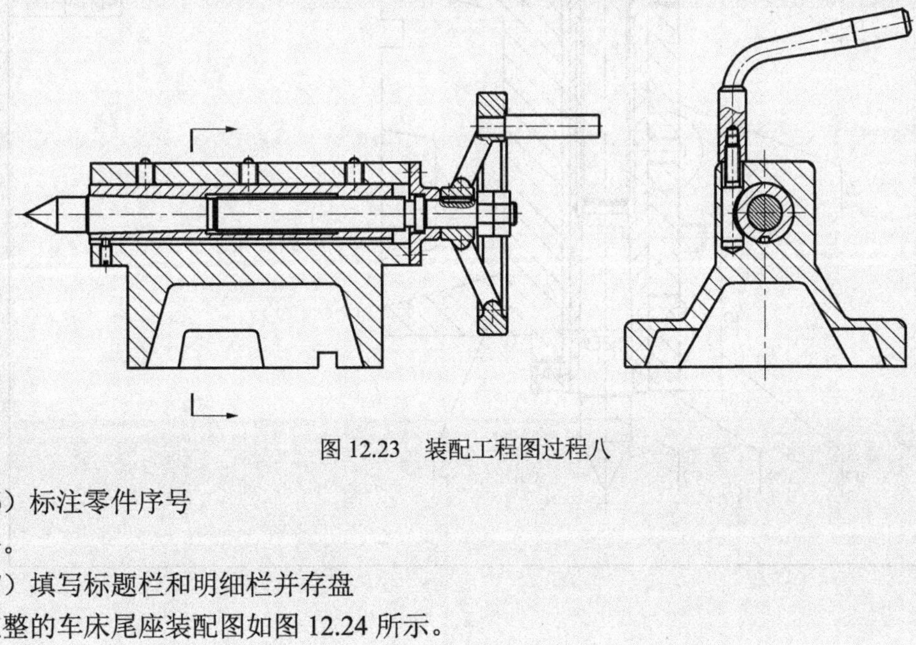

图 12.23 装配工程图过程八

（6）标注零件序号

略。

（7）填写标题栏和明细栏并存盘

完整的车床尾座装配图如图 12.24 所示。

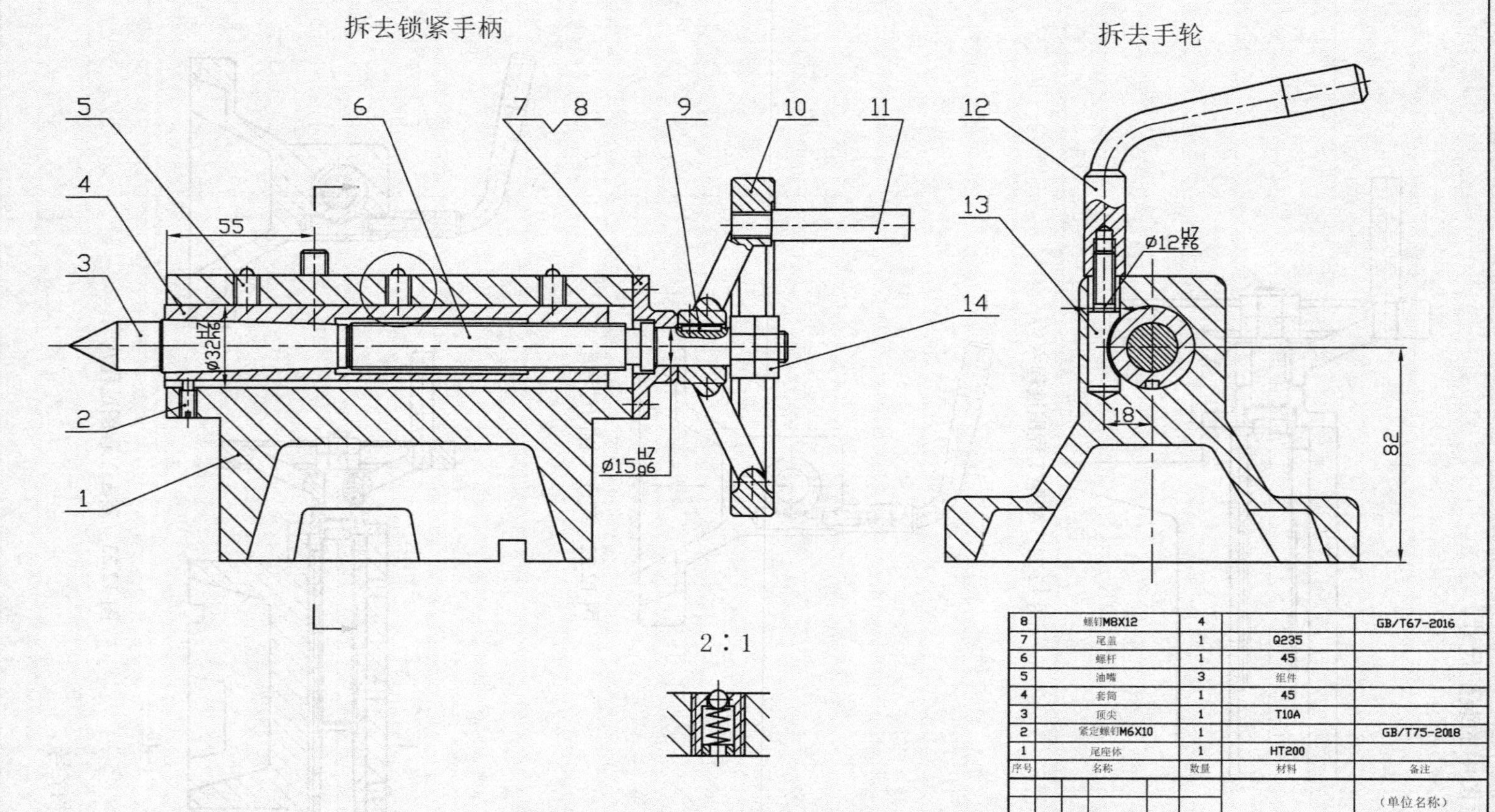

序号	名称	数量	材料	备注
14	螺母M12	2		GB/T6170-2015
13	锁紧轴	1	45	
12	锁紧手柄	1	Q235	
11	手柄	1	35	
10	手轮	1	HT150	
9	键A 5X5X16	1		GB/T1096-2003
8	螺钉M8X12	4		GB/T67-2016
7	尾盖	1	Q235	
6	螺杆	1	45	
5	油嘴	3	组件	
4	套筒	1	45	
3	顶尖	1	T10A	
2	紧定螺钉M6X10	1		GB/T75-2018
1	尾座体	1	HT200	

标记	处数	分区	更改文件号	签名	年月日				（单位名称）
设计（签名）	（日期）	标准化（签名）	（日期）			阶段标记	重量	比例	车床尾座
								1:1	CCWZ-00
审核									
工艺		批准				共 张 第 张			

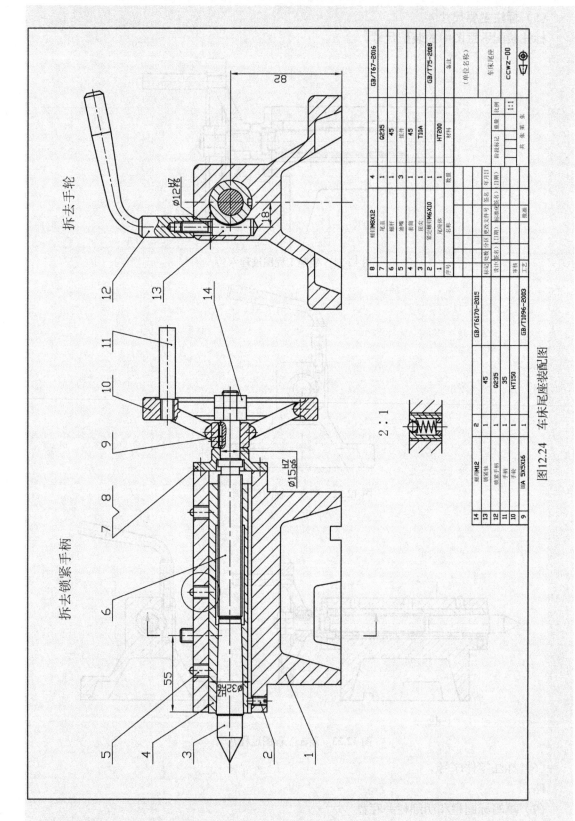

图12.24　车床尾座装配图

3. 补充图形

车床尾座中的主要零件分布在本书或配套习题集的各章节中，其余几种简单零件如图 12.25～图 12.29 所示。

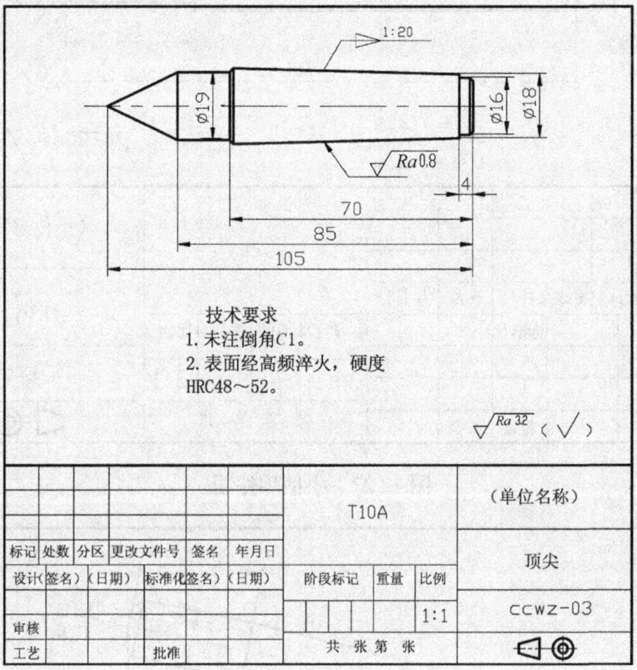

图 12.25　顶尖零件图

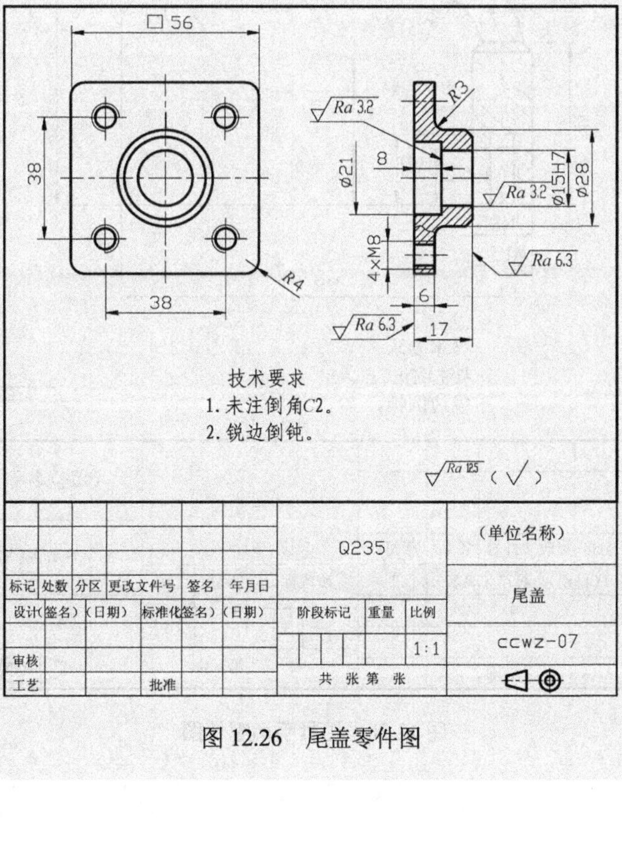

图 12.26　尾盖零件图

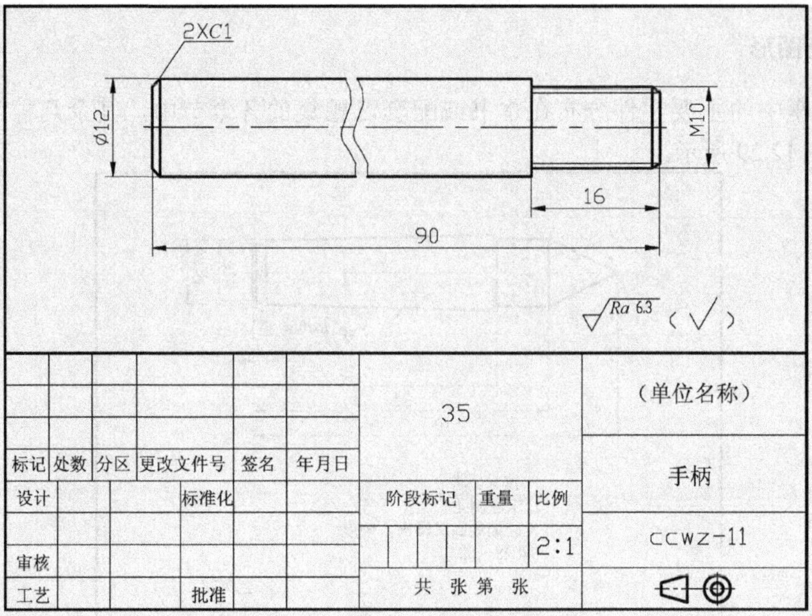

图 12.27　手柄零件图

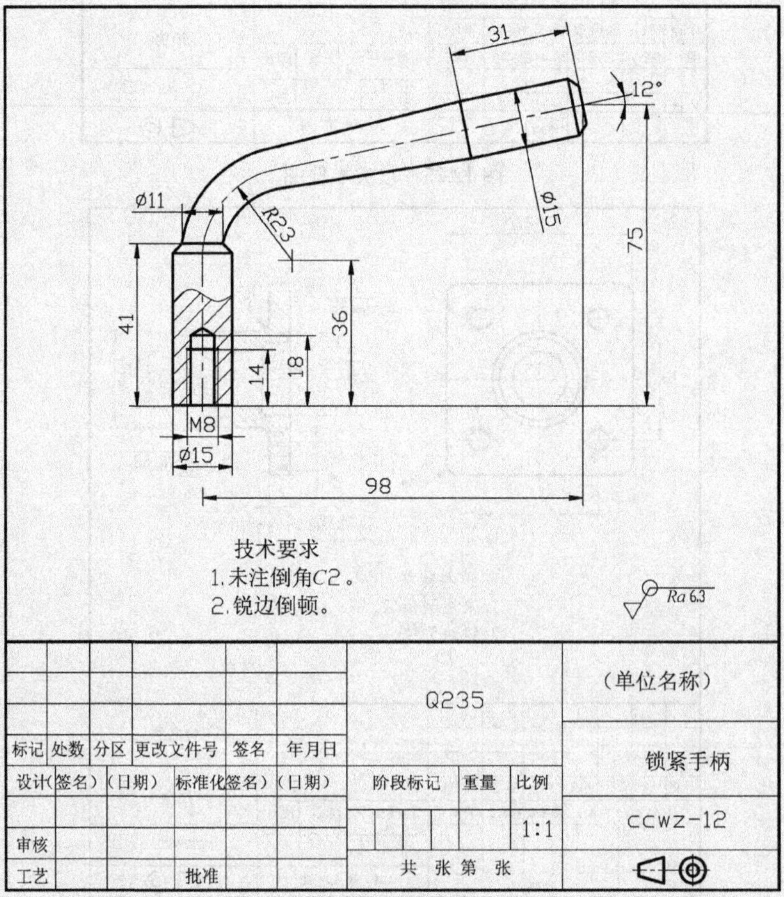

图 12.28　锁紧手柄零件图

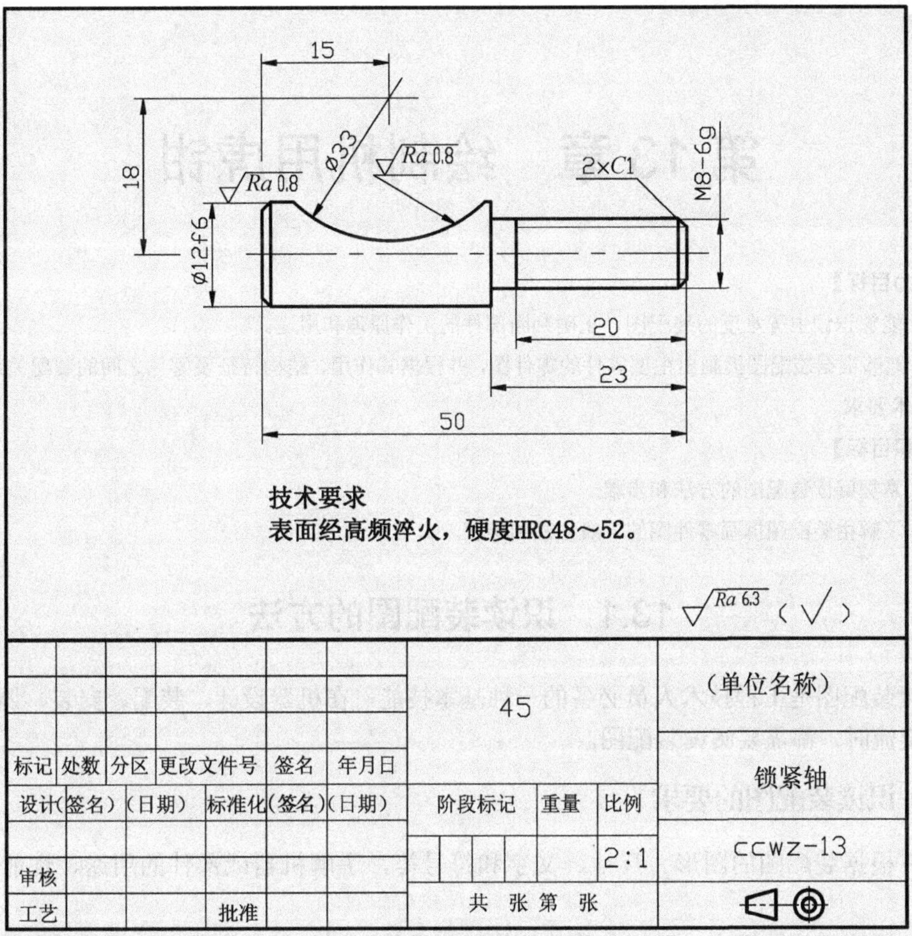

图 12.29　锁紧轴零件图

课 后 思 考

1．选择装配图的主视图应遵循什么原则？

2．装配图的特殊画法有哪些？分别适用于什么场合？

3．常见的装配结构有哪些？

4．拼画装配图时应注意哪些问题？

第 13 章　绘制机用虎钳

【能力目标】

（1）能够识读中等难度的装配图，正确判断部件的工作原理和用途。

（2）能够根据装配图拆画出主要零件的零件图，并根据其作用、结构特征及零件之间的装配关系制定出合理的技术要求。

【知识目标】

（1）掌握阅读装配图的方法和步骤。

（2）了解由装配图拆画零件图的一般方法和步骤。

13.1　识读装配图的方法

识读装配图是工程技术人员必备的一种基本技能，在机器设计、装配、安装、调试及进行技术交流时，都需要阅读装配图。

13.1.1　识读装配图的要求

（1）根据装配图的图形、尺寸、文字和符号等，了解机器或部件的用途、性能和工作原理。

（2）弄清部件的组成，了解各零件的作用，零件之间的相对位置、装配关系和连接固定方式，以及装拆顺序。

（3）想象出各零件的结构形状，了解零件的工作要求。

（4）了解机器或部件的主要尺寸和技术要求。

13.1.2　识读装配图的步骤

1. 概括了解

（1）看标题栏并参阅有关资料，了解部件的名称、用途、性能等。

（2）看零件序号和明细栏，了解各组成零件的类型、名称、数量及零件在图中的位置。

（3）浏览视图，通过视图的数量和采用表达方法初步了解装配体的复杂程度。

（4）从绘图比例和外形尺寸了解部件的大小。

2. 分析视图

阅读装配图的视图，弄清各个视图所采用的表达方法、各视图之间的投影关系和剖切位置，了解每个视图的表达意图和重点。

3. 分析工作原理

从主要视图入手，分析各装配干线零件之间的连接方式、传动关系及工作原理。

4. 分析装配关系

（1）配合关系

可根据装配图中标注的配合尺寸来判别零件配合的基准制、配合种类及轴、孔的公差等级等。如标注ϕ50H7/g6 表示基本尺寸为ϕ50 的孔和轴间隙配合，采用基孔制，孔的尺寸及公差为ϕ50H7，轴的尺寸及公差为ϕ50g6。

（2）连接关系

通过阅读图形，弄清各相关零件之间的定位关系和连接方式。

（3）装拆顺序

了解部件的结构，理清部件的组装和拆卸过程。

5. 分析零件结构

在分析清楚部件工作原理和装配关系的基础上，还应进一步分析各零件的主要结构和在部件中的作用。

（1）分析零件的步骤

① 先看容易分离的标准件、常用件及简单零件，再看其他复杂零件。

② 先看主要零件，再看次要零件。

③ 先分离零件，再分析零件的结构形状。

（2）分析零件的方法

① 根据零件序号，对照明细栏，在图中找到各零件。

② 根据规定画法识别实心件、标准件、常用件等。

③ 根据零件剖面线的方向和间隔的不同，分清零件的轮廓范围。

④ 根据视图之间的投影关系，在相关视图中读出零件。

⑤ 根据零件在部件中的作用和装配关系，综合考虑零件的工作情况，确定零件的结构形状。

6. 归纳总结

在对装配关系和主要零件的结构进行分析的基础上，还要对技术要求、标注尺寸进行研究，进一步了解机器或部件的设计意图和装配工艺性，从而加深对机器或部件的认识。

13.2 由装配图拆画零件图的方法和步骤

根据给出的装配图，拆画出装配图中各零件的零件图，是检验识读装配图能力的一种有效手段。

由装配图拆画零件图的关键在于真正读懂装配图，了解零件在装配体中的作用，以及与其他零件的装配关系。拆画零件图的一般步骤如下。

1. 识读装配图

按照上面所讲的步骤认真阅读装配图，充分了解机器或部件的用途和工作原理，读懂各零件在装配体中的作用、零件之间的相对位置和装配关系、零件的主要结构和主要工作要求，以及部件的装拆顺序等信息。

2. 进行零件分类

根据装配图的零件序号和明细栏，对部件中的零件进行分类。

（1）标准件：是明细栏中注出标准代号的零件，可以从市场上直接购得，无须画出零件图。

（2）常用件：对于齿轮、带轮、弹簧等常用零件，拆画时应符合标准规定的画法和标注方法。

（3）特殊件：对于设计时需经过特殊考虑和计算所确定的重要零件（如叶轮、喷嘴等），拆画时应参照给出的图形和相关数据资料。

（4）借用件：指部件中借用一些定形产品上的零件，可在明细栏中注明借用出处，不必另画零件图。

（5）一般零件：是进行拆画零件图的主要对象。拆画时应参照装配图中所表达的形状结构、尺寸大小、相关技术要求等，并根据典型零件分类情况，选择合适的表达方案。

3. 构思零件形状

从装配图中分离出所拆画零件的轮廓后，对照投影关系想出零件的结构形状，还需要补画一些缺少的图线，包括：

（1）该零件被其他零件遮住的轮廓；

（2）在装配图上没有表达清楚或没有表达完整的结构；

（3）在装配图上被省略的一些细小工艺结构，如倒角、圆角、退刀槽、砂轮越程槽、中心孔等。

4. 正确选择零件图的表达方案

零件图和装配图所表达的对象和重点不同，因此拆画时零件的视图选择应根据零件本身的结构类型重新考虑，原装配图中对该零件的表达方案仅供参考，不能盲目照抄装配图。

一般壳体、箱座、支架类零件的主视图所选的位置与装配图一致，而轴套类、轮盘类零件则多按加工位置选取主视图。

5. 完整、合理地标注尺寸

（1）抄注装配图上已注明的尺寸，正确分解装配图中的配合尺寸。

（2）对有标准规定的结构，如倒角、退刀槽、砂轮越程槽、键槽、中心孔，以及各类孔的标注，均应从相关标准中查阅出尺寸数值和标注方法进行标注。

（3）有些尺寸需要根据装配图上所给的参数进行计算，如齿轮的直径应根据给定的模数和齿数计算而定。

（4）对于装配图中未标注的零件轮廓和非主要结构尺寸，可以在装配图上量取后进行比例推算，再圆整成标准数值标注在零件图上。

6. 确定零件图的技术要求

在零件图上应标注出表面结构、尺寸公差，必要时还应标注几何公差、热处理要求等技术要求。这些内容可根据零件在装配体中的装配关系和作用，参阅相关资料加以确定。

对于有配合要求的表面，应注出尺寸的公差带代号或偏差数值，并根据装配图的标注确定。

标注表面粗糙度时，应根据零件各表面的作用和工作要求而定：

（1）配合面：*Ra* 值取 3.2～0.8，公差等级高的 *Ra* 取较小值。

（2）接触面：*Ra* 值取 6.3～3.2，如零件的定位底面 *Ra* 可取 3.2，一般端面可取 6.3 等。

（3）需加工的非接触表面：*Ra* 值可取 25～12.5，如螺栓孔等。

具体选择时可参照表 6.8，标注方法参照表 6.9。

7. 校核主要内容

（1）查验主要结构尺寸、技术要求是否与装配图的标注一致。

（2）检查零件图的尺寸标注、各项技术要求是否标注完整、合理。

8. 填写标题栏

零件图的名称、材料、图号应与装配图明细栏的内容一致。

13.3　装配图的拆画——机用虎钳

1. 阅读装配图

如图 13.1 所示为机用虎钳的装配图，下面逐步进行识读。

（1）概括了解装配体

首先阅读标题栏。从标题栏中看到该装配体的名称为“机用虎钳”，由此可了解到其作用是在机床上夹持被加工零件。从比例“1∶1”结合图中的轮廓尺寸，了解到部件的实际大小。

其次阅读明细栏。从明细栏和零件序号可知，该部件共由 17 种零件组成，其中 6 种标准件，11 种一般零件。同时了解到各零件在部件中的相对位置，以及在部件中使用的数量等信息。

浏览视图可知，装配图应用了三个基本视图表达机用虎钳。主视图为通过螺杆轴线的全剖视图，表达了机用虎钳的主要装配干线；左视图为半剖视图，既表达部件左视方向的外部形状，又表达出各零件之间的装配关系；俯视图中采用了一处小的局部剖，主要表达部件俯视方向的外形。同时，主视图采用了拆卸画法，俯视图中的手柄采用了折断画法。

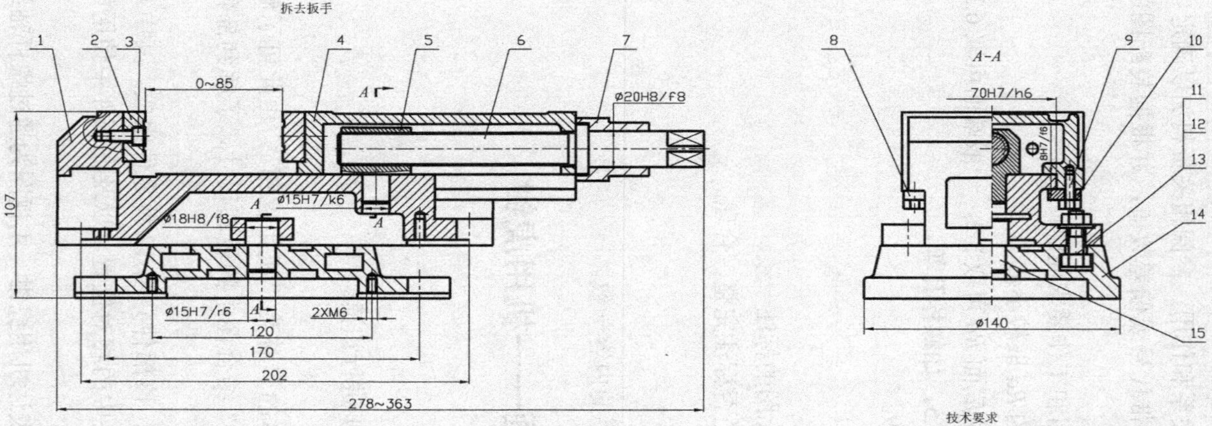

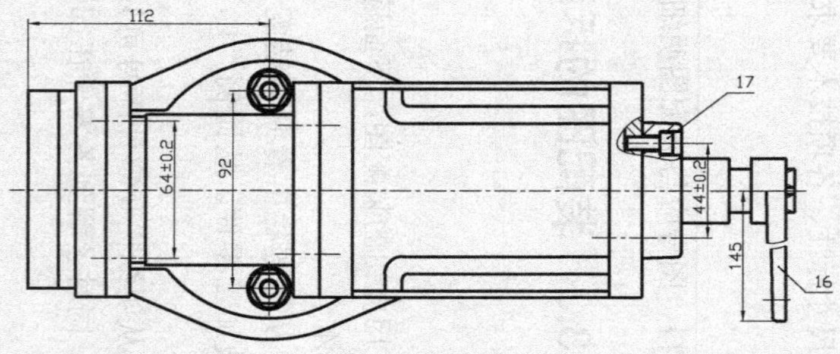

技术要求

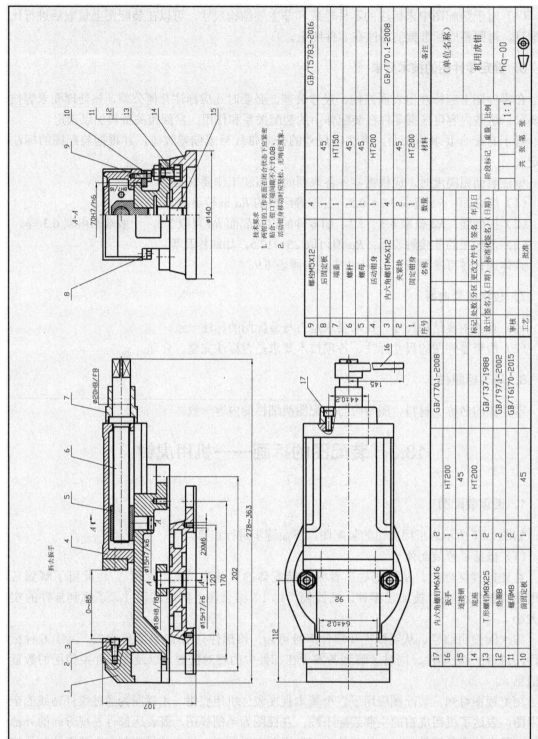

1. 两钳口的工作表面在闭合状态下应紧密贴合，钳口下端间隙不大于0.08。
2. 活动钳身移动时应轻松，无哨住现象。

序号	名称	数量	材料	备注
17	内六角螺钉M6X16	2		GB/T70.1-2008
16	扳手	1	HT200	
15	连接销	1	45	
14	底座	1	HT200	
13	T形螺钉M8X25	2		GB/T37-1988
12	垫圈8	2		GB/T97.1-2002
11	螺母M8	2		GB/T6170-2015
10	前固定板	1	45	
9	螺栓M5X12	4		GB/T5783-2016
8	后固定板	1	45	
7	端盖	1	HT150	
6	螺杆	1	45	
5	螺母	1	45	
4	活动钳身	1	HT200	
3	内六角螺钉M6X12	4		GB/T70.1-2008
2	夹紧块	2	45	
1	固定钳身	1	HT200	

标记	处数	分区	更改文件号	签名	年月日		（单位名称）
设计（签名）（日期）		标准化（签名）（日期）		阶段标记	重量	比例	机用虎钳
						1:1	hq-00
审核							
工艺		批准		共 张 第 张			

图13.1 机用虎钳装配图

（2）分析视图了解装配图的结构

由主视图可以看出，底座是一个基础零件，通过其两边的开槽，可以将其固定在机床的工作台上；底座中部的圆孔与连接销配合，即可将底座和固定钳身连接起来，还可实现钳身转动；为防止在加工过程中钳身发生旋转，将底座和固定钳身连接在一起。安装在固定钳身上部的螺母与螺杆连接，螺杆最大直径轴段卡在活动钳身端面和端盖的凹槽内，而端盖和活动钳身是由螺钉连接在一起的。固定钳身的上平面和侧面与活动钳身下边的方槽底面和侧面形成滑动轨道。固定钳身和活动钳身之间形成了虎钳的钳口，为保护钳身，以及增加与夹紧零件的摩擦力，在钳口两侧各安装一块夹紧块，分别用内六角螺钉固定在两个钳身之上。从主视图中可以看出底座、固定钳身、活动钳身、螺杆等主要零件的内部结构形状。

从左视图可以看出，底座与固定钳身是用两组 T 形螺钉连同垫圈和螺母连接起来的；同时还可看出，为防止两钳身在滑动过程中产生垂直方向的位移，在活动钳身下边安装了两块固定板。从左视图中可以看出底座、固定钳身、活动钳身等零件的侧面外形和内部结构形状。

从俯视图的局部剖可以看出，端盖用两个螺钉连接在固定钳身上；还可看出，螺杆是通过扳手来实现旋转运动的；同时了解到各外露零件的外部形状。

（3）分析工作原理

在分析清楚视图和部件结构的前提下，可推断出机用虎钳的工作原理：顺时针转动扳手，通过铣方结构将动力传到螺杆上，使螺杆旋转；螺杆的运动通过螺纹连接传递到螺母上，由于螺母固定不动，致使螺杆变为向左侧的直线运动；螺杆带动活动钳身和端盖一起移动，使钳口的距离逐渐减小，直至夹紧被加工件。当逆时针转动扳手，钳口距离逐渐增大，松开被加工件。从图中可知，钳口的夹持厚度为 0～85mm。

（4）分析尺寸和技术要求

从尺寸 ϕ15H7/r6 可知，底座中部的孔与连接销下轴段为过盈配合，通常装配后不再拆卸。从尺寸 ϕ18H8/f8 可知，连接销与固定钳身为间隙配合，在需要时可以进行旋转。从尺寸 ϕ15H7/k6 可知，螺母与固定钳身为过渡配合，两零件之间没有相对运动。从尺寸 ϕ20H8/f8 可知，螺杆轴与端盖孔为间隙配合，轴可在孔内旋转。从尺寸 70H7/h6 和 8H7/f6 可知，两钳身导轨之间为间隙配合，可保证灵活的直线运动。

在拆卸和重新组装该部件时，要注意保护各零件，尤其是以上各配合表面。重装后应按照技术要求进行检验。

（5）归纳总结想象整体

由各零件的结构形状，以及各零件之间的装配关系，综合想象出机用虎钳的整体形状，如图 13.2 所示。

2. 拆画螺杆

（1）从装配图中分离螺杆

从装配图的主视图中可以看到螺杆的完整结构，将其分离出来，如图 13.3 所示。

（2）重新确定螺杆的表达方案

螺杆属于轴类零件，主视图按照加工位置原则绘制，此时正好与其工作位置相一致。同时，绘制主视图时，还应将其置于左大右小的位置，因此需将螺杆图形掉头绘制。

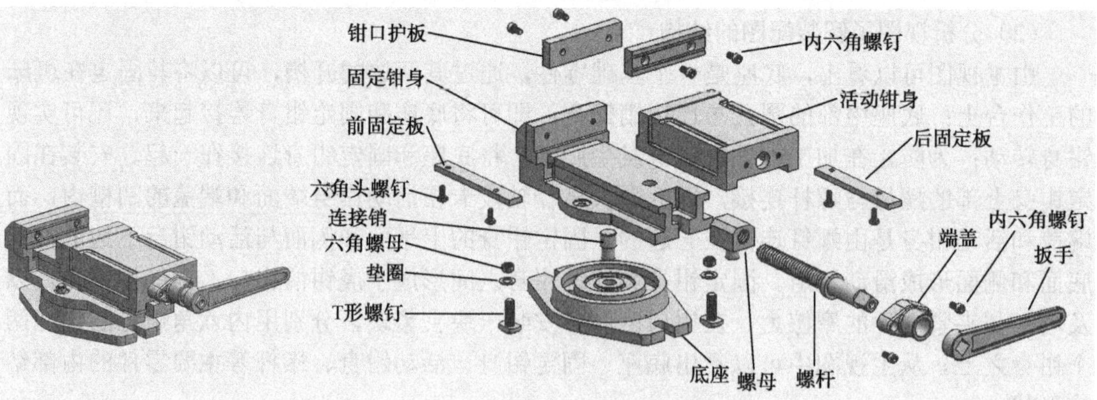

(a)　　　　(b)

图 13.2　机用虎钳的整体形状

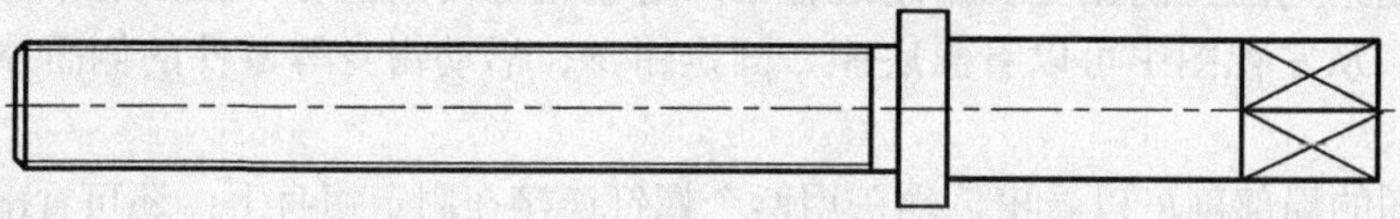

图 13.3　从装配图中分离出来的螺杆图形

从装配图可以看出，螺杆的螺纹部分与螺母是螺纹传动关系，最大直径轴段的外圆与端盖沉孔不接触，而右侧$\phi20$ 轴段的外圆与端盖孔存在配合关系，为了使轴肩能够较好地接触到端盖的台肩，在螺杆的这个轴肩处可增加一个退刀槽。

该螺杆的结构比较简单，主视图已将大部分结构表达清楚，只需将铣方结构细化，并增画一个移出断面图；同时考虑到图纸的位置，可将螺纹部分采用折断画法适当缩短，如图 13.4 所示。

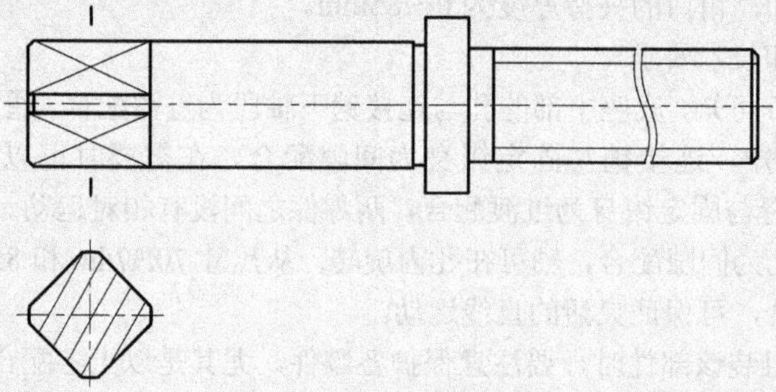

图 13.4　螺杆的表达方案

（3）抄注装配图中的尺寸

抄注装配图中的尺寸$\phi20f8$。

（4）标注其他尺寸

在装配图中量取$\phi20$ 处的实际直径尺寸，换算出图形比例，再量取其他尺寸，按比例进行计算，并将计算结果按标准数值进行圆整，标注在图形中。其中螺纹部分考虑到其作用是传动，选用梯形螺纹，根据标准规定进行标注，如图 13.5 所示。

（5）标注技术要求

零件图的技术要求应在完全理解装配图的基础上提出。

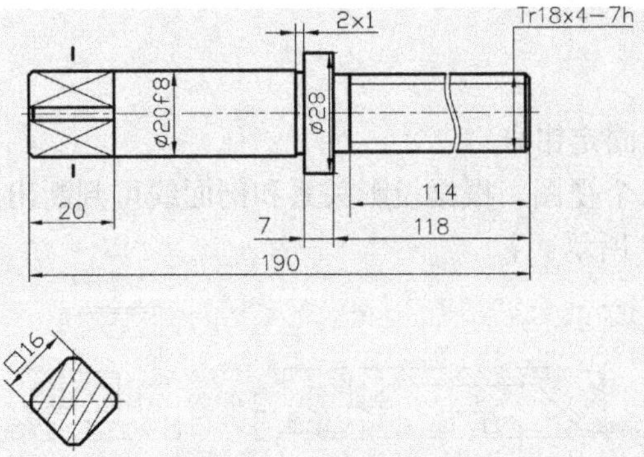

图 13.5　标注尺寸

根据以上的分析，该螺杆与其他零件有接触或配合关系的只有四个地方：螺纹、ϕ20f8 和ϕ28 的左右轴肩面。其中ϕ20f8 外圆面和轴肩面的表面结构要求可以稍高一些，考虑到精度要求不高，外圆面可选择 *Ra* 为 1.6μm，轴肩面可选择 *Ra* 为 3.2μm，其他表面统一注出。

考虑到ϕ28 轴段的两侧都有接触要求，该轴段长度应有较高的尺寸公差要求。

对于螺杆两端的倒角，可在技术要求中以文字方式统一写出。

（6）完成零件图

仔细检查图形和尺寸，核对装配图的要求和标注，根据装配图明细栏填写标题栏，完成螺杆的零件图，如图 13.6 所示。

根据装配图的图号“hq-00”，以及螺杆零件序号“6”，确定零件图号为“hq-06”。

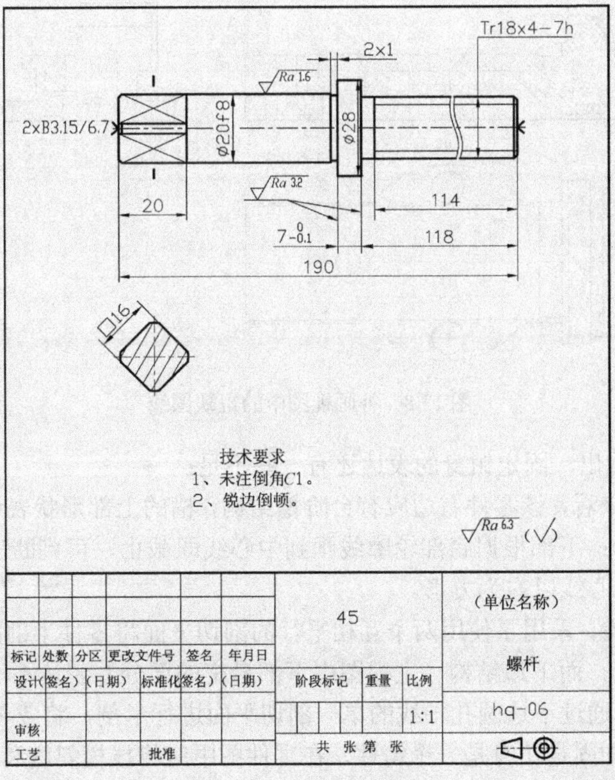

图 13.6　螺杆零件图

3. 拆画固定钳身

（1）从装配图中分离固定钳身

综合观察装配图的三个视图，根据投影关系和剖面线可判断出固定钳身较完整的结构，将其分离出来，如图 13.7 所示。

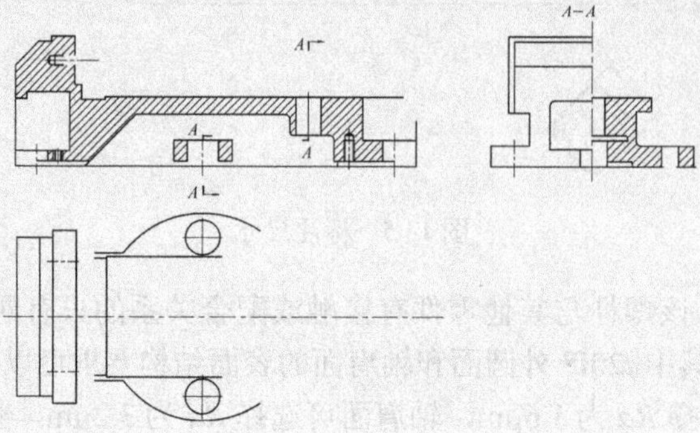

图 13.7　从装配图中分离出来的固定钳身

（2）重新确定固定钳身的表达方案

固定钳身属于箱体类零件，基本视图可以保持原工作位置。从图 13.7 中观察到，许多图线由于其他零件的遮挡而被断开，使得图形不完整，因此首先要补全图线和不完整的视图，如图 13.8 所示。

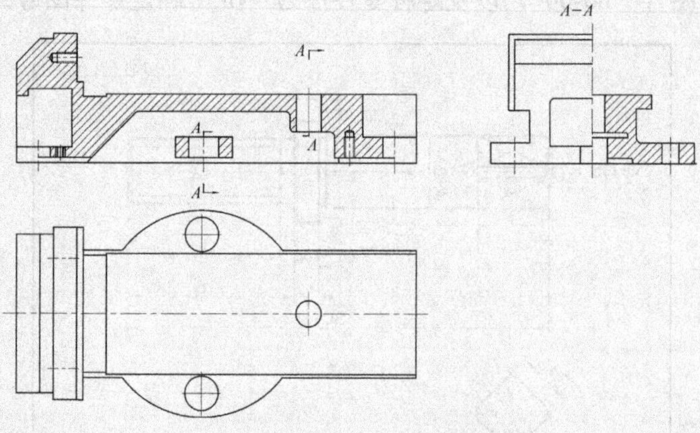

图 13.8　补画视图中的短缺图线

从图 13.8 可以看出，固定钳身的表达还有一些不足：

① 仅从主视图来看，该零件右边应有台阶槽结构，槽的上部形状表达不清，可参考同类零件将其设计成矩形；下部根据底部轮廓线画到中心线即截止，可判断出该槽的形状为中心线以左为半圆形，中心线以右为方形。

② 从左视图来看，采用了使用两个互相平行的剖切平面将零件半剖的表达方式，这样对上面的圆孔表达重复，而下边结构（主视图中下部悬空的部分）表达不清晰。针对此情况，调整剖切方式，改用通过下边圆孔轴线的单一剖切平面进行半剖，将改善表达效果。

③ 由明细栏可知固定钳身是一个铸件，在零件图中应将拔模斜度和过渡圆角表达出来。

④ 图中的三个基本视图对零件的底部形状均无表达，可增加一个底部的向视图。

⑤ 考虑到零件的装配需要及加工成本，可在各孔口倒角，并在钳身底板前后的安装孔处

设置锪平沉孔。

⑥ 针对零件主视方向的外形无表达的情况，可将主视图改画成局部剖，同时表达出部分外形。

⑦ 为了表达清楚钳口夹紧块安装螺孔的位置，取消主视图的螺纹孔（未剖到），改为在俯视图中采用一处局部剖来表达。

经过进一步完善的视图如图 13.9 所示。

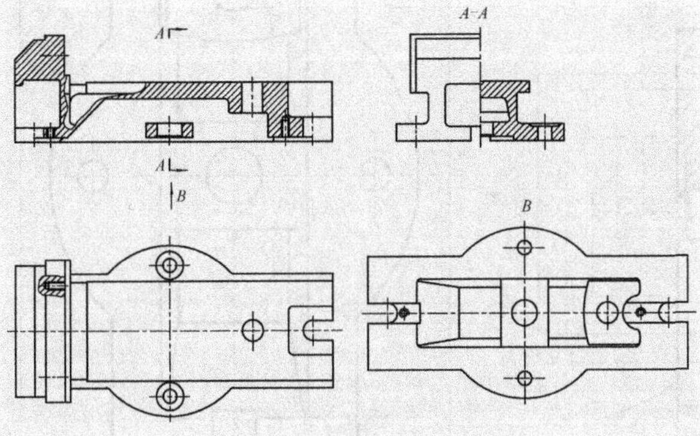

图 13.9　固定钳身的视图

（3）抄注装配图中的尺寸

抄注装配图中相关的主要尺寸，如图 13.10 所示。

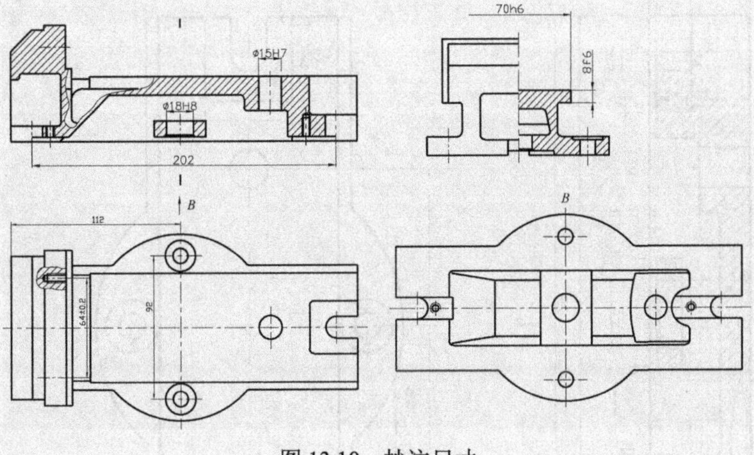

图 13.10　抄注尺寸

（4）标注其他尺寸

在装配图中量取 70 的实际尺寸，换算出图形比例，再量取其他尺寸，按比例进行计算，并将计算结果按标准数值进行圆整，标注在图形中。其中螺纹部分及螺钉用通孔应参照装配图明细栏中所列的相应紧固件规格进行标注。在标注的过程中，应考虑尺寸标注的合理性及阅读方便性，并符合相关标准规定，可适当调整已标注尺寸的位置。

（5）标注技术要求

从装配图中可看出，该零件与其他零件有装配关系的表面比较多。与其他零件有配合及相对运动的表面（ϕ18H8、ϕ15H7、导轨面）要求相对较高，有接触关系的表面可根据其重要程度适当降低，不接触面均为毛坯面。具体技术要求如图 13.11 所示。

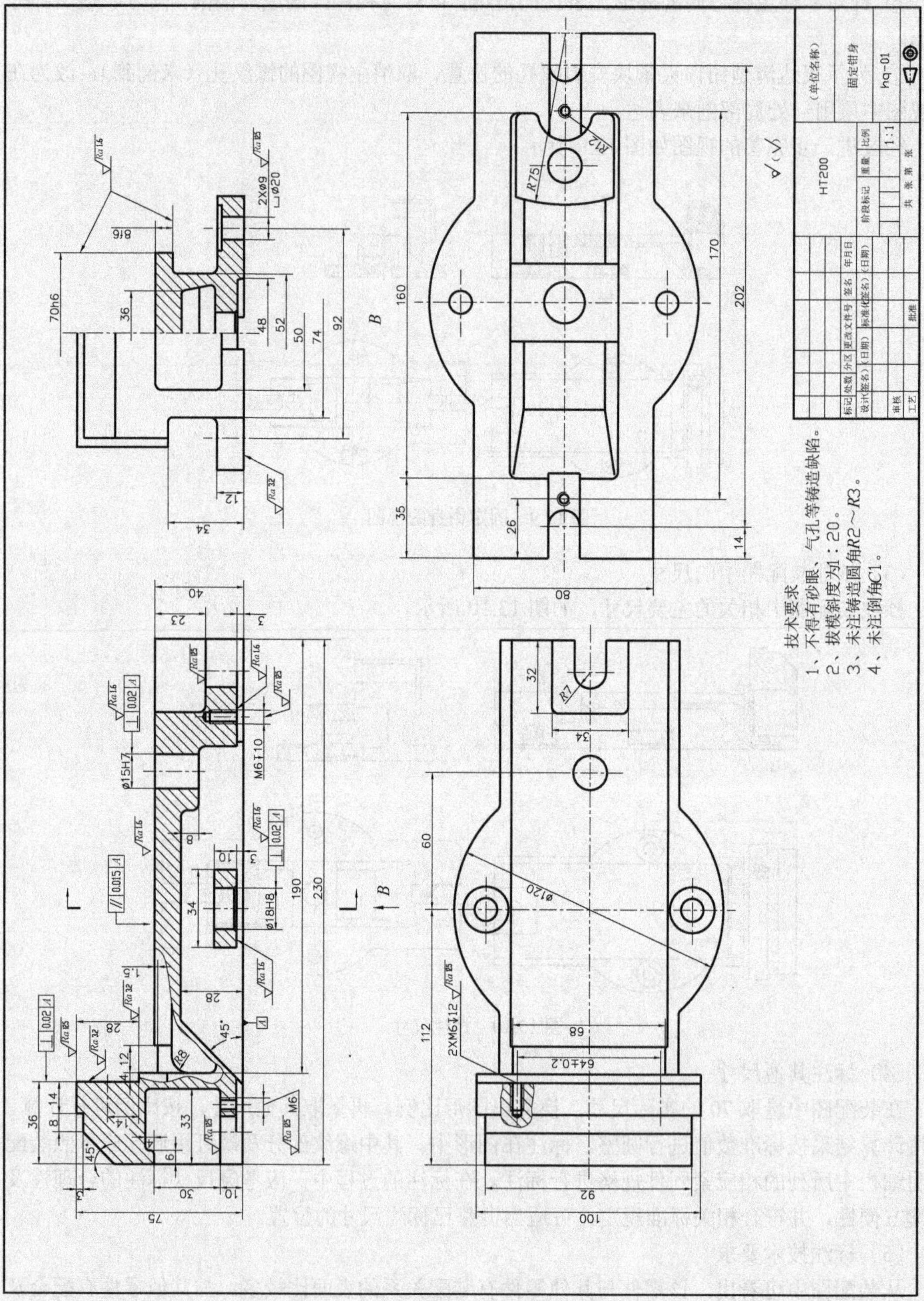

图13.11　固定钳身零件图

（6）完成零件图

检查图形和尺寸，核对装配图的要求及标注，根据装配图明细栏填写标题栏，完成固定钳身的零件图，如图 13.11 所示。

4. 补充图形

机用虎钳中的主要零件分布在本书的各章节中，剩余几种简单零件如图 13.12～图 13.15 所示。

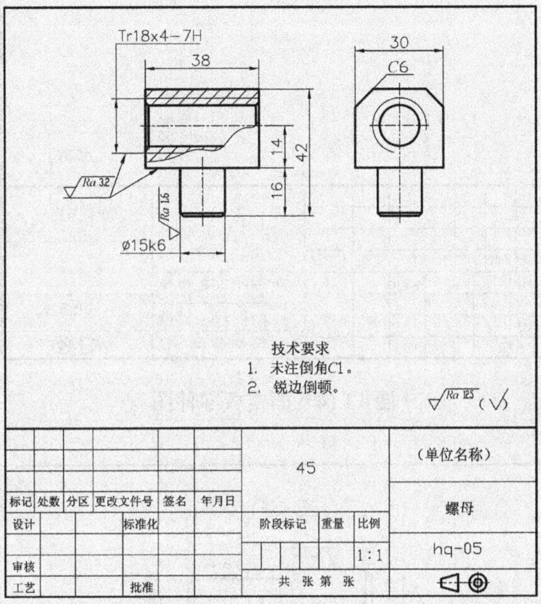

图 13.12　螺母零件图

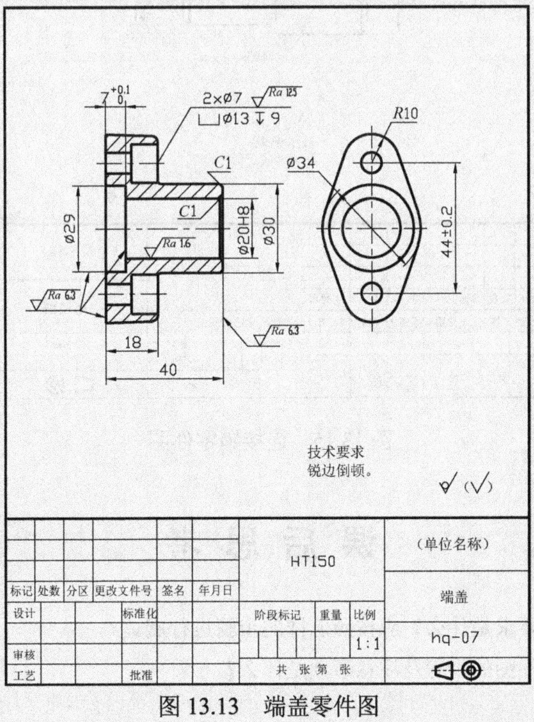

图 13.13　端盖零件图

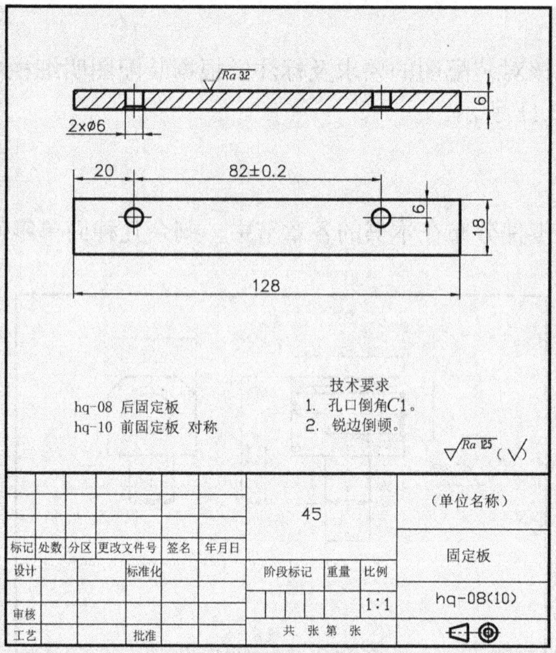

图 13.14　固定板零件图

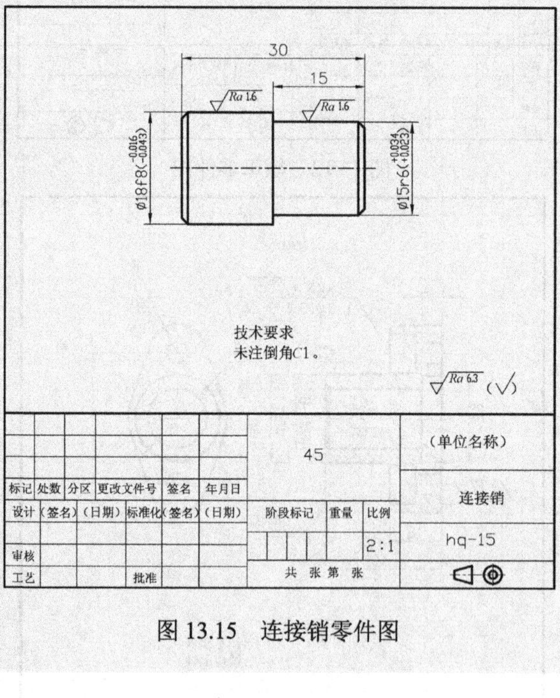

图 13.15　连接销零件图

课后思考

1. 阅读装配图的一般要求是什么？应按照怎样的步骤进行阅读？
2. 从装配图中拆画零件图的步骤及注意事项是什么？

附录A　机械制图部分

附录 A.1　标准尺寸

附表 A.1　标准尺寸（摘自 GB/T 2822—2005）　（单位：mm）

R10	R20	R40	R′10	R′20	R′40
1.00	1.00		1.0	1.0	
	1.12			1.1	
1.25	1.25		1.2	1.2	
	1.40			1.4	
1.60	1.60		1.6	1.6	
	1.80			1.8	
2.00	2.00		2.0	2.0	
	2.24			2.2	
2.50	2.50		2.5	2.5	
	2.80			2.8	
3.15	3.15		3.0	3.0	
	3.55			3.5	
4.00	4.00		4.0	4.0	
	4.50			4.5	
5.00	5.00		5.0	5.0	
	5.60			5.5	
6.30	6.30		6.3	6.3	
	7.10			7.0	
8.00	8.00		8.0	8.0	
	9.00			9.0	
10.00	10.00		10	10	
	11.2			11	
12.5	12.5	12.5	12	12	12
		13.2			13
	14.0	14.0		14	14
		15.0			15
16.0	16.0	16.0	16	16	16
		17.0			17

续表

R10	R20	R40	R′10	R′20	R′40
	18.0	18.0		18	18
		19.0			19
20.0	20.0	20.0	20	20	20
		21.2			21
	22.4	22.4		22	22
		23.6			24
25.0	25.0	25.0	25	25	25
		26.5			26
	28.0	28.0		28	28
		30.0			30
31.5	31.5	31.5	32	32	32
		33.5			34
	35.5	35.5		36	36
		37.7			38
40.0	40.0	40.0	40	40	40
		42.5			42
	45.0	45.0		45	45
		47.5			48
50.0	50.0	50.0	50	50	50
		53.0			53
	56.0	56.0		56	56
		60.0			60
		63.0			63
		67.0		67	
	71.0	71.0		71	71
		75.0			75
80.0	80.0	80.0	80	80	80
		85.0			85
	90.0	90.0		90	90
		95.0			95
100.0	100.0	100.0	100	100	100
		106			105
	112	112		110	110
		118			120
125	125	125	125	125	125
		132			130

续表

R10	R20	R40	R′10	R′20	R′40
	140	140		140	140
		150			150
160	160	160	160	160	160
		170			170
	180	180		180	180
		190			190
200	200	200	200	200	200
	224	224		220	220
250	250	250	250	250	250
315	315	315	320	320	320

注：R′ 系列中的数值，是 R 系列相应各项数的化整数。

附录 A.2　公差与配合

附表 A.2　常用及优先用途轴的极限偏差（摘自 GB/T 1800.2—2009）　（单位：μm）

基本尺寸/mm		常用公差带														
		a	b	c	d	e	f	g	h							
大于	至	11	11	*11	*9	8	*7	*6	5	*6	*7	8	*9	10	11	12
-	3	-270	-140	-60	-20	-14	-6	-2	0	0	0	0	0	0	0	0
		-330	-200	-120	-45	-28	-16	-8	-4	-6	-10	-14	-25	-40	-60	-100
3	6	-270	-140	-70	-30	-20	-10	-4	0	0	0	0	0	0	0	0
		-345	-215	-145	-60	-38	-22	-12	-5	-8	-12	-18	-30	-48	-75	-120
6	10	-280	-150	-80	-40	-25	-13	-5	0	0	0	0	0	0	0	0
		-370	-240	-170	-76	-47	-28	-14	-6	-9	-15	-22	-36	-58	-90	-150
10	14	-290	-150	-95	-50	-32	-16	-6	0	0	0	0	0	0	0	0
14	18	-400	-260	-205	-93	-59	-34	-17	-8	-11	-18	-27	-43	-70	-110	-180
18	24	-300	-160	-110	-65	-40	-20	-7	0	0	0	0	0	0	0	0
24	30	-430	-290	-240	-117	-73	-41	-20	-9	-13	-21	-33	-52	-84	-130	-210
30	40	-310	-170	-120												
		-470	-330	-280	-80	-50	-25	-9	0	0	0	0	0	0	0	0
40	50	-320	-180	-130	-142	-89	-50	-25	-11	-16	-25	-39	-62	-100	-160	-250
		-480	-340	-290												
50	65	-340	-190	-140	-100	-60	-30	-10	0	0	0	0	0	0	0	0
		-530	-380	-330	-174	-106	-60	-29	-13	-19	-30	-46	-74	-120	-190	-300

续表

基本尺寸/mm		常用公差带														
		a	b	c	d	e	f	g	h							
大于	至	11	11	*11	*9	8	*7	*6	5	*6	*7	8	*9	10	11	12
65	80	-360 -550	-200 -390	-150 -340	-100 -174	-60 -106	-30 -60	-10 -29	0 -13	0 -19	0 -30	0 -46	0 -74	0 -120	0 -190	0 -300
80	100	-380 -600	-220 -440	-170 -390	-120 -207	-72 -126	-36 -71	-12 -34	0 -15	0 -22	0 -35	0 -54	0 -87	0 -140	0 -220	0 -350
100	120	-410 -630	-240 -460	-180 -400												
120	140	-460 -710	-260 -510	-200 -450	-145 -245	-85 -148	-43 -83	-14 -39	0 -18	0 -25	0 -40	0 -63	0 -100	0 -160	0 -250	0 -400
140	160	-520 -770	-280 -530	-210 -460												
160	180	-580 -830	-310 -560	-230 -480												
180	200	-660 -950	-340 -630	-240 -530	-170 -285	-100 -172	-50 -96	-15 -44	0 -20	0 -29	0 -46	0 -72	0 -115	0 -185	0 -290	0 -460
200	225	-740 -1030	-380 -670	-260 -550												

基本尺寸/mm		常用公差带												
		js	k	m	n	p	r	s	t	u	v	x	y	z
大于	至	6	*6	6	*6	*6	6	*6	6	*6	6	6	6	6
-	3	±3	+6 0	+8 +2	+10 +4	+12 +6	+16 +10	+20 +14	—	+24 +18	—	+26 +20	—	+32 +26
3	6	±4	+9 +1	+12 +4	+16 +8	+20 +12	+23 +15	+27 +19	—	+31 +23	—	+36 +28	—	+43 +35
6	10	±4.5	+10 +1	+15 +6	+19 +10	+24 +15	+28 +19	+32 +23	—	+37 +28	—	+43 +34	—	+51 +42
10	14	±5.5	+12 +1	+18 +7	+23 +12	+29 +18	+34 +23	+39 +28	—	+44 +33	—	+51 +40	—	+61 +50
14	18								—		+50 +39	+56 +45	—	+71 +60
18	24	±6.5	+15 +2	+21 +8	+28 +15	+35 +22	+41 +28	+48 +35	—	+54 +41	+60 +47	+67 +54	+76 +63	+86 +73
24	30								+54 +41	+61 +48	+68 +55	+77 +64	+88 +75	+101 +88

续表

基本尺寸/mm		常用公差带												
		js	k	m	n	p	r	s	t	u	v	x	y	z
大于	至	6	*6	6	*6	*6	6	*6	6	*6	6	6	6	6
30	40	±8	+18 +2	+25 +9	+33 +17	+42 +26	+50 +34	+59 +43	+64 +48	+76 +60	+84 +68	+96 +80	+110 +94	+128 +112
40	50								+70 +54	+86 +70	+97 +81	+113 +97	+130 +114	+152 +136
50	65	±9.5	+21 +2	+30 +11	+39 +20	+51 +32	+60 +41	+72 +53	+85 +66	+106 +87	+121 +102	+141 +122	+163 +144	+191 +172
65	80						+62 +43	+78 +59	+94 +75	+121 +102	+139 +120	+165 +146	+193 +174	+229 +210
80	100	±11	+25 +3	+35 +13	+45 +23	+59 +37	+73 +51	+93 +71	+113 +91	+146 +124	+168 +146	+200 +178	+236 +214	+280 +258
100	120						+76 +54	+101 +79	+126 +104	+166 +144	+194 +172	+232 +210	+276 +254	+332 +310
120	140	±12.5	+28 +3	+40 +15	+52 +27	+68 +43	+88 +63	+117 +92	+147 +122	+195 +170	+227 +202	+273 +248	+325 +300	+390 +365
140	160						+90 +65	+125 +100	+159 +134	+215 +190	+253 +228	+305 +280	+365 +340	+440 +415
160	180						+93 +68	+133 +108	+171 +146	+235 +210	+277 +252	+335 +310	+405 +380	+490 +465
180	200	±14.5	+33 +4	+46 +17	+60 +31	+79 +50	+106 +77	+151 +122	+195 +166	+265 +236	+313 +284	+379 +350	+454 +425	+549 +520
200	225						+109 +80	+159 +130	+209 +180	+287 +258	+339 +310	+414 +385	+499 +470	+604 +575

附表 A.3 常用及优先用途孔的极限偏差（摘自 GB/T 1800.2—2009） （单位：μm）

基本尺寸/mm		常用公差带													
		A	B	C	D	E	F	G	H						
大于	至	11	11	*11	*9	8	*8	*7	6	*7	*8	*9	10	*11	12
-	3	+330 +270	+200 +140	+120 +60	+45 +20	+28 +14	+20 +6	+12 +2	+6 0	+10 0	+14 0	+25 0	+40 0	+60 0	+100 0
3	6	+345 +270	+215 +140	+145 +70	+60 +30	+38 +20	+28 +10	+16 +4	+8 0	+12 0	+18 0	+30 0	+48 0	+75 0	+120 0
6	10	+370 +280	+240 +150	+170 +80	+76 +40	+47 +25	+35 +13	+20 +5	+9 0	+15 0	+22 0	+36 0	+58 0	+90 0	+150 0

续表

基本尺寸/mm		常用公差带													
		A	B	C	D	E	F	G	H						
大于	至	11	11	*11	*9	8	*8	*7	6	*7	*8	*9	10	*11	12
10	14	+400	+260	+205	+93	+59	+43	+24	+11	+18	+27	+43	+70	+110	+180
14	18	+290	+150	+95	+50	+32	+16	+6	0	0	0	0	0	0	0
18	24	+430	+290	+240	+117	+73	+53	+28	+13	+21	+33	+52	+84	+130	+210
24	30	+300	+160	+110	+65	+40	+20	+7	0	0	0	0	0	0	0
30	40	+470	+330	+280											
		+310	+170	+120	+142	+89	+64	+34	+16	+25	+39	+62	+100	+160	+250
40	50	+480	+340	+290	+80	+50	+25	+9	0	0	0	0	0	0	0
		+320	+180	+130											
50	65	+530	+380	+330											
		+340	+190	+140	+174	+106	+76	+40	+19	+30	+46	+74	+120	+190	+300
65	80	+550	+390	+340	+100	+60	+30	+10	0	0	0	0	0	0	0
		+360	+200	+150											
80	100	+600	+440	+390											
		+380	+220	+170	+207	+126	+90	+47	+22	+35	+54	+87	+140	+220	+350
100	120	+630	+460	+400	+120	+72	+36	+12	0	0	0	0	0	0	0
		+410	+240	+180											
120	140	+710	+510	+450											
		+460	+260	+200											
140	160	+770	+530	+460	+245	+148	+106	+54	+25	+40	+63	+100	+160	+250	+400
		+520	+280	+210	+145	+85	+43	+14	0	0	0	0	0	0	0
160	180	+830	+560	+480											
		+580	+310	+230											
180	200	+950	+630	+530											
		+660	+340	+240	+285	+172	+122	+61	+29	+46	+72	+115	+185	+290	+460
200	225	+1030	+670	+550	+170	+100	+50	+15	0	0	0	0	0	0	0
		+740	+380	+260											

基本尺寸/mm															
		JS		K			M	N		P		R	S	T	U
大于	至	6	7	6	*7	8	7	6	7	6	*7	7	*7	7	*7
-	3	±3	±5	0	0	0	-2	-4	-4	-6	-6	-10	-14	—	-18
				-6	-10	-14	-12	-10	-14	-12	-16	-20	-24		-28
3	6	±4	±6	+2	+3	+5	0	-5	-4	-9	-8	-11	-15	—	-19
				-6	-9	-13	-12	-13	-16	-17	-20	-23	-27		-31

续表

基本尺寸/mm		JS		K			M	N		P		R	S	T	U
大于	至	6	7	6	*7	8	7	6	7	6	*7	7	*7	7	*7
6	10	±4.5	±7	+2 -7	+5 -10	+6 -16	0 -15	-7 -16	-4 -19	-12 -21	-9 -24	-13 -28	-17 -32	—	-22 -37
10	14	±5.5	±9	+2 -9	+6 -12	+8 -19	0 -18	-9 -20	-5 -23	-15 -26	-11 -29	-16 -34	-21 -39	—	-26 -44
14	18														
18	24	±6.5	±10	+2 -11	+6 -15	+10 -23	0 -21	-11 -24	-7 -28	-18 -31	-14 -35	-20 -41	-27 -48	—	-33 -54
24	30													-33 -54	-40 -61
30	40	±8	±12	+3 -13	+7 -18	+12 -27	0 -25	-12 -28	-8 -33	-21 -37	-17 -42	-25 -50	-34 -59	-39 -64	-51 -76
40	50													-45 -70	-61 -86
50	65	±9.5	±15	+4 -15	+9 -21	+14 -32	0 -30	-14 -33	-9 -39	-26 -45	-21 -51	-30 -60	-42 -72	-55 -85	-76 -106
65	80											-32 -62	-48 -78	-64 -94	-91 -121
80	100	±11	±17	+4 -18	+10 -25	+16 -38	0 -35	-16 -38	-10 -45	-30 -52	-24 -59	-38 -73	-58 -93	-78 -113	-111 -146
100	120											-41 -76	-66 -101	-91 -126	-131 -166
120	140	±12.5	±20	+4 -21	+12 -28	+20 -43	0 -40	-20 -45	-12 -52	-36 -61	-28 -68	-48 -88	-77 -117	-107 -147	-155 -195
140	160											-50 -90	-85 -125	-119 -159	-175 -215
160	180											-53 -93	-93 -133	-131 -171	-195 -235
180	200	±14.5	±23	+5 -24	+13 -33	+22 -50	0 -46	-22 -51	-14 -60	-41 -70	-33 -79	-60 -106	-105 -151	-149 -195	-219 -265
200	225											-63 -109	-113 -159	-163 -209	-241 -287

附录 A.3 常用螺纹

1. 普通螺纹

标记示例：

M10-6g（粗牙普通外螺纹、公称直径 d=10、右旋、中径及顶径公差带代号均为 6g、中

等旋合长度）

M10×1LH-6H-L（细牙普通内螺纹、公称直径 D=10mm、螺距 P=1mm、左旋、中径及小径公差带代号均为 6H、长旋合长度）

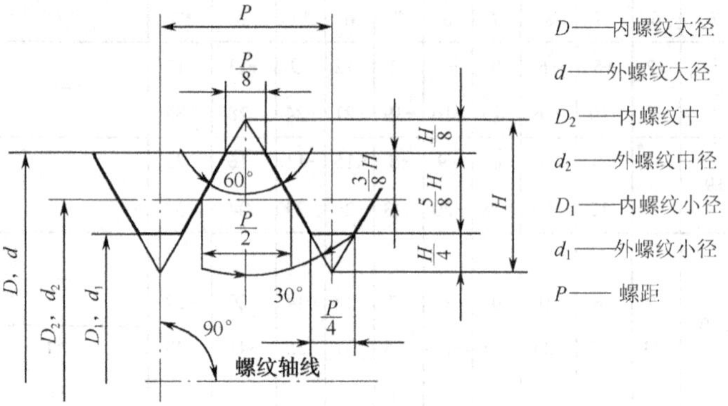

附图 A.1　普通螺纹公称直径、螺距和基本尺寸

附表 A.4　常见螺纹尺寸（摘自 GB/T 193—2003，GB/T 196—2003）　（单位：mm）

公称直径 D，d		螺距 P		中径	小径	公称直径 D，d		螺距 P		中径	小径
第一系列	第二系列	粗牙	细牙	D_2，d_2	D_1，d_1	第一系列	第二系列	粗牙	细牙	D_2，d_2	D_1，d_1
4		0.7		3.545	3.242	16		2		14.701	13.835
			0.5	3.675	3.459				1.5	15.026	14.376
	4.5	(0.75)		4.013	3.688				1	15.350	14.917
			0.5	4.175	3.959		18	2.5		16.376	15.294
5		0.8		4.480	4.134				2	16.701	15.835
			0.5	4.675	4.459				1.5	17.026	16.376
6		1		5.350	4.917				1	17.350	16.917
			0.75	5.513	5.188	20		2.5		18.376	17.294
8		1.25		7.188	6.647				2	18.701	17.835
			1	7.350	6.917				1.5	19.026	18.376
			0.75	7.513	7.188				1	19.350	18.917
10		1.5		9.026	8.376		22	2.5		20.376	19.294
			1.25	9.188	8.647				2	20.701	19.835
			1	9.350	8.917				1.5	21.026	20.376
			0.75	9.513	9.188				1	21.350	20.917
12		1.75		10.863	10.106	24		3		22.051	20.752
			1.5	11.026	10.376				2	22.701	21.835
			1.25	11.188	10.647				1.5	23.026	22.376
			1	11.350	10.917				1	23.350	22.917
	14	2		12.701	11.835		27	3		25.051	23.752
			1.5	13.026	12.376				2	25.701	24.835
			(1.25)	13.188	12.647				1.5	26.026	25.376
			1	13.350	12.917				1	26.350	25.917

注：本表节选于标准，优先选用第一系列，括号内尺寸尽可能不用。

2. 管螺纹

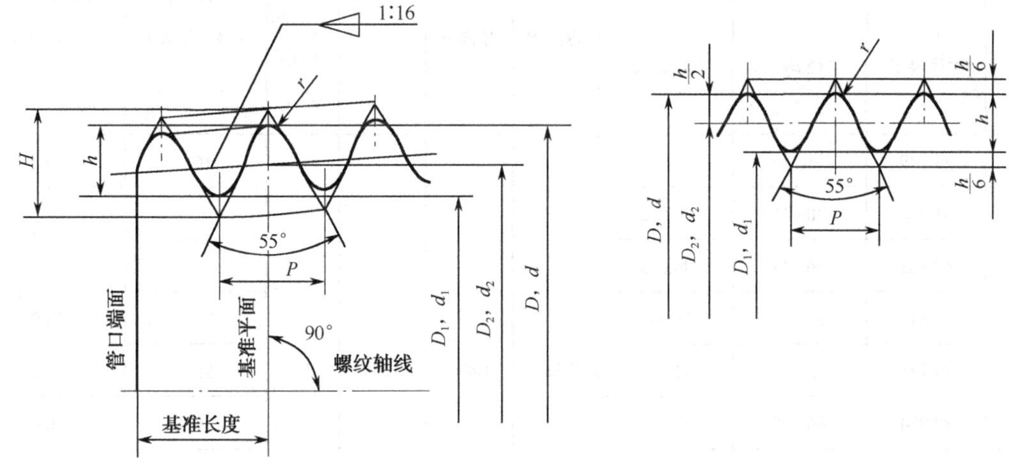

（a）用螺纹密封的管螺纹　　（b）非螺纹密封的管螺纹

附图 A.2　管螺纹

标记示例：

R$1^1/_2$（尺寸代号 $1^1/_2$，右旋，圆锥外螺纹）　G$1^1/_2$-LH（尺寸代号 $1^1/_2$，左旋，内螺纹）

$R_c1^1/_4$-LH（尺寸代号 $1^1/_4$，左旋，圆锥内螺纹）　G$1^1/_4$A（尺寸代号 $1^1/_4$，A 级，右旋，外螺纹）

R_p2（尺寸代号 2，右旋，圆柱内螺纹）　G2B-LH（尺寸代号 2，B 级，左旋，外螺纹）

附表 A.5　管螺纹基本尺寸（摘自 GB/T 7306—2000、GB/T 7307—2001）　（单位：mm）

尺寸代号	基本直径			螺距 P	牙高 h	圆弧半径 r	每 25.4mm 内的牙数 n	有效螺纹长度（GB/T 7306）	基准长度（GB/T 7306）
	大径 $d=D$	中径 $d_2=D_2$	小径 $d_1=D_1$						
1/16	7.723	7.142	6.561	0.907	0.518	0.125	28	6.5	4.0
1/8	9.728	9.147	8.566						
1/4	13.157	12.301	11.445	1.337	0.856	0.184	19	9.7	6.0
3/8	16.662	15.806	14.950					10.1	6.4
1/2	20.995	19.793	18.631	1.814	1.162	0.249	14	13.2	8.2
3/4	26.441	25.279	24.117					14.5	9.5

续表

尺寸代号	基本直径			螺距 P	牙高 h	圆弧半径 r	每 25.4mm 内的牙数 n	有效螺纹长度（GB/T 7306）	基准长度（GB/T 7306）
	大径 d=D	中径 d_2=D_2	小径 d_1=D_1						
1	33.249	31.770	30.291					16.8	10.4
$1\frac{1}{4}$	41.910	40.431	38.952					19.1	12.7
$1\frac{1}{2}$	47.803	46.324	44.845						
2	59.614	58.135	56.656					23.4	15.9
$2\frac{1}{2}$	75.184	73.705	72.226	2.309	1.479	0.317	11	26.7	17.5
3	87.884	86.405	84.926					29.8	20.6
4	113.03	111.551	110.072					35.8	25.4
5	138.430	136.951	135.472					40.1	28.6
6	163.830	162.351	160.872						

3. 梯形螺纹

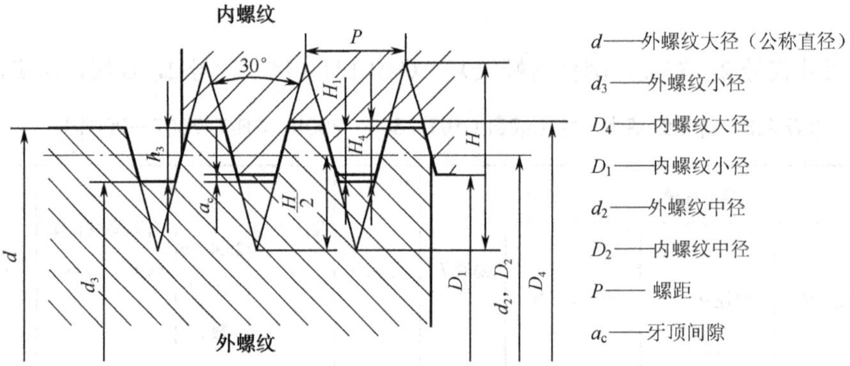

附图 A.3　梯形螺纹公称直径、螺距和基本尺寸

标记示例：

Tr 40×7-7H（单线梯形内螺纹、公称直径 d=40、螺距 P=7、右旋、中径公差带代号为 7H、中等旋合长度）

Tr 60×18（P9）LH-8e-L（双线梯形外螺纹、公称直径 D=60、导程 S=18、螺距 P=9、左旋、中径公差带代号为 8e、长旋合长度）

附表 A.6 梯形螺纹基本尺寸（摘自 GB/T 5796.1～5796.4—2005） （单位：mm）

梯形螺纹的基本尺寸													
d 公称系列		螺距 *P*	中径	大径 D_4	小径		*d* 公称系列		螺距	中径	大径	小径	
第一系列	第二系列		d_2=D_2		d_3	D_1	第一系列	第二系列	*P*	d_2=D_2	D_4	d_3	D_1
8	—	1.5	7.25	8.3	6.2	6.5	32	—		29	33	25	26
—	9		8	9.5	6.5	7	—	34	6	31	35	27	28
10	—	2	9	10.5	7.5	8	36	—		33	37	29	30
—	11		10	11.5	8.5	9	—	38		34.5	39	30	31
12	—	3	10.5	12.5	8.5	9	40	—	7	36.5	41	32	33
—	14		12.5	14.5	10.5	11	—	42		38.5	43	34	35
16	—		14	16.5	11.5	12	44	—		40.5	45	36	37
—	18	4	16	18.5	13.5	14	—	46		42	47	37	38
20	—		18	20.5	15.5	16	48	—	8	44	49	39	40
—	22		19.5	22.5	16.5	17	—	50		46	51	41	42
24	—	5	21.5	24.5	18.5	19	52	—		48	53	43	44
—	26		23.5	26.5	20.5	21	—	55	9	50.5	56	45	46
28	—		25.5	28.5	22.5	23	60	—		55.5	61	50	51
—	30	6	27	31.0	23.0	24	—	65	10	60.0	66	54	55

注：（1）优先选用第一系列的直径。

（2）表中所列的螺距和直径，是优先选择的螺距及与之对应的直径。

附录 A.4 常用螺纹紧固件

1. 六角头螺栓

六角头螺栓—A 和 B 级（GB/T 5782—2016）

六角头螺栓—全螺栓—A 和 B 级（GB/T 5783—2016）

六角头螺栓—细牙—A 和 B 级（GB/T 5785—2016）

六角头螺栓—细牙—全螺栓—A 和 B 级（GB/T 5786—2016）

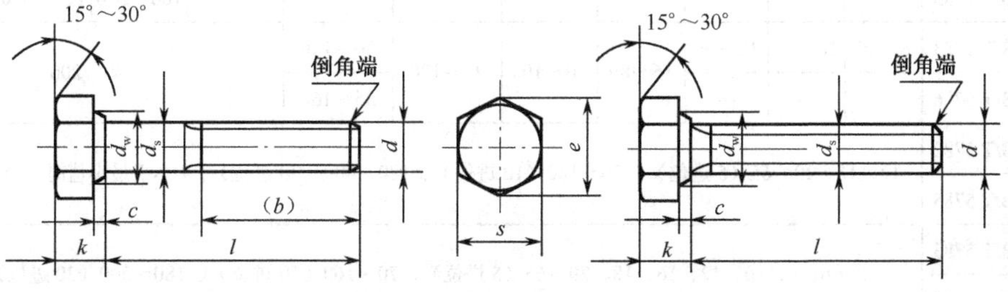

附图 A.4 六角头螺栓

标记示例：

螺栓：GB/T 5782 M12×80（螺纹规格 *d*=M12、公称长度 *l*=80mm、性能等级为 8.8、表

面氧化、产品等级为 A 的六角头螺栓）

螺栓：GB/T 5783　M12×80（螺纹规格 *d*=M12、公称长度 *l*=80mm、性能等级为 8.8、表面氧化、全螺纹、产品等级为 A 的六角头螺栓）

附表 A.7　六角头螺栓基本尺寸　（单位：mm）

螺纹规格		M4	M5	M6	M8	M10	M12	M16	M20	M24	M30	M36
螺纹规格	$d\times P$	—	—	—	M8×1	M10×1	M12×1.5	M16×1.5	M20×2	M24×2	M30×2	M36×3
$b_{参考}$	$l\leqslant125$	14	16	18	22	26	30	38	46	54	66	—
$b_{参考}$	$125<l\leqslant200$	20	22	24	28	32	36	44	52	60	72	84
$b_{参考}$	$l>200$	33	35	37	41	45	49	57	65	73	85	97
c	max	0.40	0.50		0.60			0.8				
c	min	0.15	0.15		0.15			0.2				
d_{amax}		4.7	5.7	6.8	9.2	11.2	13.7	17.7	22.4	26.4	33.4	39.4
d_s	A	3.82	4.82	5.82	7.78	9.78	11.73	15.73	19.67	23.67	—	—
d_s	B	3.70	4.70	5.70	7.64	9.64	11.57	15.57	19.48	23.48	29.48	35.38
d_w	A	5.88	6.88	8.88	11.63	14.63	16.63	22.49	28.19	33.61	—	—
d_w	B	5.74	6.74	8.74	11.47	14.47	16.47	22	27.7	33.25	42.75	51.11
e	A	7.66	8.79	11.05	14.38	17.77	20.03	26.75	33.53	39.98	—	—
e	B	7.50	8.63	10.89	14.20	17.59	19.85	26.17	32.95	39.55	50.85	60.79
k	公称	2.8	3.5	4	5.3	6.4	7.5	10	12.5	15	18.7	22.5
k	A max	2.925	3.65	4.15	5.45	6.58	7.68	10.18	12.715	15.215	—	—
k	A min	2.675	3.35	3.85	5.15	6.22	7.32	9.82	12.285	14.785	—	—
k	B max	3.0	3.74	4.24	5.54	6.69	7.79	10.29	12.85	15.35	19.12	22.92
k	B min	2.60	3.26	3.76	5.06	6.11	7.21	9.71	12.15	14.65	18.28	22.08
s	公称	7	8	10	13	16	18	24	30	36	46	55
s	A	6.78	7.78	9.78	12.73	15.73	17.73	23.67	29.67	35.38	—	—
s	B	6.64	7.64	9.64	12.57	15.57	17.57	23.16	29.16	35.00	45	53.8
$L_{范围}$	GB/T 5782	25～40	25～50	30～60	40～80	45～100	50～120	65～160	80～200	90～240	110～300	140～360
$L_{范围}$	GB/T 5785									100～240	120～300	140～300
$L_{范围}$	GB/T 5783	8～40	10～50	12～60	16～80	20～100	25～120	30～150	40～200			
$L_{范围}$	GB/T 5786	—	—	—				35～160				
$l_{系列}$	GB/T 5782	12、16、20～65（5 进位）、70～160（10 进位）、180～400（20 进位）；l 小于最小值时，全长制螺纹										
$l_{系列}$	GB/T 5785											
$l_{系列}$	GB/T 5783	6、8、10、12、16、18、20～65（5 进位）、70～160（10 进位）、180～500（20 进位）										
$l_{系列}$	GB/T 5786											

注：（1）*P*：螺距。

（2）螺纹公差：6g；机械性能等级：5.6、8.8、10.9。

（3）产品等级：A 级用于 d=1.6～24mm 和 $l\leqslant10d$ 或 $l\leqslant150$mm（按较小值）；B 级用于 $d>24$mm 或 $l>10d$ 或 $l>150$mm（按较小值）的螺栓。

2. 双头螺柱

$d_{smax}=d$　　　　　　　　　　d_s≈螺纹中径

$b_m=1d$（GB/T 897—1988）；$b_m=1.25d$（GB/T 898—1988）；$b_m=1.5d$（GB/T 899—1988）；$b_m=2d$（GB/T 900—1988）

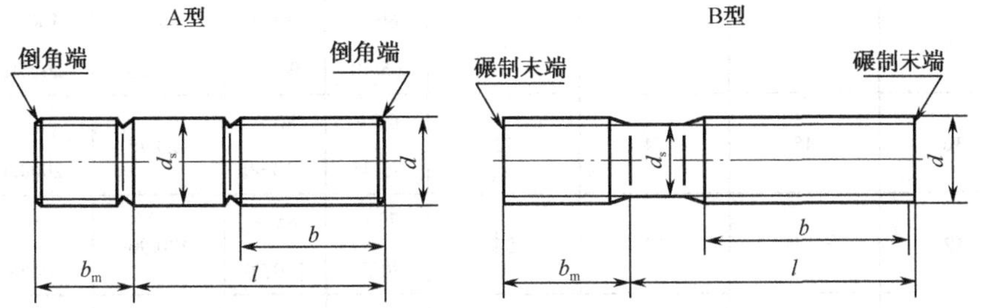

附图 A.5　双头螺柱

标记示例：

螺柱：GB/T 900—1988　M10×50（两端均为粗牙普通螺纹、d=10mm、l=50mm、性能等级为 4.8、不经表面处理、A 型、$b_m=2d$ 的双头螺柱）

螺柱：GB/T 900—1988　AM10-M10×1×50（旋入机体一端为粗牙普通螺纹、旋螺母端为螺距 P=1mm 的细牙普通螺纹、d=10mm、l=50mm、性能等级为 4.8、不经表面处理、A 型、$b_m=2d$ 的双头螺柱）

附表 A.8　双头螺柱基本尺寸　　（单位：mm）

螺纹规格 d	b_m（旋入机体端长度）				l/b（螺柱长度/旋螺母端长度）				
	GB/T 897	GB/T 898	GB/T 899	GB/T 900					
M4	—	—	6	8	16～22/8	25～40/14			
M5	5	6	8	10	16～22/10	25～50/16			
M6	6	8	10	12	20～22/10	25～30/14	32～75/18		
M8	8	10	12	16	20～22/12	25～30/16	32～90/22		
M10	10	12	15	20	25～28/14	30～38/16	40～120/26	130/32	
M12	12	15	18	24	25～30/14	32～40/16	45～120/26	130～180/36	
M16	16	20	24	32	30～38/16	40～55/22	60～120/30	130～200/36	
M20	20	25	30	40	35～40/20	45～65/30	70～120/38	130～200/44	

续表

螺纹规格 d	b_m（旋入机体端长度）				l/b（螺柱长度/旋螺母端长度）				
	GB/T 897	GB/T 898	GB/T 899	GB/T 900					
M24	24	30	36	48	45～50/25	55～75/35	80～120/46	130～200/52	
M30	30	38	45	60	60～65/40	70～90/50	95～120/66	130～200/72	210～250/85
M36	36	45	54	72	65～75/45	80～110/60	120/78	130～200/84	210～300/97
M42	42	52	63	84	70～80/50	85～110/70	120/90	130～200/96	210～300/109
M48	48	60	72	96	80～90/60	95～110/80	120/102	130～200/108	210～300/121
$l_{系列}$	12、（14）、16、（18）、20、（22）、30、（32）、35、（38）、40、45、50、55、60、（65）、70、75、80、（85）、90、（95）、100～260（10 进制）、280、300								

注：（1）括号内的规格尽可能不用。

（2）$b_m=1d$，一般用于钢对钢；$b_m=(1.25～1.5)d$，一般用于钢对铸铁；$b_m=2d$，一般用于钢对铝合金。

3. 螺钉

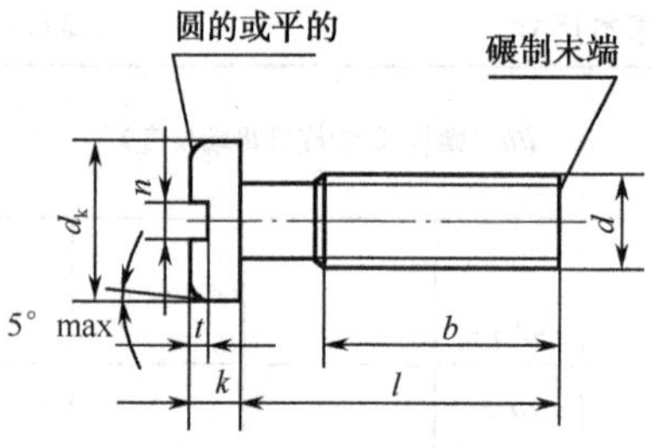

（a）开槽圆柱头螺钉（GB/T 65—2016）

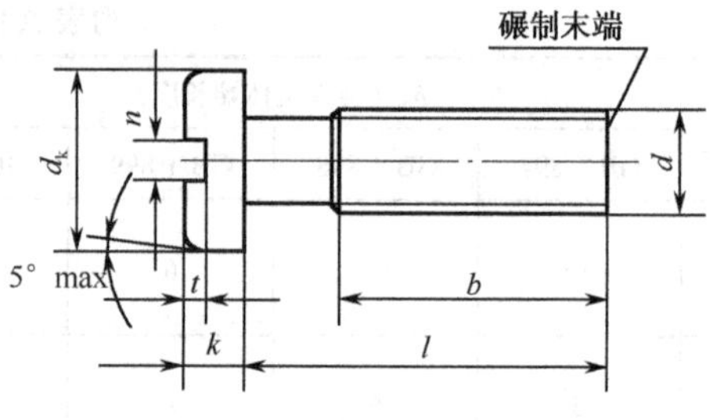

（b）开槽盘头螺钉（GB/T 67—2016）

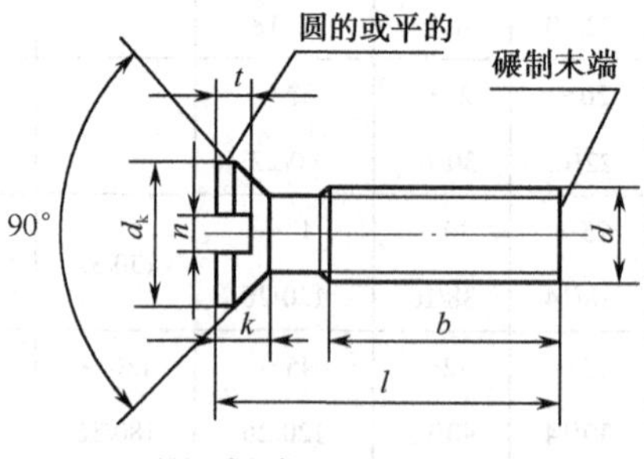

（c）开槽沉头螺钉（GB/T 68—2016）

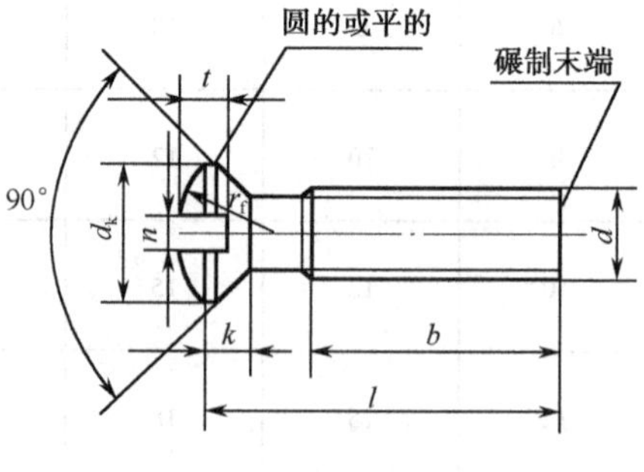

（d）开槽盘头螺钉（GB/T 69—2016）

附图 A.6　螺钉

无螺纹部分杆径≈中径或=螺纹大径

标记示例：　螺钉　GB/T 65　M5×20

（螺纹规格 d=M5、公称长度 l=20mm、性能等级为 4.8、不经表面处理的 A 级开槽圆柱头螺钉）

附表 A.9 螺钉基本尺寸

（单位：mm）

螺纹规格 d	p	b_{min}	n 公称	r_f	k_{max}			d_{kmax}			t_{min}				l 范围	
				GB/T 69	GB/T 65	GB/T 67	GB/T 68 GB/T 69	GB/T 65	GB/T 67	GB/T 68 GB/T 69	GB/T 65	GB/T 67	GB/T 68	GB/T 69	GB/T 65 GB/T 67	GB/T 68 GB/T 69
M3	0.5	25	0.8	6	2	1.8	1.65	5.5	5.6	5.5	0.85	0.7	0.6	1.2	4～30	5～30
M4	0.7	38	1.2	9.5	2.6	2.4	2.7	7	8	8.4	1.1	1	1	1.6	5～40	6～40
M5	0.8	38	1.2	9.5	3.3	3	2.7	8.5	9.5	9.3	1.3	1.2	1.1	2	6～50	8～50
M6	1	38	1.6	12	3.9	3.6	3.3	10	12	11.3	1.6	1.4	1.2	2.4	8～60	
M8	1.25	38	2	16.5	5	4.8	4.65	13	16	15.8	2	1.9	1.8	3.2	10～80	
M10	1.5	38	2.5	19.5	6	6	5	16	20	18.3	2.4	2.4	2	3.8	12～80	
l 系列			4、5、6、8、10、12、（14）、16、20、25、30、35、40、50、（55）、60、（65）、70、（75）、80													

注：螺纹公差为 6g；机械性能等级为 4.8、5.8；产品等级为 A。

4. 紧定螺钉

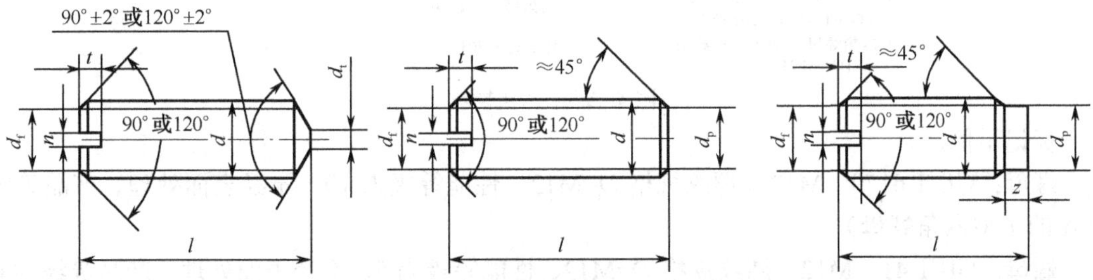

开槽锥端紧定螺钉（摘自GB/T 71—2018）　开槽平端紧定螺钉（摘自GB/T 73—2017）　开槽长圆柱端紧定螺钉（摘自GB/T75—2018）

附图 A.7 紧定螺钉

标记示例：

螺钉：GB/T 71 M5×20（螺纹规格 d=M5、公称长度 l=20mm、性能等级为 14H、表面氧化的开槽锥端紧定螺钉）

附表 A.10 紧定螺钉基本尺寸

（单位：mm）

螺纹规格 d	P	d_f	d_{tmax}	d_{pmax}	n 公称	t_{max}	z_{max}	l 范围		
								GB71	GB73	GB75
M2	0.4	螺纹小径	0.2	1	0.25	0.84	1.25	3～10	2～10	3～10
M3	0.5		0.3	2	0.4	1.05	1.75	4～16	3～16	5～16
M4	0.7		0.4	2.5	0.6	1.42	2.25	6～20	4～20	6～20

续表

螺纹规格 d	P	d_f	d_{tmax}	d_{pmax}	$n_{公称}$	t_{max}	z_{max}	$l_{范围}$		
								GB71	GB73	GB75
M5	0.8	螺纹小径	0.5	3.5	0.8	1.63	2.75	8～25	5～25	8～25
M6	1		1.5	4	1	2	3.25	8～30	6～30	8～30
M8	1.25		2	5.5	1.2	2.5	4.3	10～40	8～40	10～40
M10	1.5		2.5	7	1.6	3	5.3	12～50	10～50	12～50
M12	1.75		3	8.5	2	3.6	6.3	14～60	12～60	14～60
$l_{系列}$	2、2.5、3、4、5、6、8、10、12、（14）、16、20、25、30、35、40、45、50、55、60									

注：螺纹公差为 6g；机械性能等级为 14H、22H；产品等级为 A。

5. 六角螺母

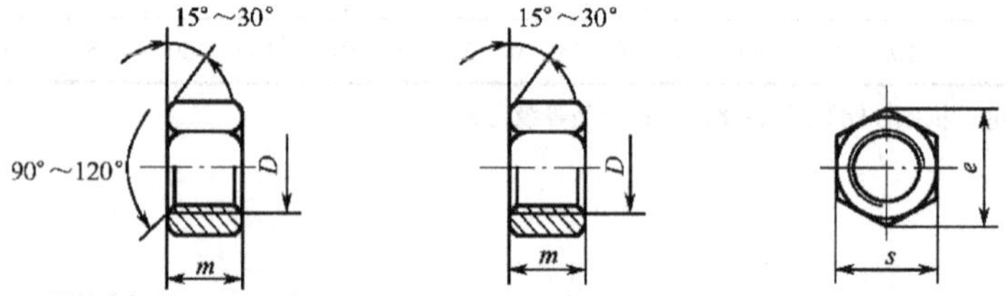

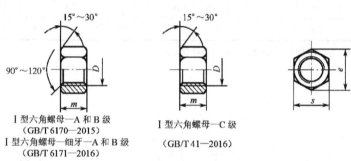

Ⅰ型六角螺母—A 和 B 级（GB/T 6170—2015）

Ⅰ型六角螺母—细牙—A 和 B 级（GB/T 6171—2016）

Ⅰ型六角螺母—C 级（GB/T 41—2016）

附图 A.8　六角螺母

标记示例：

螺母：GB/T 6170　M12（螺纹规格 D=M12、性能等级为 10、不经表面处理、产品等级为 A 的Ⅰ型六角螺母）

螺母：GB/T 41　M12（螺纹规格 D=M12、性能等级为 5、不经表面处理、产品等级为 C 的Ⅰ型六角螺母）

附表 A.11　六角螺母基本尺寸　（单位：mm）

螺纹规格	D	M4	M5	M6	M8	M10	M12	M16	M20	M24	M30	M36	M42
	$D×P$	—	—	—	M8×1	M10×1	M12×1.5	M16×1.5	M20×1.5	M24×2	M30×2	M36×3	M42×3
s_{max}		7	8	10	13	16	18	24	30	36	46	55	65
e_{min}	GB/T6170 GB/T6171	7.66	8.79	11.05	14.38	17.77	20.03	26.75	32.95	39.55	50.85	60.79	71.3
	GB/T41	—	8.63	10.89	14.2	17.59	19.85	26.17					
m_{max}	GB/T6170 GB/T6171	3.2	4.7	5.2	6.8	8.4	10.8	14.8	18	21.5	25.6	31	34
	GB/T41	—	5.6	6.4	7.9	9.5	12.2	15.9	19	22.3	26.4	31.9	34.9

注：（1）P：螺距。

（2）A 级用于 D≤16 的螺母；B 级用于 D>16 的螺母；C 级用于 D≥5 的螺母。

（3）螺纹公差：A、B 级为 6H，C 级为 7H；机械性能等级：A、B 级为 6、8、10，C 级为 5。

6. 垫圈

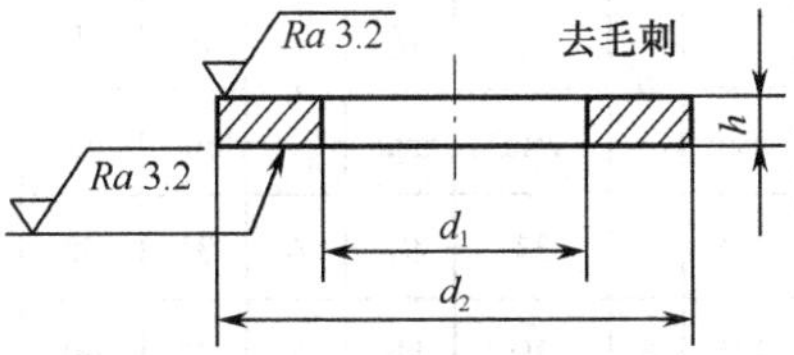

小垫圈—A 级（摘自 GB/T 848—2002）

平垫圈—A 级（摘自 GB/T 97.1—2002）

平垫圈—C 级（摘自 GB/T 95—2002）

大垫圈—A 级和 C 级（摘自 GB/T 96—2002）

特大垫圈—C 级（摘自 GB/T 5287—2002）

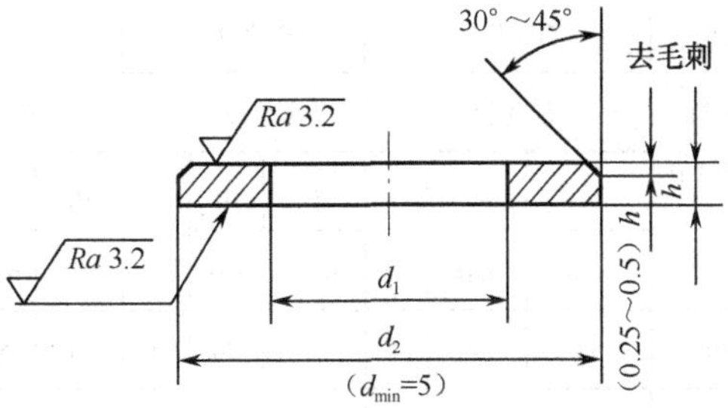

平垫圈　倒角型—A 级（摘自 GB/T 97.2—2002）

附图 A.9　垫圈

标记示例：

垫圈：GB/T 97.1—2002　8　140HV（标准系列、公称尺寸 d=8mm、性能等级为 140HV、不经表面处理的平垫圈）

垫圈：GB/T 97.2　8　100HV（标准系列、公称尺寸 d=8mm、性能等级为 100HV、倒角型、不经表面处理的平垫圈）

附表 A.12　垫圈基本尺寸　（单位：mm）

公称尺寸（螺纹规格）d	标准系列									特大系列			大系列			小系列		
	GB/T 95（C 级）			GB/T 97.1（A 级）			GB/T 97.2（A 级）			GB/T 5287（A 级）			GB/T 96（A 和 C 级）			GB/T 848（A 级）		
	d_1 min	d_2 max	h	d_1 min	d_2 max	h	d_1 min	d_2 max	h	d_1 min	d_2 max	h	d_1 min	d_2 max	h	d_1 min	d_2 max	h
4	—	—	—	4.3	9	0.8	—	—	—	—	—	—	4.3	12	1	4.3	8	0.5
5	5.5	10	1	5.3	10	1	5.3	10	1	5.5	18	2	5.3	15	1.2	5.3	9	1
6	6.6	12	1.6	6.4	12	1.6	6.4	12	1.6	6.6	22		6.4	18	1.6	6.4	11	1.6
8	9	16		8.4	16		8.4	16		9	28	3	8.4	24	2	8.4	15	
10	11	20	2	10.5	20	2	10.5	20	2	11	34		10.5	30	2.5	10.5	18	
12	13.5	24	2.5	13	24	2.5	13	24	2.5	13.5	44	4	13	37	3	13	20	2
14	15.5	28		15	28		15	28		15.5	50		15	44		15	24	2.5
16	17.5	30	3	17	30	3	17	30	3	17.5	56	5	17	50		17	28	
20	22	37		21	37		21	37		22	72	6	22	60	4	21	34	3
24	26	44	4	25	44	4	25	44	4	26	85		26	72	5	25	39	4

续表

公称尺寸（螺纹规格）d	标准系列									特大系列			大系列			小系列		
	GB/T 95			GB/T 97.1			GB/T 97.2			GB/T 5287			GB/T 96			GB/T 848		
	（C 级）			（A 级）			（A 级）			（A 级）			（A 和 C 级）			（A 级）		
	d_1	d_2	h	d_1	d_2	h	d_1	d_2	h	d_1	d_2	h	d_1	d_2	h	d_1	d_2	h
	min	max		min	max		min	max		min	max		min	max		min	max	
30	33	56	4	31	56	4	31	56	4	33	105	4	33	92	6	31	50	4
36	39	66	5	37	66	5	37	66	5	39	125	8	39	110	8	37	60	5
42	45	78	8	—	—	—	—	—	—	—	—	—	45	125	10	—	—	—
48	52	92		—	—	—	—	—	—	—	—	—	52	145		—	—	—

注：（1）A 级适用于精装配系列，C 级适用于中等装配系列。

（2）C 级垫圈没有 *Ra*3.2 和去毛刺的要求。

（3）GB/T 848—2002 主要用于圆柱头螺钉，其他用于标准的六角螺栓、螺母和螺钉。

7. 标准型弹簧垫圈

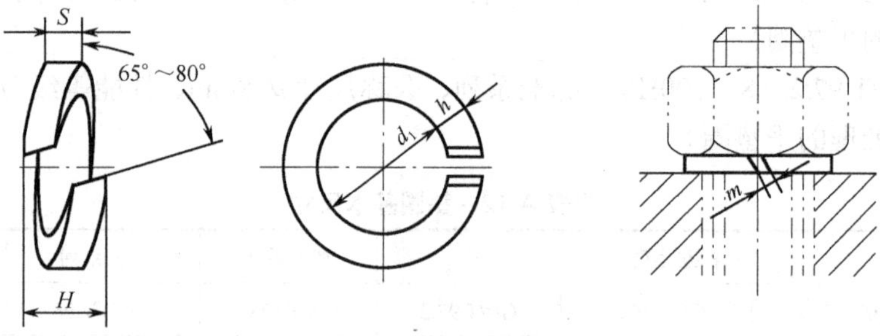

附图 A.10　标准型弹簧垫圈

标记示例：

垫圈：GB/T 93—1987　10（规格为公称尺寸 d=10mm、材料为 65Mn、表面氧化处理的标准型弹簧垫圈）

表 A.13　标准型弹簧垫圈基本尺寸（摘自 GB/T 93—1987）　（单位：mm）

规格（螺纹大径）	4	5	6	8	10	12	16	20	24	30	36	42	48
$d_{1\ min}$	4.1	5.1	6.1	8.1	10.2	12.2	16.2	20.2	24.5	30.5	36.5	42.5	48.5
$S=b_{公称}$	1.1	1.3	1.6	2.1	2.6	3.1	4.1	5	6	7.5	9	10.5	12
$m\leqslant$	0.55	0.65	0.8	1.05	1.3	1.55	2.05	2.5	3	3.75	4.5	5.25	6
h_{max}	2.75	3.25	4	5.25	6.5	7.75	10.25	12.5	15	18.75	22.5	26.25	30

注：*m* 应大于零。

附录 A.5　键和销

1. 普通圆柱销

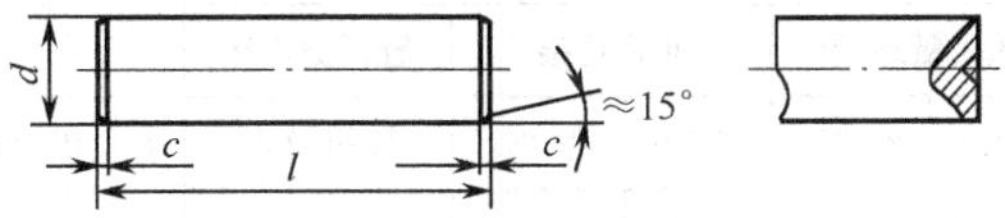

附图 A.11　普通圆柱销

标记示例：

销：GB/T 119.2—2000　6×30（公称直径 d=6mm、公差为 m6、公称长度 l=30mm、材料为钢、普通淬火、A 型、表面氧化处理的圆柱销）

销：GB/T 119.2—2000　6×30—C1（公称直径 d=6mm、公差为 m6、公称长度 l=30mm、材料为 C1 组马氏体不锈钢、表面简单处理的圆柱销）

表 A-14　普通圆柱销基本尺寸（摘自 GB/T 119.2—2000）　（单位：mm）

d（公称）m6/h8	2	3	4	5	6	8	10	12	16	20
$c\approx$	0.35	0.5	0.63	0.8	1.2	1.6	2	2.5	3	3.5
$l_{范围}$	5～20	8～30	10～40	12～50	14～60	18～80	22～100	26～100	40～100	50～100
$l_{系列}$（公称）	5、6、8、10、12、14、16、18、20、22、24、26、28、30、32、35、40、45、50、55、60、65、70、75、80、85、90、95、100									

2. 普通平键及键槽的尺寸

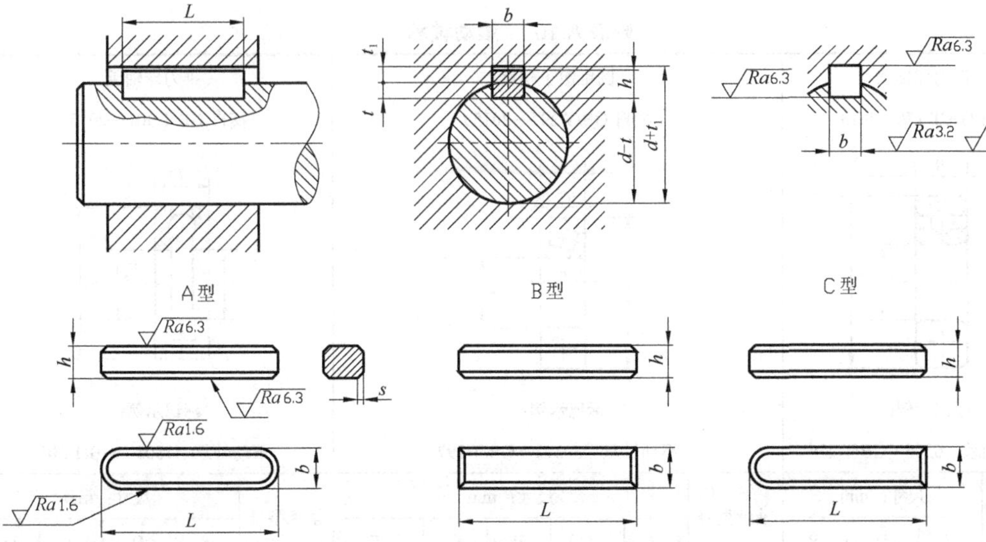

附图 A.12　普通平键

标记示例：

键：B16×10×100　GB/T 1096—2003（平头普通平键（B 型）、b=16mm、h=10mm、L=100mm）

附表 A.15　普通平键及键槽的尺寸（摘自 GB/T1095—2003、GB/T1096—2003）　（单位：mm）

轴径 *d*（参考）	键的公称尺寸			键槽											
				宽度 *b*						深度				倒角或倒圆 *s*	
				b	极限偏差					轴		毂			
	b	*h*	*L*		较松键连接		正常连接		较紧键连接						
					轴 H9	毂 D10	轴 N9	毂 JS9	轴和毂 P9	*t*	极限偏差	t_1	极限偏差	最小	最大
6～8	2	2	6～20	2	+0.025	+0.060	−0.004	±0.0125	−0.006	1.2	+0.10	1	+0.10	0.16	0.25
>8～10	3	3	6～36	3	0	+0.020	−0.029		−0.031	1.8		1.4			
>10～12	4	4	8～45	4	+0.030	+0.078	0	±0.015	−0.012	2.5		1.8			
>12～17	5	5	10～56	5	0	+0.030	−0.030		−0.042	3.0		2.3		0.25	0.40
>17～22	6	6	14～70	6						3.5		2.8			
>22～30	8	7	18～90	8	+0.036	+0.098	0	±0.018	−0.015	4.0	+0.20	3.3	+0.20		
>30～38	10	8	22～110	10	0	+0.040	−0.036		−0.051	5.0		3.3		0.40	0.60
>38～44	12	8	28～140	12	+0.043	+0.120	0	±0.0215	−0.018	5.0		3.3			
>44～50	14	9	36～160	14	0	+0.050	−0.043		−0.061	5.5		3.8			
>50～58	16	10	45～180	16						6.0		4.3			
>58～65	18	11	50～200	18						7.0		4.4			
L 系列	6、8、10、12、14、18、20、22、25、28、32、36、40、45、50、56、63、70、80、90、100、110、125、140、160、180、200、220、250														

注：（$d-t$）和（$d+t_1$）的极限偏差按相应的 t 和 t_1 的极限偏差选取，但（$d-t$）的极限偏差值应取负号。

附录 A.6　滚动轴承

附表 A.16　滚动轴承

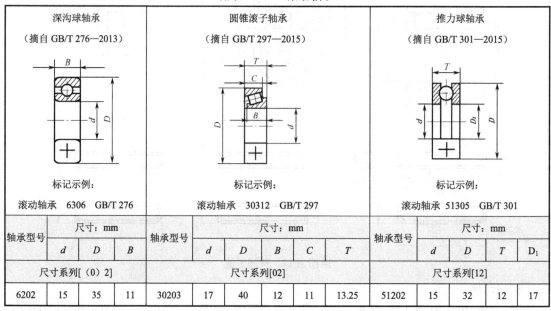

深沟球轴承（摘自 GB/T 276—2013）

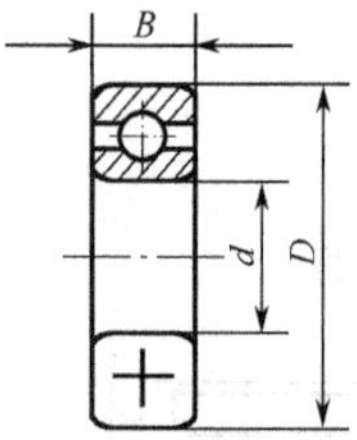

标记示例：

滚动轴承　6306　GB/T 276

圆锥滚子轴承（摘自 GB/T 297—2015）

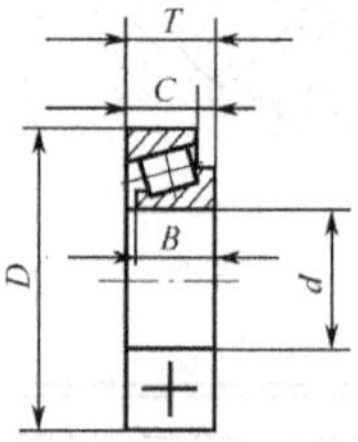

标记示例：

滚动轴承　30312　GB/T 297

推力球轴承（摘自 GB/T 301—2015）

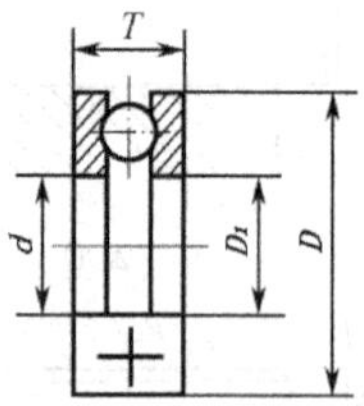

标记示例：

滚动轴承　51305　GB/T 301

轴承型号	尺寸：mm			轴承型号	尺寸：mm					轴承型号	尺寸：mm			
	d	*D*	*B*		*d*	*D*	*B*	*C*	*T*		*d*	*D*	*T*	D_1
尺寸系列[（0）2]				尺寸系列[02]						尺寸系列[12]				
6202	15	35	11	30203	17	40	12	11	13.25	51202	15	32	12	17

续表

轴承型号	尺寸：mm			轴承型号	尺寸：mm					轴承型号	尺寸：mm			
	d	D	B		d	D	B	C	T		d	D	T	D_1
尺寸系列[（0）2]				尺寸系列[02]						尺寸系列[12]				
6203	17	40	12	30204	20	47	14	12	15.25	51203	17	35	12	19
6204	20	47	14	30205	25	52	15	13	16.25	51204	20	40	14	22
6205	25	52	15	30206	30	62	16	14	17.25	51205	25	47	15	27
6206	30	62	16	30207	35	72	17	15	18.25	51206	30	52	16	32
6207	35	72	17	30208	40	80	18	16	19.75	51207	35	62	18	37
6208	40	80	18	30209	45	85	19	16	20.75	51208	40	68	19	42
6209	45	85	19	30210	50	90	20	17	21.75	51209	45	73	20	47
6210	50	90	20	30211	55	100	21	18	22.75	51210	50	78	22	52
6211	55	100	21	30212	60	110	22	19	23.75	51211	55	90	25	57
6212	60	110	22	30213	65	120	23	20	24.75	51212	60	95	26	62
尺寸系列[（0）3]				尺寸系列[03]						尺寸系列[13]				
6302	15	42	13	30302	15	42	13	11	14.25	51304	20	47	18	22
6303	17	47	14	30303	17	47	14	12	15.25	51305	25	52	18	27
6304	20	52	15	30304	20	52	15	13	16.25	51306	30	60	21	32
6305	25	62	17	30305	25	62	17	15	18.25	51307	35	68	24	37
6306	30	72	19	30306	30	72	19	16	20.75	51308	40	78	26	42
6307	35	80	21	30307	35	80	21	18	22.75	51309	45	85	28	47
6308	40	90	23	30308	40	90	23	20	25.25	51310	50	95	31	52
6309	45	100	25	30309	45	100	25	22	27.25	51311	55	105	35	57
6310	50	110	27	30310	50	110	27	23	29.25	51312	60	110	35	62
6311	55	120	29	30311	55	120	29	25	31.50	51303	65	115	36	67
6312	60	130	31	30312	60	130	31	26	33.50	51314	70	125	40	72

附录 A.7　零件常用金属材料

附表 A.17　常用灰铸铁（摘自 GB/T 9439—2010）

牌号	铸件壁厚/mm		抗拉强度 R_{mmin}		应用举例
	>	≤	单铸试棒/MPa	附铸试棒或试块/MPa	
HT150	5	10	150	—	一般铸件，如底座、手轮、刀架等；冶金业中流渣槽、渣缸、轧辗机托辗；机车用铸件如水泵壳、阀体，动力机械中的外壳、轴承座、水套筒等
	10	20		—	
	20	40		120	
	40	80		110	

续表

牌号	铸件壁厚/mm		抗拉强度 R_{mmin}		应用举例
	>	≤	单铸试棒/MPa	附铸试棒或试块/MPa	
HT200	5	10	200	—	一般运输器械中的汽缸体、缸盖、飞轮；一般机床的床身、机床；运输通用机械中的中压泵体、阀体；动力机械中的外壳、轴承座、水套筒等
	10	20		—	
	20	40		170	
	40	80		150	
HT250	5	10	250	—	运输机械中的薄壁缸体、缸盖、进排气管；机床的立柱、横梁、床身、滑板、箱体；冶金矿山机械的轨道、齿轮；动力机械的缸体、缸套、活塞等
	10	20		—	
	20	40		210	
	40	80		190	

附表 A.18　常用碳素结构钢（摘自 GB/T 700—2006）

牌号	等级	化学成分（质量分数）/%，不大于					脱氧方法	屈服强度 $R_{eH}/N\cdot mm^2$，不大于					应用举例
								厚度（或直径）/mm					
		C	Si	Mn	P	S		≤16	>16-40	>40-60	>60-100	>100-150	
Q215	A	0.15	0.35	1.20	0.045	0.050	F、Z	215	205	195	185	175	承受载荷不大的金属结构、铆钉、垫圈、地脚螺栓、冲压件及焊接件
	B					0.045							
Q235	A	0.22	0.35	1.40	0.045	0.050	F、Z	235	225	215	215	195	金属结构件、钢板、钢筋、型钢、螺栓、螺母、短轴、心轴、Q235C，可用作重要焊接结构件
	B	0.20				0.045							
	C	0.17			0.040	0.040	Z						
	D				0.035	0.035	TZ						

附表 A.19 常用优质碳素结构钢（摘自 GB/T699—2015）

钢号	热处理	截面尺寸/mm	力学性能					交货硬度 HBW		应用举例
			抗拉强度 R_m/MPa	下屈服强度 R_{eL}/MPa	断后伸长率 A/%	断面收缩率 Z/%	冲击吸收能量 KU_2/J	未热处理	退火钢	
			≥					≤		
08	正火	试样毛坯 25	325	195	33	60	—	131		强度低，塑性、韧性较高，冲压性能好；焊接性能好，用于塑性好的零件，如管子、垫片、套筒等
10			335	205	31	55	—	137		塑性好。用作垫片、管子、短轴、螺栓等
20			410	245	25	55	—	156		用于受力小而要求高韧性的零件，如铆钉、轴套、吊钩，渗碳、氢化零件
40	正火 淬火 回火		570	335	19	45	47	217	187	有较高的强度，加工性好，冷变形时塑性中等，焊接性差，多在正火和调质状态下使用
45			600	355	16	40	39	229	197	强度较高，韧性和塑性尚好，焊接性能差，水淬时有形成裂纹倾向。截面小时调质处理，截面较大时正火处理，用作齿轮、涡杆、键、轴、销、曲轴等

附表 A.20 常用合金结构钢（摘自 GB/T 3077—2015）

类别	牌号	推荐热处理					力学性能（不小于）					应用举例
		淬火			回火							
		加热温度℃		冷却剂	加热温度/℃	冷却剂	抗拉强度 R_m/MPa	下屈服强度 R_{eL}/MPa	断后伸长率 A/%	断面收缩率 Z/%	冲击吸收能量 KU_2/J	
		第 1 次淬火	第 2 次淬火									
低淬透性	15Cr	880	770～820	水、油	180	油 空气	685	490	12	45	55	小轴、活塞销等
	20Cr	880	780～820	水、油	200	水 空气	835	540	10	40	47	齿轮、小轴、活塞等
	40Cr	850	—	油	520	水、油	980	785	9	45	47	广泛用于轴类零件、曲柄、连杆、螺栓、齿轮等

附录B　常用测量工具及其使用方法

常用的测量工具有直尺、内外卡钳、游标卡尺、螺纹规、半径规、量角器等，具体测量方法如下。

（1）测量线性尺寸

线性尺寸一般使用直尺或游标卡尺直接测量，必要时可借助直角尺或三角板配合进行测量，如附图 B.1 所示。

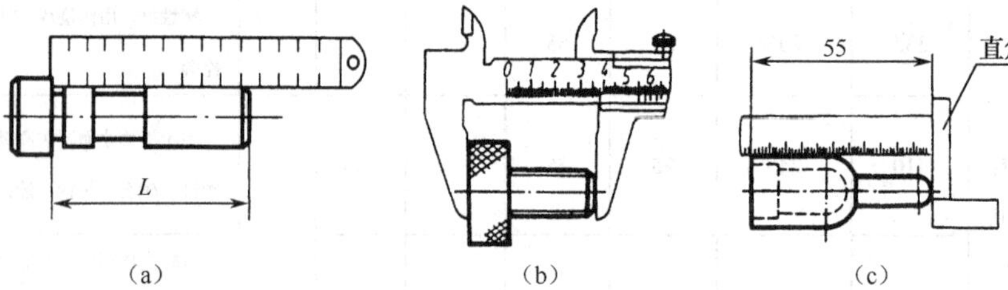

附图 B.1　测量线性尺寸

（2）测量内外直径

测量零件的内外直径尺寸时，可以使用内外卡钳和直尺进行测量，如附图 B.2（a）～（c）所示；测量比较精确的尺寸时使用游标卡尺或千分尺，如附图 B.2（d）、（e）所示。测量时应使两测量点的连线与回转面的轴线垂直相交，以保证测量精度。

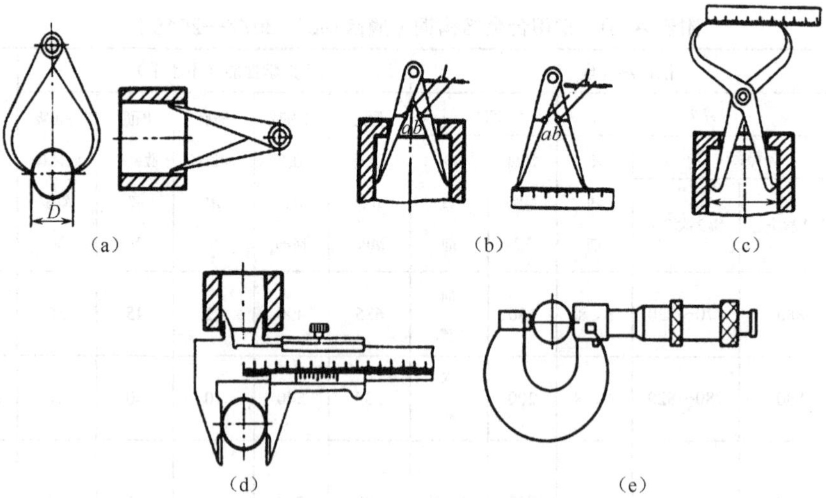

附图 B.2　测量内、外直径

（3）测量深度

一般可用直尺或游标卡尺测量深度尺寸，如附图 B.3 所示。

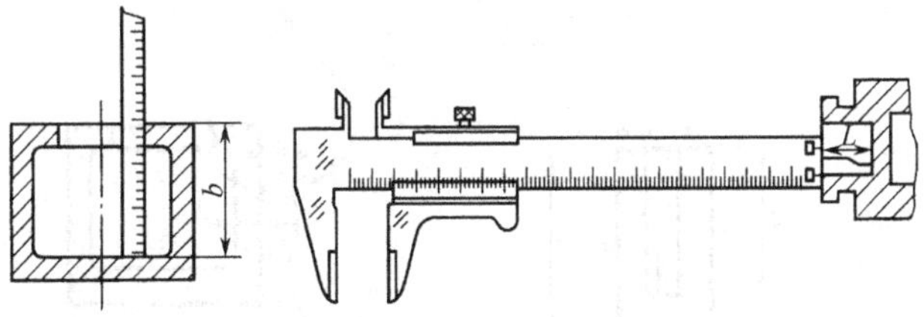

（a）　　（b）

附图 B.3　测量深度

（4）测量孔的中心距

孔的中心距可利用卡钳、直尺或游标卡尺进行测量，如附图 B.4 所示。

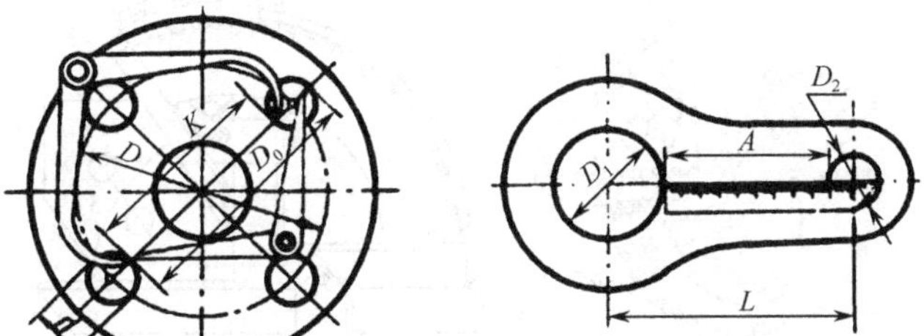

$D=K+d=D_0$

（a）

$L=A+\frac{D_1+D_2}{2}$

（b）

附图 B.4　测量孔的中心距

（5）测量中心高度

中心高一般用直尺和卡钳或高度游标卡尺进行测量，如附图 B.5 所示。

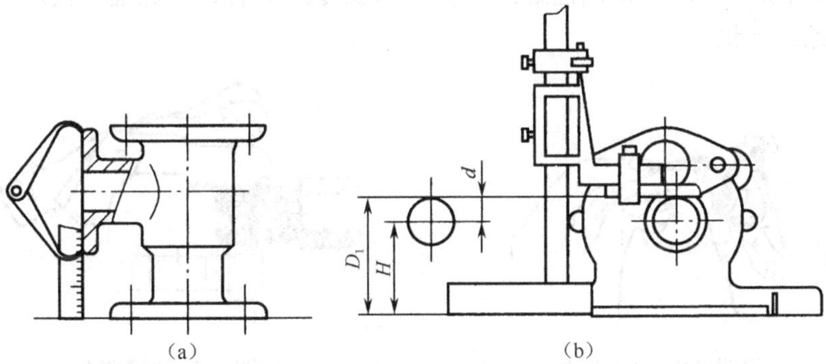

（a）　　（b）

附图 B.5　测量中心高

（6）测量壁厚

零件的壁厚一般可用直尺测量。如果孔口较小，可用三用游标卡尺的深度尺进行测量，必要时可将内外卡钳与直尺配合起来进行测量，如附图 B.6 所示。

（7）测量角度

可用量角器或游标量角器测量角度，如附图 B.7 所示。

（8）测量圆角

圆角半径可用圆角规进行测量。测量时逐个实验，从中找到与被测部位完全吻合的一片，读出该片上的半径值，如附图 B.8 所示。

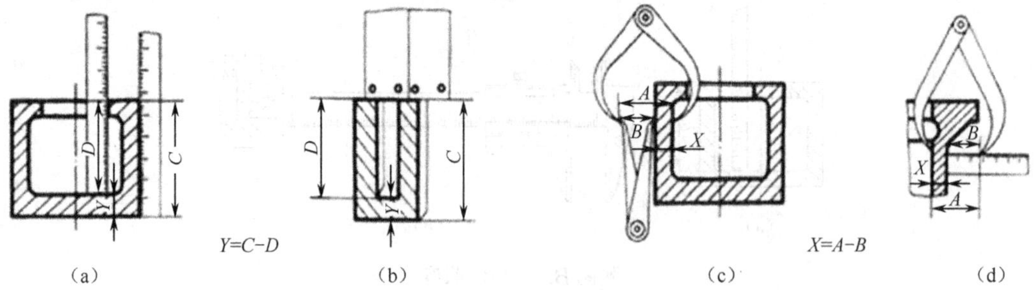

附图 B.6　测量壁厚

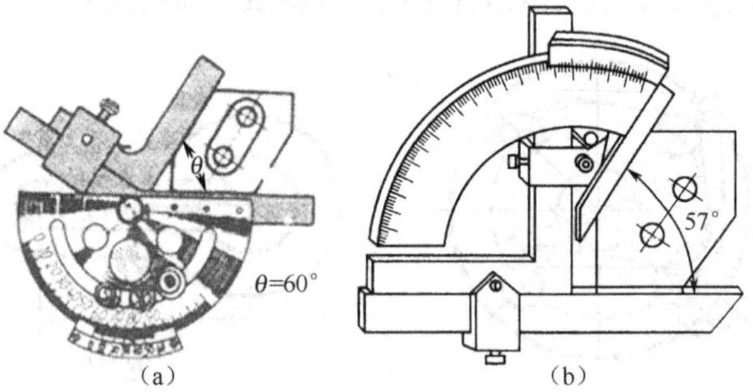

附图 B.7　测量角度

（9）测量螺纹

首先目测螺纹的线数、旋向、牙型；再用螺纹规（60°、55°）测量螺距，测量时逐片进行实验，从中找到与被测螺纹完全相吻合的一片（如附图 B.9 所示），由此判定该螺纹的螺距；然后用游标卡尺直接测出螺纹的大径和长度；最后查对标准（核对牙型、螺距和大径），确定螺纹标记。

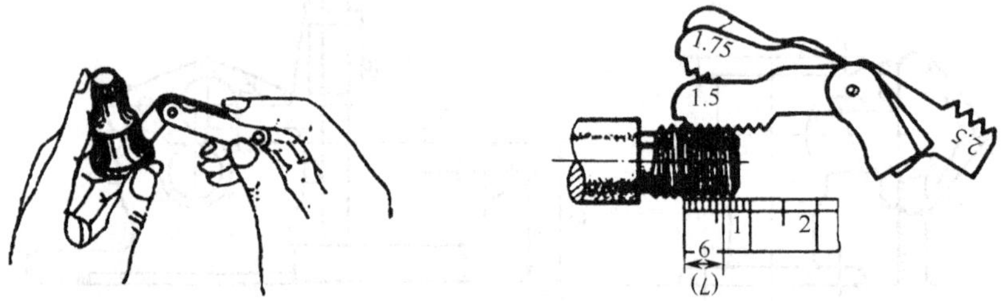

附图 B.8　测量圆角　　附图 B.9　测量螺纹

（10）测量齿轮齿顶圆直径

通常用游标卡尺测量齿顶圆直径 d_a'，但齿数为奇数和偶数时的测量方法不同，如附图 B.10 所示。

（11）测量曲线和曲面

当要求精确测量时，应使用专用测量仪器。而要求不高时，可采用以下方法进行测量：

① 拓印法：先用纸拓印出轮廓，得到真实的曲线形状，然后根据几何方法测出半径值，如图 B.11（a）所示。

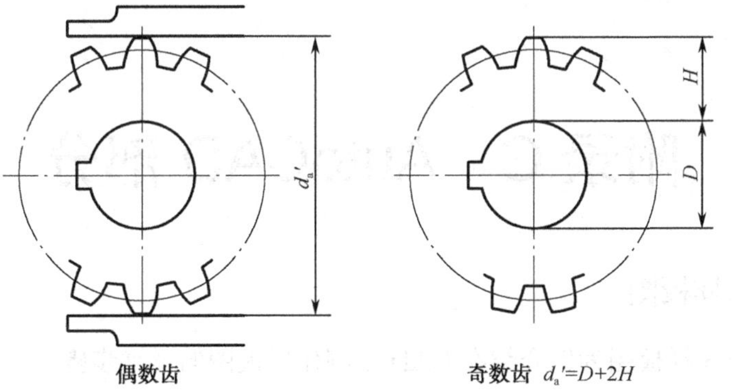

附图 B.10 测量齿顶圆

② 铅丝法：先用铅丝贴合其曲面弯成母线形状，再描绘在纸上，然后进行测量，如图 B.11（b）所示。

③ 坐标法：用直尺和三角板定出曲面上各点的坐标，在纸上画出曲线，然后测出曲率半径，如图 B.11（c）所示。

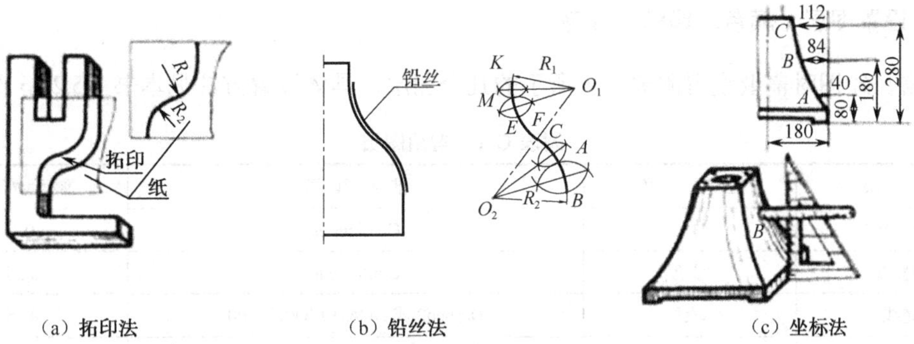

附图 B.11 测量曲线和曲面

附录 C　AutoCAD 部分

附录 C.1　制作样板图

下面以制作 A3 样板图为例介绍在 CAD 中制作样板图的详细步骤。

1. 设置绘图单位

具体设置方法和步骤见本书 1.5.2 小节。

2. 设置图形界限

具体设置方法和步骤见本书 1.5.2 小节。

3. 设置图层（颜色、线型、线宽）

通常在绘图时需要设置附表 C.1 所示的几个图层，具体设置方法见本书 1.5.2 小节。

附表 C.1　常用图层

图　层	推 荐 颜 色	推 荐 线 型	推荐线宽/mm
粗实线	白色	Continuous	0.5
细实线	绿色	Continuous	0.25
虚线	黄色	Dashed2 或 ACAD-ISO02W100	0.25
中心线	红色	Center2 或 ACAD-ISO04W100	0.25
波浪线	绿色	Continuous	0.25
剖面线	蓝色	Continuous	0.25
标注层	洋红色	Continuous	0.25
文本层	洋红色	Continuous	0.25

注：① 图层名称可以用英文、汉文、拼音等任何形式命名。

② 在打印图纸时，应根据图纸的大小适当调整线宽。

4. 设置辅助功能

具体设置方法和步骤见本书 1.5.2 小节。

5. 添加工具或工具栏

为了完成一张图纸的绘制，通常会用到许多工具，常用的工具栏除缺省状态的几条之外，有时候还需要调出缩放、对象捕捉、查询等工具栏。具体方法和步骤见本书 1.5.1 小节。

注意：此设置软件不能够完全保存，当更换电脑使用样板图时应重新操作。

6. 插入图框

操作过程：

（1）“插入”菜单→“布局”命令→“来自样板的布局”（见附图 C.1）。

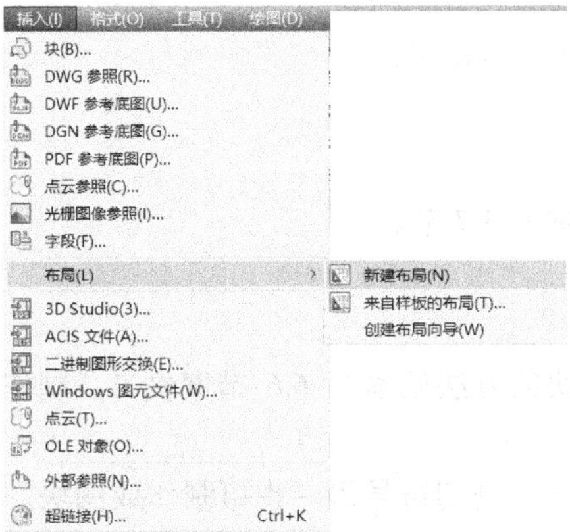

附图 C.1　“插入”菜单

（2）弹出“从文件选择样板”对话框（见附图 C.2），从中选择“Gb_a3 -Named Plot Styles”，单击“打开”按钮。

（3）弹出“插入布局”对话框（见附图 C.3），单击“确定”按钮。

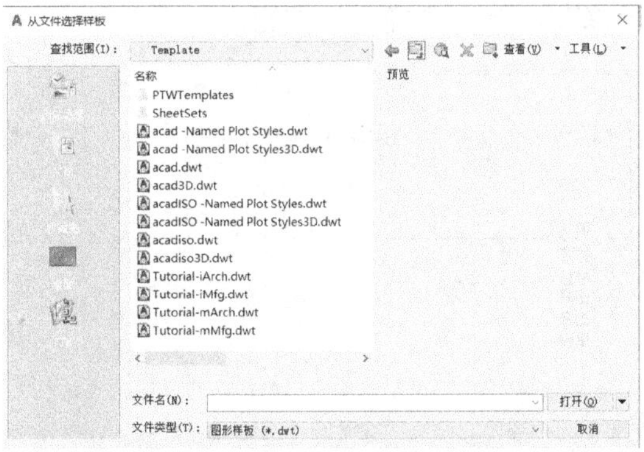

附图 C.2　“从文件选择样板”对话框

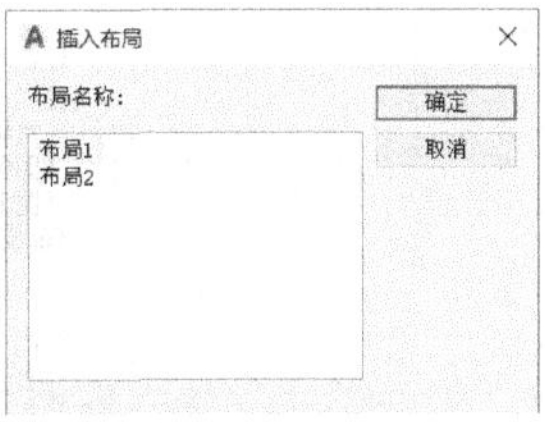

附图 C.3　“插入布局”对话框

（4）观察绘图区下部，多了一个“Gb A3 标题栏”选项（见附图 C.4），选择该选项，可以看到布局空间中出现一个 A3 图框。

附图 C.4　空间区域选项栏

（5）复制 A3 图框，单击“模型”，转换到模型空间，粘贴（此时直接指定插入点为“0, 0”，将图框的左下角点置于坐标原点）。

注意：如果安装软件时缺少样板模块，就会找不到标准图框，此时需要自行绘制图框和标题栏。学生在平时练习时可绘制简易标题栏，尺寸见本书 1.1.1 小节。

7. 赋名存盘

以“A3 样板图.dwg”命名后另存盘。

8. 设置文字样式

具体设置方法和步骤见本书 3.6 节。

9. 设置标注样式

具体设置方法和步骤见本书 3.7 节。

10. 制作常用专业图块

制作表面粗糙度符号图块的方法见本书 6.6 节案例 1，制作基准符号图块的方法见本书 7.5 节案例 2。

其他经常使用的深度符号、剖切符号等，也可制作成图块，符号中没有变化的数值和字母时可在画完图形后直接存成图块。

11. 修改标题栏

操作步骤：

命令：单击“编辑属性”图标，选择插入的图块，单击标题栏，弹出“增强属性编辑器”对话框（见附图 C.5），按照图示进行修改，单击“确定”按钮。

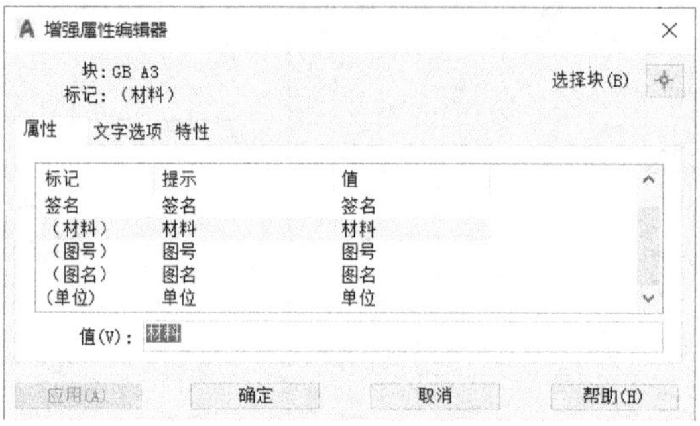

附图 C.5　修改标题栏文字

应用“多行文字”命令填写出设计者姓名及日期，见附图 C.6，过程略。

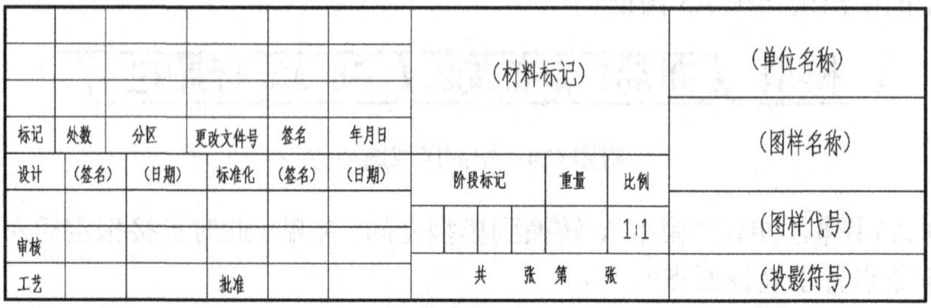

（材料标记）
（单位名称）
（图样名称）
（图样代号）
（投影符号）
标记
处数
分区
更改文件号
签名
年月日
设计
（签名）
（日期）
标准化
（签名）
（日期）
阶段标记
重量
比例
1:1
审核
工艺
批准
共　张　第　张

附图 C.6　标题栏

12. 保存样板图

将设置好的样板图以原名存盘。

在以后绘制 A3 图时，可以直接调用该样板图，以减少重复劳动，提高作图速度，并保持图纸间的一致性。

附录 C.2 常用快捷命令

在画图时使用一些快捷键将会大幅提高作图速度，常用的快捷键如附表 C.2～附表 C.3 所示。

附表 C.2 常用命令一览表

类别	命 令	名 称	图标	快捷键	应 用	备注
绘图命令	line	直线		L	绘制任意直线段	
	xline	构造线		XL	绘制水平线、垂直线、任意角度线、角平分线、平行线等，该线为无限长	
	pline	多段线		PL	一次绘制多段相连的直线段或弧线段、绘制箭头、宽线段等	
	polygon	多边形		POL	绘制正多边形	
	rectang	矩形		REC	绘制矩形、带圆角或带倒角的矩形	
	arc	圆弧		A	画圆弧（应逆时针绘制）	
	circle	圆		C	画圆	
	spline	样条曲线		SPL	绘制波浪线	
	ellipse	椭圆		EL	画椭圆	
	ray	射线		/	画射线	
	bhatch	图案填充		BH	画剖面线	
编辑命令	erase	删除		E	删除对象	
	copy	复制		CO	复制对象	
	mirror	镜像		MI	绘制对称图形	
	offset	偏移		O	绘制已知距离的平行线、同心圆或矩形等	
	arrayrect	矩形阵列		ARR	绘制矩形规律分布的相同图形结构	
	arraypolar	环形阵列		ARR	绘制圆周规律分布的相同图形结构	
	move	移动		M	移动图形对象	
	rotate	旋转		RO	旋转对象	
	scale	缩放		SC	放大或缩小对象（尺寸随之改变）	
	stretch	拉伸		S	将图形对象拉长或缩短，需用交叉窗口选择对象	
	trim	修剪		TR	将长出的图线修剪至某边界处	

续表

类别	命令	名称	图标	快捷键	应用	备注
编辑命令	extend	延伸		EX	将图线延长至某边界处	
	chamfer	倒角		CHA	绘制已知尺寸的倒角	
	fillet	圆角		F	给对象加圆角	
	break	打断		BR	在两点之间打断对象	
	break	打断于点		/	在某一点处打断选定的对象，但不能打断闭合对象（如圆）	
	explode	分解		X	将矩形、多边形、多段线、图块、尺寸等炸开，分解成若干单个对象	
	join	合并		J	合并分离的类似对象以形成一个整体的对象	
	overkill	删除重复对象		OV	删除重复和不需要的对象，清理重叠的图形	
	lengthen	拉长		LEN	修改对象的长度和圆弧的包含角	
图形操作	pan	实时平移		P	移动显示在当前视口中的图形	透明
	zoom	实时缩放		Z	实时缩放图形的大小	透明
	zoom	全部缩放		Z-A	显示所有绘制出的图形以及图形范围	透明
	zoom	中心缩放		Z-C	显示由中心点及比例或高度指定的图形	透明
	zoom	动态缩放		Z-D	缩放显示图形的生成部分	透明
	zoom	范围缩放		Z-E	显示图形范围	透明
	zoom	缩放上一个		Z-P	缩放到上一个视口	透明
	zoom	比例缩放		Z-S	按指定比例缩放显示	透明
	zoom	窗口缩放		Z-W	按指定窗口范围缩放	透明
	zoom	缩放对象		Z-O	缩放为显示对象的范围	透明
标注命令	dimstyle	标注样式		D	显示标注样式管理器	
	dim	标注		/	在单个命令会话中创建多种形式的标注	
	dimlinear	线性标注		DLI	标注水平、垂直方向的尺寸	
	dimaligned	对齐标注		DAL	标注倾斜的尺寸	
	dimradius	半径标注		DRA	标注半径尺寸	
	dimdiameter	直径标注		DDI	标注直接尺寸	
	dimangular	角度标注		DAN	标注角度尺寸	
	dimbasline	基线标注		DBA	从上一个基线作连续标注	
	dimcontinue	连续标注		DCO	标注同向相邻的连续尺寸	
	qleader	快速引线		LE	快速引线注释	
	tolerance	公差		TOL	标注几何公差	

续表

类别	命令	名称	图标	快捷键	应用	备注
文字命令	mtext	多行文字		T、MT	在指定框格内输入多行文字	
	text	单行文字		/	按照指定位置和指定大小输入单行文字	
其他	layer	图层特性		LA	管理图层特性	
	dist	测量		DI	测量两点之间的距离和角度等	
	properties	特性		CH	控制现有对象的特性	
	matchprop	特性匹配		MA	更改对象的特性	
	block	创建块		B	制作图块	
	insert	插入块		I	将图块插入到图形中	
	wblock	块存盘		W	图块赋名存盘	

附表 C.3 常用功能快捷键

功能键	对应功能	功能键	对应功能
F3	对象捕捉开关	Ctrl+A	全选对象
F4	三维对象捕捉开关	Ctrl+C	将所选的对象复制到剪贴板中
F5	转换等轴测轴	Ctrl+N	新建图形文件，选择样板
F6	动态坐标开关	Ctrl+O	打开已有的图形文件
F7	栅格开关	Ctrl+P	打印图形
F8	正交开关	Ctrl+S	保存图形文件
F9	捕捉开关	Ctrl+V	将剪贴板中的内容粘贴到当前图形中
F10	极轴追踪开关	Ctrl+X	将所选的对象剪切到剪贴板中
F11	对象捕捉追踪开关	Ctrl+F6	在多文档之间进行切换

参考文献

[1] 郑雪梅等. 典型零部件测绘及造型. ISBN 978-7-308-10488-3. 杭州：浙江大学出版社. 2012.

[2] 沈梅等. 机械识图与制图. ISBN 978-7-122-03285-0. 北京：化学工业出版社. 2008.

[3] 陈廉清. 机械制图. ISBN 978-7-308-06164-3. 杭州：浙江大学出版社. 2008.

[4] 王冰. 机械制图测绘及学习与训练指导. ISBN 7-04-012545-5. 北京：高等教育出版社. 2003.

[5] 邓小君等. 机械制图与 CAD. ISBN 978-7-111-33264-0. 北京：机械工业出版社. 2011.

[6] 文学红等. 机械制图. ISBN 978-7-115-19770-2. 北京：人民邮电出版社. 2009.

[7] 朱强. 机械制图. ISBN 978-7-115-19689-7. 北京：人民邮电出版社. 2009.

[8] 郭建尊. 机械制图与计算机绘图. ISBN 978-7-115-20485-1. 北京：人民邮电出版社. 2009.

[9] 黄才广等. AutoCAD2008 中文版机械制图应用教程. ISBN 978-7-121-05275-0. 北京：电子工业出版社. 2008.

[10] 刘宏. 工程制图与 AutoCAD 绘图. ISBN 978-7-115-20558-2. 北京：人民邮电出版社. 2009.

[11] 神龙工作室刘宇. 新编 AutoCAD 2008 中文版入门与提高. ISBN 978-7-115-17506-9. 北京：人民邮电出版社. 2008.

[12] 吴宗泽. 机械零件设计手册. ISBN 7-111-13169-x. 北京：机械工业出版社. 2003.